AF850592

Das Kraftfahrzeug

Betriebsgrundlagen, Berechnung, Gestaltung und Versuch

Von

Dr.-Ing. W. Kamm

o. Professor für Kraftfahrwesen und Fahrzeugmotoren
an der Technischen Hochschule Stuttgart

Unter Mitarbeit von

Dipl.-Ing. **O. Hoffmeister**, Dipl.-Ing. **L. Huber**,
Dr.-Ing. **P. Riekert**, Dipl.-Ing. **C. Schmid**
und Dipl.-Ing. **P. Schmid**

Mit 484 Textabbildungen

Berlin
Verlag von Julius Springer
1936

ISBN-13:978-3-642-89160-1 e-ISBN-13:978-3-642-91016-6
DOI: 10.1007/978-3-642-91016-6

Alle Rechte, insbesondere das der Übersetzung
in fremde Sprachen, vorbehalten.
Copyright 1936 by Julius Springer in Berlin.
Softcover reprint of the hardcover 1st edition 1936

Dr.-Ing. e. h. Ernst Brandenburg
in Verehrung gewidmet.

Vorwort.

Mehrfach bin ich aufgefordert worden, den in meinen Vorlesungen über das Kraftfahrwesen behandelten Stoff in Buchform zu veröffentlichen. Da das neuere Fachschrifttum ein zusammenfassendes Werk nicht enthält, das als Lehrbuch für Studierende und zugleich als Anregung für die Arbeit der Kraftfahrzeugingenieure dienen könnte, habe ich mich entschlossen, diesen Wünschen zu entsprechen und mit Unterstützung meiner in der Überschrift genannten Mitarbeiter den etwas ergänzten Inhalt der Vorlesungen im vorliegenden Buch in kurzer Fassung niederzulegen.

Bei der Mannigfaltigkeit der Teilgebiete, die die Bedingungen für den Bau und den Betrieb der Kraftfahrzeuge liefern, bereitet es Schwierigkeiten, den Stoff in zusammenhängendem Fluß darzustellen. Deshalb, und weil das Werk inmitten umfangreicher anderweitiger Berufsarbeiten entstanden ist, mußten wir uns darauf beschränken, in Einzelabschnitten die Teilfragen zu behandeln und das Wesentliche unter Angabe des Schrifttums so darzustellen, daß die Gestaltungsgrundlagen und die Entwicklungsrichtlinien erkennbar werden, damit der Leser die Wege findet, an Hand der Quellen sich nach Bedarf in Einzelheiten weiter zu vertiefen.

Ich hoffe mit meinen Mitarbeitern, daß das Buch in Verbindung mit einem in Vorbereitung befindlichen besonderen Werk über das Versuchs- und Meßwesen auf dem Gebiet des Kraftfahrzeugs als Anregung für die gestaltende Arbeit und für die Versuchsentwicklung zur weiteren Entfaltung des Kraftfahrwesens beitragen möge, und daß es infolge rascher Fortschritte dieser Entwicklung bald einer ergänzenden Bearbeitung bedarf. Für Anregungen dazu werde ich stets dankbar sein.

Stuttgart, im August 1935.

W. Kamm.

Inhaltsverzeichnis.

1. Entwicklungsrichtlinien.

Die in den letzten Jahren wieder lebhaft in Gang gekommene Weiterentwicklung der Kraftfahrzeuge stellt hohe Anforderungen an die Werkstätten des Kraftfahrzeugbaus und eröffnet dem Gestalter neue große Aufgaben mit der durch die Entwicklung der Verkehrswege und die Hebung der allgemeinen Lebensführung gegebenen Zielsetzung, leistungsfähige Fahrzeuge zu schaffen, die im Bau und Betrieb billig sind. Diese Aufgaben bieten seiner Schaffenskraft erweiterte Möglichkeiten, legen ihm aber auch die Verantwortung auf, für eine Stetigkeit der technischen Entwicklung zu sorgen.

Jede Umstellung der Werkstatteinrichtungen erfordert untragbare Opfer, wenn sie durch sprunghafte Entwicklung der Fahrzeuge bedingt ist, denn derartige Entwicklungssprünge sind stets mit Rückschlägen im Absatz verbunden.

Stetiger Absatz gründet sich auf schrittweisen Aufbau des Fortschritts und darauf, daß größere Fortschritte nur nach gründlicher Erprobung und Klarstellung aller technischen und wirtschaftlichen Vor- und Nachteile in die Herstellung eingeführt werden.

Für den Fortschritt soll dem Gestalter stets die Richtlinie der richtig erkannten Zweckmäßigkeit und der darin liegenden Schönheit gelten.

Die Verbilligung ergibt sich aus der weiteren Annäherung an die schlichte, technische Einfachheit und aus dem weit vorausschauenden Erkennen der Entwicklungsziele, das rasche Änderungen vermeidet und eine ausreichende zeitliche Ausnutzung der Werkstatteinrichtungen ermöglicht.

A. Hohe Fahrleistungen und einheitliche Entwicklung.

Für die üblichen Gebrauchsfahrzeuge werden Geschwindigkeiten, die über 100 km/h liegen, verlangt. Das erfordert den Einbau starker Motoren. Das Beispiel der amerikanischen Kraftwagenherstellung, die billige und hochwertige Wagen mit größeren Motoren geschaffen hat, zeigt, daß das grundsätzlich möglich ist. Erforderlich ist dazu, insbesondere bei weniger ausgedehnten Herstellungsziffern, eine einheitliche Reihenbildung in Fahrzeugen und Baugruppen, die volle Ausnutzung leistungsfähiger Werkstatteinrichtungen ermöglicht.

Die wachsenden Anforderungen an die Fahrzeuge werden auch die Brücke zur Erreichung verschiedener Ziele mit ähnlichen Lösungen schlagen, was folgende Erwägungen zeigen.

Die Herstellungskosten des 6-Zylinder-Motors eines mittleren Personenwagens betragen weniger als 20 vH des Aufwandes für den Bau des ganzen Wagens. Mit einem Mehraufwand von weniger als 40 vH der Motorkosten, also nicht mehr als etwa 25 vH des Wagenpreises, ist es möglich, diesen Motor als 12-Zylinder-Motor von gleichen Einbauabmessungen herzustellen und damit den Wagen mit einem Mehraufwand von höchstens 25 vH zu einem außergewöhnlich leistungsfähigen Fahrzeug zu machen. Es genügt dann mit der 6-Zylinder-Maschine den üblichen und mit der 12-Zylinder-Maschine sehr hohen Ansprüchen.

Die Fahrzeuge sollen sich auch abseits von der Straße bewegen können. Die für hohe Geschwindigkeit und für Geländegängigkeit zweckmäßigen Lösungen stehen sich noch entgegen. Für hohe Geschwindigkeiten ist z. B. mit Rücksicht auf Fahrsicherheit der Vorderradantrieb vorteilhaft. Im Gelände aber ist er auf starker Steigung schwach. Ein Fahrzeug mit hoher Geschwindigkeit erfordert tiefe Schwerpunktslage, die Geländefahrt aber größten Bodenabstand. Hohe Geschwindigkeit läßt geschlossene stromlinige Wagenaufbauten zweckmäßig erscheinen, die Geländefahrt dagegen offene Aufbauten.

Die gesteigerten Geschwindigkeiten bringen nun aber das Fahrzeug näher an die Grenze der Haftfähigkeit des einfachen Hinterachs- oder Vorderachsantriebs. Der Allradantrieb, der auch für das Gelände die beste Lösung darstellt, rückt in den Bereich der allgemeineren Anwendung. Radaufhängungen von großer Bodenfreiheit, mit denen auf guter Bahn das

Fahrzeug abgesenkt werden kann, sind auch für die Federung bei großer Geschwindigkeit zweckentsprechend. Die besonderen strömungsverbessernden Mittel, die beim geschlossenen Wagenaufbau zur Vermeidung allzu großer Baulänge entwickelt werden müssen, werden auch dem offenen Aufbau zugute kommen.

Sachliche Erfüllung der Einzelaufgaben in fortschrittlicher Arbeit vermag so zur Vereinheitlichung der bisher getrennten Ziele zu führen.

B. Bisherige Entwicklung und ihre Lehren.

Von der Erwähnung weit zurückliegender Einzelversuche, die zu praktischen Erfolgen nicht führen konnten, soll hier abgesehen werden.

Gegen Ende des vergangenen Jahrhunderts ist das Kraftfahrzeug auf gesicherter Grundlage aus einem starken Zeitbedürfnis heraus entstanden. Der Wunsch, mit einem Fahrzeug zu fahren, das mit Maschinenkraft betrieben wird, ist alt und konnte seine Erfüllung finden, als die Gasmaschine den dazu erforderlichen Entwicklungsstand erreicht hatte. Gottlieb Daimler und Carl Benz waren die durch ihre Erfahrungen mit Gasmaschinen und ihre Erfindungsgabe dazu berufenen Männer.

Benz war in erster Linie bemüht, ein selbstfahrendes Straßenfahrzeug zu schaffen. Er hat dazu den ihm aus eigener Herstellung bekannten Gasmotor verwendet. Nach Versuchen mit dem einfachen Zweitaktmotor, der sich für das Fahrzeug wenig regelfähig erwies, ist er zur Viertaktmaschine übergegangen. Der Ersatz des Gases durch Benzindampf hat wohl viele Einzelaufgaben gestellt, aber keine besonderen Schwierigkeiten bereitet. Diese lagen vielmehr in der Unterbringung der umfangreichen Antriebsanlage in einem kleinen und leichten Fahrzeug und in der betriebssicheren Gestaltung des Triebwerks auf unbekannter Gestaltungs- und Werkstoffgrundlage.

G. Daimler, dessen früherer Tätigkeit wesentliche Verbesserungen der Gasmotoren zuzuschreiben sind, ging, nachdem er mit seinem Mitarbeiter W. Maybach durch Versuche an der Gasmaschine die Eignung flüssiger Kohlenwasserstoffgemische als Betriebsstoffe geprüft hatte und damit eine Vorbedingung des Fahrzeugmotors als erfüllt sah, mit Maybach auf die Lösung der von ihm als unerläßlich erkannten weiteren Vorbedingung, der Verwirklichung des Schnellaufs der Motoren, aus. Er erkannte, daß die Schaffung des selbstfahrenden Straßenfahrzeugs allein diesem einen vollen Erfolg nicht sichern konnte, wenn nicht seine Leistungsfähigkeit eine besonders hohe wurde. Dazu mußte der Antriebsmotor über den Stand der damaligen Gasmaschine hinaus zu hoher Schnelläufigkeit entwickelt werden.

Daimlers Ziele sind dadurch gekennzeichnet, daß er nach Lösung dieser Aufgabe seinen Motor, den er zunächst als Einbaumotor zu liefern gedachte, in den verschiedensten Land-, Wasser- und auch in Luftfahrzeugen verwandte. Um diese Entwicklung zu fördern, baute er Wagen und Boote und nahm an der Wölpertschen Luftschiffentwicklung teil. Auf sein Wirken und das seines Mitarbeiters Maybach sind insbesondere die Lösungen im Wagenbau zurückzuführen, die, soweit sie von der Daimler-Motoren-Gesellschaft ausgegangen sind, die Gestaltung des Kraftfahrzeugs auf lange Zeit hinaus maßgebend beeinflußt haben.

Als Straßenfahrzeug hat Daimler zunächst einen Jagdwagen verwendet, in den er zwischen den Sitzen die Maschinenanlage einbaute und auf die Hinterräder wirken ließ. In dieser äußeren Erscheinung glichen sich die Fahrzeuge von Daimler und Benz, der den Motor unter den Hintersitzen anordnete.

I. Platz des Motors im Fahrzeug.

Dieser Einbau bereitete bald Schwierigkeiten, weil bei der natürlichen Forderung nach höheren Leistungen die damals noch umfangreiche Triebwerksanlage so nicht mehr unterzubringen war.

Man hat deshalb die Maschinenanlage auseinandergezogen, den Motor in einem besonders geschaffenen Raum vor den Vordersitzen und das übrige Triebwerk unter den Sitzen auf die Länge des Fahrzeugs verteilt angeordnet.

Es waren sonach nicht die Gründe der Schönheit, die zu der heutigen Erscheinung des Wagens mit vorn liegender Motorhaube geführt haben, sondern im wesentlichen technische Notwendigkeiten.

Heute, da der bauliche Umfang des Triebwerks klein geworden ist, baut man wieder in vielen Fällen die Maschinenanlage in einem Block, man ordnet Motor und Getriebe, zum Teil auch noch den Achsantrieb, geschlossen vorn oder auch hinten im Fahrzeug an.

Die Vorteile dieser Maßnahme dürfen aber nicht verallgemeinert werden. Die Zusammenfassung der Maschinenanlage stellt an sich eine gute technische Lösung dar, bringt aber, wenn ein gewisser baulicher Umfang überschritten wird, für die Raumeinteilung im Fahrzeug auch heute noch Nachteile, die durch Auseinanderziehen der Maschinenanlage überwunden werden können.

Die Durchbildung eines Wagens mit Vorderradantrieb, bei dem der Motor hinten liegt, ist in diesem Sinn nicht von der Hand zu weisen, wenn die technische Aufgabe auf Vorverlegen der Nutzlast zur Erzielung ausreichender Vorderachsbelastung und auf schlanke Wagenform zur Erzielung niedrigen Luftwiderstands lautet.

Noch ist aber das Fahrzeug mit Hinterradantrieb und vorn liegendem Motor mit einer Antriebswelle, die unter den Sitzen durch das Fahrzeug nach hinten geht, die übliche Erscheinung.

Daneben sind alle zweckmäßigen Möglichkeiten offen, insbesondere bei Nutzfahrzeugen. Bei langen Omnibussen ist der Radstand so klein wie möglich zu halten, damit die nötige Wendigkeit erhalten bleibt, und mit Rücksicht auf die Schaffung eines möglichst großen Raumes für die Insassen der Motor so anzuordnen, daß er diesen Raum nicht beeinträchtigt. Das führt zu Bauarten, bei denen der oder die Motoren in der Mitte des Fahrzeugs, an der Seite von außen zugänglich, oder unter dem Wagenboden angebracht sind. Im Hinblick darauf hat auch der liegende Motor Berechtigung und Vorteile, die die ihm anhaftenden Nachteile zu überwiegen vermögen.

II. Befestigung des Motors im Fahrzeug.

Die frühere Entwicklung hat angestrebt, dem Motor im Fahrzeug eine möglichst feste Grundlage zu geben. Er wurde mit dem Fahrzeugrahmen unmittelbar verschraubt. Die Formänderungen des Rahmens verlangten zunächst Dreipunktaufhängungen und später die Einschaltung nachgiebiger Bleche.

Heute geht man weiter, indem man den Motor in Gummi lagert. Dadurch wird nicht nur die Schonung des Motors vor den Formänderungen des Fahrzeugs erreicht, es werden auch die Schwingungen vom Motor zum Fahrgestell unterbrochen, die zum Teil als Erschütterungen wirken, zum Teil, als Körperschall in den Bauteilen fortgeleitet, von membranartigen Blechen des Wagenaufbaus in das Wageninnere als Raumschall abgestrahlt wurden.

Die Bewegungsfreiheit des Motors wurde unter Inkaufnahme baulicher und betrieblicher Nachteile so weit ausgedehnt, daß man zum Zweck der erneuten Verwendung der nicht ganz ausgleichbaren 4-Zylinder-Maschine größere Drehbewegungen um eine Hauptträgheitsachse zuläßt.

III. Die Zahl der Räder der Fahrzeuge.

Das Streben nach Verbilligung führte bisweilen vom Vierradfahrzeug weg zur Dreiradanordnung. Diese vermag aber trotz bedeutender Vorteile für die Verbilligung und für den Luftwiderstand bei einer für schnellere Gebrauchsfahrzeuge als üblich anzusehenden Grundflächengröße des Innenraumes und bei üblichem Radstand die Standfestigkeit des vierrädrigen Fahrzeugs nicht zu erreichen.

Weitgehende Anwendung hat die Anordnung beim Kraftrad mit Beiwagen gefunden, das sich durch leichtes Gewicht und hohe Fahrleistung bei niedrigen Anschaffungskosten und billigem Betrieb auszeichnet. Aber dieses Fahrzeug erfordert bei seiner hohen Geschwindigkeitsleistung besondere Geschicklichkeit in der Bedienung und ist daher für allgemeinen Gebrauch nicht geeignet.

Die Aufgabe der Gestaltung geht dahin, das Vierradfahrzeug durch Formgebung und Aufbau in Luftwiderstand und Wirtschaftlichkeit dem Dreiradfahrzeug anzunähern.

Die Anordnung von mehr als 4 Rädern bedingt einen weitgehenden baulichen Aufwand. Sie ist deshalb, so vorteilhaft sie auch für Fahrsicherheit und Annehmlichkeit im allgemeinen Gebrauch wäre, wirtschaftlich nur tragbar, wenn für den jeweiligen Zweck mit 4 Rädern zu hohe Achsdrücke erreicht werden oder wenn besondere Anforderungen an die Fahreigenschaften gestellt werden müssen. Das Dreiachs- und in gesteigertem Maß das Mehrachsfahrzeug besitzt neben dem Vorteil der Achslastverringerung größte Vorzüge in der Federung und Geländegängigkeit, derart, daß auch auf ganz unvorbereiteter Fahrbahn mit Mehrachsfahrzeugen hohe Geschwindigkeiten gefahren werden können.

IV. Die Lenkung.

Die Entwicklung hat schon von den Möglichkeiten Gebrauch gemacht, ein Fahrzeug an seinen Vorderrädern, an den Hinterrädern oder an allen 4 Rädern zu lenken. Aus rein baulichen Gründen hat sich beim üblichen Fahrzeug die Vorderradlenkung eingeführt. Als aber der Antrieb auch auf die Vorderräder geschaltet wurde, erhob sich, trotzdem die mechanischen Schwierigkeiten des Antriebs der gelenkten Räder überwunden sind, die Frage, ob es bei Vorderradantrieb nicht zweckmäßig wäre, das Fahrzeug hinten zu lenken.

Neben dem Umstand, daß man bei vorn und hinten gleich spurendem Fahrzeug mit Hinterradlenkung nicht von der Bordschwelle wegfahren kann, ist die Hinterradlenkung bei Vorderradantrieb nicht von Vorteil, weil das zur Lenkung eingeschlagene Rad in seiner Lenkfähigkeit durch den Antrieb gewinnt, der ihm eine Zugkraft in der Richtung seines Lenkeinschlags verleiht, durch die die Lenkung lebendig wird. Auch zeigten Modellversuche, daß die Hinterradlenkung geeignet ist, Schleuderbewegungen einzuleiten.

V. Die Art des Antriebs.

Der Antrieb wurde im Verlauf der Entwicklung zunächst so gewählt, daß die Achsbewegung der Räder möglichst wenig Schwierigkeiten ergab. Das führte zum Antrieb der nicht gelenkten und nur gefederten Hinterräder, wobei die ersten Fahrzeuge mit Riemenantrieb ausgerüstet waren.

Daimler wandte einen Zahnradantrieb mit Stirnrädern an, bei dem am Hinterrad ein innen verzahntes großes Zahnrad angebracht und mit diesem im Eingriff ein Antriebsritzel angeordnet war. Die Federbewegung des Rades erfolgte als Schwingbewegung um die Mitte des Ritzels.

Allgemeiner ist man vom Riemenantrieb zum Kettenantrieb übergegangen, der für die Federbewegung ebenfalls einfache Vorbedingungen ergab.

Der geräuschvolle Betrieb der Kette führte zum Gelenkwellenantrieb mit durchgehender fester Hinterachse, bei dem im allgemeinen das Wellengelenk den Schwingungsmittelpunkt der Federbewegung darstellt.

Zur Verringerung der ungefederten Massen hat die geteilte schwingende Halbachse oder Radauslegeraufhängung Eingang gefunden. Damit sind die Längen der schwingenden Gelenkwellen wesentlich verkürzt worden. Bei der inzwischen weit fortgeschrittenen Ausbildung der Wellengelenke ergeben sich jedoch auch hier keine mechanischen Schwierigkeiten.

VI. Antriebsausgleich.

Für die Verteilung des Antriebs auf die rechte und linke Wagenseite wurde frühzeitig das Ausgleichgetriebe angewandt, das gestattet, daß das kurvenäußere Rad mit vergrößerter, das kurveninnere mit verkleinerter Winkelgeschwindigkeit am Boden abrollt.

Bei seiner allgemeineren Ausführung als Kegelrad- oder Stirnradausgleichgetriebe, das über Zwischenräder eine gegenläufige Drehung der rechten und linken Achshälfte zuläßt, sind die Zwischenräder mit ihrer Drehachse in einem gehäuseähnlichen Körper gelagert, der über Kegelräder selbst angetrieben wird und den Antrieb über die Achsen der Zwischenräder und über diese auf die Radwellen überträgt. In dieser Form hat es den Nachteil gezeigt, daß bei mangelnder Bodenhaftung des einen Rades dieses mit verdoppelter Winkelgeschwindigkeit umläuft, während das andere Rad stehenbleibt.

Zur Vermeidung dieses Ausfalls der Antriebsmöglichkeit des Fahrzeugs hat die Entwicklung zu selbstsperrenden Ausgleichgetrieben geführt.

VII. Die Entwicklung der Kupplung.

Auch die zur Unterbrechung des Triebwerkstranges zwischen Motor und Hinterrädern für das Ingangsetzen des Motors, seinen Betrieb im Leerlauf und die Vornahme des Gangwechsels nötige Kupplung wurde in Anlehnung an den mit Losrolle oder Spannrolle ausgerüsteten Riemenantrieb früh als Reibungskupplung eingeführt.

In der Ausführung als Kegelkupplung mit Metall- oder Lederbelag gestattete sie zunächst die Übertragung großer Drehmomente mit zulässig hohen Baugewichten. Der zu rasche Eingriff wurde verbessert durch Einführung der im Öl laufenden Metallscheibenkupplung mit größerer Scheibenzahl. Eine Verbesserung der Trennung im ausgekuppelten Zustand sowie eine Verminderung des Gewichts ergab sich schließlich mit der Einführung der trockenen ebenen Reibkupplung unter Verwendung gepreßter Asbestmassen als Reibbelag mit einer oder wenigen Reibscheiben.

Diese Scheibenkupplungen sind in der Lage, beim Anfahren mehrere Sekunden lang im gleitenden Zustand das durch Verzögerung des Schwungrades vergrößerte Antriebsdrehmoment zu übertragen.

Der Wunsch nach selbsttätiger Wirkung der Kupplung hat zu den Fliehkraftkupplungen geführt, die bei kleinen Motordrehzahlen sich auslösen, zu den durch Öl- oder Luftdruck, zum Teil aus dem Saugrohr des Motors, bedienten Kupplungen und zu den hydraulischen Kupplungen, die erst bei bestimmten Drehzahlen zu übertragen beginnen.

C. Entwicklung des Fahrzeugmotors.

Die Motorenentwicklung hat nach vielfacher Auffassung einen gewissen Abschluß gefunden. Die neuen Aufgaben, die für die Gestaltung der Kraftfahrzeuge vorliegen, verlangen jedoch eine weitergehende Motorenentwicklung, insbesondere in der Richtung, daß die Motoren im Dauerbetrieb voll und hoch belastbar sind. Dies führt zu einer Angleichung an die Flugmotoren, die, sofern keine Überladung angewandt wird, mit Mitteldrücken von etwa 9 kg/cm^2 gegenüber 5 bis 6 kg/cm^2 bei Wagenmotoren und mit Kolbengeschwindigkeiten von 10 bis 12 m/sek gegenüber 6 bis 8 m/sek bei Wagenmotoren betrieben werden.

Dazu bedarf die bisherige Bauweise der Wagenmotoren, die sich den niedrigeren Beanspruchungen und der geringen zeitlichen Ausnützung der Leistungen angepaßt hat, der Weiterentwicklung, insbesondere zur Steigerung der Abnützungsfestigkeit, der Betriebssicherheit und zur Verbesserung der Wärmeableitung aus Kolben und Ventilen.

I. Begriff des Fahrzeugmotors.

Fahrzeugmotoren sind Leichtmotoren für Fahrzeuge, die entweder auf nicht besonders vorbereiteter Fahrbahn laufen, wie Personenwagen, Lastwagen, Krafträder, Schlepper, Geländewagen, oder auf vorbereiteter Fahrbahn, wenn es sich um besonders hohe Geschwindigkeiten und die Notwendigkeit leichtester Baugewichte handelt, also Autobahnwagen oder Schnelltriebwagen, ferner für kleinere, leichte und schnelle Wasserfahrzeuge, und Luftfahrzeuge, also Verkehrs-, Sport- und Militärflugzeuge, sowie Luftschiffe.

Für die Entwicklung des Kraftfahrwesens sind trotz Beschränkung auf die Wagenmotoren die Eigenarten aller dieser Fahrzeugmotoren, insbesondere der Luftfahrzeugmotoren, in ihren Betriebserfahrungen mit zu berücksichtigen.

Die gemeinsamen Anforderungen gehen dahin, die Motoren mit leichtem Gewicht und kleinem Raumbedarf von Maschine und Brennstoff und mit niedrigem Herstellungsaufwand zu bauen. Die Lösung der Aufgabe wird in erster Linie durch die leicht gebaute schnellaufende Verbrennungskraftmaschine in ihrer Form als Zünder- und als Einspritzmotor für flüssige Leicht- und Schwerkraftstoffe und für gasförmige Brennstoffe erfüllt. Auch die Dampfmaschine vermag den Anforderungen zu genügen, wenn die Verwendung bestimmter Brennstoffe und die Fahrannehmlichkeit gegenüber den Beschaffungskosten wichtiger sind. Im Betriebsgewicht wird aber die Dampfanlage auf absehbare Zeit der Verbrennungsmaschine unterlegen bleiben.

II. Viertakt und Zweitakt.

Die Landfahrzeugentwicklung hat sich bis jetzt fast ausschließlich des Viertaktmotors bedient und die Anwendung des Zweitaktmotors auf kleine Leistungen beschränkt.

Der Grund liegt neben der bis jetzt besseren Regelfähigkeit des Viertaktmotors in dem höheren Brennstoffverbrauch des Zweitaktmotors, der in der Art der Spülung und Ladung begründet ist, bei der durch das Spülgebläse fertiges Gemisch durch den Zylinder geblasen wird, so daß am Auslaßschlitz ein Verlust an Brennstoff eintritt, sowie in der hohen Wärmebeanspruchung des Kolbens.

Fortschritte in der Spülung, die den Spülluftüberschuß vermindern, sind erzielt und die Entwicklung von Einspritzvorrichtungen, die den Vergaser und seine Gemischbereitung außerhalb des Zylinders ersetzen, eingeleitet. Damit besteht für den Zweitaktmotor die Aussicht, in den Bereich der größeren Leistungen weiter einzudringen.

III. Bauformen der Motoren.

Die Formen der Motoren sind nach Zylinderzahl und -anordnung mannigfach.

Der 1-Zylinder-Motor findet sich luftgekühlt im Kraftrad und kleinen Nutzfahrzeug.

Der 2-Zylinder-Motor ist luftgekühlt als V-Motor oder als Gegenlaufmotor im Kraftrad und kleineren Fahrzeug üblich, als wassergekühlter Reihenmotor im Kraftrad.

Die 4-Zylinder-Maschine ist als wassergekühlter Reihenmotor bei Straßenfahrzeugen kleiner und mittlerer Größe üblich, als Doppel-Boxer-Motor in Krafträdern, Personen- und Lastwagen, in letzteren auch luftgekühlt.

Die 6-Zylinder-Maschine stellt als Reihenmaschine den üblichen Motor der niedersten Zylinderzahl dar, bei der vollständiger Massenausgleich erzielt ist. Sie findet sich mit Wasserkühlung in Personen- und Lastwagen.

Die 8-Zylinder-Maschine wird im Landfahrzeug als Einreihen- und Zweireihen-V-Motor angewandt. Als Einreihenmotor ist sie technisch unzweckmäßig, denn sie erfordert großen Raumbedarf und eine sehr lange Kurbelwelle, die ungünstige Schwingungsverhältnisse bedingt. Als V-Motor ist sie von diesen Nachteilen frei und bei entsprechend gebauter Kurbelwelle mechanisch ebenfalls gut ausgleichbar.

Die 12-Zylinder-Maschine, meistens in V-Form, ist mechanisch voll ausgleichbar und gestattet, hohe Leistung in einem Triebwerk unterzubringen. Sie entsprach bisher einem selteneren Bedarf für größere Leistungen in Personen- und Lastwagen, wird jedoch im Zug der kommenden Entwicklung allgemeinere Anwendung finden, wenn die größeren Fahrgeschwindigkeiten die hohen Leistungen erfordern und Fahrzeuge mit 6- und 12-Zylinder-Motoren bei ungeänderten Einzel- und Einbauabmessungen den verschiedenen Zwecken der Straßen- und Autobahnfahrt angepaßt werden.

16-Zylinder-Motoren werden auf geraume Zeit auf Sportzwecke beschränkt bleiben, wo es sich um die Verwirklichung höchster Hubraumleistungen und kleinster Leistungsgewichte durch äußerste Drehzahlsteigerung handelt.

IV. Aufbereitung und Verarbeitung des Brennstoffs.

In der Entwicklung der Wagenmotoren ist das bedeutendste Verarbeitungsverfahren das des Spritzvergaser-Benzinmotors geworden, bei dem für die Zündung die elektrische Hochspannungs-Zündkerze verwendet wird. Der Hochspannungs-Zündstrom wird über eine Umspannspule von der Wagenbatterie und der Lichtmaschine geliefert oder vom magnet-elektrischen Zünder, dessen Anker die Niederspannungs- und Hochspannungswicklung zugleich enthält. In Straßenfahrzeugen hat sich die Batteriezündung vorwiegend durchgesetzt, in Flugmotoren die Magnetzündung behauptet.

Für Personenfahrzeuge wird der Versuch gemacht, Schweröl, insbesondere Gasöl, mittels eines Vergasers aufzubereiten und im Verpuffungsverfahren zu verbrennen. Hiergegen stehen grundsätzliche Schwierigkeiten, die in den Eigenarten des Brennstoffs bedingt sind. Während die Leichtkraftstoffe bei 30 bis 40° C zu sieden beginnen und bei 120 bis 150° C fast vollkommen verdampft sind, hat das Gasöl einen Siedebereich, der zwischen 300 und 350° C liegt. Die Raum- und Wandungstemperaturen des Verbrennungsraumes mit etwa 120 bis 250° C beim Eintritt des Gemischs reichen nicht aus, Niederschläge dieser schweren Öle aus dem Gemischnebel zu verhindern. Das Gasöl gelangt infolgedessen an den Kolbenringen vorbei in das Kurbelgehäuse und führt zu der den Betrieb beeinträchtigenden Schmierölverdünnung.

Ist der Motor sehr niedrig belastet und deshalb sehr unempfindlich, dann kann eine ausreichende Betriebszeit erzielt werden, ist er aber, was in höherem Maß erforderlich wird, höher belastet, dann werden im Dauerbetrieb übermäßiger Verschleiß und Störungen die Folge sein. Der Versuch, den Schwerölvergaser stark, also bis auf etwa 350° C zu heizen, konnte, weil damit die Temperatur der Zylinderwandung sich nicht wesentlich erhöht, die Niederschläge an den kühleren Zylinderwandungen nicht vermeiden, führte aber zur Verkleinerung des Gewichts der Füllung, also zur Leistungseinbuße.

Neuerdings wird auf den Betrieb der Wagenmotoren mit Gas, das aus Gaserzeugern oder Stahlflaschen zugeführt wird, zurückgegriffen.

Die Gasmotorenfrage hat für das Fahrzeug neben der technischen in höherem Maß volkswirtschaftliche Bedeutung.

Vom technischen Standpunkt allein würde kein Grund vorliegen, etwa den Dieselbetrieb durch Gasbetrieb zu ersetzen, denn ersterer steht mit seiner hohen Verdichtung, die den besten thermischen Wirkungsgrad und den niedrigsten mengenmäßigen Verbrauch verbürgt, gegenüber allen anderen Motoren unerreicht da, und die Billigkeit der Brennstoffe des Gasmotors findet ihren Ausgleich in der Erschwerung der Betriebshaltung, der Erhöhung des Gewichts und Verkürzung des Fahrbereichs.

In volkswirtschaftlicher Hinsicht aber besitzt die Gasmaschine als Fahrzeugantrieb Bedeutung, wenn aus Gründen der Gemeinwirtschaft der Verbrauch an flüssigen Brennstoffen entlastet werden muß, solange die Erzeugung flüssiger Brennstoffe aus überall greifbaren Rohstoffen in hinreichend wirtschaftlicher Ausbeute nicht vorliegt.

Im Lastwagenbau ist der Vergaser-Benzin-Motor vom Dieselmotor schon weitgehend abgelöst. Die anfänglichen Schwierigkeiten bei der Ingangsetzung dieses Motors sind vermindert worden durch Übergang auf höhere Spannung des elektrischen Anlassers, zum Teil auch durch Erhöhung der Verdichtung, die zu besserer Zündung auch bei kalter Maschine führt.

Die Schwierigkeiten der Schaffung betriebssicherer Einspritzpumpen und Düsen sind, insbesondere durch die Entwicklung in Deutschland, im wesentlichen behoben. Die weitere Schwierigkeit aber, die Hochdruckeinspritzung des Brennstoffs so zu gestalten, daß die nötige Mischungsgüte für Luft und Brennstoff zeitgerecht erzielt wird, hat zu sehr verschiedenartigen Maßnahmen zur Herbeiführung einer Luftbewegung im Verbrennungsraum geführt.

Demgemäß unterscheidet man bei der Dieselmaschine verschiedene Verfahren der Verbrennung, die durch die Form des Verbrennungsraums bedingt sind.

Das einfachste ist das der unmittelbaren Einspritzung in den einheitlich ausgebildeten Brennraum. Gute Mischung ist hier nur durch starke Wirbelung im Brennraum, die im allgemeinen durch Richtung der Strömung in den abgeschirmten Einlaßventilen oder in den Einlaßschlitzen hervorgerufen wird, erzielbar.

Weit mehr wird die Teilung des Brennraums in verschiedenen Ausführungsarten angewandt. Ihre wesentliche Wirkung beruht darin, daß eine Drosselung zwischen dem Haupt- und Nebenraum vorhanden ist, die den Verlauf der Verbrennung dämpft und durch das Überströmen der Verbrennungsgase in den Hauptraum eine verstärkte Mischbewegung hervorruft.

Die Dämpfung der Verbrennung ist bei dem jetzigen Stand der Entwicklung in der schnell laufenden Maschine zweckmäßig, weil bei der Druckeinspritzung infolge des Zündverzugs ein großer Teil des für ein Arbeitsspiel eingespritzten Brennstoffs fast gleichzeitig verbrennt, was zu plötzlicher Drucksteigerung, zum „Klopfen" der Maschine führt.

Durch die Dämpfung der Verbrennung im unterteilten Brennraum werden die Spitzendrücke von 90 bis 100 at bis auf etwa 60 bis 65 at bei günstigen Ausführungen vermindert.

V. Die Zylinderbauarten.

Für den Aufbau des Zylinders, der die Grundlage der Gestaltung eines Motors ist, haben sich feste Formen entwickelt.

Beim Wagenmotor wird im allgemeinen der Zylinderblock verwendet, der in einem Stück mit dem Kurbelgehäuseoberteil aus Grauguß gefertigt (Abb. 1) oder als Graugußstück mit

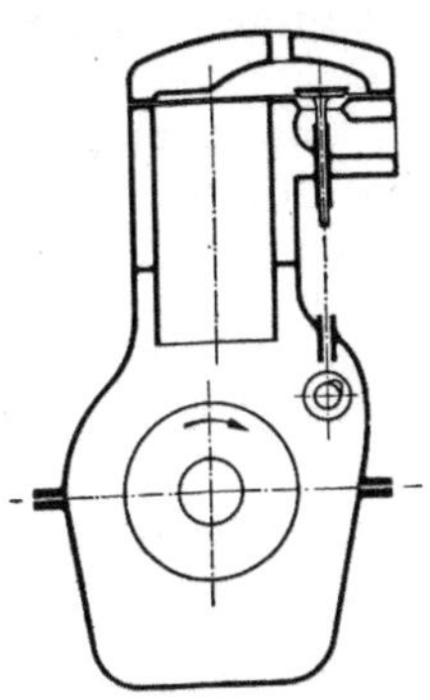

Abb. 1. Zylinderblock in einem Stück mit Kurbelgehäuseoberteil.

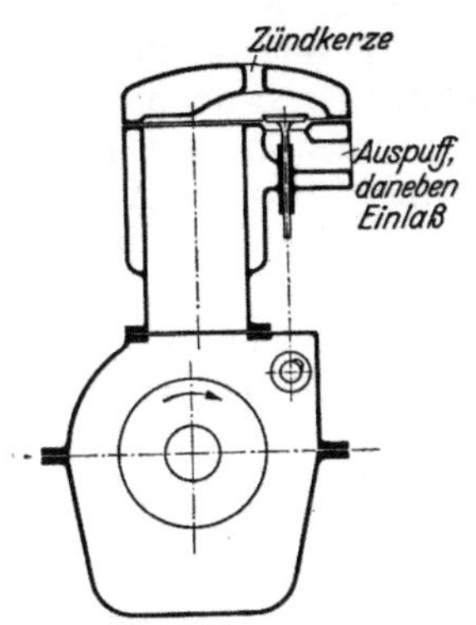

Abb. 2. Zylinderblock mit Kurbelgehäuse verschraubt.

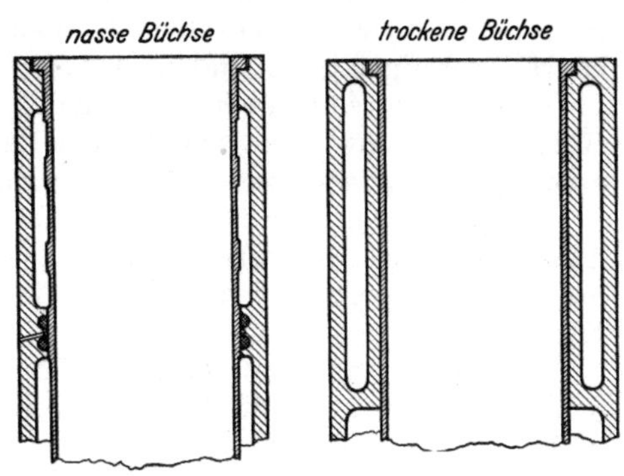

Abb. 3. In den Zylinderblock eingesetzte Laufbüchsen.

dem Grauguß- oder Leichtmetallguß-Kurbelgehäuse verschraubt ist (Abb. 2). Letztere Bauart ist leichter, aber teuerer in der Bearbeitung und erfordert besondere Maßnahmen zur Überwindung der mit der verschiedenen Wärmedehnung von Eisen und Leichtmetall verbundenen Schwierigkeiten.

Zylinderblöcke, insbesondere aus Leichtmetall, mit eingesetzten Laufbüchsen (Abb. 3) werden seltener verwandt.

Der Zylinderkopf ist heute fast allgemein abnehmbar auf den Zylinderblock aufgesetzt.

2. Die Motorenbetriebsstoffe.

A. Brennstoffe.

I. Allgemeine Entwicklung.

Für die Entwicklung der Motoren spielte die Auswahl der leichtflüchtigen flüssigen Brennstoffe lange Zeit eine untergeordnete Rolle.

Benzin, das in genügender Menge zur Verfügung stand, wurde den übrigen Kohlenwasserstoffen vorgezogen, seine Güte nach niedrigem spezifischem Gewicht und günstiger Verdampfung beurteilt.

Der Krieg, der zu weitergehender Verwendung von Benzol und Alkohol zwang, brachte neue Erkenntnisse über den Wert dieser und auch anderer Kohlenwasserstoffe, die nicht als hochwertig gegolten hatten, für den Motorenbetrieb.

Heute ist die Betriebsstofffrage für viele Länder nicht nur eine technische, sondern eine volkswirtschaftliche Angelegenheit, die heimische Rohstoffe mit zu berücksichtigen und in dem Gesamtaufwand heimischer und fremder Brennstoffe dem Ausbau des Verkehrs gerecht zu werden verlangt.

Deshalb sind alle für Kraftfahrzeugmotoren grundsätzlich geeigneten Brennstoffe und Rohstoffe zu den technischen Untersuchungen heranzuziehen.

Das leichtflüchtige Benzin, das, sofern von Zoll- und Einfuhrbedingungen abgesehen wird, in genügenden Mengen und billig zur Verfügung steht, ist zunächst vorzüglich geeignet, das Brennstoff-Luft-Gemisch zu liefern, das dem Brenngas der Gasmaschine, aus der sich der Fahrzeugmotor entwickelt hat, nahekommt.

Die Benzinwirtschaft hat durch die Entwicklung des Kraftfahrwesens die Bedeutung eines der wichtigsten Wirtschaftszweige erlangt. Sie ist im Begriff, in den Ländern, die nicht über eine große Erdölförderung verfügen, von der reinen Einfuhr- und Veredelungswirtschaft zur Erzeugungswirtschaft zu werden, die mit hochwertigen wissenschaftlich ermittelten Verfahren arbeitet.

II. Merkmale der Kraftstoffe.

Verbrennungswärme. Das wesentliche Merkmal der Kraftstoffe ist ihre Verbrennungswärme, die als Heizwert in Wärmeeinheiten je Kilogramm, Liter oder Kubikmeter (kcal/kg, kcal/l, kcal/m^3) im Wärmemeßgefäß (Kalorimeter) bestimmt wird.

Der Wärmeinhalt ist bei den flüssigen Kohlenwasserstoffen nahezu gleich. Eine Ausnahme bilden die Alkohole, deren Wärmeinhalt niedriger ist. Die Treibgase und die festen Brennstoffe weisen große Verschiedenheiten der Heizwerte auf.

Verdampfbarkeit und Verbrennbarkeit. Wichtig ist die Verdampfbarkeit, die nach der Siedetemperatur der einzelnen Kohlenwasserstoffe oder nach dem Siedeschaubild eines Kohlenwasserstoffgemischs und nach der Verdampfungswärme beurteilt wird.

Von Belang sind auch die Neigung eines Brennstoffs zur Bildung von Harzen und festen Rückständen sowie die schädlichen Beimischungen, welche Abnützung des Motors, insbesondere des Zylinders, und Anfreßerscheinungen in der Brennstoffanlage herbeiführen können.

Klopfverhalten. Ferner ist nach dem heutigen Stand der Motorenentwicklung, die höchste Ausnützung der Brennstoffe anstrebt, deren Verhalten in der Maschine in bezug auf die Verbrennungseigenschaften wesentlich, insbesondere die Verbrennungsgeschwindigkeit und das Klopfverhalten.

Eine der wichtigsten Brennstofffragen ist die des Klopfens geworden. Sie ist wohl betrieblich ausreichend, aber in ihren letzten physikalischen oder chemischen Zusammenhängen noch nicht hinreichend geklärt.

Die Brennstoffe neigen in ihrer Mischung mit Luft im Brennraum und bei Erreichen entsprechender Drücke und Temperaturen zur Selbstzündung. Die Vorgänge, die zu dieser Selbstzündung führen, sind in der Otto- und in der Dieselmaschine verschieden.

In der ersteren steigen nach erfolgter Zündung durch die Kerze im Verlauf der mit etwa 20 m/sek Flammengeschwindigkeit fortschreitenden Verbrennung der Druck und die Temperatur im Brennraum, wobei, sofern der Anfangsdruck der Verbrennung genügend hoch war, der Zustand erreicht wird, in welchem die noch nicht entflammten Restbestände des Brennstoff-Luft-Gemisches zur Selbstzündung kommen. Bei dem Übergang von der langsam fortschreitenden Verbrennung zur Selbstzündung und während der letzteren scheinen Gasschwingungsvorgänge eine gewisse Rolle mitzuspielen. Sind die sprunghaft zündenden Restbestände genügend groß und die Gegenwirkung der Massenkräfte des Kolbens, was bei niedrigen Drehzahlen der Fall ist, klein gegenüber den Gasdrücken, dann äußert sich die mit der Selbstzündung verbundene sehr rasche Drucksteigerung als Klopfen im Triebwerk.

Bei der Dieselmaschine liegt die Vorbedingung der durch die Luftverdichtung erzielten Zündtemperatur schon bei Einführung des Brennstoffstrahls vor. Das Klopfen entsteht dort, wie weiter unten behandelt, durch die Wirkung des Zündverzugs.

Toluolwert, Oktanzahl. Die Klopfneigung der Brennstoffe ist außerordentlich verschieden. Zu ihrer Beurteilung war es nötig, einen Maßstab einzuführen. Man mißt nach „Toluol"- oder, was gebräuchlicher geworden ist, nach „Oktan"-Werten.

Die Messung kann, da die Versuche einer rein physikalischen Bestimmung noch nicht zu einem allgemein gültigen Verfahren geführt haben, heute zuverlässig nur in einem laufenden Motor mit veränderlicher Verdichtung vorgenommen werden. Man stellt mit dem Ohr oder mittels Schallmessung fest, wann bei Steigerung des Verdichtungsverhältnisses der Brennstoff zu klopfen beginnt, oder, unter Verwendung des sog. „Springstabes", wie stark das Klopfen nach Überschreiten der Klopfgrenze bei einem bestimmten Verdichtungsverhältnis ist. Dann wird mit einem Vergleichsbrennstoff unter gleichen Betriebsbedingungen der gleiche Zustand des beginnenden Klopfens oder der Klopfstärke hergestellt, und zwar durch Ändederung seiner Zusammensetzung. Der Vergleichsbrennstoff besteht aus einem sehr klopffreudigen Kohlenwasserstoff, z. B. Heptan, dem klopffester Kohlenwasserstoff, beispielsweise Toluol oder Oktan, beigemischt wird, bis die Mischung dasselbe Klopfverhalten aufweist wie der untersuchte Brennstoff. Das Maß für dessen Klopffestigkeit sind die Hundertteile von Toluol bzw. Oktan, die in der Vergleichsmischung enthalten sind.

Zwischen dem Toluol- und dem Oktanverfahren ist kein grundsätzlicher Unterschied, nur der Maßstab ist verschieden, da Toluol bei den üblichen Temperaturen des Wagenmotors höhere Klopffestigkeit besitzt als Oktan.

Zündverzug und Cetenwert. Die Klopffreudigkeit oder Klopffestigkeit der Brennstoffe verhält sich in der Otto- und in der Dieselmaschine wegen der erwähnten Verschiedenheit der sich dabei abspielenden Vorgänge entgegengesetzt. Ein für das Verpuffungsverfahren klopffester Brennstoff ist für das Dieselverfahren klopffreudig und umgekehrt.

Bei der Vergasermaschine verlängert hohe Zündtemperatur und langsame Brenngeschwindigkeit des Brennstoffs den Zeitabschnitt langsamer Flammenfortpflanzung, verkleinert damit den in Selbstzündung geratenden Gemischrest und läßt die Selbstzündung später eintreten.

Bei der Dieselmaschine vergrößert hohe Zündtemperatur des Brennstoffs den „Zündverzug", den Zeitabstand zwischen der Öffnung des Einspritzventils und der wirksam einsetzenden Verbrennung, womit bei vollem Einsetzen der Verbrennung ein so wesentlicher Teil des eingespritzten Brennstoffs schon mit Luft vermischt ist, daß, da es sich um Selbstzündung des Brennstoffs handelt, die Drucksteigerung sehr schnell wird und hohe Spitzendrücke entstehen. Bei niedriger Zündtemperatur des Brennstoffs dagegen geraten kleinere Mengen schon früh in Brand, während die Aufbereitung des größten Teils des Strahls noch im Gang ist, so daß dieser mit früherem Zündbeginn, also kleinerem Zündverzug, langsamer abbrennt, was zu weicherem Gang der Maschine führt.

Demgemäß verstärkt auch in der Ottomaschine die Erhöhung des Verdichtungsverhältnisses, das die Selbstzündungsgrenze des Gemischrests früher erreichen läßt, die Klopfneigung, während in der Dieselmaschine die Erhöhung der Verdichtung, die auch dort die Verbrennung beschleunigt, den Zündverzug verkürzt und damit die Klopfneigung abschwächt.

Es muß angenommen werden, daß neben diesen Vorgängen auch noch die Gasschwingungen und Einzelvorgänge bei der Verbrennungsreaktion mitwirken, nach den Betriebsergebnissen aber ebenfalls im Sinn des entgegengesetzten Verhaltens der Brennstoffe im Otto- und Dieselmotor.

Für die Dieselöle benutzt man ein ähnliches Vergleichsverfahren wie für die Vergasermaschinen-Brennstoffe. Statt mit Toluol- oder Oktanwerten wird hier mit Cetenwerten gerechnet, da Ceten als sehr zündfreudig den Zündverzug verkleinert. Das Verfahren befindet sich aber noch in der Entwicklung.

III. Heizwerte.

Der volle Heizwert eines Brennstoffs kann in der Fahrzeugmaschine nicht ganz ausgenützt werden. Bei richtigem Wärmezustand des Motors verläßt der Wasserdampf die Maschine, ohne im Zylinder in Wasser übergegangen zu sein und die in ihm enthaltene Verdampfungswärme wieder im Arbeitsspiel verwertbar abgegeben zu haben. Diese geht der Leistung voll verloren. Man kann deshalb nur mit dem „unteren Heizwert" der Brennstoffe rechnen.

Nach dem Vorschlag von Ricardo (*1*)[1] kann diesem Heizwert bei Vergasermaschinen noch die Wärme zugerechnet werden, die zum Zweck der Erhaltung des Gemisches zwischen Vergaser und Zylinder für die Luftvorwärmung und die Gemischheizung aus der Abwärme der Maschine dem Gemisch zugeführt wird.

Die unteren Heizwerte der Brennstoffe sind durchschnittlich folgende:

Benzin	10200 kcal/kg
Benzol	9600 „
Alkohol	6400 „
Flaschengas etwa	11000 „
Holzkohle	7500 „
Holz	4500 „ .

Das richtige Gemisch aus Benzin und Luft enthält eine Wärme von 830 kcal/m³, das von Holzgas und Luft 550 kcal/m³. Die gleiche Leistungsausbeute, auf die angesaugte Gasmenge, also auf Hubraum und Drehzahl des Motors bezogen, ist mit Holzgas nur erzielbar, wenn die Ausbeute in der Verbrennung des Holzgases in dem Verhältnis 830/550, also etwa $1^1/_2$fach gesteigert wird. Das ist mit Annäherung auch möglich, weil die Generatorgase wesentlich klopffester sind als die Benzin- und Benzol-Luft-Gemische, so daß eine Maschine, die für Benzin etwa ein Verdichtungsverhältnis von 1:5,5 besitzt, für Gase auf 1:8 bis 1:9 gebracht werden kann, womit eine Steigerung des thermischen Wirkungsgrads und eine Erhöhung der Leistung etwa im Verhältnis 1,4:1 verbunden ist.

IV. Die Erzeugung von Benzin und Benzol.

Benzin wurde anfangs allein durch Sieden des Erdöls als Destillat hergestellt. Mit dem starken Anwachsen des Bedarfs und der steigenden Not für die Verwertung der nachfolgenden schwereren Destillate ist man zur Steigerung der Ausbeute durch das „Crack"- oder Spaltverfahren übergegangen, bei dem die schwereren Erdölbestandteile bei hohen Drücken und Temperaturen in Abwesenheit von Luft eine Röhrenanlage durchlaufen, in der sich die schwereren Kohlenwasserstoffmoleküle unter Koks- und Gasbildung in schwerere und leichtere Moleküle spalten. Die leichteren bilden dann die über das Ergebnis der einfachen Destillation mengenmäßig weit hinausgehenden zusätzlichen Destillate, das Spaltbenzin.

Die Benzolgewinnung erfolgt in der Retorte bei der Trockendestillation der Steinkohle im Hochtemperaturverfahren bei etwa 1350° C, bei dem außer einer geringeren Ausbeute an Benzol C_6H_6 wasserfreier Koks und Leuchtgas gewonnen wird, das beträchtliche Mengen Wasserstoff H_2, Methan CH_4 und Kohlenmonoxyd CO enthält, und im Tieftemperaturverfahren bei etwa 650° C, bei dem Halbkoks, der noch reichliche schwere Kohlenwasserstoffe enthält, sowie abgetrennte Kohlenwasserstoffe anfallen, darunter Benzol und etwas Wasserstoff.

In den letzten Jahren ist als neue Art der Brennstoffherstellung die Hydrierung in Erscheinung getreten, bei der an Kohle und an schwerere Kohlenwasserstoffe als Ausgangsstoffe unter hohem Druck von ungefähr 250 at bei Temperaturen von etwa 450° C mittels besonderer Katalysatoren Wasserstoff angelagert wird.

Mit diesem Hochdruck-Hydrierverfahren der I. G. Farben-Industrie können leichtflüchtige und schwerere Kohlenwasserstoffe, also Motorenbrennstoffe und Schmierstoffe, hergestellt werden zu Gestehungspreisen, die bei üblicher Ausbeute mit den Preisen der unter Zollschutz stehenden Handelsbrennstoffe wettbewerbsfähig sind. Bei größerem Aufwand können auch Brennstoffe hoher Klopffestigkeit erzeugt werden.

Neuerdings ist ein Normaldruck-Hydrierverfahren, die Fischersche Benzinsynthese, ausgearbeitet worden, bei der mit Kobalt als Katalysator Benzin aus Kohlenoxyd und Wasserstoff, und zwar aus der bequemen Form des Wassergases gewonnen wird, das seinerseits aus Braunkohlen- oder Steinkohlenkoks im üblichen Generator hergestellt wird. Das Verfahren liefert Kohlenwasserstoffe von der Art der Paraffine und Olefine, außerdem Ölgas, das als

[1] Die zwischen Klammern stehenden, schräg gedruckten Zahlen beziehen sich auf das am Schluß des Buches zusammengestellte Schrifttum.

Flaschengas im Fahrzeug verwendbar ist, und Festparaffin sowie Hartparaffin. Das gewonnene Benzin bedarf zur Erhöhung der Klopffestigkeit in der Ottomaschine des Zusatzes von Gegenklopfmitteln. Aus den Olefinen können Schmieröle hergestellt werden.

V. Aufbau der Kohlenwasserstoffe.

Man unterscheidet im wesentlichen zunächst aromatische und aliphatische Kohlenwasserstoffe. Die ersteren, die Benzole in der Zusammensetzung C_nH_{2n-6} des Moleküls, haben ringförmigen Aufbau, z. B. Benzol C_6H_6 (Abb. 4). Die letzteren, die Paraffine, in der Zusammensetzung C_nH_{2n+2} des Moleküls, haben kettenförmigen Aufbau, z. B. Hexan C_6H_{14} (Abb. 5). Dazwischen liegen die Naphthene, in der Zusammensetzung C_nH_{2n}, mit ebenfalls ringförmigem Aufbau, z. B. Cyklohexan C_6H_{12} (Abb. 6).

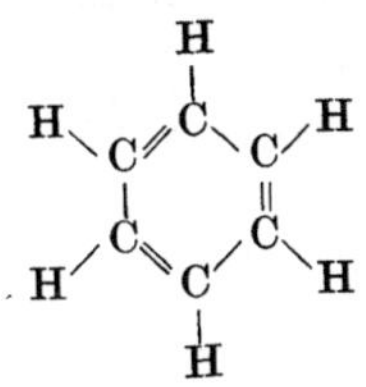

Abb. 4. Aufbau des Benzols C_6H_6.

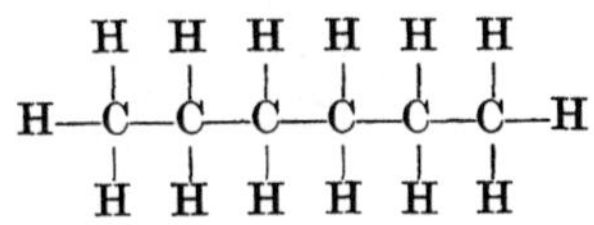

Abb. 5. Aufbau des Hexans C_6H_{14}.

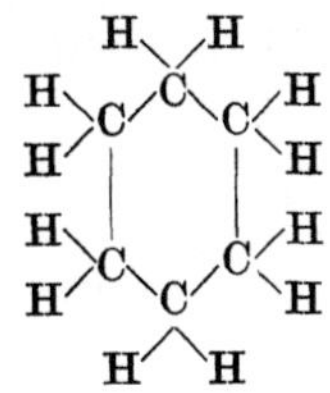

Abb. 6. Aufbau des Cyklohexans C_6H_{12}.

Die weniger bedeutenden Olefine haben keinen beständigen Molekularaufbau, bei ihnen reicht die Anzahl Wasserstoffatome im Molekül nicht aus, um die vorhandenen Kohlenstoffatome zu sättigen. Sie neigen dazu, bei der Lagerung sich durch Bildung größerer verwickelter Moleküle zu verändern. Im frischen Zustand sind die Olefine für den Motorbetrieb zwar brauchbar, sie sind aber empfindlich gegen Lagerung und dürfen nicht in großen Mengen den Betriebsstoffen beigefügt werden.

Mit der Art des Molekülaufbaus sind Unterscheidungsmerkmale der Kohlenwasserstoffe gegeben, die in großen Zügen auch ihr Verbrennungsverhalten kennzeichnen. Doch gibt es in diesem Zusammenhang Merkwürdigkeiten. So ist oben erwähnt, daß Klopfmessungen von Brennstoffen am Prüfmotor mit Hilfe der beiden Vergleichsbrennstoffe Heptan und Oktan durchgeführt werden, von denen der erstere besonders klopffreudig, der letztere klopffest ist. Diese beiden Brennstoffe liegen aber in ihrem Aufbau, soweit es sich um n-Oktan handelt, ganz nahe beieinander, und soweit es sich um Iso-Oktan handelt, nicht weit auseinander, da auch dessen Aufbau, trotz der festen Bindung von CH_3-Teilen, im wesentlichen kettenförmig ist (Abb. 7).

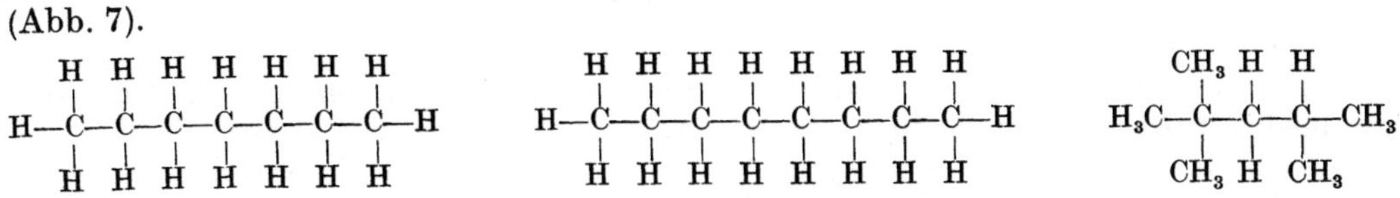

Heptan — n-Oktan — Iso-Oktan

Abb. 7. Aufbau von Heptan, n-Oktan und Iso-Oktan.

In großen Zügen kann aber festgestellt werden, daß die Brennstoffe mit ringförmigem Aufbau im Klopfverhalten besser sind als die mit kettenförmigem Aufbau. Die geringste Klopfneigung besitzen die Benzole, nach diesen folgen die Naphthene und dann die Paraffine. Oktan nimmt, wie erwähnt, eine gewisse Sonderstellung ein, ebenso einige Paraffine niedriger Ordnung.

VI. Zahlentafel der Kohlenwasserstoffe.

Aus der Zahlentafel 1 sind die Kohlenwasserstoffe, aus denen sich die üblichen Brennstoffe zusammensetzen, in ihrer Aufteilung auf die Gruppen und ihren Betriebswerten zu ersehen.

Die in einer Gruppe angeführten Kohlenwasserstoffe bilden nur einen Ausschnitt aus dieser Gruppe. Die Reihe jeder Gruppe läuft weiter bis zu schwereren Molekülen, z. B. die der Paraffine über Petroleum und Dieseltreiböle bis zu den Bestandteilen der Schmieröle, deren Siedepunkte bei 400 bis 500° C liegen.

Die handelsüblichen Brennstoffe sind stets ein Gemisch aus einigen der angeführten Kohlenwasserstoffe innerhalb der Gruppen und aus den verschiedenen Gruppen.

Zahlentafel 1.

	Spez. Gewicht bei 15°C (760 mm Hg) kg/l g/cm³	Siedetemperatur °C	Vergleich der im wassergekühlten Wagenmotor zulässigen Verdichtungsverhältnisse bei 1 : 6 für Oktan	Verdampfungswärme kcal/kg	Theoretisch richtiges Mischungsverhältnis Luft/Brennstoff kg/kg	Unterer Heizwert H_u kcal/kg
1. Paraffinreihe C_nH_{2n+2} (aliphatische Kohlenwasserstoffe):						
Bei Raumtemperatur gasförmige Brennstoffe: Methan CH_4	0,68	−164				11910
Äthan C_2H_6	1,28	− 88				11300
Propan C_3H_8	1,91	− 45				11050
Butan C_4H_{10}	2,53	+ 1				10900
Pentan C_5H_{12}	0,63	36	5,8	85,5	15,25	10890
Hexan C_6H_{14}, 80 vH rein	0,66	69	5,1	86,6	15,2	10690
Heptan C_7H_{16}	0,69	98	3,7	73,8	15,1	10720
Oktan C_8H_{18}	0,71	124	6,0	71,1	15,05	
Nonan C_9H_{20}	0,72	150				
Dekan $C_{10}H_{22}$	0,74	173		60,0		
Schwere Brennstoffe:						
Petroleum	0,81		4,2	60,0	∾15,0	10550
Gasöl-Treiböl	0,86					
2. Benzolreihe C_nH_{2n-6} (aromatische Kohlenwasserstoffe):						
Benzol[1] C_6H_6	0,88	80	6,9	95,5	13,2	9640
Toluol C_7H_8	0,87	110	7,0	84,0	13,4	9750
Xylol C_8H_{10}	0,86	140	7,0	80,6	13,6	9890
3. Naphthenreihe C_nH_{2n}:						
Cyklohexan C_6H_{12}	0,78	81	5,9	86,6	14,7	10430
Hexahydrotoluol C_7H_{14}	0,77	100	5,8	76,6	14,7	10405
Hexahydroxylol C_8H_{16}	0,76	119	4,9	73,8	14,8	10410
4. Alkoholgruppe usw.:						
Methylalkohol $(CH_3)OH[CH_4O]$	0,83	64,5	5,2	∾284,0	6,5	5340
Methylalkohol + Benzin	0,821		6,5	∾250	8,0	5670
Äthylalkohol $(C_2H_5)OH$ $[C_2H_6O]$, 98 vH Gew.	0,798	78,4	7,5	205,5	8,95	6375
95 vH Vol.	0,815		7,5	245,5	8,4	6000
Äther $(C_2H_5)_2O$				87,8	11,14	
Äther + Benzin (50/50)	0,727	35	3,9	∾ 81,1	13,0	9280
Schwefelkohlenstoff	0,994	46,0	5,15	∾ 85,0	10,80	5890

VII. Alkohol als Mischkraftstoff.

Die Verwendung von Alkoholen für den Motorenbetrieb war lange Zeit von untergeordneter Bedeutung, weil Alkohole teuerer sind als die Erdöl-Kohlenwasserstoffe und weil ihr Wärmeinhalt niedriger ist. In den letzten Jahren hat es sich in vielen Ländern als zweckmäßig erwiesen, im Rahmen der Verwendung heimischer Brennstoffe den Erdöl-Kohlenwasserstoffen Alkohole beizumischen und dadurch der Landwirtschaft die Verwertung ihres Überschußalkohols zu ermöglichen. Der mit der Einführung der Alkoholbeimischung gesteigerte Bedarf hat darüber hinaus dazu geführt, daß auch Holz- und Braunkohlenspiritus mit herangezogen wird und Alkohole auf künstliche Weise im Rahmen der Kohlenwasserstoffsynthese erzeugt werden.

Heizwerte. In der Zahlentafel 2 sind die Zusammensetzungen der hauptsächlich wichtigen Benzin-Benzol-Alkohol-Mischkraftstoffe und ihre physikalischen Kennwerte angegeben. Während der Wärmeinhalt der Erdöl-Kohlenwasserstoffe und Benzole nahe bei 10000 WE/kg liegt, beträgt er bei Alkoholen etwa 6400 kcal/kg. In den handelsüblichen Mischungen bleibt er aber dennoch zwischen 9000 und 10000 kcal/kg.

Verdampfungswärme. Die Verdampfungswärme der Alkohole ist höher als die der Benzine und Benzole und die Verdampfungsgeschwindigkeit kleiner. Bei Verdampfung von Alkoholen in der Vergasermaschine tritt deshalb eine größere Temperaturerniedrigung des Gemisches ein, was zur Vermeidung von Niederschlägen starke Vorwärmung erfordert. Diese wird aber möglichst beschränkt, so daß bei Verwendung von Alkoholen niedrige Ansaugtemperatur im Gemisch und damit gute Füllung des Zylinders erreicht wird.

[1] Reinbenzol kann trotz des niederen Siedepunktes im Motorbetrieb nicht verwendet werden, da es nicht rußfrei verbrennt und schon bei +5,4° C erstarrt.

Zahlentafel 2. **Chemisch-physikalische Kennzahlen der Benzin-Benzol-Alkohol-Mischkraftstoffe.**

Nr.	Kraftstoff nach Art und Mischungsverhältnis			Chemische Zusammensetzung der Kraftstoffe			Spez. Gewicht	Heizwert	Luft-bedarf	Ges. Verd.-Wärme
	Bi[1]	Bo[2]	Al[3]	C	H	O	γ bei 10°	H_u	L_{min}[4]	Q[5]
	Gewichts-vH			Gewichts-vH			kg/l	kcal/kg	ncbm/kg	kcal/kg
1	100	—	—	86,2	13,4	—	0,755	10300	12,1	154
2	—	100	—	91,7	8,0	—	0,883	9400	11,0	141
3	—	—	100	52,1	13,1	34,8	0,798	6400	7,5	276
4	90	—	10	82,7	13,4	3,9	0,759	9910	11,6	168,5
5	85	—	15	81,0	13,4	5,6	0,761	9715	11,3	175,0
6[6]	80	—	20	79,3	13,4	7,3	0,763	9520	11,1	180,5
7	75	—	25	77,6	13,4	9,0	0,765	9325	10,9	185,5
8	70	—	30	75,9	13,4	10,7	0,767	9130	10,7	190,0
9	50	—	50	69,2	13,4	17,4	0,776	8350	9,8	201,5
10	90	10	—	86,7	12,9	—	0,766	10210	12,0	152,5
11	80	20	—	87,1	12,3	—	0,777	10120	11,8	151,5
12	70	30	—	87,7	11,8	—	0,789	10030	11,7	150,0
13[6]	60	40	—	88,2	11,2	—	0,801	9940	11,6	148,5
14	50	50	—	88,8	10,7	—	0,813	9850	11,5	147,5
15	55	35	10	84,6	11,5	3,9	0,800	9595	11,2	162,5
16	50	35	15	82,8	11,5	5,7	0,803	9400	11,0	168,5
17[6]	45	35	20	81,2	11,4	7,4	0,805	9205	10,7	173,5

Bei den üblichen Benzin-Alkohol- und Benzin-Benzol-Alkohol-Mischungen wirkt sich der Nachteil des kleineren Wärmeinhalts nur nach Maßgabe der im Gemisch durch den Alkoholgehalt verminderten Gesamtwärme aus, während die Wirkung der höheren Verdampfungswärme bis zu wesentlichem Maß ausgenützt werden kann.

Klopfverhalten. Die Anfangstemperaturen im Kreisprozeß sind niedriger, so daß dadurch und infolge des kleineren Wärmeinhalts die Alkohole niedrigere Brenntemperaturen besitzen, was für die Verluste durch Kühlung, die Selbstzündungserscheinungen und die Spaltungsvorgänge in den Kohlenwasserstoffen günstig ist. Dem Nachteil niedriger Wärmeinhalte der Alkohole stehen demnach die Vorteile der besseren Füllung und der niedrigeren Temperaturen im Kreisprozeß gegenüber. Besonders stark ist die Wirkung der Beimischung von Alkohol auf die Klopffestigkeit, die stärker ist als die durch aromatische Brennstoffanteile oder -beimischungen erzielte Verbesserung.

Wasseraufnahme. Ein betrieblicher Vorteil der Alkohole liegt in der Fähigkeit, kleine Wassermengen, die bei alkoholfreien Kraftstoffen zu Vergaserstörungen führen können, aufzunehmen. Diese Eigenschaft begünstigt aber mit steigendem Wassergehalt die Entmischung.

Zahlentafel 3 gibt einen Überblick über die Stärke der Wasseraufnahme und die Temperaturen, bei denen in den verschiedenen Mischungen durch Wassergehalt Entmischung eintritt.

Zahlentafel 3. **Mischbarkeit von alkoholhaltigen Brennstoffen.**

Kraftstoff	Benzin	Bi/Ae 80/20	Bi/Bo/Ae 75/15/10	Bi/Bo/Ae/M 65/15/10/10	Bi/Bo[7] 60/40
Unterer Heizwert	10230	9411	9640	9110	9980
Spez. Gewicht bei 15° C	0,729	0,740	0,752	0,766	0,778
Vergleich der Verdichtungsgrenzen . .	5,5	6,5	6,1	7,1	6,3
Wasseraufnahme vH nach 2 Monaten		0,04	0,01	0,2	
nach 6 Monaten		teilweise entmischt	beständig	vollständig entmischt	
Kältebeständigkeit:					
Trübung . . . . } bei °C		−34° } 0,3 vH	keine	−21° } 0,1 vH	
Entmischung . . . . . . } bei °C		−35,8° } H_2O	−40° → 0,1 H_2O	−21,8° } H_2O	
Trübung . . . . } bei °C		+18 } 0,8 vH	−1,5 } 0,3 vH	+14 } 0,4 vH	
Entmischung . . . . . . } bei °C		+17 } H_2O	−2,5 } H_2O	+13 } H_2O	

Bei der Maschine mit unmittelbarer Brennstoffeinspritzung fallen diese Schwierigkeiten weg, da dort der Wasseranteil, solange es sich nicht um sehr grobe Ausscheidungen handelt,

[1] Leuna-Benzin. [2] B.-V.-Benzol. [3] Abs. Alkohol, vergällt mit Crotonaldehyd. [4] Bezogen auf 1 at und 10° C. [5] 95 vH verdampft bei 20° C Einsatztemperatur. Zahlentafel 1 betrifft nur reine Stoffe mit bestimmtem Siedepunkt. [6] Handelsübliche Zusammensetzung.

[7] Bi = Benzin, Bo = Benzol, Ae = Äthanol, M = Methanol.

zusammen mit dem Brennstoff zwangläufig in den Zylinder gefördert wird und lediglich einen höheren Wasserdampfgehalt im Kreisprozeß bedingt.

Bei der Verwendung von alkoholhaltigen Brennstoffen muß durch entsprechende Maßnahmen in der Lagerung und beim Füllen und mit zweckmäßiger Ausbildung der Fülleinrichtungen die Aufnahme wesentlicher Anteile von Wasser verhütet werden.

Zahlentafel 4. Korrosionsverhalten bei alkoholhaltigen Brennstoffen.

Kraftstoff	Benzin	Bi/Ae 80/20	Bi/Bo/Ae 75/15/10	Bi/Bo/Ae/M 65/15/10/10	Bi/P 60/4
Ablagerungen in Behältern, Vergasergehäusen		sehr stark	schwach	stark	
Verzinnte, verbleite, vernickelte, verchromte Lötstellen		nicht angegriffen			
Verzinktes Eisenblech		Rost	schwacher Rost	Rost	
Emaillelack		nicht angegriffen			
Öllack	getrübt	blättert ab	getrübt	blättert ab	
Nitrolack	nicht angegriffen	blättert ab	getrübt	blättert ab	nicht angegriffen
Messing		nicht angegriffen, Kupfersalzbildung an nicht bespülten Stellen			
Leichtmetallblech Antikorodal H. u. A. AW 15, Silumin		angegriffen	geringe Ablagerung		

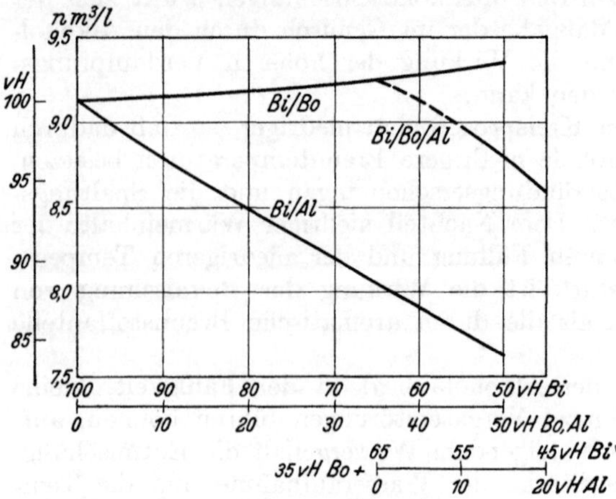

Abb. 8. Einfluß von Alkohol- und Benzolzusatz auf den Luftbedarf der Kraftstoffmischungen.

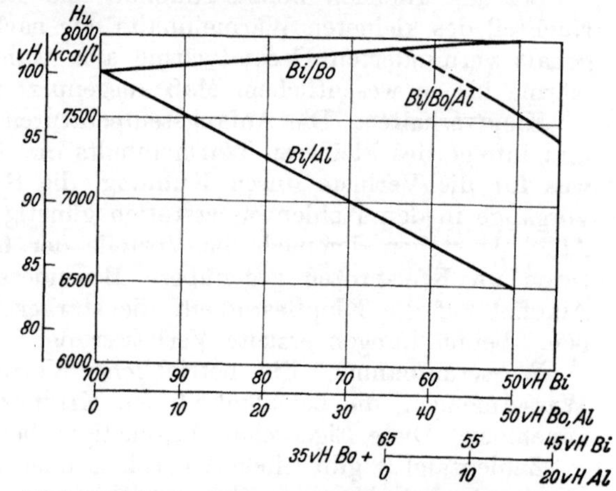

Abb. 9. Einfluß von Alkohol- und Benzolzusatz auf den Heizwert der Kraftstoffmischungen.

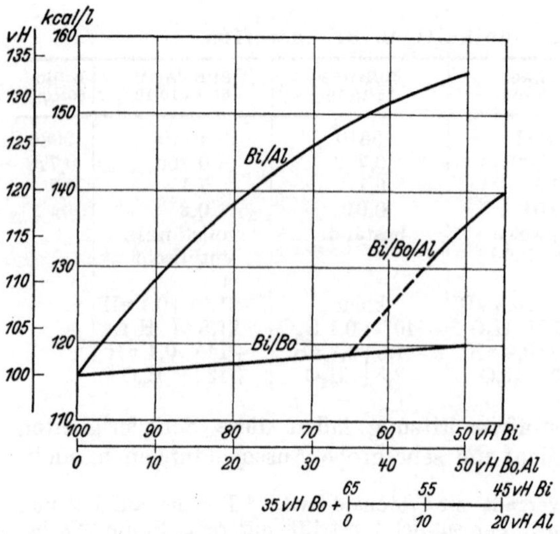

Abb. 10. Einfluß von Alkohol- und Benzolzusatz auf die gesamte Verdampfungswärme der Kraftstoffmischungen.

Korrosionsverhalten. Über die Korrosionsverhältnisse mit alkoholhaltigen Brennstoffen gibt Zahlentafel 4 einen Überblick, der zeigt, daß verzinkte, verbleite, vernikkelte und verchromte Lötstellen nicht angegriffen werden und Emaillelack und auch noch Nitrolackierung einen hinreichenden Schutz gewähren. Messing wird nicht angegriffen, dagegen bilden sich in Messingbehältern an Stellen, die vom Brennstoff nicht bespült sind, bei den alkoholhaltigen Mischungen Kupfersalze.

Die Abb. 8 bis 10 zeigen die **Abhängigkeit des Luftbedarfs, des Heizwerts und der Verdampfungswärme von der Brennstoffmischung** (*104*). Mit steigendem Alkoholgehalt sinken Luftbedarf und Heizwert, während die Verdampfungswärme ansteigt.

VIII. Siedeverlauf der Brennstoffe.

Während, wie aus Zahlentafel 1 ersichtlich, jeder Kohlenwasserstoff eine bestimmte Siedetemperatur besitzt, weisen die aus verschiedenen Kohlenwasserstoffen bestehenden üblichen Brennstoffe einen weiten Bereich der Verdampfungstemperatur auf. Durch Feststellung der bei den verschiedenen Temperaturen durch Sieden übergegangenen Anteile eines Brennstoffs ergibt sich für diesen die Schaulinie des Siedeverlaufs, die für die Bewertung der Brennstoffeigenschaften wesentlich ist. Sie ist als Beispiel für verschiedene Brennstoffe in Abb. 11 dargestellt. Die Zahlentafel 5 gibt einige Zahlenwerte für das Siedeverhalten von Brennstoffmischungen an.

Zahlentafel 5. Eigenschaften der Kraftstoffe hinsichtlich ihres Siedeverhaltens.

Nr.	Kraftstoff, Gewichtsanteil vH			Temperaturen in °C, bei Destillat in Raumteilen vH				Mittlere Siedetemp. (Kennziffer)
	Bi	Bo	Al	Siedebeginn °C	10 vH °C	30 vH °C	95 vH °C	°C
1	100	—	—	35	63	98	209	127
2	—	100	—	78	83	85	122	92
3	—	—	100	78	78	78	78	78
4	90	—	10	31	54	67	188	111
5	85	—	15	32	54	68	185	106
6	80	—	20	34	56	69	181	102
7	75	—	25	34	58	71	184	102
8	70	—	30	34	58	71	182	97
9	50	—	50	44	66	75	181	88
10	90	10	—	30	59	89	184	115
11	80	20	—	37	62	86	182	112
12	70	30	—	36	65	86	183	111
13	60	40	—	39	68	86	180	108
14	50	50	—	44	71	86	181	106
15	55	35	10	42	60	71	184	103
16	50	35	15	45	61	69	182	99
17	45	35	20	43	63	70	176	95

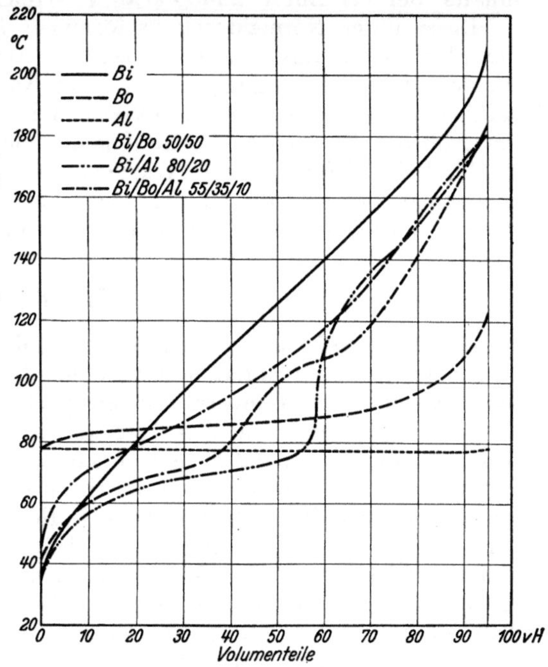

Abb. 11. Siedeverlauf verschiedener Kraftstoffmischungen.

Wichtig für den Motorenbetrieb ist frühzeitiger Beginn des Siedens bei niedrigen Temperaturen und das Vorhandensein nur kleiner Siedeschwänze bei hohen Temperaturen. Das erstere sichert leichtes Anlassen der Vergasermaschine, das letztere verhütet Niederschlagsbildung im Zylinder, die zu Schmierölverschlechterung führt. Für die Regelfähigkeit der Vergasermaschine ist aber neben dem Siedeverlauf der Dampfdruck und die Verdampfungswärme wichtig, da sie für die Schnelligkeit der Verdampfung von Bedeutung sind.

IX. Veredelnde Brennstoffzusätze.

In ihrer klopfverhütenden Wirkung wird die Beimischung von Benzol und Alkohol noch übertroffen durch die Versetzung der Brennstoffe mit kleinen Mengen veredelnder Zusätze wie Tetraäthylblei, Eisenkarbonyl, Monomethylanilin.

Die Nebenwirkungen dieser Beimischungsstoffe äußern sich in metallischen Überzügen im Brennraum (Blei, Eisen), die eine gewisse Stärke nicht überschreiten dürfen, wenn sie die Arbeit der Zündkerzen und Ventile nicht beeinträchtigen sollen. Die Art der Zusätze ist wie auf die Klopffestigkeit, so auch in dieser Hinsicht von verschiedener Wirkung. Solange die Beimischung nicht über etwa 1 vT hinausgeht, treten Betriebsstörungen nicht auf. Die befürchtete giftige Wirkung der Auspuffgase bei Verwendung dieser Zusätze hat sich, bei der großen Verdünnung der im Verkehr entstehenden Motorabgase in der Luft, als nicht vorliegend erwiesen, dagegen sind bei der Vornahme der Mischung der Brennstoffe besondere Maßnahmen zum Schutz der Haut nötig.

Nach besonderen Untersuchungen (*1a*) über die allgemeinere Frage der giftigen Wirkung von Auspuffgasen an Versuchstieren und an in Motorenfabriken und an Motorenprüfständen beschäftigten Personen sind gefährliche Veränderungen an Innenorganen, die durch dauerndes Einatmen von mit Benzin- und Benzoldämpfen gesättigter Luft an Tieren eintreten, an diesen und an Menschen unter den erwähnten Betriebsbedingungen nicht festzustellen, so daß, wenn von der erstickenden Wirkung der Abgase in geschlossenen Räumen abgesehen wird, eine vergiftende Dauereinwirkung der in gelüfteten Fabrik- und Versuchsräumen oder im Straßenverkehr sehr verdünnten Abgase nicht zu erwarten ist.

X. Flaschengase.

Den in der Zahlentafel 1 am Anfang der Paraffinreihe stehenden leichten Kohlenwasserstoffen kommt als Flaschengasen zunehmende Bedeutung für das Kraftfahrwesen zu. Sie sind bei nicht zu hohen Drücken verflüssigbar und besitzen den Vorteil eines großen Wärmeinhalts, der bei Butan 26400 kcal/m^3 erreicht.

Diese unter Normaldruck gasförmigen Brennstoffe sind an sich, da bei ihnen alle Verdampfungsschwierigkeiten des Vergaserbetriebs wegfallen und weil sie sehr klopffest sind, für den Motorbetrieb gut geeignet. Der Nachteil, daß sie in Druckflaschen im Fahrzeug mitgeführt werden müssen, kann in vielen Arten eines regelmäßigen Fahrbetriebs und insbesondere bei größeren Fahrzeugen in Kauf genommen werden.

Als Beispiel für ihre gute Wärmeausbeute ist der Betrieb des Luftschiffes „Graf Zeppelin" zu nennen, das eine dem Luftgewicht angepaßte Mischung von Methan, Butan, Propan mit großem Vorteil für die Reichweite verwendet.

B. Die Schmieröle.

Das Schmieröl hat die Aufgabe, die umlaufenden Teile der Maschine zu schmieren, Kolben und Zylinder abzudichten und von den bewegten Teilen Wärme abzuführen. Dabei ist es sehr verschiedenen Temperaturen ausgesetzt.

Die Schmierung hat den Zweck, die aufeinanderlaufenden Teile durch einen dünnen Schmierölfilm voneinander zu trennen, um die sonst vorliegende trockene Reibung zu verringern und die Abnützung zu verkleinern. Wenn der Ölfilm völlig zusammenhängt, so befindet man sich im Gebiet der sog. „flüssigen Reibung". Die Tragfähigkeit eines Lagers hängt dann von dem Durchmesser des Zapfens, dem Lagerspiel, der Gleitgeschwindigkeit und der Ölzähigkeit ab. Größere Zähigkeit ergibt zwar höhere Belastbarkeit, jedoch auch größere Widerstände, so daß man von Fall zu Fall die richtige Ölauswahl treffen muß. Beim Automotor muß das Öl auch bei voller Belastung der Maschine und den sich dabei einstellenden hohen Temperaturen genügend schmierfähig bleiben. Beim Anlaufen des Motors wird der Zustand der flüssigen Reibung nicht sofort erreicht, da sich die aufeinandergleitenden Teile an einzelnen Oberflächenpunkten berühren. Da an anderen Stellen noch Öl haftet, so heißt dieser Zustand „halbflüssige Reibung" oder auch „Mischreibung". Die Reibungsziffer bei „halbflüssiger Reibung" kann bis zu 0,1 betragen, während sie bei „flüssiger Reibung" unter günstigen Bedingungen Werte von 0,002 erreicht. Für das Anfahren ist die Haftfähigkeit des Öles an den zu schmierenden Teilen wesentlich.

Als Schmieröle werden seltener tierische oder pflanzliche Öle, sog. fette Öle, meistens aber mineralische Öle verwendet. Die Mineralöle sind ein Bestandteil des Erdöles und werden durch Abdestillieren der Benzin-, Leichtöl- und Gasölfraktionen aus den flüssigen Rückständen gewonnen. Die Mineralöle setzen sich aus einer großen Anzahl von Kohlenwasserstoffen zusammen. Je nach der Herkunft des verarbeiteten Rohöles schwankt diese Zusammensetzung sehr stark. Für technische Zwecke teilt man die Mineralöle nach Art der im Einzelfall überwiegenden Kohlenwasserstoffe in zwei Hauptgruppen ein: in „paraffinbasische" und „naphthenbasische". Die paraffinischen bestehen in der Hauptsache aus Kohlenwasserstoffen von der Form C_nH_{2n+2}, die naphthenischen aus solchen von der Form C_nH_{2n} und C_nH_{2n-2}. Paraffinische Öle sind die pennsylvanischen, naphthenische die Texasöle. Da naphthenische Öle leichter vollkommen verbrennen als paraffinische, so ergeben erstere weniger Rückstandsbildung, während letztere geringeren Verbrauch und bessere Abdichtung ergeben.

Aus Kohle sind durch katalytische Hydrierung schon sehr gute Schmieröle gewonnen worden.

Allgemein sollen die Schmieröle einen kleinen Gehalt an nicht verdampfbaren und zur Verkokung neigenden Anteilen haben. Man verwendet deshalb Öle, die bei ausreichender Viskosität einen möglichst tiefliegenden Siedebereich aufweisen. Die Bildung von asphaltartigen Rückständen ist unerwünscht, da diese dieÖlleitungen und Schmiernuten verstopfen und die Ventilschäfte verpichen.

Im Laufe des Betriebes wird das Schmieröl verschlechtert. Durch die Ansaugluft dringt Staub ein, der von den Zylinderwandungen durch das Öl abgewaschen wird. Außerdem verschmutzt das Öl durch abgeriebene Metallteile, durch rußige oder koksartige Verbrennungsrückstände des Kraftstoffes und Öles. Schwitzwasser kann zu Emulgierung und Schlammbildung führen. Bei kalter Maschine kann Ölverdünnung durch Eindringen von Kraftstoff eintreten. Insbesondere sind Kraftstoffe mit hohem Siedeschwanz in dieser Beziehung gefährlich. Während des Laufes erleidet das Öl durch die dauernde Durchwirbelung von Luft bei erhöhter Temperatur chemische Veränderungen durch Oxydation, die man als Alterungserscheinungen bezeichnet. Dieser Vorgang wird durch vorhandene Metallteile und Metallseifen katalytisch beeinflußt. Bei Schmierölen von Dieselmotoren tritt ein starkes Ansteigen der Viskosität ein. Soweit diese nicht durch Verrußung bedingt ist, ist sie auf Alterungserscheinungen zurückzuführen. Die starke Eindickung des Dieselschmieröles bedingt Verwendung verhältnismäßig dünner Öle. Bei Vergasermotoren ist die Viskositätsänderung der Öle gering.

Eine Anpassung der Öle an die Temperaturbedingungen im Sommer und im Winter durch Verwendung von Ölen mit größerer bzw. kleinerer Viskosität ist notwendig.

Für die Beurteilung der Güte von Schmierölen ist im wesentlichen maßgebend: Viskosität, Flammpunkt, Stockpunkt und Verkokungsrückstand. Die Alterung von Ölen ist durch den Aschegehalt, die Säure- und Verseifungszahl gegeben. Von untergeordneter Bedeutung sind: spezifisches Gewicht, Farbe, Fluoreszenz.

3. Die wichtigsten thermodynamischen Fragen des Fahrzeugmotors.

Bezeichnungen

T Temperatur [° K],
c spezifische Wärme [kcal/kg° C],
η Wirkungsgrad,
ϱ Volldruckverhältnis,
λ Verpuffungsdruckverhältnis,
R Gaskonstante [m],
G Gewicht [kg],
p Druck [kg/m²],
μ Molekulargewicht [kg/Mol],
$k = \frac{c_p}{c_v}$ = Verhältnis der spezifischen Wärmen bei konst. Druck und bei konst. Volumen.

A. Die Arbeitsverfahren.

Die thermischen Wirkungsgrade sind vom Arbeitsverfahren abhängig.

I. Das Otto-Verfahren.

Dem Verbrennungsvorgang im Leichtölmotor kann das idealisierte p-v-Diagramm der Verpuffungsmaschine zugrunde gelegt werden (Abb. 12). *0—1* und *2—3* sind Adiabaten. Die auf *1—2* zugeführte Wärme ist

$$q_1 = c_v(T_2 - T_1),$$

die auf *3—0* abgeführte Wärme ist

$$q_2 = c_v(T_3 - T_0).$$

Der Wirkungsgrad ist somit

$$\eta = \frac{(T_2 - T_1) - (T_3 - T_0)}{T_2 - T_1} = 1 - \frac{T_3 - T_0}{T_2 - T_1}.$$

Aus den Adiabatengleichungen

$$T_0 v_0^{k-1} = T_1 v_1^{k-1},$$
$$T_3 v_3^{k-1} = T_2 v_2^{k-1}$$

folgt mit $v_3 = v_0$ und $v_2 = v_1$

$$\frac{T_3 - T_0}{T_0} = \frac{T_2 - T_1}{T_1}.$$

Damit ist

$$\eta = 1 - \left(\frac{T_0}{T_1}\right) = 1 - \left(\frac{p_0}{p_1}\right)^{\frac{k-1}{k}},$$

d. h. der Wirkungsgrad steigt mit dem Verdichtungsverhältnis.

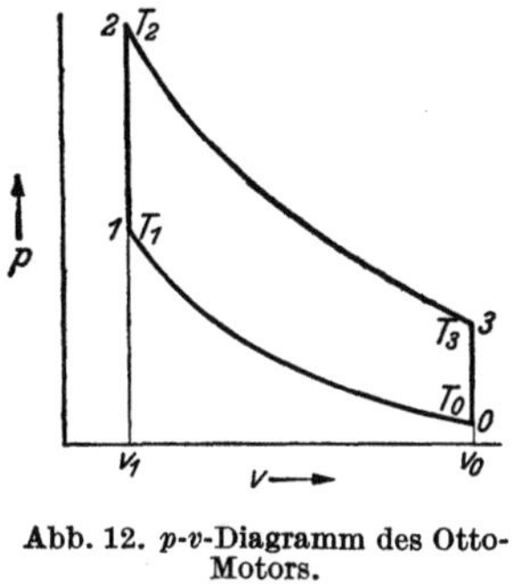

Abb. 12. p-v-Diagramm des Otto-Motors.

II. Das Diesel-Verfahren.

Für die Dieselmaschine mit Brennstoffeinblasung gilt angenähert das Gleichdruckdiagramm, bei der schnellaufenden Fahrzeug-Dieselmaschine mit Strahleinspritzung ein teils mit Verpuffung, teils mit Gleichdruckverbrennung arbeitender Vorgang. Das Diagramm des Einblase-Dieselmotors nach Abb. 13 liefert folgende Wirkungsgradverhältnisse:

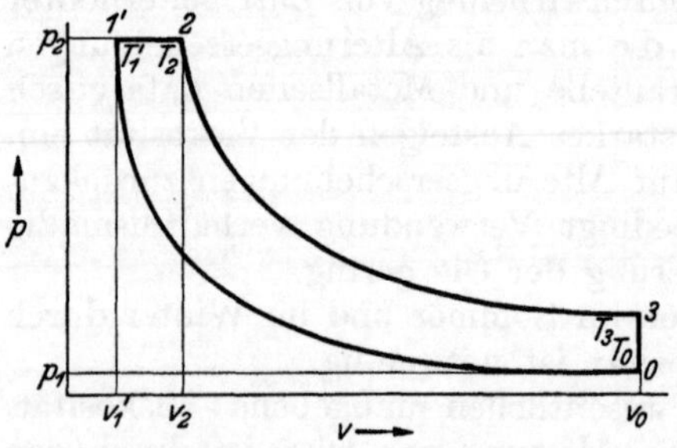

Abb. 13. *p-v*-Diagramm des Einblase-Dieselmotors.

$\varrho = \frac{v_2}{v_1'}$ sei das Volldruckverhältnis,

0—1' und *2—3* seien Adiabaten,

$\varepsilon = \frac{v_0}{v_1'}$ sei das Verdichtungsverhältnis.

Die zugeführte Wärme ist

$$q_1 = c_p(T_2 - T_1'),$$

die abgeführte Wärme

$$q_2 = c_v(T_3 - T_0).$$

Der Wirkungsgrad ist

$$\eta = \frac{c_p(T_2 - T_1') - c_v(T_3 - T_0)}{c_p(T_2 - T_1')} = 1 - \frac{1}{k}\,\frac{T_3 - T_0}{T_2 - T_1'}$$

mit $k = \frac{c_p}{c_v} \approx 1{,}4$ und $\frac{1}{k} = 0{,}71$. Bei gleichen Spitzendrücken ist der Wirkungsgrad des Dieselmotors besser als der des Vergasermotors, da die bei gleichem Druck zugeführte Wärme besser ausnutzbar ist.

Aus den Adiabatengleichungen

$$\frac{T_3}{T_2} = \left(\frac{v_2}{v_0}\right)^{k-1} = \left(\frac{\varrho}{\varepsilon}\right)^{k-1},$$

der Isobarengleichung

$$\frac{T_1'}{T_2} = \frac{v_1'}{v_2} = \frac{1}{\varrho}$$

und aus

$$\frac{T_0}{T_2} = \frac{T_0}{T_1'}\cdot\frac{T_1'}{T_2} = \left(\frac{v_1'}{v_0}\right)^{k-1}\frac{1}{\varrho} = \left(\frac{1}{\varepsilon}\right)^{k-1}\frac{1}{\varrho}$$

folgt der Wirkungsgrad

$$\eta = 1 - \frac{\varrho^k - 1}{k\,\varepsilon^{k-1}(\varrho - 1)},$$

d. h. der Wirkungsgrad steigt auch hier mit dem Verdichtungsverhältnis, und mit wachsendem ϱ sinkt der Wirkungsgrad.

III. Das Verfahren der schnellaufenden Fahrzeug-Dieselmaschine.

Aus dem Diagramm der Fahrzeug-Dieselmaschine Abb. 14 ist der Wirkungsgrad in Abhängigkeit von den Temperaturen sowie vom Verdichtungs-, Volldruck- und Verpuffungsdruckverhältnis zu entnehmen, wenn *0—1* und *2—3* Adiabaten sind:

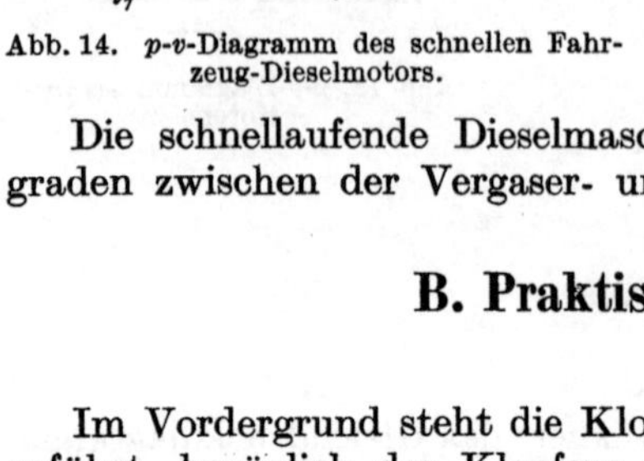

Abb. 14. *p-v*-Diagramm des schnellen Fahrzeug-Dieselmotors.

$$\eta = \frac{c_v(T_1' - T_1) + c_p(T_2 - T_1') - c_v(T_3 - T_0)}{c_v(T_1' - T_1) + c_p(T_2 - T_1')},$$

$$= 1 - \frac{T_3 - T_0}{(T_1' - T_1) + k(T_2 - T_1')}$$

und

$$\eta = 1 - \frac{\varrho^k\cdot\lambda - 1}{\varepsilon^{k-1}[\lambda - 1 + k\,\lambda(\varrho - 1)]},$$

wobei $\lambda = \frac{p_1'}{p_1}$ das Verpuffungsdruckverhältnis ist.

Die schnellaufende Dieselmaschine mit Strahleinspritzung liegt also in ihren Wirkungsgraden zwischen der Vergaser- und der Gleichdruck-Dieselmaschine.

B. Praktische thermodynamische Fragen.

I. Das Klopfen.

Im Vordergrund steht die Klopffrage. Die Brennstoffe unterscheiden sich, wie früher ausgeführt, bezüglich des Klopfens erheblich. Vergleichsversuche an einer 1-Zylinder-Maschine mit veränderlicher Verdichtung lieferten z. B. folgende Grenzverdichtungsverhältnisse:

Benzin	1 : 5,5
Benzin/Benzol 60/40	1 : 6,5
Benzin/Benzol/Äthylalkohol 75/15/10	1 : 6,1
Benzin/Benzol/Äthylalkohol/Methylalkohol 65/15/10/10	1 : 7,1

Trotz dieser starken Verschiedenheiten besteht über das Wesen des Klopfens noch keine volle Klarheit. Durch Messungen hinreichend belegt ist die schon angeführte Erklärung, daß das Klopfen durch Selbstzündung eines Gemischrestes, der durch die bis dahin vor sich gegangene Verbrennung im Zylinder bis zum Selbstzündungspunkt verdichtet ist, hervorgerufen wird.

Die Verschiedenheit des Vorgangs in verschieden gebauten Motoren und insbesondere bei den verschiedenen Brennstoffen deutet aber, wie erwähnt, darauf hin, daß sich dabei besondere physikalische Vorgänge vollziehen. Hierüber bestehen noch verschiedene Theorien. Während allgemein angenommen wird, daß das Klopfen nur bei hohen Verdichtungsdrücken auftritt, ist es auch möglich, durch einen einleitenden Druckstoß Detonation in Brennstoff-Luft-Gemischen, die unter atmosphärischem Druck stehen, zu erzielen. Ein derartiger Zusammenhang der Detonation mit Schwingungsvorgängen ergibt sich auch daraus, daß es möglich ist, Detonation in einer langen Bombe durch schwingungsdämpfende Ausbildung der der Zündstelle gegenüberliegenden Abschlußwand zu unterbinden.

Die Selbstzündungstemperatur, bei deren Erreichung das Gemisch im Motorenzylinder zur Zündung kommt, liegt bei Benzin- und Benzol-Luft-Gemischen bei etwa 700° C.

Neben der Abhängigkeit von dieser Temperatur, die durch den Verdichtungsdruck und die Wärmestrahlung während der Verbrennung herbeigeführt wird, ist auch eine Abhängigkeit der Klopfvorgänge von der Verdünnung des Brennstoffs festzustellen. Nach Ricardo (*1*) ist die Klopffreudigkeit am stärksten bei theoretisch richtig zusammengesetztem Gemisch und wird schwächer bei größerem Luft- oder Brennstoffüberschuß. Die Unterschiede sind aber kleiner als die durch die Brennstoffart bedingten. Auch ist es nicht möglich, zur Beeinflussung der Klopfvorgänge die Zusammensetzung des Gemischs wesentlich zu ändern. Denn diese ist bedingt durch die Anforderungen der Wirtschaftlichkeit des Betriebs und der Regelfähigkeit der Maschine.

Auch die durch besondere Formen des Verbrennungsraums des Zylinders auf das Klopfen ausgeübten Einflüsse bleiben in ihrer Wirkung hinter den Einflüssen der Brennstoffarten zurück.

II. Die Vorwärmung.

Für den Bau eines Motors, insbesondere eines Vergasermotors, sind die Temperaturen der Ansaugluft und des Gemischs in der Saugleitung wichtig, da von ihnen die Möglichkeit des Anlassens und der vollen Verdampfung des Brennstoffs abhängt und die Vorwärmungsmaßnahmen bedingt sind.

Die spezifischen Wärmen der Brennstoffe sind etwa bei

Benzin	0,5 kcal/kg
Benzol	0,5 „
Alkohol	0,7 „ .

Die Verdampfungswärmen sind für

Benzin	85 kcal/kg
Benzol	95 „
Alkohol	220 „ .

Die erforderliche Wärmezufuhr zur Erwärmung von 1 kg Benzin mit 15,2 kg Luft um 1° C ist

$$1 \cdot 0{,}5 + 15{,}2 \cdot 0{,}24 = 4{,}15 \text{ kcal},$$

bei 20 vH Luftüberschuß

$$1 \cdot 0{,}5 + 15{,}2 \cdot 1{,}2 \cdot 0{,}24 = 4{,}88 \text{ kcal},$$

bei Benzol mit 13,5 kg Luft

$$1 \cdot 0{,}5 + 13{,}5 \cdot 0{,}24 = 3{,}74 \text{ kcal},$$

bei 20 vH Luftüberschuß

$$1 \cdot 0{,}5 + 13{,}5 \cdot 1{,}2 \cdot 0{,}24 = 4{,}39 \text{ kcal},$$

bei Alkohol mit 8,0 kg Luft

$$1 \cdot 0{,}7 + 8{,}0 \cdot 0{,}24 = 2{,}62 \text{ kcal},$$

bei 20 vH Luftüberschuß

$$1 \cdot 0{,}7 + 8{,}0 \cdot 1{,}2 \cdot 0{,}24 = 3{,}00 \text{ kcal}.$$

Temperatursenkung durch Verdampfung. Es ergibt sich in abgerundeten Zahlen die bei vollständiger Verdampfung eintretende Temperaturerniedrigung für Benzin ohne Luftüberschuß zu

$$\frac{85}{4,15} = 21^\circ\,\mathrm{C},$$

Benzin mit 20 vH Luftüberschuß

$$\frac{85}{4,88} = 17^\circ\,\mathrm{C},$$

Benzol ohne Luftüberschuß

$$\frac{95}{3,74} = 25^\circ\,\mathrm{C},$$

Benzol mit 20 vH Luftüberschuß

$$\frac{95}{4,39} = 22^\circ\,\mathrm{C},$$

Alkohol ohne Luftüberschuß

$$\frac{220}{2,62} = 84^\circ\,\mathrm{C},$$

Alkohol mit Luftüberschuß

$$\frac{220}{3,01} = 73^\circ\,\mathrm{C}.$$

Zu ermitteln sind daraus die Temperaturen, bei denen sich die Brennstoff-Luft-Mischung in verdampftem Zustand erhalten kann. Diese Temperaturen sind die der Dampfspannung des betreffenden Brennstoffs. Die Dampfspannungen errechnen sich wie folgt aus den Gasgleichungen

$$P_l \cdot V = G_l \cdot R_l \cdot T,$$
$$P_b \cdot V = G_b \cdot R_b \cdot T,$$

T abs. Temperatur [° K], P_b Teildruck des Brennstoffs [kg/m²],
P_l Teildruck der Luft [kg/m²], $P = P_l + P_b$ Druck des Gemisches [kg/m²].

Es wird

$$P_b = P \frac{G_b\,R_b}{G_l\,R_l + G_b\,R_b},$$

G_l Gewicht der Luft [kg], R_l Gaskonstante der Luft = 29,26 [m],
G_b Gewicht des Brennstoffs [kg], R_b Gaskonstante des Brennstoffs.
μ_b Molekulargewicht,

$$R_b = \frac{848}{\mu_b}.$$

Für Benzin ist

$$\mu_b = 107,$$
$$R_b = \frac{848}{107} = 7,9\ \mathrm{m};$$

für Benzol ist

$$\mu_b = 78,$$
$$R_b = \frac{848}{78} = 10,85\ \mathrm{m};$$

für Alkohol ist

$$\mu_b = 46,$$
$$R_b = \frac{848}{46} = 18,4\ \mathrm{m}.$$

Es ist für

	ohne Luftüberschuß	mit 20 vH Luftübersch.
Benzin $P_b = \frac{1 \cdot 7,9}{15,2 \cdot 29,26 + 1 \cdot 7,9} \cdot 10000$ . . .	= 174 kg/m²	146 kg/m²
Benzol P_b	= 267 „	224 „
Alkohol P_b	= 728 „	614 „

Diesen Dampfspannungen entsprechen folgende Temperaturen in der Saugleitung hinter dem Vergaser (*2*)

Benzin	−22° C,	−26° C
Benzol	− 5° C,	− 8° C
Alkohol	+22° C,	+18° C

und, unter Berücksichtigung der durch die Brennstoffverdampfung eintretenden Temperaturerniedrigung, die Temperaturen vor dem Vergaser

Benzin	−22° +21° = − 1° C	−26° +17° = − 9° C
Benzol	− 5° +25° = + 20° C	− 8° +22° = +14° C
Alkohol	+22° +84° = +106° C	+18° +73° = +91° C.

Die Temperatur $-1°$ vor dem Vergaser für Benzin ist, selbst bei sehr niedriger Außentemperatur, im allgemeinen erreichbar. Eine Temperatur von $+20°$ C für Benzol ist vor dem Vergaser bei niedriger Außentemperatur nur mit Luftvorwärmung zu erreichen. Für übliche Mischungen aus Benzin, Benzol und Alkohol liegen die notwendigen Lufttemperaturen etwa bei $+6$ bis $+8°$ C, was ebenfalls erreicht werden kann. Bei den Wagenmotoren ist also im allgemeinen Luftvorwärmung vor dem Vergaser nicht nötig. Die Größe des Alkoholzusatzes ist aber unter Umständen durch die getroffenen Vorwärmungsmaßnahmen begrenzt.

Saugrohrheizung. Bei den in der Saugleitung auftretenden sehr niedrigen Temperaturen ist zur Vermeidung von Vereisung und Brennstoffniederschlägen an der Rohrwandung, die durch die scharfen Strömungsumlenkungen begünstigt werden, eine Heizung notwendig. Sie kann sich im wesentlichen auf die Umlenkungsstellen beschränken, an denen durch metallischen Anschluß der Saugleitung an die Auspuffleitung oder durch Umströmung mit Auspuffgasen die sog. heißen Punkte geschaffen werden (Abb. 15).

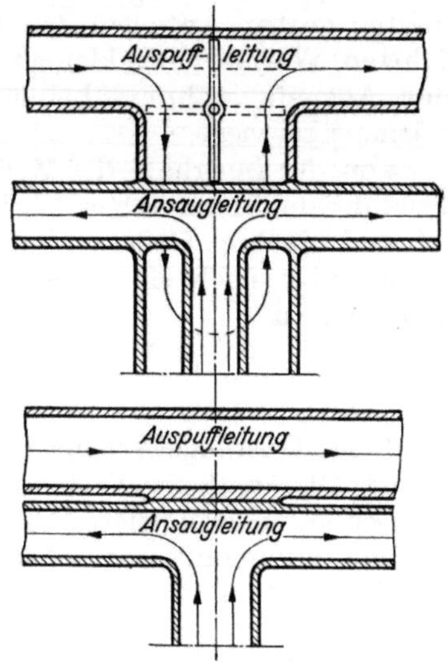

Abb. 15. Saugrohrbeheizung.

III. Die Temperaturen im Arbeitsvorgang.

Für die Beurteilung der Wärmeverhältnisse wichtig sind auch die Temperaturen im Arbeitsvorgang der Maschine.

Die Temperatur am Ende des Saughubs. Nach Ricardo (*1*) bestimmt sich die Temperatur am Ende des Saughubs aus der Temperatur der Auspuffrückstände und der Temperatur der frischen Ladung. Dabei ist noch die Temperaturerniedrigung durch Brennstoffverdampfung und die Temperaturerhöhung durch Vorwärmung und durch Wärmeaufnahme aus den Wandungen zu berücksichtigen. Bei einem Motor mit 1,3 l Hubraum, einem Verdichtungsverhältnis 1:5 ergibt sich bei einer Ansauglufttemperatur von 15,5° C eine Anfangstemperatur von etwa 125° C bei Benzinbetrieb. Bei Benzol beträgt sie etwa 112° C und bei Alkohol etwa 65° C. Alkohol allein erfordert gute Vorwärmung, da seine Verdampfung verhältnismäßig langsam erfolgt.

Die Temperatur am Ende der Verdichtung. Die Verdichtungstemperaturen und Verdichtungsdrücke ermitteln sich aus der Polytropengleichung $t_1 = t_0 \cdot \varepsilon^{n-1}$. Man kann mit folgenden Kennziffern rechnen

Benzin/Benzol/Luft	$n = 1{,}35$
Alkohol/Luft	$n = 1{,}33$.

Damit werden unter Beachtung der Anfangstemperaturen die Endtemperaturen bei

Benzin	427° C
Benzol	402° C
Alkohol	302° C.

Die Enddrücke sind bei

Benzin und Benzol	8,66 ata
Alkohol	8,38 „ .

Die Verbrennungstemperatur. Bei der Bestimmung der Verbrennungstemperatur (*3*) muß die Veränderlichkeit der spezifischen Wärme der Gase und die Dissoziation berücksichtigt werden.

Aus Berechnungstafeln (*3*) und Schaubildern kann man die Verbrennungstemperatur verhältnismäßig leicht bestimmen. Sie beträgt etwa 2500° C. Der Verbrennungsdruck ergibt sich zu ungefähr 36 ata.

Temperatur nach der Dehnung. Die Ausdehnung der Gase erfolgt nach einem Polytropengesetz mit einer Kennziffer $n \approx 1{,}35$. Am Ende der Ausdehnung beträgt die Temperatur ungefähr 1700° C und der Druck etwa 5,1 ata. Durch die Entspannung der Gase beim Öffnen des Auslaßventils tritt eine weitere Temperaturerniedrigung auf etwa 1100° C ein, die sich infolge der Kühlverluste während des Ausschiebens auf ungefähr 900° C ermäßigt.

Bei Versuchen über die Beeinflussung der Auspufftemperaturen durch das Verdichtungsverhältnis ergaben sich in der Auslaßleitung hinter dem Ventil z. B. 850° C beim Verdichtungsverhältnis 5:1, 810° C bei 5,5:1, 800° C bei 6:1 und 780° C bei 6,5:1. Diesen Temperaturen entsprachen Temperaturen des Auslaßventils mit 770° C bei 5:1, 760° C bei 5,5:1 und 740° C bei 6,5:1.

IV. Wärmeaufteilung, Wirkungsgrade und Mitteldruck.

Die dem Motor zugeführte Wärme geht in einem Anteil, der den Gesamtwirkungsgrad darstellt, in Leistung über, in einem weiteren großen Anteil in die Kühlung und in einem dritten großen Anteil in den Auspuff. Diese Teile betragen je ungefähr ein Drittel der zugeführten Wärme. Bei kleinen Belastungen geht etwas mehr Wärme an die Kühlung als an den Auspuff, während bei hohen Belastungen die Auspuffwärme gegenüber der Kühlungswärme überwiegt.

Von der innerhalb des Zylinders in Leistung umgesetzten Wärme, deren Größe durch das Produkt des thermischen Wirkungsgrads und des Gütegrads der Verbrennung gekennzeichnet ist, und die ihren Gleichwert in der indizierten Leistung findet, geht noch ein Anteil in Reibungswärme über nach Maßgabe des mechanischen Wirkungsgrads. Die Wellenleistung ergibt sich demnach zu

$$N = L \cdot \eta_{th} \cdot \eta_g \cdot \eta_m \cdot \frac{1}{75} \text{ [PS]},$$

wo L der Leistungswert der zugeführten Wärme in mkg/sek, η_{th} der thermische Wirkungsgrad, η_g der Gütegrad der Verbrennung und η_m der mechanische Wirkungsgrad sind.

Der mittlere indizierte Druck p_i läßt sich ermitteln aus dem Energieinhalt der zugeführten Wärme, aus dem thermischen und dem Lieferungswirkungsgrad η_v zu

$$p_i = L' \cdot \eta_{th} \cdot \eta_v \text{ [mkg/l]},$$

wenn der Energieinhalt L' in mkg/l Gemisch angegeben wird, oder zu

$$p_i = 0{,}1 \cdot L' \cdot \eta_{th} \cdot \eta_v \text{ [kg/cm}^2\text{]},$$

und unter Berücksichtigung des mechanischen Wirkungsgrads der mittlere Arbeitsdruck p_m zu

$$p_m = 0{,}1 \cdot L' \cdot \eta_{th} \cdot \eta_v \cdot \eta_m \text{ [kg/cm}^2\text{]}.$$

4. Steuerung der Gasbewegung.

Bezeichnungen

v_g Gasgeschwindigkeit [m/sek],
v_k Kolbengeschwindigkeit [m/sek],
f Ventilquerschnitt [cm²],
F Kolbenfläche [cm²],
R Windungshalbmesser [cm],
τ Verdrehbeanspruchung [kg/cm²],
G Gleitmodul [kg/cm²],
f_{max} der Last P_{max} entsprechende Federung [cm],
ν Vorspannungsverhältnis,
i Windungszahl,
d Drahtdurchmesser [cm],
b Schlitzbreite [cm],
x Kolbenweg [cm],
$\Delta\varphi$ Kurbelwinkel [Bogenmaß],
V_a, V_1 Volumen [m³] } Zustandsgrößen der Verbrennungsgase
G_a, G_1 Gewicht [kg] }
p_a, p_1 Druck [kg/cm²] }
T_a, T_1 Temperatur [° K] }
c_k kritische Auspuffgeschwindigkeit [m/sek].

Der Einlaß des Gemischs oder der Ladeluft und der Auslaß der Verbrennungsgase wird durch Ventile oder bei der Zweitaktmaschine durch Schlitze gesteuert.

A. Die Ventilsteuerung.

I. Gasgeschwindigkeiten.

Beim Entwurf der Ventilsteuerung geht man von den Gasgeschwindigkeiten aus. Niedere Gasgeschwindigkeiten in den Ventilen ermöglichen hohen Füllungsgrad des Saughubs, denn mit hoher Gasgeschwindigkeit wächst das Druckgefälle, das zur Ansaugung des Gemischs nötig ist. Abb. 16 zeigt für einen Wagenmotor den Zusammenhang zwischen Gasgeschwindigkeit und Liefergrad. Man sollte demnach etwa 40 m/sek Gasgeschwindigkeit anstreben. Damit kommt man aber, wenn diese Geschwindigkeit bei hohen Drehzahlen verwirklicht ist, bei den niedrigen Drehzahlen zu Gasgeschwindigkeiten, die für Bildung und Aufrechterhaltung des Brennstoffgemischs unzureichend werden. Aus diesem Grunde sind, insbesondere bei Flugmotoren und Radrennmotoren, schon mehrere Vergaser gemeinsam angewendet worden, die nacheinander geöffnet bzw. geschlossen werden. Zu voller Ausnützung dieser Möglichkeit wäre es aber zweckmäßig, die ganze Saugleitung einschließlich der Ventile doppelt oder mehrfach auszuführen. Das ist baulich umständlich und findet deshalb nur hinsichtlich der Vorgänge im Vergaser zum Teil in Form sog. Register-vergaser Anwendung. Bei einfacheren Anordnungen muß man höhere Gasgeschwindigkeiten anwenden, im allgemeinen 60÷70 m/sek.

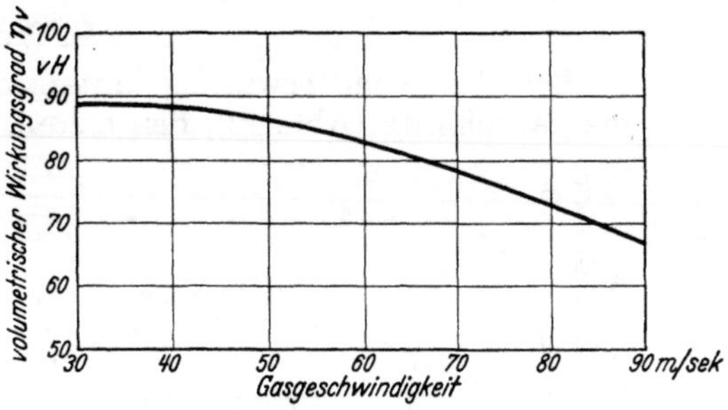

Abb. 16. Liefergrad in Abhängigkeit von der Gasgeschwindigkeit im Einlaßventil.

Die Sauggeschwindigkeit v_g wird als Konstruktionsgröße in Abhängigkeit von der Kolbengeschwindigkeit v_k berechnet nach

$$v_g = v_k \cdot \frac{F}{f},$$

wo F die Kolbenfläche, f die Strömungsquerschnittsfläche im Ventil bzw. der Saugleitung oder der Luftdüse im Vergaser ist.

II. Größe des Ventilquerschnitts.

Die Größe des Ventilquerschnitts ist nach Abb. 17

$$f = d_m \cdot \pi \cdot h_e,$$

wobei $h_e = h \cdot \sin\alpha$ ist.

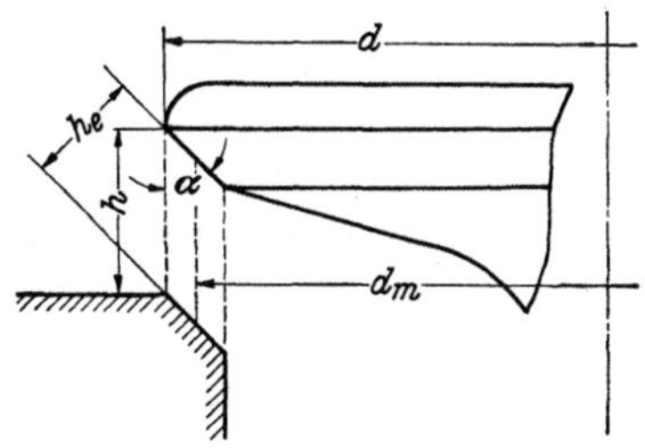

Abb. 17. Der Ventilquerschnitt.

Nach Wahl der Gasgeschwindigkeit wird auf Grund der Kolbenfläche und Kolbengeschwindigkeit die Größe des freien Ventilquerschnitts $f = F \cdot \frac{v_k}{v_g}$ gerechnet. Das Ventil wird in seinem Durchmesser so groß angenommen, als es im Zylinder günstig untergebracht werden kann. Damit ergibt sich dann die notwendige Höhe h_e des freien Querschnitts und die Ventilerhebung h.

III. Ventilerhebung.

Der Ventilerhebung sind Grenzen gesetzt durch die Beschleunigungskräfte, die in der Steuerung auftreten.

Die Höhe des Steuernockens entspricht der ermittelten Ventilerhebung. Wenn zwischen Ventil und Nockenwelle Kipphebel angeordnet sind, kann in bestimmten Grenzen ein Übersetzungsverhältnis zwischen beiden untergebracht werden.

Die für die Ventilöffnung günstigste Ventilerhebung würde in Abhängigkeit vom Kurbelwinkel nach der Linie A in Abb. 18 verlaufen. Aus Gründen der Beanspruchung muß aber die Öffnung und das Schließen auf eine gewisse Zeit so verteilt werden, daß kein unbeherrschbarer Stoß auftritt. Es ergibt sich dann eine Ventilerhebung etwa nach Linie B. Der Öffnungsbeginn setzt schon früher ein, als die Öffnung notwendig wäre, die Erhebung des Ventils erfolgt aber zunächst sehr langsam und schleichend. Das hat beim Einlaßventil nichts zu bedeuten, da bei dem kleinen Druckgefälle vor und hinter dem Ventil die Öffnung erst nach größerer Erhebung wirksam wird.

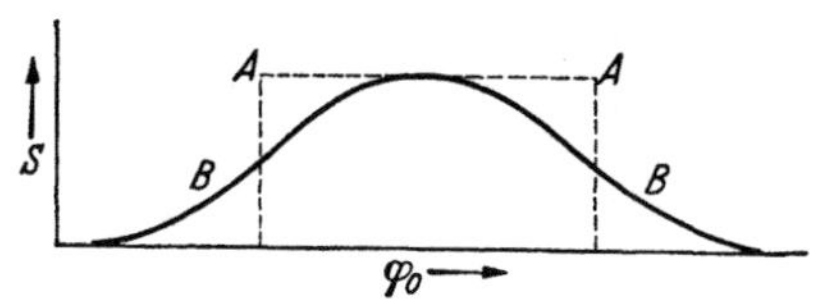

Abb. 18. Ventilöffnung.

Beim Auslaßventil dagegen, das gegen einige Atmosphären Überdruck öffnet, ist mit der schleichenden Eröffnung die Gefahr des Ausbrennens des Ventils durch die heißen Gase verbunden. Die Eröffnung wird daher so weitgehend beschleunigt, als es die Nockenkräfte zulassen.

IV. Öffnungszeiten.

Die Öffnungszeiten sind je nach der Bauart des Motors, der Sauganlage, sowie nach Drehzahl- und Leistungsansprüchen sehr verschieden. Das Einlaßventil öffnet durchschnittlich etwa 5° nach dem o. T. und schließt ungefähr 60° n. u. T. Diese Zahlen können aber nicht ohne weiteres für jeden Motor übernommen werden, sie schwanken von 8° vor bis 20° n. o. T. beim Öffnen und von 12° bis 80° n. u. T. beim Schließen, wobei diese Zahlen äußerste Werte sind, insbesondere die letztere. Mittlere Zahlen für das Auspuffventil sind 40° v. u. T. für Öffnung und 8° n. o. T. für Schließen. Die vorliegenden Grenzwerte sind 62° bis 15° v. u. T. und 0° bis 30° n. o. T. Diese vorkommenden Bereiche sind derart groß, daß keine festen Zahlen angegeben werden können. Zur Vorausbestimmung ist es zweckmäßig, sich an Beispiele anzulehnen, die den vorliegenden Anforderungen nahekommen. Versuche mit einigen verschiedenen Versuchsnocken sind aber bei neuen Motorenmustern stets nötig.

V. Ventilbeschleunigungen.

Bei der Ventilbewegung unterscheidet man hinsichtlich der Beschleunigungsvorgänge vier Abschnitte (Abb. 19), den ersten, in dem das Ventil durch den Nocken angehoben wird, den zweiten, in dem die Geschwindigkeit des Ventils, das durch die Feder abgefangen wird, sich ermäßigt bis auf den Betrag 0 bei voller Öffnung, den dritten, in dem das Ventil durch die Feder rückwärts beschleunigt wird, und den vierten, in dem diese Bewegung wieder vom Nocken abgefangen wird.

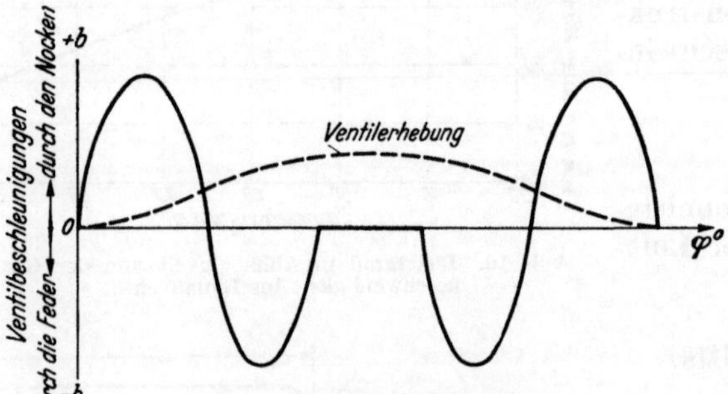

Abb. 19. Ventilbeschleunigung.

Man bezeichnet die Beschleunigungen, die vom Nocken auf das Ventil übertragen werden, als positiv und die, die von der Feder auf das Ventil übertragen werden, als negativ. Das ist zwar in mechanischem Sinn nicht richtig, ermöglicht aber, daß sich beim Aufzeichnen der Beschleunigungsschaulinie fortlaufende Linienzüge ergeben.

VI. Ventilkräfte.

Die bei der Ventilbewegung auftretenden Kräfte sind im wesentlichen die Massenkräfte aus der Ventil- und Gestängebeschleunigung.

Daneben treten noch Gaskräfte auf, und zwar der Überdruck im Zylinder, gegen den das Auslaßventil geöffnet werden muß, der Unterdruck im Zylinder während des Saughubs und bei Überladung des Motors der Überladedruck in der Saugleitung vor dem Ventil. Außerdem wirken Reibungskräfte in der Ventilführung und im Gestänge. Die Gaskräfte sind zwar nicht vernachlässigbar gegenüber den Massenkräften, sind jedoch diesen gegenüber bei der schnell laufenden Maschine klein. Die rechnerisch nicht erfaßbaren Reibungskräfte werden beim Entwurf dadurch berücksichtigt, daß zu den ermittelten Nockendrücken und Federkräften Zuschläge in der Größenordnung von 5 bis 10 vH gemacht werden.

Einfach ist die Bestimmung der Massenkräfte, wenn man es mit einer Ventilerhebungskurve zu tun hat, die mathematisch leicht erfaßbar ist, etwa einer Sinuslinie (Abb. 20) nach dem Gesetz

$$y = h \sin^2 \frac{\pi \cdot \varphi}{2\alpha}; \quad \alpha = \text{Öffnungswinkel.}$$

Bei gleichbleibender Geschwindigkeit der Nockenwelle ist $\varphi = \omega t$ und die Winkelgeschwindigkeit

$$\frac{d\varphi}{dt} = \omega = \frac{\pi n}{30},$$

wo n die Drehzahl der Nockenwelle ist. Die Ventilgeschwindigkeit ist

$$v = \frac{dy}{dt} = \frac{\pi h \omega}{2\alpha} \sin \frac{\pi \varphi}{\alpha}$$

und die Ventilbeschleunigung

$$b = \frac{d^2 y}{dt^2} = \frac{\pi^2 h \omega^2}{2\alpha^2} \cos \frac{\pi \varphi}{\alpha}.$$

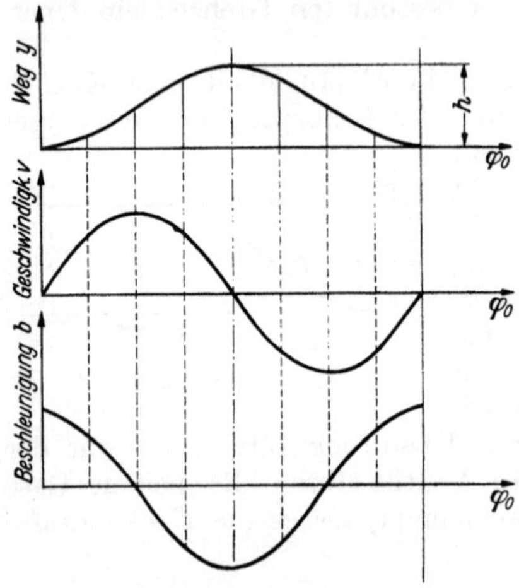

Abb. 20. Weg-, Geschwindigkeits- und Beschleunigungslinie für sinusförmige Ventilerhebung.

Die in der Abbildung aufgezeichnete Beschleunigungslinie zeigt, daß die größte Beschleunigung an der Öffnungs- und Schließstelle, die größte Verzögerung bei der höchsten Erhebung auftritt. Beide sind

$$b_{max} = b_{min} = \pm \frac{\pi^2 h \omega^2}{2\alpha^2} \text{ m/sek}^2$$
$$= \pm \frac{h n^2}{z}, \quad \text{wo } z = 182{,}4.$$

Bei mathematisch einfach erfaßbaren Formen der Ventilerhebungskurve ist es also möglich, die Beschleunigungen, die in der Steuerung auftreten, zu berechnen, wenn man den Hub des Nockens, die Drehzahl und den Öffnungswinkel kennt.

VII. Nockenformen.

Die Nockenform zur Erzeugung der Hubbewegung entwirft man nach Abb. 21 über dem Nockengrundkreis, der mit 30 bis 40 mm ∅ angenommen wird, indem man auf einer beliebigen Anzahl von Halbmessern des Nockens die Erhebungen y aufträgt und die zugehörigen Umrisse des mit dem Nocken arbeitenden Gegenstücks, also des Ventilkopfes, des Ventilhebels, des Pilzes oder des Stößelrollenkreises zeichnet. Die Umhüllungskurve dieser Umrisse gibt die Nockenform. Bisweilen ist es nötig, nach der Form, die sich dabei ergeben hat, den Umriß des Gegenstücks zu verbessern. Aus den Beschleunigungen, die in den einzelnen Winkelstellungen vorliegen, und den Maßen des Ventils bzw. des Gestänges werden die Nockenkräfte berechnet. Geschwindigkeitsübersetzungen durch etwa eingeschaltete Hebel müssen dabei berücksichtigt werden.

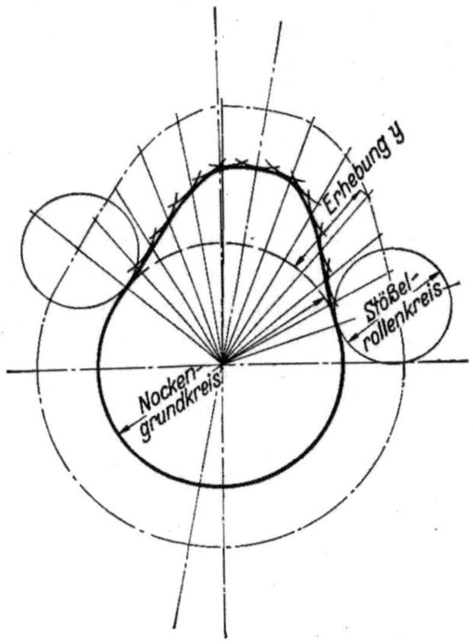

Abb. 21. Konstruktion der Nockenform.

Die senkrecht zur Nockenoberfläche wirkende Kraft, die den Nocken beansprucht, kann nach Abb. 22 von der Beschleunigungskraft verschieden sein nach

$$P' = P \frac{1}{\cos \xi}.$$

Dieser Unterschied ist aber klein.

Die Federkraft muß so groß sein, daß ein Abheben des Ventils oder des Gestänges vom Nocken mit Sicherheit unterbleibt.

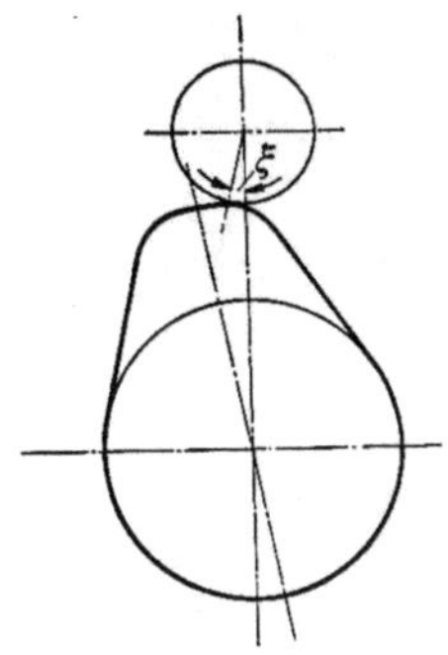

Abb. 22. Normalkraft am Nocken.

Die Sinusbewegung des Ventils hat einen wesentlichen Nachteil. Die Wärmedehnungsverhältnisse erfordern im kalten Zustand des Motors ein Ventilspiel von einigen zehntel Millimetern, damit im warmen Zustand das Ventil dicht auf dem Sitz aufliegen kann. Außerdem ist zur Gewährleistung dieses dichten Aufsitzens auch im warmen Zustand noch ein kleines Steuerungsspiel notwendig. Dieses kann aber nicht so genau ermittelt und eingehalten werden, daß ein die Sinusbewegung richtig verwirklichender Übergang zwischen Nockengrundkreis und Nockenflanke bei der Erhebung eintritt. Das verursacht an der Öffnungs- und Schließstelle, wo beim Sinusnocken gerade die größten Beschleunigungen auftreten, zusätzliche Beanspruchungen, die die Schaffung einer besonderen Übergangskurve (Vornocken) zwischen dem zurückgesetzten Grundkreis und der Flanke erforderlich machen. Diese Abweichung vom rechnerisch erfaßbaren Nocken macht dann eine zeichnerische Untersuchung der Beschleunigungsverhältnisse nach Abb. 23 notwendig. Man nimmt die Erhebungskurve an, zeichnet durch Übertragung ihrer Steigungen bei den verschiedenen Kurbelwinkeln die Geschwindigkeits- und aus dieser ebenso die Beschleunigungskurve, gleicht in dieser zu große Spitzen aus und ermittelt rückwärtsgehend den Einfluß dieser Verbesserungen auf die Erhebung.

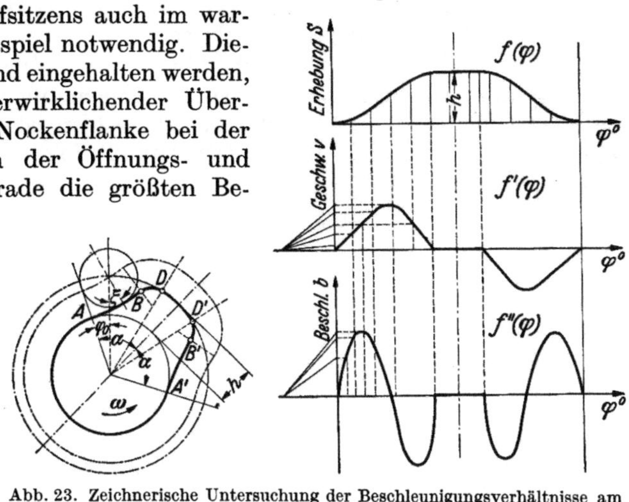

Abb. 23. Zeichnerische Untersuchung der Beschleunigungsverhältnisse am Steuernocken.

Während die Größen der Kräfte je nach der Masse der Steuerungsteile sehr verschieden sind, können für die zulässigen Beschleunigungen Erfahrungswerte angegeben werden. Als üblich sind Beschleunigungen anzusehen, die sich in der Größenordnung von 700 bis 800 m/sek² bewegen. Noch beherrschbar sind solche von etwa 1500 m/sek².

Ein- und Auslaßnocken sucht man bei einfacheren Motoren mit Rücksicht auf Herstellung und gleiche Ventilfedern gleichzumachen. Wenn das Auslaßventil längere Eröffnung hat als das Einlaßventil, wird in der Nockenstirn an der größten Erhebung ein Stück mit einem Kreisbogen um den Nockenmittelpunkt, das dann die Beschleunigung Null liefert, eingeschaltet.

Bei Hochleistungsmotoren, die auch verschiedene Ein- und Auslaßfedern bekommen, werden die beiden Nocken für sich so entwickelt, daß sich insbesondere für das heißere Auslaßventil möglichst kleine Kräfte ergeben.

VIII. Ventilfedern.

Ventilfederberechnung. Die Bemessung der Ventilfedern hat derart zu erfolgen, daß in den Steuerungsteilen ein dauernder Kraftschluß vorhanden ist. Ein Abheben des Gleitstößels oder der Rolle des Kipphebels vom Nocken darf nicht stattfinden. Die Summe der auf den Nocken wirkenden Kräfte muß deshalb stets größer als Null sein.

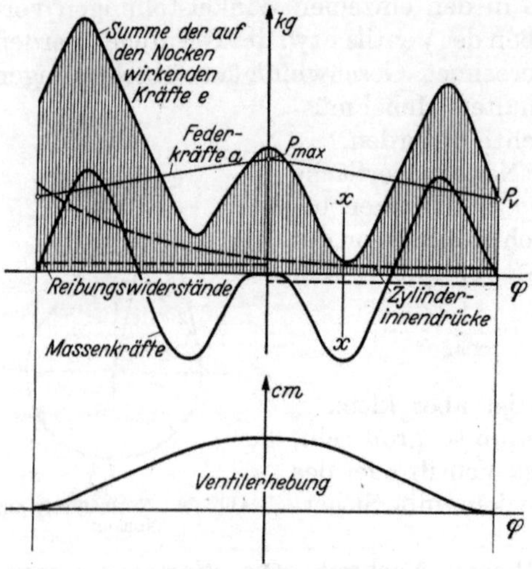

Abb. 24. Nockendrücke.

Der Verlauf der Federkräfte a im Nockendruckschaubild (Abb. 24) muß so sein, daß sich nach Ermittlung der Summen e der auf den Nocken wirkenden Kräfte an der kritischen Stelle x—x noch ein über der Nullinie liegender Betrag e ergibt, d. h. die Federkräfte müssen mindestens den an dieser Stelle wirkenden Massenkräften das Gleichgewicht halten. Der auf das Ventil wirkende Zylinderinnendruck und die Reibungswiderstände sind dabei verhältnismäßig klein und heben sich in ihrer Wirkung ungefähr auf.

Auf diese Weise ergibt sich die größte Federkraft $P_{\max}$. Mit ihr wird für eine gewundene zylindrische Schraubenfeder aus Stahldraht mit kreisförmigem Querschnitt der Drahtdurchmesser

$$d = \sqrt[3]{\frac{16\,P_{\max} \cdot R}{\pi \cdot \tau}}$$

und die Windungszahl

$$i = \frac{f_{\max} \cdot d \cdot G}{4\pi R^2 \cdot \tau} \quad \text{berechnet.}$$

Dabei ist

R Windungshalbmesser [cm],
τ Verdrehbeanspruchung [kg/cm²] ($\tau_{zul} = 3500 \div 4500$ kg/cm²),
G Gleitmodul [kg/cm²] (für Federstahl $G = 800000$ kg/cm²) und
$f_{\max}$ die der Last $P_{\max}$ entsprechende Federung [cm].

Die größte Federung $f_{\max}$ ist vom Vorspannungsverhältnis ν abhängig, das zwischen 1,3 und 2,3 zu wählen ist.

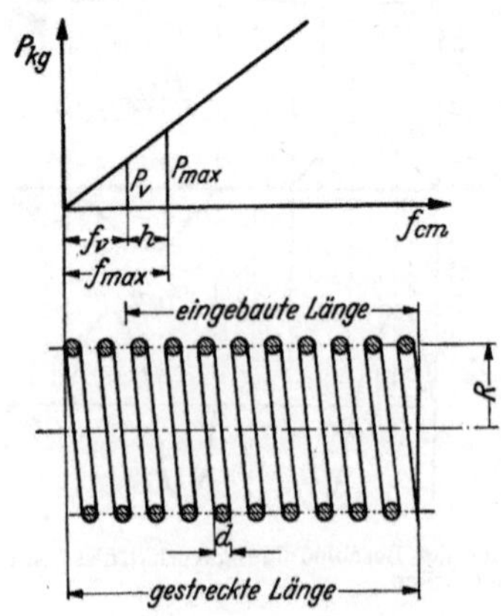

Abb. 25. Zur Ventilfederberechnung.

Aus Abb. 25 folgt:

$$\frac{P_{\max}}{P_v} = \frac{f_{\max}}{f_v} = \frac{f_{\max}}{f_{\max} - h} = \nu,$$

wobei h den Ventilhub darstellt.

Damit wird:

$$f_{\max} = \frac{h \cdot P_{\max}}{P_{\max} - P_v} = \frac{h \cdot \nu}{\nu - 1}.$$

Es hat sich als vorteilhaft erwiesen, die Ventilfeder etwas stärker zu wählen, als aus obiger Berechnung hervorgeht. Zu schwach bemessene Federn ergeben infolge falscher Öffnungszeiten Leistungsverlust, starke Federn erfordern indessen nur einen unbedeutenden Mehraufwand an Antriebsleistung.

Eine Verstärkung der Ventilfedern ist insbesondere auch im Hinblick auf die Ventilfederschwingungen notwendig.

Ventilfederschwingungen. Ventilfederschwingungen sind erzwungene Schwingungen, die durch den Nocken erregt werden. Dieser erteilt dem Ventil und damit dem Ende der Ventilfeder eine periodische Bewegung, deren Verlauf durch die Ventilerhebungskurve gegeben ist (Abb. 26).

Die Ventilerhebungskurve kann mit Hilfe der harmonischen Analyse in ihre Harmonischen zerlegt werden, dabei entspricht die Periode der Grundwelle einer Umdrehung des Nockens.

Die Erhebungskurve kann so als eine Überlagerung von Sinuswellen angesehen werden, deren Frequenzen in ganzzahligem Verhältnis zueinander stehen.

In den Resonanzgebieten überwiegt jedoch infolge der geringen Dämpfung der Ventilfeder der Einfluß der zugeordneten Harmonischen so stark, daß alle anderen Teilwellen der Ventilerhebungskurve vernachlässigt werden können.

Die Zwangskraft kann daher nach Abb. 27 durch eine Kurbel erzeugt gedacht werden, deren Halbmesser r gleich der Amplitude der erregenden Harmonischen und deren Winkelgeschwindigkeit ω das Produkt aus der Winkelgeschwindigkeit der Nockenwelle und der Ordnungszahl der Harmonischen ist.

Lehr (*4*) hat festgestellt, daß die Bewegung irgendeines Punktes des Federdrahtes nach einer Sinusfunktion verläuft, und daß die minutliche Eigenschwingungszahl erster Ordnung für Schraubenfedern aus Stahl ($G = 800000$ kg/cm²)

$$n_I = 537000 \frac{d}{R^2 \cdot i} \quad \text{ist.}$$

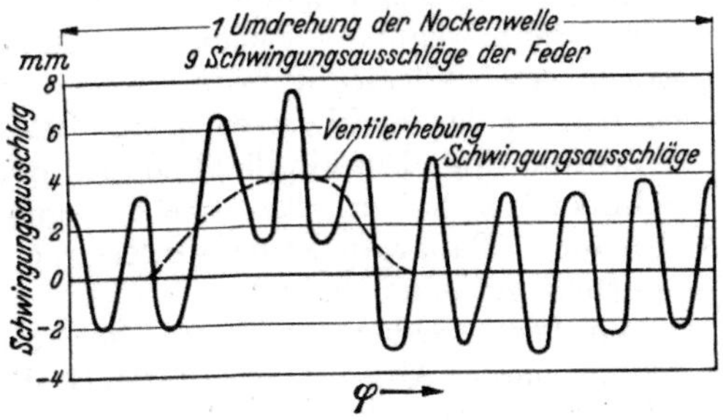

Abb. 26. Zeitwegkurve der mittleren Windung einer Ventilfeder bei Schwingungsresonanz.

Dabei ist

d Drahtdurchmesser,
R Windungshalbmesser,
i Windungszahl.

Die minutliche Eigenschwingungszahl der heute üblichen Federn liegt zwischen 8000 und 15000.

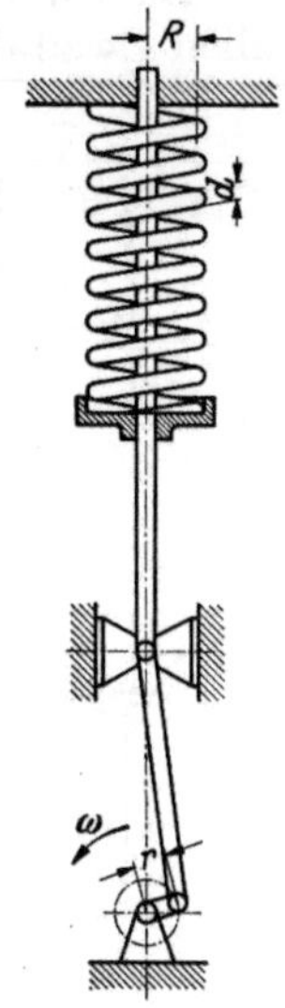

Abb. 27. Erzwungene Schwingungen einer Ventilfeder.

Zur Beseitigung der Ventilfederschwingungen muß durch Vergrößerung des Drahtdurchmessers d, durch Verkleinerung des Windungshalbmessers R und der Windungszahl i die Eigenfrequenz der Feder so hoch gelegt werden, daß auch die Harmonischen höchster Ordnung keine Resonanz erregen.

Es ist ferner möglich, die Ventilfederschwingungen durch künstliche Dämpfung zu beseitigen. Bei Federn mit hoher Eigenschwingungszahl ist dies beispielsweise durch verschiedene Steigung der Federwindungen erreicht worden.

B. Die Schlitzsteuerung.

I. Warum Schlitzsteuerung?

Die weitere Leistungssteigerung und Werkstoffausnützung des heutigen Fahrzeugmotors finden u. a. ihre Begrenzung in der mechanischen und thermischen Beanspruchung der Ventile und ihrer Betätigungsteile.

Durch Vermeidung der im rotglühenden Zustand arbeitenden Ventile könnten unter Erhöhung der Verdichtung eine bessere thermische Ausnützung des Brennstoffs erzielt oder Brennstoffe mit niederer Oktanzahl klopffrei verwendet werden.

Infolge der Drehzahlsteigerung der Motoren sind die Massenkräfte in der Steuerung derart gestiegen, daß die Bemessung des Steuergestänges und der Ventilfedern immer größere Schwierigkeiten bereitet.

Auch werden die für den Einlaß zur Verfügung stehenden Steuerzeiten immer kleiner und die Gasgeschwindigkeiten größer. Die damit verbundenen größeren Drosselverluste des an sich schon strömungstechnisch schlecht ausgebildeten Pilzventils bedingen einen schlechten Füllungsgrad und damit eine Leistungsbegrenzung der Maschine.

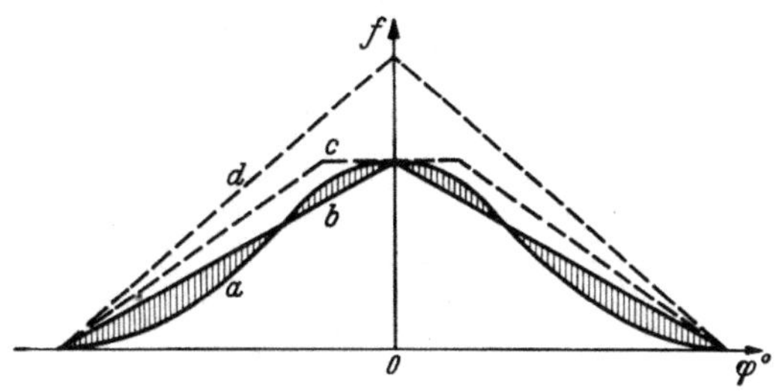

Abb. 28. Durchflußquerschnitte bei Ventil- und Schlitzsteuerung.
a beim Ventil, *b* beim Schieber mit gleichem Höchstquerschnitt, *c* bei einer Schieberöffnung größer als der Zylinderdurchlaßquerschnitt, *d* beim Schieber mit größerem Höchstquerschnitt.

Man hat daher schon früh, besonders erfolgreich bei der Entwicklung der Zweitaktmaschine, versucht, die Pilzventile durch Schlitze zu ersetzen, die teils durch den Kolben, teils durch besonders ausgebildete Schieber gesteuert werden. Wenn man von der Möglichkeit absieht, größere Querschnitte für Ein- und Auslaß unterzubringen, so ergibt sich doch schon durch die raschere Freigabe der Querschnitte bei der Schlitzsteuerung ein besserer volumetrischer Wirkungsgrad als bei der Ventilsteuerung (Abb. 28).

Der durch die Schlitze bedingte Hub- und damit Leistungsverlust kann bei zweckmäßiger Ausbildung der Einlaßschlitze durch Überladung mit dem Spüldruck ausgeglichen werden.

II. Bauarten der Schlitzsteuerung.

Die einfache Schlitzsteuerung, bei der der Kolben als Steuerteil wirkt, wird heute bei allen Zweitaktmotoren in den verschiedensten Formen angewendet und hat sich als betriebssicher erwiesen (Abb. 29).

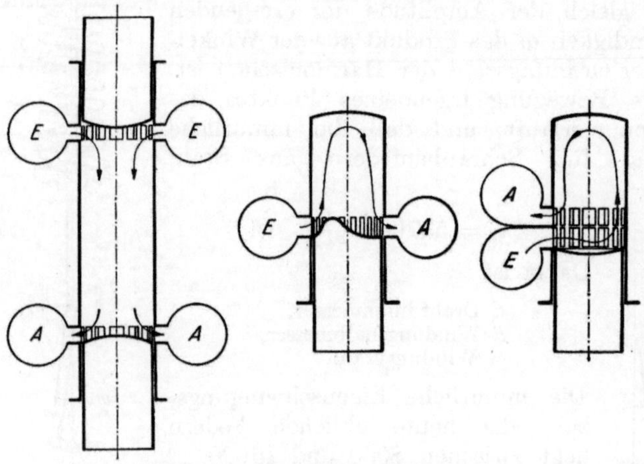

Abb. 29. Zweitakt-Schlitzsteuerungen.

Umständlicher im Aufbau sind die sog. Zylinderschieber, die von der Kurbelwelle durch Exzenter angetrieben, sich zwischen Kolben- und Zylinderwand hin und her bewegen. Für das Viertaktverfahren sind Doppelschieber (Abb. 30) oder auch Schieber mit Längs- und Drehbewegung entwickelt worden. Erschwerte Wärmeabführung aus dem Kolben an das Kühlwasser, große Massenkräfte und Empfindlichkeit in der Schmierung haben dazu beigetragen, daß diese Bauarten keine weitere Verbreitung gefunden haben.

Größere Bedeutung kann der im Zylinderkopf (Abb. 31) gelagerte Drehschieber erlangen. Bei ihm bereitet aber die Abdichtung des Zylinders gegen den Schieber noch Schwierigkeiten. Die gleichförmige Bewegung dieses Steuerschiebers wird, besonders bei Überladung, die Schnelläufigkeit und damit die Hubraumausnützung der Motoren zu steigern gestatten. Bei einer Drehzahl von 6500 U/min und einem mittleren Kolbendruck von 11 kg/cm² sind im Dauerbetrieb Hubraumleistungen bis zu 70 PS/l erreicht worden (*5*).

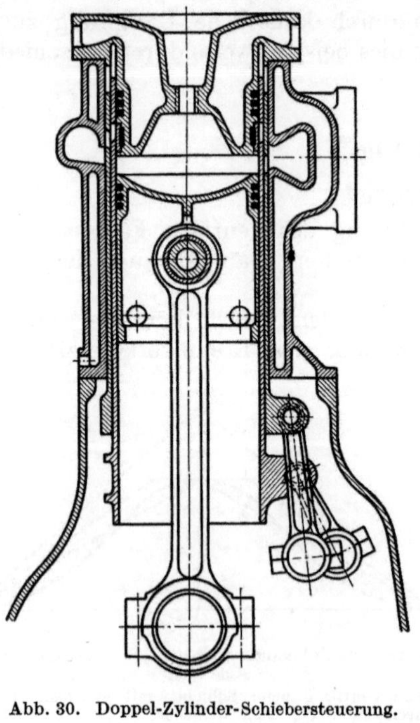

Abb. 30. Doppel-Zylinder-Schiebersteuerung.

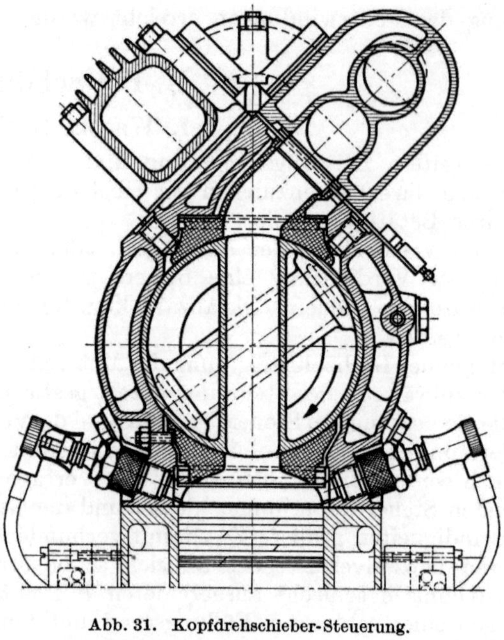

Abb. 31. Kopfdrehschieber-Steuerung.

III. Berechnung der Schlitzsteuerung.

Bei der Berechnung der Schlitze, deren Größe zunächst angenommen wird, ist zu untersuchen, ob die Verbrennungsrückstände in der zur Verfügung stehenden Zeit entweichen können, in welchem Zeitpunkt mit der Spülung begonnen werden kann, d. h. in welchem Zeitpunkt der Abgasdruck den Spüldruck erreicht hat und mit welchem Spüldruck die neue Ladung eingeführt werden muß.

Für diese Untersuchungen ist die Größe des mit der Zeit veränderlichen Schlitzquerschnitts zu berechnen (Abb. 32).

Bei einer Gesamtbreite b der Schlitze hat der Kolben nach Zurücklegung des Weges x, von der Schlitzoberkante aus gemessen, den Querschnitt $b \cdot x$ freigelegt.

Dreht sich die Kurbel dabei um den Winkel $\Delta \varphi$, dann ergibt sich der sog. Winkelquerschnitt zu

$$\Delta f_\varphi = b \cdot x \cdot \Delta \varphi \ [\mathrm{cm}^2 \cdot \mathrm{Grad}].$$

Zwischen dem Winkel und der Zeit gilt die Beziehung

$$\Delta \varphi = \frac{60}{360 \cdot n} \cdot \Delta t,$$

wo n die Drehzahl bedeutet.

Damit wird der Zeitquerschnitt

$$\Delta f_t = \frac{b}{6n} \cdot x \cdot \Delta t \ [\mathrm{cm}^2 \cdot \mathrm{sek}].$$

Der gesamte Zeitquerschnitt, der vom Kolben bei einem Arbeitsspiel freigegeben wird, ist in Abb. 32 durch die schraffierte Fläche dargestellt und ergibt sich zu

$$f_t = \frac{b}{6n} \sum_{t=a}^{t=e} x \cdot \Delta t.$$

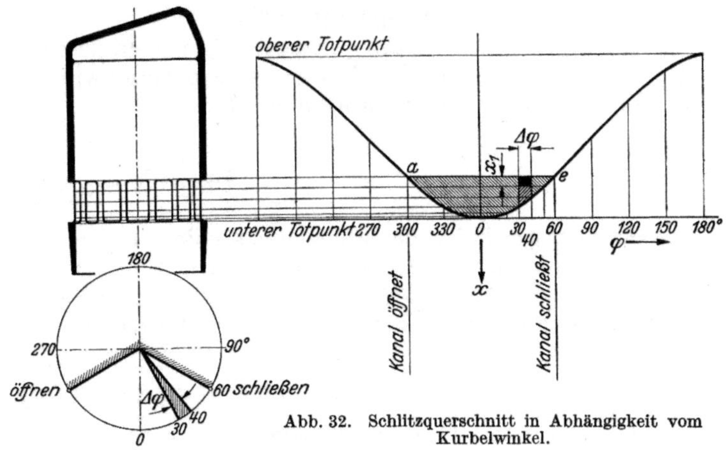

Abb. 32. Schlitzquerschnitt in Abhängigkeit vom Kurbelwinkel.

Für die weitere Berechnung sei vorausgesetzt, daß das bei der Schlitzöffnung vorhandene Zylindervolumen V_a während der Entspannung seine Größe nicht ändert, und daß die anfänglich vorhandene kritische Gasgeschwindigkeit c_k während des ganzen Vorgangs dieselbe bleiben soll. Diese Annahme ist berechtigt, da die beiden Vorgänge in der Beeinflussung der Druckabfallkurve sich im großen ganzen ausgleichen.

Wird die Anfangstemperatur T_a ($\backsim 1000°$) geschätzt und p_a dem p-v-Diagramm entnommen, so kann mit der Gaskonstanten $R \cong 30$ das anfänglich vorhandene Gewicht

$$G_a = \frac{p_a \cdot V_a \cdot 10000}{R \cdot T_a}$$

und mit dem spezifischen Volumen

$$v_a = \frac{V_a}{G_a}$$

die Auspuffgeschwindigkeit

$$c_k = \sqrt{2g \frac{k}{k+1} \cdot p_a \cdot v_a} = 3{,}38 \sqrt{p_a \cdot v_a}$$

berechnet werden.

Innerhalb kleiner Zeitabschnitte können die Werte v und p als gleichbleibend betrachtet werden.

Für die Ausströmung während des ersten Abschnittes Δt wird $v_a =$ konst. angenommen und damit c_k und weiterhin das Ausflußvolumen $v_1' = c_k \cdot f_{t_1}$ bestimmt.

Das Ausströmgewicht wird mit

$$\gamma_a = \frac{1}{V_a}$$

bestimmt zu

$$G_1 = v_1' \cdot \gamma_a .$$

Für die Ausströmung während des zweiten Abschnittes Δt ist das Gasgewicht $(G_a - G_1)$ vorhanden. Damit wird, wenn $V_a =$ konst.,

$$\gamma_1 = \frac{G_a - G_1}{V_a} .$$

Mit $v_1 = \frac{1}{\gamma_1}$ und $p_1 = p_a \cdot \left(\frac{v_a}{v_1}\right)^k$ wird c_k und hierauf das Ausströmvolumen v_2' berechnet. Das Ausströmgewicht wird dann

$$G_2 = v_2' \cdot \gamma_1 .$$

In dieser Weise wird fortgefahren, den Druckabfall zu berechnen und über den Zeitabschnitten als Abszissen aufzutragen (Abb. 33). Mit der Spülung kann begonnen werden, sobald der Spüldruck erreicht ist.

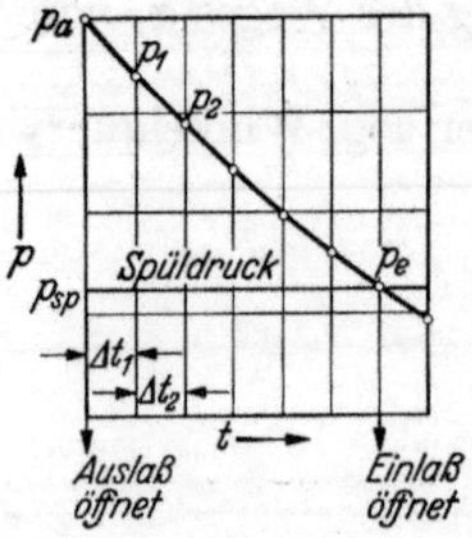

Abb. 33. Druckabfall im Zylinder beim Auslaß.

Bei der Berechnung der Einlaßquerschnitte ist $c =$ konst., da Spülluftdruck und Gegendruck im Zylinder ungefähr gleichbleiben. Der zur Erreichung der Einlaßgeschwindigkeit c erforderliche Spülluftdruck berechnet sich aus

$$p = \frac{\varrho}{2} \cdot \left(\frac{c}{\mu}\right)^2 \text{ [kg/cm}^2\text{]},$$

wo $\mu = 0{,}55$ bis $0{,}7$ die Ausflußziffer und $\varrho =$ die Luftdichte der verdichteten Spülluft bedeuten.

Um einen günstigen volumetrischen Wirkungsgrad zu erhalten, sollten in den Einlaßschlitzen Geschwindigkeiten von $c = 60$ bis 70 m/sek nicht überschritten werden.

5. Der Vergaser.

Der Vergaser liefert der Fahrzeugmaschine ein Gemisch aus Luft und vernebeltem flüssigem Brennstoff, womit die Anwendung des Arbeitsverfahrens der Gasmaschine im Fahrzeugmotor möglich wird. Daher rührt seine nicht richtige Bezeichnung. Der Brennstoff wird im Vergaser nicht vergast, sondern zerstäubt und teilweise verdampft.

A. Aufgaben des Vergasers.

Die für richtige Gemischbereitung vom Vergaser zu erfüllenden Einzelaufgaben erstrecken sich auf die Herstellung eines Gemisches von Luft und fein vernebeltem Brennstoff bei allen Betriebsbedingungen des Motors, Herstellung des richtigen Mengenverhältnisses zwischen Luft und Brennstoff, Lieferung von Gemisch mit größerem Brennstoffüberschuß bei bestimmten Betriebsverhältnissen, insbesondere beim Anlassen, im Leerlauf und bei den Drehzahlübergängen, sowie für die Zeit, in der die Maschine ihre volle Betriebstemperatur noch nicht erreicht hat. Weiter soll der Vergaser leicht und genügend fein auf verschiedene Brennstoffe und verschiedene äußere Luftverhältnisse eingestellt werden können.

I. Die Brennstoffzerstäubung.

Der Erfüllung der ersten Aufgabe allein, jedoch nicht vollkommen, konnte der zuerst angewandte Oberflächenvergaser dienen, bei dem die Saugluft des Motors durch ein Brennstoffgefäß durchgeleitet wurde und sich mit Brennstoffdämpfen gesättigt hat. Das hat zu zeitlichen Veränderungen der Gemischzusammensetzung geführt, weil die leichter siedenden Kohlenwasserstoffe im Benzin zuerst verdampft sind und im Vergasergefäß sich eine mehr und mehr schwer verdampfbare Restflüssigkeit bildete.

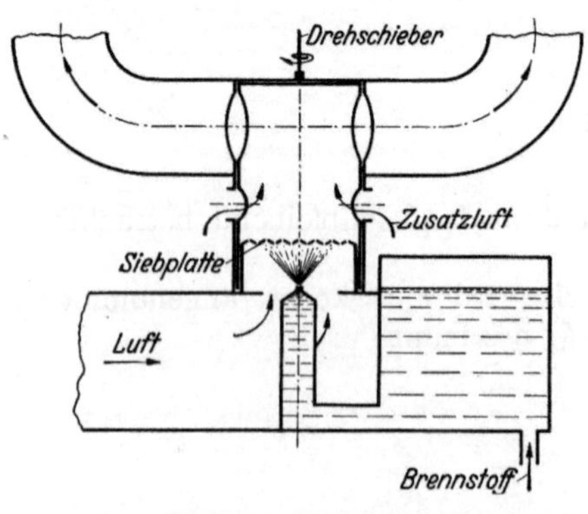

Abb. 34. Maybach-Spritzvergaser mit Drehschiebersteuerung des Brennstoffluftgemisches und der Zusatzluft.

Das Bedürfnis nach gleichmäßigerer Gemischzusammensetzung haben erstmals Daimler und Maybach durch Einführung des Spritzvergasers befriedigt, bei dem der Brennstoff fortlaufend vernebelt wird, wie er aus der Leitung zuströmt (Abb. 34).

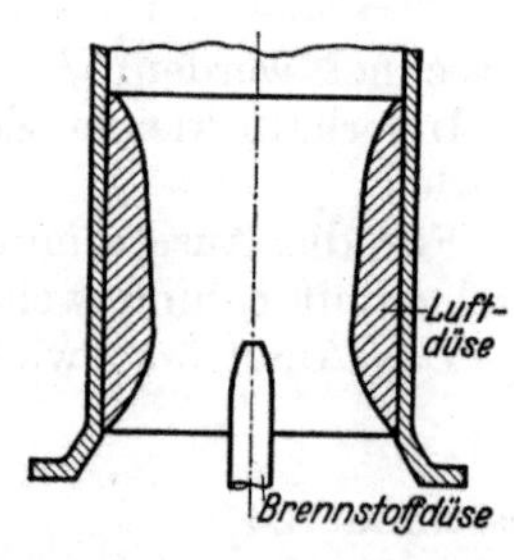

Abb. 35. Luftdüse zur Erhöhung der Luftgeschwindigkeit und Verkleinerung der Strömungswiderstände.

Eine Brennstoffspritzdüse ist in einem Luftkanal, durch den die Luft vom Motor angesaugt wird, an einer verengten Stelle angeordnet, wodurch die an der Spritzdüse mit erhöhter Geschwindigkeit vorbeiströmende Luft an dieser den für den Spritzvorgang nötigen Unterdruck schafft.

Die durch die Verengung des Luftquerschnitts entstehenden Strömungswiderstände sind später durch düsenartige Ausbildung der Luftführung nach Abb. 35 verkleinert worden, und zum Teil ist durch in Abb. 36 dargestellte Anordnung eines Satzes von Mehrfachluftdüsen eine Verteilung der Luftgeschwindigkeit erzielt worden, bei der in der Mitte an der Spritzdüse größere Luftgeschwindigkeiten herrschen und außen kleinere, so daß der Hauptanteil der angesaugten Luft auf dem größeren äußeren Leitungsquerschnitt mit kleinerer Luftgeschwindigkeit und kleineren Drosselverlusten strömt.

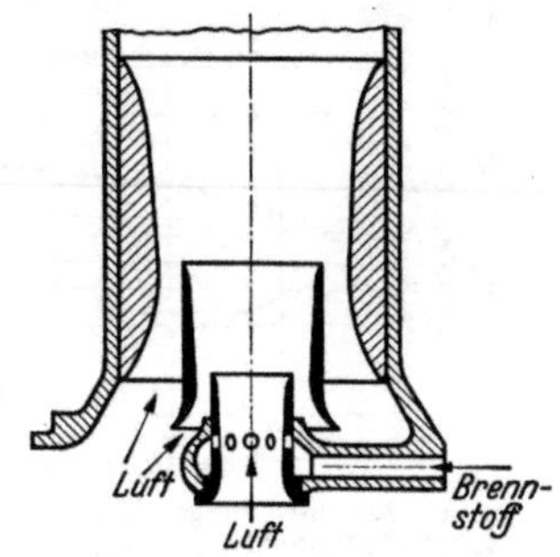

Abb. 36. Mehrfachluftdüse mit Brennstoffeintritt an der Innenwand der kleinsten Luftdüse.

Zur Förderung des Brennstoffs aus der Spritzdüse ist eine bestimmte kleinste Luftgeschwindigkeit nötig, die bei niederen Drehzahlen noch ausreichend sein muß. Bei hohen Drehzahlen tritt dann ein unnötig starker Drosselverlust auf. Die Bemühungen, die Luftgeschwindigkeiten im Lufttrichter gleichzuhalten, haben aber, wenn von dem Mittel der Nebeneinanderschaltung mehrerer Vergaser (Abb. 37), das einen größeren Bauaufwand erfordert, abgesehen wird, zu einem nachhaltigen Erfolg noch nicht geführt.

Da die Geschwindigkeitsunterschiede je nach dem Drehzahlregelbereich verschieden groß sind, können feste Zahlen für die zu wählenden Luftgeschwindigkeiten nicht angegeben werden. Als Anhaltspunkt kann dienen, daß bei höchster Drehzahl des Motors an der engsten Stelle der Luftdüse folgende Luftgeschwindigkeit herrschen soll: 120 m/sek bei Motoren mit vielen Zylindern, die einen fortlaufenden Saugstrom aufweisen; 100 m/sek bei Mehrzylindermotoren, die mit unterbrochenem Saugstrom arbeiten, insbesondere, wenn weniger als 4 Zylinder von einem Vergaser gespeist werden; 75 m/sek bei 1-Zylinder-Motoren mit dem sehr stoßweisen Ansaugluftstrom, bzw. wenn an einem Mehrzylindermotor so viel Vergaser verwandt werden, als Zylinder vorhanden sind. Aus diesen Erfahrungszahlen kann entnommen werden, daß die Förderung in der Spritzdüse stärker ist, wenn die Saugwirkung stoßweise erfolgt, und daß im periodischen Verlauf zu- und abnehmender Luftgeschwindigkeit die größeren Luftgeschwindigkeiten stärker saugend wirken, als es nur der Zunahme der Geschwindigkeit entspricht. Auf diese Erscheinung wird weiter unten zurückgekommen.

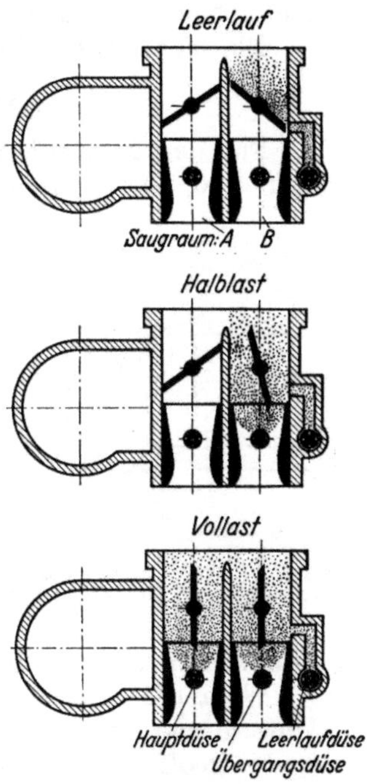

Abb. 37. Mehrfachvergaser mit zwei nacheinander wirksam werdenden, nebeneinandergeschalteten Düsenkanälen.

Versuche, über die Wirkung der Zerstäuberdüse hinaus die Zerstäubung zu verbessern, etwa durch Aufprallkörper oder durch in die Saugleitung eingebaute Siebe, haben zu wesentlichem Erfolg nicht geführt, weil diese Einbauten eher zum Niederschlag von Brennstoff als zu weiterer Verteilung führen und, falls sie mit einer die Zerstäubung unterstützenden Geschwindigkeit durchströmt werden, die Widerstände der Saugleitung noch weiter vergrößern.

Die Zerstäuberwirkung in der Spritzdüse selbst konnte aber verbessert werden durch ihre Ausgestaltung zur Mischdüse. Die Spritzdüse wird in ein Rohr gestellt, Abb. 38, durch das ihr im Saugbetrieb Luft zugeführt wird, die in Form von Blasen den Brennstoff durchsetzt und ihn durch deren Dehnung bei der Druckverminderung am Spritzdüsenaustritt wirksam zerteilt.

II. Die Gemischzusammensetzung.

Die zweite Aufgabe, das richtige Mischungsverhältnis bei allen Drehzahlen herbeizuführen, erfordert weitere Maßnahmen. Wie oben erwähnt, tritt bei zunehmenden Luftgeschwindigkeiten eine in höherem Maß, als es der Zunahme der Geschwindigkeit entspricht, zunehmende Brennstoffförderung an der Spritzdüse ein, mit der Wirkung, daß, bei richtiger Gemischzusammensetzung im Bereich kleiner Drehzahlen, eine zu starke Brennstoffanreicherung des Gemisches bei hohen Drehzahlen vorhanden ist.

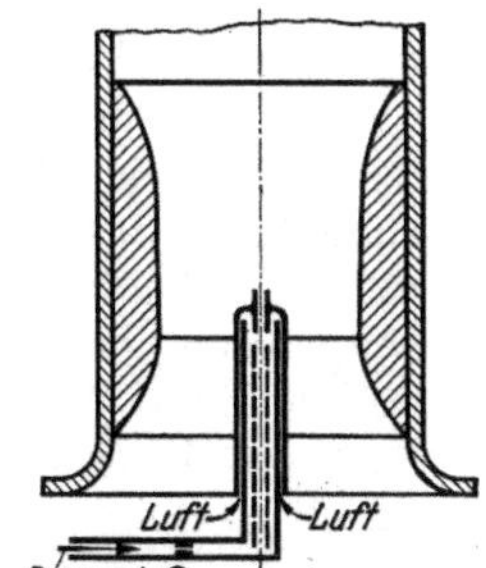

Abb. 38. Mischdüse. Zutritt von Luft zum Brennstoff durch seitliche Bohrungen im Düsenrohr.

Der Erscheinung kann begegnet werden durch Zuführung von Zusatzluft oder durch Einschränkung des Brennstoffzuflusses bei hoher Drehzahl.

Das Zusatzluftverfahren wurde früher mehrfach angewandt unter Betätigung der Zusatzluftöffnungen durch Gestänge oder durch den Unterdruck im Saugraum. Das zweite Verfahren ist das üblichere geworden in der Form der der Hauptspritzdüse beigegebenen Zusatzdüse. Die Hauptspritzdüse liefert mit der Drehzahl zunehmende Gemischanreicherung etwa nach Linie A der Abb. 39. Die Nebendüse liefert eine nach Linie B mit der Drehzahl zunehmende Gemischverarmung, und beide ergänzen sich zu der erwünschten Gesamtwirkung nach dem Verlauf C. Die zunehmende Gemischverarmung der Nebendüse wird dadurch erreicht, daß diese aus einem besonderen offenen Hilfsgefäß gespeist wird, Abb. 40, dem der Brennstoff durch eine eng bemessene Ausgleichdüse in beschränkter Menge zufließt, so daß bei hoher Drehzahl der Brennstoffspiegel im Hilfsgefäß absinkt und die Nebendüse zunehmend mit Luft statt nur mit Brennstoff beliefert wird.

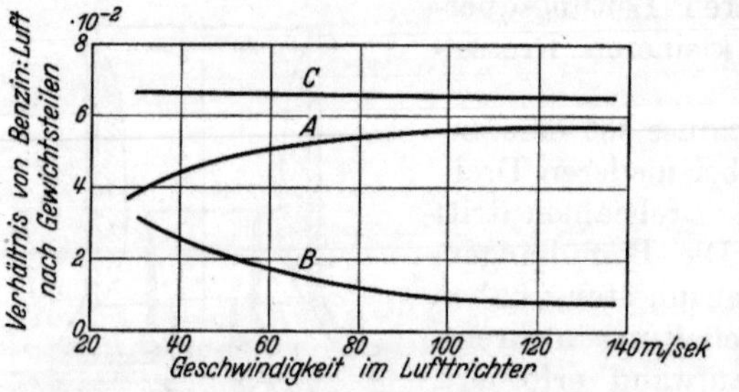

Abb. 39. Mischungsverhältnis bei verschiedener Luftgeschwindigkeit. Die Lieferung A von der Hauptdüse, die Lieferung B der Nebendüse ergibt zusammen das Mischungsverhältnis C.

Die Nebendüse wird mit der Hauptdüse im allgemeinen baulich eng verbunden.

III. Die Brennstoffanreicherung des Gemisches.

Für den Leerlauf des Motors wird ausreichende Wirkung in der Ansaugung von Brennstoff und überreichertem Gemisch geschaffen durch die übliche Anordnung nach Abb. 40. An dem schmalen Luftspalt, den die Drosselklappe im Leerlauf noch offen läßt, an dem dann hohe Luftgeschwindigkeit herrscht, mündet ein Kanal, der mit einem im Nebendüsenhilfsgefäß angeordneten Steigrohr verbunden ist, durch das zunächst nur Brennstoff, dann nach Absinken des Brennstoffspiegels, wenn die Nebendüse in Betrieb gekommen ist, nur Luft geliefert wird.

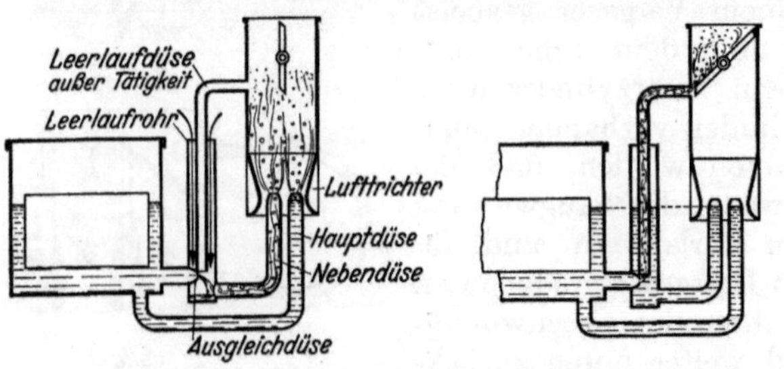

Abb. 40. Wirkung der Haupt- und Nebendüse, sowie der Leerlaufeinrichtung beim Zenithvergaser.

Die Aufgabe, die Brennstoffanreicherung nicht nur im Leerlauf, sondern auch im Übergang beim plötzlichen Öffnen der Drosselklappe zu bewerkstelligen, ist zunächst gewissen Schwierigkeiten begegnet.

Wenn die Drossel nur wenig geöffnet ist, herrscht in der Saugleitung verhältnismäßig hoher Unterdruck, der die Verdampfung des Brennstoffs fördert. Wenn die Drosselklappe plötzlich weiter geöffnet wird, vermindert sich der Unterdruck. Bei kalter Maschine bedeutet das eine Verschlechterung der Verdampfungsbedingungen, flüssiger Brennstoff scheidet sich an der Wandung der Saugleitung aus. Durch wechselweises Schließen und Öffnen der Drosselklappe in rascher Folge kann zwar der Förderung zunehmender Luftmenge bei mangelhafter Gemischbildung die Wiederverdampfung der erfolgten Brennstoffniederschläge fortlaufend angeschlossen werden, doch ist diese Art des „Übergangs" zur Steigerung der Leistung der kalten Maschine bei den hohen Anforderungen an die Beschleunigungsfähigkeit eines Fahrzeugs nicht ausreichend. Für den Übergang muß vielmehr erhöhter Brennstoffüberschuß geliefert werden. Das geschieht besonders wirksam durch die Beschleunigerpumpe, die im Vergaser eingebaut ist, beim Öffnen der Drosselklappe mitbetätigt wird und dann zusätzlich eine gewisse Menge Brennstoff aus der Zerstäuberdüse fördert. In gewissen Grenzen kann für den Übergang auch eine Anreicherung des Gemisches durch den Brennstoffvorrat im Zusatzgefäß, aus dem die Ausgleichdüse gespeist wird, erfolgen.

Das Anlassen. Für das Anlassen des Motors wird starke Förderung von Brennstoff dadurch erzielt, daß in die Luftzuführungsleitung zum Vergaser vor den Benzindüsen eine besondere Drosselklappe eingesetzt wird, die es beim Schließen ermöglicht, zum Anlassen auf die Benzinspritzdüsen hohen Unterdruck wirken zu lassen. Diese Maßnahme führt aber zu einer Überschwemmung des Motors mit Brennstoff, wenn nach dem Anlassen die Starterklappe nicht wieder geöffnet wird, mit den Folgen des Verrußens der Zündkerzen oder des Trockenlaufens der Kolben. Deshalb wird neuerdings ein durch Betätigung des Anlaßgestänges zuschaltbarer Anlaßvergaser im Vergaser mit eingebaut (Abb. 41), dessen Benzinbelieferung durch ein

Tauchrohr aus dem Mischgefäß der Zusatzdüse oder aus einem besonderen ähnlichen Gefäß derart erfolgt, daß nach Anlaufen des Motors der Brennstoffdurchtritt verringert wird. Dazu ist das Steigrohr mit Bohrungen in verschiedener Höhe versehen, durch die beim Absinken des Brennstoffspiegels Luft eintritt. Es kann durch völliges Austauchen ganz außer Tätigkeit treten oder, mit einer engen Öffnung auch unter den niedrigsten Brennstoffstand eintauchend, noch so viel Brennstoff fördern, daß zwar eine Überschwemmung der Zylinder mit Brennstoff nicht mehr eintritt, aber bei Benützung des Anlaßvergasers noch ein Teillastbetrieb aufrechterhalten werden kann.

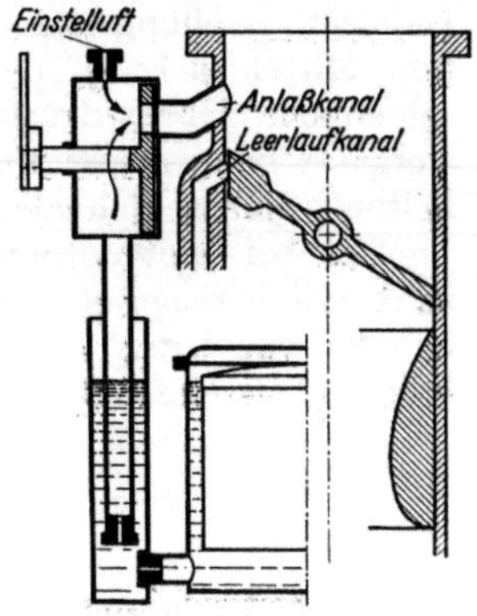

Abb. 41. Hilfsvergaser zum Anlassen (Solex).

Nötig ist für sämtliche Vergaserbauarten die bauliche Rücksichtnahme darauf, daß alle Düsen zur Reinigung oder Auswechslung leicht erreichbar sind.

IV. Regelung des Brennstoffzuflusses.

Ein Nachteil der Regelung des Brennstoffzuflusses mittels Schwimmers besteht darin, daß der Brennstoffvorrat im Schwimmergefäß die Brandgefahr begünstigt. Flammenrückschläge in die Saugleitung erlöschen im Gemisch, wenn keine Brennstoffansammlung vorhanden ist. Die im Schwimmergefäß auftretende Verdampfung ist jedoch, insbesondere bei Erwärmung des Schwimmergefäßes, geeignet, eine Nährung der Flamme vorzunehmen, die zum Vergaserbrand führen kann. Das Nadelventil, mit dem der Schwimmer den Brennstoffzufluß regelt, kann durch Schmutz in seiner Wirkung beeinträchtigt werden, wodurch das Schwimmergefäß überläuft mit der Folge des Brennstoffverlusts, insbesondere bei stehendem Wagen, und der Erhöhung der Brandgefahr, besonders beim Anlassen.

Deshalb ist versucht worden, die Schwimmerregelung durch Anwendung schwimmerloser Vergaser auszuschalten.

Maybach hat das Schwimmergefäß bei Flugmotoren durch ein Gefäß mit Überlauf des zuviel zufließenden Brennstoffs in ein Sammelgeschirr, aus dem er in den Behälter zurückgepumpt wurde, ersetzt. Die Unsicherheit der Brennstoffnadel war damit ausgeschaltet, nicht aber das Vorhandensein des Brennstoffvorrats am Motor.

Es ist versucht worden, unter Vermeidung von Schwimmer und Brennstoffvorrat, Luft und Brennstoff durch vom Unterdruck in der Saugleitung gesteuerte Ventile zuströmen zu lassen. Zu allgemeinerer Einführung sind aber solche Vergaser noch nicht gelangt.

B. Der Schwerölvergaser.

Die Versuche, Vergaser für Schwerölbetrieb zu bauen, begegnen der grundsätzlichen Schwierigkeit, daß die Verdampfungstemperatur der Schweröle zwischen 250 und 350° C liegt. Die Wandungstemperaturen des Zylinders betragen nur etwa 80 bis 250° C, so daß selbst dann, wenn die Schweröle außerhalb des Zylinders hinreichend vernebelt oder verdampft sein sollten, diese noch dazu neigen, sich an den Zylinderwandungen niederzuschlagen, wo sie an den Kolbenringen vorbei ins Kurbelgehäuse gelangen und das Schmieröl verdünnen.

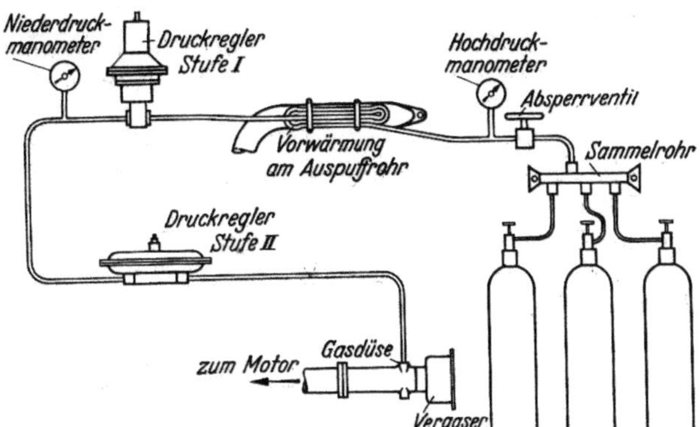

Abb. 42. Anlage für Aufbereitung von Flaschengasgemisch im Fahrzeug.

C. Die Aufbereitung gasförmiger Brennstoffe.

Für die Gemischaufbereitung sehr günstig dagegen ist die Anwendung gasförmiger Brennstoffe, insbesondere der Flaschengase. Zum Vergaser, der ein einfacher Mischer ist, treten hier noch Druckminder- und Heizeinrichtungen (Abb. 42). Die Schwierigkeiten des Anlassens und Regelns sind hier gering.

D. Die Verteilung des Gemischs bei Mehrzylindermotoren.

Ein wesentlicher Nachteil des üblichen Mehrzylindervergasers ist die ungleichmäßige Gemischverteilung auf die einzelnen Zylinder, die zu erheblichen Unterschieden der Höchst- und Mitteldrücke in den Zylindern führt. Bei 6-Zylindern in einer Reihe wurden unterschiedliche Höchstdrücke zwischen 22 und 34 at gemessen. Durch Anordnung zahlreicher Vergaser kann dieser Mangel verkleinert werden. Der Aufwand und die Bedienungsschwierigkeiten erhöhen sich aber dabei.

Das bei Flugmotoren übliche Verbesserungsmittel der Anordnung eines Gemischbläsers ist bei Fahrzeugmotoren nicht üblich, aber möglich. Die Brennstoffeinspritzung unmittelbar in oder vor jeden Zylinder wird sich, wenn die Pumpen und Düsen zu ausreichender Verbilligung vereinfacht werden, auch beim Wagenmotor einführen können.

6. Die Einspritzung.

Die Entwicklung schnellaufender Dieselmotoren hat den Weg zur Einspritzung auch des leichtflüchtigen Brennstoffs in die Zylinder eröffnet. Die Vergaseranlage wird durch die Ein-

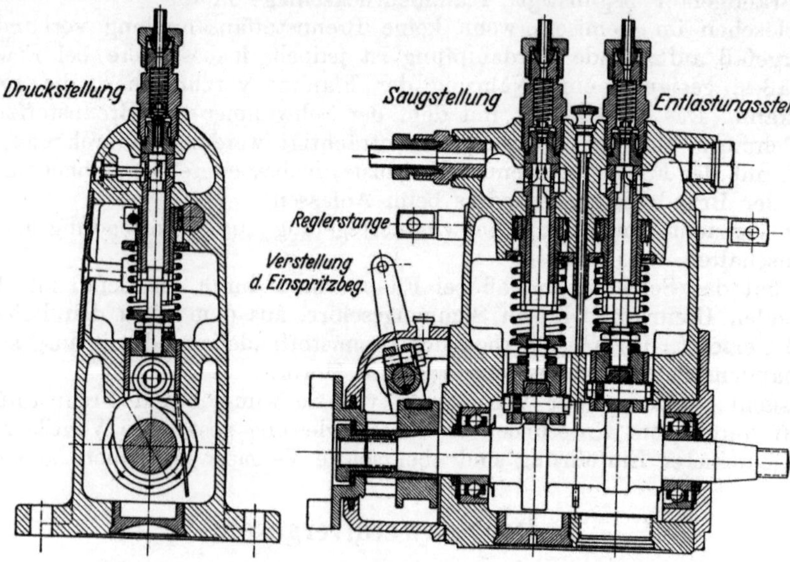

Abb. 43. Einspritzpumpe für Dieselbetrieb der Rob. Bosch AG.

spritzanlage ersetzt werden können, und mit dem Fortfall der Drosselung in der Luftdüse und der Vorwärmung oder Heizung des Gemischs wird dann die Füllung des Zylinders mit kalter Luft von nahezu 1 ata Druck möglich, die Gemischverteilung gleichmäßiger und die Leistung verbessert.

Die genau bemessende, kleine Mengen liefernde Einspritzpumpe ist für die Fahrzeug-Dieselmaschine entwickelt worden. Die beiden Arten von Einspritzpumpen für die Druckzündungs- und für die Fremdzündungsmaschine unterscheiden sich noch nicht wesentlich. Wenn das Benzineinspritzverfahren auf die Wagenmaschine übertragen werden soll, ist es nötig, die teuere Dieselpumpe durch eine billigere Pumpe, mit der kleinere Drücke aufzubringen sind, zu ersetzen.

A. Die Dieseleinspritzpumpe.

Der Fahrzeug-Dieselmotor arbeitet ausschließlich mit luftloser Einspritzung. Für wirksame Zerstäubung ist hoher Druck des Brennstoffs mit 90 bis 150 at vor der Einspritzdüse nötig. Für genaue Bemessung der Einspritzmenge ist gute Regelbarkeit der Pumpe und schnelles Entspannen des Drucks bei Förderende notwendig.

Pumpenstempel und Pumpenzylinder müssen zur Beherrschung der Abnutzung gehärtet sein, was besondere Rücksichtnahme des Gestalters auf die Herstellungsmöglichkeiten bei hoher Genauigkeit erfordert. Das bekannteste Beispiel für eine gut herstellbare Ausführung und für erfolgreiche Überwindung der Herstellungsschwierigkeiten ist die Boschpumpe (Abb. 43 und 44). Neben ihr bestehen andere bewährte Ausführungen. Einfachere Pumpen für kleinere Motoren bestanden aus einem Zylinder mit Pumpenstößel, unter dem ein Pumpennocken mit schrägen Flanken angeordnet und zur Regelung längs verschiebbar war. Einfache Pumpen mit nicht verschiebbaren Nocken wurden außer mit dem Saug- und Druckventil mit einem Überströmventil ausgerüstet, das mit einer besonderen verstellbaren Steuerung regelbar geöffnet wurde.

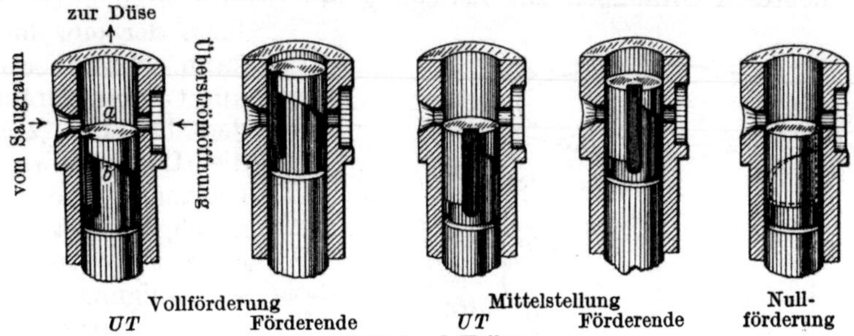

Abb. 44. Pumpenzylinder im Schnitt bei den verschiedenen Kolbenstellungen.

Nach Beendigung des Druckhubs muß die Druckleitung sofort entspannt werden, damit zur Vermeidung des Nachtropfens der Einspritzdüse schlagartiges Schließen des Einspritzventils erreicht wird. Dazu wird im allgemeinen ein Überströmventil verwandt. Bei der Boschpumpe ist das Druckventil, durch das der Brennstoff in die Druckleitung geliefert wird, die Vereinigung eines Tellerventils mit einem Schieber (Abb. 45). Es vergrößert bei der Schließbewegung, bevor es auf der Ventilfläche aufsitzt, durch sein Zurückgehen den Druckraum, wodurch dessen Entspannung rasch und wirksam erfolgt.

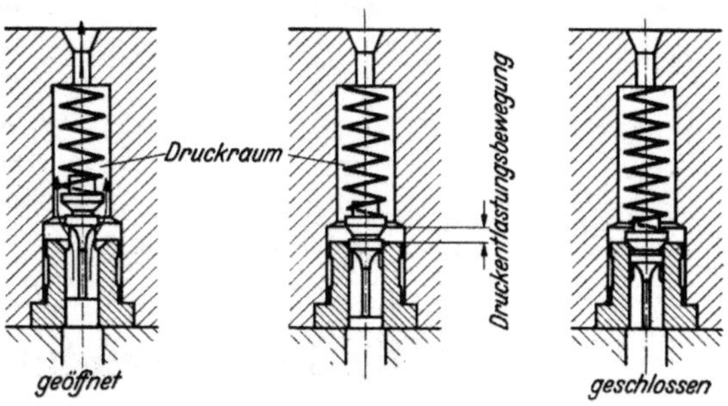

Abb. 45. Entlastungsventil der Bosch-Einspritzpumpe.

Im allgemeinen wird für jeden einzelnen Zylinder eine vollständige Einspritzpumpe verwendet. Diese Pumpen werden in einem Körper mit gemeinsamer Nockenwelle und gemeinsamer Antriebs- und Regelvorrichtung zusammengebaut.

Im Verlauf der Entwicklung sind auch die Einspritzventile mit den Einspritzpumpen baulich vereinigt worden. Das hat im allgemeinen zu gut geschlossenen Lösungen und Vermeidung der Druckleitungen geführt, aber zu Schwierigkeiten der Unterbringung dieser umfangreichen Bauteile am Zylinderkopf der Motoren.

Auch ist die Betriebsaufgabe der Einspritzpumpe zum Teil dadurch erleichtert worden, daß diese unter Fortfall der Aufgabe der genauen Lieferungsbemessung nur als Druckpumpe ausgeführt und mit einem Druckspeicher versehen wurde, wobei die Regelung in eine besondere Steuerung des Einspritzventils gelegt wurde. Auch diese Einrichtung, die sich der früheren Lufteinspritzung annähert, hat sich bis jetzt nicht allgemeiner eingeführt. Sie wird zur Einführung der Benzineinspritzung im Wagenmotor vielleicht wieder aufgegriffen werden können.

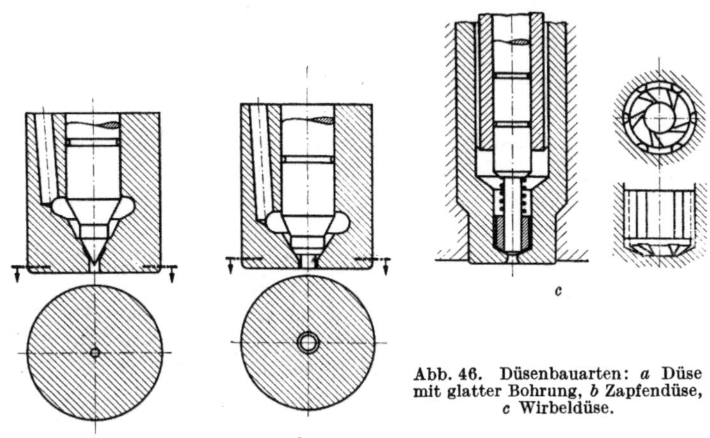

Abb. 46. Düsenbauarten: *a* Düse mit glatter Bohrung, *b* Zapfendüse, *c* Wirbeldüse.

B. Das Einspritzventil.

Für die Einspritzventile sind die Betriebsanforderungen vielseitiger als für die Einspritzpumpe. Sie sind anzupassen an die Maschinen mit unmittelbarer Strahleinspritzung, die Maschinen mit Vorkammer, die Maschinen mit Luftspeicher sowie an die verschiedenartigsten Wandlungsformen dieser Maschinenarten, die die verschiedensten Brennraumformen ergeben. Die einfache glatte Düsenbohrung (Abb. 46) liefert einen langen durchdringenden Strahl,

Verkürzung und Erweiterung der Bohrung verkürzt und verbreitert den Strahl. Die Zapfendüse verkürzt den Strahl stärker, und die Wirbeldüse verbreitert ihn merklich. Die Verteilung des Strahls in flachen Brennräumen erfordert die Vorschaltung einer Düsenplatte mit mehreren Öffnungen zur Zerlegung des Strahls in mehrere Äste, deren Richtung durch die Lage der einzelnen Bohrungen bestimmt werden kann. Stärkerer Gegendruck im Brennraum verkürzt den Brennstoffstrahl, starke Wirbelung der Ladeluft zerreißt den Strahl, wenn gegen die Luftgeschwindigkeit eingespritzt wird, und verlängert ihn, wenn mit der Luftbewegung gleichgerichtet eingespritzt wird. Die Luftbewegung ist eines der wesentlichen Mittel zur Beschleunigung und Vervollkommnung der Mischung des Brennstoffs mit der Luft und damit der Beschleunigung der Verbrennung.

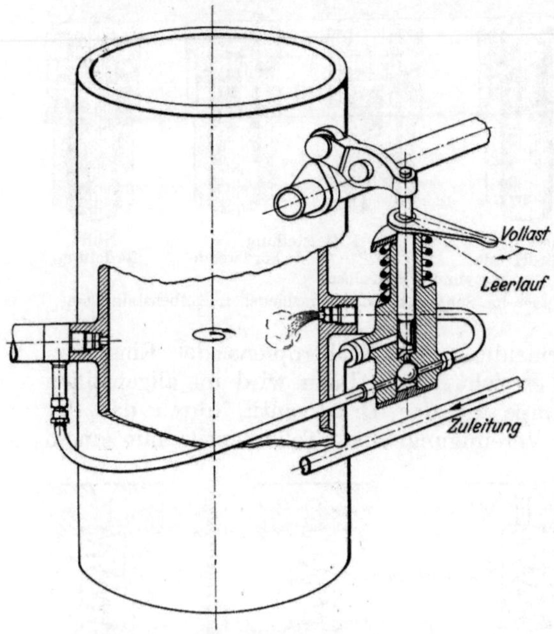

Abb. 47. Brennstoffdüsen am Junkers-Dieselmotor.

Verkürzung des Zündverzugs. Beschleunigung des Zündbeginns, also Verkürzung des Zündvorgangs, ist für Verminderung des Klopfens der Dieselmaschine wichtig.

Gute Beschleunigung des Zündbeginns kann erzielt werden durch Voreinspritzung einer kleinen, für sich zerstäubten Brennstoffmenge vor dem Eintritt des Hauptstrahls. Das kann insbesondere bei Anordnung von je 2 oder mehr Düsen für einen Zylinder (Abb. 47), von denen eine mit kleinerer Fördermenge und starker Zerstäuberwirkung etwas vorauseilt, erreicht werden.

7. Die Fremdzündung des Fahrzeugmotors.

A. Die Zündtemperatur.

Die Zündtemperatur von Benzin-Luft-Gemisch liegt ungefähr bei 330° C. Nach Versuchen sind an der Zündvorrichtung im Motorenzylinder zur Einleitung der Zündung aber wesentlich höhere Temperaturen notwendig, bei luftgekühlten Zylindern etwa 850° an der Kerze oder an einem Glühstift und bei wassergekühlten Zylindern etwa 950° C. Die Zündtemperatur ist auch vom Verdichtungsverhältnis abhängig. Die Ermäßigung des Verhältnisses von 5:1 auf 4,5:1 machte z. B. eine Erhöhung dieser Zündtemperatur um 30° C notwendig.

B. Die Stärke des Zündfunkens.

Über die Bedeutung der Stärke des Zündfunkens für den Verbrennungsvorgang liegen noch keine vollständigen Erkenntnisse vor. Messungen der Robert Bosch AG. haben ergeben, daß man bei üblichen Zündkerzen und einem Verdichtungsdruck von 5 atü bei kaltem Motor mit Spannungen von etwa 10000 Volt zu rechnen hat, was einer Schlagweite am ionisierten Spitzenfunkenzeiger von 0,6 cm entspricht. Der Einfluß der Funkenstärke ist bei Vollgasbetrieb mit üblichem Brennstoffüberschuß gering; bei kleinem Brennstoffüberschuß oder auch Luftmangel oder bei gedrosseltem Betrieb ist besonders große Stärke des Zündfunkens erforderlich. Auf den Klopfvorgang ist die Stärke des Zündfunkens insofern von Einfluß, als ein schwacher Zündfunke die Verbrennung langsam einleitet und daher mehr Frühzündung bedingt, was die Klopfneigung steigert.

C. Entwicklung der Zündanlage.

Die Zündanlage entwickelte sich ausgehend von der Abreißzündung, bei der zwei stromführende Teile, von denen einer beweglich und von außen gesteuert war, im Innern des Zylinders einen Öffnungsfunken erzeugten. Die Stromquelle war dabei eine Batterie oder ein zugleich mit dem Steuergestänge schwingend bewegter Anker eines Zündmagneten.

Die Öffnungsfunkenstrecke wurde sodann nach außen verlegt, mit dem nunmehr umlaufenden Anker des Zündmagneten zusammengebaut und in dessen Niederspannungskreis eingefügt. Der Magnet lieferte den Strom zuverlässiger als die ursprünglich im Fahrzeugbetrieb noch unvollkommenen Sammlerbatterien. Er konnte mit der Hochspannungswicklung seines Ankers gleichzeitig den für die fest eingebauten Elektroden der Zündkerze erforderlichen Hochspannungsstrom erzeugen. Im weiteren Verlauf der Entwicklung hat die Batteriezündung an Bedeutung gewonnen, da Batterien entwickelt wurden, die hinreichend sicher und zuverlässig sind. Durch Fortschritte in der Erzeugung hochmagnetisierbarer Stähle, die die Magnete verkleinern, hat der Wettbewerb zwischen Magnet- und Batteriezündung erneut eingesetzt.

Die Magnetzündung überwiegt in Luftfahrzeugen und Lastwagen, soweit diese noch mit Benzinmotoren ausgerüstet sind, aus Gründen der Betriebssicherheit und des Gewichts. Die Batteriezündung überwiegt im Personenwagen. Die Wirkungsweise ist in beiden Fällen grundsätzlich dieselbe.

D. Die Wirkungsweise der Zündung.

Ein Primärstromkreis wird gebildet aus Batterie und Zündspule bzw. aus der Niederspannungswicklung des Magnetankers und zunächst durch den Unterbrecher geschlossen. Im geeigneten Augenblick wird der Strom unterbrochen und dadurch in der Hochspannungswicklung der Zündspule bzw. des Magnetankers hohe Spannung erzeugt. Diese wird durch den Verteiler der richtigen Zündkerze zugeleitet und führt dort zum Funkenüberschlag. Der Unterbrecher befindet sich bei Magnetzündung auf der Ankerwelle, während der Viertaktverteiler ihm gegenüber mit halber Drehzahl läuft. Bei Batteriezündung sind Unterbrecher und Verteiler auf einer gemeinsamen, vom Motor angetriebenen Welle aufgebaut, wobei bei Viertaktmotoren der Unterbrecher verdoppelte Nockenzahl besitzen muß. Zur Kleinhaltung des Unterbrecherfunkens liegt parallel zu den Unterbrecherkontakten ein Kondensator.

Die Zündanlage ist in ihrem Aufbau verhältnismäßig umständlich, doch hat sie vermöge ausgezeichneter Werkstattarbeit eine hohe Vollkommenheit erreicht.

I. Vergleich zwischen Magnet- und Batteriezündung.

Die Funkenlänge ändert sich nach Ausführungen der Robert Bosch AG. unter üblichen Betriebsbedingungen der Kerze gemäß Abb. 48 mit der Drehzahl, und zwar bei Magnet- und Batteriezündung auf verschiedene Weise. Die bei niederer Drehzahl große Funkenlänge der Batteriezündung verringert sich bei hoher Drehzahl, weil dann während der kurzen Schließungszeit des Unterbrechers der Batteriestrom in der Zündspule infolge ihrer Selbstinduktion nicht mehr auf den vollen Wert steigen kann. Beim Magnetzünder ist bei hoher Drehzahl der Primärstrom und damit auch die Funkenlänge groß; beide fallen bei kleiner Drehzahl ab.

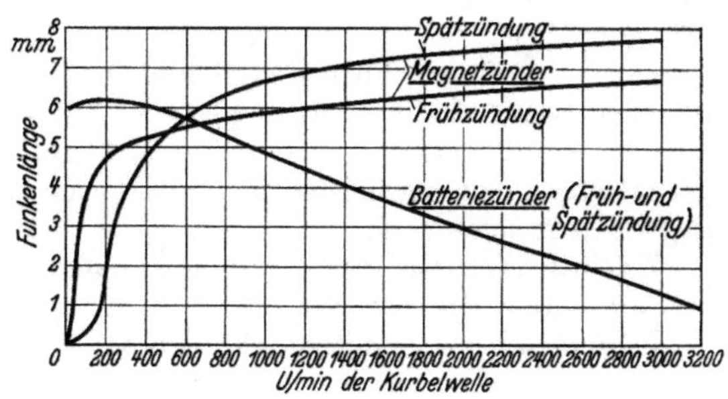

Abb. 48. Kennlinien von Magnet- und Batteriezünder bei Verrußung.

Die größere Funkenlänge bei hoher Drehzahl steht bei Spätzündung zur Verfügung, wenn die Zündkerzenelektroden von Öl saubergebrannt werden sollen. Von der Möglichkeit, den Abfall der Funkenstärke bei Spätzündung und kleinen Drehzahlen durch Übergang auf Frühzündung auszugleichen, kann bei richtig eingestellter Zündung nur wenig Gebrauch gemacht werden. Eine Vereinigung von Batterie- und Magnetzündung mit selbsttätiger Umschaltung vermag diese Nachteile auszugleichen.

II. Der Zündzeitpunkt.

Je nach dem Arbeitsverfahren ist einer Motorumdrehung eine volle oder eine halbe Umdrehung des Zündverteilers zuzuordnen. Durch die Zylinderzahl des Motors ist die Zahl der Plättchen des Verteilers und das Drehzahlverhältnis zwischen Unterbrecher und Verteiler, oder die Nockenzahl des Unterbrechers bestimmt.

Die im Vergleich zur Zündgeschwindigkeit des Gemischs stark veränderliche Kolbengeschwindigkeit macht zur Anpassung des Zeitpunktes des höchsten Verbrennungsdrucks an die Kolbenstellung eine Regelung der Zündung notwendig, die die Einstellung auf „Früh-“ und „Spätzündung“ und möglichst auch Zwischenstellungen ermöglicht.

Eine dem Fahrer zugängliche Handregelung bietet den Vorteil, daß der Zündzeitpunkt nicht nur der Drehzahl, sondern auch den Belastungsverhältnissen angepaßt werden kann. Doch wird die Verstellung von Hand im allgemeinen zu wenig bedient, da es dem Fahrer unmöglich ist, stets seine Aufmerksamkeit auf die Zündung zu richten. Deshalb sind für Fahrzeuge die selbsttätigen Zündverstellungen vorzuziehen. Die Einstellung wird im allgemeinen durch einen Fliehkraftregler, der in den Antrieb des Zünders oder des Unterbrechers eingebaut ist, bewerkstelligt. Dies ist nicht die beste Möglichkeit der Anpassung des Zündzeitpunktes an den Motorenbetrieb. Doch ist diese Regelung nach der Drehzahl schon eine gute Näherungslösung. Ihre weitere selbsttätige Beeinflussung durch Druckdosen, die von der Luftdichte in der Saugleitung gesteuert werden, zur weiteren Vervollkommnung der Einstellung ist nützlich, aber umständlich.

Die Einstellung des Zündzeitpunktes beim Bau des Motors oder bei Nachprüfung erfolgt in Frühzündungsstellung auf den am Schwungrad gemessenen Frühzündungswinkel oder auf den entsprechenden vom oberen Totpunkt aus gemessenen Kolbenweg. Die Einstellmaße werden für jedes Motorenmuster durch den Versuch ermittelt.

III. Die Zündfolge.

Beim einfachen Wagenmotor wird der dem Schwungrad abgekehrte Zylinder mit 1 bezeichnet und der dem Schwungrad benachbarte mit der der Zylinderzahl entsprechenden Ziffer. Beim V-Motor wird im allgemeinen die vom Schwungrad zum freien Wellenende hin links gesehene Zylinderreihe in gleicher Weise und daran anschließend ebenso die rechte Reihe bezeichnet (Abb. 49). Dabei sind folgende Zündfolgen üblich:

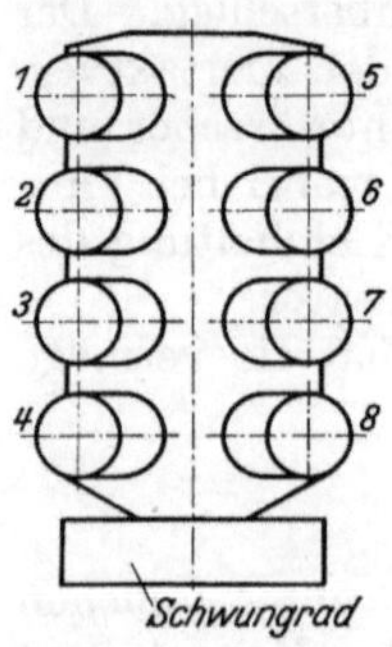

Abb. 49. Bezeichnung der Zylinder eines 8-Zylinder-V-Motors.

4-Zylinder-Motor: 1 3 4 2 oder
1 2 4 3.

6-Zylinder-Motor: 1 5 3 6 2 4
oder aus Schwingungsgründen bisweilen 1 2 4 6 3 5.

8-Zylinder-V-Motor: 1 6 3 5 4 7 2 8.

12-Zylinder-Motor: 1 5 3 6 2 4
8 10 7 11 9 12.

Neben diesen üblichen sind bei vielzylindrigen Motoren andere Zündfolgen möglich, wenn die Bedingung gleicher Zündabstände und einfach herstellbarer Kurbelwellenformen erfüllt wird. In der Reihenfolge der Zündungen ist neben den Drehschwingungsverhältnissen zu berücksichtigen, daß die Kurbelwelle in der Überlagerung der Kräfte günstig beansprucht wird.

Zweitaktmotoren sind nur mit wenigen Zylindern üblich. Der V-förmige 4-Zylinder-Motor hat die Zündfolge 1 2 3 4.

Einfach ist die Zündfolge bei den als Wagenmotoren wieder in Vorschlag gebrachten Sternmotoren, die als Viertaktmotoren mit ungerader und als Zweitakter mit gerader Zylinderzahl gebaut werden, so daß bei Viertakt die Zündfolgen sind:

5-Zylinder: 1 3 5 2 4
7-Zylinder: 1 3 5 7 2 4 6
9-Zylinder: 1 3 5 7 9 2 4 6 8.

Bei den Doppelsternmotoren sind die beiden Zylindersterne gegeneinander um eine halbe Teilung versetzt, oder die Kröpfungen der Kurbelwelle sind um das Maß des halben Zylinderwinkels gegeneinander verdreht. In beiden Fällen ergibt sich, wenn mit h die hintere Reihe bezeichnet wird, die Zündfolge z. B. des

14-Zylinders: 1 3 5 7 2 4 6
$5h$ $7h$ $2h$ $4h$ $6h$ $1h$ $3h$.

Bei Zweitakt erfolgen die Zündungen der Reihe nach, also beim

6-Zylinder: 1 2 3 4 5 6.

E. Beeinflussung des Zündmagneten durch Drehschwingungen der Kurbelwelle.

Der Magnet wird vielfach am freien Ende der Kurbelwelle angetrieben, das bei kritischen Drehzahlen Drehschwingungen von 1 bis 3° Winkelausschlag vollführt.

Der Anker des Zündmagneten stellt eine wirksame Schwungmasse dar, so daß die Magnetkupplung einen wesentlichen Teil dieser Kurbelwellenausschläge in sich aufzunehmen hat. Günstig ist der Antrieb vom Schwungradende der Kurbelwelle, da diese hier in der Nähe des Schwingungsknotens ihrer Grundschwingung nur ganz geringfügige Ausschläge macht, womit die Beanspruchung der Kupplung gering und die Gleichmäßigkeit der Zündung wenig gestört ist. Das ist aber baulich nicht in jedem Fall zu verwirklichen.

Bei kleineren Motoren genügt dann eine arbeitsfähige und sehr weiche Kupplung, meistens eine Gummischeibe. Bei größeren Motoren sind Magnete mit besonders kleinem Trägheitsmoment des Läufers zu verwenden, wie sie als Magnete mit stehendem Anker, stehendem Feld und umlaufenden Kraftlinienleitstücken zunächst für Flugmotoren (Abb. 50) entwickelt worden sind.

Abb. 50. Bosch-Magnetzünder mit kleinem Trägheitsmoment des Läufers.

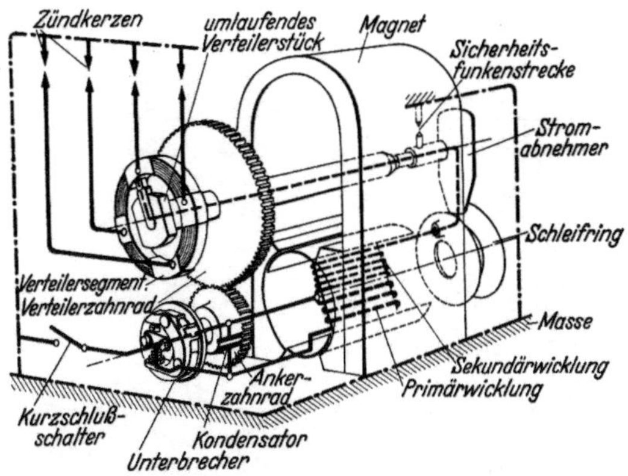

Abb. 51. Grundsätzlicher Aufbau eines Magnetzünders für 4-Zylinder-Motoren.

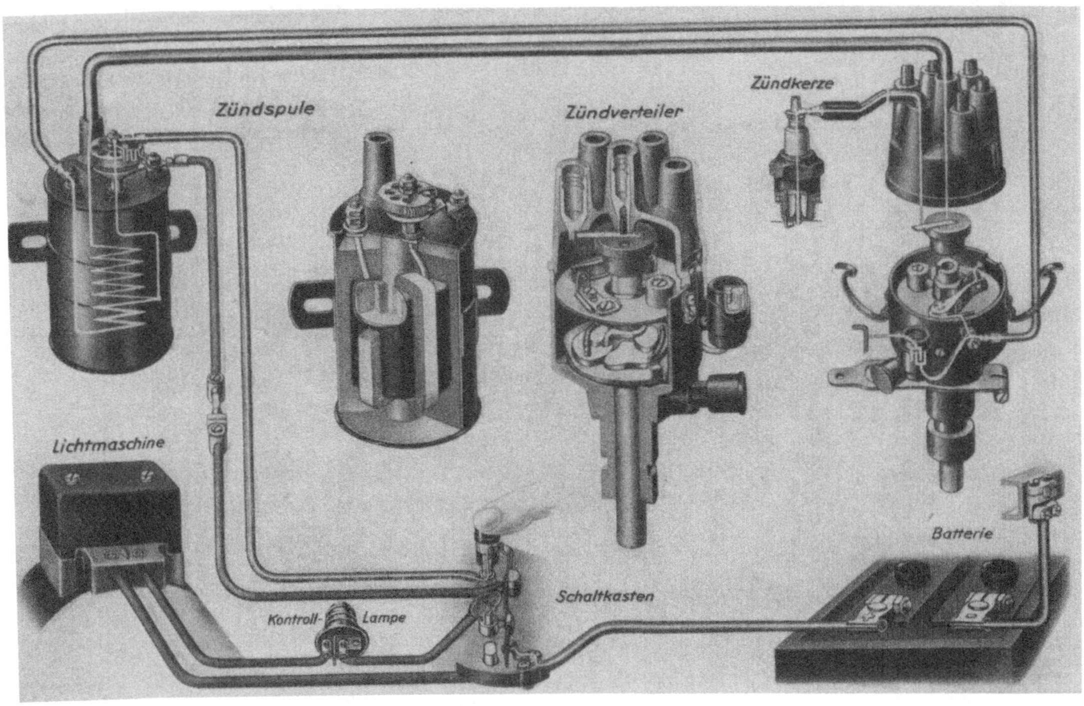

Abb. 52. Batteriezündanlage.

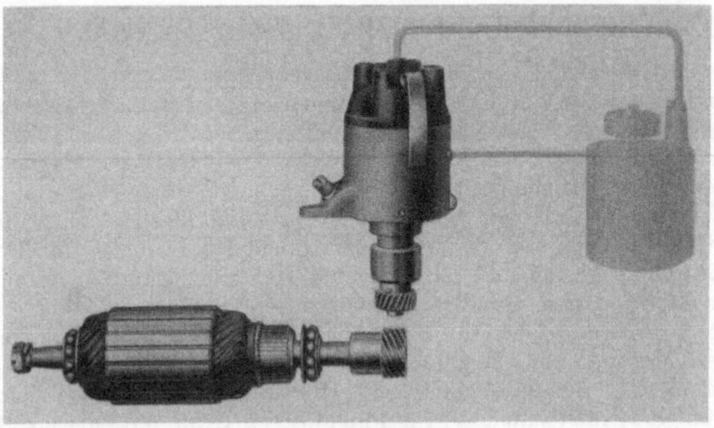

Abb. 53. Lichtbatteriezünder.

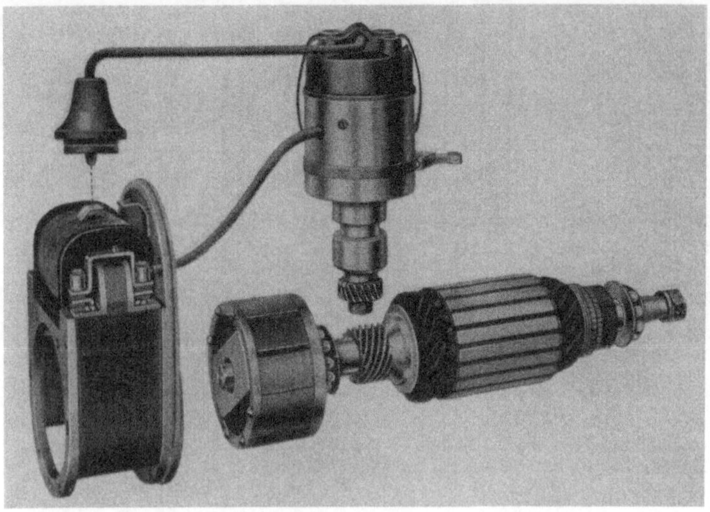

Abb. 54. Lichtmagnetzünder.

F. Arten der Zündanlagen.

Die verschiedenen Anforderungen in den Fahrzeugen haben bei der Zündanlage zur Entwicklung der folgenden, wesentlich gewordenen baulichen Ausführungen geführt:

Den grundsätzlichen Aufbau eines Magnetzünders für 4-Zylinder-Motoren zeigt Abb. 51. Die Zündanlage ist wegen der Erzeugung des Stromes im Magneten selbständig, eine Verbindung mit der Lichtbatterieanlage besteht nicht.

Bei Batteriezündung (Abb. 52) wird der Strom von der Batterie und der Lichtmaschine geliefert. Unterbrecher und Verteiler befinden sich auf einer besonderen Welle des Motors. Die Zündspule ist getrennt, meist an der Spritzwand, angeordnet.

Die Licht-Batteriezündung (Abb. 53) erlaubt beim Versagen der Batterie mittels besonderen Schalters mit dem Lichtmaschinenstrom als Zündstrom anzufahren. Die Zündspule ist getrennt, Unterbrecher und Verteiler an der Lichtmaschine angeordnet.

Die Licht-Magnetzünderanlage (Abb. 54) gleicht der vorhergehenden, doch wird

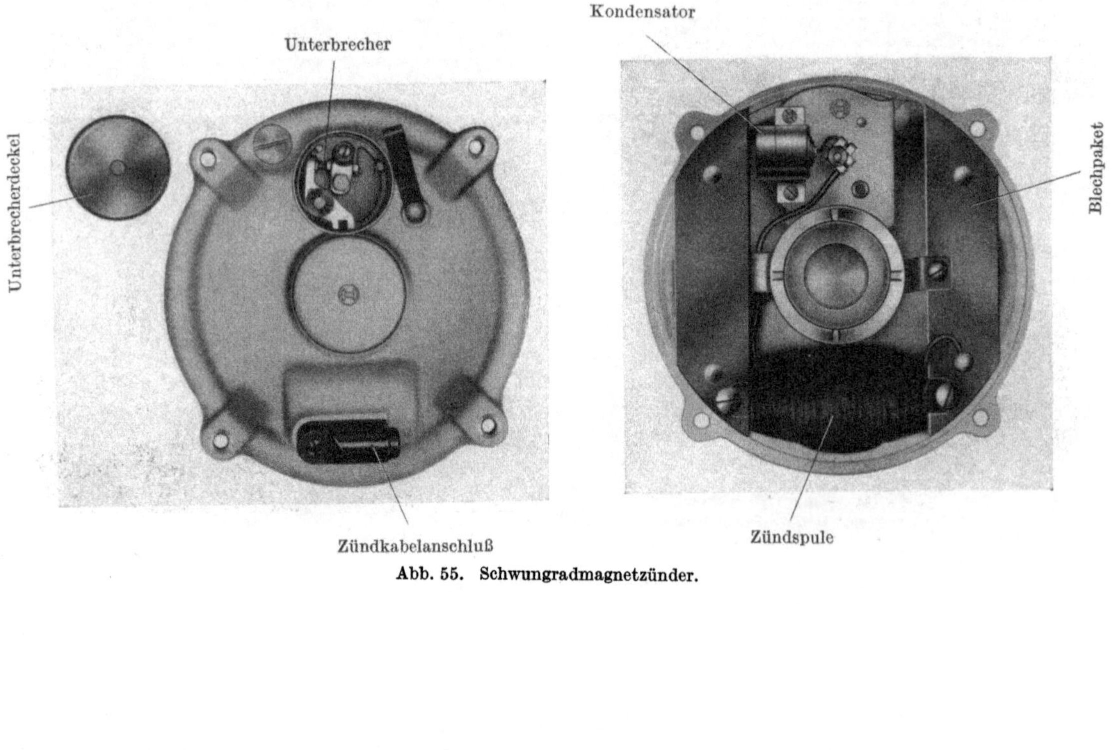

Abb. 55. Schwungradmagnetzünder.

der Zündstrom statt der Batterie einem besonderen einfach gebauten Magneten entnommen.

Der Schwungrad-Magnetzünder (Abb. 55) besitzt einen mit dem Schwungradgehäuse stillstehenden Anker, das Feld läuft mit dem Schwungrad um. Dieses ist auf die Kurbelwelle aufgesetzt.

Beim Schwungrad-Licht-Magnetzünder (Abb. 56) befindet sich der Anker für den Zündstrom und der Anker der Lichtmaschine auf der Kurbelwelle.

Abb. 56. Schwungradlichtmagnetzünder.

Der Schwungrad-Licht-Anlaßzünder (Abb. 57) erhält noch eine besondere Anlasserwicklung im Gehäuse.

Bei größeren Motoren wird im allgemeinen eine besondere Licht- und eine Anlassermaschine verwendet, bei kleineren Motoren wird zweckmäßig die Licht- und die Anlassermaschine baulich vereinigt. Die Grenze zwischen beiden Möglichkeiten liegt im Gebiet der Übergänge von den 1- und 2-Zylinder-Motoren der Krafträder und Kleinstfahrzeuge zur 4-Zylinder-Maschine des kleinen Personenwagens.

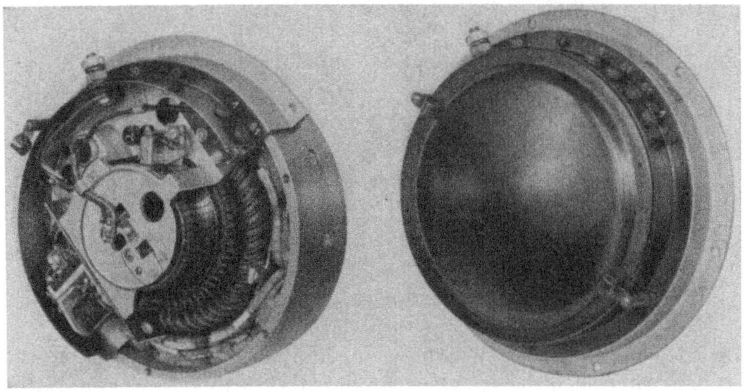

Abb. 57. Schwungradlichtanlaßzünder.

G. Die Zündkerze.

Die Zündkerze unterliegt hohen und ungünstigen Beanspruchungen durch die im Zylinder auftretenden Drücke und Temperaturen sowie durch die hohen Spannungen und die Temperaturen des Zündfunkens. Trotz der verschiedenen Ausdehnungsziffern der Werkstoffe muß auch bei stark wechselnder Temperatur Gasdichtheit gegen die hohen Drücke erzielt werden. Die Isolierfähigkeit muß nach Bosch bei 500° C 1 Megohm/cm³ des Werkstoffs betragen. Die Temperatur von 500° C ist für richtiges Arbeiten der Zündkerze zweckmäßig, was davon abhängt, daß das auf die Elektroden gelangende Öl stets hinreichend abgebrannt wird.

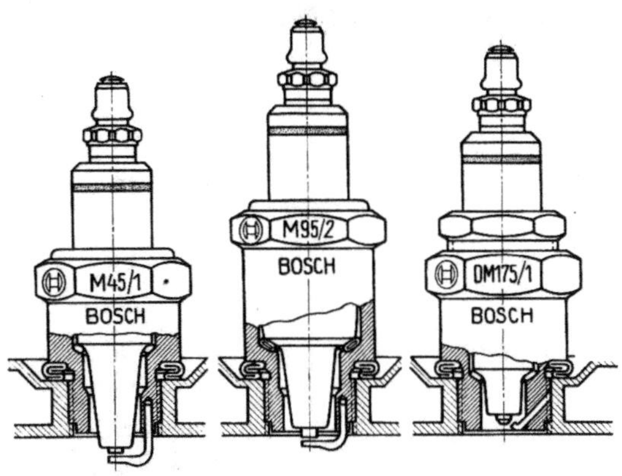

Abb. 58. Kerzen verschiedener Wärmewerte.
Die linke Kerze hat niedrigen Wärmewert, sie nimmt im Betrieb hohe Temperatur an.

Der Glühzündungswert. Die Glühzündungstemperatur, die die Zündung von selbst einleitet, liegt (s. S. 36) ungefähr zwischen 850 und 950°. Die Temperatur von 500° C sichert einen hinreichenden Abstand von der Glühzündungsgrenze. Ihre Einhaltung bedingt ein richtiges Verhältnis zwischen der aufgenommenen und der abgeführten Wärmemenge der Kerzenbauteile, das auch bei verschiedener Belastung des Motors im wesentlichen eingehalten werden sollte. Die Wärmeaufnahme der Kerze ist gegeben durch die Größe der Oberfläche der dem Verbrennungsraum zugekehrten Kerzenteile, durch die Bauart, die Drehzahl und die Wärmebelastung des Motors. Die Wärmeabgabe ist bedingt durch die Wärmeleitquerschnitte, die Wärmeübertragungsverhältnisse an den Motorkörper und an die Umgebungsluft. Die Mittel zur richtigen Wärmebelastung liegen in der baulichen Ausführung des Motors und in der Gestaltung der Kerze, wobei Isolierkörper und Elektroden die wesentliche Rolle spielen.

Im Hinblick auf die Bildung von Kriechwegen für den elektrischen Strom bei Verrußung ist der Wärmezustand des Isolators wichtig. Glühzündungen ergeben sich durch zu hohe Temperatur des Isolators oder der Elektroden. Es ist möglich und zweckmäßig, die Elektroden etwas kühler zu halten als den Isolator. Dann bleibt dessen Temperatur für Verrußung und für Glühzündungen bestimmend.

Abb. 59. Grundsätzliche Darstellung des Funkschutzes an einer Zündanlage.

Als Richtlinie für die Verwendung der Kerzen wurde von Bosch der „Glühzündungswert" als angenäherter Maßstab eingeführt. Er gibt an, nach welcher Zeit in einem Vergasermotor bei gleichen Betriebsbedingungen Glühzündungen der verschiedenen Kerzenbaumuster auftreten. Unter der Voraussetzung, daß die Betriebstemperatur der Elektroden durch Werkstoffwahl und Gestaltung in richtigen Grenzen gehalten ist, liegt eine Kerze mit niedrigem Wärmewert dann vor (Abb. 58), wenn der Isolator von bestimmter Wärmeleitfähigkeit große Oberfläche und damit hohe Wärmeaufnahme besitzt. In diesem Sinn wirkt auch große Bohrung des Kerzenkörpers oder Oberflächenvergrößerung durch Rillen. Eine Kerze mit hohem Wärmewert liegt vor, wenn der Isolierkörper kleine Oberfläche und damit niedrige Wärmeaufnahme hat. In dieser Richtung wirkt auch kleine Bohrung des Kerzenkörpers, Einlegen von Kupferringen an der unteren Dichtungsstelle, Anbringen von Kühlrippen an der Mittelelektrode. In hohem Maß ist, bei günstigen Bedingungen für die äußere Wärmeabfuhr, für den Wärmewert der Kerze auch die Wärmeleitfähigkeit maßgebend. Sie verhält sich z. B. wie 50:5:1 bei Sinterkorund, Silimanit und Glimmer.

a *b*
Abb. 60. Zünder mit Funkschutz: *a* Magnetzünder, *b* Batteriezünder.

Kerzen mit niedrigem Wärmewert nehmen hohe Temperaturen, Kerzen mit hohem Wärmewert nehmen niedere Temperaturen an. Es ist günstig, möglichst heiß bleibende Kerzen zu wählen, weil sie im Regelungsbetrieb des Motors unempfindlich sind. Doch muß man aus Gründen hoher Beanspruchung der Kerzen in vielen Fällen davon absehen und Kerzen wählen, die verhältnismäßig kühl bleiben. Anzustreben ist es, mit Kerzen von mittlerem Wärmewert durchzukommen. Bei der Gestaltung des Motors muß der Kolben und seine Ölabstreifung so durchgebildet werden, daß die Gefahr des Verölens der Kerze möglichst eingeschränkt wird.

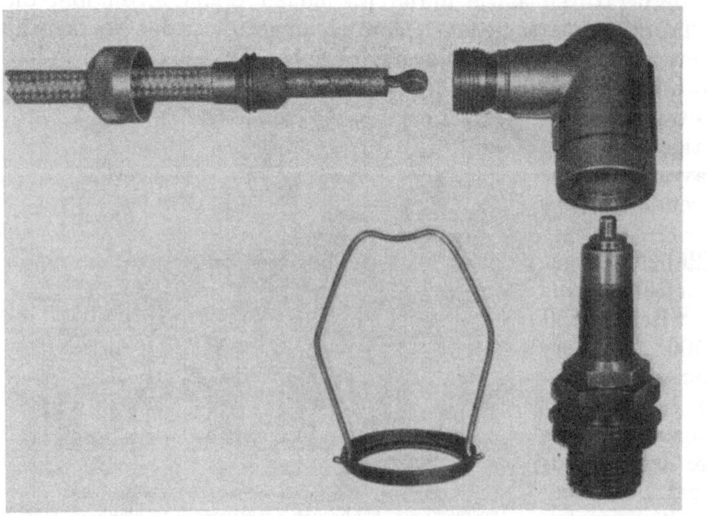
Abb. 61. Abschirmkappe und Anschluß des abgeschirmten Kabels an der Zündkerze.

H. Abschirmung der Zündanlage.

In Fahrzeugen, die mit Funkeinrichtungen versehen sind, stört die Zündanlage den Empfang. Bei der Unterbrechung des Zündstroms und beim Überschlag des Funkens entstehen stark gedämpfte Hochfrequenzschwingungen, die sich über das ganze Leitungsnetz des Wagens ausbreiten und durch Antennenwirkung ausstrahlen.

Der Frequenzbereich ist sehr groß, die Wellenlängen liegen zwischen 4 und über 1000 m, so daß der Empfang auf allen Wellenlängen gestört wird.

Von den Mitteln zur Beseitigung der Funkstörung hat sich die metallische Abschirmung (Abb. 59 bis 61) als das wirksamste eingeführt. Sie stellt aber wegen der vergrößerten Kapazität erhöhte Anforderungen an die Zündanlage, deren Leistungsfähigkeit, wenn sie vorher eben ausreichend war, um ungefähr 25 vH erhöht werden muß.

7a. Die elektrische Anlage im Fahrzeug.

Die elektrische Einrichtung im Fahrzeug stellt eine geschlossene Anlage dar, mit Lichtmaschine und Batterie als Stromspender für den weitverzweigten Verbraucherkreis, insbesondere der Scheinwerfer, des Anlassers, des Horns, der Winker, des Scheibenwischers und zusätzlicher Einrichtungen, zum Teil sogar Heizungen.

Größe und Verwendungszweck des Fahrzeugs sind bestimmend für die Anzahl der Stromverbraucher und für die Inanspruchnahme der Stromquelle. Dabei ist aus wirtschaftlichen Gründen die Größe der Lichtmaschine so weitgehend als möglich zu begrenzen. Sie muß bei 25 km/h Fahrgeschwindigkeit im Gebrauchsgang der üblichen Fahrt ausreichen für gleichzeitigen Stromverbrauch durch die Scheinwerfer, den Scheibenwischer und zutreffendenfalls einer Scheibenheizung. Durch den außerdem erfolgenden Gebrauch des Horns darf das Scheinwerferlicht nicht beeinträchtigt werden. Die Batterie muß dabei noch dauernd gut geladen werden, insbesondere bei Fahrzeugen mit Batteriezündung, damit selbst beim Anlassen des kalten Motors nach mehrstündigem Stehen noch ein hinreichender Zündstrom zur Verfügung steht. Die Lichtmaschine muß mit der Batterie bei möglichst gleichbleibender Spannung in weiten Drehzahlgrenzen zusammen arbeiten. Das erfordert besondere Regeleinrichtungen.

I. Regelung der Lichtmaschine.

Üblich sind die einfachere Stromregelung und die vorteilhaftere Spannungsregelung (*6*). Bei der Stromregelung befindet sich zwischen den beiden Hauptbürsten am Kollektor eine dritte Hilfsbürste, die die Erregerwicklung mit Spannung versieht, die der Lage dieser Hilfsbürste entspricht (Abb. 62). Bei Leerlauf verläuft der magnetische Kraftfluß zwischen den beiden Polen ziemlich gleichlaufend und gerade. Bei zunehmender Belastung und Drehzahl verschiebt sich durch die zusätzliche Wirkung des Ankerfeldes der Gesamtkraftfluß in der Richtung der Ankerdrehung (Feldverzerrung). Der Spannungsverlauf ändert sich dementsprechend und damit auch die Spannung an der dritten Bürste in der Weise, daß mit wachsender Drehzahl, aber auch mit wachsender Stromentnahme, die Erregerspannung sinkt. Auf diese Weise ist das Anwachsen des Hauptstroms der Maschine mit der Drehzahl begrenzt. Da die Klemmenspannung der Maschine von der Batteriespannung abhängig ist, also bei voll geladener Batterie höher liegt, erhält in diesem Fall die von der dritten Bürste abgegriffene Erregerspannung ebenfalls einen höheren Wert, mit steigendem Erregerstrom verstärkt sich das Hauptfeld, der Ankerstrom wächst. Damit wird die Batterie, die sich im Zustand guter Ladung befindet, stärker geladen als die, die sich im Zustand schlechter Ladung befindet. Ein weiterer Mangel der Stromregelung liegt darin, daß bei der Fremderregung das Vorhandensein der Batteriespannung überhaupt Vorbedingung für die Erregung der Maschine ist, so daß bei ausfallender Batterie auch ein Zündstrom aus der Lichtmaschine nicht zustande kommen kann.

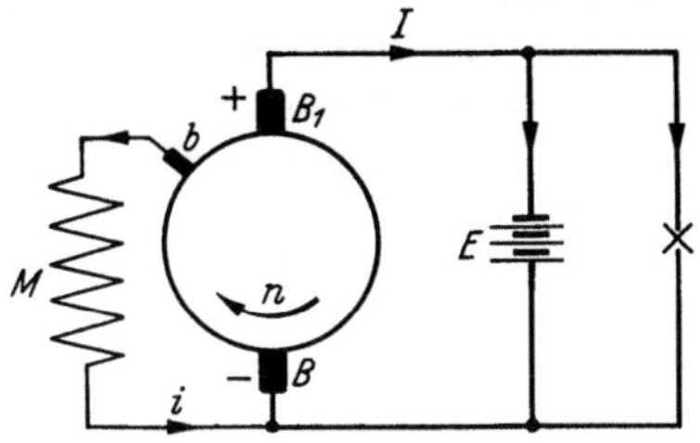

M Magnetfeld, *i* Feldstrom, *b* Hilfsbürste, *B* −Bürste, B_1 +Bürste, *I* Hauptstrom, *E* Batterie.

Abb. 62. Schaltbild einer stromregelnden Lichtmaschine (3-Bürsten-Maschine.)

Bei der Spannungsregelung wird ein mechanischer Schnellregler verwandt. Bei Öffnen und Schließen des Erregerstromkreises folgt wegen der Selbstinduktion die Änderung des Stromes und des Erregerfeldes nur langsam nach einer Exponentialfunktion. Der Erregerstrom der Maschine (Abb. 63), der zunächst an der vollen Ankerspannung liegt, wird über einen Magnetschalter, der gleichfalls an der Ankerspannung liegt, bei zu hoher Ankerspannung auf Widerstand geschaltet und damit geschwächt. Die Folge ist Absinken der Ankerspannung. Der Vorgang wiederholt sich in schneller Folge (Abb. 64), und die Ankerspannung wird damit mit kleinen Schwankungen gleichgehalten (7).

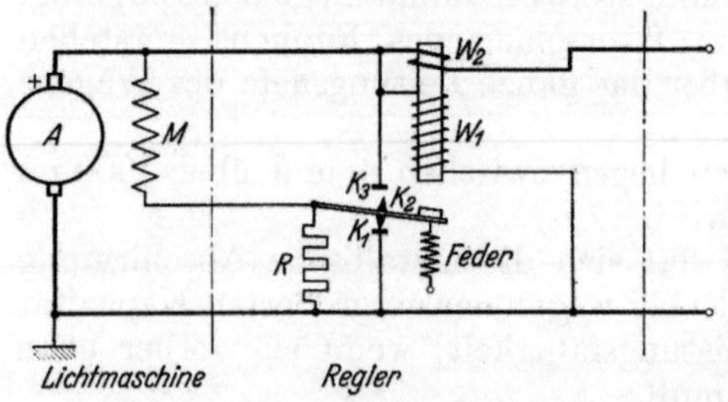

A Anker,
M Magnetfeld,
R Vorwiderstand,
K_1 Kurzschlußkontakt für *R*,
K_2 Schaltkontakt,
K_3 Kurzschlußkontakt für *M*,
W_1 An der Spannung liegende Umschaltmagnetwicklung,
W_2 Gegengeschaltete Hauptstromwicklung.

Abb. 63. Schaltbild einer spannungsregelnden Lichtmaschine.

Bei kleiner werdender Belastung durch die Stromabnehmer und steigender Drehzahl bleibt der Widerstand im Erregerkreis etwas länger zugeschaltet, der Erregerstrom bleibt auf einem niedrigeren Mittelwert, und die Ankerspannung bleibt auf ihrer mittleren Höhe. Bei zunehmender Belastung kehrt sich der Vorgang um.

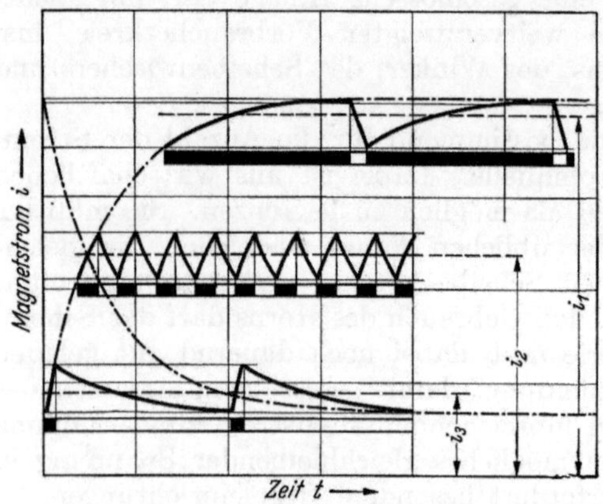

t Zeit,
i Erregerstrom,
i_1 Mittelwert des Erregerstromes bei großer Last bzw. kleiner Drehzahl.
i_2 Mittelwert des Erregerstromes bei mittlerer Last bzw. mittlerer Drehzahl.
i_3 Mittelwert des Erregerstromes bei kleiner Last bzw. großer Drehzahl.

Abb. 64. Arbeitsweise des Spannungsreglers.

Wenn die Drehzahl so hoch steigt, daß der Widerstand *R* den Erregerstrom nicht mehr genügend schwächt, dann wird der Anker noch weiter angezogen. Das Kontaktspiel findet nun zwischen den Kontakten K_2 und K_3 statt, die Erregerwicklung wird also zeitweilig kurzgeschlossen und damit die Maschinenspannung niedergehalten.

Bei entladener Batterie liefert die Spannungsregelung einen hohen Ladestrom und bei geladener einen niedrigen, was rasches Aufladen gewährleistet und Überladung verhütet. Ferner liefert die Spannungsregelung gleichmäßiges Licht. Bei Ausfallen der Batterie kann die Licht- und Zündanlage noch betrieben werden.

II. Der Anlasser.

Die Anlasser sind mit Rücksicht auf das hohe Drehmoment als Hauptstrommotoren ausgebildet. Sie tragen auf ihrer Welle ein kleines Stirnzahnrad, das dem Schwungradzahnkranz gegenübersteht und mit diesem in Eingriff gebracht wird. Hierfür haben sich verschiedene Verfahren entwickelt. Beim Rushmore-Verfahren befindet sich der Anker des Anlassers im Ruhezustand um einige Zentimeter aus der Mitte des Feldes gerückt. Mit eingeschalteter Erregung wird er in das Feld und damit das Ritzel in Eingriff mit dem Schwungrad gezogen, worauf die weitere Drehung erfolgt. Beim „Überholen" nach dem Anspringen des Motors wird der Anker durch Gegenstrom aus dem Feld geworfen. Das Verfahren ist einfach, der Eingriff erfolgt aber nicht mehr, wenn die Zahnräder Stirn auf Stirn getroffen haben.

Bei dem Bendix-Verfahren sitzt das Ritzel unter Vermittlung einer schraubenförmigen Hülse auf der Ankerwelle. Bei der ersten Drehung des Ankers bleibt es durch Massenwirkung zurück, verschiebt sich deshalb in der Schraubennut axial. Es kuppelt damit eine Klaue, die es mit einer Federbandkupplung verbindet, die nun das zum Eingriff nötige weitere axiale Verschieben und die Verbindung in Drehrichtung übernimmt. Dieses Verfahren ist sicher wirkend, aber umständlich.

Mechanisch am einfachsten ist das Verfahren, bei dem das Vorschieben des Ritzels mit der anfänglichen Bewegung des Starterfußhebels zwangläufig erfolgt. Bei weiterer Bewegung des Hebels erfolgt dann das Einschalten des Stroms.

In Verbindung mit dem Rushmore-Verfahren kann auch der Strom in zwei Schaltstufen eingeschaltet werden, in der ersten für das Vorrücken des Ritzels, in der zweiten für das eigentliche Anwerfen. Diese früher viel benützte Möglichkeit wird noch bei größeren Anlagen (Triebwagen) angewandt.

Das für das Anlassen erforderliche Drehmoment M_d ist angenähert abhängig von dem Hubraum V des Motors, dessen Größe mit einer Erfahrungszahl c, die zwischen 3 und 4 liegt, zu vervielfachen ist.

Die Anlaßleistung ist

$$N_a = \frac{M_d \cdot \omega}{75} \text{ [PS]},$$

für die Anlaßdrehzahl 100 U/min

$$N_a = \frac{M_d \cdot 100\,\pi}{75 \cdot 30} = 0{,}14\, M_d,$$

für einen 2-Liter-Motor und mit $c = 3{,}5$, z. B.

$$N_a = 0{,}14 \cdot 3{,}5 \cdot 2 = 1{,}0 \text{ PS}.$$

Diese Leistungsbestimmung ist aber nur überschlägig. Eine Anpassung des Verlaufs des Drehmoments des Anlassers an den Motor nach den Angaben des Herstellers ist im Einzelfall notwendig.

8. Der Leistungsbegriff bei Fahrzeugmotoren.

A. Die Volleistung am Schwungrad.

Für die Leistung eines Fahrzeugmotors wird im allgemeinen die Volleistungsschaulinie zugleich mit der Verbrauchsschaulinie nach Abb. 65 angegeben. Sie stellt mit den zwischen der Nullinie und der Volleistungslinie liegenden Beträgen die am Schwungrad des Motors bei voller Öffnung der Regeleinrichtung in den verschiedenen Drehzahlen zur Verfügung stehenden „Volleistungen" dar. Sie wird in ihrem Verlauf mit der Drehzahl entweder auf Grund von Erfahrungen vorausberechnet oder am ausgeführten Motor auf dem Prüfstand durch Messung bestimmt, wobei die Meßdrehzahlen durch entsprechende Belastung des unter „Vollgas" laufenden Motors mittels eines regelbaren Bremsmittels eingestellt werden.

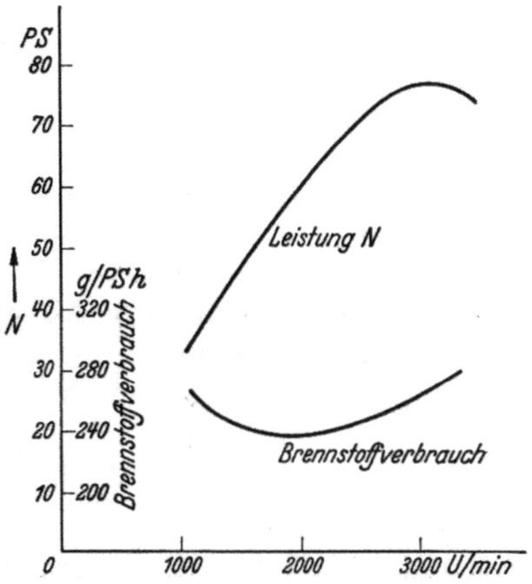

Abb. 65. Volleistung und Brennstoffverbrauch in Abhängigkeit von der Drehzahl.

Die Vorausberechnung der Volleistung geht aus von der Geraden a in Abb. 66, welche die nach Annahme eines bestimmten Mitteldrucks sich ergebende Leistung im Zylinder darstellt. Die wirklich indizierte Leistung weicht jedoch von einer bestimmten Drehzahl an nach Schaulinie b von der Geraden ab. Der Grund hierfür liegt in dem die Füllung des Zylinders verkleinernden Einfluß der mit der Luftgeschwindigkeit stark anwachsenden Strömungswiderstände in der Sauganlage und den Ventilöffnungen.

Der für die Eigendrehung des Motors, insbesondere für die Überwindung der Lagerreibungs-, Kolbenreibungs- und Steuerungswiderstände erforderliche Leistungsbedarf, der der Drehzahl zum Teil einfach, zum Teil unter dem Einfluß der Massenkräfte quadratisch verhältig ist, nimmt etwa nach Schaulinie c mit der Drehzahl zu. Wenn die Beträge dieses Leistungsbedarfs nach c von der zur Verfügung stehenden indizierten Leistung nach b in Abzug gebracht werden, ergibt sich die Schaulinie d der verfügbaren Volleistungen, die der in Abb. 65 entspricht.

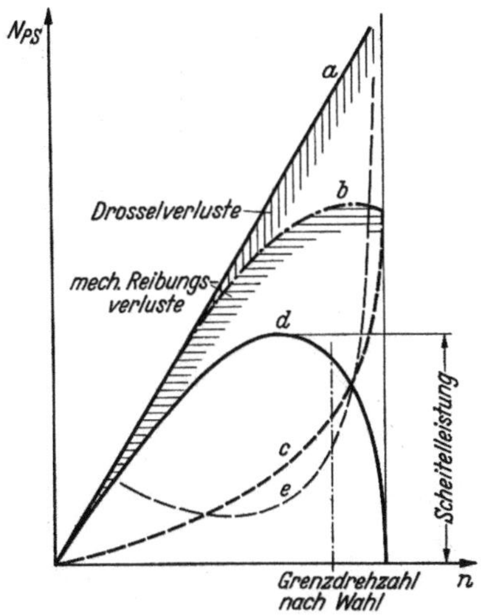

Abb. 66. Bestimmung der Volleistungslinie aus der theoretischen Leistung.

Sie wird im allgemeinen in ihrem Verlauf nur bis zu Drehzahlen, die wenig höher liegen als die Drehzahlen der höchsten, also der „Scheitelleistung" angegeben, weil ihr weiterer Verlauf in das Gebiet sehr hohen Brennstoffverbrauchs fällt, der, wie die Linie e des Brennstoffverbrauchs zeigt, auf die verfügbare Leistung bezogen, beim Schnitt der Leistungsbedarfslinie mit der Linie der indizierten Leistung, also beim Schnitt der Volleistungslinie mit der Nullinie, unendlich wird. Vielfach werden Drehzahlen, die nicht weit über den der Scheitelleistung entsprechenden Drehzahlen liegen, als Grenzdrehzahlen angegeben und zur Verhinderung mechanischer Überbeanspruchung des Motors auf den Geschwindigkeitsmessern der Fahrzeuge für die verschiedenen Getriebegänge besonders angezeichnet.

B. Die Drosselleistung.

Wenn bei der Messung auf dem Prüfstand das gleiche Verfahren wie für die Ermittlung der Volleistungslinie für Teilleistungen bei jeweils gleich und in verschiedenen Stufen eingestellter Regeleinrichtung (Drosselklappe, Einspritzpumpenregelung) angewandt wird, so ergeben sich die Drosselleistungsschaulinien nach Abb. 67. Von dem durch die Drosselleistungslinien bedeckten Leistungsbereich zwischen der Nullinie und der Volleistungslinie wird im Fahrbetrieb je nach Steigung und Geschwindigkeit Gebrauch gemacht.

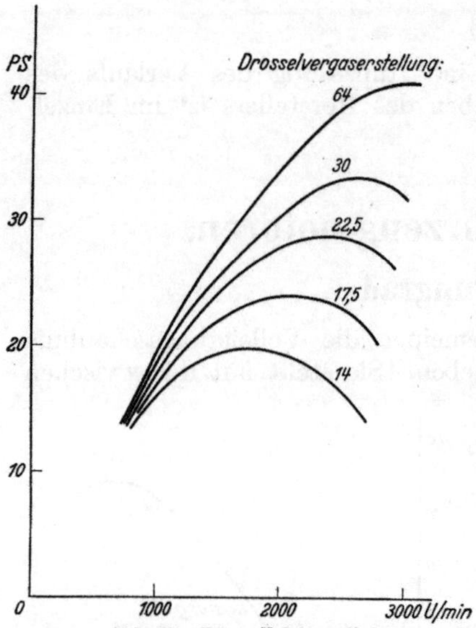

Abb. 67. Drosselleistungslinien.

Bei den üblichen Straßenverhältnissen werden die Volleistungen (bei ganz geöffneter Regeleinrichtung) auf Steigungen und in der Ebene nur kurzzeitig ausgenützt, so daß die durchschnittliche Betriebsleistung etwa nur die Hälfte der Scheitelleistung beträgt. Demgemäß sind die Motoren im Verlauf der Entwicklung so gestaltet worden, daß sie die Beanspruchungen der Scheitelleistung nur kurzzeitig aufzunehmen vermögen. Bei Fahrt auf Autobahnen werden die Volleistungen und die Scheitelleistung auf längere Betriebsdauer angewendet, wofür die Motoren so entwickelt sein müssen, daß sie die bei voller Öffnung der Regeleinrichtung erzielbaren Volleistungen betriebssicher und bei ausreichend niedriger Abnützung im Dauerbetrieb zu beherrschen vermögen. Dazu muß insbesondere die Wärmeableitung aus Kolben, Ventilen und Zylindern in Anlehnung an die Erfahrungen des Flugmotorenbaus besonders leistungsfähig sein, damit hohe Mitteldrücke und Kolbengeschwindigkeiten ohne Wärmestauung angewendet werden können. Die zweckmäßige Abstimmung der Mitteldrücke wird durch entsprechende Bemessung der Saugleitungs-, Luftdüsen- und Ventilquerschnitte erreicht.

C. Erhöhung der Leistung durch Züchtung.

Für die Züchtung von Motoren der Gebrauchsfahrzeuge als Sportmotoren wird diese Leistungsbegrenzung so weitgehend als möglich ausgeschaltet. Die bei niedriger Gasgeschwindigkeit im Bereich der kleinen Drehzahlen eintretende Verschlechterung der Leerlauf- und Übergangsverhältnisse wird dabei in Kauf genommen.

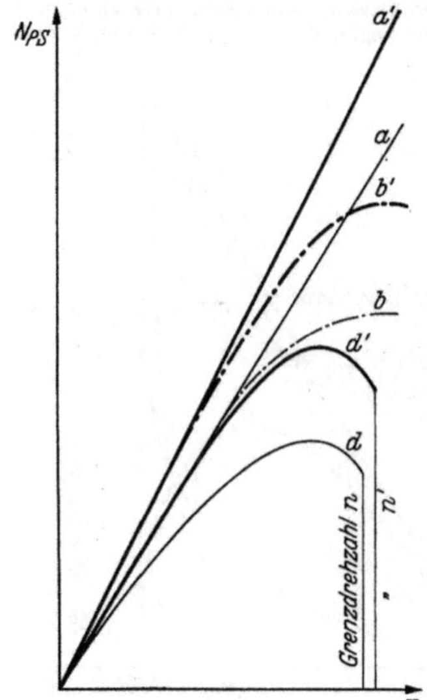

Abb. 68. Steigerung der Motorleistung durch Züchtung.

Eine weitere Möglichkeit der Leistungssteigerung besteht in der über das für allgemeinen Betrieb zweckmäßige Maß hinausgehenden Erhöhung des Verdichtungsverhältnisses. Während durch die Verminderung der Sauggeschwindigkeit die Schaulinie der indizierten Leistung mehr gestreckt, also in Abb. 66 der Geraden a besser angenähert wird, verändert sich durch die Erhöhung des Verdichtungsverhältnisses die Steigung dieser Geraden a und damit auch entsprechend der Verlauf der Schaulinien b und d, etwa nach a', b' und d' in Abb. 68.

Für starke Erhöhung des Verdichtungsverhältnisses bietet die Entwicklung der Brennstoffe zu hoher Klopffestigkeit eine geeignete Grundlage.

Überladung. Das dritte, sehr wirksame Mittel zur Leistungserhöhung besteht darin, die Maschine unter Inkaufnahme höheren Verbrauchs mit einem Gebläse zu überladen, womit der Mitteldruck weiter erhöht, die Füllung verstärkt und der Geraden a weiterhin vergrößerte Steigung, der Linie b weiterer Anschluß an die Gerade und damit der Volleistung höherer und im Drehzahlbereich weitergehender Verlauf gegeben wird. Die Überladung wird bei Gebrauchswagen vorübergehend bis etwa 0,5 atü und bei Rennwagen bis über 1,0 atü der Ladeluft vorgenommen.

Als Gebläse für Fahrzeugmotoren werden mit Rücksicht auf gleichmäßige Lieferung bei allen Drehzahlen die Drehkolbengebläse der Bauart Roots nach Abb. 69 oder nach Wittig in zum Teil entsprechend ausgebauter Entwicklungsform z. B. das Zoller-Gebläse nach Abb. 70 verwendet. Bei Schleudergebläsen ist die Lieferabhängigkeit von der Drehzahl ungünstiger als bei Kapselgebläsen. Die Auspuffgasturbine als Schleudergebläseantrieb in Wagen wurde versucht. Sie besitzt aber den Nachteil hoher Wärmebeanspruchungen und langsamen Ansprechens auf die Regelung, ist also für das Fahrzeug mit grundsätzlichen Mängeln behaftet.

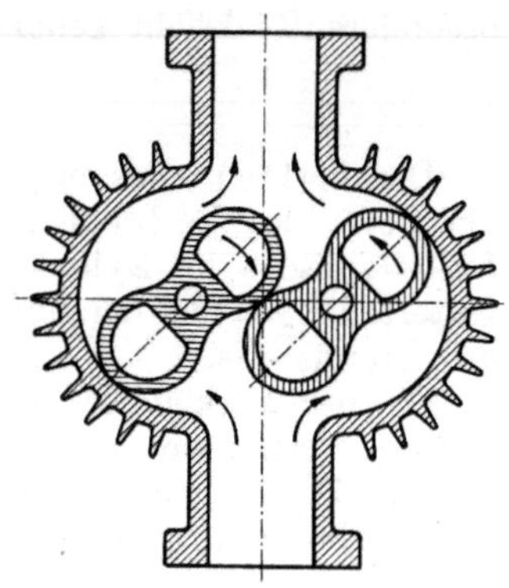

Abb. 69. Roots-Gebläse.

Bei der Anwendung der Gebrauchsleistung und auch der Vollleistung ist es nötig, daß ein gewisser Abstand von der Leistung eingehalten wird, die der Motor als Grenzleistung hinsichtlich seiner mechanischen und Wärmefestigkeit überhaupt, also an der Grenze der Betriebssicherheit, aufzunehmen in der Lage ist. Es ist deshalb zweckmäßig, auf dem Prüfstand alle möglichen Mittel anzuwenden, die geeignet sind, die Leistung unter guter Füllung bei hohen Drehzahlen zu steigern und damit bei hochentwickelten, also leichten und leistungsfähigen Motoren im Gebrauchsbetrieb einen bekannten und ausreichenden Abstand von den Grenzen der Betriebssicherheit zu gewährleisten.

Das Gebläse bedeutet für den Motor die erste Stufe der Verdichtung, die in der zweiten Stufe im Zylinder im Verdichtungshub erfolgt. Die Dehnung der Gase im Arbeitstakt erfolgt nur in dieser Stufe, so daß ein Motor mit Überladung durch ein Gebläse im Vergleich zur Gesamtverdichtung mit „verkürzter Dehnung" arbeitet. Die übliche Verwendung des Maßes des Verdichtungsverhältnisses für die thermische Ausnützung des Brennstoffs ist für diese Motoren nicht mehr zutreffend, da das Dehnungsverhältnis für den Wirkungsgrad maßgebend ist und hier diese beiden Größen verschieden sind.

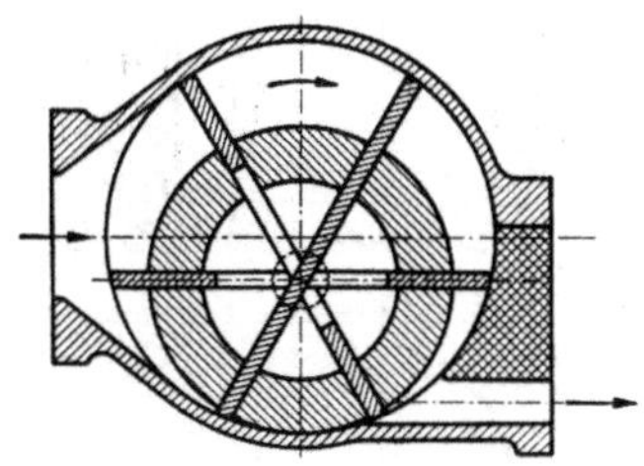

Abb. 70. Zoller-Gebläse.

Die verkürzte Dehnung hat eine Beeinträchtigung des thermischen Wirkungsgrads zur Folge, was eine Verschlechterung der indizierten Leistung und, im Verein mit dem Leistungsbedarf für den mechanischen Antrieb des Gebläses, eine wesentliche Verringerung des Gesamtwirkungsgrads verursacht. Gebläsemotoren mit mechanischem Antrieb der Gebläse haben deshalb stets höheren Brennstoffverbrauch, und zwar bei Überladung mit 0,5 atü einen Mehraufwand in der Größenordnung von 50 vH.

9. Grundsätze für die Gestaltung des Wagenmotors.

A. Allgemeines.

Der Fahrzeugmotor muß den Forderungen des Leichtbaus entsprechen. Neben hoher Ausnützung des Hubraums in der Kolbengeschwindigkeit und im mittleren Arbeitsdruck sowie Verwendung geeigneter Werkstoffe ist dazu sehr gedrängter Bau nötig.

I. Zylinderabstand.

Bei gegebenen Zylinderabmessungen soll der Zylinderabstand bei Reihenmotoren möglichst klein sein. Erreichbar ist ein Verhältnis zwischen Zylinderachsenabstand und Bohrung von 1,1 bei flüssigkeitsgekühlten Motoren und etwa 1,3 bei luftgekühlten Motoren.

II. Hubverhältnis.

Kleine Bauhöhe wird durch kleines Verhältnis Hub zu Bohrung erreicht. Üblich sind Hubverhältnisse von 1,3:1 bis 1,0:1, die nach oben oder unten nur in Sonderfällen überschritten werden. Langer Hub begünstigt geschlossene Form des Verdichtungsraumes, was namentlich bei Dieselmotoren günstig ist, bei denen die Erzielung hoher Verdichtung, insbesondere im unterteilten Brennraum, räumliche Schwierigkeiten bereitet. Kurzer Hub begünstigt die Unterbringung großer Ventile und daher gute Füllung sowie, wie sich weiter unten ergeben wird, die Erreichung günstigen Leistungsgewichtes. Bisher bestanden keine zwingenden Gründe für starke Beschränkung der Bauhöhe, weil unter der Motorhaube der Fahrzeuge im allgemeinen genügender Platz zur Verfügung steht. Neuerdings aber führt die Unterbringung der Motoren im Heck, vor der Hinterachse oder unter der Ladeplattform zu Motorbauarten, bei denen auf bestimmte Außenabmessungen, insbesondere auch auf die Zylinderlänge des Motors, besonders Rücksicht genommen werden muß.

III. Form des Verbrennungsraums.

Der Verbrennungsvorgang und die dabei auftretende Erscheinung des Klopfens bestimmen die Form des Verbrennungsraums. Anzustreben ist starke Durchwirbelung des Brennstoff-Luft-Gemischs im Zylinder. Die Ausführung von Vorkammern, Luftspeichern und sonstigen Unterteilungen des Brennraums an Dieselmotoren dient in hohem Maß der Durchwirbelung des Brennstoffs.

Die der Verkleinerung der Kühlverluste dienende Forderung nach kleiner Oberfläche des Verbrennungsraums muß demgegenüber zurücktreten.

Für Dieselmotoren sind insbesondere solche Brennräume günstig, die durch ihre Form den Verbrennungsverlauf zeitlich so beeinflussen, daß die Verbrennung nicht zu spät nach Öffnen des Einspritzventils beginnt, zu Anfang der Verbrennung aber eine Verzögerung in deren Verlauf und erst nach langsamem Erreichen eines niedrigeren Höchstdrucks eine Beschleunigung eintritt.

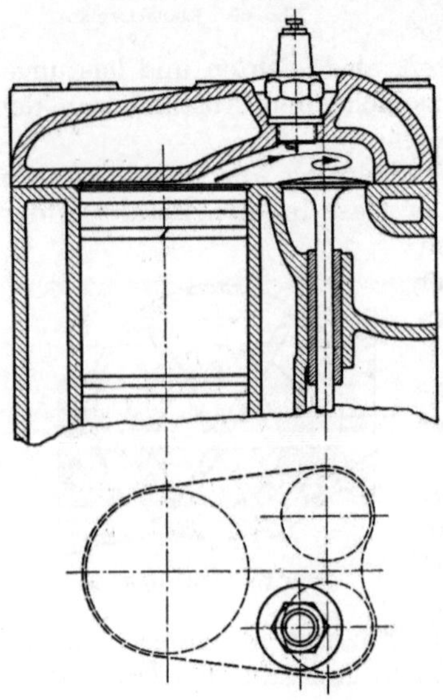

Abb. 71. Ricardo-Zylinderkopf.

Da der einheitliche Brennraum nach dem jetzigen Stand der Einspritztechnik im allgemeinen sehr raschen Verbrennungsverlauf mit Klopferscheinungen liefert, dient die Unterteilung der Brennräume diesem Zweck. Sie ist geeignet, genügend langsame Verbrennung zu liefern, die sich bei starker Verzögerung bisweilen aber schon der schleichenden Verbrennung annähert.

Die Ausnützung der Kolbenbewegung zur Beeinflussung der Unterteilung des Brennraums kann zur Vermeidung dieses Nachteils herangezogen werden.

Bei den Benzinmotoren mit stehenden Ventilen, einer Bauart, die sich für den Gebrauchspersonenwagen wegen ihrer Einfachheit und Billigkeit allgemein eingeführt hat, hat der Übergang zu dem von Ricardo (*1*) angegebenen Brennraum (Abb. 71), der eine starke Wirbelung des Gemischs durch die Verdichtungsbewegung des Kolbens herbeiführt, eine Steigerung des Verdichtungsverhältnisses bis an die bei Hängeventilmotoren üblichen Grenzen ermöglicht, weil die Zusammenfassung des Brennraums auch die Klopfbedingungen verbessert.

Bei den Dieselmotoren lassen sich die Klopferscheinungen auch bei Unterteilung des Brennraums nach dem jetzigen Stand der Entwicklung nicht immer ganz vermeiden. Vereinzelte Spitzendrücke, die nahe an 100 at herankommen, treten bisweilen, insbesondere bei hoher Last und kleinen Drehzahlen, auf. Die erreichten Mitteldrücke betragen 7,5 bis 8 at bei Kolbenhöchstgeschwindigkeiten von 10 bis 12 m/sek. Die Anpassung des Triebwerks an die hohen mechanischen Belastungen bedingt einen etwas größeren Gewichtsaufwand als für Vergasermotoren. Bei voller Ausnützung des Leichtbaus ist es immerhin wohl möglich, bei Fahrzeug-Dieselmotoren Leistungsgewichte, die jetzt zum Teil noch bei 6 bis 12 kg/PS liegen, in der Größenordnung von 2 bis 3 kg/PS zu erreichen.

B. Zweckmäßige Zylindergröße und Zylinderzahl.

Für die Leistung eines Motors ist, unter der Voraussetzung eines bestimmten Mitteldrucks und einer bestimmten Kolbengeschwindigkeit, die Zylindergröße und die Zylinderzahl maßgebend.

I. Geometrisch ähnliche Vergrößerung und Verkleinerung.

Bei der Wahl der Zylindergröße und der Zylinderzahl sind die Verhältnisse, die sich bei geometrisch ähnlicher Vergrößerung oder Verkleinerung der Zylinder ergeben, zu berücksichtigen. Bei geometrisch ähnlicher Vergrößerung der Motoren durch Ver-m-fachung der linearen Abmessungen ändern sich die Flächen mit m^2, die Massen und die Gewichte mit m^3. Bei gleichen Gleitgeschwindigkeiten ändern sich die Zeiten mit m und die Drehzahlen mit m^{-1}, die Winkelgeschwindigkeiten mit m^{-1}, die Beschleunigungen mit m^{-1} und die Massenkräfte mit m^2.

Wenn neben gleichen Gleitgeschwindigkeiten auch gleiche Arbeitsdrücke vorausgesetzt werden, ändern sich die Kolbenkräfte und die aus ihnen entstehenden Triebwerkkräfte mit m^2, die Beanspruchungen als Kräfte auf den Flächen mit m^0, die Leistungen als Produkte aus Kräften und Strecken je Zeiteinheit mit m^2. Bei gleichen Gleitgeschwindigkeiten und gleichen Mitteldrücken ist, geometrische Ähnlichkeit vorausgesetzt, die mechanische Beanspruchung der Motoren von der Vergrößerung unabhängig. Die Gewichte aber nehmen mit m^3 zu und die Leistung nur mit m^2. Die Leistungsgewichte werden demnach bei Vergrößerung der Zylinder ungünstiger.

II. Ähnlichkeitsgesetze und Herstellungsrücksichten.

In der praktischen Anwendung ist geometrische Ähnlichkeit aber nur dann möglich, wenn alle linearen Abmessungen, z. B. Wandstärken, Schraubenbolzendurchmesser, durch die Beanspruchung und nicht durch Herstellungs- und Behandlungsrücksichten gegeben sind.

Diese Voraussetzung liegt bei kleineren Ausführungen nicht vor, denn Schraubenbolzendurchmesser können beispielsweise nicht unter ein gewisses praktisches Maß verkleinert werden, wenn mit dem Festziehen der Schrauben durch landläufig geschulte Motorenschlosser gerechnet werden muß, und Wandstärken im Guß können aus Herstellungsrücksichten nicht unter Größen von 4 bis 6 mm gebracht werden. Nach der praktischen Erfahrung ist deshalb festzustellen, daß die Leistungsgewichte der Motoren und auch der Triebwerke bei Vergrößerung des Einzelzylinders, auch wenn bei den wesentlichen Teilen gleiche mechanische Beanspruchungen eingehalten werden, zunächst kleiner werden und erst von einer gewissen Grenze ab ansteigen. Die Lage dieser für das Leistungsgewicht günstigsten Zylindergröße ist von der angewandten Bauart abhängig und bedarf für jede Ausführungsform einer besonderen Klärung. Hinreichende allgemeinere Erkenntnisse darüber liegen nicht vor, da die vorhandenen verschiedenen Motorengrößen so weitgehend wechselnde Bauarten aufweisen, daß nur angenäherte Schlüsse möglich sind.

Die Bedingungen für die Wärmebeanspruchung, von denen bei dieser Ähnlichkeitsbetrachtung zunächst abgesehen ist, unterstützen aber die theoretische Forderung nach kleinen Zylinderabmessungen. Die Wärmebeanspruchungen sind in diesem Zusammenhang von besonderer Bedeutung durch die Rolle, die die linearen Abmessungen auch als Wärmeleitwege spielen. Die in den Flächen aufgenommenen, der Leistung verhältigen Wärmemengen bleiben, wenn man sie auf die Flächeneinheit bezieht, bei ähnlicher Vergrößerung des Zylinders gleich, aber die Länge der Wege, auf denen diese Wärmemengen abgeleitet werden müssen, und die für diese Ableitung nötigen Temperaturgefälle wachsen mit m.

III. Bisherige Erkenntnisse über zweckmäßige Zylindergrößen.

Die daraus sich ergebende größere Belastungsfähigkeit kleinerer Zylinder läßt sich nach Mittelwerten bisheriger Ausführungen aus Abb. 72 entnehmen.

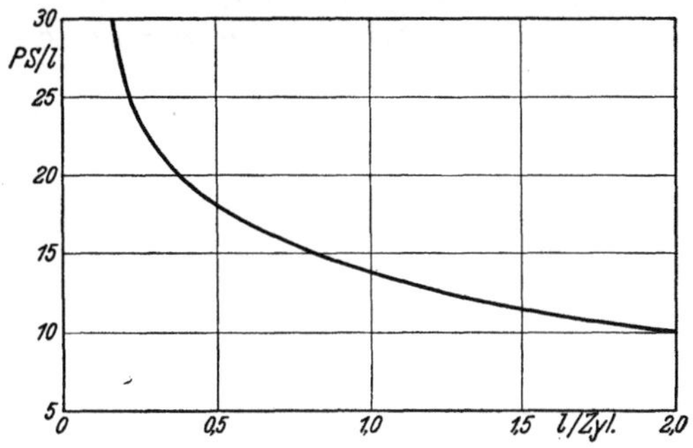

Abb. 72. Hubraumleistung in Abhängigkeit von der Zylindergröße.

IV. Weiterentwicklung zum kleinen Zylinder.

Bei kleineren Wärmemengen können die Arbeitsdrücke erhöht werden unter der meistens erfüllten Voraussetzung, daß die sich ergebenden höheren Gleitbahnbeanspruchungen noch aufgenommen werden können. Dies erfordert unter Umständen auch bauliche Änderungen, wie z. B. Verbesserung der Laufeigenschaften der Zylinderbüchsen und Verwendung harter Wellen und härterer Lager. In vielen Fällen sind aber die Wärmebeanspruchungen so bedeutend, daß durch Verkleinerung der Zylinderabmessungen bei höherer Schnelläufigkeit erst die richtige Abstimmung zwischen beiden Beanspruchungsarten erreicht werden kann.

V. Schnelläufigkeit des einzelnen Zylinders.

Ein Maß für die mechanische Beanspruchung der Motoren ist auch ihre Schnelläufigkeit. Sie wird ausgedrückt in

$$\omega^2 \cdot N \quad \text{oder} \quad n\sqrt{N}, \text{ wo}$$

ω Winkelgeschwindigkeit,
N Leistung des Einzelzylinders in PS und
n Drehzahl in der Minute

bedeuten. Die Schnelläufigkeit ist ein Begriff, der mit dem der spezifischen Drehzahl

$$\frac{n\sqrt{N}}{H^{1,5}}$$

des Wasserturbinenbaus vergleichbar ist. Sie ändert sich nach den Gesetzen der geometrischen Ähnlichkeit mit $m^{-2} \cdot m^2$ oder $m^{-1}\sqrt{m^2}$, also mit m^0, d. h. die Schnelläufigkeit ändert sich, sofern Gleitgeschwindigkeiten und Arbeitsdrücke gleichbleiben, bei ähnlicher Vergrößerung oder Verkleinerung einer Maschine nicht. Anzustreben ist jedoch bei der Entwicklung der Fahrzeugmotoren zur Erhöhung der Leistungsfähigkeit und weiteren Herabsetzung des Leistungsgewichts eine Vergrößerung der Schnelläufigkeit, bezogen auf den einzelnen Zylinder und den ganzen Motor.

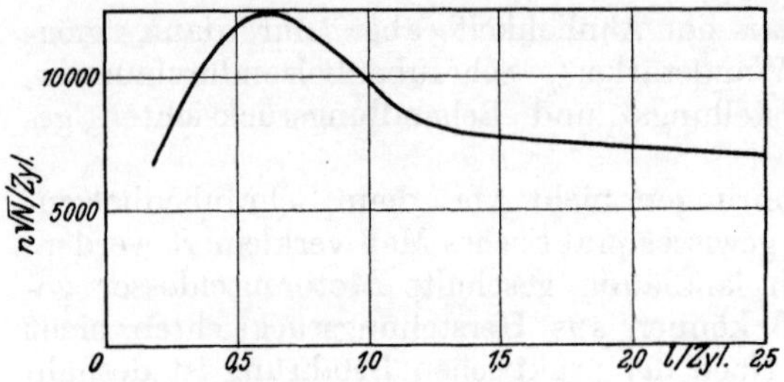

Abb. 73. Schnelläufigkeit des Einzelzylinders in Abhängigkeit von der Zylindergröße.

Die deutschen Fahrzeugmotoren zeigen nach dem Stand der Technik den in Abb. 73 dargestellten Verlauf der Schnelläufigkeit in Abhängigkeit von der Zylindergröße. Links von dem Höchstpunkt, also bei sehr kleinen Zylindern, tritt eine Beschränkung der Leistungsausnützung ein durch den Einfluß der Drehzahl und des Füllungsgrads, bei größerem Zylinder wird sie durch die Wärmebelastung begrenzt.

Wenn man in dem Ausdruck für die Schnelläufigkeit $n\sqrt{N}$ für die Leistung N das Produkt aus Mitteldruck p_m, Kolbenfläche $\frac{D^2\pi}{4}$, Hub s und Drehzahl n und für die Drehzahl den Verhältniswert zwischen mittlerer Kolbengeschwindigkeit und dem doppelten Hub $\frac{c_m}{2s}$ einsetzt, so kommt man bei Weglassung unwichtiger Zahlengrößen zu dem Ergebnis, daß die Schnelläufigkeit des Zylinders bestimmt ist durch die Größe $p_m^{\frac{1}{2}} \cdot D \cdot c_m^{\frac{3}{2}} \cdot s^{-1}$. Die Schnelläufigkeit wird, bei Änderung einzelner dieser Größen bei sonst gleichen Verhältnissen, durch den Mitteldruck nur in der $\frac{1}{2}$. Potenz beeinflußt, vom Zylinderdurchmesser in der einfachen, von der Kolbengeschwindigkeit in der $\frac{3}{2}$. Potenz, dem Hub ist sie umgekehrt verhältig. Wenn man die Arbeitsweise in Form der Taktzahl t noch einbeziehen würde, würde diese in der Potenz $t^{-\frac{1}{2}}$ erscheinen.

In den letzten Jahren ist bei Gebrauchsmotoren der Mitteldruck nur zögernd, die Kolbengeschwindigkeit aber lebhafter erhöht worden. Das hat die erreichte Schnelläufigkeit wesentlich erhöht und zeigt, daß die Wärmebeanspruchung engere Grenzen zu ziehen scheint als die Kolbengeschwindigkeit.

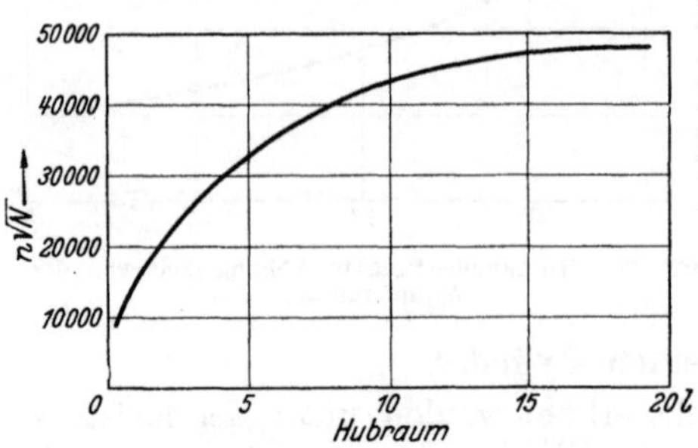

Abb. 74. Schnelläufigkeit des Gesamtmotors in Abhängigkeit vom Hubraum.

VI. Hubraumausnützung und Leistungsgewicht.

Der Hub muß, wenn hohe Schnelläufigkeit erzielt werden soll, bei gleicher Kolbengeschwindigkeit klein sein. Das liefert bei der sich ergebenden hohen Drehzahl hohe Hubraumausnützung und mit der raschen Arbeitsfolge niederes Leistungsgewicht. Die Entwicklung in der Richtung hoher Schnelläufigkeit führt also zu kleinem Hub und hohen Drehzahlen.

VII. Schnelläufigkeit des Motors.

Die Schnelläufigkeit nach dem Stand der Entwicklung wächst, wenn sie auf den vollständigen Motor bezogen wird, mit dem in Abb. 74 dargestellten Verlauf in Abhängigkeit vom Gesamthubraum. Sie steigt in der Nähe der kleinen Hubräume rasch und nähert sich bei größerem Hubraum langsam einem Grenzwert für $n\sqrt{N}$, der heute bei Personenwagenmotoren etwa $50 \cdot 10^3$ beträgt. Die Schnellaufzahlen der Lastwagenmotoren sind mit dem ungefähren Grenzwert $20 \cdot 10^3$ niedriger. Zum Vergleich diene, daß die Schnelläufigkeit des deutschen Weltkriegsflugmotors D 3 $14 \cdot 10^3$ betragen hat.

Für die Entwicklung zu hoher Schnelläufigkeit sollten folgende Gesichtspunkte eingehalten werden:

Vorhandene Motoren, die den Ausgangspunkt der Entwicklung bilden sollen, sind in Drehzahl und Mitteldruck auf die höchsten Leistungen zu bringen, die bei der vorliegenden Bauart noch hinreichende Betriebssicherheit und Abnützungsfestigkeit ergeben. Ihre Ausführung ist im Sinne der Verbesserung der Wärmeableitung dabei zu vervollkommnen.

Von diesem Stand der Entwicklung ausgehend, ist eine beabsichtigte Vergrößerung der Leistung einzelner Motoreneinheiten durch Erhöhung der Zylinderzahl vorzunehmen, wobei die Frage, ob die Zylindergrößen beizubehalten oder zu verkleinern sind, in Einzelfällen durch Einzylinderversuche vorgeklärt werden muß, aus denen sich die Mitteldrücke und Kolbengeschwindigkeiten ergeben, die zur vollen Ausnützung des Bauaufwands angewandt werden können.

VIII. Niedriges Hubraumgewicht und seine Bedingungen.

Für hohe Ausnützung dieses Aufwands ist es notwendig, die von Kutzbach (*8*) vorgeschlagenen Ausnützungsgrade zu beachten. Danach soll jeder Zylinder mit kleinstmöglichem Hubraumgewicht durchgebildet werden, wobei die Erfüllung folgender Forderungen anzustreben ist:

Das Verhältnis zwischen der höchsten zu erwartenden Spannung im Werkstoff und der zulässigen Wechselfestigkeit soll nahezu 1 sein. Die Kräfte sollen an der Stelle aufgenommen werden, an der sie entstehen, unter Vermeidung von Umwegen durch den Kraftfluß derart, daß das Verhältnis von kürzestem Weg zu Umweg wiederum möglichst 1 ist. Werkstoffanhäufungen sollen vermieden werden, jedoch unter Beachtung der Formübergänge und des Wärmeflusses derart, daß gleichmäßige Beanspruchung längs und quer des ganzen Bauteils gegeben ist. Der örtliche Ausnützungsgrad als Verhältnis zwischen mittlerer und höchster Beanspruchung soll möglichst 1 sein. Das Verhältnis des mittleren Arbeitsdrucks zu den auftretenden Höchstdrücken soll zeitlich möglichst gleichförmig und dementsprechend möglichst auch 1 sein. Bei Kolbenbewegungen ist es also notwendig, eine Verbesserung durch Versetzen des Verlaufs mehrerer Arbeitsvorgänge zu erreichen, d. h. eine Vielzahl von Kolben soll an einer Kurbel oder an versetzt hintereinander geschalteten Kurbeln angreifen. Abb. 75 zeigt diese Wirkung der Aufteilung der Verbrennungsdrücke eines Motors gleicher Leistung auf 4, 6 und 12 Zylinder.

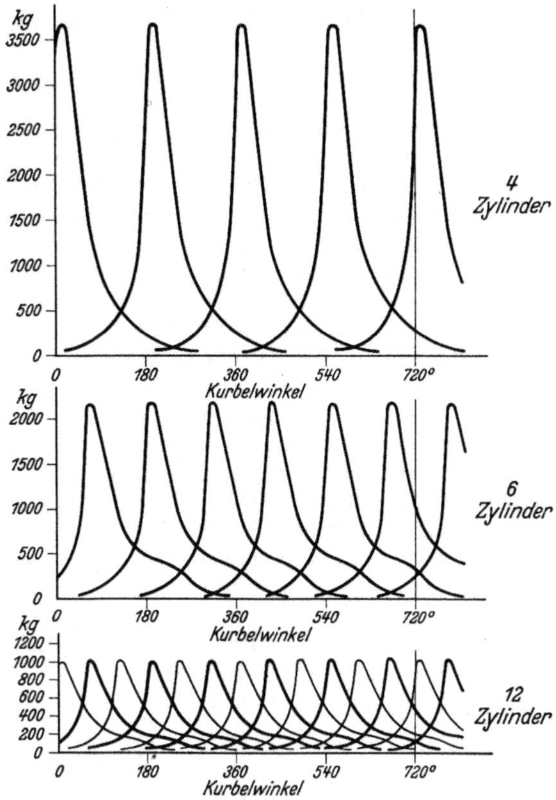

Abb. 75. Aufteilung der Verbrennungsdrücke eines Motors gleicher Leistung bei 4-, 6- und 12-Zylinder-Bauweise.

Nach Kutzbach ist die Hubraumleistung in mkg/sekl das Produkt aus der Hubraumarbeit in mkg/l und der Arbeitszahl je Sekunde. Letztere ist für Viertakt $n/120$ und für Zweitakt $n/60$.

Die Arbeitszahl je Sekunde ist bei Kolbengeschwindigkeiten, die durch den Stand der Technik festgelegt sind, um so größer, je kleiner der Hubraum angenommen wird. Mit der Arbeitszahl je Sekunde steigt die Drehzahl und die Hubraumleistung.

Halber Hub gibt halben Hubraum, dementsprechend bei gleicher Hubraumarbeit auch halbe Arbeit. Da aber gleiche Kolbengeschwindigkeit zugrunde zu legen ist, kann doppelte Drehzahl und doppelte Arbeitszahl, also bei gleicher Arbeit doppelte Hubraumleistung angewandt werden. Diese Entwicklung ist schon verwirklicht bei den Motoren der Kleinstkraftwagen, sie ist für die übrigen Fahrzeugmotoren ebenfalls anzustreben.

IX. Die Entwicklung zum Vielzylindermotor.

Die Betrachtungen über die Beanspruchung der Motoren weisen also den Weg, zur Einhaltung beherrschbarer Beanspruchungen die Zylinderabmessungen klein und bei Steigerung der Motorenleistungen die Zylinderzahl groß zu wählen.

Die Möglichkeit, Vielzylindermotoren billig herzustellen, ist bei entsprechender Einrichtung auf eine Vielzahl gleicher Teile nicht von der Hand zu weisen, insbesondere im Hinblick auf die Entwicklung der luftgekühlten Motoren, die zu sehr einfachen Bauarten führen kann, und auf die Möglichkeit, die Leistung gleicher Fahrzeuge durch Verdopplung der Zylinderzahlen bei gleichen Einbauabmessungen des Motors gegenüber den üblichen Ansprüchen denen der Schnellfahrt anzupassen. Größte Sorgfalt ist dabei auf Kleinhaltung des Hubraumgewichts zu verwenden.

X. Betriebssicherheit bei großer Zylinderzahl.

Wie auch Kutzbach feststellt, kann eine vielzylindrige Maschine infolge der geringeren Beanspruchung der Zylindereinheit grundsätzlich betriebssicherer und unempfindlicher sein als eine Maschine mit weniger und größer gebauten Zylindern.

Eine gewisse Schwierigkeit ist hierbei noch vorhanden durch die mit der Zylinderzahl steigende Zahl und Unterteilung der Hilfseinrichtungen wie Zündung, Einspritzung, Leitungen, deren grundsätzliche weitere Vereinfachung anzustreben ist.

C. Bauliche Gestaltung.

Für Personenfahrzeuge ist die Wahl der Motorbauweise zum Teil von technischen Gesichtspunkten, zum Teil noch vom Käufergeschmack abhängig. Im Gewicht werden noch gewisse Zugeständnisse an die Forderungen billiger Herstellung gemacht. Der Betrieb auf Autobahnen zwingt aber dazu, auch die Personenwagenmotoren auf hohe Dauerleistung und die Lastwagenmotoren, für deren Bau die rein technischen Gesichtspunkte maßgebend sind und die im allgemeinen mit hohem Gewicht gebaut werden, noch mehr auf kleines Leistungsgewicht zu entwickeln.

Kleinere Fahrzeuge besitzen Vergasermotoren, meistens Zweitakter mit 1 und 2 Zylindern und Luftkühlung. Der Hubraum beim Zweitakter mit Umkehr- und Querspülung ist jedoch durch die Wirkungsweise der Spülung auf etwa 250 bis 350 cm^3/Zylinder begrenzt. Längsspülung, die baulich umständlicher ist, gestattet die Anwendung größeren Hubraums und damit größerer Leistung des einzelnen Zylinders.

In größeren Lastfahrzeugen ist in Deutschland der Dieselmotor vorherrschend. Wirtschaftlichkeit, d. h. billiger Betrieb, durch geringen Brennstoffverbrauch und geringen Verschleiß ist hier die wesentlichste Forderung. Hinsichtlich der niedrigeren Drehzahl, an die die Dieselmotoren noch gebunden sind, müssen dabei Zugeständnisse im Motorgewicht gemacht werden.

Die dem Stand der Technik entsprechenden Leistungsgewichte sind 2 bis 3 kg/PS bei Personenwagenmotoren, 15 kg/PS bei Lastwagenmotoren der kleineren Leistungen von 25 bis 40 PS, etwa 6 kg/PS bei größeren Leistungen von 100 bis 120 PS und darüber. Die Weiterentwicklung wird auch im Lastwagenbau das Erreichen der Leistungsgewichte von 2 bis 3 kg/PS anstreben müssen. Bei Versuchsmotoren sind Gewichte von 4 kg/PS schon erreicht.

I. Der Motor des Personenfahrzeugs.

Die Bauformen der Personenfahrzeugmotoren sind sehr mannigfaltig.

Für Krafträder werden der 1-Zylinder, der 2-Zylinder in Reihe und V-Form, der 2-Zylinder-Boxer, der Doppelzylinder als sog. U-Zylinder mit gemeinsamem Verbrennungsraum sowie der 4-Zylinder in Reihe angewendet, die sämtlich mit Luftkühlung arbeiten. Wasserkühlung ist bei außergewöhnlichen Wärmebeanspruchungen von Zweitaktmotoren mitunter noch notwendig.

Die Zylinder werden in Grauguß, zur Erzielung besonders guter Wärmeverteilung und -ableitung auch mit Leichtmetallköpfen gebaut. Die Kurbelgehäuse werden durchweg in Leichtmetall ausgeführt. Die Steuerung der Viertaktmotoren wird mit stehenden, bei den größeren Leistungsansprüchen an Sport- und Rennmotoren mit hängenden Ventilen ausgebildet. Die Betätigung der letzteren über Stoßstangen ist üblich, wird aber bei Hochleistungsmotoren auch zugunsten der auf dem Zylinder gelagerten, mit Königswelle angetriebenen Steuerwelle verlassen.

Beim Personenwagen ist Benzinbetrieb vorherrschend. Die Dauerbelastung des Motors ist bei Fahrt auf Straßen bisher gering, da die Höchstbelastung in rascher Fahrt immer nur kurzzeitig wirkt. Die jetzt nötige Anpassung der Motoren an hohe Dauerbelastung macht gute Wärmeverteilung im Zylinderkopf und wirksame Wärmeableitung von Ventilen, Ventilsitzen, Zündkerzen und Kolbenringen erforderlich.

Mit hoher Schnelläufigkeit wird leichtes Gewicht erreicht. Obwohl für sämtliche Fahrzeuge die Forderungen der Wirtschaftlichkeit wesentlich sind, ist beim Personenwagen in erster Linie noch die Fahrleistung bestimmend.

Die Forderungen der Fahrannehmlichkeit bedingen geräuschschwachen Lauf, was durch geschlossene Blockform, gut abgestimmtes Kolbenspiel und eine mit mäßigen Beschleunigungen schlagfrei arbeitende Steuerung erreicht wird. Die Verwendung der Luftkühlung in ihrer jetzigen Form wird durch den geräuschvollen Lauf der nicht gekapselten Motoren und der Gebläse noch zurückgehalten. Bei Anwendung der Luftkühlung in Personenwagen muß deshalb auf Blockbau mit geschlossener Führung der Luft hingearbeitet werden. Ausgeglichener Gang sowie ein vom Klopfen und von Biegeschwingungen der Welle freies Arbeiten des Motors sind eine weitere Bedingung der Fahrannehmlichkeit.

Bei kleinen Wagen werden die Bauarten der 1- und 2-Zylinder-Motoren, die dem Kraftradbau entnommen sind, angewendet, zur Erzielung kleiner Baulängen auch 4-Zylinder in V-Form oder als Doppelboxer. Die letzteren gestatten sehr guten Massenausgleich, sind aber im Bau nicht sehr einfach, insbesondere wegen der doppelten Bearbeitung des Kurbelgehäuses und der schwierigen Unterbringung der Hilfseinrichtungen und Leitungen.

Für besonders leistungsfähige oder größere Wagen eignen sich die Motoren mit 6 Zylindern in Reihe, 8 Zylindern in Reihe und V-Form und 12 Zylindern in V-Form. Die 6-Zylinder-Bauart verwirklicht mit noch geringer Zylinderzahl vollkommenen Massenausgleich, der 8-Zylinder-Motor kam lange Zeit den Liebhaberwünschen des Käufers entgegen, wird aber technisch notwendig, wenn bei gesteigerter Leistung in der 6-Zylinder-Maschine die Zylinderbohrung und die thermischen Beanspruchungen zu groß werden. Die Anordnung von 8 Zylindern in einer Reihe bedingt großen Raumbedarf im Fahrzeug und eine lange Kurbelwelle, die weniger günstige Schwingungseigenschaften hat als die 6-Zylinder-Welle. Der 8-Zylinder-V-Motor ist in beiden Punkten günstiger. Seine Massenkräfte können mit normaler 4-Zylinder-Welle ausreichend und mit um 90° versetzten Kurbeln sehr gut ausgeglichen werden. 12-Zylinder-V-Motoren werden, wenn von Liebhaberwünschen der Käufer abgesehen wird, notwendig, wo es sich um die Unterbringung größerer Leistungen handelt. Die Schaffung der Autobahnen läßt rasch die Forderung nach billigen und doch schnellen Gebrauchsfahrzeugen erwachen. Es erscheint daher zweckmäßig, bei nur kleinen Änderungen in der Herstellung über Fahrzeuge zu verfügen, die entweder mit einfachem oder in der Zylinderzahl verdoppeltem Motor ausgerüstet werden. Bei gleichen Zylinderabmessungen und gleichen Einbaumassen wird ein 6-Zylinder-Reihenmotor vorwiegend im Ortsverkehr, ein durch Verdoppelung entstandener 12-Zylinder-V-Motor vorwiegend auf Autobahnen Verwendung finden.

Der Aufbau der kleineren 4- und 6-Zylinder-Motoren erfolgt im allgemeinen unter Verwendung des mit dem Kurbelgehäuse vereinten Graugußblocks oder mit aufgeschraubten Zylinderblöcken. Im letzteren Fall kann das Gehäuse in Leichtmetall gegossen sein. Leichtmetall und Grauguß sind jedoch wegen der verschiedenen Wärmedehnung schwer gegeneinander abzudichten. Diese Nachteile können vermindert werden, wenn zur Voll-Leichtmetallbauweise, also zu Leichtmetallblöcken mit eingesetzten, kräftig versteiften Zylinderlaufbüchsen oder zu Stahlbauweisen übergegangen wird. Für letztere sind aber einfache Herstellungsverfahren noch zu entwickeln.

Zur Vereinfachung der Herstellung ist für Personenwagenmotoren, bei denen der Brennstoffverbrauch nicht in gleichem Maß wichtig ist wie bei Lastwagenmotoren, die Anordnung stehender Ventile so weitgehend als möglich anzuwenden. Hängende Ventile sind bei Hochleistungsmotoren für Sport- und Rennzwecke nötig und müssen bei sehr hohen Drehzahlen durch oben liegende Nockenwellen betätigt werden.

II. Der Motor des Lastfahrzeugs.

Für kleine Lieferwagen mit Vergaserbetrieb kommen 1- und 2-Zylinder-Motoren mit Luftkühlung, kleinere 4-Zylinder- und auch leichtere 6-Zylinder-Motoren zur Verwendung, wobei diese 4- und 6-Zylinder-Motoren insbesondere aus der Herstellung für Personenwagen und die

1- und 2-Zylinder-Motoren aus der Herstellung für Krafträder ohne allzu große Änderungen entnommen werden können.

Für kleinere Lastfahrzeuge bis etwa 40 PS Leistung werden ebenso wie für die kleineren Personenwagen zweckmäßig 4-Zylinder-Motoren als Vergaser- oder Dieselmotoren verwandt. Deren Massenausgleich und Gleichförmigkeit reichen hierfür noch aus, doch bleiben die Massenkräfte 2. Ordnung unausgeglichen und bewirken eine unvermeidliche Unruhe des Gangs. Diese Ungleichförmigkeit wird in ihrer Wirkung erfolgreich durch Aufhängung des Motors in Gummi, die auch im Lastwagenbau angewandt werden kann, bekämpft.

Für größere Leistungen, also mehr als 10 bis 12 PS je Zylinder, würden bei der 4-Zylinder-Bauart diese Nachteile sich zu stark bemerkbar machen, auch werden dann die thermischen Beanspruchungen groß. Deshalb wendet man bei Leistungen von ungefähr 50 PS aufwärts, bei denen fast allgemein die Dieselbauart gewählt wird, Motoren mit 6 und mehr Zylindern an, die ganz ausgeglichen werden können.

Für Leistungen über 80 PS wird die Zylinderzahl 6 aus thermischen Gründen schon überschritten. Dabei ist die Zahl und Anordnung der Zylinder in der Entwicklung noch nicht ganz geklärt. In Betracht kommt der 8-Zylinder-Motor in Reihe, der 8-Zylinder in V-Form, der 12-Zylinder in V-Form und der 12-Zylinder mit 2 Reihen zu 6 Zylindern und 2 Kurbelwellen.

Die 8-Zylinder-Reihe hat für den Lastwagen den Nachteil großer Baulänge, schwieriger Schwingungsverhältnisse und teueren Baues, scheidet deshalb im allgemeinen hier aus.

Der 8-Zylinder-V-Motor ist günstig in Baulänge und Schwingungsverhältnissen, ungünstiger in der Leitungsführung, aber kaum teurer und deshalb geeigneter als der 8-Zylinder in Reihe.

Der 12-Zylinder in V-Form ist für größere Leistungen die zweckmäßigste Bauart, während der 12-Zylinder-2-Wellen-Motor mit Zahnradkupplung eine mit erschwerten Schwingungsverhältnissen und hohem Gewicht verknüpfte Lösung darstellt. Die Anlenkung einer zweiten Kolbenstange an jedem Pleuellager bei der ersteren Bauart bedeutet keine grundsätzliche Schwierigkeit.

Kurbelgehäuse und Zylinder werden heute im allgemeinen in einem zusammenhängenden Graugußblock ausgeführt. Ergeben sich, insbesondere bei V-Motoren, zu große Gußstücke, so werden die Zylinderblöcke besonders auf das Kurbelgehäuse aufgeschraubt.

Neuerdings werden auch geschweißte Motorgehäuse mit eingesetzten Laufbüchsen verwendet. Diese Bauart oder die teuerere des Leichtmetallblocks mit eingesetzten Büchsen sind geeignet, zu kleineren Leistungsgewichten zu führen.

Zweckmäßig wird es sein, allgemeiner zu der in den Block eingesetzten Zylinderbüchse überzugehen, weil, neben den Vorteilen für den Leichtbau und der Vereinfachung der Instandsetzung durch Auswechseln der Büchsen, durch die Auswahl der Zylinderwerkstoffe weitgehende Anpassung der Wärmedehnung des Zylinders an die des Kolbens und Erzielung verschleißfester Oberfläche möglich ist, was Betriebssicherheit und Lebensdauer fördert.

Bei der Gestaltung der Steuerung ist anzustreben, auch für Lastwagenmotoren mit stehenden Ventilen auszukommen. Wo, wie beim Dieselmotor, die Raumverhältnisse des Verbrennungsraums oder beim Vergasermotor die Forderung weitgehender Brennstoffersparnis es verlangen, sind Hängeventile zweckmäßig. Auch bei Hängeventilen empfiehlt es sich, solange die Drehzahlen mäßig sind, die Steuerwelle im Kurbelgehäuse zu lagern und die Ventile über Stoßstangen und Kipphebel zu betätigen. Auf den Zylindern liegende Steuerwellen sind bei Lastwagenmotoren erst erforderlich, wenn hohe Drehzahlen zur Herabsetzung der bewegten Massen der Steuerung zwingen.

Hinsichtlich der Geräuschlosigkeit werden beim Lastwagenmotor so weitgehende Ansprüche wie beim Personenwagenmotor nicht gestellt, was die Anwendung größerer Steuergestänge und insbesondere des Dieselverfahrens erleichtert.

III. Gemeinsame Baugrundsätze für die Gestaltung der Motoren.

Für die Gestaltung der Motoren sind folgende allgemein geltende Baugrundsätze zu beachten:

1. Erreichung der erforderlichen Leistung mit mechanischen und thermischen Beanspruchungen, die so niedrig sind, als es die strengen Forderungen des leichten Gewichts zulassen, d. h. zweckmäßige Abstimmung des Gewichts und der die Leistung bestimmenden Beanspruchungen nach dem Verwendungszweck, jedoch unter genügender Berücksichtigung der Vorteile des Leichtbaues.

2. Ausgleich zwischen thermischer und mechanischer Beanspruchung durch versuchsmäßig belegte Wahl von Mitteldruck und Kolbengeschwindigkeit.

3. Vermeidung von Wärmestauung durch sorgfältige Kühlmittelführung und hinreichende Wärmeverteilung in den Wandungen bei thermisch günstiger Bauform des Zylinders.

4. Wärmeentlastung des Kolbens in Werkstoff, Ringanordnung und Laufspiel.

5. Reichliche Bemessung der Gleitflächen von Kolben und Lagern.

6. Untersuchung der wirklich auftretenden mechanischen Beanspruchungen und Einhaltung der Dauerfestigkeitsgrenzen. Berücksichtigung aller durch Massenkräfte hervorgerufenen Kräfte bei der Ermittlung der Lagerbelastungen und Festigkeitsbeanspruchungen.

7. Vorteilhafte Wahl der Werkstoffe, Berücksichtigung der Wärmedehnungsverhältnisse und der Kerbwirkungen.

8. Sicherung der Wirksamkeit des Massenausgleichs durch starre Bauweise des Maschinenblocks.

9. Anordnung der Gas- und Auspuffkanäle bei Vergasermotoren derart, daß einfache, rasch wirkende Heizung der Saugleitung möglich ist.

10. Übersichtliche und leicht zugängliche Anordnung der Hilfseinrichtungen so, daß der Antrieb möglichst an Stellen gleichförmigen Gangs der Kurbelwelle erfolgt.

11. Die Kolben sollen leicht ausbaubar sein. Wo Zylinderblöcke nicht abgehoben werden können, sind hinreichende Öffnungen vorzusehen.

12. Zylinderbüchsen sollen möglichst auswechselbar und einfach geformt sein, so daß die Werkstoffauswahl nur nach Betriebseigenschaften und Wärmebehandlung (Härtung) möglich ist.

Bei der Wahl der Baustoffe sind die Ansprüche an teure, schwer beschaffbare und schwer verarbeitbare Legierungen und Rohstoffe so niedrig zu stellen, als es die Betriebsrücksichten verlangen. Durch entsprechende Gestaltung ist es in vielen Fällen möglich, die Werkstoffbeschaffung zu erleichtern.

IV. Auswirkung der Brennstofffrage auf die Motorgestaltung.

Die Leistungserhöhung und die Verbesserung des Wirkungsgrades der Verbrennung durch hohe Verdichtung ist durch das auftretende Brennstoffklopfen begrenzt. Die Schaffung der klopffesten Brennstoffe durch Beimischung von Benzol-, Alkohol oder besonderer Veredelungszusätze ergibt weitere Entwicklungsmöglichkeiten für die Motoren.

Trotzdem über die physikalischen Vorgänge, die die Ursache der Detonation im Zylinder bilden, und damit auch über das Wesen der Wirkung der klopfverhütenden Brennstoffzusätze, wie früher erwähnt, eine ausreichende Klarheit noch nicht besteht, sind die Zusammenhänge zwischen dem Klopfen und der Gestalt des Zylinderkopfes schon so bestimmt, daß für die Ausführung brauchbare Anhaltspunkte vorliegen, die an anderer Stelle schon erwähnt sind.

Die Verschiedenartigkeit der im Handel befindlichen Brennstoffe läßt aber für den üblichen Gebrauchsmotor die Anwendung der oberen Klopfgrenzen zunächst noch nicht zu.

Die Bestrebung, einheimische Brennstoffe zu verwenden, bedingt keine grundsätzliche Umgestaltung des Verbrennungsmotors, dagegen eine zusätzliche Entwicklung der Gaserzeuger, Gasaufbereiter, Gasmischer und Gasregler.

Verflüssigte Gase werden bei 6 bis 15 at Druck und verdichtete Gase bei 120 bis 150 at Überdruck in Flaschen im Fahrzeug mitgeführt. Die Luft-Gas-Gemische haben im allgemeinen hohe Klopffestigkeit und können mit hoher Verdichtung, also guter Wärmeausnützung verarbeitet werden. Die verflüssigten Gase besitzen einen nur um etwa 2 bis 3 vH geringeren Heizwert des Gasgemisches gegenüber Benzin-Benzol, so daß sie keine Leistungsverminderung ergeben. Verdichtete Gase dagegen besitzen einen um ungefähr 12 bis 25 vH niedrigeren Heizwert, Holzgas bis zu 30 vH, wodurch sich bei diesen Gasen trotz hoher Verdichtung eine etwas geringere Motorleistung ergibt.

Die wesentliche Maßnahme für Anpassung der Motoren an den Gasbetrieb besteht darin, daß die Formen so gestaltet werden, daß sowohl beim Vergaser- als auch beim Dieselmotor die Änderung des Verdichtungsverhältnisses auf etwa 1:8 bis 1:10 durch Auswechslung des Kopfes oder der Kopfdichtung vorgenommen werden kann.

10. Gestaltungsbeispiele für die Wagenmotoren.

A. Personenwagenmotoren.

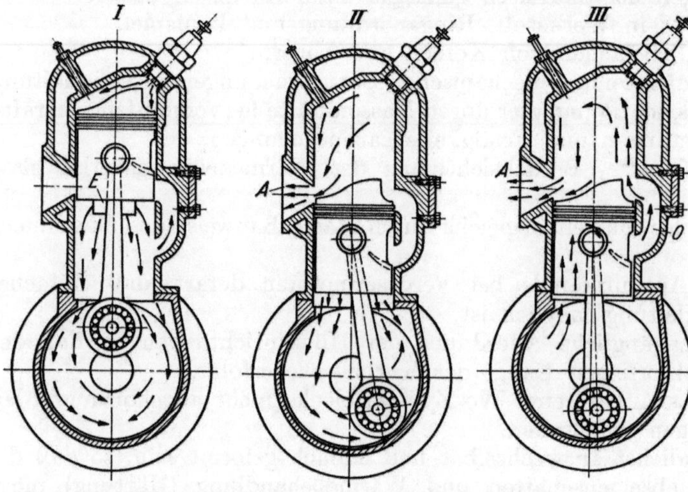

Abb. 76. Dreikanal-Zweitakter mit Querstromspülung (Ablenknase auf dem Kolbenboden, Fensterkolben).

I. Zylinderausbildung.

Die im Kleinstwagen eingebauten Zweitakter werden teilweise in Dreikanalausführung mit Abweiskolben (Abb. 76) gebaut, weiterentwickelte Ausführungen arbeiten mit Umkehrspülung (Abb. 77) oder besonderer Ladepumpe (Abb. 78). Mit diesen neueren Konstruktionen sind auch größere Leistungen in Wagenmotoren erzielt worden. Der einfache Aufbau des Zweitakters und seine Unempfindlichkeit machen ihn, da bei guten Ausführungen der Brennstoffverbrauch in erträglichen Grenzen bleibt, vor allem für billige Kleinwagen geeignet.

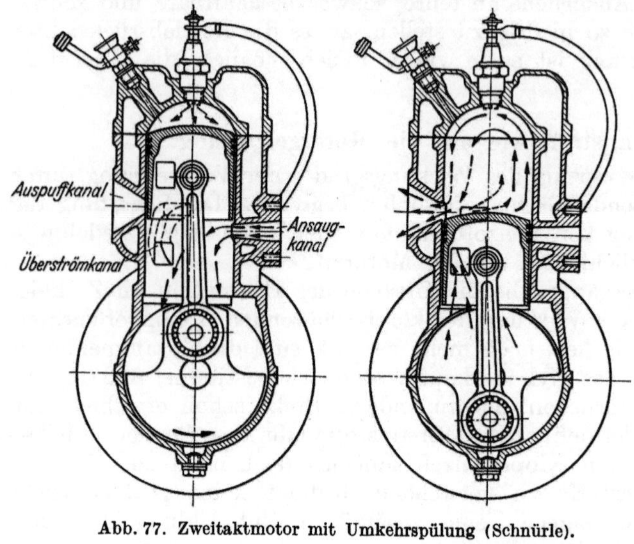

Abb. 77. Zweitaktmotor mit Umkehrspülung (Schnürle).

Die hauptsächlichste Bauart des Wagenmotors, die Viertaktmaschine, wird als oben gesteuerter oder unten gesteuerter Motor, seltener als Schiebermotor ausgeführt. Die oben gesteuerte Maschine besitzt im Zylinderkopf hängende, senkrecht oder schräg angeordnete Ventile. Diese werden im allgemeinen über Kipphebel und Stoßstangen (Abb. 79) von der Nockenwelle, weniger häufig von der Nockenwelle unmittelbar oder mit Zwischenhebeln (Abb. 80) gesteuert. Bei Stoßstangensteuerung wird die Nockenwelle im Kurbelgehäuse angeordnet. Während im letzteren Fall der Steuerwellenantrieb keine nennenswerten Schwierigkeiten bietet, erfordert die oben liegende Nockenwelle die Anordnung eines um-

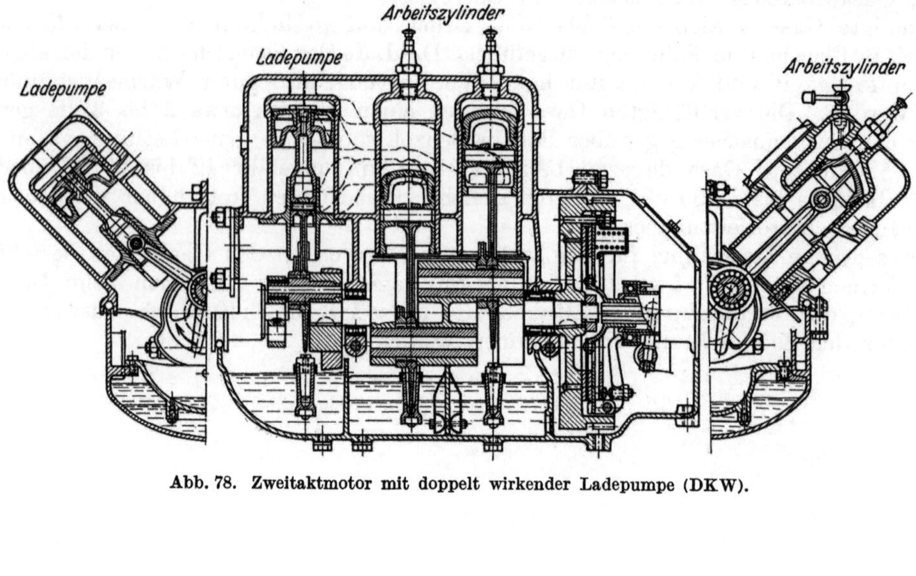

Abb. 78. Zweitaktmotor mit doppelt wirkender Ladepumpe (DKW).

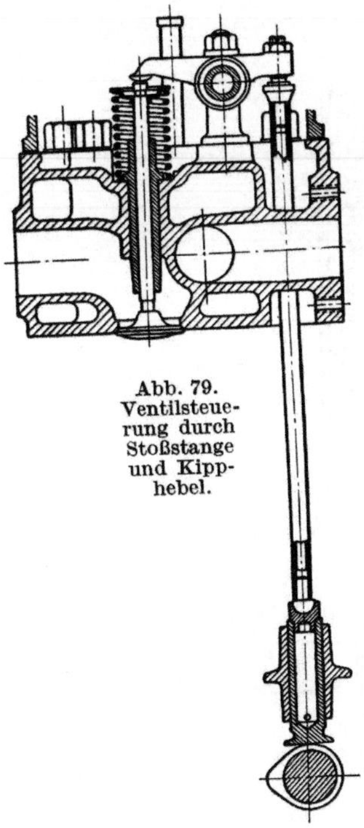

Abb. 79. Ventilsteuerung durch Stoßstange und Kipphebel.

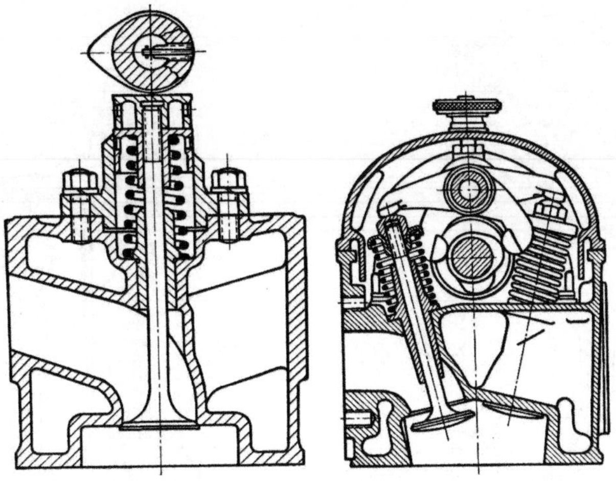

Abb. 80. Ventilsteuerung durch Nockenwelle unmittelbar und mit Zwischenhebeln.

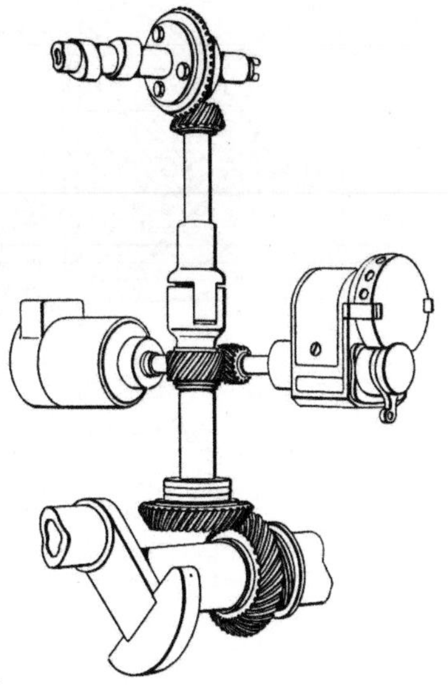

Abb. 81. Königswellenantrieb der Steuerung.

fangreichen Stirnradsatzes, einer Königswelle oder einer langen Zahnkette. Der Stirnradsatz wird wegen der Umständlichkeit der Lagerung der Zwischenräder und wegen des Geräusches wenig angewendet. Die Königswelle (Abb. 81) erfordert genaueste Arbeit beim Zusammenbau und Längsbeweglichkeit eines Zwischenstücks, sie verlängert die drehelastische Länge des Strangs Kurbelwelle-Steuerwelle und benötigt einen doppelten Rädertrieb, bedeutet also eine Verteuerung des Motors, sie läßt andererseits, wenn sie schwingungsfrei ist, höchste Drehzahlen bei genauester Steuerung der Ventile zu. Diese Eigenschaften sind beim Hochleistungsmotor ausschlaggebend, schließen dagegen eine Verwendung der Königswelle im Gebrauchsfahrzeug nahezu aus, das für größere Käuferschichten zugänglich sein soll. Wenn dennoch heute der Motor mit oben liegender Nockenwelle im billigen Gebrauchs- oder Sportfahrzeug Eingang findet, so wird die Nockenwelle meistens durch eine Zahnkette angetrieben (Abb. 82).

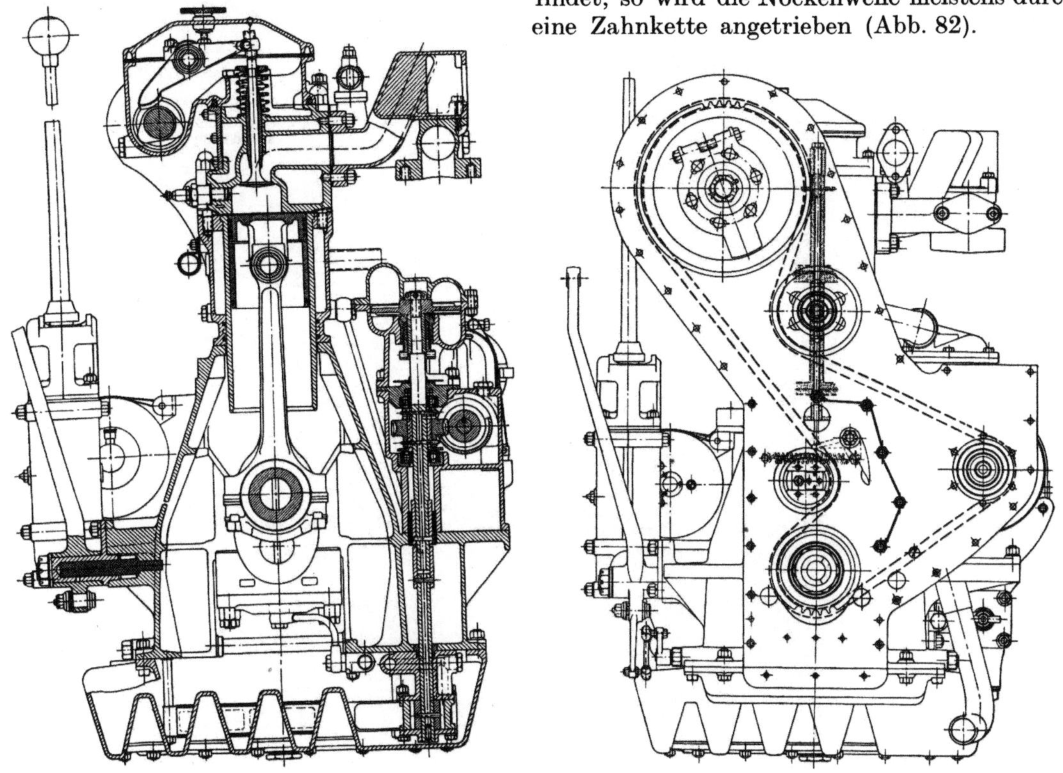

Abb. 82. Zahnkettenantrieb der obenliegenden Nockenwelle (Dennis).

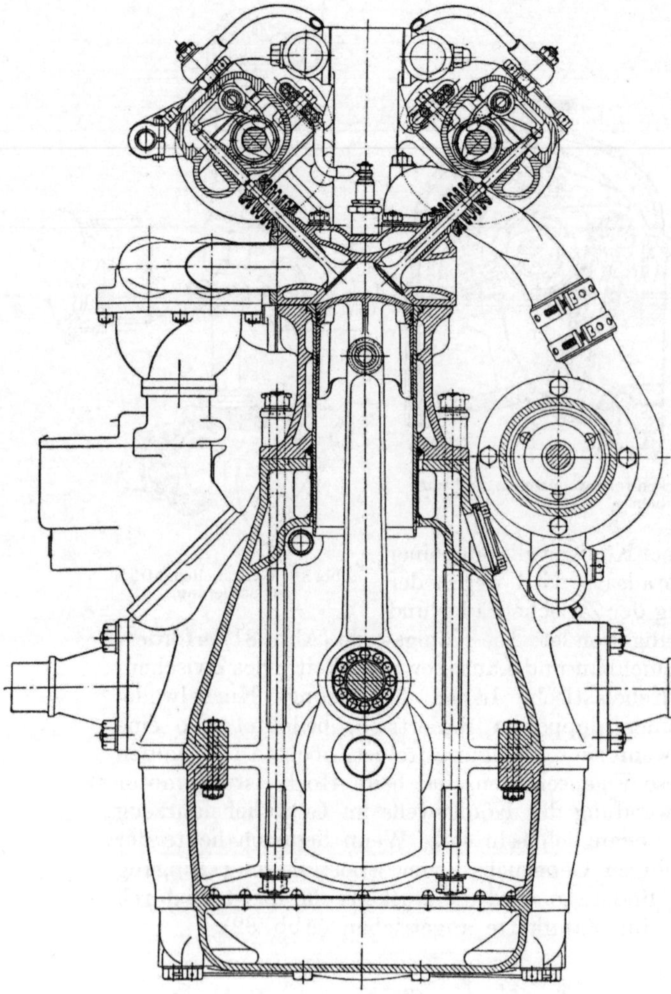

Abb. 83. Ventilsteuerung durch zwei obenliegende Nockenwellen (Vauxhall).

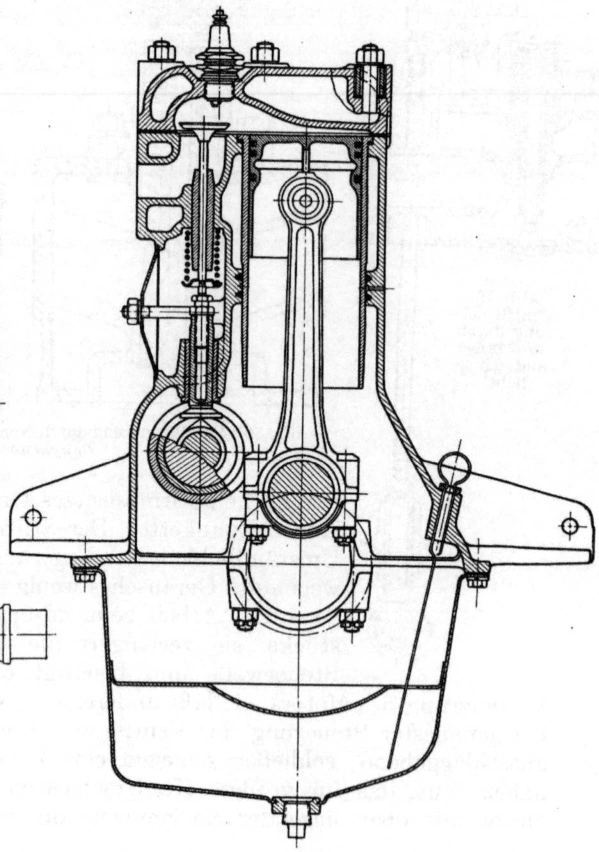

Abb. 84. Untengesteuerter Motor mit seitlich stehenden Ventilen.

Abb. 86. 6-Zylinder-Motor mit zwei Vergasern und durch Stoßstangen betätigten Hängeventilen (BMW).

Für Höchstleistungen wird der für die Verbrennung günstigste Brennraum, die Kugel- bzw. Halbkugelform mit großen Ventilquerschnitten, angestrebt. Bei diesen Motoren sind deshalb die Ventile, teilweise als Doppelventile, schräg angeordnet. Dann werden Ausführungen

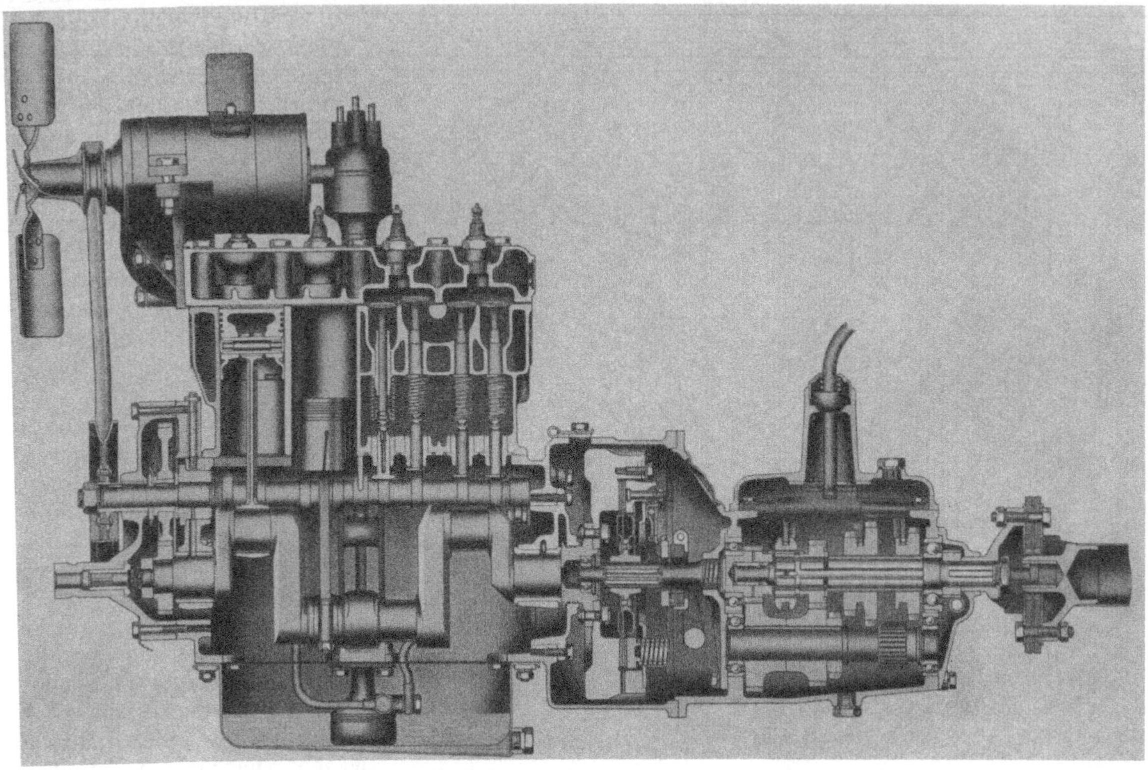

Abb. 85. Einfacher 4-Zylinder-Motor (Hanomag).

nötig (Abb. 83), bei denen 2 Nockenwellen oben liegen. Diese Motorbauarten sind aber nur da gerechtfertigt, wo mit einem Motor von gegebenem Hubraum das Höchste an Leistung zu erzielen ist.

Die unten gesteuerte Maschine (Abb. 84) hat seitlich vom Zylinder angeordnete Ventile, die durch verstellbare Stößel von der im Kurbelgehäuse liegenden Nockenwelle gesteuert werden. Der Zylinderkopf erhält meistens einen nach den Gesichtspunkten von Ricardo (*1*) entworfenen Brennraum. Die Einfachheit der Ventilsteuerung beim unten gesteuerten Motor bedeutet Verbilligung und Unempfindlichkeit.

Abb. 87. 8-Zylinder-Motor (Daimler-Benz).

Die Kolbenhülsen-Schieber-Steuerung ist als teure Ausführung und wegen ihrer Empfindlichkeit bei kaltem Öl nur noch in kleinem Umfang im Gebrauch. Sie liefert weichen Gang des Motors, geringen Verschleiß und damit lange Lebensdauer der Maschine, erfordert aber große Erfahrung und höchste Genauigkeit in der Ausführung sowie verständige Behandlung. Außenschieberbauarten befinden sich noch in Entwicklung.

II. Zylinderanordnung.

Für die Zylinderanordnung ist neben der Motorleistung und der Zylinderzahl die Platzfrage wesentlich. Kleinstfahrzeuge mit kleinem verfügbarem Raum erhalten 1- oder 2-Zylinder-Motoren, die liegend, stehend, in V-Form oder Boxeranordnung stets leicht untergebracht werden können. Neuerdings wird zwecks günstiger Unterbringung auch der 3-Zylinder-Motor in Sternform verwandt. Die übliche Anordnung des stehenden Reihenmotors mit 4 bis 8 Zylindern erfordert besondere Motorräume vorn und hinten in den Fahrzeugen. Liegende Reihenmotoren vermögen die Raumfrage günstig zu beeinflussen.

Für kleinere Gebrauchsfahrzeuge hat die Anwendung des 4-Zylinder-Motors (Abb. 85) wieder zugenommen, da die neueren Gummiaufhängungen gestatten, seinen unruhigen Gang weitgehend unschädlich zu machen, und da die Leistung der Motoren auch billiger Fahrzeuge allgemein gestiegen ist. Auch im Gebiet des billigen Mittelwagens hat die 4-Zylinder-Bauart erneut Eingang gefunden. Der 6-Zylinder-Motor (Abb. 86) besitzt bei guter Ausführung voll ausgeglichenen ruhigen Lauf bei allen Drehzahlen. Wenn das Fahrzeug genügend groß gestaltet werden kann, ist der 8-Zylinder-Reihenmotor anwendbar (Abb. 87). Für kurze Baulänge ist der 8-Zylinder in V-Anordnung und bei höheren Leistungsanforderungen der 12-Zylinder-Motor (Abb. 88a und b) zweckmäßig. Die hohen Fahrgeschwindigkeiten und die Steigerung des Schnellaufs werden zu seiner allgemeineren Anwendung in einfacher Bauweise führen.

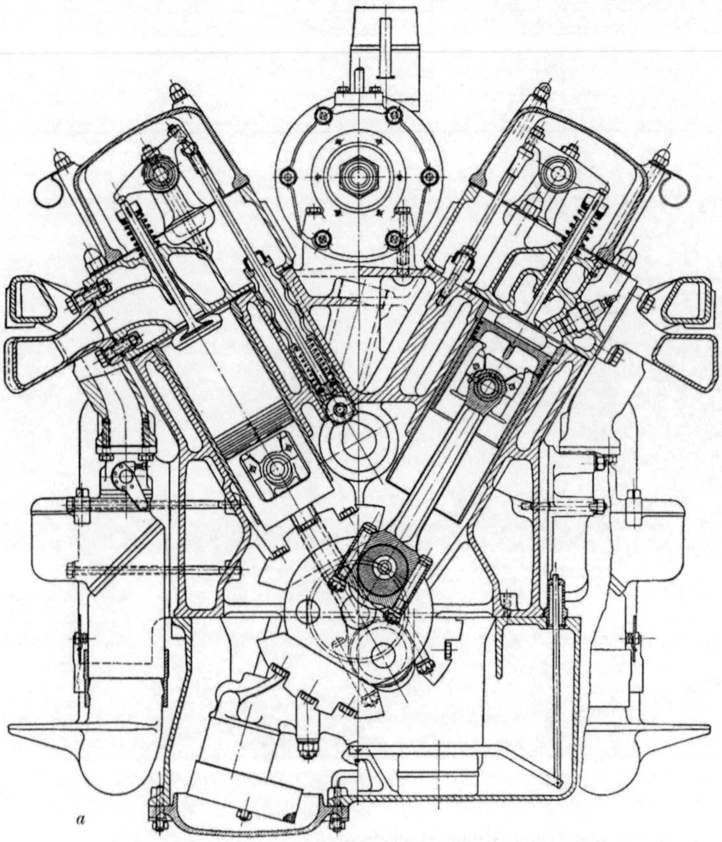

a

b

Abb. 88. 12-Zylinder-V-Motor (Maybach).

III. Kühlung.

Kleinstfahrzeuge haben aus Gründen der Leichtigkeit und Einfachheit Motoren mit Luftkühlung, wobei die natürliche Kühlung im allgemeinen durch einfache Gebläse unterstützt wird. Fahrzeuge mit größeren Motoren besitzen besondere Kühlluftgebläse. Abb. 89 zeigt einen größeren Reihenmotor mit vor dem Motor liegendem Kühlluftgebläse und einer Luftführung, bei der die Zylinder aus dem Druckraum hinter dem Gebläse gleichmäßig angeblasen werden. Für einfache Gebrauchswagen wird der luftgekühlte Motor auch als 2- oder 4-Zylinder-Maschine in Boxeranordnung gebaut, dabei liegt das Gebläse für die Kühlluft vor oder hinter dem Motor (Abb. 90).

Die heute im Wagenmotorenbau noch vorherrschende Kühlungsart ist die Wasserkühlung in ihren zwei Arten als Wärmeumlaufkühlung (Abb. 91) und Pumpenkühlung (Abb. 92). Bei ersterer erfolgt der Wasserumlauf durch die Dichteunterschiede des warmen Wassers im Motorkühlmantel und des kalten Wassers im höher gelegenen Kühler, bei letzterer drückt die Wasserpumpe das vom Kühler kommende kalte Wasser in den Motorblock und durch diesen wieder in den Kühler zurück.

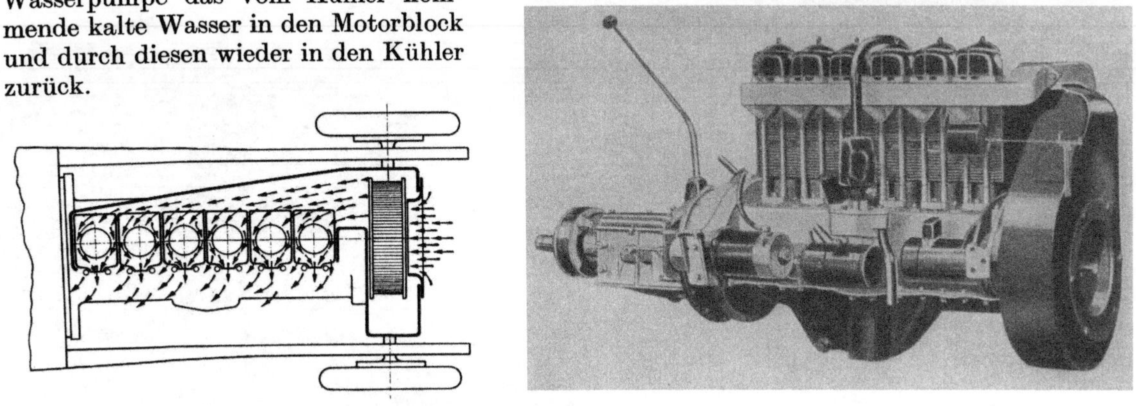

Abb. 89. Luftgekühlter 6-Zylinder-Reihenmotor (Franklin).

Abb. 90. Luftgekühlter Boxermotor mit vor dem Motor liegendem Kühlluftgebläse (Neue Röhr-AG.).

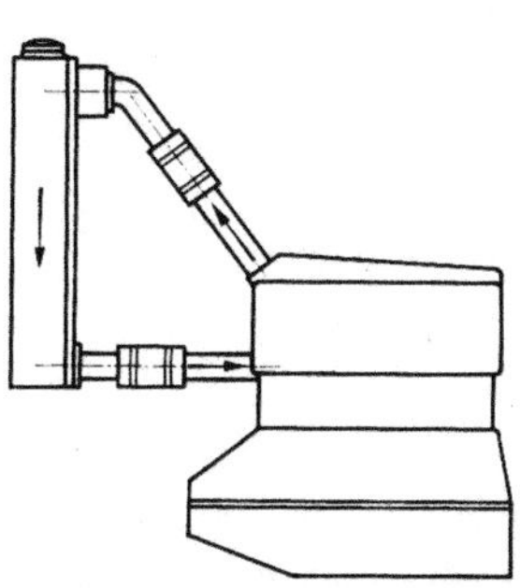

Abb. 91. Wärmeumlaufwasserkühlung ohne Wasserpumpe mit hoch angeordnetem Kühler.

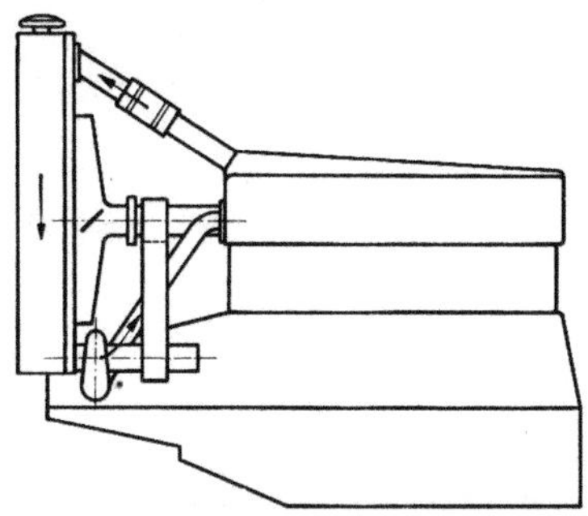

Abb. 92. Pumpenumlauf-Wasserkühlung.

Die Kühlung wird durch die Bauart der Motoren mit eingezogenen, auswechselbaren Laufbüchsen gefördert, wenn diese als sog. nasse Büchsen unmittelbar vom Kühlmittel umgeben sind.

IV. Triebwerkzusammenfassung.

Die Entwicklung des Motorenbaus strebt vielfach dahin, das gesamte Triebwerk in eine Baugruppe zusammenzufassen. Abb. 93 zeigt den Fronttriebsatz eines mittelstarken Wagens. Der

Abb. 93. Fronttriebsatz mit 8-Zylinder-V-Motor (Stoewer).

Abb. 95. Fronttriebsatz mit vor der Vorderachse liegendem Wechselgetriebe (Citroën).

Abb. 94. Fronttriebsatz mit 6-Zylinder-Reihenmotor (Audi).

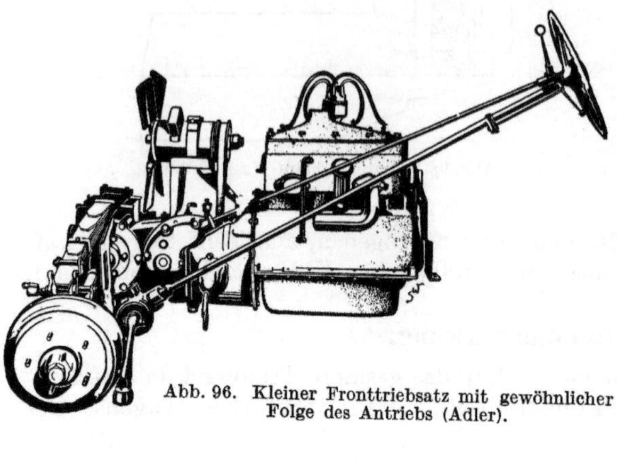

Abb. 96. Kleiner Fronttriebsatz mit gewöhnlicher Folge des Antriebs (Adler).

Motor hat bei kleiner Baulänge V-Anordnung seiner 8 Zylinder. Vor dem Motor ist das Getriebe angeflanscht und an diesem wiederum das Ausgleichgetriebe mit dem Achsantrieb. Eine Ausbildung des Fronttriebsatzes mit Reihenmotor zeigt Abb. 94. Diese Hintereinanderschaltung der Teile des Triebsatzes erfordert viel Raum hinter der Vorderachse des Wagens. Deshalb wird auch der Antrieb vom Motor durch das zwischen Motor und Wechselgetriebe liegende Achsantriebsgehäuse durchgeführt und kommt vom Wechselgetriebe wieder zum Achsgetriebe zurück. Dabei kommt das Wechselgetriebe vor die Vorderachse zu liegen (Abb. 95). Bei kleinen Wagen ist das Triebwerk zum Teil so wenig umfangreich, daß der Fluß des Antriebs vom Motor über das Wechselgetriebe zum Achsgetriebe eingehalten werden kann (Abb. 96).

Abb. 97. Hecktriebsatz hinter der Hinterachse (Hansa-Lloyd-Goliath).

Der Hecktriebsatz erleichtert die Ausbildung strömungstechnisch günstiger Formen der Wagenkörper. Er steigert die Fahrannehmlichkeit dadurch, daß die Sitze im Wagen ganz zwischen den Achsen angeordnet werden können. Das Wechselgetriebe kann ähnlich wie beim Fronttriebsatz entweder zwischen Achsgetriebe und Motor angeordnet sein oder in der Reihenfolge Motor-Achsgetriebe-Wechselgetriebe. Auch hier ist die Baulänge des Triebwerks mög-

Abb. 98. Hecktriebsatz vor der Hinterachse (Porsche, Auto-Union).

lichst klein zu halten. Der Motor wird hinter (Abb. 97) oder vor die Hinterachse (Abb. 98) gelegt. Die Achsdruckverteilung ist, wenn es sich um eine größere Maschinenanlage handelt, bei letzterer Anordnung günstiger als bei ersterer. Dann kann aber bei üblicher Motorbauweise das Fahrzeug nur mit einer Sitzreihe ausgebildet werden, oder größere Baulänge des Wagens wird erforderlich. Liegende Anordnung des Motors unter den Hintersitzen ist deshalb in Betracht zu ziehen.

V. Motorzubehör.

Eine Sonderstellung im Personenwagenbau nehmen die Motoren mit Gebläse ein. Sie werden in Gebrauchsfahrzeugen verhältnismäßig wenig verwendet und bleiben im allgemeinen dem Sport- oder Rennfahrzeug vorbehalten. Die Anordnung eines Roots-Gebläses vor dem Vergaser mit Ansaugschalldämpfer zeigt Abb. 99.

Abb. 99. 8-Zylinder-Reihenmotor mit Roots-Gebläse (Daimler-Benz).

Die Entwicklung des Personenwagenmotors hat sich auch schon der Dieselausführung zugewandt. Die Erfolge der Dieselmotoren in Nutzfahrzeugen lassen ein baldiges Fortschreiten dieser Arbeiten erwarten, wobei zunächst bei niedrigem Verbrauch wegen der durch die Beschränkung der Drehzahlen noch höheren Gewichte verminderte Fahrleistungen oder teurere Anschaffung in Kauf genommen werden müssen.

B. Lastwagenmotoren.

Die verlangte hohe Leistung und die Wirtschaftlichkeit haben die Zylinderkonstruktion und die Gestaltung der Maschine bestimmt. Auch im Lastwagenbau hat die Einführung der Luftkühlung entsprechend den Forderungen nach Betriebsvereinfachung begonnen. Die Anordnung des Zubehörs am Motor selbst bereitet wenig Schwierigkeiten, doch erfordert die Ausgestaltung möglichst großer zusammenhängender Räume im Fahrzeug für tote oder lebende Last besondere Maßnahmen für die Unterbringung des Triebwerks. Bei der Verwendung einheimischer Kraftstoffe tritt neuerdings großer Platzbedarf der zusätzlichen Anlagen im Fahrzeug auf.

Abb. 100. 2-Zylinder-Gegenkolben-Zweitakt-Dieselmotor (Junkers).

I. Zylinderausbildung.

Der Vergasermotor im Lastwagen unterscheidet sich in der baulichen Ausbildung, da er nur noch auf kleinere Leistungen beschränkt bleibt, wenig vom Vergasermotor für Personenwagen. Der Dieselmotor unterscheidet sich vom

Vergasermotor durch die besondere Gestaltung des Zylinderkopfes und den Ersatz des Vergasers und der Zündanlage durch Einspritzpumpe und Einspritzdüsen. Neben dem Viertaktmotor ist auch der Zweitakt-Diesel im Gebrauch.

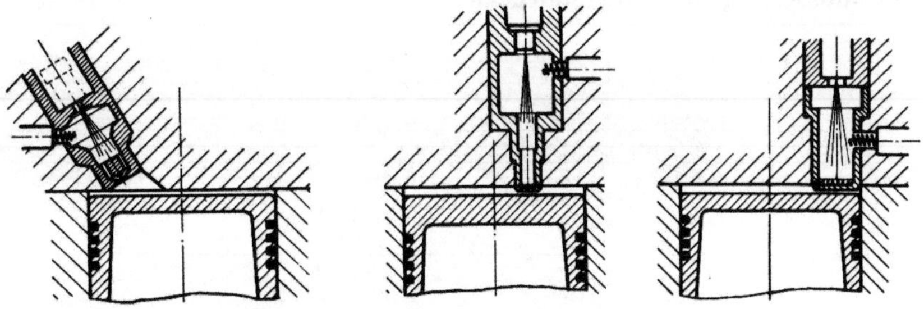

Abb. 101. Dieselmotoren-Brennräume mit Vorkammer. Der Brennstoff wird in den abgetrennten Vorkammerraum gespritzt, das Anlassen erfolgt mit Glühkerze.

Abb. 100 zeigt den wesentlichen Vertreter des Zweitakters im Lastwagenbau, einen Doppel- oder Gegenkolben-Zweitakter mit zwischen den Kolben liegendem Brennraum. Die Zylinderlaufbüchsen sind als nasse Büchsen in den Zylinderblock eingezogen. Die unteren Kolben arbeiten in der üblichen Weise durch kurze Pleuelstangen auf die Kurbelwelle, während die oberen Kolben durch je 2 längere Pleuelstangen, welche durch ein Querhaupt verbunden sind, auf die Kurbelwelle wirken. Der Motor

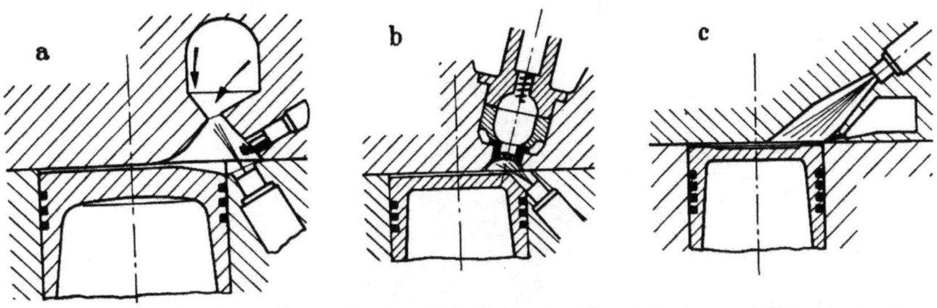

Abb. 102. Dieselmotoren-Brennräume mit Außenluftspeicher. Der Brennstoff wird vor die Mündung des Luftspeichers gespritzt.

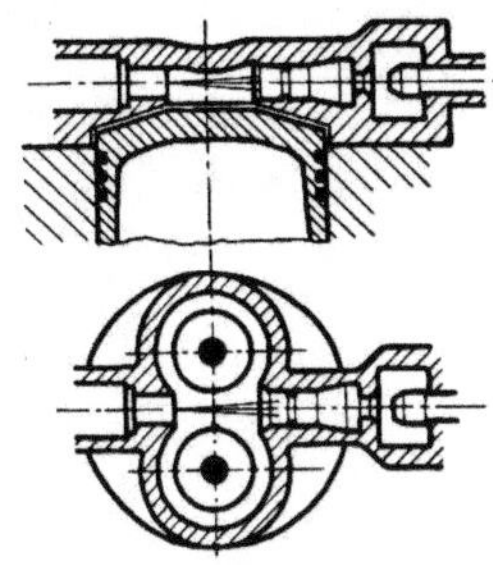

Abb. 103. Lanova-Brennraum. Der Brennstoff wird gegen den Luftspeicher gespritzt, die Gase wirbeln herzförmig.

arbeitet mit auf den oberen Kolben angeordneten Spülpumpenkolben. Das Spülpumpengehäuse liegt auf dem Zylinderblock. Die Steuerung der Ein- und Auslaßschlitze der Zylinder erfolgt durch den oberen und unteren Arbeitskolben mit entsprechender Voreilung des letzteren. Die Schlitze sind so angeordnet, daß eine von oben nach unten gerichtete Durchwirbelung der Zylinder und damit gute Spülung und Ladung stattfindet.

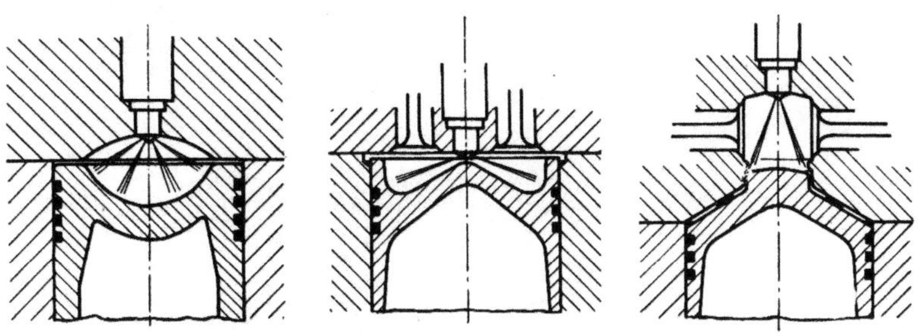

Abb. 104. Dieselmotoren-Brennräume mit unmittelbarer Einspritzung.

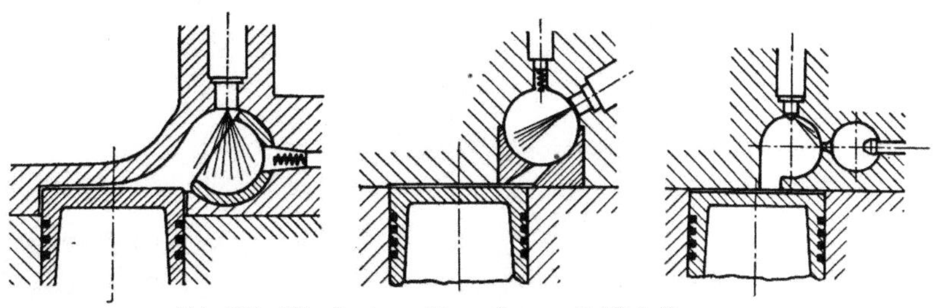

Abb. 105. Dieselmotoren-Brennräume mit Wirbelkammer.

Die meisten Viertakt-Dieselmotoren arbeiten mit unterteiltem Brennraum nach dem Vorkammerverfahren (Abb. 101) oder nach dem Luftspeicherverfahren in seinen bekanntesten Formen mit Außenluftspeicher (Abb. 102) oder Lanova-Brennraum (Abb. 103).

Das Arbeitsverfahren mit unmittelbarer Einspritzung in den nicht unterteilten Brennraum (Abb. 104) erfordert besondere Maßnahmen für innige Mischung von Luft und Brennstoff durch radiale Anordnung der Düsenbohrungen, Schirmventile, die Wirbelbewegung einleiten, oder sonstige Hilfsmittel.

Die Wirbelkammerausführung (Abb. 105) ergibt ebenfalls eine Unterteilung des Brennraums mit der Wirkung guter Mischung des Brennstoffs mit der Verbrennungsluft und der Verminderung der Spitzendrücke.

Abb. 106. Unter dem Fahrgestell liegend angeordneter Reihenmotor (Hanomag).

Abb. 107. Dieselmotor mit geschlossenem Tunnel-Kurbelgehäuse (Saurer).

Die Ausführung der Zylinder kann im Block, mit im Block eingeschrumpften trockenen Büchsen oder eingezogenen nassen Büchsen vorgenommen werden.

II. Zylinderanordnung.

Die 1- oder 2-Zylinder-Motoren der kleinen Lastwagen bis 1 t Nutzlast werden liegend oder stehend eingebaut. Die 4-Zylinder-Motoren der größeren Fahrzeuge werden stehend, bisweilen auch als liegende Reihenmotoren (Abb. 106) oder in Boxeranordnung ausgebildet (siehe spätere Abb. 110). Die 6- oder 8-Zylinder-Reihenmotoren haben eine gewisse Einheitlichkeit

Abb. 108. Dieselmotor mit zweigeteiltem Graugußblock (Büssing-NAG).

der Bauart erreicht. Bei dem Saurermotor der Abb. 107 ist der ganze Zylinderblock zusammen mit dem geschlossenen Tunnel-Kurbelgehäuse aus einem Stück gegossen. Die Einführung der mit großen Laufscheiben versehenen Kurbelwelle erfolgt von der Getriebeanschluß-Stirnseite aus. Einen zweigeteilten Graugußblock auf einem Leichtmetallgehäuse zeigt Abb. 108. Die Zwei-

Abb. 109. 2-Zylinder-Zweitakt-Gegenkolben-Dieselmotor (Junkers).

Abb. 110. Luftgekühlter 4-Zylinder-Diesel-Boxermotor (Krupp).

takt-Gegenkolbenbauart liefert, wie Abb. 109 zeigt, da sie bei gutem Massenausgleich mit wenigen Zylindern auskommt, kurze Baulänge und glatte Außenformen. Bei den Geländewagen soll der Motor dem Fahrer die Sicht auf den Boden vor dem Wagen wenig beschränken. Hierfür eignet sich die Bauart nach Abb. 110 besonders, die einen luftgekühlten 4-Zylinder-Diesel-Boxermotor zeigt. Auf Autobahnen werden Motoren mit sehr hoher Leistung nötig, die als Doppelmotoren oder in V-Anordnung zum Teil schon ausgeführt sind. Abb. 111 zeigt einen Doppelmotor aus zwei 6-Zylinder-Blöcken, die nebeneinander stehend auf ein gemeinsames Kurbelgehäuse aufgesetzt sind. Für jeden Block ist eine eigene Kurbelwelle vorgesehen.

Die Verbindung der beiden Kurbelwellen erfolgt über einen Stirnradsatz. Bei dem Motor in Abb. 112 sind die Zylinderblöcke leicht gegeneinander geneigt. Zwei Kurbelwellen sind angeordnet, die zusammen oder voneinander unabhängig arbeiten können.

Eine endgültige allgemeine Lösung der Motorbauart für derart große Einheiten liegt noch nicht vor. Die mechanischen Einzelheiten werden erst geklärt und auch die Verwendung mehrerer kleiner Einheiten an Stelle einer großen Einheit in Betracht gezogen.

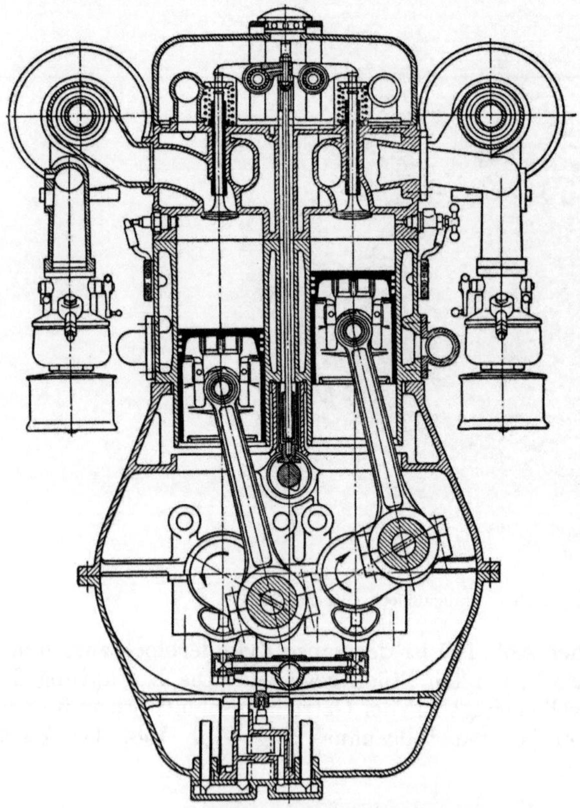

Abb. 111. 12-Zylinder-Doppelmotor (Henschel).

III. Kühlung.

Luftkühlung besitzen die kleinen Motoren der Leichtlastwagen bis 1 t meistens in Form einer Schleudergebläsekühlung. Lastwagen bis 2 t Nutzlast sind mit luftgekühlten Motoren schon erfolgreich ausgerüstet, etwa mit dem 4-Zylinder-Reihenmotor nach Abb. 113 mit verrippten Grauguß-Einzelzylindern mit Aluminiumköpfen und regelbarem Gebläsekühlluftstrom oder mit dem durch seine Bauart für die Luftkühlung besonders geeigneten 4-Zylinder in Boxeranordnung, der in Abb. 110 schon gezeigt ist.

Die Wasserkühlung ist bei Lastwagenmotoren fast ausnahmslos als Pumpenkühlung ausgebildet. Durch sie wird der bei der hohen Dauerbelastung notwendige schnelle Umlauf des Kühlmittels ermöglicht. Sie entspricht in der Ausführung der Kühlanlage der Personenwagenmotoren.

IV. Zubehöranordnung.

Bei Anpassung der Vergaser-Lastwagenmotoren an Generatorbetrieb tritt an Stelle

Abb. 112. 12-Zylinder-Doppelmotor mit geneigten Zylinderblöcken (Büssing-NAG).

des Vergasers eine Mischvorrichtung (Abb. 114), in der das Gas-Luft-Gemisch erzeugt und die Gemischzufuhr zum Motor durch eine übliche Drosselklappe geregelt wird.

Abb. 113. Luftgekühlter 4-Zylinder-Lastwagenmotor (Phänomen).

Bei Flaschengasbetrieb wird noch die früher besprochene Vorwärmeeinrichtung zur Vermeidung zu starker Dehnungsabkühlung der Gase nötig.

Als weitere Antriebsart für Lastwagen findet die Dampfmaschine erneute Beachtung. Die Entwicklung erstrebt für die Erzeugung des Dampfes die Verwendung heimischer schwer brennbarer Stoffe, also Kohle oder Teeröl. Das eigentliche Triebwerk beschränkt sich hier, wie Abb. 115 zeigt, auf kleinen Raum, dagegen erfordern Kessel und Kondensator größere Einbauräume als das übliche Motorzubehör des Vergaser- und Dieselmotors, das im wesentlichen in der Brennstoffbehälteranlage besteht.

Abb. 114. Mischvorrichtung für Gasbetrieb (Wisco).

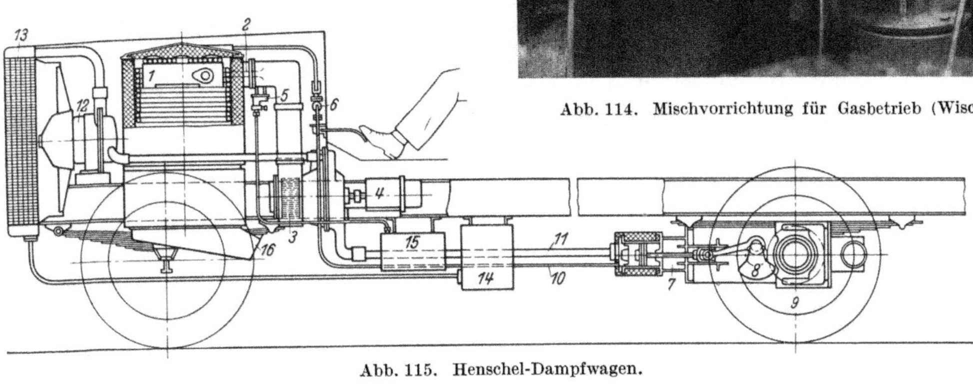

Abb. 115. Henschel-Dampfwagen.

1 Kessel, *2* Brenner, *3* Feuerungsgebläse mit Antriebsturbine, *4* Motor, *5* Brennstoffzuführung, *6* Dampfdrossel, *7* Dampfmaschine, *8* Kurbelwelle, *9* Hinterachse, *10* Frischdampfleitung, *11* Abdampfleitung, *12* Ventilator mit Abdampfturbine, *13* Kondensator, *14* Wasserbehälter, *15* Brennstoffbehälter, *16* Kessel-Abgaskanal.

11. Schwingungen des Fahrzeugmotors.

Bezeichnungen

y, η Durchbiegungen [cm],
l, s Längen [cm],
C Steifigkeiten [cm²kg],
ϑ, φ, ψ Ausschläge zur Zeit t,
u, α, a, A Schwingungsweiten von Ausschlägen ϑ,
x Schwingungsweiten von Momenten M [cmkg],
A Schwingungsweiten von Harmonischen,
φ Frequenzfunktion,
J Flächenträgheitsmomente [cm⁴],
θ, D Massenträgheitsmomente [cmkg sek²],
G Gewichte [kg], und Gleitzahl [kg cm⁻²],
m Massen [cm⁻¹kg sek²],
ω_e, n_e Eigenschwingungszahlen [sek⁻¹; min⁻¹],
γ, β Phasenwinkel,
k Ordnungszahl einer Schwingung,
φ, ψ Winkel,
e Exzentrität [cm],
EJ, β Biegungssteifigkeit [cm²kg, cm⁻¹kg],
g Schwerebeschleunigung [cm sek⁻²].

A. Drehschwingungen (*9* bis *26*).

Die Feststellung der Eigenschwingungszahlen ist die Grundlage für die Beurteilung der Schwingungsvorgänge. An einem vorhandenen Motor können die Eigenschwingungszahlen durch Schwingungsmessungen in den Resonanzgebieten festgestellt werden. Für die Beurteilung der Schwingungsgefahren schon beim Entwurf eines Motors ist aber eine Vorausberechnung der zu erwartenden Eigenschwingungszahlen nötig. Diese Berechnung ist auf den bei den Messungen gewonnenen Erfahrungen aufgebaut und bedarf stets der Nachprüfung am ausgeführten Motor. Die Unsicherheit ist begründet durch die Schwierigkeiten einer rechnerischen Bestimmung der elastischen Eigenschaften der vielfach gekröpften Kurbelwellen.

Bei den Verbrennungsmotoren sind im allgemeinen die Triebwerke der einzelnen Zylinder einander gleich. Meistens sind die Kurbelwellen von Zylinder zu Zylinder vollkommen gleichartig, bisweilen aber sind auch immer je zwei Einzelgetriebe zu einer Einheit zusammengefaßt. Die letzteren Motoren können nach Grammel Blockmotoren genannt werden. Es ist möglich, sämtliche Eigenschwingungszahlen derartiger Systeme zu errechnen. Von den verfügbaren Verfahren führt insbesondere das von Grammel (*11* bis *16*) zu einfachen Berechnungsarten. Es gestattet das Zurückgreifen auf vorliegende Funktionentafeln und ist auch in den auf Abb. 118 dargestellten Fällen, die von der einfachsten Triebwerksform abweichen, leicht anwendbar und ermöglicht, die Ausschläge der einzelnen Massen und die Beanspruchung der Wellen unter dem Einfluß von Zwangskräften zu ermitteln. Es führt durch seine Anpassung an die besonderen Verhältnisse des Verbrennungsmotors schnell zum Ziele.

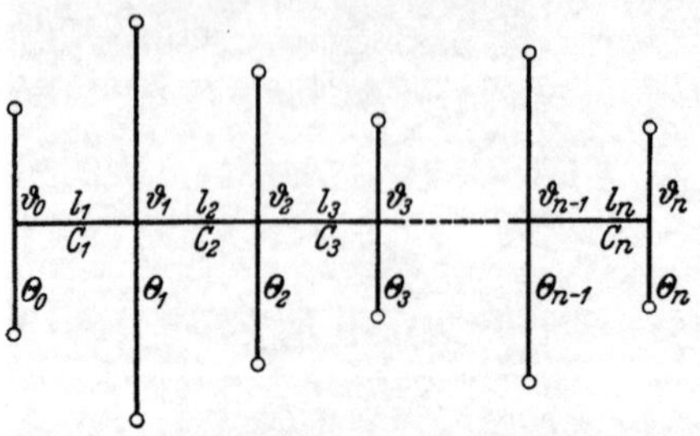

Abb. 116. Beliebiges Drehschwingungs-Massensystem (Erklärungen siehe Text!).

I. Berechnung der Eigenschwingungszahlen.

Das Verfahren von Grammel gründet sich auf folgenden kurz zusammengefaßten Rechnungsgang.

Das schwingende System ist in Abb. 116 in vereinfachter Form dargestellt.

Die Trägheitsmomente sind	$\theta_0, \theta_1, \theta_2, \theta_3 \ldots \theta_{n-1}, \theta_n$;
die Steifigkeiten der Welle	$C_1, C_2, C_3, \ldots C_n$;
die Verdrehungswinkel	$\vartheta_0, \vartheta_1, \vartheta_2, \vartheta_3 \ldots \vartheta_{n-1}, \vartheta_n$;
die Verdrillungsmomente	$M_0, M_1, M_2 \ldots M_{n-1}$;
die Längen	$l_1, l_2, l_3 \ldots l_n$.

Die Schwingungsgleichungen lauten:

$$\left.\begin{aligned}
\theta_0 \ddot{\vartheta}_0 &= -M_0, & \text{wo}\quad M_0 &= \frac{C_1}{l_1}(\vartheta_0 - \vartheta_1),\\
\theta_1 \ddot{\vartheta}_1 &= M_0 - M_1, & M_1 &= \frac{C_2}{l_2}(\vartheta_1 - \vartheta_2),\\
&\;\vdots & &\;\vdots\\
\theta_{n-1} \ddot{\vartheta}_{n-1} &= M_{n-2} - M_{n-1}, & M_{n-1} &= \frac{C_n}{l_n}(\vartheta_{n-1} - \vartheta_n),\\
\theta_n \ddot{\vartheta}_n &= M_{n-1} - M_n, \quad (M_n = 0).
\end{aligned}\right\} \qquad (1)$$

Ist α eine Eigenfrequenz, so kann man den Ansatz machen

$$M_k = x_k \cos 2\pi\alpha t \quad \text{und} \quad \vartheta_k = u_k \cos 2\pi\alpha t\,, \tag{2}$$

wo x_k die Amplitude des Drillungsmoments und u_k die Amplitude der Schwingung ist.

Mit den Abkürzungen

$$z = (2\pi\alpha)^2\,, \qquad c_k = \frac{C_k}{l_k\,\theta_{k-1}}\,, \qquad c_k' = \frac{C_k}{l_k\,\theta_k} \tag{3}$$

wird aus den Gleichungen (1) und (2)

$$\begin{aligned} \theta_0 u_0 z &= x_0\,,\\ \theta_1 u_1 z &= -x_0 + x_1\,,\\ &\;\vdots\\ \theta_{n-1} u_{n-1} z &= -x_{n-2} + x_{n-1}\,,\\ \theta_n u_n z &= -x_{n-1} + x_n\,, \quad (x_n = 0)\,. \end{aligned}$$

$$\left.\begin{aligned} x_0 &= c_1\,\theta_0\,u_0 - c_1'\,\theta_1\,u_1\,,\\ x_1 &= c_2\,\theta_1\,u_1 - c_2'\,\theta_2\,u_2\,,\\ &\;\vdots\\ x_{n-1} &= c_n\,\theta_{n-1}\,u_{n-1} - c_n'\,\theta_n\,u_n\,. \end{aligned}\right\} \tag{4}$$

Durch Elimination von $\theta_{k-1}u_{k-1}$ und $\theta_k u_k$ aus drei entsprechenden Gleichungen erhält man der Reihe nach

$$\left.\begin{aligned} c_1' x_1 &= (c_1 + c_1' - z)\,x_0\,,\\ c_2' x_2 &= (c_2 + c_2' - z)\,x_1 - c_2\,x_0\,,\\ &\;\vdots\\ c_k' x_k &= (c_k + c_k' - z)\,x_{k-1} - c_k\,x_{k-2}\,, \quad (k = 1, 2, 3 \ldots n) \end{aligned}\right\} \tag{5}$$

wo

$$x_{-1} = 0 \quad \text{und} \quad x_n = 0\,. \tag{6}$$

Aus (5) kann man x_k als Funktion von z berechnen. Mit der die z enthaltenden Glieder zusammenfassenden Frequenzfunktion $f_k(z)$ wird

$$x_k = (-1)^k \frac{x_0}{c_1'\,c_2' \ldots c_k'}\,f_k(z)\,. \qquad (k = 1, 2, 3 \ldots n) \tag{7}$$

Durch Einsetzen von $f_k(z)$ in die letzte Gleichung (5) kann man die Frequenzfunktionen für verschiedene Werte k miteinander verbinden und man erhält die Fundamentalgleichung

$$f_k(z) = (z - c_k - c_k')\,f_{k-1}(z) - c_k\,c_{k-1}'\,f_{k-2}(z) \tag{8}$$

(wo noch $f_{-1} = 0$ und $f_0 = 1$).

Gemäß Gleichung (6) muß sein $x_n = 0$, also auch $f_n(z) = 0$. Daraus bestimmen sich die Eigenfrequenzwerte.

Bei der homogenen Maschine, d. h. der Maschine mit gleichen Massen und Steifigkeiten, ist

$$c_k = c_k' = c\,.$$

Mit den Bezeichnungen

$$\zeta = \frac{z}{c}\,, \qquad \varphi_k = \frac{f_k}{c^k} \tag{9}$$

wird unter Benützung von (8)

$$\begin{aligned} \varphi_1 &= \zeta - 2\,,\\ \varphi_2 &= \zeta^2 - 4\zeta + 3\,,\\ \varphi_3 &= \zeta^3 - 6\zeta^2 + 10\zeta - 4\,,\\ &\;\vdots\\ \varphi_n &= \zeta^n - \binom{2n}{1}\zeta^{n-1} + \binom{2n-1}{2}\zeta^{n-2} - \binom{2n-2}{3}\zeta^{n-3} + \cdots + (-1)^n\,(n+1)\,. \end{aligned}$$

Diejenigen Werte von ζ_i, für die $\varphi_1, \varphi_2, \varphi_3 \ldots \varphi_n$ Null werden, sind ein Maß für die Eigenfrequenzen der 2-, 3-, 4- ... $(n+1)$-Zylindermaschine. Es ist nämlich nach (9) und (3)

$$\alpha_i = \frac{1}{2\pi}\sqrt{c\,\zeta_i}\ [\text{sek}^{-1}]\,.$$

Grammel (*13*) hat die Funktionen φ_n abhängig von ζ zahlenmäßig berechnet. Auch die Nullstellen ζ_i sind ermittelt.

Bei der homogenen n-Zylindermaschine mit einer Zusatzmasse (Abb. 117) soll die Berechnung noch aufgezeigt werden.

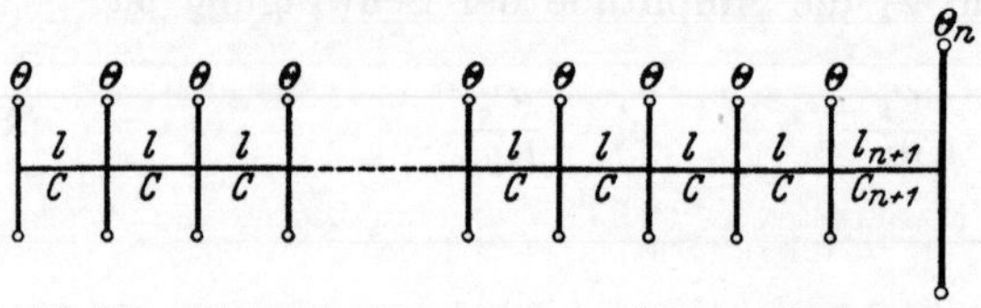

Abb. 117. Homogenes Massensystem mit einer Zusatzmasse.

Mit den Abkürzungen

$$\gamma_1 = \frac{c_{n+1}}{c},$$

$$\gamma_1' = \frac{c_{n+1}'}{c}$$

folgt aus (8) mit Beachtung von (9)

$$\frac{f_{n+1}}{c^{n+1}} = (\zeta - \gamma_1 - \gamma_1')\,\varphi_n - \gamma_1\,\varphi_{n-1}.$$

Da die Eigenfrequenzen aus $f_{n+1} = 0$ folgen, so gilt für diesen Fall

$$(\zeta - \gamma_1 - \gamma_1')\,\varphi_n = \gamma_1\,\varphi_{n-1}.$$

Man kann aus den Funktionentafeln für die homogene $(n+1)$-Zylindermaschine φ_n und φ_{n-1} als Funktionen von ζ berechnen. Da γ_1 und γ_1' bekannt sind, so kann man solche Werte ζ ermitteln, die die Gleichung erfüllen. Diese Werte ergeben die Eigenschwingungszahlen. Man kann diese Rechnung auch graphisch lösen, indem man über ζ die linken und rechten Seiten der Gleichung darstellt und beide Kurven zum Schnitt bringt. Die Schnittpunkte entsprechen den Eigenfrequenzen.

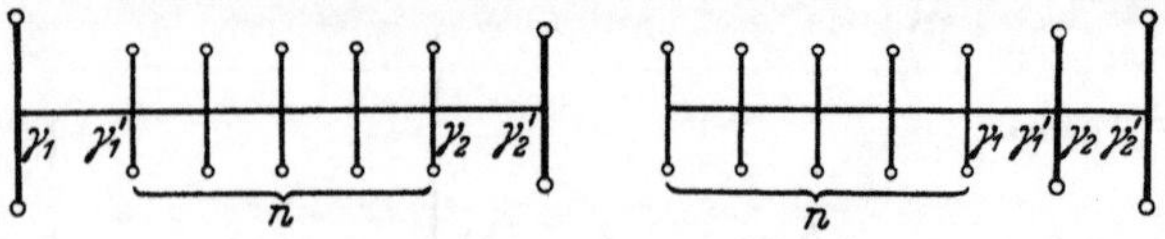

Homogene Maschine mit zwei Zusatzmassen.

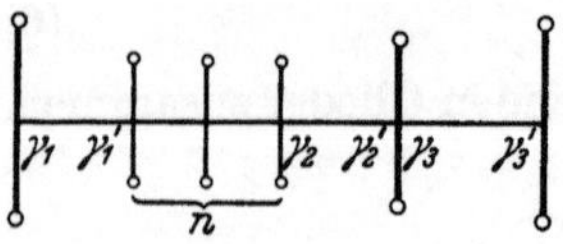

Homogene Maschine mit drei Zusatzmassen.

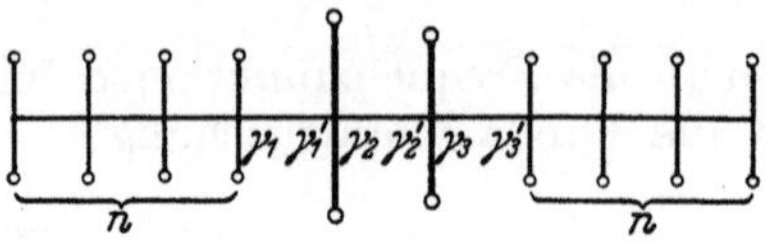

Zwei gleiche homogene Maschinen mit zwei Zusatzmassen.

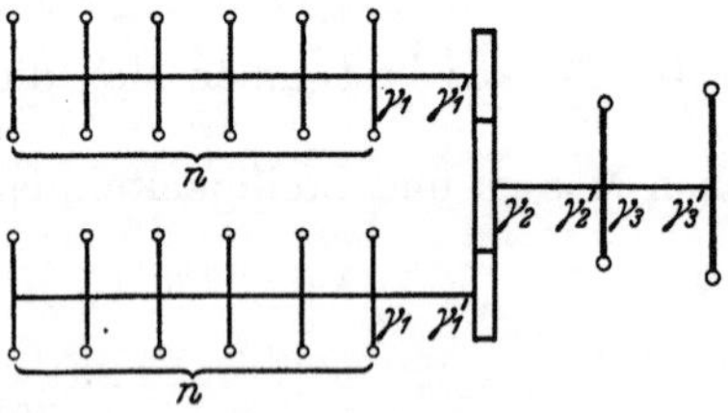

Zwei gleiche homogene Maschinen mit Getriebe und zwei Zusatzmassen.

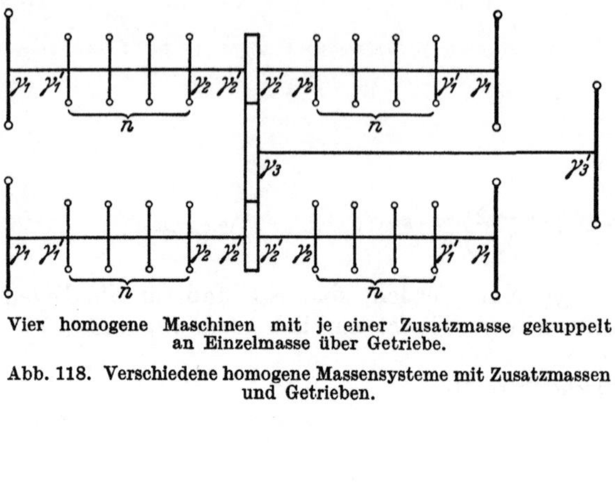

Vier homogene Maschinen mit je einer Zusatzmasse gekuppelt an Einzelmasse über Getriebe.

Abb. 118. Verschiedene homogene Massensysteme mit Zusatzmassen und Getrieben.

Auf diesen Überlegungen beruhen die Berechnungen der Eigenschwingungszahlen einfacher Schwinger: Kurbelwelle-Schwungmasse sowie der verschiedensten Schwingungssysteme nach der Übersicht in Abb. 118.

Beispiel. 6-Zylindermaschine ($n = 5$) mit einer Zusatzmasse. Es sei

$$\theta_0 = \theta_1 = \theta_2 = \theta_3 = \theta_4 = \theta_5 = 0{,}68 \text{ cmkg sek}^2,$$

$$l_1 = l_2 = l_3 = l_4 = l_5 = 34{,}7 \text{ cm},$$

$$\theta_6 = 140 \text{ cmkg sek}^2,$$

$$l_6 = 35{,}2 \text{ cm},$$

$$GJ_0 = 830000 \cdot 250 = 2{,}075 \cdot 10^8 \text{ cm}^2\text{ kg}.$$

Nun wird

$$c = c' = \frac{2{,}075 \cdot 10^8}{34{,}7 \cdot 0{,}68} = 8{,}8 \cdot 10^6 \text{ sek}^{-2},$$

$$c_6 = \frac{2{,}075 \cdot 10^8}{35{,}2 \cdot 0{,}68} = 8{,}65 \cdot 10^6 \text{ sek}^{-2},$$

$$c_6' = \frac{2{,}075 \cdot 10^8}{35{,}2 \cdot 140} = 4{,}2 \cdot 10^4 \text{ sek}^{-2}.$$

Damit ist weiter

$$\gamma_1 = \frac{c_6}{c} = \frac{8{,}65 \cdot 10^6}{8{,}8 \cdot 10^6} = 0{,}98,$$

$$\gamma_1' = \frac{c_6'}{c} = \frac{4{,}2 \cdot 10^4}{8{,}8 \cdot 10^6} = 4{,}77 \cdot 10^{-3}.$$

Nun gilt für die Werte ζ, aus denen sich die Eigenfrequenzen bestimmen,

$$(\zeta - \gamma_1 - \gamma_1')\,\varphi_5 = \gamma_1\,\varphi_4,$$

oder in Zahlen:

$$(\zeta - 0{,}98)\,\varphi_5 = 0{,}98\,\varphi_4.$$

Aus den Frequenzfunktionentafeln von Grammel kann man das ζ der Grundfrequenz wie folgt bestimmen:

ζ	$\zeta - 0{,}98$	φ_5	φ_4	$(\zeta - 0{,}98)\,\varphi_5$	$0{,}98\,\varphi_4$
0,05	−0,930	−4,386	4,052	4,07	3,97
0,06	−0,920	−4,094	3,874	3,76	3,79
0,058	−0,922	−4,152	3,909	3,83	3,83

Die genaue Lösung ist $\zeta = 0{,}058$. Daraus bestimmt sich die Grundfrequenz

$$2\pi\alpha = \sqrt{c\,\zeta} = \sqrt{8{,}8\cdot 10^6\cdot 0{,}058} = 715\ \text{Schw.}/2\pi\ \text{sek}.$$

Somit

$$n_e = \frac{30}{\pi}\cdot 715 = 6850\ \text{min}^{-1}.$$

Die Ausschläge der Massen folgen aus der Beziehung

$$u_k = (-1)^k \frac{a}{\theta\alpha^2}(\varphi_{k-1} + \varphi_k), \qquad (k = 0, 1, 2, 3 \ldots n)$$

$$u_{n+1} = (-1)^{n+1}\frac{a}{\theta_{n+1}\alpha^2}\varphi_n.$$

Dabei ist $\varphi_{-1} = 0$ und $\varphi_0 = 1$.

Nun sei $u_0 = 1$, dann ist zu setzen $a = \theta\alpha^2$, und es wird nach den Frequenzfunktionentafeln mit $\zeta = 0{,}058$

$$\begin{aligned}
u_0 &= 1,\\
u_1 &= -(1{,}000 - 1{,}942) &&= 0{,}942,\\
u_2 &= +(-1{,}942 + 2{,}771) &&= 0{,}829,\\
u_3 &= -(2{,}771 - 3{,}440) &&= 0{,}669,\\
u_4 &= +(-3{,}440 + 3{,}909) &&= 0{,}469,\\
u_5 &= -(3{,}909 - 4{,}152) &&= 0{,}243,\\
u_6 &= +\frac{0{,}68}{140}\cdot(-4{,}152) &&= -0{,}02.
\end{aligned}$$

Der Ausschlag der Masse 6 ist wegen ihrer großen Trägheit verhältnismäßig klein.

Anwendung auf Blockmotoren. Im Blocksystem sind immer zwei Einzelgetriebe zusammengefaßt (Abb. 119). Beim Blockmotor ohne Zusatzmassen sind die Eigenfrequenzen nach der

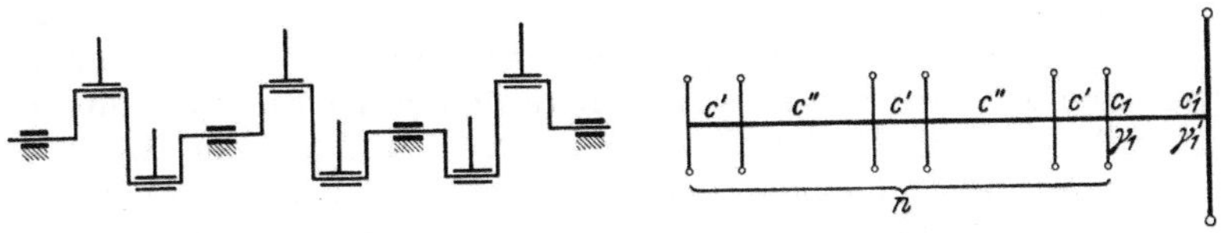

Abb. 119. „Block"-Motor.

Rechnung dieselben wie bei der homogenen Maschine mit den Koeffizienten $c = \frac{1}{2}(c' + c'')$ mit einer Ausnahme. Diese Ausnahme ist die Eigenfrequenz der Ordnung $\frac{1}{2}(n + 1)$. Jedoch ist auch sie aus derjenigen der homogenen Maschine errechenbar, indem man die dortigen Werte mit dem Faktor $1 + \frac{1}{2}\,\frac{c' - c''}{c' + c''}$ multipliziert.

Beispielsweise ist bei einem 6-Zylinderblockmotor mit $c' = 0{,}98\cdot 10^6\ \text{sek}^{-2}$ und $c'' = 0{,}640\cdot 10^6\ \text{sek}^{-2}$ die Ausnahmefrequenz von der dritten Ordnung. Sie hat im Blockmotor den Wert $223{,}8\ \text{sek}^{-1}$ gegenüber $202{,}5\ \text{sek}^{-1}$ im homogenen Motor. Der Unterschied ist, bezogen auf die homogene Maschine, 10,5 vH.

Die Tatsache, daß der Blockmotor aus der entsprechenden homogenen Maschine berechnet werden kann, ist für die Berechnung sehr vorteilhaft.

Erzwungene Schwingungen (sog. „Arbeitsschwingungen"). Wenn an den einzelnen Massen des Systems Drehkraftharmonische von beliebiger Phase angreifen, so kann man die außerhalb der Resonanz mit den Eigenschwingungen auftretenden Ausschläge der einzelnen Massen und die Drillungsbeanspruchungen der Wellenstücke mit dem Verfahren von Grammel ebenfalls ermitteln. Dabei ergibt sich ein Zusammenhang der Frequenzfunktionen mit Zwangsfunktionen, der die Grundlage zu übersichtlichen Darstellungen bildet.

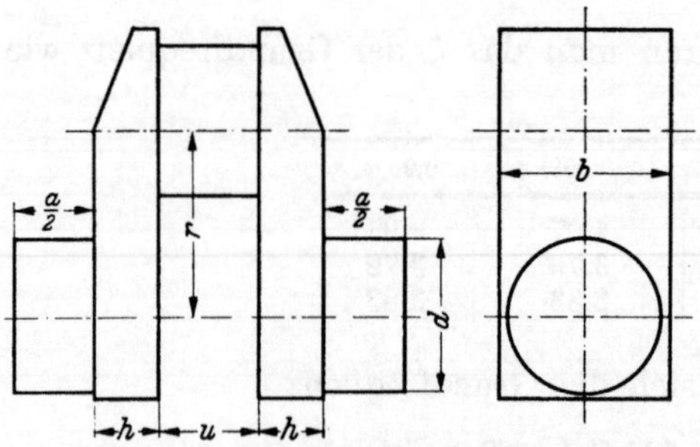

Abb. 120. Bezeichnungen zur Längenreduktion der Kurbelwelle.

Scheinresonanz. Auch die Frage der sog. Scheinresonanz kann mit dem Verfahren durch Vektordiagramme überprüft werden. Unter Scheinresonanz ist dabei der Fall zu verstehen, daß Drehkraftharmonische, die im Takte einer Eigenschwingungsfrequenz arbeiten, keine großen Schwingungsausschläge hervorrufen.

Reduktion von Kurbelkröpfungen. Für die Berechnung der Eigenschwingungszahlen ist es nötig, die Kröpfungen einer entworfenen Kurbelwelle auf die sog. „Ersatzwelle" zurückzuführen. Dafür bedient man sich der Reduktionsformeln von Carter oder Geiger.

Man stellt die Kurbelkröpfung als Welle gleicher Stärke dar und rechnet unter Benützung der in Abb. 120 gegebenen Bezeichnungen nach den auf Ergebnissen von Verdrehungsversuchen aufgebauten Formeln.

Formel von Carter (*21*):

$$l_{\text{red}} = a\frac{J_p}{J_W} + 2\left(0{,}4\cdot h\frac{J_p}{J_W} + 0{,}637\cdot r\frac{J_p}{J_A}\right) + \frac{3}{4}n\frac{J_p}{J_Z},$$

wo:

J_W Trägheitsmoment des Wellenzapfens,
J_Z Trägheitsmoment des Kurbelzapfens,
J_p Bezugsträgheitsmoment,
J_A äquatoriales Trägheitsmoment des Kurbelschenkels ($b\,h^3/12$),
r Kurbelhalbmesser,
b Kurbelbreite,
u Kurbelzapfenlänge,
d Wellenzapfendurchmesser.

Formel von Geiger (*22*):

$$l_{\text{red}} = (a + 0{,}4\cdot h)\frac{J_p}{J_W} + 0{,}773(r - z\,d)\frac{J_p}{J_A} + (u + 0{,}4\cdot h)\frac{J_p}{J_Z},$$

wo:

$$z = 0 \quad \text{für} \quad \frac{b}{d} = 1{,}6 \div 1{,}63 \quad \text{und} \quad \frac{r}{d} = 1{,}2 \div 0{,}92,$$

$$z = 0{,}3 \quad \text{für} \quad \frac{b}{d} = 1{,}33 \quad \text{und} \quad \frac{r}{d} = 1{,}07,$$

$$z = 0{,}4 \quad \text{für} \quad \frac{b}{d} = 1{,}49 \quad \text{und} \quad \frac{r}{d} = 0{,}84.$$

Nach Grammel ist zu unterscheiden zwischen Torsion erster Art, die sich bei einer Beanspruchung durch ein reines Drehmoment ergibt, und Torsion zweiter Art, die sich aus der Beanspruchung durch die Kräfte in den einzelnen Kröpfungen ergibt. Die Werte der Torsion zweiter Art können sich von den nach der Torsion erster Art festgestellten Werten stark unterscheiden. Zur Feststellung der Steifheit zweiter Art für die Berechnung der Eigenschwingungszahlen sollte die Kurbelwelle im Gehäuse gelagert und an den Kolben die einzelnen Kräfte angebracht werden, ein Verfahren, das noch nicht so üblich ist, wie das der einfachen Einspannung der Kurbelwelle an einem Ende und Aufbringung eines verdrehenden Moments am anderen nach erster Art.

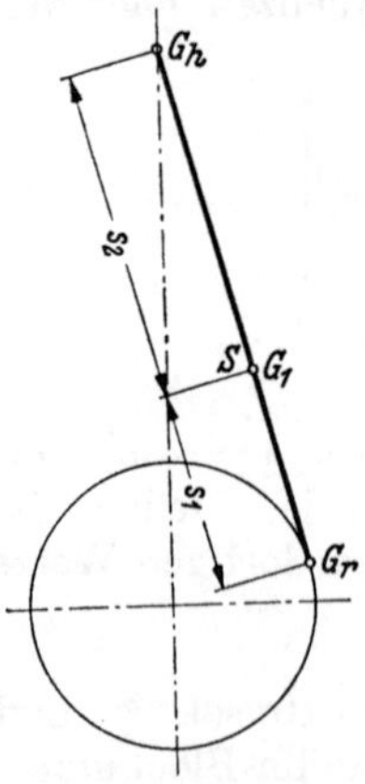

Abb. 121. Bezeichnungen zur Massenreduktion.

Massenreduktion. Zur Berechnung der Eigenschwingungszahlen ist es weiter nötig, die bewegten Massen des Triebwerks auf den Kurbelhalbmesser zu beziehen. Die reduzierten Massen bestehen aus einem umlaufenden und einem hin- und hergehenden Teil. Der hin- und hergehende Teil ist, wie weiter unten näher ausgeführt, je nach dem Kurbelwinkel verschieden. Man ersetzt ihn gewöhnlich durch seinen zeitlichen Mittelwert, indem man die hin- und hergehende Masse zur Hälfte mitrechnet. Kluge (*23*) hat nachgewiesen, daß das zulässig ist, wenn die umlaufenden Massen die hin- und hergehenden Massen überwiegen. Das Kolbengewicht sei G_2, das Schubstangengewicht G_1 und das auf den Kurbelhalbmesser reduzierte Gewicht der Kurbelwelle G_3, dann wird, wenn gemäß Abb. 121 S der Schubstangenschwerpunkt ist, das umlaufende Gewicht

$$G_r = G_3 + G_1\frac{s_2}{s_1 + s_2}$$

und der Anteil des hin- und hergehenden Gewichts

$$\frac{G_h}{2} = \frac{1}{2}\left(G_2 + G_1\frac{s_1}{s_1 + s_2}\right)$$

und das gesamte reduzierte Gewicht

$$G = G_3 + \frac{G_2}{2} + G_1 \frac{\frac{1}{2} s_1 + s_2}{s_1 + s_2}.$$

Die auf den Kurbelhalbmesser reduzierten hin- und hergehenden Massen sind, wie erwähnt, je nach der Stellung der Kurbel von verschiedenem Einfluß auf die umlaufende Kurbelmasse. Deshalb ist, strenggenommen, die Eigenschwingungszahl einer Kurbelwelle je nach der Stellung der Kurbeln verschieden, d. h. die Maschine durchläuft bei einem Arbeitsspiel einen Bereich verschiedener Eigenschwingungszahlen. Das hat zur Folge, daß Resonanzen sich nicht ganz scharf ausbilden, denn die Folge der erregenden Kräfte bleibt unverändert, während die Eigenschwingungszahl sich etwas ändert; die Resonanz verschwimmt etwas. Aus den berechneten einzelnen kritischen Drehzahlen werden Schüttelbereiche (*15*), die diese Drehzahlen umschließen. Wenn die hin- und hergehenden Massen im Vergleich zu den umlaufenden groß wären, könnten die Schüttelbereiche sehr breit werden. Bei den Fahrzeugmotoren bleiben die Resonanzbänder schmal, weil der Einfluß der umlaufenden Massen überwiegt.

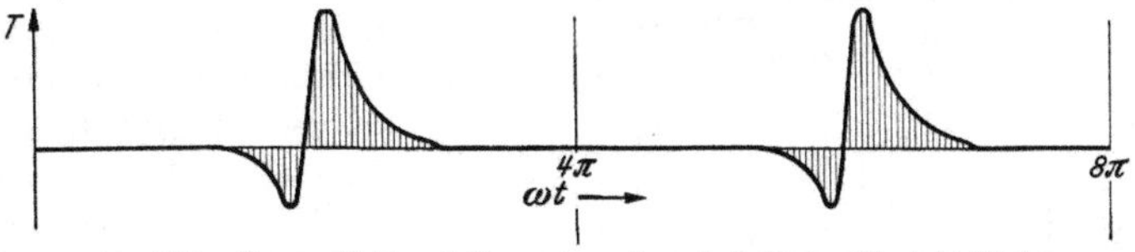

Abb. 122. Tangentialdruckdiagramm eines 1-Zylinder-Viertakt-Motors.

II. Die erregenden Kräfte und die kritischen Drehzahlen.

Bisweilen genügt schon die Berechnung der Eigenschwingungszahlen eines Motors zur Gewinnung eines Überblicks über die zu erwartenden Schwingungsverhältnisse. Bei einfachen Maschinenanlagen ist die Schwingungszahl der Grundschwingungen mit **einem** Schwingungsknoten wesentlich, bei zusammengesetzten Anlagen sind auch die nächsten Oberschwingungen von Belang. Die Grundschwingungszahlen einfacher Anlagen (Kurbelwelle mit Massen und Schwungrad) liegen in der Größenordnung von 4000 bis 12000 Schwingungen/min.

In den Resonanzdrehzahlen werden die Eigenschwingungen des Wellensystems erregt durch die harmonischen Anteile der Gas- und Massendrehkräfte. Das Tangentialdruckdiagramm eines 1-Zylinder-Viertaktmotors (Abb. 122) wiederholt sich bei gleichförmigem Motorlauf nach 2 Umdrehungen. Es kann als Summe von Sinus- und Cosinuslinien mit ganzzahlig anwachsenden Frequenzen aufgefaßt werden (Abb. 123), die durch harmonische Analyse ermittelt werden können (*24*).

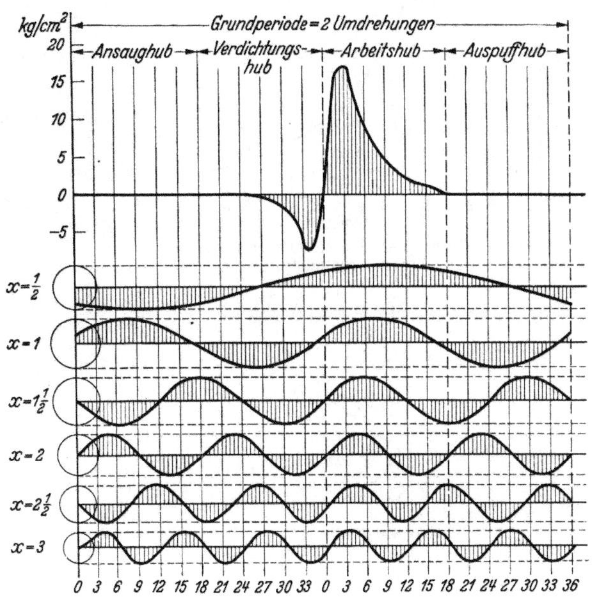

Abb. 123. Analyse des Tangentialdruckdiagramms.

Die Grundfrequenz der erregenden Kräfte der Viertaktmaschine ist mit $\omega t = 4\pi$ bestimmt. Man kann für den Schwingungsausschlag anschreiben

$$y = a_1 \sin\frac{1}{2}\omega t + a_2 \sin\omega t + a_3 \sin\frac{3}{2}\omega t + a_4 \sin 2\omega t + \cdots + a_k \sin\frac{k}{2}\omega t$$

$$+ \frac{b_0}{2} + b_1 \cos\frac{1}{2}\omega t + b_2 \cos\omega t + b_3 \cos\frac{3}{2}\omega t + b_4 \cos 2\omega t + \cdots + b_k \cos\frac{k}{2}\omega t.$$

Die Grundfrequenz ist demnach die Hälfte der Maschinendrehzahl, die Oberschwingungen der Erregung sind ganzzahlige Vielfache davon. Die Grundschwingung wird die 1. Harmonische genannt, die Oberschwingungen die 2., 3., 4. . . . k-te Harmonische, oder man spricht mit Rücksicht auf den Drehzahlzusammenhang von kritischen Drehzahlen der 1/2., 1., 3/2., 2. . . . k/2-ten Ordnung. Nach den Regeln der harmonischen Analyse gilt auch für die Koeffizienten a und b

$$a_k = \frac{1}{2\pi}\int_0^{2\pi} T \sin\frac{k}{2}\omega t\, d(\omega t), \qquad b_k = \frac{1}{2\pi}\int_0^{2\pi} T \cos\frac{k}{2}\omega t\, d(\omega t).$$

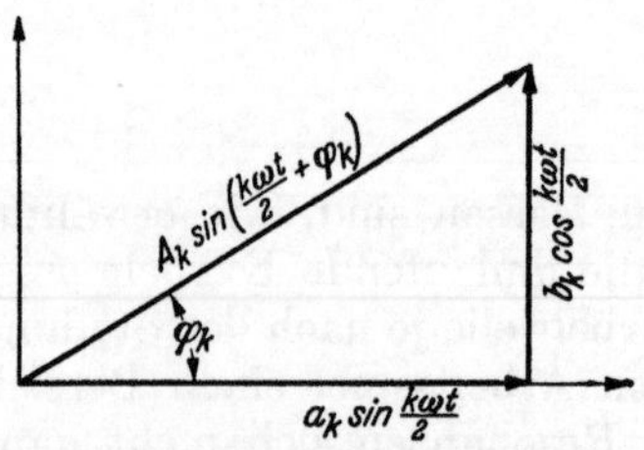

Abb. 124. Vektordarstellung des Gliedes von der Ordnung $k/2$.

Es gibt graphische und rechnerische Mittel, um diese Koeffizienten einfach zu bestimmen. Das Sinus- und Cosinusglied kann zu einem Sinusglied zusammengefaßt werden, wenn man (Abb. 124) beide geometrisch addiert. Das zusammengefaßte Glied lautet $A_k \sin\left(\frac{k}{2}\,\omega\,t + \varphi_k\right)$, wobei φ_k die Phasenverschiebung darstellt.

Für die Bestimmung der Größe der einzelnen Harmonischen kann im allgemeinen von der Neuauswertung des Tangentialdruckdiagramms abgesehen und auf vorhandene Unterlagen hierüber zurückgegriffen werden, weil der Verlauf der Tangentialdruckdiagramme bei ähnlichen Maschinen stets ähnlich ist. Für eine 6-Zylindermaschine von 80 mm Bohrung und 100 mm Hub ergibt sich bei 1000 U/min der in Abb. 125 dargestellte Verlauf der durch die Gas- und Massenkräfte (*25*) und der durch die Gasdrehkräfte allein bedingten Größe der harmonischen Drehkräfte.

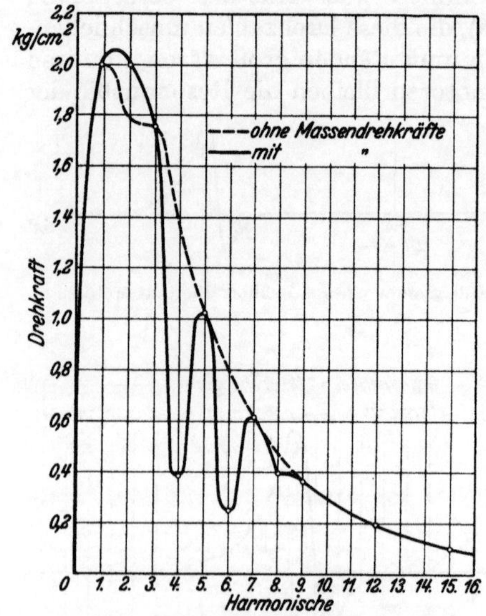

Abb. 125. Einfluß der Massenkräfte auf die harmonischen Drehkräfte.

Bei Mehrzylindermaschinen kann man die 1., 2., 3. usw. Harmonische je in einem Vektordiagramm graphisch darstellen, das zeigt, wie diese gleichen Harmonischen aller vorhandenen Zylinder in der Phase zusammenschwingen. Die gleichen Harmonischen der verschiedenen Zylinder überlagern sich so, daß sie sich, je nach ihrer durch die Zylinderzahl und Zündfolge bedingten Phase, aufheben oder addieren.

Abb. 126 zeigt das Beispiel der 6-Zylinder-Viertaktmaschine mit der üblichen Kurbelwellenbauart und der Zündfolge 1, 5, 3, 6, 2, 4. Die 0. Harmonische stellt dabei die mittlere Drehkraft dar, die 1., 2. usw. Harmonische die schwingenden Anteile im Drehkraftdiagramm. Die Darstellung zeigt, daß sich in ihrer gemeinsamen Wirkung an den 6 Kröpfungen der Kurbelwelle alle Harmonischen aufheben mit Ausnahme der 0., 6., 12. . . ., die sich sogar zum sechsfachen Betrag der Einzelharmonischen addieren und ausgezeichnete Harmonische genannt werden.

Eine kritische Drehzahl liegt dann vor, wenn die durch die Frequenz der sich nicht aufhebenden Harmonischen bedingte Impulszahl jeweils mit der Eigenschwingungszahl der Welle übereinstimmt.

Aus dem Beispiel der 6-Zylindermaschine läßt sich leicht allgemein ableiten, daß, wenn mit n_e die Eigenschwingungszahl und mit Z die Zylinderzahl bezeichnet wird, beim Viertaktmotor sich die kritischen Drehzahlen

$$\frac{n_e}{\frac{1}{2}Z},\ \frac{n_e}{Z},\ \frac{n_e}{\frac{3}{2}Z},\ \frac{n_e}{2Z},\ \frac{n_e}{2\frac{1}{2}Z},\ \frac{n_e}{3Z}\ \text{usw.}$$

erwarten lassen. Beim Zweitaktmotor ergeben sich die Zahlen

$$\frac{n_e}{Z},\ \frac{n_e}{2Z},\ \frac{n_e}{3Z}.$$

Beim Viertaktmotor ist demnach die Eigenschwingungszahl durch die

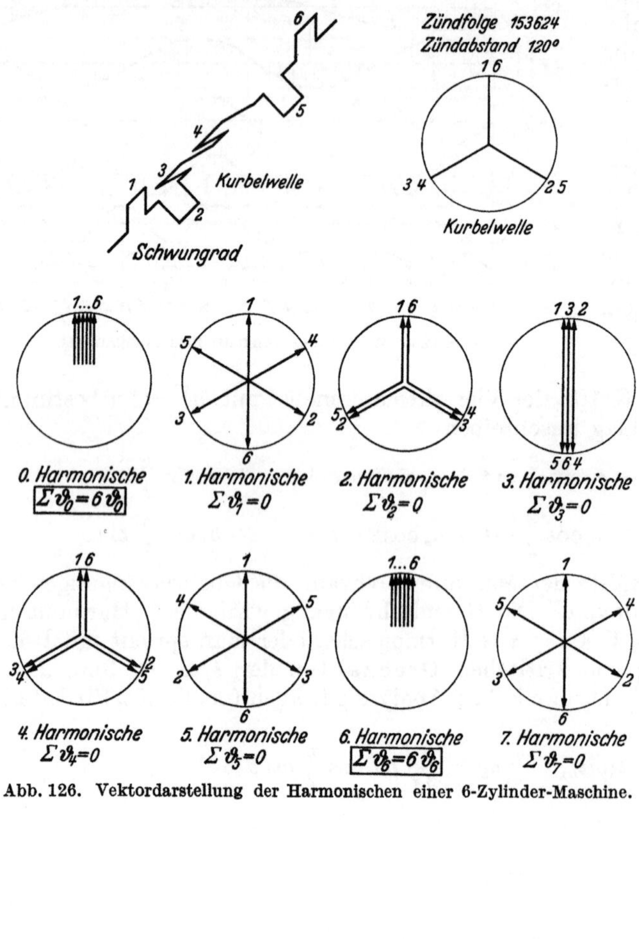

Abb. 126. Vektordarstellung der Harmonischen einer 6-Zylinder-Maschine.

Vielfachen der halben Zylinderzahl und beim Zweitaktmotor durch die Vielfachen der ganzen Zylinderzahl zu dividieren.

Voraussetzung für den aus Abb. 126 zu entnehmenden Ausgleich einzelner Harmonischer ist, daß die Mehrzylinderkurbelwelle als ganz starr angesehen werden kann. Dies trifft beim Sternmotor annähernd zu. Beim Reihenmotor dagegen sind auf Grund der elastischen Verformung, die die Welle bei der Schwingung zwischen den einzelnen Kröpfungen erleidet, die Arbeitsbeträge der an den einzelnen Kröpfungen angreifenden erregenden Kräfte verschieden, so daß sich die an den verschiedenen Kurbeln gleichzeitig wirkenden gleichen Harmonischen, die sich als Kräfte gegenseitig aufheben würden, in ihren Arbeitsbeträgen nicht mehr aufheben und daher als Schwingungserregende neben den ausgezeichneten Harmonischen in Erscheinung treten können.

Auch bei praktischen Messungen zeigt sich, daß einzelne der kritischen Drehzahlen stärker hervortreten. In diesen darf die Maschine in keinem Fall betrieben werden.

Um zu entscheiden, welche Drehzahlen gefährlich sind, bestimmt man die größten Arbeitsbeträge, welche die einzelnen Harmonischen an die Kurbelwelle abgeben können. Dazu entnimmt man aus der Eigenschwingungsform der Kurbelwelle, die sich bei der Berechnung der Eigenschwingungszahl ergibt, die verhältnismäßigen Ausschläge u_i für die einzelnen der i Kröpfungen.

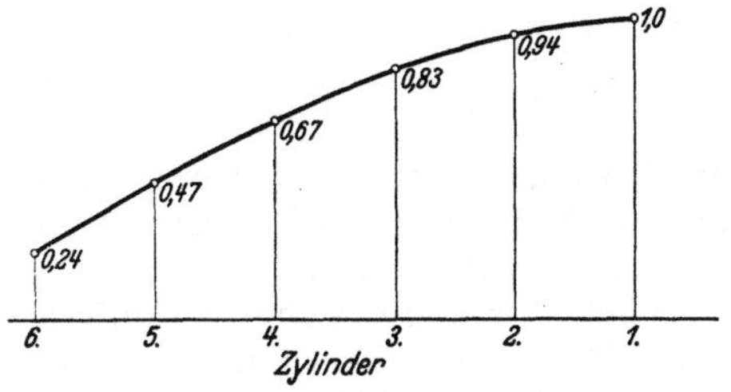

Abb. 127. Schwingungsform einer 6-Zylinder-Welle.

Für das Beispiel der 6-Zylinder-Viertaktmaschine ergeben sich nach S. 73 die in Abb. 127 dargestellte Schwingungsform und die eingezeichneten, auf den Ausschlag der letzten Kröpfung bezogenen verhältigen Einzelausschläge. Die maximalen Ausschläge u_i sind gleichzeitig vorhanden. Nun legt man nach Abb. 128 in dem Diagramm der Harmonischen den Vektor der Eigenschwingung, dessen Länge nach Abb. 127 von Zylinder zu Zylinder verschieden ist, in seiner Phase β_i zu den erregenden Drehkräften entsprechend der Resonanzbedingung so hinein, daß die Erregung den größten Arbeitsbetrag ergibt. Dieser Arbeitsbetrag der k-ten Harmonischen des i-ten Zylinders, die mit der Eigenschwingung den Phasenwinkel β_i bildet, ist $A_k u_i \sin \beta_i$.

Die gesamte Arbeitsleistung der k-ten Harmonischen wird $A = A_k \sum_1^z u_i \sin \beta_i$. Der Winkel β_i ist durch die Dämpfung bestimmt, die zunächst unbekannt ist. Da aber im Resonanzfall A ein Größtwert wird, ergibt sich aus Abb. 128, bei der die Wahl der Winkel β_i auf Grund dieser Bedingung vorgenommen ist, der verhältnismäßige Größtwert A nach folgender beispielsweiser Berechnung.

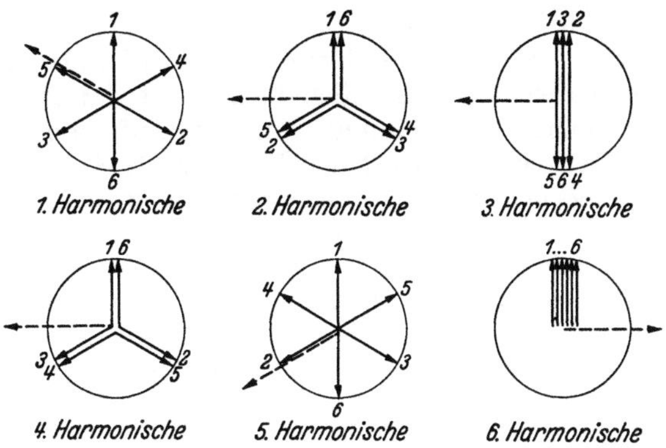

Abb. 128. Lage der erregenden Harmonischen zu der Eigenschwingung bei größter Erregung.

Für die 1. Harmonische des Beispiels gilt:

i	u_i	$\sin \beta_i$	$u_i \sin \beta_i$
6	0,24	−0,87	−0,21
5	0,67	0	0
4	0,47	0,87	0,58
3	0,83	−0,87	−0,72
2	0,94	0	0
1	1,00	0,87	0,87

$$\sum u_i \sin \beta_i = 0{,}52.$$

Für die verschiedenen Harmonischen ergibt sich:

Harmonische	1. 7. 13.	2. 8. 14.	3. 9. 15.	4. 10. 16.	5. 11. 17.	6. 12. 18.
$\sum u_i \sin \beta_i$	0,52	0,22	1,42	0,22	0,52	4,12

Die Größe des Arbeitsbetrages ist nun noch von der Amplitude A_k der verschiedenen Harmonischen abhängig. Diese Amplitude ist für den gewählten 6-Zylindermotor in Abb. 125 für die Drehzahl 1000 U/min dargestellt.

Für die anderen Drehzahlen des Betriebsbereichs kann die Größe der Amplituden A_k berechnet werden, wenn die Belastung der Maschine in ihrer gesetzmäßigen Abhängigkeit von der Drehzahl bekannt ist.

Für den Betrieb des Motors im Fahrzeug, bei dem unbeschleunigter Vollgasbetrieb in allen Drehzahlen vorkommt, kann mit ausreichender Annäherung gleichbleibende Größe des Drehmoments und der Amplituden A_k der Harmonischen angenommen werden, so daß sich für das Beispiel die Resonanzkurve nach Abb. 129 ergibt.

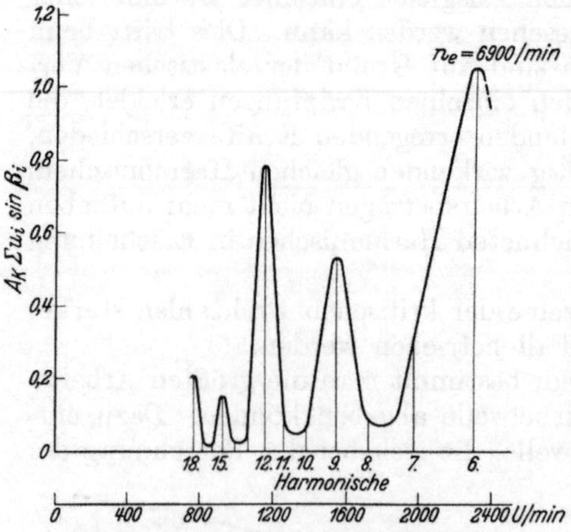

Abb. 129. Resonanzkurve eines 6-Zylinder-Motors bei unveränderlichem Drehmoment.

Ausgeprägt sind die Harmonischen 6, 9, 12, 15, 18.

III. Die Schwingungsdämpfung.

Die im Resonanzfall auftretenden Schwingungsausschläge sind von den Dämpfungsverhältnissen abhängig.

Als Dämpfungszahlen können auf Grund bisher vorliegender Versuche Beträge von 0,0015 bis 0,015 kg cm^{-3}sek angegeben werden. Sie bezeichnen die Größe der auf die Einheit der Arbeitsflächen bezogenen, der Geschwindigkeit verhältigen Dämpfungskräfte. Nach Geiger (*26*) sind folgende dämpfende Einflüsse wirksam:

Innere Reibungen in den Wellen, im Triebwerk, im Gestell, Reibung in den Gleitbahnen, Kurbelzapfen, Wellenzapfen, Stöße in den Zapfen und Gleitbahnen. Bei großen Ausschlägen nehmen die inneren Reibungen nach einem Potenzgesetz stark zu, bei kleineren Ausschlägen überwiegen die äußeren Reibungen.

Vielfach reicht die Eigendämpfung einer Maschine aus, um die Schwingungsausschläge über das zulässige Maß nicht hinauskommen zu lassen. Die Schwingungsausschläge in ihrer absoluten Größe sind nur auf Grund einer Annahme über die Größe der Dämpfung berechenbar. Sie sind jedoch, was in jedem Fall nötig ist, durch Drehschwingungsmessungen feststellbar. Aus den Schwingungsausschlägen können die zusätzlichen Schwingungsbeanspruchungen der Wellen berechnet werden. Als ungefähre Grenze des Zulässigen können Ausschläge von ± 2 bis $3°$ und zusätzliche Drehbeanspruchungen von 4 bis 8 kg/mm^2 angegeben werden. Letztere liefern mit den Beanspruchungen, die als Dauerbeanspruchungen wirken, im Hinblick auf die ungünstigen Formen der Wellen den Betrag von etwa 15 kg/mm^2.

Sind die Schwingungsausschläge unzulässig groß, so müssen sie durch zusätzliche Dämpfung herabgesetzt werden. Schwingungsdämpfer können mit den verschiedensten Formen und Wirkungsweisen aufgebaut werden. Üblich sind einfache oder mit zunehmender Drehzahl sich verstärkende Reibungsdämpfer, bei denen der innere fest mit der Welle verbundene Teil mit einem äußeren als Schwungmasse wirkenden Teil durch Reibungsschluß gekuppelt ist, der unter Federdruck gleichbleibend oder mit der Fliehkraft veränderlich ist.

Durch die Reibung, die beim Auftreten der Kurbelwellenschwingung zwischen den beiden Teilen eintritt, wird der Kurbelwelle Arbeit entzogen und durch die damit verbundene Verkleinerung der Ausschläge die Beanspruchung auf das zulässige Maß zurückgeführt. Bisweilen wird statt der Dämpfung eine Störung der Resonanz angewandt, z. B. dadurch, daß zwischen die Kurbelwelle und ihre Schwungmasse eine Verbindung eingeschaltet wird, die im schwingungsfreien Betrieb des Motors das Drehmoment wohl zu übertragen vermag, bei Überschreiten des Drehmoments aber die starre Verbindung unterbricht, wodurch sich die Elastizität des Systems und damit die Eigenschwingungszahl ändert. Die Bedingung der Resonanz ist dann aufgehoben, die Schwingung bricht zusammen und muß sich nach Wiederherstellung der Verbindung neu anfachen, ohne daß es aber bei diesem Wechselspiel zu einem Aufschaukeln zu größeren Ausschlägen kommen könnte. Auch hierbei kann eine zusätzliche Dämpfung eingebaut sein, die die noch auftretenden Ausschläge verkleinert.

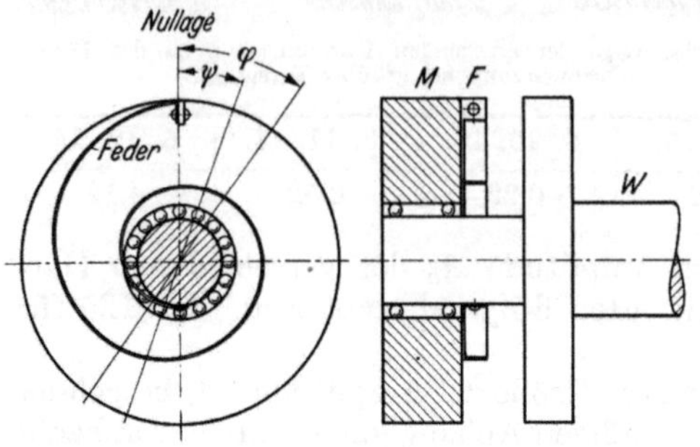

Abb. 130. Grundsätzlicher Aufbau des Torsiographen.

IV. Drehschwingungsmessung.

Die Torsiographen (Abb. 130) haben eine bewegliche Masse, die mit der zu messenden Welle durch eine weiche Feder gekuppelt ist. Bei der umlaufenden Welle werden die Schwingungen als Relativbewegung zwischen Welle W und Masse M aufgezeichnet. Für die Wahrheitstreue der Aufzeichnung sind die Trägheitsmomente der Masse M und die Federkonstante der Drehfeder F maßgebend. Über die Aufzeichnungsgenauigkeit ist folgendes festzustellen. Es sei

Trägheitsmoment der Masse M . . . . D_0 [cmkg sek²],
Federkonstante der Drehfeder . . . . c [cm⁻¹kg],
Relativausschlag der Masse M . . . . φ,
Wellenschwingungsform . . . . $\psi = a \sin \omega t$,
Eigenschwingungsfrequenz der Masse M . . . . ω_e [sek⁻¹].

Als Bewegungsgleichung für die Masse M gilt

$$D_0 \frac{d^2 (\varphi + \psi)}{dt^2} + c\varphi = 0.$$

Mit $\psi = a \sin \omega t$ wird

$$D_0 \frac{d^2 \varphi}{dt^2} + c\varphi = D_0 \, a \, \omega^2 \sin \omega t.$$

Nimmt man an, daß die Eigenschwingungen der Masse M durch Dämpfung vernichtet werden, so gilt für den Ausschlag A der erzwungenen Schwingung $\varphi = A \sin \omega t$

$$A = \frac{a}{\left(\frac{\omega_e}{\omega}\right)^2 - 1}, \qquad \omega_e = \sqrt{\frac{c}{D_0}}.$$

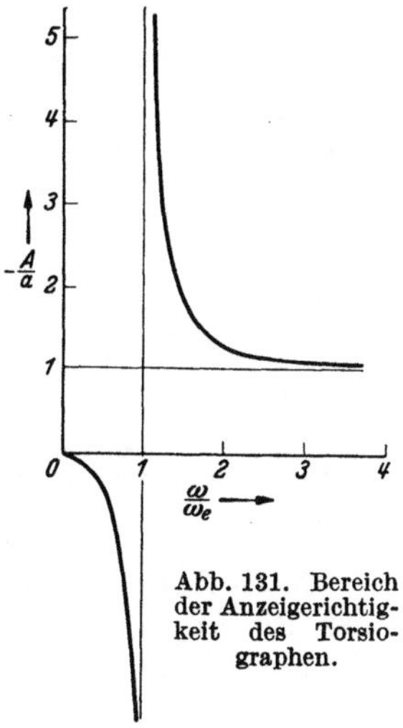

Abb. 131. Bereich der Anzeigerichtigkeit des Torsiographen.

Aus der Abb. 131 kann man entnehmen, daß die Aufzeichnung der Schwingung $a \sin \omega t$ wahrheitsgetreu erfolgt, wenn $\frac{\omega}{\omega_e} \gg 1$, d. h. aber, die aufzuzeichnende Frequenz muß weit von der Eigenfrequenz entfernt liegen. Um auch niedere Zwangsfrequenzen aufnehmen zu können, muß die Eigenschwingungszahl sehr nieder gelegt werden.

Bekannte Torsiographen sind der von Geiger, Junkers und der Ritz-Torsiograph der DVL. Der Geigersche zeichnet auf einen ablaufenden Papierstreifen. Die Schwingungen können während der Aufnahme beobachtet werden. Seine Nachteile sind die Übertragungsgelenke im Schreibzeug, die toten Gang ergeben können.

Der Junkers-Torsiograph schreibt unter Vereinfachung des Übertragungswerks die Ausschläge in Polardiagrammen nieder, die einer nachherigen Entzerrung bedürfen.

Der Ritz-Torsiograph ritzt die Schwingung auf einen Filmstreifen. Er kann unmittelbar an die Welle angeflanscht werden und ist sehr handlich. Er zeichnet fortlaufende Diagramme sehr genau, da die Aufzeichnung unmittelbar ohne Gelenke erfolgt. Sein Nachteil ist, daß man den Filmstreifen während des Ablaufens nicht beobachten kann und somit kritische Bereiche nicht unmittelbar erkennt.

B. Biegungsschwingungen der Kurbelwellen und biegungskritische Drehzahlen (*27*).

Bei den Kurbelwellen treten nicht allein Drehschwingungen, sondern auch Biegungsschwingungen auf, die zu starken Erschütterungen des Motors führen können. Wenn bei Drehschwingungen, bei denen das System Kurbelwelle-Schwungmasse in sich im Gleichgewicht schwingt und daher keine freien Kräfte nach außen abgibt, Erschütterungen der Maschinen auftreten, so ist dies, wenn nicht gerade zwischen Welle und Schwungmasse Zahnradgetriebe oder ähnliche Glieder eingeschaltet sind, die auch aus den Schwingungen herrührende Lagerreaktionen nach außen übertragen, in erster Linie darauf zurückzuführen, daß durch die Verformung der Kurbelwelle in den Drehschwingungen die Steuerung der Ventile, Zündung oder Einspritzung in ihrer Abstimmung auf die Kurbelwinkel für die verschiedenen Kröpfungen nicht mehr genau ist. Meistens aber wirken sich die Drehschwingungen aus, ohne daß sie nach außen bemerkbar sind.

Bei Biegungsschwingungen handelt es sich um Erscheinungen, die durch ihre Auswirkung auf die Lagerdrücke fast stets freie Kraftwirkungen nach außen geben und daher immer als störend empfunden werden.

Eine mit Massen besetzte Welle (Abb. 132) kann Biegungsschwingungen ausführen, deren Frequenz von der Biegungssteifigkeit der Welle und von den Massengrößen abhängig ist. Denkt man sich die Welle um die Achse AA umlaufend, so gibt es gewisse Drehzahlen, in denen die Massen nicht mehr in der Achse AA verbleiben, sondern große Auslenkungen erhalten, die zur Zerstörung der Welle führen können. Die Biegungseigenschwingungszahlen und die kritischen Drehzahlen sind so lange identisch, als die Massen kleine Ausdehnungen haben. Sind die Massen, wie im Dampfturbinenbau, scheibenförmig, so treten beim Umlauf Kreiselmomente auf, die gewisse Abweichungen ergeben können.

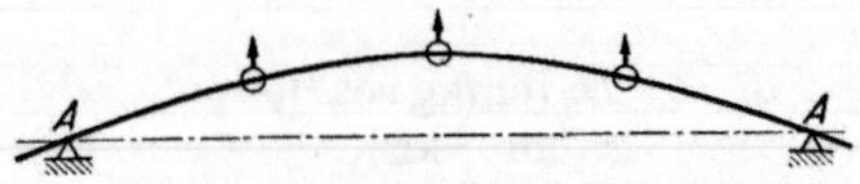

Abb. 132. Biegungsform einer Welle mit 3 Massen im kritischen Zustand.

Eine Welle mit n Massen hat n kritische Drehzahlen, wie aus Abb. 133 zu ersehen ist.

Verursacht werden die kritischen Drehzahlen durch kleine Exzentrizitäten der Massen oder bei fehlenden Exzentrizitäten durch einen kleinen Anstoß. Nach Durchlaufen der kritischen Drehzahlen zentriert sich die Welle des Motors selbständig, wie das folgende Beispiel (Abb. 134) zeigt:

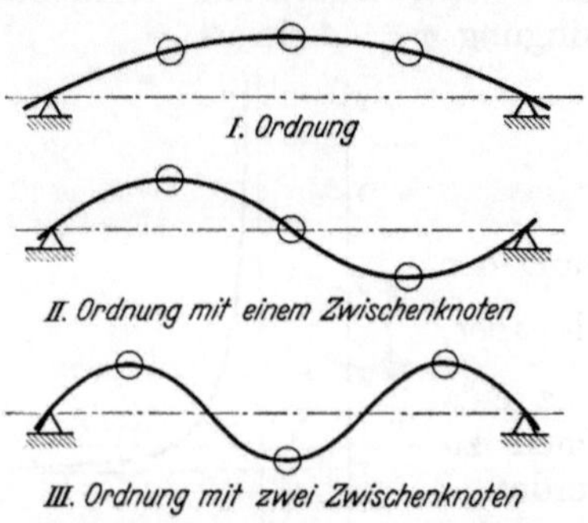

Abb. 133. Biegungsformen in kritischen Drehzahlen verschiedener Ordnungen.

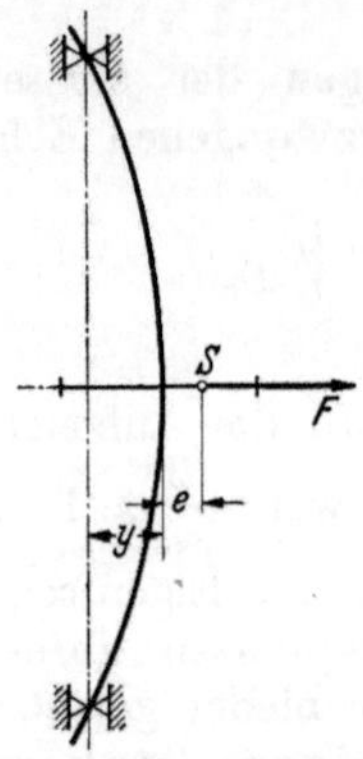

Abb. 134. Schleudernde Einzelmasse.

Exzentrizität e [cm],
Masse m [$\mathrm{cm}^{-1}\,\mathrm{kg}\,\mathrm{sek}^2$],
Drehschnelle ω [sek^{-1}],
Fliehkraft F [kg],
Auslenkung y [cm],
Biegungssteifigkeit der Welle β (= Kraft je cm Auslenkung) [$\mathrm{cm}^{-1}\,\mathrm{kg}$].

Nun gilt

$$F = m(y + e)\,\omega^2$$

und

$$F = \beta\, y.$$

Aus beiden Gleichungen wird

$$\beta\, y = m(y + e)\,\omega^2.$$

Somit

$$y = \frac{e\,\omega^2}{\frac{\beta}{m} - \omega^2}.$$

Nach Abb. 135 wird y unendlich, wenn $\omega_k^2 = \frac{\beta}{m}$. Das ist die kritische Drehzahl, die gleich der Biegungseigenschwingungszahl ist.

Für Werte $\omega^2 \gg \omega_k^2$ wird $y/e = -1$, d. h. der Schwerpunkt der Masse m wandert in die Wellenachse (Selbstzentrierung der Welle). Die Größe β bestimmt neben der Masse m die kritische Drehzahl.

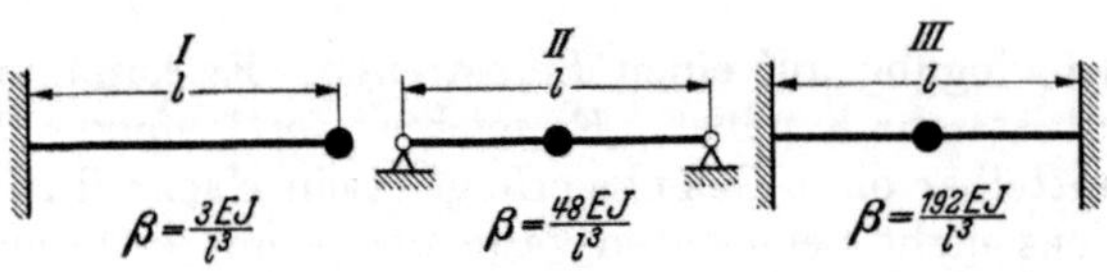

Abb. 136. Beiwert β für verschiedene Lagerungsverhältnisse.

Für die Beispiele in Abb. 136 gilt:

$$\omega_{k_I} : \omega_{k_{II}} : \omega_{k_{III}} = 1 : 4 : 8\,.$$

Achsialer Druck auf die Welle erniedrigt die kritische Drehzahl, während Zug sie erhöht.

Im allgemeinen Fall geht man wie folgt vor:

Man nimmt die Biegungsform der Welle (Abb. 137) an. Es wirken dann die Fliehkräfte $m_1\, y_1\, \omega^2$, $m_2\, y_2\, \omega^2$ usw.

Nach bekannten Verfahren (Mohr) kann man die Durchbiegungen η_1, η_2, η_3 unter dem Einfluß der Fliehkräfte ermitteln.

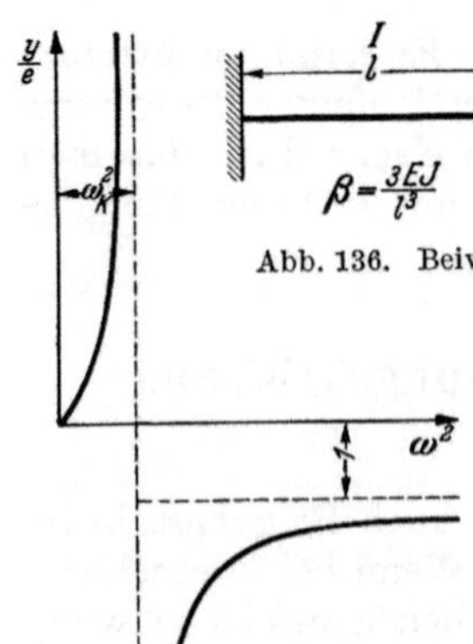

Abb. 135. Ausschläge der Einzelmasse bezogen auf die Exzentrizität e für verschiedene Drehzahlen.

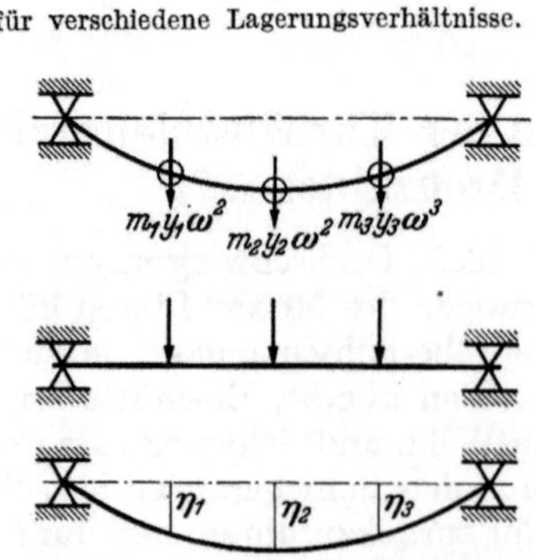

Abb. 137. Annahmen zur Bestimmung der kritischen Drehzahlen einer mehrfach besetzten Welle.

Für die kritische Drehzahl erster Ordnung gilt dann mit großer Annäherung:

$$\omega_k^2 = g\,\frac{\sum m_i\,\eta_i}{\sum m_i\,\eta_i^2}.$$

Diese Formel ergibt nur dann größere Fehler, wenn y und η stark voneinander abweichen. In diesem Fall zeichnet man mit den Werten η_i nochmals durch.

Bei mehrfach gelagerten Wellen (Abb. 138) ist das Vorgehen dasselbe. Nur wird in diesem Fall die Ermittlung der Biegelinie etwas schwieriger.

Abb. 138. Biegungsform in der kritischen Drehzahl einer mehrfach gelagerten Welle.

Die Berechnung der kritischen Drehzahlen höherer Ordnung geschieht am besten auf Grund des Verfahrens von Ritz (*27*).

Das Vorgehen ist folgendes: Man nimmt (Abb. 139) die Biegelinien I und II an, berechnet für ein angenommenes ω_0 die Fliehkräfte und damit die Biegelinien η_1 und η_2. In der Welle ist potentielle Energie als Biegungsarbeit aufgespeichert. Die Fliehkräfte haben auch ein Potential. Durch rechnerische Methoden kann man aus dem Gesamtpotential die Eigenfrequenzen ermitteln. Eine Prüfung der Genauigkeit des Verfahrens ist jederzeit dadurch möglich, daß y_1 und η_1 sowie y_2 und η_2 zueinander affin sein müssen.

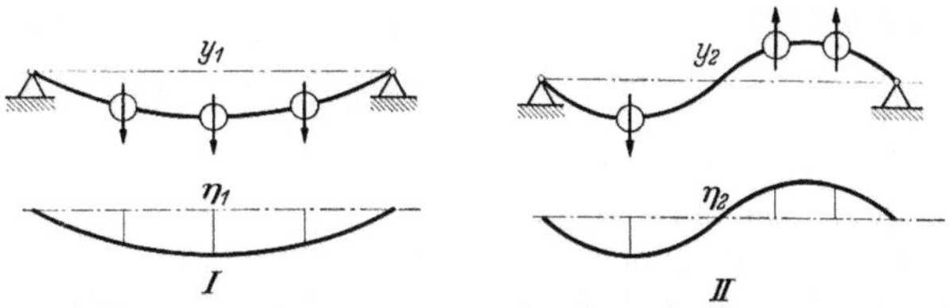

Abb. 139. Berechnungsvorgang für die kritische Drehzahl einer mehrfach gelagerten Welle.

Während bei Drehschwingungen zur Verkleinerung der Ausschläge das Mittel der Dämpfung leicht angewandt werden kann, müssen gegen Biegeschwingungen von vornherein die Steifheit der Welle und die Lagerung so ausgebildet werden, daß unzulässige Biegungen sich nicht ausbilden. Das ist insbesondere bei kleineren Motoren zu berücksichtigen, deren Wellen der Einfachheit halber oft nur wenig gelagert sind. Bei den Motoren, bei denen zwischen jeder Kröpfung ein Lager angeordnet ist, sind Biegeschwingungserscheinungen selten.

C. Längsschwingungen der Welle.

Infolge der federnden Weichheit der Kurbelwangen können in der Maschine auch Längsschwingungen angeregt werden, etwa durch Kreiselwirkungen oder Seitenkräfte im Kurbeltrieb. Die Eigenschwingungszahlen dieser Vorgänge liegen etwa im gleichen Bereich wie die Dreheigenschwingungszahlen, so daß sich auch Überlagerungen von Längsschwingungen ergeben können, die aus der Längenänderung der Kurbelwelle bei ihrer Verdrehung herrühren. Besonders biegungssteife Ausbildung der Kurbelwangen ist daher wichtig.

12. Der Massenausgleich.

Bezeichnungen

G Kurbelgewicht [kg],
G' Schubstangengewicht [kg],
G'' Kolbengewicht [kg],
s Abstand des Schwerpunkts der Kurbel von der Wellenachse [cm],
s' Abstand des Schwerpunkts der Schubstange vom Kurbelzapfen [cm],
r Kurbelhalbmesser [cm],
l, l_n Schubstangenlänge [cm],
$\lambda = r/l$ Lenkstangenverhältnis,
φ Kurbelwinkel,
ω Drehschnelle [sek^{-1}],
c Anlenkhalbmesser der Nebenpleuel [cm],
S, Z Zylinderzahlen,
$2n$ Ordnungszahlen,
g Schwerebeschleunigung [cm sek^{-2}].

Aufgabe des Massenausgleichs (*28*) ist es, die durch die bewegten Massen bedingten Kräfte und Momente durch geeignete Triebwerksanordnungen so klein als möglich zu machen. Hinsichtlich der Massenkräfte bedeutet dies auch, daß der Schwerpunkt sämtlicher bewegten Massen möglichst in Ruhe verharrt.

A. Die Kräfte im Einzelgetriebe.

Mit den Abkürzungen

$$Q = r\left(G'' + G'\frac{s'}{l}\right),$$
$$Q' = Gs + G'r\left(1 - \frac{s'}{l}\right)$$

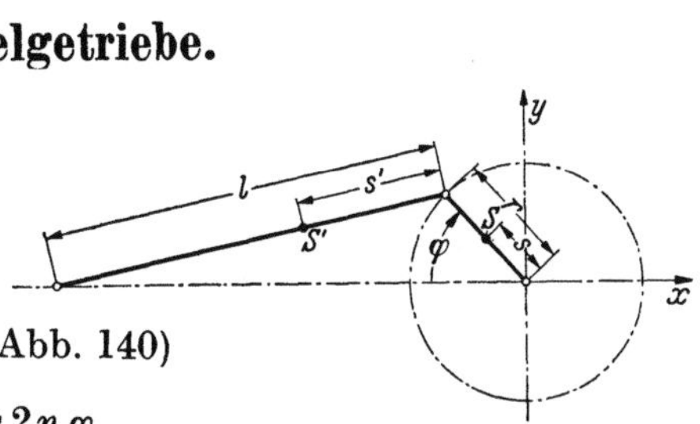

Abb. 140. Bezeichnungen des Einzelgetriebes.

werden die Massenkräfte in den Richtungen x und y (Abb. 140)

$$gX = (Q + Q')\,\omega^2 \cos\varphi + Q\,\omega^2 \sum_{n=1}^{\infty} A_{2n} \cos 2n\varphi,$$
$$gY = -Q'\,\omega^2 \sin\varphi,$$

wo noch

$$A_{2n} = \sum_{k=n}^{\infty} (-1)^{k-n}\, 4\, n^2 \binom{\frac{1}{2}}{k} \binom{2k}{k-n} \left(\frac{\lambda}{2}\right)^{2k-1}.$$

Aus den Gleichungen sieht man, daß die Massenkraft in der x-Richtung aus einer Grundschwingung $(Q + Q')\,\omega^2 \cos\varphi$ und einer unendlichen Anzahl Oberschwingungen $A_{2n} \cos 2n\varphi$ besteht, deren Amplitude A_{2n} mit höherer Ordnungszahl n rasch abnimmt. In der y-Richtung tritt nur eine Grundschwingung auf.

Man kann durch Gegengewichte an der Kurbel erreichen, daß die Grundschwingung in der x-Richtung oder die Grundschwingung in der y-Richtung verschwinden oder beide ein bestimmtes Verhältnis haben. Bringt man das Gegengewicht X_0 im Abstand x_0 von der Wellenachse an, so muß sein,

$$\text{falls} \quad gX = 0: \quad X x_0 = (Q + Q'),$$

$$\text{falls} \quad gY = 0: \quad X x_0 = Q'.$$

Zum Ausgleich der Kräfte in der x-Richtung muß das Gegengewicht größer sein als beim Ausgleich in der y-Richtung.

Die Kräfte höherer Ordnung können theoretisch durch Gegenmassen ausgeglichen werden, die mit mehrfacher Maschinendrehzahl umlaufen.

B. Reihenmaschine.

Bei Mehrzylindermaschinen tritt selbsttätig ein Ausgleich gewisser Ordnungen ein.

Ist S die Zylinderzahl, so ist bei der Reihenmaschine der Kurbelwinkel zweier aufeinanderfolgender Zylinder $\frac{4\pi}{S}$ im Falle der Viertaktmaschine und $\frac{2\pi}{S}$ im Falle der Zweitaktmaschine.

Die Tafel Abb. 141 zeigt die unausgeglichenen Ordnungen. Aus der Zusammenstellung kann man entnehmen, daß ungerade Zylinderzahlen hinsichtlich der Massenkräfte besser ausgeglichen sind als in der Nähe liegende gerade Zylinderzahlen.

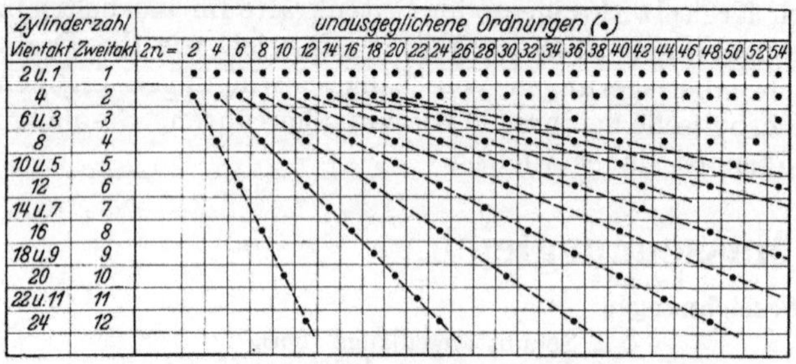

Abb. 141. Unausgeglichene Ordnungen der Reihenmaschine.

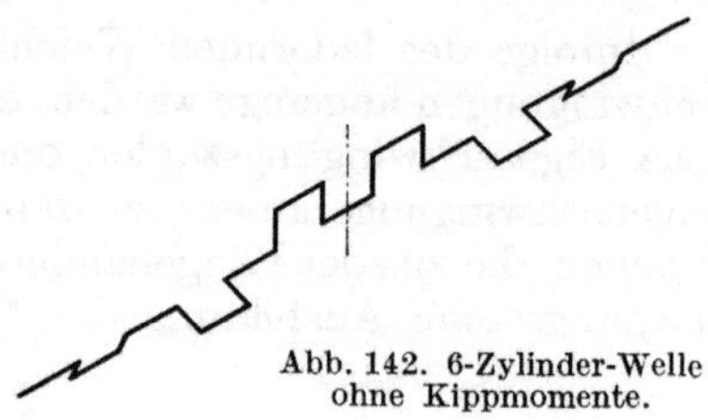

Abb. 142. 6-Zylinder-Welle ohne Kippmomente.

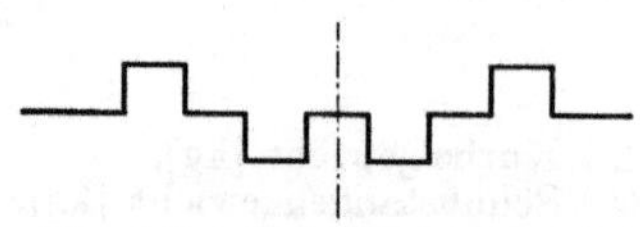

Abb. 143. 4-Zylinder-Welle ohne Kippmomente.

Neben dem Ausgleich der Massenkräfte spielen aber auch noch die Kippmomente der Massenkräfte eine Rolle, welche durch den Abstand der Zylinder voneinander bedingt sind.

Baut man die Kurbelwelle jedoch symmetrisch zur Mittellinie, was bei geraden Zylinderzahlen möglich ist, so verschwinden die Kippmomente (Abb. 142 u. 143).

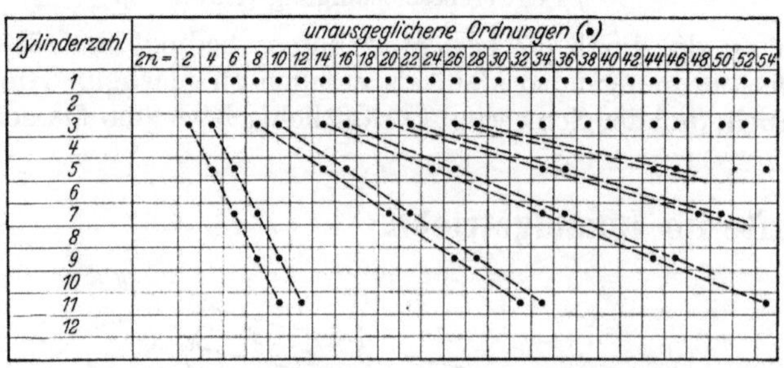

Abb. 144. Unausgeglichene Ordnungen des Sternmotors.

C. Sternmotoren.

Ist der Winkel zweier aufeinanderfolgender Zylinder $\frac{2\pi}{Z}$, so bleiben die Ordnungen Abb. 144 unausgeglichen. Gerade Zylinderzahlen haben völligen Ausgleich der Kräfte höherer Ordnung, somit auch die Boxeranordnung (Abb. 145). Erforderlich ist ein Gegengewicht zum Ausgleich der Kräfte niederster Ordnung, das bei Anordnung von zwei um 180° versetzten Kurbeln wegfällt.

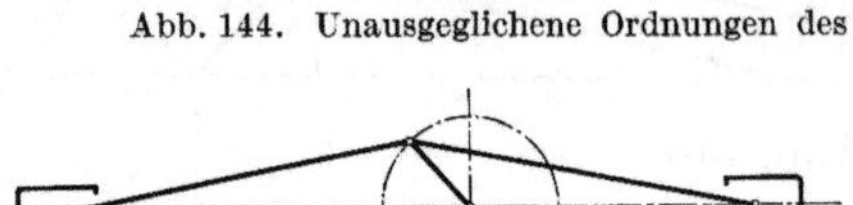

Abb. 145. Boxeranordnung.

D. V-Motor und Motoren mit Anlenkung.

Beim V-Motor verschwinden die Kräfte niederster Ordnung, wenn der Getriebewinkel 90° ist. Bei Motoren mit angelenkten Nebenpleueln kann man beweisen (*29, 30*), daß es für den Massenausgleich am günstigsten ist, wenn man den Anlenkungswinkel der Nebenpleuel gleich dem Zylinderwinkel macht (Abb. 146).

Allgemein ist der Massenausgleich schlechter als bei zentrisch angelenkten Pleueln, da Restkräfte auftreten. Ist $\lambda = r/l$ das Lenkstangenverhältnis des Hauptgetriebes, c der Anlenkhalbmesser und Z die Zylinderzahl, so werden die Restkräfte ein Kleinstwert, wenn das Lenkstangenverhältnis des Nebengetriebes gewählt wird zu

$$\lambda_n = \frac{\lambda_1 - c/r \cdot \lambda_1^2}{1 + (Z-1)^2 \cdot c/r \cdot \lambda_1}.$$

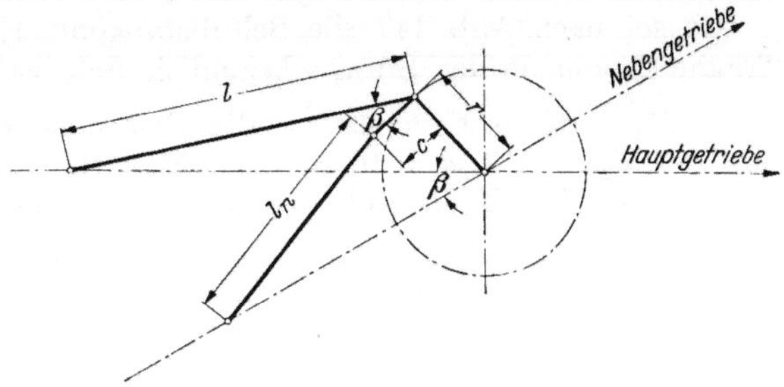

Abb. 146. Triebwerk mit angelenkten Nebenpleueln.

Dieses Verhältnis läßt sich nicht in allen Fällen praktisch ausführen, da bei der Wahl der Anlenkpunkte neben den Lagerverhältnissen der Platzbedarf für das Ausschwingen der Nebenpleuel im Zylinderunterteil und die Beeinflussung des Hubs mitbestimmend ist.

13. Gleichgang der Maschine.

Bezeichnungen

M Massen [cm^{-1}kg sek^2],
Θ Trägheitsmomente [cmkg sek^2],
s, l Abstände [cm],
r Kurbelhalbmesser [cm],
ω Drehschnelle [sek^{-1}],
φ Kurbelwinkel,
E Energie der Bewegung [cmkg],
L Überschußarbeit [cmkg],
δ Ungleichförmigkeitsgrad,
α Winkel.

Die Schwungradberechnung erfolgt beim Entwurf eines Motors vielfach nach einfachen Faustformeln, die beispielsweise angeben, daß das Schwungradgewicht in kg das 0,3fache der Motorleistung in PS betragen soll. Die Gestaltung eines Motors bis zur Herstellungsreife erfordert eine genauere Betrachtung des Ungleichförmigkeitsgrades im Hinblick auf den Verwendungszweck und eine Ausbildung des Schwungrads, die eine richtige Abstimmung zwischen den Forderungen des Gleichgangs und denen der Gewichtsersparnis darstellt.

Der Gleichgang der Maschine wird am besten nach dem Verfahren von Wittenbauer (*31, 32, 33*) ermittelt, dessen Grundlagen folgende sind.

Das Arbeitsvermögen des Zylinders überwiegt zu gewissen Zeiten den Arbeitsbedarf, zu gewissen anderen Zeiten ist ein Abmangel an Arbeitsvermögen vorhanden. Dieser Vorgang wiederholt sich im Verlauf des Arbeitsspiels regelmäßig, wobei die vom Motor insgesamt geleistete Arbeit gleich der abgenommenen ist, sofern sich die Maschine in gleichförmigem Betrieb befindet; überwiegt jedoch die Arbeitszufuhr, so steigert sich die Drehzahl, überwiegt die Abnahme, so sinkt sie. Während des einzelnen Arbeitsspiels wird die Überschußarbeit der Gaskräfte zur Beschleunigung der Triebwerksmassen benützt, die wiederum in Zeiten des Arbeitsmangels der Gaskräfte durch Verzögerung Arbeit abgeben.

Das Berechnungsverfahren beruht auf der Energiegleichung, nach der die in einem bestimmten Zeitpunkt in den Getriebeteilen steckende kinetische Energie gleich ist der in einem früheren Zeitpunkt, vermehrt um die Überschußarbeit der Gaskräfte über die Widerstände. Wenn eine Maschine statisch nicht ausgeglichen ist, muß auch noch auf die Änderung der Energie der Lage der einzelnen Getriebeteile Rücksicht genommen werden. Da man es im allgemeinen bei den Fahrzeugmotoren mit ausgeglichenen Maschinen zu tun hat, bei denen der gesamte Schwerpunkt praktisch in Ruhe bleibt, kann dieser Anteil vernachlässigt werden.

Die Bestimmung der kinetischen Energie des Kolbens und des Schwungrades ist einfach; die Schubstange wird, was dynamisch einwandfrei ist, durch drei Ersatzmassen ersetzt. Eine Masse fällt in den Kolbenbolzen, die zweite in den Schubstangenschwerpunkt und die dritte in den Kurbelzapfen. Man kann die gesamten, an diesen drei Stellen befindlichen Massen durch eine mit dem Kurbelwinkel veränderliche Masse im Kurbelzapfen ersetzen, wenn man diese so wählt, daß ihre durch die Umfangsgeschwindigkeit des Kurbelzapfens bestimmte kinetische Energie derjenigen der Einzelmassen entspricht.

Nach **Wittenbauer** wird nun aus einem besonderen Diagramm, dessen eine Koordinate die reduzierte Masse und dessen andere die kinetischen Energien darstellt, der Ungleichförmigkeitsgrad oder das Schwungradgewicht ermittelt.

A. Die kinetische Energie.

Es sei nach Abb. 147 die Schubstangenmasse M, die Ersatzmassen M_1, M_S, M_2 und das Trägheitsmoment der Stange bezüglich Schwerpunkt S Θ_S, dann gilt

$$M_1 + M_2 + M_S = M, \quad \text{die Ersatzmassen entsprechen der Gesamtmasse,}$$
$$M_1 s_1 - M_2 s_2 = 0, \quad \text{die Ersatzmassen geben gleichen Schwerpunkt,}$$
$$M_1 s_1^2 + M_2 s_2^2 = \Theta_S, \quad \text{die Ersatzmassen geben gleiches Trägheitsmoment.}$$

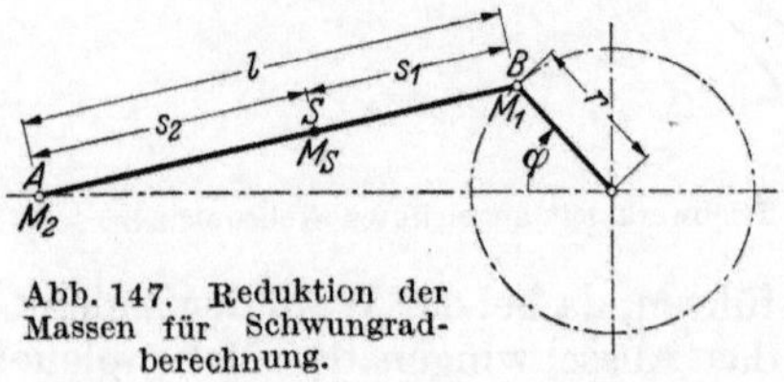

Abb. 147. Reduktion der Massen für Schwungradberechnung.

Aus diesen Gleichungen folgt:

$$M_1 = \frac{\Theta_S}{s_1 l}; \quad M_2 = \frac{\Theta_S}{s_2 l}; \quad M_S = M - \frac{\Theta_S}{s_1 s_2}.$$

Zu der Masse M_2 der im Kolbenbolzen angreifenden Teilmasse kommt noch die Kolbenmasse M_k hinzu, so daß im Punkt A die Gesamtmasse $M_2 + M_k$ sitzt. Andererseits kommt zu der Masse M_1 noch die auf den Kurbelzapfen reduzierte Masse der Kurbelkröpfung M_1' und die reduzierte Schwungradmasse $M_R = M \frac{k^2}{r^2}$, wobei k der Trägheitsarm des Schwungrades ist. Die kinetische Energie der Massen, die im Punkt A sitzen, ist

$$E_\varphi''' = \frac{1}{2}(M_2 + M_k)\, r^2 \omega^2 \left(\sin\varphi + \frac{\lambda}{2}\sin 2\varphi\right)^2,$$
$$= \frac{1}{4}(M_2 + M_k)\, r^2 \omega^2 [1 - \cos 2\varphi + \lambda(\cos\varphi - \cos 3\varphi)].$$

Die kinetische Energie der im Punkt S wirkenden Massen ist

$$E_\varphi'' = \tfrac{1}{2} M_S v_S^2,$$

wo

$$v_S^2 \approx r^2 \omega^2 \sin^2\varphi + r^2 \omega^2 \left(\frac{s_2}{l}\right)^2 \cos^2\varphi,$$

also

$$E_\varphi'' = \frac{1}{2} M_S r^2 \omega^2 \left[\sin^2\varphi + \left(\frac{s_2}{l}\right)^2 \cos^2\varphi\right],$$
$$= \frac{1}{4} M_S r^2 \omega^2 \left[1 + \left(\frac{s_2}{l}\right)^2 - \left(1 - \frac{s_2^2}{l^2}\right)\cos 2\varphi\right].$$

Die kinetische Energie der in B sitzenden Massen ist

$$E_\varphi' = \frac{1}{2}(M_1 + M_1' + M_R)\, r^2 \omega^2.$$

Die Summe dieser Energien ist

$$E_\varphi = \frac{r^2\omega^2}{2}\left\{\frac{M_2 + M_k}{2}[1 - \cos 2\varphi + \lambda(\cos\varphi - \cos 3\varphi)] + \frac{M_S}{2}\left[1 + \left(\frac{s_2}{l}\right)^2 - \left(1 - \frac{s_2^2}{l^2}\right)\cos 2\varphi\right] + M_1 + M_1' + M_R\right\}$$

oder unter Zusammenfassung der Glieder mit φ, 2φ und 3φ

$$E_\varphi = \frac{r^2\omega^2}{2}\left\{\frac{M_2 + M_k + M_S\left(1 + \frac{s_2^2}{l^2}\right)}{2} + M_1 + M_1' + M_R + \cos\varphi \cdot \lambda \frac{M_2 + M_k}{2} - \cos 2\varphi \cdot \frac{M_2 + M_k + M_S\left(1 - \frac{s_2^2}{l^2}\right)}{2} - \cos 3\varphi \cdot \lambda \frac{M_2 + M_k}{2}\right\}.$$

Die Energie ändert sich mit dem Winkel φ. Sie besteht aus einem unveränderlichen Glied und überlagerten Schwingungen, von denen das Glied mit $\cos 2\varphi$ die größte Amplitude hat.

Man kann nun eine bestimmte reduzierte Masse M_r im Punkt B angebracht denken, welche die sämtlichen Einzelmassen ersetzt. Für diese reduzierte Masse gilt

$$\frac{M_r}{2} r^2 \omega^2 = E_\varphi ,$$

also entspricht die reduzierte Masse dem obigen Ausdruck in der Klammer:

$$M_r = \left\{\left[\frac{M_2 + M_k + M_S\left(1 + \frac{s_2^2}{l^2}\right)}{2} + M_1 + M_1' + M_R\right] + \cos\varphi \cdot \lambda \frac{M_2 + M_k}{2} - \cos 2\varphi \cdot \frac{M_2 + M_k + M_S\left(1 - \frac{s_2^2}{l^2}\right)}{2} - \cos 3\varphi \cdot \lambda \frac{M_2 + M_k}{2}\right\}.$$

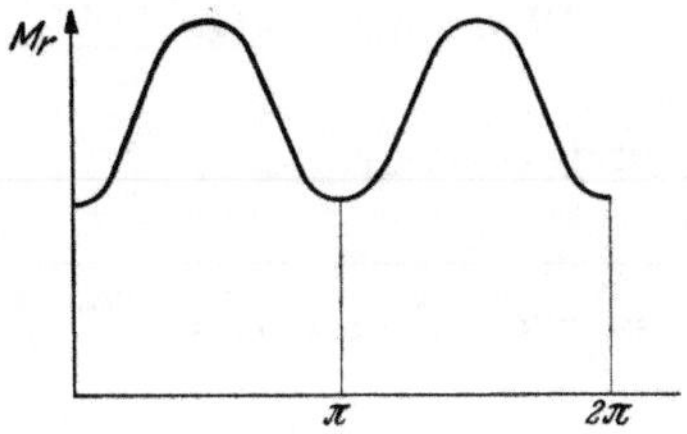

Abb. 148. Ersatzmasse am Kurbelkreis in Abhängigkeit vom Kurbelwinkel.

Wenn man die reduzierte Masse in Abhängigkeit von dem Kurbelwinkel aufzeichnet, ergibt sich Abb. 148. Die Einflüsse der schwankenden Glieder verkleinern sich bei günstiger Kurbelversetzung mit zunehmender Zylinderzahl.

B. Die Arbeit.

Aus dem Indikatordiagramm einer Maschine läßt sich nach Abb. 149 das Tangentialdruckdiagramm ableiten, ebenso läßt sich der Widerstand darstellen. Die verschieden schraffierten Flächen ergeben den Betrag Null, da sich nach jedem Arbeitsspiel alles wiederholt. Aus dem Unterschied der Tangentialdruckarbeit und der Widerstandsarbeit ergibt sich die Überschußarbeit nach Abb. 150, wenn vom Anfangspunkt aus integriert wird.

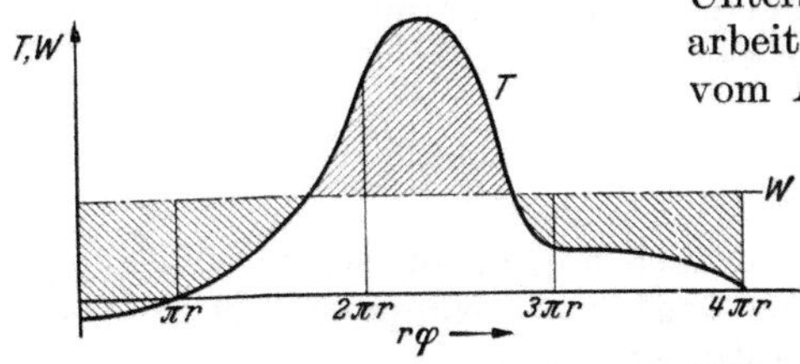

Abb. 149. Tangentialdruck, Widerstand und Arbeitsflächen.

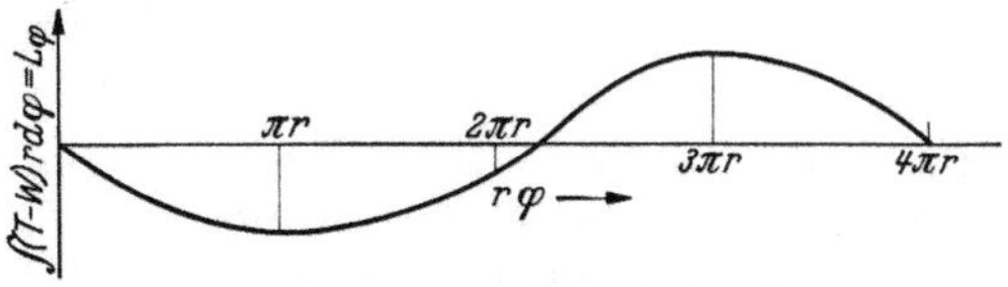

Abb. 150. Die Überschußarbeit.

C. Der Ungleichförmigkeitsgrad.

Nach dem Energiesatz muß sein $E_\varphi = E_{\varphi_0} + L_\varphi$, d. h. der Endwert E_φ der Energie ist gleich dem Anfangswert E_{φ_0} vermehrt um die von φ_0 bis φ_1 zugeführte Überschußarbeit L_φ.

Setzt man $\varepsilon = \frac{r\omega^2}{2}$, so kann man schreiben

$$r\varepsilon M_r = E_{\varphi_0} + L_\varphi ,$$

also

$$\varepsilon = \frac{E_{\varphi_0} + L_\varphi}{r M_r} .$$

Der Ungleichförmigkeitsgrad ist

$$\delta = \frac{\omega_{\max} - \omega_{\min}}{\omega_{\text{mittel}}} .$$

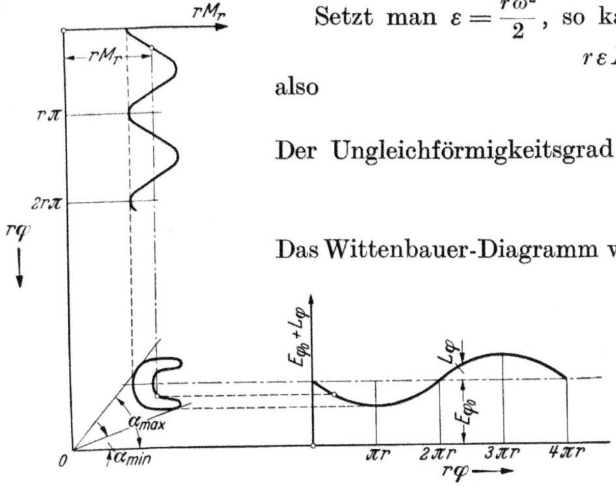

Abb. 151. Das Wittenbauer-Diagramm und seine Bildung aus dem Massen- und Arbeitsverlauf.

Das Wittenbauer-Diagramm wird nun nach Abb. 151 aus dem Schaubild der reduzierten Massen $r M_r$ und aus dem Schaubild der Überschußarbeiten L_φ unter Zufügung der Anfangsenergie E_{φ_0} so gebildet, daß die durch entsprechende φ-Werte der Schaulinien gelegten Senkrechten und Waagrechten mit ihren Schnitten einen neuen Linienzug liefern.

Werden aus dem Nullpunkt O die Strahlen zu den Punkten dieses Linienzuges gelegt, so entsteht der Winkel α mit seinem Größtwert $\alpha_{\max}$ und seinem Kleinstwert $\alpha_{\min}$. Der Größtwert ist die obere Tangente und der Kleinstwert die untere Tangente aus O an den Linienzug.

Aus der Abbildung ist zu entnehmen

$$\operatorname{tg}\alpha = \frac{E_{\varphi_0} + L_\varphi}{r M_r} = \varepsilon .$$

Da $\varepsilon = \frac{r\omega^2}{2}$ ist, entspricht der Größtwert α dem Größtwert von ω und der Kleinstwert α dem Kleinstwert von ω.

Wenn man setzt

$$S = \frac{\operatorname{tg}\alpha_{max} + \operatorname{tg}\alpha_{min}}{2} = \frac{r}{4}(\omega^2_{max} + \omega^2_{min})$$

und

$$D = \frac{\operatorname{tg}\alpha_{max} - \operatorname{tg}\alpha_{min}}{2} = \frac{r}{4}(\omega^2_{max} - \omega^2_{min}),$$

so wird, da $\omega_{mittel} = \frac{\omega_{max} + \omega_{min}}{2}$, und wegen des kleinen Unterschieds von ω_{max} und ω_{min}

$$\omega^2_{mittel} \approx \frac{\omega^2_{max} + \omega^2_{min}}{2},$$

$$S = \frac{r}{2}\omega^2_{mittel},$$

$$D = \frac{r}{2}\omega^2_{mittel}\delta$$

und hieraus

$$\delta = \frac{D}{S} = \frac{\operatorname{tg}\alpha_{max} - \operatorname{tg}\alpha_{min}}{\operatorname{tg}\alpha_{max} + \operatorname{tg}\alpha_{min}}.$$

Man kann also durch Entnahme der Werte von α aus dem Schaubild den Ungleichförmigkeitsgrad bestimmen, wenn man das Schwungradgewicht und damit dessen reduzierte Masse in einer bestimmten Größe gewählt hat.

Wichtiger ist es aber, das Schwungradgewicht zu berechnen, wenn ein bestimmter Ungleichförmigkeitsgrad erreicht werden soll. In diesem Fall kann der Wert von S und D aus δ und ω_{mittel} bestimmt werden und rückwärts α_{max} und α_{min}, denn es ist

$$\operatorname{tg}\alpha_{max} = S + D,$$

$$\operatorname{tg}\alpha_{min} = S - D.$$

Das Wittenbauer-Schaubild liegt zwar in diesem Fall auch vor, da für seine Aufzeichnung der Anteil der Massen ohne Schwungrad ausreicht. Die Lage seines Nullpunkts ist aber, weil die Masse des Schwungrads unbekannt ist, noch unbestimmt.

Da α_{max} und α_{min} bekannt sind, läßt sich das Schwungradgewicht nach folgender Überlegung aus Abb. 152 ermitteln: Die beiden Tangenten schneiden auf der Achse A des Diagramms für $M_R = 0$ die Strecke a ab. Aus der Abbildung ist zu entnehmen

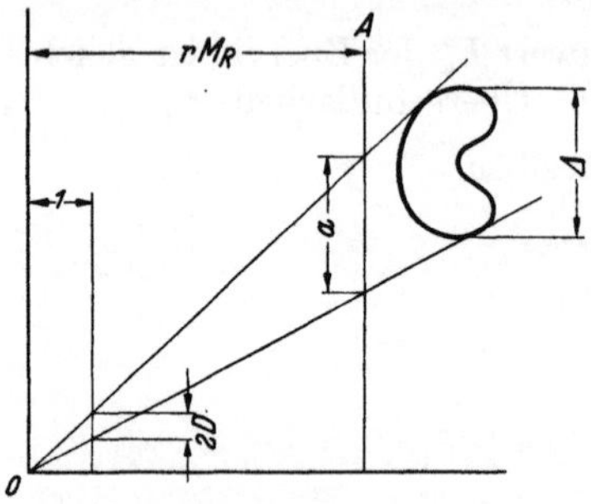

Abb. 152. Ermittlung des Schwungradgewichts.

$$\frac{r\,M_R}{1} = \frac{a}{2D}.$$

Mit dem Wert $D = \frac{r}{2}\omega^2_{mittel}\delta$ wird

$$r^2 M_R = \frac{a}{\omega^2_{mittel}\delta}.$$

Der Linienzug hat bei Mehrzylindermaschinen eine verhältnismäßig kleine Ausdehnung in der Waagrechten. Dann gilt für eine abgekürzte Schwungradberechnung angenähert $a = \Delta$.

Man kann in diesem abgekürzten Verfahren ohne Bestimmung der Winkel α lediglich aus der Höhe Δ des Linienzugs nach

$$r^2 M_R \approx \frac{\Delta}{\omega^2_{mittel}\delta}$$

das Schwungradträgheitsmoment bestimmen.

14. Die Lagerdrücke.

Bezeichnungen

m Massen [cm^{-1}kg sek^2],
φ Kurbelwinkel,
r Kurbelhalbmesser [cm],
ω Drehschnelle [sek^{-1}],
$\lambda = r/l$ Lenkstangenverhältnis,
P Kräfte [kg],
M Biegungsmomente [cmkg],
T Lagerdrücke [kg],
l, a Längen [cm].

Die Lagerdrücke werden beim ersten Entwurf eines Fahrzeugmotors aus dem höchsten Verbrennungsdruck berechnet. Für die endgültige Festlegung der Lagerabmessungen und die

Anordnung der Ölzuführungsnuten ist eine genauere Ermittlung der auftretenden Kräfte unter Berücksichtigung der gleichzeitigen Wirkung von Gas- und Massenkräften sowie der Richtung der Lagerdrücke bei den verschiedenen Kurbelwinkeln nötig.

A. Die Lagerdrücke im Pleuellager.

Die Belastung des Pleuellagers ergibt sich aus

1. den Verbrennungsdrücken,
2. den Massenkräften aus den hin- und hergehenden Massen,
3. den Massenkräften aus den umlaufenden Massen.

Die Verbrennungsdrücke sind nach Größe und Verlauf aus dem Druck-Volumen-Diagramm zu ermitteln, das beim Entwurf der Maschine auf Grund vorhandener Erfahrungsunterlagen aufgestellt werden kann.

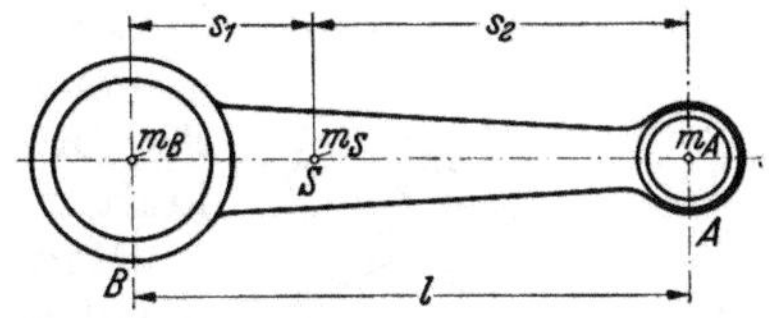

Abb. 153. Reduktion der Schubstangenmasse zur Lagerdruckberechnung.

Die Massenkräfte aus den hin- und hergehenden Massen werden aus der Masse des Kolbens und der Masse eines Teils der Pleuelstange, den man mit $^1/_3$ angenähert annehmen kann, berechnet. Für genauere Ermittlung dieses Teils wird in diesem Fall die Stange durch zwei Punktmassen ersetzt. Die Masse, die auf den Kurbelzapfen B entfällt, ist nach Abb. 153 $m_B = m_S \frac{s_2}{l}$, wobei m_S die Schubstangenmasse und s_2 den Abstand des Schubstangenschwerpunkts S vom Bolzenauge bedeuten. Die Masse, die auf den Kolbenbolzen entfällt, ist $m_A = m_S - m_B$. Die gesamten hin- und hergehenden Massen sind $m = m_A + m_k$, wo m_k die Kolbenmasse ist. Die Massenkräfte der hin- und hergehenden Massen, die von der Kurbelstellung φ und der Drehschnelle ω der Kurbel mit dem Halbmesser r abhängig sind, betragen angenähert

$$P_h = m r \omega^2 (\cos\varphi + \lambda \cos 2\varphi).$$

λ ist das Stangenverhältnis $\frac{r}{l}$.

Die Gas- und Massenkräfte $P_G - P_h$ werden nach Abb. 154 in Abhängigkeit vom Kurbelwinkel aufgezeichnet und aus ihnen durch Kurvenaddition der Verlauf der resultierenden Kraft ermittelt.

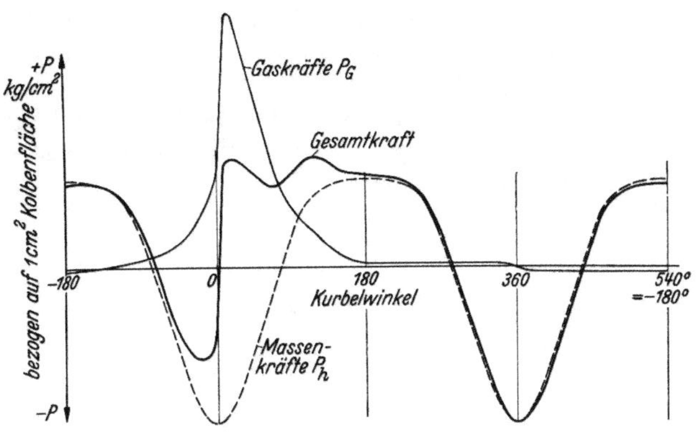

Abb. 154. Gas-, Massen- und Gesamtkräfte am Kolbenbolzen.

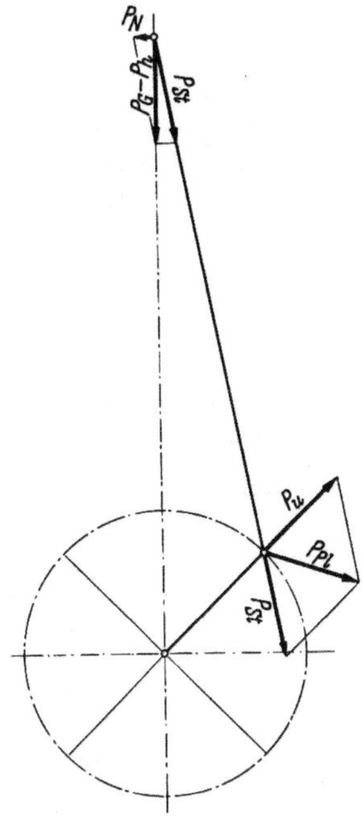

Abb. 155. Bestimmung des Pleuellagerdruckes.

Nach Abb. 155 werden die für die verschiedenen Kurbelstellungen φ aus Abb. 154 abgegriffenen Kolbenkräfte in die Kolbenseitendrücke P_N und die längs der Stange wirkenden Kräfte P_{St} zerlegt.

Die Stangenkräfte werden in Richtung der Stange am Kurbelauge nochmals angetragen und zusammen mit den Fliehkräften P_u aus dem umlaufenden Anteil der Stange zu den Gesamtlagerdrücken geometrisch addiert, wobei die Kräfte aus den umlaufenden Massen, ebenfalls auf die Einheit der Kolbenfläche bezogen, aus der oben ermittelten Größe m_B als Fliehkräfte

$$P_u = m_B r \omega^2$$

gefunden werden.

Die so für jede Kurbelstellung nach Größe und Richtung ermittelten Gesamtkräfte P_{Pl} sind für die Gestaltung des Pleuellagers und die Anordnung seiner Ölzuführungsnuten maßgebend.

B. Die Lagerdrücke im Grundlager.

Die Grundlager werden durch die Kräfte im Pleuellager und durch die Fliehkräfte belastet, die sich aus den umlaufenden Massen der Kurbelwelle ergeben, soweit sie nicht in den einzelnen Kröpfungen durch Gegengewichte ausgeglichen sind. Die Belastungen durch das Gewicht des Triebwerks sind geringfügig. Die Fliehkräfte der Kurbel bestimmen sich aus der Kurbelmasse und dem Schwerpunktsabstand der Kurbel von der Wellenachse.

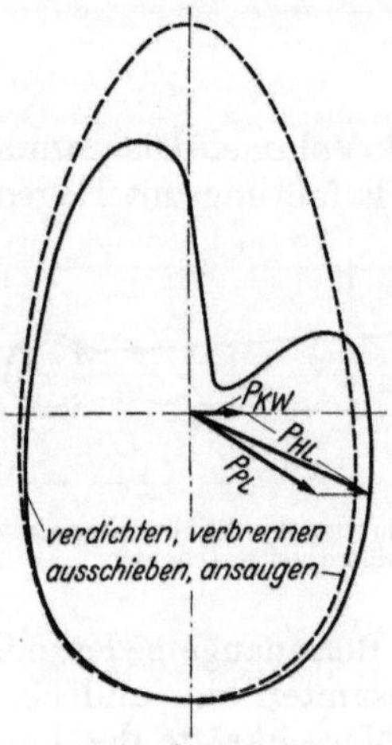

Abb. 156. Bestimmung und Verlauf der Kräfte im Grundlager.

Diese Massenkräfte aus den umlaufenden Teilen sind für jede Kurbelstellung gleich groß und stets radial gerichtet.

Man erhält nun die Lagerdrücke im Grundlager P_{HL} für jede Kurbelstellung nach Abb. 156 als geometrische Summe aus den auf die Zahl der Grundlager richtig verteilten Pleuellagerdrücken P_{Pl} und Massenkräften P_{KW} aus der Kurbelkröpfung.

Man zeichnet diese Gesamtkräfte im Polardiagramm auf und erhält damit bei der Viertaktmaschine einen auf $\varphi = 4\pi$ und bei der Zweitaktmaschine einen auf $\varphi = 2\pi$ sich schließenden Linienzug, der die Größe der Kräfte, ihre Richtung und auch den Druckverlauf unter der Wirkung der Verbrennung, der unter Umständen zu Druckwechsel im Lager führen kann, veranschaulicht.

Die gegenseitige Lagerbeeinflussung in der Reihenmaschine. Nun ist aber bei der mehrfach gelagerten Kurbelwelle der Mehrzylindermaschine zu berücksichtigen, daß in der Kurbelwelle Biegungsmomente auftreten, die aus der Kraft an einer Kröpfung über die dieser Kröpfung benachbarten Grundlager hinweg die weiteren Lager des Motors zusätzlich belasten. Dieser Einfluß kann durch Anwendung der Dreimomentengleichung (*34*) erfaßt werden.

Die Kurbelwelle wird dabei als mehrfach gelagerter Balken, etwa nach Abb. 157, behandelt. Für die Wirkung der Momente läßt sich anschreiben:

$$M_0 l_0 + 2M_1(l_0 + l_1) + M_2 l_1 + \frac{\sum P_0 a_0 (l_0^2 - a_0^2)}{l_0} + \frac{\sum P_1 a_1 (l_1^2 - a_1^2)}{l_1} = 0 .$$

Für n Felder mit $n + 1$ Lagern können $n - 1$ solcher Gleichungen aufgestellt werden. Aus diesen Gleichungen und den beiden Randbedingungen $M_0 = 0$ und $M_n = 0$ können die Momente in den Lagern der Reihe nach berechnet werden.

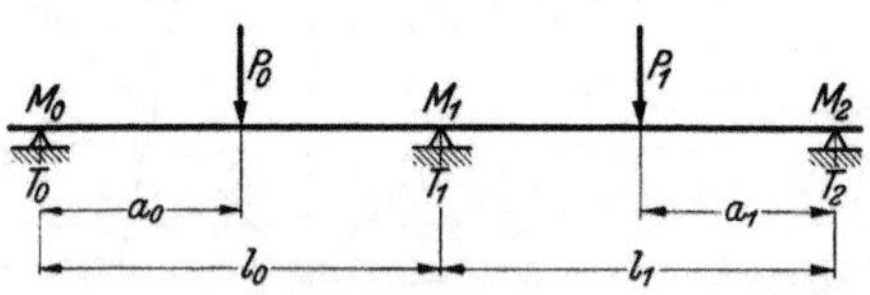

Abb. 157. Kräfte und Momente an der mehrfach gelagerten Welle.
P_0; P_1 Kräfte, a_0; a_1 Abstände der Kräfte von den Lagern, M_0; M_1; M_2 Momente, T_0; T_1; T_2 Lagerkräfte, l_0; l_1 Lagerabstände.

Aus den Momenten, den belastenden Kräften und den Abmessungen können die Lagerbelastungen ermittelt werden nach

$$T_1 = -M_1\left(\frac{1}{l_0} + \frac{1}{l_1}\right) + \frac{M_0}{l_0} + \frac{M_2}{l_1} + \frac{\sum P_0 a_0}{l_0} + \frac{\sum P_1 a_1}{l_1}$$

und entsprechend T_0, T_2, T_3 ... usw.

Die Ausdrücke

$$\frac{\sum P a (l^2 - a^2)}{l}$$

zeigen, daß die Zusammenfassung der in den einzelnen Teilen der Welle entstehenden Fliehkräfte auf die Mitte der Kurbeln eine Näherung darstellt. Diese Vereinfachung der Rechnung geht aber nach der sicheren Seite und ist zahlenmäßig von geringer Bedeutung.

Die Berechnung der gegenseitigen Beeinflussung der Kurbelwellenteile wird der Einfachheit halber nur für die Kurbelstellung durchgeführt, in der die Momente in der Welle am ungünstigsten sind. Bei Mehrzylinderwellen sind wegen des bedeutenden Anteils der Fliehkräfte aus den Kröpfungen selbst die meistens gleichgerichteten beiden mittleren Kröpfungen in der Stellung maßgebend, in der ihre Pleuelkräfte am größten sind.

Zur Erläuterung des Verfahrens sind im folgenden die Dreimomentengleichungen und die Ausdrücke für die Lagerkräfte für drei Beispiele, eine 3fach gelagerte 4-Zylinderwelle, eine 4fach gelagerte 6-Zylinderwelle und eine 7fach gelagerte 6-Zylinderwelle ermittelt.

3fach gelagerte 4-Zylinder-Welle (Abb. 158).

Für das 1. und 2. Feld links ist:

$$M_0 l_0 + 2\,M_1(l_0 + l_1) + M_2 l_1 + \frac{\sum P_0 a_0 (l_0^2 - a_0^2)}{l_0} + \frac{\sum P_1 a_1 (l_1^2 - a_1^2)}{l_1} = 0, \qquad (1)$$

für das 2. und 3. Feld:

$$M_1 l_1 + 2\,M_2(l_1 + l_2) + M_3 l_2 + \frac{\sum P_1 a_1' (l_1^2 - a_1'^2)}{l_1} = 0. \qquad (2)$$

Mit $M_3 = 0$ ergibt sich aus (2)

$$M_2 = \frac{-M_1 l_1 - \dfrac{\sum P_1 a_1'(l_1^2 - a_1'^2)}{l_1}}{2(l_1 + l_2)}.$$

Mit $M_0 = 0$ und $M_2 = f(M_1)$ in (1) eingesetzt wird

$$M_1 = \frac{\dfrac{\sum P_1 a_1'(l_1^2 - a_1'^2)}{2(l_1 + l_2)} - \dfrac{\sum P_0 a_0(l_0^2 - a_0^2)}{l_0} - \dfrac{\sum P_1 a_1(l_1^2 - a_1^2)}{l_1}}{2(l_0 + l_1) - \dfrac{l_1^2}{2(l_1 + l_2)}}.$$

Die Lagerkräfte sind:

$$T_0 = + \frac{M_1}{l_0} + \frac{\sum P_0(l_0 - a_0)}{l_0},$$

$$T_1 = -M_1\left(\frac{1}{l_0} + \frac{1}{l_1}\right) + \frac{M_2}{l_1} + \frac{\sum P_0 a_0}{l_0} + \frac{\sum P_1 a_1}{l_1},$$

$$T_2 = -M_2\left(\frac{1}{l_1} + \frac{1}{l_2}\right) + \frac{M_1}{l_1} + \frac{\sum P_1 a_1'}{l_1},$$

$$T_3 = + \frac{M_2}{l_2}.$$

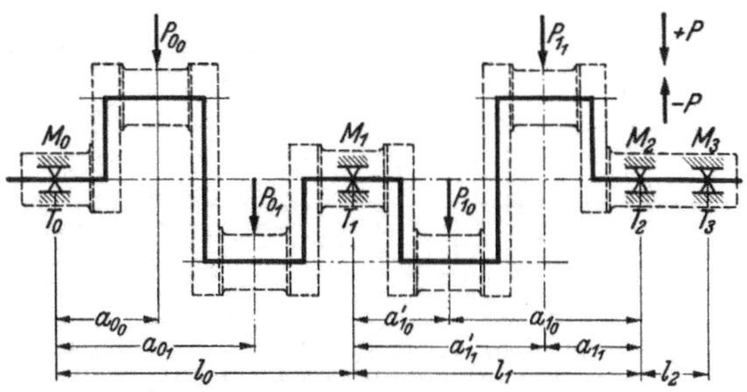

Abb. 158. Ermittlung der Lagermomente und Lagerdrücke an einer 4-Zylinder-Welle mit 3 Lagern.

4fach gelagerte 6-Zylinder-Welle (Abb. 159).

$$1.\ \ +2M_1(l_0 + l_1) + M_2 l_1 + \frac{\sum P_0 a_0(l_0^2 - a_0^2)}{l_0} + \frac{\sum P_1 a_1(l_1^2 - a_1^2)}{l_1} = 0,$$

$$2.\ \ M_1 l_1 + 2M_2(l_1 + l_2) + \frac{\sum P_1 a_1'(l_1^2 - a_1'^2)}{l_1} + \frac{\sum P_2 a_2(l_2^2 - a_2^2)}{l_2} = 0$$

oder abgekürzt:

$$A M_1 + B M_2 + C + D = 0, \qquad (1)$$

$$B M_1 + F M_2 + G + H = 0, \qquad (2)$$

aus (2)

$$M_2 = \frac{-(B M_1 + G + H)}{F},$$

in (1) eingesetzt

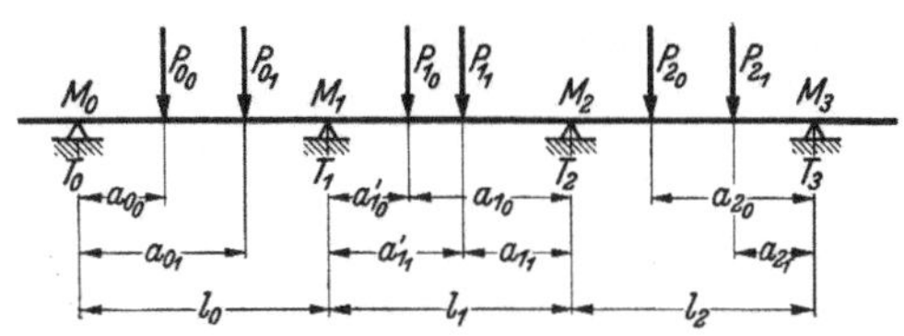

Abb. 159. Ermittlung der Lagermomente und Lagerdrücke an einer 6-Zylinder-Welle mit 4 Lagern.

$$A M_1 - \frac{B}{F}(B M_1 + G + H) + C + D = 0,$$

$$M_1 = \frac{\dfrac{B}{F}(G + H) - C - D}{A - \dfrac{B^2}{F}}$$

oder, was bei Zahlenrechnung sich erübrigt, rückwärts eingesetzt:

$$M_1 = \frac{\dfrac{\sum P_1 a_1'(l_1^2 - a_1'^2)}{2(l_1 + l_2)} + \dfrac{\sum P_2 a_2 l_1(l_2^2 - a_2^2)}{2 l_2(l_1 + l_2)} - \dfrac{\sum P_0 a_0(l_0^2 - a_0^2)}{l_0} - \dfrac{\sum P_1 a_1(l_1^2 - a_1^2)}{l_1}}{2(l_0 + l_1) - \dfrac{l_1^2}{2(l_1 + l_2)}}.$$

Die Lagerkräfte sind:

$$T_0 = + \frac{M_1}{l_0} + \frac{\sum P_0 (l_0 - a_0)}{l_0},$$

$$T_1 = -M_1\left(\frac{1}{l_0} + \frac{1}{l_1}\right) + \frac{M_2}{l_1} + \frac{\sum P_0 a_0}{l_0} + \frac{\sum P_1 a_1}{l_1},$$

$$T_2 = -M_2\left(\frac{1}{l_1} + \frac{1}{l_2}\right) + \frac{M_1}{l_1} + \frac{M_3}{l_2} + \frac{\sum P_1 a_1'}{l_1} + \frac{\sum P_2 a_2}{l_2},$$

$$T_3 = \frac{M_2}{l_2} + \frac{\sum P_2 (l_2 - a_2)}{l_2}.$$

7fach gelagerte 6-Zylinder-Welle (Abb. 160).

$$1. \quad + 2 M_1 (l_0 + l_1) + M_2 l_1 + \frac{P_0 a_0 (l_0^2 - a_0^2)}{l_0} + \frac{P_1 a_1 (l_1^2 - a_1^2)}{l_1} = 0,$$

$$2. \quad M_1 l_1 + 2 M_2 (l_1 + l_2) + M_3 l_2 + \frac{P_1 a_1' (l_1^2 - a_1'^2)}{l_1} + \frac{P_2 a_2 (l_2^2 - a_2^2)}{l_2} = 0,$$

$$3. \quad M_2 l_2 + 2 M_3 (l_2 + l_3) + M_4 l_3 + \frac{P_2 a_2' (l_2^2 - a_2'^2)}{l_2} + \frac{P_3 a_3 (l_3^2 - a_3^2)}{l_3} = 0,$$

$$4. \quad M_3 l_3 + 2 M_4 (l_3 + l_4) + M_5 l_4 + \frac{P_3 a_3' (l_3^2 - a_3'^2)}{l_3} + \frac{P_4 a_4 (l_4^2 - a_4^2)}{l_4} = 0,$$

$$5. \quad M_4 l_4 + 2 M_5 (l_4 + l_5) + \frac{P_4 a_4' (l_4^2 - a_4'^2)}{l_4} + \frac{P_5 a_5 (l_5^2 - a_5^2)}{l_5} = 0$$

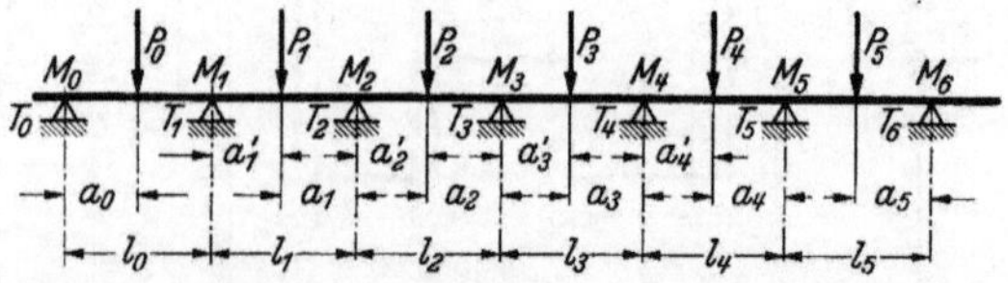

Abb. 160. Ermittlung der Lagermomente und Lagerdrücke an einer 6-Zylinder-Welle mit 7 Lagern.

oder abgekürzt:

$$AM_1 + BM_2 + C + D = 0, \quad (1)$$

$$BM_1 + EM_2 + FM_3 + G + H = 0, \quad (2)$$

$$FM_2 + JM_3 + KM_4 + L + N = 0, \quad (3)$$

$$KM_3 + OM_4 + QM_5 + R + S = 0, \quad (4)$$

$$QM_4 + UM_5 + V + W = 0. \quad (5)$$

Aus (5)

$$M_5 = \frac{-(QM_4 + V + W)}{U}.$$

In (4) eingesetzt, gibt

$$M_4 = \frac{-KM_3 + \frac{Q}{U}(V + W) - R - S}{O - \frac{Q^2}{U}}.$$

In (3) eingesetzt, gibt

$$M_3 = \frac{-FM_2 - \frac{K}{O - \frac{Q^2}{U}}\left[\frac{Q}{U}(V + W) - (R + S)\right] - (L + N)}{J - \frac{K^2}{O - \frac{Q^2}{U}}}$$

oder mit

$$\frac{K}{O - \frac{Q^2}{U}} = X$$

und

$$\left[\frac{Q}{U}(V + W) - (R + S)\right] = Y$$

$$M_3 = \frac{-FM_2 - XY - (L + N)}{J - KX}.$$

In (2) eingesetzt, ergibt sich

$$M_2 = \frac{-BM_1 + \frac{F[XY + (L + N)]}{J - KX} - (G + H)}{E - \frac{F^2}{J - KX}}$$

oder mit

$$\frac{F}{J - KX} = Z$$

und

$$[XY + (L + N)] = T$$

$$M_2 = \frac{-BM_1 + ZT - (G + H)}{E - FZ}.$$

In (1) eingesetzt,

$$M_1 = \frac{-\frac{B}{E - FZ}[ZT - (G + H)] - (C + D)}{A - \frac{B^2}{E - FZ}}.$$

Die Lagerkräfte sind:

$$T_0 = + \frac{M_1}{l_0} + \frac{P_0 (l_0 - a_0)}{l_0},$$

$$T_1 = -M_1\left(\frac{1}{l_0} + \frac{1}{l_1}\right) + \frac{M_0}{l_0} + \frac{M_2}{l_1} + \frac{P_0 a_0}{l_0} + \frac{P_1 a_1}{l_1},$$

$$T_2 = -M_2\left(\frac{1}{l_1} + \frac{1}{l_2}\right) + \frac{M_1}{l_1} + \frac{M_3}{l_2} + \frac{P_1 a_1'}{l_1} + \frac{P_2 a_2}{l_2},$$

$$T_3 = -M_3\left(\frac{1}{l_2} + \frac{1}{l_3}\right) + \frac{M_2}{l_2} + \frac{M_4}{l_3} + \frac{P_2 a_2'}{l_2} + \frac{P_3 a_3}{l_3},$$

$$T_4 = -M_4\left(\frac{1}{l_3} + \frac{1}{l_4}\right) + \frac{M_3}{l_3} + \frac{M_5}{l_4} + \frac{P_3 a_3'}{l_3} + \frac{P_4 a_4}{l_4},$$

$$T_5 = -M_5\left(\frac{1}{l_4} + \frac{1}{l_5}\right) + \frac{M_4}{l_4} + \frac{P_4 a_4'}{l_4} + \frac{P_5 a_5}{l_5},$$

$$T_6 = + \frac{M_5}{l_5} + \frac{P_5 (l_5 - a_5)}{l_5}.$$

15. Ausbildung der Lager.

A. Gleitlager.

Im Fahrzeugmotor werden vorwiegend Gleitlager verwendet, die auf der aus einem Stück gefertigten Kurbelwelle laufen. Sie sind im allgemeinen in ihrer waagrechten Mittellinie geteilt und die Deckel mit den Lagerkörpern verschraubt. Die Lager müssen hohe Belastungen bei großer Umfangsgeschwindigkeit mit geringem Verschleiß aufnehmen. Der Verschleiß ist von

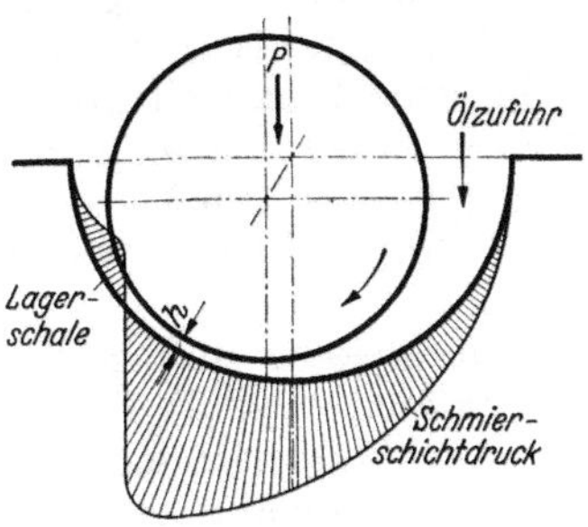

Abb. 161. Schmierkeilbildung und Öldruckverteilung im Gleitlager. h Schmierfilmdicke, P Lagerbelastung.

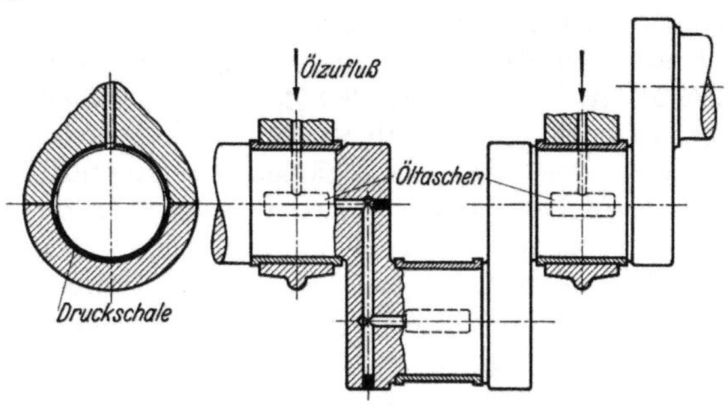

Abb. 162. Ölzuführung zu den Gleitlagern der Kurbelwelle in Quernut.

Schmierung, Gleitgeschwindigkeit, Laufzeit, Lagerbelastung, Lagertemperatur, Werkstoff, Notlaufeigenschaften bei kurzzeitig halbtrockenem Lauf, Oberflächenfeinheitsgrad, Lagerspiel und Einbauverhältnissen abhängig.

Das Gleitlager schafft sich bei der Drehung durch Öldruckerzeugung nach Abb. 161 das tragende Ölpolster, auf dem der Lagerzapfen schwimmt. Voraussetzung dafür ist richtiges Lagerspiel und Zuführung des Öls an der schwach belasteten Stelle vor dem Einlauf in das Druckgebiet vermittels einer Ölverteilerquernut (Abb. 162).

Bei kleinen Umfangsgeschwindigkeiten im Anlaufzustand gleitet unter halbtrockener Reibung zum Teil Metall auf Metall. Für diesen Zustand werden besondere Anforderungen an die Gleitfähigkeit der Lagermetalle gestellt, die für den Zustand ganzflüssiger Reibung ohne Belang ist.

Im Bereich der flüssigen Reibung wird hoher Öldruck und damit hohe Tragfähigkeit durch kleines Lagerspiel erreicht. Dieses findet aber eine Grenze durch die Bearbeitungsrauheit der Oberfläche und durch die Temperaturdehnung des Zapfens. Das Lagerspiel darf nicht so klein werden, daß die durch die Unvollkommenheit der Bearbeitung bedingte Rauhigkeit zu metallischer Berührung bei hohen Geschwindigkeiten führt, oder daß bei der Temperaturdehnung das Lagerspiel ganz aufgehoben und der Schmierfilm verdrängt wird.

Die besten Lagerspiele bei den für Fahrzeugmotoren üblichen Abmessungen liegen bei 2 bis 3 hundertel Millimeter, im Durchmesser gemessen.

Die kleinen Lagerspiele erfordern aber genaueste Bearbeitung nach Maß und Oberflächengüte. Mit dem Schaben der Lager kommt man diesen Forderungen nur unvollkommen nach.

Die besten Ergebnisse werden mit Schleifen des Zapfens und Diamantbearbeitung der Schale erreicht.

Eine Bedingung für die Anwendbarkeit kleinster Lagerspiele ist auch kleinste Verformung der Welle. Denn bei Durchbiegungen der Welle können bei kleinem Lagerspiel Kantenberührungen des Lagers mit rein metallischer Reibung auftreten, die bei großen Umfangsgeschwindigkeiten zum Fressen führen.

I. Lagerbreite.

Die Kurbelwelle soll deshalb möglichst steif und die Lagerbreite nicht groß sein. Lagerbreiten vom 0,5- bis 0,6fachen Zapfendurchmesser können als günstig bezeichnet werden. Schmälere Lager neigen zu hohen seitlichen Ölverlusten, die die Bildung des Ölpolsters beeinträchtigen.

II. Tragfähigkeit.

Das Produkt aus Lagerdruck und Umfangsgeschwindigkeit, also der Wert $p \cdot v$, kann als maßgebende Größe für die Lagerbelastung nicht mehr angesehen werden, da sich ergeben hat, daß große Geschwindigkeit durch Erhöhung des Öldrucks im Lager dessen Tragfähigkeit erhöht. Für gleiche Lagerbeanspruchung gilt, daß das Verhältnis von Lagerdruck und Lagerdurchmesser, also p/d, gleichbleibend, und für gleiche Temperatur gilt, daß das Produkt von Durchmesser und Drehzahl, also $d \cdot n$, gleichbleibend sein soll. Bei flüssiger Reibung hat die Belastung des Lagers keinen merklich erhöhenden Einfluß auf die Reibung. Es gilt $\frac{Z \cdot n}{p} = f$, d. h. die Reibungsziffer ist verhältig der Ölzähigkeit Z (Zentipoisen), der minutlichen Drehzahl n und umgekehrt der Belastung p (kg/cm²).

III. Lagerentwicklung.

Die Drehzahlsteigerung mit ihren großen Massenkräften, die Höherverdichtung der Motoren, die Überladung und die Einführung des Dieselbetriebs haben zu Belastungen der Lager geführt, die der Entwicklung Schwierigkeiten bereiten. Das Weißmetall ist insofern ein günstiges Lagermetall, als es weitgehende Anpassungsfähigkeit bei halbtrockener Reibung, also gute Notlaufeigenschaften, besitzt. Bei den gesteigerten hohen Drücken reicht seine Festigkeit aber nicht aus, es wird rissig. Deshalb werden hoch belastete Lager in Bronze, insbesondere Bleibronze, ausgebildet. Dies setzt aber gehärtete Zapfen und Diamantbearbeitung voraus. Zur Verbesserung ihrer Notlaufeigenschaften werden solche Lager bisweilen mit dünnen Gittermetallbelägen (0,3 mm) versehen. Wertvoll ist ihre gute Wärmeleitfähigkeit.

Die Wärmeleitzahlen betragen für Aluminium 170 kcal/mh, für Messing und Bronze 90 bis 100, für Weißmetall 30 bis 60, für Gußeisen 42. Diese Zahlen erklären, weshalb Aluminium neuerdings als Lagerwerkstoff wieder beachtliche Erfolge erzielt. Auch Gußeisen kann in Betracht gezogen werden, wo hohe Festigkeit wichtiger ist als die Wärmeableitung.

IV. Belastbarkeit.

Die Lagerpressung kann bei Weißmetall 80 bis 120 kg/cm² betragen, bei Bleibronze 100 bis 150. Bei Weißmetall sind auch schon Belastungen von 200 bis 250 kg/cm² erreicht worden, aber nicht ohne das Auftreten der erwähnten Risse, die an sich die Lauffähigkeit des Lagers nicht stören, aber bei längerer Betriebsdauer zu Ausbröckelungen und Brüchen führen. Bleibronzelager haben schon mit Erfolg 300 bis 350 kg/cm² erreicht.

V. Lagerzapfen.

Zur Ermöglichung des Notlaufs härterer Lager, also etwa der Bleibronzelager, und allgemein zur Verringerung des Verschleißes ist Härtung der Zapfen zweckmäßig. Diese kann im Einsatz oder durch Nitrierung oder als Flammenhärtung mit dem Schweißgasbrenner ausgeführt werden.

B. Rollenlagerung.

I. Einbaumöglichkeit.

Wenn die Kurbelwelle aus einem Stück hergestellt ist, bereiten Rollenlager Schwierigkeiten in der Anwendung, weil entweder die Lager samt Innenlaufringen über die Kröpfungen übergeschoben werden müssen, was insbesondere für die Pleuel zu untragbaren Abmessungen führt, oder die Lager mit auf dem Zapfen unmittelbar laufenden Rollen auf der Welle zusammengebaut werden müssen. Rollenlager mit zweiteiligen Außenlaufbahnen sind schon angewandt worden, doch ist dies eine Maßnahme, die für übliche Maschinen noch zu empfindlich sein wird.

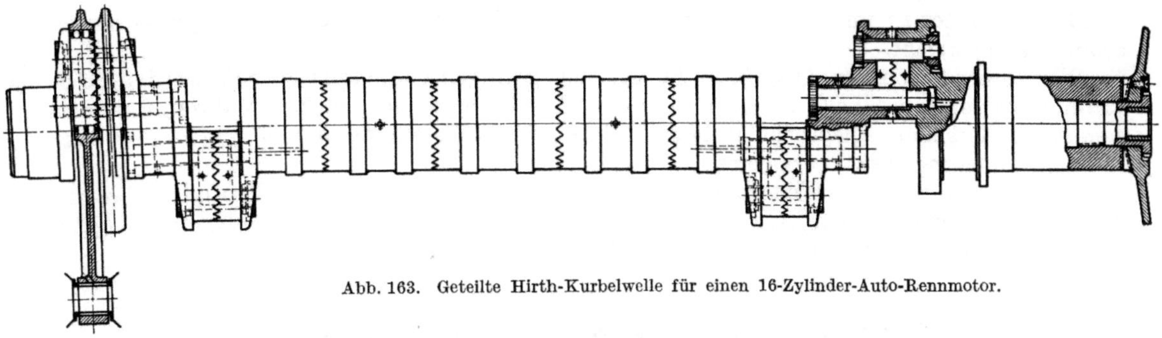

Abb. 163. Geteilte Hirth-Kurbelwelle für einen 16-Zylinder-Auto-Rennmotor.

Für den Einbau von Rollenlagern eignet sich am besten die geteilte Kurbelwelle Abb. 163, bei der jedes Lager für sich mit seiner durch den Kurbelzapfen gebildeten Innenlaufbahn zusammengebaut und das Ganze in die Welle eingefügt werden kann (Abb. 164).

II. Tragfähigkeit.

Bei der Berechnung der Tragfähigkeit der Rollenlager muß man über die für handelsübliche Wälzlager maßgebenden Rollenbelastungen weit hinausgehen, wenn gangbare Wellen- und Pleuelabmessungen und hinreichend niedrige Massenkräfte eingehalten werden sollen. Berechnungsunterlagen fehlen noch. Eine Belastungszahl k von 200 kg je mm Rollenbreite dürfte bei einem ungefähren Verhältnis 1 : 1 von Durchmesser und Länge der Rolle zulässig sein.

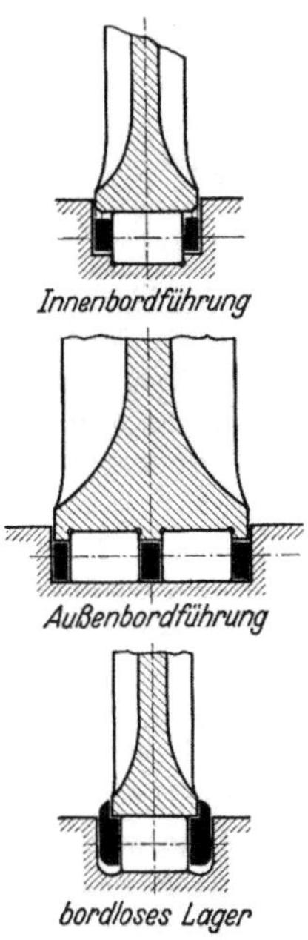

Abb. 165. Führungsarten der Rollen. Oben: Innenbordführung, Mitte: Außenbordführung, unten: Bordloses Lager, Rollen- und Pleuelführung am Käfig.

III. Führung der Rollen.

Die wesentliche Bedingung für die Lauffähigkeit des Rollenlagers ist ausreichende Führung der Rolle. Diese kann (Abb. 165) nach Art der handelsüblichen Rollenlager an einem Innen- oder Außenbord erfolgen, wobei die Rolle an einem schmalen Außenring ihrer Stirnfläche gleitend geführt wird, oder im Käfig selbst, der größere Gleitflächen und bessere Schmierverhältnisse durch Ausbildung eines Ölkeils bietet, der aus dem zwischen Käfig und Laufbahn befindlichen Öl bzw. Öldunst erzeugt wird. An der Drucklaufstelle der Rolle auf dem Laufring selbst wird das Öl unter Entstehung außerordentlicher Öldrücke auf einen hauchdünnen Belag zusammengewalzt oder ganz beseitigt.

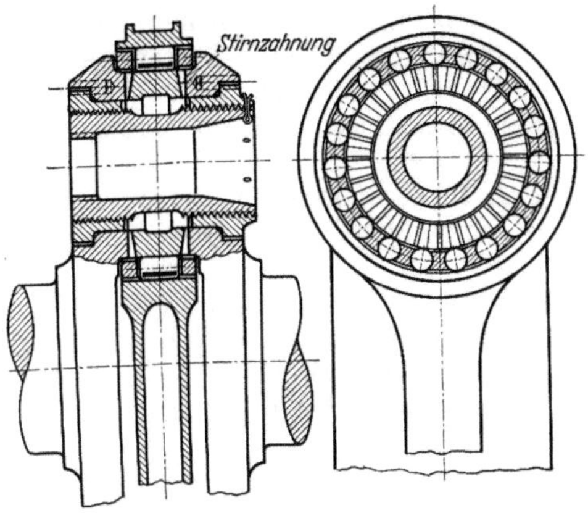

Abb. 164. Aufbau einer Kurbelwellenkröpfung mit getrenntem stirnverzahntem Zapfen. Kurbelwangen und Zapfen sind durch eine Schraube mit gleichgängigem Gewinde verschiedener Steigung verbunden (Hirth).

Damit die Führungszwangkräfte gegen Schrägstellen der Rolle nicht zu hoch werden, müssen die Rollen und Laufbahnen sehr genau zylindrisch bearbeitet sein und große Ungleichförmigkeiten in der Belastungsverteilung auf die Länge der Rolle vermieden werden.

Werden die die Rolle schräg stellenden Einflüsse so groß, daß die Führung als Gegenwirkung nicht mehr ausreicht, so tritt das „Schrauben“ der Rollen unter starkem axialem Schub des Lagers ein, das rasch zu Zerstörungen führt.

Der für die Rollenführung des leichtgebauten Lagers geeignetste Käfig ist der aus einem Stück in Leichtmetall gefertigte Fensterkäfig. Die Fenster, in denen die Rollen laufen, bedürfen aber außerordentlicher Bearbeitungsgenauigkeit, deren Ausreichen meistens nur durch Laufversuche festgestellt werden kann.

C. Gleit- oder Rollenlager?

Das Gleitlager ist im Fahrzeugmotorenbau als einfacheres und billigeres Lager vorzuziehen, solange es ausreicht.

Wenn aber besondere Ansprüche hinsichtlich geringen Ölumlaufs gestellt werden oder die Raumverhältnisse die für das Gleitlager nötigen Lagerlängen nicht mehr gewähren, ferner dann, wenn besonders hohe Ansprüche an lange Betriebszeiten gestellt werden, läßt sich der Übergang zu Rollenlagerung nicht vermeiden.

Insbesondere wird die Weiterentwicklung der Motoren zu hoher Schnelläufigkeit bei großen Zylinderzahlen und kleinen Zylinderabmessungen die Anwendung des Rollenlagers mit geteilter Kurbelwelle aus Raumgründen in weitem Maß nötig machen.

16. Die Werkstoffe im Fahrzeugbau.

Kraftfahrzeugbau ist Leichtbau. Der Gestalter muß in den Beanspruchungen — ohne unbestimmte große Sicherheiten — bis an die Grenzen gehen, bei denen die Werkstoffe den Beanspruchungen eben genügen.

Mangels zuverlässiger Berechnungsgrundlagen ist man zum Teil über das Ziel geraten und hat Teile so bemessen, daß sie über ihre Festigkeit hinaus beansprucht waren. Das hat zu Dauerbrüchen, insbesondere an Triebwerksteilen wie Kurbelwellen oder Nutenwellen, geführt.

Bei den meisten Bauteilen der Kraftfahrzeuge ist eine Berechnung auf Bruchfestigkeit irreführend, denn es liegen fast ausnahmslos Belastungen vor, die dauernd von großen negativen zu großen positiven Werten schwanken.

Der Fall der ruhenden Belastung kommt nur für wenige Bauteile vor, insbesondere für Schraubenverbindungen, sofern die Einbauspannung so groß ist, daß ihr gegenüber die zusätzliche Betriebsbeanspruchung zurücktritt. In diesem Fall kann die Streckgrenze der Berechnung zugrunde gelegt werden. Aber auch bei den meisten Schraubenverbindungen im Kraftfahrzeug sind die zusätzlichen Betriebsbeanspruchungen ausreichend, um zu Dauerbrüchen zu führen, so daß auch für sie meistens die Dauerfestigkeit maßgebend ist.

Eine weitere Art der Beanspruchung, für die die Bauteile bemessen werden müssen, ist die auf Formänderung. Ein Fahrgestell wurde z. B. früher so berechnet, daß die Lasten festgelegt und für deren Verteilung am Gestell ein Kräfteplan entworfen wurde, der die Biegungsmomente lieferte, aus denen unter Einrechnung unbestimmter Sicherheitszuschläge die Querschnittsabmessungen ermittelt wurden.

Wesentlicher als diese Biegungsbeanspruchungen sind, insbesondere im Personenwagenbau, bei den heutigen Fahrgeschwindigkeiten die Schwingungen eines Wagenkörpers in der Fahrt.

Es ist nötig, daß der Rahmen oder Körper eines Fahrzeugs so starr ist, daß er für die in Frage kommenden Bewegungen eine Schwingungszahl besitzt, die ausreichend hoch ist, um Resonanzschwingungen auf Grund der Fahrbahnerregungen zu vermeiden.

Wenn bei solchen Teilen die notwendige Starrheit erzielt wird und die Häufung der noch vorkommenden Verformungen auf einzelne Stellen vermieden wird, dann sind die Festigkeitsbeanspruchungen im allgemeinen sehr niedrig.

Über die Höhe der Dauerfestigkeiten der verschiedenen Werkstoffe stehen Unterlagen in dem vom Gestalter gewünschten Maß noch nicht zur Verfügung. Die Arbeiten zur Feststellung der Dauerfestigkeiten sind im Gange, die bisherigen Ergebnisse zeigen, daß die Dauerfestigkeit in so hohem Maß von der Werkstückform und -bearbeitung abhängig ist, daß lediglich gewisse Mittelwerte und Beispiele angegeben werden können, auf Grund deren die Wahl im Einzelfall abgeschätzt werden muß.

Aus den Arbeiten der Krupp-Stahlwerke (*35*) wird eine Erfahrungsformel angegeben, die die Dauerfestigkeit σ_D der Stähle am Probestab in bestimmte Abhängigkeit von Bruchfestigkeit σ_B und Streckgrenze σ_S setzt:

$$\sigma_D = 0{,}25(\sigma_S + \sigma_B) + 5 \text{ [kg/mm}^2\text{]}.$$

In den Spalten 1, 2 und 3 der Zahlentafel 6 sind einige Zahlenwerte für die Bruchfestigkeit, Streckgrenze und Dauerfestigkeit angegeben.

Auch diese Werte gelten nur für den glatten Probestab. In fast allen Fällen der Anwendung ist eine Neigung zum Ansetzen von Dauerbrüchen auch unter niedrigeren rechnerischen Beanspruchungen vorhanden, und zwar an Stellen, an denen Spannungshäufungen durch Kerben, unvermittelte Querschnittsübergänge und rauhe Oberflächen auftreten. Demgemäß muß man mit einer Verminderung der Dauerfestigkeit gegenüber der des glatten Stabes rechnen, was bei dem jetzigen Stand der Erkenntnisse auf Grund der Erfahrungen aus Werkstoffversuchen und Stückversuchen mit Hilfe von Kerbziffern geschehen kann. Diese geben die Anteile der Dauerfestigkeit an, die von dieser Dauerfestigkeit des glatten Stabes in Abzug zu bringen sind. Solche Kerbziffern sind in Spalte 4 der Zahlentafel 6 eingetragen.

Zahlentafel 6.

		Zugfestigkeit *B* unt. Werte kg/mm²	Streckgrenze *S* unt. Werte kg/mm²	Dauerfestigkeit *D* kg/mm²	Kerbziffer[1] (Anteil der Dauerfestigkeit)	Zulässige Spannungen[2] kg/mm² 1	2	3
St C 25 . 61	geglüht	42— 50	24	21	0,20	16—20	15—20	11—14
	vergütet	47— 55	28	23		18,5—21	17—21	12—15
St C 35 . 61	geglüht	50— 60	28	24	0,22	18,5—22	17,5—22	12,5—16
	vergütet	55— 65	33	26		22—24	18—24	13—17
St C 45 . 61	geglüht	60— 70	34	27	0,23	22,5—25	20—25	14—18
	vergütet	65— 75	39	30	0,25	26—28	21—28	15—20
St C 60 . 61	geglüht	70— 85	40	32	0,25	26,5—29	22—29	16—21
	vergütet	75— 90	45	35	0,30	30—32	22—32	16—23
VCN 15 vergütet	weich	65— 75	42— 49	35	0,25	28—33	24—32	17—23
	hart	75— 85	52— 60	39	0,30	34,5—40	25—36	18—26
VCN 35 vergütet	weich	75— 90	56— 67	40	0,25	37—44,5	28—37	20—26,5
	hart	90—105	67— 79	50	0,35	44,5—52,5	32—46	23—33
VCN 45 vergütet	weich	100—115	80— 92	53	0,30	53—58	34—49	24,5—35
	hart	140—160	120—136	70	0,35	67—77	32—53	23—38
ECN 25 gehärtet in	Öl	80—100	66— 70	43	0,15	40—43	32—40	36—32
	Wasser	90—110	68— 83	50	0,20	41—53	33—49	27—33
ECN 35	gehärtet	90—120	68— 90	50	0,25	41—57	35—41	27—35
ECN 45	gehärtet	120—140	90—105	55	0,30	57—65	36—45	29—38
V 2 A	weich	67	28	24	0	18,5	22	16
Gußeisen Ge. 26 . 91		26	—	12	0	8	7	6
Stg. 50 . 81 R	geglüht	50	30	14	0,30	20	12,5—16	9—11,5
Bronze	95 Cu, 5 Sn	32,1	—	16	?	11	10—14	7—10
Lautal	vergütet	33— 41	18—28	10	?	13	6—9	4,5—6,5
Dural 681 B	vergütet	38— 42	26—28	12	0,0	25,5	11	8
Silumin (Guß)		17— 20	8— 9	4	0,3	4	2—3,5	1,5—2,5
Elektron AZM	weich	28— 32	20—22	13	0,1	15	7—10,5	5—7,5

Die Kerbempfindlichkeit nimmt mit der Hochwertigkeit der Werkstoffe im allgemeinen zu. Daraus ergibt sich, daß man bei Bauteilen, bei denen vorwiegend Dauerbeanspruchung vorliegt, insbesondere wenn von Dauerbrüchen die Sicherheit der Fahrzeuginsassen abhängt, besonders vorsichtig in der Wahl hochwertiger Stähle vorgehen muß.

In den drei letzten Spalten sind als ungefähre Anhaltswerte die mit Hilfe dieser Kerbziffern ermittelten zulässigen Spannungen angegeben, und zwar in der Spalte 1 für ruhende Belastung, in Spalte 2 für Schwellbelastung von Null bis zum Höchstwert und in Spalte 3 für Wechselbelastung zwischen einem negativen und positiven Größtwert. Da die letztere Belastungsart die in Fahrzeugen übliche ist, können diese Zahlen für fast alle Dauerbeanspruchungsarten dem Entwurf zugrunde gelegt werden. In wichtigen Fällen bedürfen sie aber der Nachprüfung durch Dauerversuche am naturgetreuen Modell oder am Werkstück selbst.

[1] Verminderung der Dauerfestigkeit durch Kerbwirkungen. Obige Zahlen sind Anteile der Dauerfestigkeit, die von dieser in Abzug zu bringen sind. Abweichungen je nach Kerbart.

[2] Als Normalspannungen! Für Verdrehung 0,6fach!

17. Das Fahrzeuggetriebe.

A. Frühere Entwicklung.

I. Riemen- und Zahnradgetriebe.

Die Geschwindigkeitswechselgetriebe der Fahrzeuge haben sich bei der mangelnden Veränderlichkeit des Drehmoments der Verbrennungsmotoren schon bei den ersten Wagenbauten als notwendig erwiesen. Sie wurden vom Riemenantrieb ausgehend entwickelt, zunächst als Triebe mit Losscheiben oder Spannrollen, dann als Zahnradgetriebe, die in Anlehnung an die Werkzeugmaschinengetriebe zu besonderen Wagengetriebebauarten entwickelt wurden und den Lösungen des Werkzeugmaschinenbaus dann vorausgeeilt sind. Heute befindet sich die Getriebefrage erneut in Entwicklung, insbesondere da höhere Ansprüche an die Leistungsausnützung des Motors und an die Erleichterung des Schaltens gestellt werden müssen.

II. Verschieberädersätze.

In der Entwicklung des Zahnradgetriebes für Fahrzeuge sind von Levassor, Renault und Daimler-Maybach die bemerkenswertesten Schritte getan worden. Von Levassor wurde über eine lösbare Kegelkupplung (Abb. 166) die Leistung einer längsliegenden ersten Getriebewelle zugeführt und von dieser über einen verschiebbaren Wechselrädersatz auf eine zweite Welle, von hier mittels eines Kegelradtriebes auf eine querliegende Kettenradwelle und über Ketten auf die Laufräder des Fahrzeugs übertragen. Als Nachteil ergaben sich die Notwendigkeit des Durchschaltens der Räder durch den mittleren Gang, lange Verschiebewege und damit große Baulänge des Getriebes, sowie der Umstand, daß in jedem Gang ein Zahnradpaar mit entsprechendem Leistungsverlust und Geräusch im Antrieb eingeschaltet war.

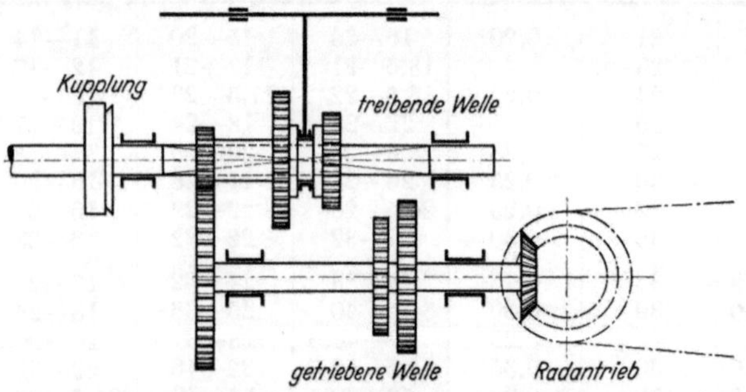

Abb. 166. Fahrzeuggetriebe (1. Entwicklungsstufe). Eine angetriebene und eine, durch seitlich verschiebbare Zahnräder verbundene, treibende Welle.

Die Vorgelegewelle und der unmittelbare Gang. Diese Schwierigkeiten des Schaltens hat Renault zu überwinden versucht (Abb. 167). Auf der ersten Welle war ein Zahnrad angeordnet, welches in dauerndem Eingriff eine Vorgelegewelle trieb. Die erste Welle wurde durch eine Klauenkupplung unterbrochen, so daß sie in ihren beiden Teilen mit gleicher oder verschiedener Drehzahl, durch die Klauenkupplung oder über das Vorgelege verbunden, betrieben werden konnte. Sie stellte so in ihrem zweiten Teil die getriebene Welle dar. Zur Schaltung wurde jeweils ein Paar der fest gelagerten Radsätze durch Einschwenken von Zwischenrädern verbunden, womit das „Durchschalten", die langen Schaltwege und große Baulänge vermieden wurden. Das Einschwenken der Räder bedingte aber eine nicht genügend starre Lagerung der Zwischenräder und schlechte Eingriffsverhältnisse, daher starke Geräusche.

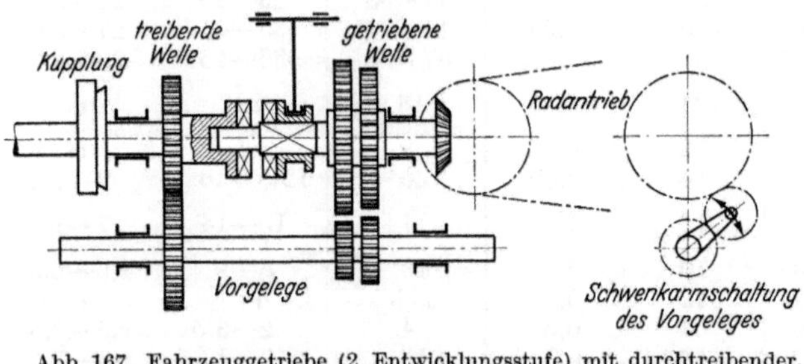

Abb. 167. Fahrzeuggetriebe (2. Entwicklungsstufe) mit durchtreibender, kuppelbarer Hauptwelle, Vorgelegewelle mit einschwenkbaren Zahnrädern.

Levassor ging sodann unter Beibehaltung seiner durchschaltbaren Schieberäder auf die geteilte Renaultsche Welle über, die für einen Geschwindigkeitsgang unmittelbar kuppelbar war.

III. Die bisherige Endlösung der Schaltung.

Aus den Arbeiten von Daimler und Maybach hat sich die Getriebeform ergeben, die in ihren Betriebseigenschaften voll befriedigen konnte und die Grundlage des Wagengetriebebaus bildete (Abb. 168). Die kuppelbare Welle und die Verschiebung der Zahnräder wurden beibehalten, die Räder aber in zwei oder mehreren getrennten Schiebesätzen paarweise zusammengefaßt. Die Schiebesätze wurden, jeder für sich, durch Schaltgabeln, die sich an getrennten

Schaltschienen befanden, verschoben und die nebeneinander liegenden Schaltschienen durch einen längs und quer beweglichen Schalthebel bedient, der bei der Querbewegung mit seinem als Schaltfinger ausgebildeten Ende von einer Schiene zur andern wechselte. Äußerlich erkennbar wurde der Schalthebel in einer seine Stellung für die verschiedenen Gänge kennzeichnenden Kulisse geführt, die zu der Bezeichnung „Kulissenschaltung“ führte. Dieser gegenüber stellt die dann weiter angewandte „Kugelschaltung“, bei der die Querbewegung des Schalthebels als Schwingbewegung um ein als Kugel ausgebildetes Gelenk ausgeführt wird, eine die Bewegung des Schalthebels erleichternde Verbesserung dar.

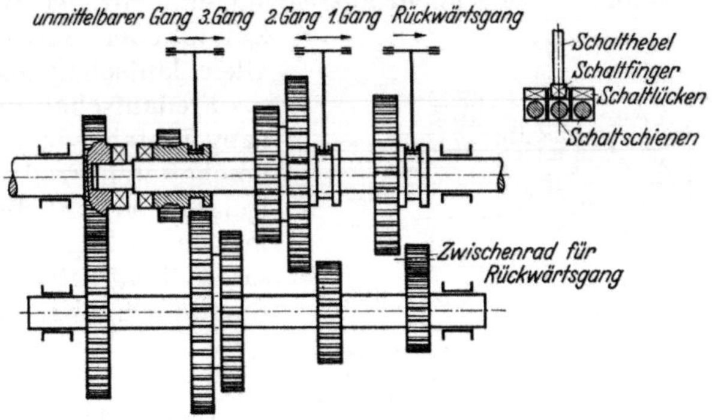

Abb. 168. Fahrzeuggetriebe (3. Entwicklungsstufe) mit getrennter, kuppelbarer Hauptwelle, auf Hauptwelle verschiebbaren Rädersätzen mit Kulissenschaltung.

Mit der Auflösung des Verschieberadkörpers in Einzelsätze von je 2 Rädern wurde kurze Baulänge, starrere Lagerung der Räder und erleichterte Schaltung erreicht.

B. Die neuere Entwicklung.

Das Getriebe weist aber in dieser Form Eigenschaften auf, die den fortschreitenden Anforderungen nicht genügen konnten.

Die Verzahnungen der Stirnräder müssen unter Bedingungen in Eingriff geschoben werden, die eine vorherige Angleichung der Umfangsgeschwindigkeiten der zu kuppelnden Räder nicht immer ermöglichen, was zu Schaltstößen führt, und die die Räder tragenden Verschiebemuffen müssen mit Schiebesitz auf den Wellen gelagert sein, was eine so genaue Festlegung des Zahneingriffs nicht ermöglicht, daß wesentliche Zahngeräusche vermieden werden könnten.

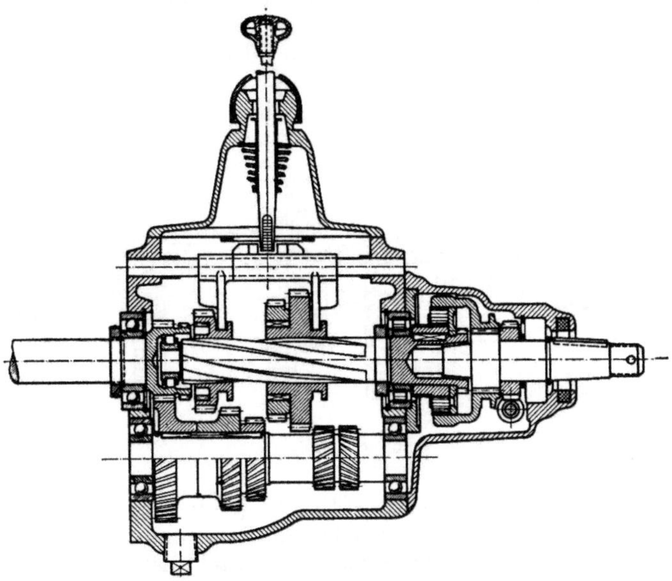

Abb. 169. Spiralgetriebe (Z.F.). Schaltung schrägverzahnter, verschiebbarer Räder auf spiralgenuteter Welle, angeschlossener Freilauf.

Die Anwendung der geräuschmindernden Schrägverzahnung wurde für die Verschieberäder durch die Ausführung des Spiralgetriebes (Abb. 169) möglich.

I. Schalterleichterung.

Im Eingriff bleibende Räder. Die neuere Entwicklung hat Schalterleichterungen dadurch eingeführt, daß die Räder dauernd im Eingriff laufen und durch leicht bedienbare Klauenkupplungen mit den Wellen verbunden werden. Damit ist es möglich, Schrägverzahnungen anzuwenden und für noch weitergehende Anforderungen an die Laufruhe die Räder statt auf den Wellen auf ihren dazu verlängerten Naben unmittelbar im Gehäuse starr zu lagern (Abb. 170).

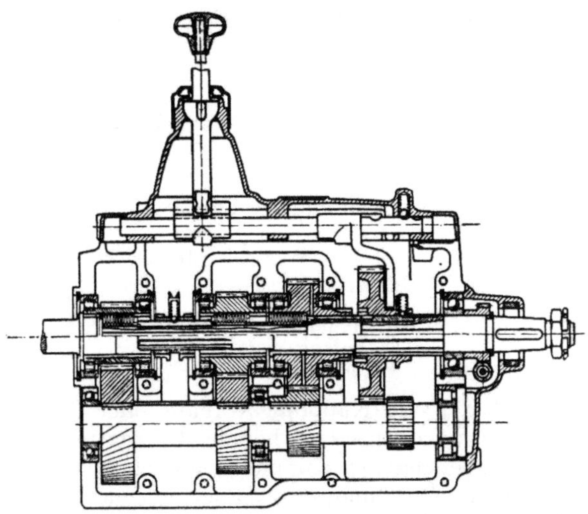

Abb. 170. Aphongetriebe (Z.F.). Im Eingriff bleibende schrägverzahnte, starrgelagerte Räder, Klauenkupplungen mit Reib-Lamellen-Gleichlaufschaltung.

Gleichlaufschaltung. Besondere Maßnahmen werden angewandt, die Räder bzw. die Kupplungsteile vor der Schaltung auf gleiche Umfangsgeschwindigkeiten zu bringen. Dazu werden kleine Reibkupplungen verwandt (Abb. 170 u. 171), die für die Beschleunigung der zu kuppelnden Teile allein ausreichen und mit der Bewegung der Schaltung vor Eingriff der Zähne oder Klauen bedient werden (Synchronisierung, Gleichlaufschaltung).

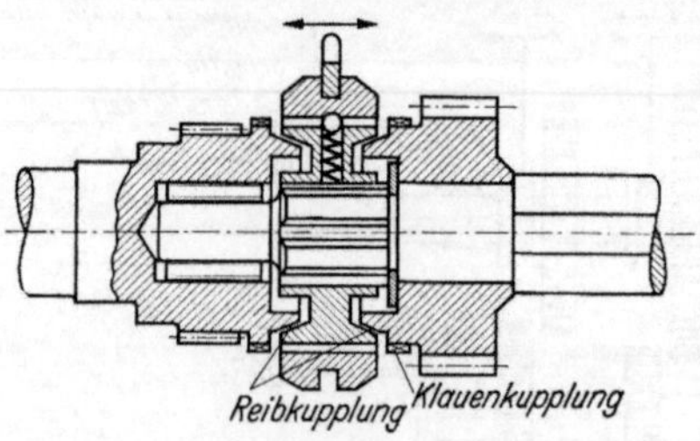

Abb. 171. Gleichlaufkupplung. Bei Bewegung der Klauenkupplung wird durch gefederten Mitnehmer die Kegelkupplung mitgenommen und angedrückt.

Freilaufschaltung. Eine andere Art der Schalterleichterung besteht darin, daß durch einen hinter das Getriebe geschalteten Freilauf (Abb. 169), der bei dem Schaltvorgang freigegeben wird, die Schaltgetriebeteile aus ihrer Verbindung mit dem übrigen Triebwerk gelöst werden, womit ihr wirksames Trägheitsmoment so klein wird, daß die Schaltstöße unmerklich klein bleiben.

II. Bekannte Bauarten.

In der Aufteilung der Gänge in solche mit dauerndem Eingriff und Schalterleichterung und einfache Schieberädersätze haben sich schon bestimmte Richtungen herausgebildet, die nach v. Soden mit „Aphon“-, „Warner“- und „General-Motors-Ausführung“ bezeichnet werden.

Bei der Aphon-Ausführung (Abb. 172), die dem Getriebe nach Abb. 170 zugrunde liegt, sind die Räder für sich im Gehäuse gelagert und die Wellen mit Spiel durch die Räder durchgeführt, mit denen sie durch Schaltkupplungen verbunden werden. Der unmittelbare vierte und zwei weitere Gänge sind geräuschschwach, der erste wird durch ein Schieberad gebildet.

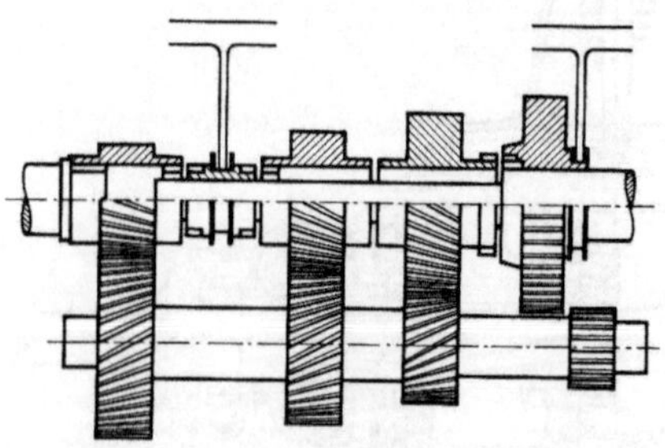

Abb. 172. Räderanordnung der „Aphon“-Bauart.

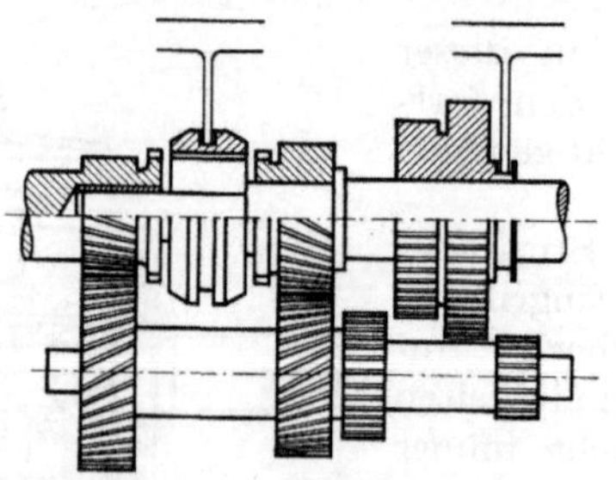

Abb. 173. Räderanordnung der „Warner“-Bauart.

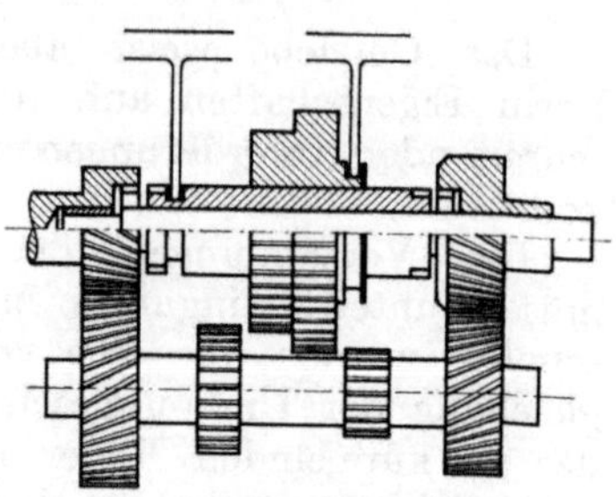

Abb. 174. Räderanordnung der „General-Motors“-Bauart.

Bei der Warner-Ausführung (Abb. 173) sind im allgemeinen zwei geräuschlose Eingriffe angeordnet, die im Getriebe auf der Motorseite liegen, so daß neben dem unmittelbaren vierten der dritte Gang geräuschschwach und anschließend der zweite und erste Gang mit Verschieberädern ausgebildet ist.

Bei der General-Motors-Ausführung (Abb. 174) sind die Räder, die dauernd im Eingriff liegen, zur Erreichung starrer Lagerung den beiden Getriebehauptwänden benachbart angeordnet und die zusätzlichen Schieberadgänge in der Mitte.

C. Berechnung und Gestaltung des Getriebes.

I. Berechnung.

Der Getriebeberechnung wird im allgemeinen das durchtreibende Moment zugrunde gelegt

$$M_d = P \cdot r = 71\,620\,\frac{N}{n},$$

wobei

M_d Drehmoment [cmkg],
P Umfangskraft [kg],
r Teilkreishalbmesser [cm],
N Motorleistung [PS],
n Motordrehzahl [U/min]

ist. Durch die vom Kupplungsvorgang oder der Abrollbewegung der Treibräder herrührenden Ungleichförmigkeiten treten höhere Beanspruchungen auf. Zweckmäßig wird bei der Rechnung auch das übertragbare Kupplungsmoment beachtet, das sich für die Übersetzungsstufen im Verhältnis der Durchmesser des angetriebenen zum treibenden Rad der Vorgelegewellen ändert.

Zahnräder. Der auf Biegung beanspruchte Zahn wird nach dem Entwurf mit der bekannten Näherungsrechnung nachgeprüft (*36*).

Für Geradverzahnung $P = c \cdot b \cdot t$, für Schrägverzahnung $P = 1{,}5\, c \cdot b \cdot t_n$.

b Zahnbreite, t Teilung, t_n Teilung senkrecht zur Zahnflanke.

Für Fahrzeuggetrieberäder wird c mit 120 bis 200 angenommen. Dem ersten Wert entspricht eine zulässige Biegebeanspruchung von 17 kg/mm², dem zweiten eine von 28 kg/mm².

Für eine Zähnezahl unter 30 ist c kleiner zu wählen, bei 15 Zähnen nur noch der halbe Wert einzusetzen. Auch mit den Forderungen geringer Abnützung hoch beanspruchter Räder ist c zu verkleinern, dagegen können für die wenig in Benützung stehenden Verzahnungen des Rückwärtsgangs und der ganz niederen Gänge höhere Belastungswerte, etwa bis $c = 400$ bzw. 300, genommen werden. Die Zahnbreite, durch den Wert $\frac{b}{m}$ (m = Modul) bewertet, läßt bei guter Lagerung einen Wert $\frac{b}{m} = 25$ bis 30, der bei Einzelradlagerung noch überschritten werden kann, bei weniger guter Lagerung 10 bis 15 zu. Breite Zähne geben bei ungenauem Eingriff Überbeanspruchung der Zahnflanken und Erhöhung des Getriebegeräusches.

Wellen. Die Festlegung der Wellenabmessungen erfolgt weniger unter Berücksichtigung des zu übertragenden Drehmoments (ausgenommen bei sehr großer Übersetzung), als hinsichtlich der den Zahneingriff und die Laufruhe störenden elastischen Durchbiegungen unter der durch das Drehmoment und den Raddurchmesser bestimmten Umfangskraft. Möglichst geringe Durchbiegung ist anzustreben durch größtmöglichsten Wellendurchmesser (auch Hohlwellen) in Anpassung an den kleinsten Zahnraddurchmesser.

Lagerbelastung. Der größte Lagerdruck tritt meistens an dem kleinsten Zahnrad, das nahe an der Getriebewand liegt, auf. Für dieses Lager ist die Belastung ungefähr gleich der am Rad wirkenden Umfangskraft. Bei allen übrigen Eingriffen ist der Lagerdruck infolge Verteilung auf mehr Lagerstellen geringer. Über Lagerbeanspruchungen ist später Weiteres ausgeführt.

II. Gestaltung.

Die im allgemeinen aus Chrom-Nickel-Einsatzstahl hergestellten Fahrzeuggetrieberäder sind gehärtet, geschliffen und geläppt. Als einfach zu bearbeitende Zahnform wird die Evolventenverzahnung verwendet. Die neueren Getriebe weisen durchweg Schrauben- bzw. Schrägverzahnung der Räder auf, nur im ersten und im Rückwärtsgang wird darauf verzichtet. Zwei geräuschschwache Gänge sind zu verlangen. Bei Verschieberädern sind die Zähne an der Stirnseite abgerundet. Ihre Lagerung in Keilnuten der Hauptwelle erfordert sorgfältigste Ausführung, insbesondere genaue Zentrierung, zur Erreichung einwandfreien Zahneingriffs.

Die Vorgelegewellen sind teilweise mit dem kleinen Zahnrad aus einem Stück mit aufgekeilten großen Zahnrädern hergestellt und an den Enden im Gehäuse gelagert. Die andere Ausführung der fest eingezogenen Welle mit darauf laufenden untereinander verbundenen Rädern erreicht nicht die große Biegefestigkeit der ersten Ausführung. Die geteilte Hauptwelle wird in dem ersten Rad, das mit der von der Kupplung kommenden Triebwelle aus einem Stück ist, gelagert.

Der Wirkungsgrad des reinen Zahneingriffs ist bei der hochentwickelten Zahnbearbeitung 99 vH. Die Hauptverluste entstehen in der Lagerung und durch die Ölquetschung der Zahnräder. Deshalb wird angestrebt, nur die treibenden Räder einer Übersetzung zu bewegen und im unmittelbaren Gang die Vorgelegewelle stillzulegen.

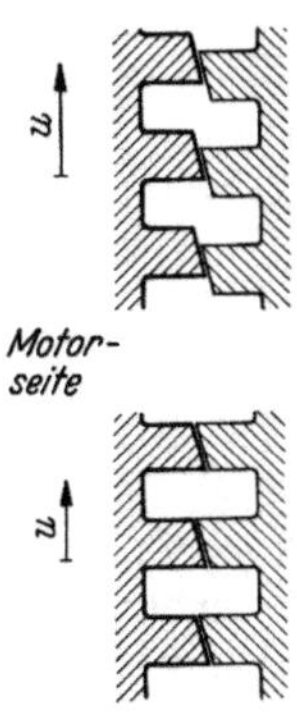

Abb. 175. Getriebeklauenkupplung mit Abweisflächen. Oben: Abweisflächen verhindern Kupplung. Unten: Kupplung kommt zum Greifen. u Umfangsgeschwindigkeit der Klauen.

Lager. Geringe Lagerverluste und schmale Bauweise werden mit Rollen- und Kugellagern erreicht, die handelsüblich mit dazugehörendem Innen- und Außenlaufring gewählt werden. Bei Einzelradlagerung wird die Innenlauffläche unmittelbar an das Zahnrad angeschliffen. Teilweise wird in der Vorgelegewelle noch Gleitlagerung verwendet. Alle hoch beanspruchten Lagerstellen erhalten zweckmäßig Rollenlagerung. Die Aufnahme des Seitenschubs, auch bei schräg verzahnten Rädern, erfolgt mit Radiaxlagern. Bei einzeln gelagerten Rädern mit geringem Seitenschub genügt auch die Bordführung von Rollenlagern für dessen Aufnahme.

Kupplung. Die Kupplung der ständig im Eingriff stehenden Räder erfolgt über an der Stirnseite der Räder angebrachte Klauen oder über Verzahnungen, die am Umfang des einen und als Innenverzahnung des zweiten Rades zum Eingriff kommen. Ihr Gleichlauf wird, wie erwähnt, durch kleine Gleichlaufkupplungen, die als Kegel- oder Lamellenkupplungen ausgebildet sind, geschaffen. Gleichlauf der Kupplung wird auch durch die von K. Maybach eingeführte Stirnkupplung mit Abweisflächen erreicht (Abb. 175).

Gehäuse. Die Getriebegehäuse sind meistens aus Grauguß angefertigt, wodurch Geräuschschwachheit erreicht wird. Bei außen gelagerten Wellen ist das Gehäuse aus einem Stück gefertigt, die Wellen werden seitlich eingeschoben, die Räder im Gehäuse aufgesetzt und die Lagerstellen mit Deckeln verschlossen. Das oben offene Gehäuse trägt einen Abschlußdeckel, der die Lagerung des Schalthebels und der Schaltstangen enthält. Bei zwischengelagerten Wellen oder einzel gelagerten Zahnrädern wird das Gehäuse meistens waagrecht geteilt. Das Gehäuse enthält einen Schmiersumpf, von dem aus das Schmiermittel durch Tauchwirkung zu den Schmierstellen gelangt. Wichtig ist gute Abdichtung des Gehäuses gegen Schmiermittelverluste.

D. Die Entwicklung der Lastwagengetriebe.

Die Entwicklung der Wechselgetriebe der Lastwagen hat sich eng an die der Getriebe für Personenwagen angeschlossen. Abweichungen ergaben sich insbesondere durch Zufügung von weiteren kuppelbaren Radsätzen für den Antrieb von Zubehöreinrichtungen wie Feuerpumpen, Seilwinden und durch Anfügung von Zusatz- oder Übergetriebe zur Vermehrung der Gangzahl geländefähiger Fahrzeuge.

E. Die Entwicklung des Kraftradgetriebes.

Bei den Krafträdern ist eine ähnliche Getriebeentwicklung wie beim Wagen zu verzeichnen. Das erste fahrfähige Kraftrad, das von Gottlieb Daimler gebaut wurde, besaß Riemenantrieb vom Motor zu einer Vorgelegewelle, die mit einem kleinen Stirnzahnrad einen am Laufrad befestigten innen verzahnten Radkranz trieb. Der Riemen wurde durch eine Spannrolle, die die Kupplung vertrat, in Betriebsspannung gesetzt und gehalten. Über einfachere unmittelbare Riemenantriebe, bei denen das Rad zur Ingangsetzung des Motors angeschoben werden mußte,

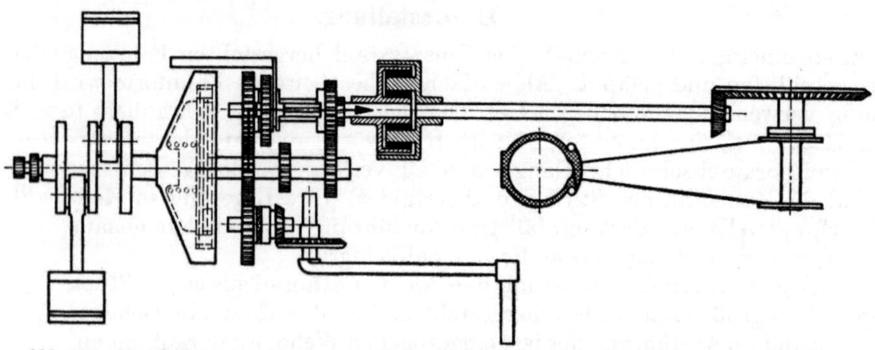

Abb. 176. Kraftleitung vom Motor zum Hinterrad beim Kraftrad. Kettenlose Bauart. (BMW.)

ist man zu der besseren Lösung übergegangen, mit den Motoren der Krafträder Wechselgetriebe zu verbinden, die, an diesem fest oder getrennt angebaut, mit Zahnrädern oder Kette, oft untersetzt, über eine Reibungskupplung von der Kurbelwelle angetrieben sind und ihrerseits mit Kette oder mit Kegelradwelle auf das Hinterrad arbeiten (Abb. 176).

F. Umlaufgetriebe.

Das Umlaufgetriebe wird im Kraftfahrzeug, insbesondere zum Zweck der Erreichung von Schalterleichterung, bisweilen angewandt. Die Übersetzungswahl erfolgt durch Abbremsen der Zahnräder oder des Umlaufgehäuses mit stoßfrei wirkenden Reibungsbremsen.

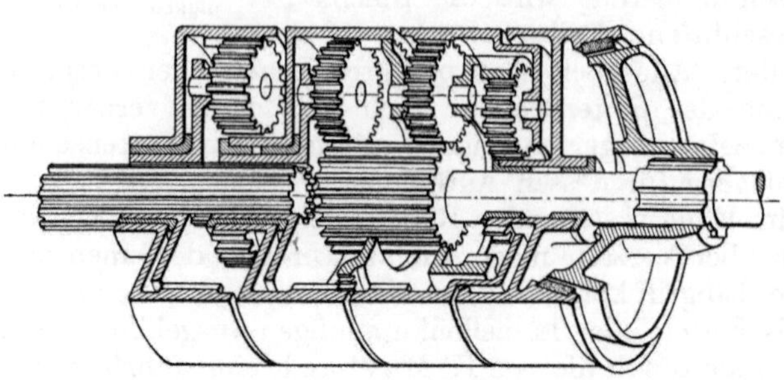

Abb. 177. Umlaufgetriebe. Zahnradanordnung des Wilson-Getriebes.

Die einfache Bauweise gestattet nur die Anwendung von 2 Vorwärtsgängen und 1 Rückwärtsgang. Sie wurde trotzdem unter Inkaufnahme der im später gezeigten Fahrleistungsschaubild (Abb. 187) sich ergebenden Leistungslücken bei billigen Fahrzeugen mit verhältnismäßig hohem Leistungsüberschuß umfangreich angewandt (Ford T). Höherstufige Ausführungen machen umständlichere Bauweisen notwendig (Abb. 177).

Die Bremsung der Räder erfolgt mit Bandbremsen durch Fußhebel oder durch Vorwählschalter mechanisch, zum Teil auch mit elektromagnetischer Betätigung.

Das einfache Planetengetriebe (Abb. 178) mit treibendem Mittelrad a, den Planetenrädern b auf dem Träger c und dem innen verzahnten Außenrad d weist folgende Übersetzungsmöglichkeiten auf:

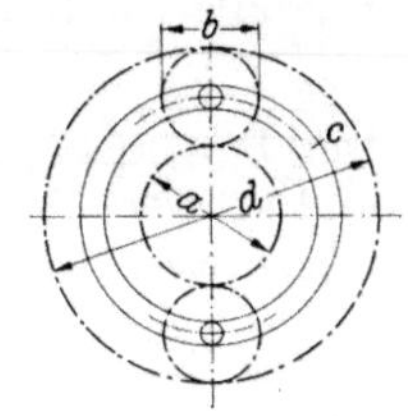

Abb. 178. Einfaches Umlaufgetriebe mit Innenverzahnung des Außenrades.

Im kleinen Vorwärtsgang ist d festgebremst, a treibt, c ist getrieben, das Übersetzungsverhältnis ist:

$$n_a : n_c = 1 : \left(\frac{2b}{a} + 2\right).$$

Im unmittelbaren Gang sind a und c miteinander gekuppelt, das ganze Getriebe läuft als in sich starrer Körper um, das Übersetzungsverhältnis ist $1:1$.

Im Rückwärtsgang wird c festgebremst, a treibt, d ist getrieben, das Übersetzungsverhältnis ist

$$n_a : n_d = 1 : \left(\frac{2b}{a} + 1\right).$$

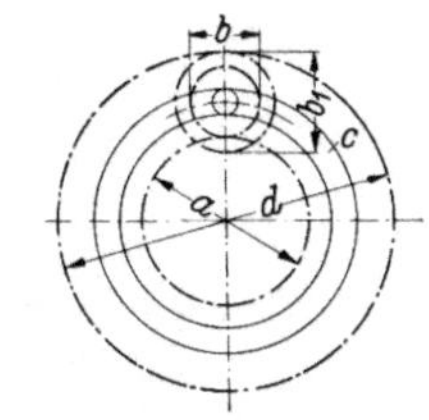

Abb. 179. Einfaches Umlaufgetriebe mit Innenverzahnung und mit gestuften Umlaufrädern.

Die Übersetzung im kleinen Vorwärtsgang wird stets größer als $2:1$ sein.

Kleinere Werte erreicht man mit der Ausbildung sämtlicher Zahnräder als Kegelräder oder mit der Anordnung nach Abb. 179. Hier wird für den kleinen Vorwärtsgang, bei dem wiederum a treibt und d festgebremst ist, die Übersetzung zwischen a und c:

$$n_a : n_c = 1 : \left(\frac{b}{b_1} + \frac{b^2}{a b_1} + \frac{b}{a} + 1\right).$$

Für den Rückwärtsgang, bei dem a treibt, c festgebremst und d getrieben ist, wird die Übersetzung:

$$n_a : n_d = 1 : \left(\frac{b}{b_1} + \frac{b^2}{a b_1} + \frac{b}{a}\right).$$

Bei sorgfältiger Ausführung kann die Umfangskraft und der Gesamtzahndruck auf mehrere Umlaufräder annähernd gleichmäßig verteilt werden.

Bei 2 gegenüberliegenden Umlaufrädern können Rad a und Rad b gerade oder ungerade Zähnezahlen aufweisen.

Die Zähnezahl des Außenrades beträgt stets

$$z_d = 2 z_b + z_a.$$

Bei 3 Umlaufrädern, die unter 120° zueinander stehen, muß, wenn mit a, b und c auch die Zähnezahlen bezeichnet werden,

wenn a durch 3 teilbar ist, auch b durch 3 teilbar sein,
wenn $(a-1)$ durch 3 teilbar ist, $(b+1)$ durch 3 teilbar sein,
wenn $(a+1)$ durch 3 teilbar ist, $(b-1)$ durch 3 teilbar sein.

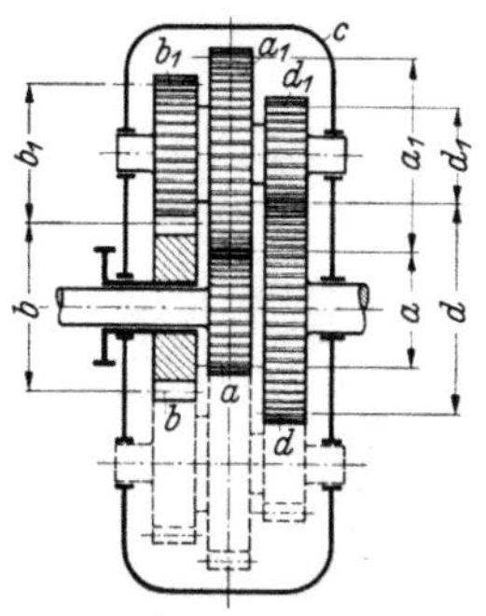

Abb. 180. Außenverzahntes Stirnräder-Umlaufgetriebe.

Bei 4 Umlaufrädern muß entweder a und b gerade oder a und b ungerade Zähnezahlen aufweisen.

Unter Verzicht auf die Innenverzahnung kann das Umlaufgetriebe ganz mit außen verzahnten Stirnrädern ausgeführt werden (Abb. 180).

Die Räder a, b und d sind einzeln drehbar, die Räder a_1, b_1 und d_1 sind gegeneinander fest und im Träger c gelagert, der um die Mittelwelle drehen kann. Der Antrieb erfolgt über a, der Wegtrieb über d.

Im unmittelbaren Gang wird das treibende Rad a mit b festgekuppelt, das ganze Getriebe wird damit in sich starr verblockt, die Übersetzung ist $1:1$.

Beim kleinen Vorwärtsgang wird c festgebremst, die Übersetzung ist

$$n_a : n_d = 1 : \frac{d}{d_1} \cdot \frac{a_1}{a},$$

im Rückwärtsgang wird *b* festgebremst, *c* läuft um, und die aus diesem Umlauf und der Drehung von d_1 auf d übertragene Unterschiedsbewegung liefert den Rückwärtsantrieb auf d mit der Übersetzung

$$n_a : n_d = 1 : \left(\frac{d}{a} \cdot \frac{b-a}{b-d}\right).$$

Für alle im Eingriff stehenden Räder gilt

$$a + a_1 = b + b_1 = d + d_1.$$

Der Bau mehr als zweier vorwärtstreibender Stufen ergibt, wie oben angeführt, umständliche und schwere Anordnungen, bei denen mehrere Zahnräder gleichzeitig im Eingriff sind und die Geräuschschwachheit des Getriebes beeinträchtigt wird.

G. Hydraulische Übertragung.

Die Lösung des stufenlosen Getriebes wird angestrebt. Die hydraulische Übertragung in Form der hydrodynamischen Getriebe nach Föttinger hat sich als hydraulische Kupplung und als hydraulisches Getriebe (Wandler) schon einzuführen vermocht (Abb. 181).

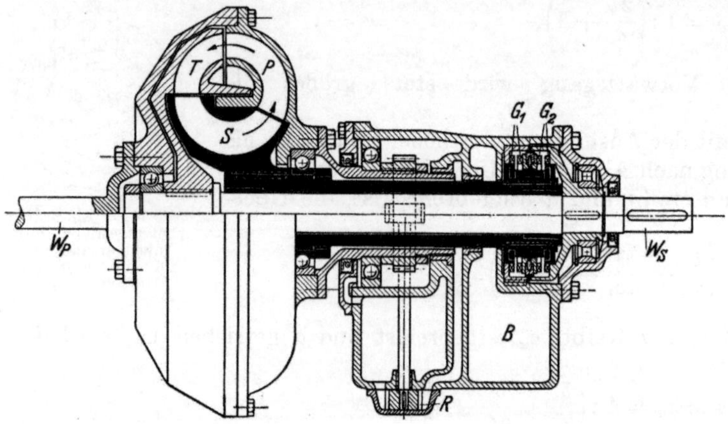

Abb. 181. Trilok-Getriebe. Hydraulische Kupplung und hydraulischer Drehmomentswandler in einem Kreislauf.

W_p Antriebswelle, W_s Abtriebswelle, T Turbinenrad, S Wechselrad-Leitapparat, $G_1 G_2$ Klauengesperre, B Gehäuse, R Zahnradpumpe mit Schmierung

Nach dem Stand dieser Entwicklung sind Wirkungsgrade in der Größenordnung von 98 vH erreichbar, wenn es sich um die hydraulische Kupplung handelt, und 90 vH, wenn es sich um das hydraulische Getriebe handelt, allerdings in der Nähe des günstigsten Übersetzungsverhältnisses 1 : 1. Bei den stärkeren Übersetzungen sind Wirkungsgrade von ungefähr 60 vH bei einem Übersetzungsverhältnis 1:3 und etwa 40 vH beim Übersetzungsverhältnis 1:6 zu erzielen. Die Entwicklung ist noch nicht abgeschlossen (*37*).

H. Der Achsantrieb.

Der Achsantrieb der Kraftfahrzeuge hat verschiedenartige Lösungen gefunden.

Der im Hinblick auf die Federbewegung der Radachsen zweckmäßige Kettenantrieb war lange üblich, aber sehr geräuschvoll. Unter Entwicklung der Wellengelenke zu hinreichender Betriebssicherheit wurde der Gelenkwellenantrieb eingeführt. Dieser benützte als Achsgetriebe den gewöhnlichen Kegeltrieb mit sich schneidenden Wellenmitten (Abb. 182) oder den Hypoidkegeltrieb mit versetzten Wellenmitten (Abb. 183). Fast allgemein fand die Spiralverzahnung Einführung. Die nicht ganz vermeidbare Neigung des in Leichtbau ausgeführten Kegelradtriebs zu Geräusch und die Anpassung an hohe zu übertragende Drehmomente hat auch zur Anwendung des Schneckentriebs als Achsgetriebe geführt, der zu hohen Wirkungsgraden entwickelt worden ist. Er erfordert Freiheit von Selbsthemmung und niedere Zahnflankenbelastung zur Erzielung flüssiger Reibung. Halbtrockene Reibung beim Anfahren läßt sich nicht vermeiden.

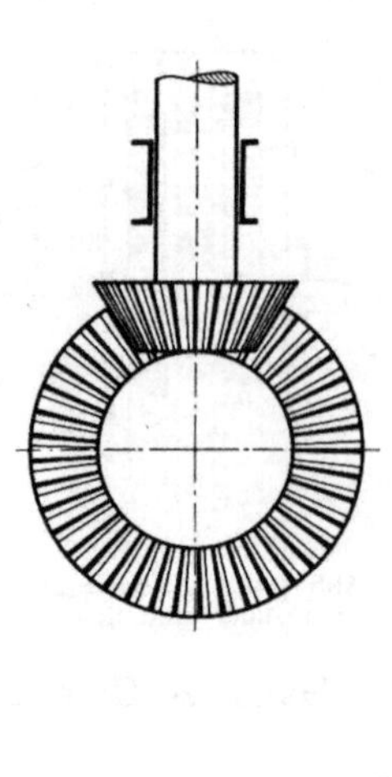

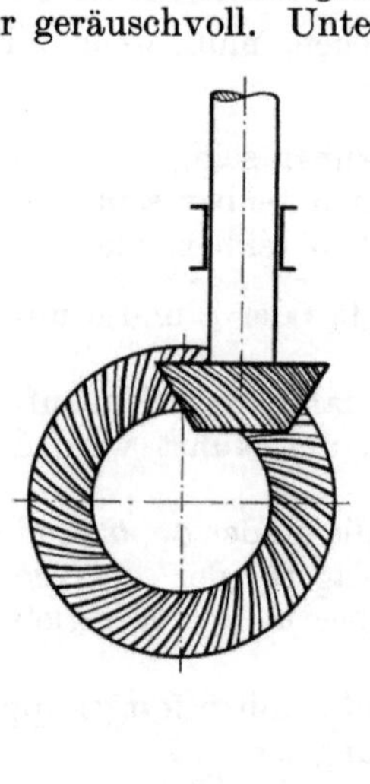

Ausgleichgetriebe. An das Teller- oder Schneckenrad des Umlenkgetriebes ist unmittelbar das Ausgleichgetriebe an- oder eingebaut, das zwischen jedes getriebene Achspaar, bei Vielradantrieb unter Umständen zusammengefaßt zwischen den rechten und linken Treibrädern, zum Ausgleich der Abrollwege der Räder in der Kurve eingeschaltet ist.

Die übliche Ausführung ist das Kegelradausgleichgetriebe (Abb. 184). In vielen Fällen wird jedoch auch das Stirnradausgleichgetriebe (Abb. 185) verwendet, wenn bei vorhandenem größerem Außendurchmesser auf schmale Bauweise Wert gelegt wird.

Für schwierige Fahrbedingungen bei Steigung und Geländefahrt ist eine Sperrung des Ausgleichgetriebes notwendig. Dies kann durch besondere Kupplungen im Ausgleichgetriebe, die von Hand betätigt werden, oder durch selbstsperrende Ausgleichgetriebe erfolgen.

Bei den selbstsperrenden Ausgleichgetrieben nach Abb. 186 sind auf den beiden Radwellen Kurvenbahnen angeordnet, die Gleitflächen von gleichem Abstand darstellen für besondere Gleitkörper, die den Antrieb auf die Gleitbahnen übertragen. Sie können sich radial frei bewegen, wenn die beiden Radwellen durch die in der Kurve eintretende Vor- und Nacheilung von außen zusätzlich entgegengesetzt angetrieben werden. Wenn ein Rad dem anderen und den antreibenden Gleitkörpern vorzueilen trachtet, verkleinert sich der Abstand der Kurvenbahnen an der Stelle, wo sich die Gleitkörper befinden, wodurch diese sperren. Die dauernde Wirksamkeit dieser Sperrung ist aber von der Hintanhaltung wesentlicher Abnützung von Gleitkörpern und Gleitbahnen abhängig.

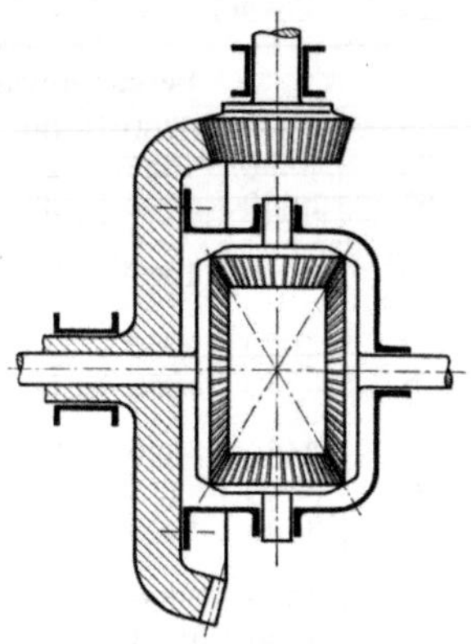

Abb. 184. Wesentlicher Aufbau des Kegelradausgleichgetriebes.

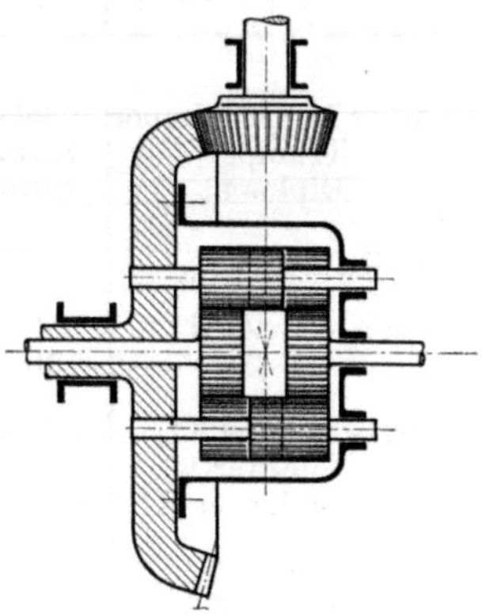

Abb. 185. Wesentlicher Aufbau des Stirnradausgleichgetriebes.

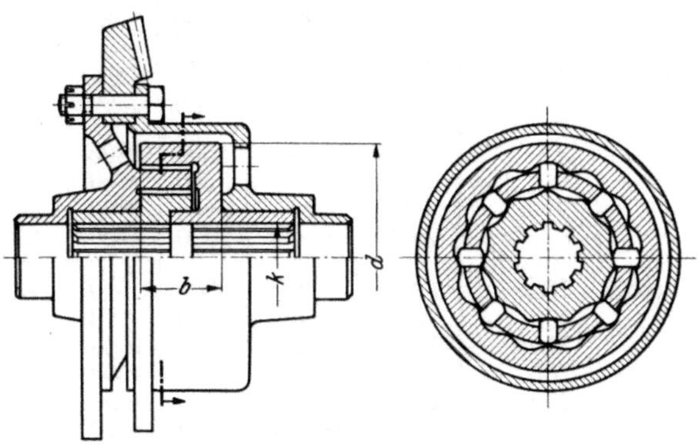

Abb. 186. Selbstsperrendes Ausgleichgetriebe (Z.F.).

18. Bestimmung der Getriebeübersetzungen.

Die erforderliche Gesamtübersetzung zwischen Motor und Treibrädern läßt sich für jeden einzelnen Betriebsfall ohne Schwierigkeiten berechnen. Auch ist es an sich möglich, die verschiedenen Übersetzungsverhältnisse, also die Abstufung des Wechselgetriebes, in geschlossener Form zu berechnen, wenn man dem Rechnungsansatz den folgenden Vorgang zugrunde legt.

Bei Vollgasfahrt wird mit zunehmender Steigung der Fahrbahn der Wagen seine Geschwindigkeit verlangsamen, bis die Erreichung der Motordrehzahl des höchsten Drehmoments den Übergang auf eine höhere Übersetzung durch Schalten nötig macht. Der Motor wird dann auf die Drehzahl seiner höchsten Leistung aufholen und, wenn die Steigung weiter zunimmt, wieder abfallen bis zur Drehzahl des größten Drehmoments, wo dann erneut geschaltet wird, worauf sich die Vorgänge bei weiterer Vergrößerung der Steigung wiederholen.

Der Rechnungsansatz mit Hilfe der Formel für den Leistungsbedarf in seinen verschiedenen Anteilen führt zu Gleichungen höherer Ordnung, aus denen die unbekannten Grenzgeschwindigkeiten bei höchstem Drehmoment und höchster Leistung des Motors und damit die Getriebeabstufungen der Reihe nach ermittelt werden können.

Solche umständlichen Berechnungen rechtfertigen sich aber nicht, da viele Beispiele für Getriebeabstufungen und ihre Wirkung auf die Fahrleistungen bekannt sind, so daß man an Hand bekannter Ausführungen die Übersetzungsverhältnisse annehmen und in ihrer Wirkung mit Hilfe des „Fahrleistungsschaubildes“ überprüfen kann.

A. Übliche Übersetzungsverhältnisse.

In Zahlentafel 7, 1–3 sind übliche Getriebeverhältnisse zusammengestellt, aus denen für den Entwurf eine Wahl getroffen werden kann.

Zahlentafel 7, 1. Getriebeuntersetzungen.

Personenwagen, Lastwagen und Omnibus	Hubraum l	Leistung PS	Motor-U/min	Leergewicht[1] kg	kg/PS	Untersetzung 1: ... im Gang 1	2	3	4	R	Achsübers. 1: ...
Personenwagen.											
Adler Trumpf-Junior	0,995	25	4000	750	30	4,03	2,32	1,53	1	3,64	5,43
Trumpf	1,645	38	3800	925	24	4,08	2,14	1,46	1	4,48	4,83
Diplomat	2,916	65	3600	1500	23	4,1	2,6	1,48	1	5,3	4,63
Audi	2,257	50	3500	1300	26	4,5	2,4	1,49	1	5,6	5,25
BMW 0,9 l	0,845	22	4000	750	34	4,4	2,54	1,64	1	3,48	5,85
2 l	1,911	45	3750	850	19	3,66	2,22	1,51	1	3,66	4,38
DKW Reichs-Kl.	0,585	18	3500	680	38	3,15	1,69	1		4,73	6,52
Meister-Kl.	0,690	20	3500	775	38,5	3,15	1,69	1		4,73	6,1
Schwebe-Kl.	0,995	30	3500	1000	33	4,52	2,4	1,38	1	5,35	4,9
Hanomag 1,1	1,097	23	3500	990	43	4,55	2,33	1,48	1	4	5,1
1,5	1,504	33	3500	1033	31	4,38	2,5	1,64	1	5,34	5,1
2,3	2,257	50	3500	1300	26	3,97	2,26	1,51	1	4,66	4,12
Hansa 1,1	1,088	28	3200	950	34	3,52	2,12	1,46	1	4,63	5,28
1,7	1,634	41	3800	1060	26	3,52	2,12	1,46	1	4,63	4,62
Horch 3,5	3,517	80	3400	1800	22,5	3,46	1,88	1	0,71	4,4	5,45
5	4,946	105	3400	2300	22	2,78	1,66	1	0,67	3,56	5,35
Maybach 3,5	3,435	140	4500	1800	12,8	6,2	2,54	1,72	1/0,68	6,2	4,6
5,2	5,184	130	3200	2400	18,5	4,5	3	2	1,5/1	3,7	3,58
7	6,996	120	2800	2400	20	4,5	3	2	1,5/1	3,7	3,21
8	7,977	200	3000	2700	13,5	4,5	3	2	1,5/1	3,7	3,2/3,58
Mercedes 130	1,308	26	3300	970	37	3,7	1,75	1	0,67	3,1	6,75
150	1,498	55	4500	980	17,8	3,4	1,78	1,13	0,75	3,4	5,63
170	1,692	32	3200	1060	33	3,3	1,7	1	0,73	2,9	6,1
200	1,963	40	3200	1200	30	3,3	1,71	1	0,73	2,9	6,1/6/4,5
290	2,867	68	3200	1650	24	3,6	1,75	1	0,75	4,3	5,77
380	3,796	90/120	3200	1920	21/16	3,41	1,6	1	0,7	4,3	5,11
Nürburg 500	4,918	100	3100	2500	25	4,12	2,21	1,49	1/0,7	4,3	5,77
500 K	5,019	100/160	3400	2250	22,5/14	3,42	1,6	1	0,62	4,3	4,88
770 K	7,655	150/200	2800	2700	18/13,5	2,73	1,52	1	—	3,3	4,5/4,9
Opel 1,2	1,195	23	3200	730	32	3,53	1,74	1		4,61	5,14
1,3	1,288	24	3200	965	40	3,91	2,47	1,49	1	4,21	5,14
2	1,932	36	3200	1050	29	3,91	2,47	1,49	1	4,21	4,3
Stoewer R 150	1,466	35	3800	950	27	4	2,5	1,51	1	3,24	5,4/4,87/6,1
V 8	2,489	55	3800	1250	23	4	2,5	1,39	1	3,24	4,87/4,38
Wanderer 1,7	1,692	35	3500	1250	35,5	4,5	2,4	1,49	1	5,3	5,75
2	1,963	40	3500	1275	32	4,5	2,4	1,49	1	5,3	5,3
2,3	2,257	50	3500	1275	25,5	4,5	2,4	1,49	1	5,3	4,9
Lastwagen und Omnibus.											
Büssing-NAG 200 2 t	3,706	45	2000	1760	5,55	3,07	1,82	1	—	6,85	6,86
275 2,5 t	4,942	60	2000	2400	5,17	2,93	1,88	1	—	4,4	6,86
350 3,5 t	7,412	90	2000	3200	4,85	2,84	1,63	1	0,74	3,4	5,13
502 6 t	12,517	110/120	1500	4850	5,36	3,15	1,68	1	0,67	5,36	7,9/6,2
3-Achser 9 t	13,539	140	1600	6500	5,36	3,15	1,68	1	0,97	5,36	4,65/8,65
Daimler-Benz 2 t	3,77	55	2000	2030	5,56	3,07	1,8	1	—	6,5	5,43
2,75 t	4,942	65	2000	2400	4,8	3,06	1,7	1	0,78/1,4	4,1	6,25
3,5 t	7,413	95	2000	3300	5,77	3,39	1,94	1	0,8/1,35	4,93	6,15
5 t	10,283	120	1600	4600	5,5	2,8	1,67	1	0,7/1,42	4,8	7,9/6,2
Henschel 2,75 t	4,4	65	2200	2250	6,5	3,18	1,78	1	—	5,4	6
5 t	9,123	100	1500	4250	5,6	2,65	1,7	1	—	4,77	6
3-Achser 9 t	15,708	175	1500	6800	9	5,42	2,6	1,67	1	7,1	6,85
MAN 3 t	6,75	70	1800	2400	6,5	3,18	1,78	1	—	5,4	6,68—3,87
4 t	7,274	80	1800	3400	5,8	3,41	1,95	1	—	5	6,64—4,5
6 t	12,214	100	1400	4900	5,97	3,5	1,98	1	—	5,15	9,17—5,4
3-Achser 9 t	16,625	140	1400	6600	6,15	3,65	1,86	1	—	5,2	6,53—9,23

[1] Bei Lastwagen und Omnibussen Lehrgewicht des Fahrgestells.

Zahlentafel 7, 2. Getriebeuntersetzungen.

Krafträder und Geländewagen		Hubraum l	Leistung PS	Motor-U/min	Fahrgestell kg	Untersetzung 1 : … im Gang 1	2	3	4	5	R	Achsübersetzung 1 : …
						Krafträder.						
BMW	400	0,401	12	4000	148	3,6	2,18	1,35	1	1		5,12
	750	0,745	20	4000	185	3,18	2,06	1,42	1,09	1		4,07
										Motorgetriebe		Hinterrad
DKW	200	0,192	7	4000	115	2,75	1,5	1,04	—	2,62		2,32
	350	0,345	11	3500	130	2,75	1,5	1,04	—	2,06		2,33
	500	0,494	15	4000	165	2,64	1,44	1	—	2,34		1,83
NSU	200	0,198	9,5	5000	120	3	1,5	1	—	2,22		3,05
	350	0,348	17	4600	158	2,66	1,77	1,2	1	2,2		2,3
	500	0,498	20	4000	175	2,66	1,77	1,2	1	2,2		2,1
Zündapp	E 200	0,198	7	4100	102	3,29	1,72	1	—	2,18		2,66
	K 350	0,349	12	3700	140	3	1,9	1,15	0,96	1		5,6
	K 500	0,498	16	4800	166	3	1,9	1,15	0,96	1		5,6
						Geländewagen.						
Austro-Daimler		3,915	65	2500	2200	V 18,65	11,15	6,98	4,31 2,6 1,625 l			
						R 23,3	14	8,74	H-Achse 2,615			
Krupp		3,308	50	2500	1600	V 12,2	2,96	6,37	2,22 5,5 1,59 3,52 l			
						R 15,5	7		H-Achse 5,25			
		6,107	75	1400	3400	V 12,5	6,8	3,84	2,23 4,43 2,4 1,35 0,79			
						R 15,2	5,35		H-Achse 6,33			
Magirus		4,559	70	2000	2350	V 9,15	4,93	2,65	1,66 R 11,6 i. Gelände			
						V 3,3	1,78	0,95	0,6 R 4,2 a. Straße			
									H-Achse 7,66			

Zahlentafel 7, 3. Getriebeuntersetzungen.

Z.F.-Getriebe.

Einfache Getriebe.

Baumuster	1	2	3	4	R
K 30	5,56	3,07	1,8	1	6,5
K 55	4,8	3,06	1,7	1	4,1
K 40	6,5	3,18	1,78	1	5,4
K 45	4,9	2,84	1,63	1	4,2
K 50	4,9	2,84	1,63	1	4,2
K 60	6,15	3,65	1,86	1	5

Z.F.-Aphon-Getriebe.

Baumuster	1	2	3	4	R
G 25 P[1]	4,1	2,63	1,48	1	5,3
PS	3,46	1,86	1	0,63	4,4
G 35 P	4,1	2,21	1,49	1	5,3
PS	2,77	1,67	1	0,67	3,58
G 45 P u. L	5,62	3,04	1,72	1	6,8
PSu.LS	3,28	1,78	1	0,58	4,2
G 55 L	5,5	2,96	1,59	1	7
LS	3,46	1,86	1	0,63	4,4

Prometheus-Getriebe.

Einfache Getriebe.

Baumuster	1	2	3	4	R
AG 4	3,07	1,75	1	—	4,08
AG 6	3,5	1,72	1	—	4,67
AG 8	3,06	1,75	1	—	4,07
LG 15	4,04	2,54	1,66	1	5,05
LG 30	4,85	2,84	1,63	1	4,16
LG 35	5,82	2,92	1,7	1	5
LG 50	4,85	2,84	1,63	1	4,16

Silent-Getriebe.

Baumuster	1	2	3	4	5	R
AGN 4	4,52	2,4	1,38	1	—	5,33
AGN 6	4,52	2,4	1,38	1	—	5,33
AGN 8	4,52	2,61	1,49	1	—	5,35
AGN 15	4,52	2,2	1,27	1	—	5,35
LGN 205	6,15	4,35	2,27	1,4	1	8
LGN 405	5,8	3,37	1,9	1	0,63	7,2

B. Das Fahrleistungsschaubild.

Zum Aufzeichnen des Schaubildes trägt man in Abhängigkeit von der Wagengeschwindigkeit die an den Treibrädern verfügbare Antriebsleistung in den verschiedenen, in ihrer Abstufung zunächst angenommenen, Gängen auf (Abb. 187).

Für den Entwurf kann die Motorleistungskennlinie, die nur aus Messungen am Motor auf dem Prüfstand zu ermitteln ist, auf Grund vorliegender Meßergebnisse ähnlicher Motoren angenommen werden.

[1] P = Personenwagen. S = Schnellgang, Schongang. L = Lastwagen.

Für die Aufzeichnung der Antriebsleistungen in den verschiedenen Gängen müssen die jeweiligen Getriebewirkungsgrade berücksichtigt werden.

In das Schaubild dieser Antriebsleistungen werden nun die Leistungen eingetragen, die das entworfene Fahrzeug bei den verschiedenen Geschwindigkeiten beansprucht, also die Fahrwiderstandsleistungen, und zwar in verschiedenen Schaulinien für die verschiedenen Steigungen.

Die Fahrwiderstandsleistungen für die Steigung 0° setzen sich zusammen aus der Leistung für die Überwindung des gesamten Rollreibungswiderstands des Fahrzeugs, der sich mit der Geschwindigkeit nur wenig ändert, und der Leistung für die Überwindung des Luftwiderstands, der mit der zweiten Potenz der Geschwindigkeit anwächst.

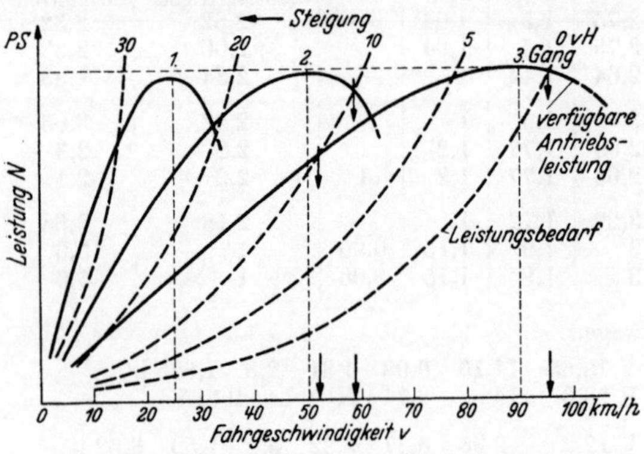

Abb. 187. Leistungsbedarf bei verschiedenen Steigungen und verfügbare Leistungen in drei Übersetzungsstufen.

Die Fahrleistungslücken und die Überschußleistungen. Aus dem Schaubild sind die Fahrleistungen zu beurteilen. Aus dem dargestellten Beispiel ergibt sich, daß in der Ebene im unmittelbaren Gang eine Fahrgeschwindigkeit von 95 km/h erreicht werden kann.

Bei 10 vH Steigung ist im unmittelbaren Gang eine Fahrgeschwindigkeit von 52 km/h erreichbar, wenn auf den nächsten Gang umgeschaltet wird, aber 58 km/h.

Das Schaubild zeigt, daß die Geschwindigkeitsgebiete, in denen die Antriebshöchstleistungen liegen, unterbrochen werden durch Einschnitte im Fahrleistungsbereich, die Lücken in den Steigleistungen darstellen.

Wird die Stufung des Getriebes enger gewählt, etwa ein Vierganggetriebe statt eines Dreiganggetriebes verwandt, dann verkleinern sich diese Lücken. Die Fahrleistungen können dabei erheblich verbessert werden.

Bei einer Geschwindigkeit von 50 km/h und 0 vH Steigung braucht das Fahrzeug nur etwa ein Viertel der im unmittelbaren Gang vorhandenen Leistung. Hier ist also eine Überschußleistung vorhanden. Die Überschußleistung nimmt in den einzelnen Gängen mit der Geschwindigkeit zunächst zu, dann ab. In den kleineren Gängen ist sie etwas größer. Jeweils gegen den Grenzpunkt der erreichbaren Geschwindigkeit vermindert sie sich auf den Betrag Null.

Die Überschußleistung steht zur Verfügung, um das Fahrzeug zu beschleunigen.

C. Die Beschleunigung.

Die erreichbare Beschleunigung läßt sich aus der Überschußleistung berechnen. Denn die Überschußleistung $N_ü$ ist

$$N_ü = \frac{G}{g} \cdot b \cdot \frac{V}{3{,}6 \cdot 75} + \frac{1}{r^2} \cdot b \cdot \frac{V}{3{,}6 \cdot 75} (J_1 \lambda_1^2 + J_2 \lambda_2^2 + \cdots),$$

$$N_ü = b \, \frac{V}{270} \left(\frac{G}{g} + \frac{1}{r^2} \sum J \lambda^2 \right),$$

demnach ist die erreichbare Beschleunigung

$$b = \frac{270 \cdot N_ü}{V \left(\frac{G}{g} + \frac{1}{r^2} \sum J \lambda^2 \right)},$$

dabei ist

$N_ü$ aus der Zeichnung abzugreifende Leistung [PS],
b Beschleunigung [m/sek²],
V aus der Zeichnung abzugreifende Geschwindigkeit [km/h],
G Gewicht des Fahrzeugs [kg],
g Erdbeschleunigung [m/sek²],
r Radhalbmesser [m],
$J_{1,2,3} \ldots$ Trägheitsmoment der einzelnen umlaufenden Teile [mkg · sek²],
$\lambda_{1,2,3} \ldots$ Übersetzungsverhältnis zwischen der Drehzahl dieser Teile und der der Triebräder.

Für $\frac{1}{r^2} \sum J \lambda^2$ kann man annähernd $0{,}1 \cdot \frac{G}{g}$ setzen. Damit wird die Beschleunigung angenähert

$$b \approx \frac{270 \, N_ü}{1{,}1 \cdot V \cdot \frac{G}{g}},$$

$$b \approx \frac{2410 \, N_ü}{V \cdot G} \, [\text{m/sek}^2].$$

In der Beschleunigungsfähigkeit zeigt sich die „Geschmeidigkeit“ des Fahrzeugs. Sie ist wichtig für die erreichbare Durchschnittsgeschwindigkeit und für gefahrloses Überholen.

Die Strecke, die der Fahrer als übersehbar zur Verfügung hat, ist oft kurz. Ein Fahrzeug mit guter Beschleunigungsfähigkeit kann dann gefahrlos überholen, schlechte Beschleunigungsfähigkeit verhindert das Ausnützen solcher Gelegenheiten.

Das Übersetzungsverhältnis kann so gewählt werden, daß bei einer nur kleinen Einbuße an Höchstgeschwindigkeit wesentlich größere Beschleunigungsfähigkeit in einem weiten Geschwindigkeitsbereich vorhanden ist.

D. Der Beschleunigungs- und der Geschwindigkeitsgang.

Die Entwicklung der Getriebe hat aber zu Lösungen geführt, die beiden Forderungen Rechnung tragen. Die Getriebe werden dazu so abgestuft, daß ein Gang als „Beschleunigungsgang“ möglichst hohe Beschleunigungen liefert und ein weiterer Gang als „Geschwindigkeitsgang“ die nach der Motorleistung mögliche höchste Geschwindigkeit voll oder annähernd zu erreichen gestattet.

Beide Gänge sind geräuschlos. Im allgemeinen wird der unmittelbare Gang als Beschleunigungsgang und als Gebrauchsgang für Stadtfahrt und der übersetzte Schnellgang für die freie Strecke benützt, wenn auf längere Dauer die größte Geschwindigkeit erreicht und dabei der Motor zu seiner Schonung mit möglichst niederen Drehzahlen betrieben werden soll.

Damit kommt man vom einfachen Dreiganggetriebe zurück zum Vierganggetriebe, dessen dritter und vierter Gang, meistens mit unmittelbarer Übertragung im dritten und mit Anwendung der Mittel für Erleichterung der Schaltung zwischen diesen beiden Gängen, den Beschleunigungsgang und den Geschwindigkeitsgang darstellen.

19. Die Fahrwiderstände.

Bezeichnungen

G	Wagengewicht [kg],	g	Erdbeschleunigung [m/sek²],
f	Rollwiderstandsziffer,	v	Wagengeschwindigkeit [m/sek],
W_R	Rollreibungswiderstand [kg],	V	Wagengeschwindigkeit [km/h],
W_L	Luftwiderstand [kg],	c_w	Luftwiderstandsbeiwert,
W_B	Beschleunigungswiderstand [kg],	F	Wagenquerschnitt [m²],
W_{St}	Steigungswiderstand [kg],	r	Treibradhalbmesser [m],
q	Staudruck [kg/m²],	λ	Getriebeübersetzung,
ϱ	Luftdichte [kg sek²/m⁴],	J	Massenträgheitsmoment [mkg · sek²].
γ	spez. Gewicht der Luft [kg/m³],		

Die Fahrwiderstände bestehen, wie sich aus Obigem ergibt, aus dem Rollwiderstand, dem Luftwiderstand, dem Steigungswiderstand und dem Beschleunigungswiderstand.

A. Rollwiderstand.

Der Rollwiderstand wird durch Versuche festgestellt. Er ist zwar von der Geschwindigkeit nicht ganz unabhängig, wird aber auf Grund der bisher vorliegenden Messungen als unabhängig angenommen und beträgt demnach

$$W_R = G \cdot f,$$

worin G = Wagengewicht, f = Rollwiderstandsziffer.

Er hat also das Wesen einer Reibungskraft mit f als Reibungsziffer. Durchschnittswerte, die bis jetzt vorliegen, betragen

$f = 0{,}02$ für Kleinpflaster,
$f = 0{,}03$ für geteerte Straße,
$f = 0{,}05$ für feuchte, etwas weiche Straße,
$f = 0{,}1$ für Erdwege, befahren mit Zugmaschine mit Greiferrädern.

Die geringfügige Veränderlichkeit des Rollwiderstands mit der Geschwindigkeit ist Gegenstand laufender Untersuchungen.

B. Luftwiderstand.

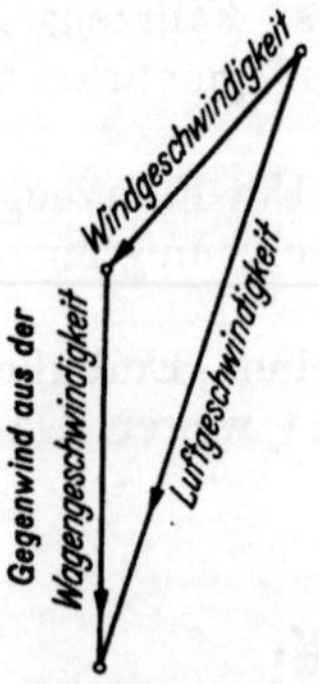

Abb. 188. Wind- und Wagengeschwindigkeit ergeben die Luftgeschwindigkeit gegenüber dem Wagen.

Die Luftwiderstandskraft läßt sich berechnen zu

$$W_L = F \cdot \frac{\varrho}{2} \cdot v^2 \cdot c_w = F \cdot q \cdot c_w .$$

Hierin bedeuten die einzelnen Größen:

$q = \varrho/2 \cdot v^2$ Staudruck,
$\varrho = \gamma/g$ Luftdichte [kg sek²/m⁴],
$\gamma =$ Verhältnisgewicht der Luft, in Meereshöhe etwa 1,25 [kg/m³],
$g =$ Erdbeschleunigung [m/sek²].

Es wird dann $\frac{\varrho}{2} \approx \frac{1{,}25}{2 \cdot 9{,}81} = 0{,}0637$ [kg sek²/m⁴].

Ferner ist

F größte, senkrecht zur Anblasrichtung stehende Querschnittsfläche des Wagens in m²,
c_w Luftwiderstandsbeiwert, durch Versuche am Modell oder Wagen festzustellen,
v Geschwindigkeit des den Wagen treffenden Luftstroms m/sek, bei Windstille der Wagengeschwindigkeit gleich.

Bei Seitenwind ändert sich die Geschwindigkeit v und die Größe F, weil die Projektion des Wagenumrisses auf eine zur Anblasrichtung senkrechte Fläche maßgebend ist. Die Luftgeschwindigkeit ergibt sich aus dem Geschwindigkeitsdreieck der Wind- und Wagengeschwindigkeit (Abb. 188).

Für die Fahrleistungen, insbesondere bei hohen Geschwindigkeiten, ist wesentlicher der Zustand des Anblasens von vorn, für die Fahreigenschaften das schräge Anblasen bei Seitenwind. Über die Größe des Wertes c_w bei Anblasen von vorn liegen bis heute nur wenige Versuchswerte vor.

I. Bisherige Messungen.

Die ersten bekannten Messungen für Kraftfahrzeuge im Windkanal stammen von Klemperer (1922). Er hat drei verschiedene Modelle, und zwar einen Maybach-Wagen offen und geschlossen und den damals neu entworfenen Jaray-Wagen (Abb. 189) untersucht.

Abb. 189. Form des Jaray-Wagens.

Wenn das Fahrzeug auf der Straße fährt, findet es die Luft gegenüber der Fahrbahn ruhend vor. Wenn das Fahrzeug im Windkanal auf eine den Boden darstellende Fläche, die wegen der starken Beeinflussung der Strömung durch die Bodennähe nicht weggelassen werden kann, gestellt wird, dann strömt die Luft gegenüber dem Boden, und es bildet sich an dieser Fläche eine Grenzschicht von einer gewissen Dicke, die den Strömungsvorgang verändert. Klemperer hat auf Grund von Vorversuchen diesen Einfluß als nicht groß unberücksichtigt gelassen.

In der Zwischenzeit sind von Lay (*38*) weitere Versuche durchgeführt worden mit etwa folgenden Ergebnissen: Die Reibung der Luft an der stillstehenden Wand bedingt 12 mm über dem Boden eine Verringerung der Windgeschwindigkeit von 2 bis 3 vH. Lay hat versucht, durch Grenzschichtabsaugung diesen Einfluß zu beseitigen, hat damit aber nur eine geringfügige Veränderung erzielt.

Held (*38a*) hat den Unterschied dadurch untersucht, daß er nach mehrfach vorgeschlagenem Verfahren zwei gleiche Modelle mit der Bodenfläche als Symmetrieebene des Doppelgebildes einander gegenüberstellte. Er hat auf diese Weise einen Unterschied gegenüber der Messung mit festem Boden in der Größe von 2 vH festgestellt.

Doch auch dieses Spiegelbildverfahren kann zu Fehlern Anlaß bieten, weil es strenge Spiegelbildlichkeit, sowohl der beiden Modelle als auch der Strömung, voraussetzt. Die erstere kann mit entsprechender Sorgfalt erreicht werden, die letztere ist fraglich. Aus diesem Grund, und weil das Verfahren hohe Modellkosten verursacht, geht man auch so vor, daß man die Fahrbahn anordnet, wie sie sich in Wirklichkeit verhält, d. h. als Band, das mit der Windgeschwindigkeit unter dem Modell durchläuft. Neuere Messungen haben einen wesentlichen Einfluß des Verfahrens ergeben.

Die Untersuchungen von Klemperer (*39*) haben zunächst bestätigt, daß der Luftwiderstand vom Quadrat der Geschwindigkeit abhängig ist. Für die Bestimmung der Luftwiderstandsgröße hat Klemperer die Meßergebnisse durch Angabe der „Widerstandsfläche" dargestellt, d. h. er hat die Widerstandskraft gemessen und hat nach Division mit dem Staudruck

$q = \frac{\varrho}{2} \cdot v^2$ (kg/m²) die verbleibenden Werte, die den Einfluß der Querschnittsfläche F des Wagens und der Widerstandsbeizahl c_w gemeinsam enthalten, also die „Widerstandsfläche" $F \cdot c_w$ angegeben, womit Änderungen der Fläche F mit der verschiedenen Art des Anblasens mit eingeschlossen sind. Die Widerstandsfläche $F \cdot c_w$ allein genügt aber nicht zur Beurteilung der Einflüsse der Wagenformen auf den Luftwiderstand. Dazu ist die Kenntnis der Zahl c_w notwendig. Wenn man durch Division mit den Modellflächen F aus den Widerstandsflächen, die Klemperer angibt, die c_w-Werte berechnet, erhält man für den offenen Maybach-Wagen 0,9, für den geschlossenen 0,65 und bei den Jaray-Modellen durchschnittlich 0,3.

Das wesentliche, insbesondere als Vergleich zu wertende Ergebnis ist, daß der geschlossene Wagen nur zwei Drittel des Widerstands des offenen Wagens hat, und daß ein Modell, das auf günstigste Strömungsformen entwickelt ist, die Hälfte des Widerstands eines offenen Wagens haben kann.

Neuere deutsche Messungen (1933) ergaben

für einen üblichen Wagen	0,43
für einen „Stromlinienwagen"	0,38
und für einen Stromlinienkörper	0,2

Amerikanische Zahlen (1933) sind:

Modell eines Wagens aus dem Jahr 1922, der ungefähr dem geschlossenen Maybach-Wagen Klemperers entspricht	0,65
Modell eines offenen Wagens, aber mit hochgeschlagenem Klappverdeck	0,73
einer Wagenform aus dem Jahre 1933	0,54
eines „Stromlinienwagens"	0,23
und eines Stromlinienkörpers	0,19

Diese Übersicht zeigt zwar noch große Verschiedenheiten der Werte, aber im wesentlichen ähnliche Ergebnisse, aus denen entnommen werden kann, daß für das Modell eines Wagens von heute die Ziffer c_w die Größenordnung 0,6 besitzt und mit Modellen von sehr guten Formen etwa 0,3 erreichbar sein wird.

Die Bezeichnung „Stromlinienwagen", die sich für einige heutige Formen eingeführt hat, entspricht allerdings dem Sinn des „Stromlinienkörpers" nicht.

II. Übertragbarkeit der Modellmessungen.

Schwierigkeiten bereitet noch die Übertragung der Modellmeßergebnisse auf große Fahrzeuge. Für die Übertragung von Modellergebnissen aus dem Windkanal auf wirkliche Größen sind die „Reynoldschen" Zahlen $\frac{l \cdot v}{\varrho}$ maßgebend, die einen bestimmten, über dem durch besondere Messungen feststellbaren kritischen Gebiet liegenden Mindestbetrag erreichen müssen, wenn das am Modell gemessene Ergebnis zahlenmäßig auf das große Fahrzeug übertragbar sein soll.

ϱ ist die Luftdichte, die im Kanal und in Wirklichkeit im allgemeinen gleich ist, l eine Vergleichslänge des Modells und v die Windgeschwindigkeit.

Mit üblichen Windkanalgeschwindigkeiten von etwa 50 m/sek können bei einem Modellmaßstab von etwa 1 : 5 bis 1 : 6 noch über dem kritischen Gebiet liegende Reynoldsche Zahlen erreicht werden.

Die Fahrzeuge sind jedoch mit den Rädern und ihrer Aufhängung, mit Beschlägen, Scheinwerfern und ähnlichen Bauteilen ausgestattet, deren naturgetreue Nachbildung am Modell bisher nicht vorgenommen worden ist, so daß man übertragbare Ergebnisse noch nicht erwarten konnte.

Auch setzt dieses Beiwerk die für die Größe der Reynoldschen Zahlen maßgeblichen Vergleichslängen l, für die etwa der Krümmungshalbmesser einer schlecht gerundeten Kante als für den Strömungsverlauf wesentlich eingesetzt werden muß, derart herab, daß es erst der Klärung bedarf, ob die bisherigen Modellgrößen ausreichend waren.

Die bisherigen Modellversuchsergebnisse kann man deshalb nur als Vergleichszahlen werten.

Die Ausbildung der Fahrzeuge zu glatten Außenflächen, die zur Verminderung des Luftwiderstands notwendig ist, wird demnach auch die Übertragbarkeit der Modellwerte fördern.

Die bei schrägem Anblasen, also für die Klärung der Wirkung des Seitenwindes, bisher durchgeführten Modellversuche sind noch nicht genügend klar. Aus den Messungen von Klemperer ist zu entnehmen, daß bei Anblaswinkeln von 0°, 15° und 30° die aus den „Widerstandsflächen" für unveränderte Querschnittsflächen F berechnete Ziffer c_w sich von 0,64 ändert auf 0,61 und 0,66 beim Maybach-Modell und von 0,3 auf 0,28 und 0,16 beim Jaray-Modell. Die Werte deuten darauf hin, daß der Widerstand des Wagens bei zunehmender Schrägstellung sich vermindern kann, d. h. daß bei seitlichem Wind der Luftwiderstand unter Umständen kleiner wird. Eine solche Verkleinerung des Luftwiderstands muß aber nicht unter allen Umständen auch eine Verkleinerung des gesamten Fahrwiderstands bedeuten, denn wenn das Fahrzeug seitlich gedrückt wird, werden die Reifen zusätzlich verformt und ein mit Schrägstellung verbundenes seitliches Ausweichen des Fahrzeugs verursacht, das zur Erhöhung des Rollwiderstands führen kann.

III. Gesichtspunkte für die Erreichung kleinen Luftwiderstands.

Die Hauptgesichtspunkte, nach denen ein Fahrzeug gebaut werden soll, damit es kleinen Luftwiderstand hat, ergeben sich aus folgenden Überlegungen.

Anzustrebende Formen. Kleinen Luftwiderstand in freier Strömung erleidet ein Stromlinienkörper nach Abb. 190, für den ein Schlankheitsverhältnis von mindestens etwa 1 : 3,5 nötig ist.

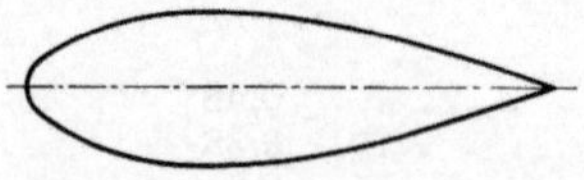

Abb. 190. Körper kleinen Luftwiderstands in freier Strömung.

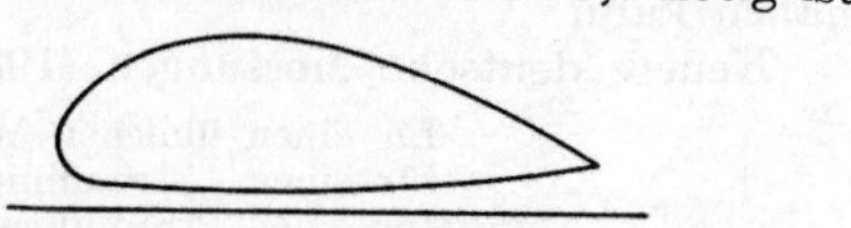

Abb. 191. Körper kleinen Luftwiderstands in Bodennähe.

Wenn ein solcher Körper sich in der Nähe des Bodens bewegt, hat er den kleinsten Widerstand dann, wenn er auf der dem Boden zugekehrten Seite durch unsymmetrische Verformung abgeflacht ist (Abb. 191). Diese Bedingung trifft für ein Bodenfahrzeug zu.

Die Klemperer-Untersuchungen haben ergeben, daß ein solcher Körper einen c_w-Wert von ungefähr 0,1 bis 0,12 aufweist bei einem dem Rechteck angenäherten, an den Kanten gut abgerundeten und an den Flächen leicht ausgewölbten Querschnitt.

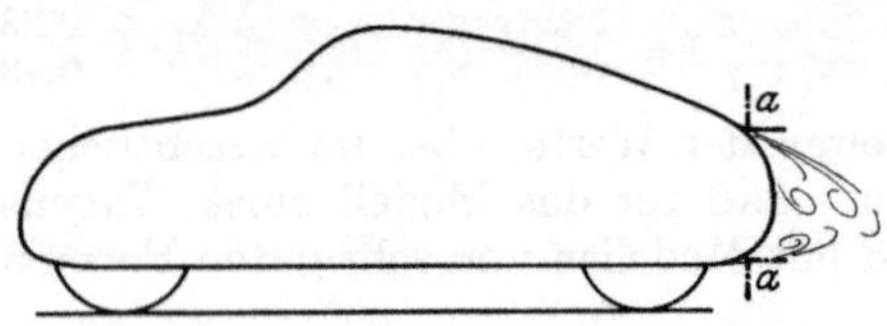

Abb. 192. Wagenform mit sanfter Verjüngung.

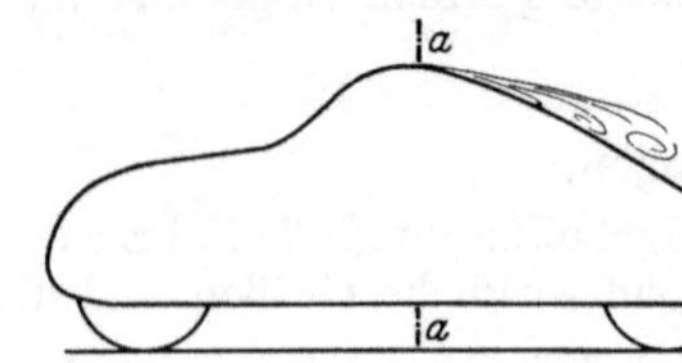

Abb. 193. Wagenform mit zu starker Verjüngung.

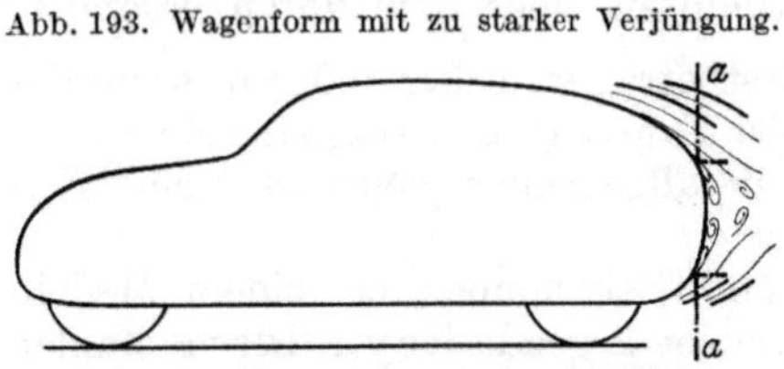

Abb. 194. Wagen mit Strömungsleitflächen.

Mögliche Formen. Eine solche Form kann nur die Grundlage für eine brauchbare Annäherung bilden, voll verwirklichen läßt sie sich mit einem Fahrzeug nicht. Es kommt aber nicht so sehr darauf an, den Körper hinten ganz spitz zu machen, als darauf, daß er an der Stelle, an der die Ablösung der Strömung erfolgt, möglichst kleinen Querschnitt besitzt, und daß bis dorthin sanfte Verjüngung angewandt wird. Die Form der Abb. 192 kann z. B. der der Abb. 193 vorzuziehen sein, wenn die durch die Steilheit der Verjüngung bedingte Ablösung der Strömung bei beiden an den Stellen *a*, *a* erfolgt.

Besondere Hilfsmittel. Weitere Hilfsmittel, die unter Umständen geeignet sind, die Formschwierigkeiten zu beheben, können darin bestehen, daß die Strömung an den Abreißstellen durch Leitflächen geführt wird (Abb. 194). Aber alle diese Gesichtspunkte bedürfen noch der Nachprüfung durch Luftwiderstandsuntersuchungen in ausreichendem Maßstab.

Eine ebenfalls noch zu klärende Rolle in der Beeinflussung des Strömungsvorgangs spielen die Laufräder.

IV. Beeinflussung der Fahreigenschaften.

Durch die Luftkräfte bedingt treten Wirkungen am Fahrzeug auf, die die Fahreigenschaften und damit die Fahrsicherheit beeinflussen, z. B. durch Luftkraftmomente um eine senkrechte Achse des Fahrzeugs, die die Lenkung und Richtungshaltung erschweren, sowie durch Hubkräfte am Wagenkörper. Diese letzteren sind zwar noch klein, können aber bei sehr hohen Geschwindigkeiten Größen annehmen, die die Haftsicherheit am Boden beeinträchtigen. Die ersteren werden Anlaß dazu sein, die Außenform des Wagens so zu gestalten, daß das Fahrzeug gegen Richtungsänderungen der Anblasströmung möglichst unempfindlich bleibt.

Es wird deshalb, da die Betätigung eines beweglichen Seitenruders neben der der Lenkung dem Fahrer nicht zugemutet werden kann, nicht richtig sein, den Wagen mit einer festen senkrechten Flosse auszurüsten, da diese, vorausgesetzt, daß sie in ihrer Größe hinreichend wirksam ist, das Fahrzeug in die Richtung des Fahrwindes und damit bei Seitenwind aus der Richtung der Fahrbahn zu drehen versucht.

Die auf die Anblasrichtung unempfindlichen, mehr schildkrötenartigen Formen dürften in dieser Hinsicht richtiger sein. Richtungshaltung kann, wie sich später ergibt, durch andere Mittel als die der Luftkräfte bewirkt werden.

V. Luftwiderstandsmessungen am Fahrzeug.

Druckverteilungsmessungen, sowie mit einer gewissen Annäherung auch Feststellung des Luftwiderstands, können am fahrenden Fahrzeug vorgenommen werden, letztere durch Auslaufversuche, die verschiedene Meßmöglichkeiten bieten. Wenn man z. B. gemäß Abb. 195 bei einem Fahrversuch zwei Fahrgeschwindigkeiten v_1 und v_2 wählt, bei denen man in einem bestimmten benachbarten Bereich, der schraffiert dargestellt ist, die Verzögerung m mißt und aus dieser und der Wagenmasse die mittleren Verzögerungen m_1 für v_1 und m_2 für v_2 berechnet, so kann man aus den Formeln, die für die beiden mittleren Geschwindigkeiten v_1 und v_2 gelten,

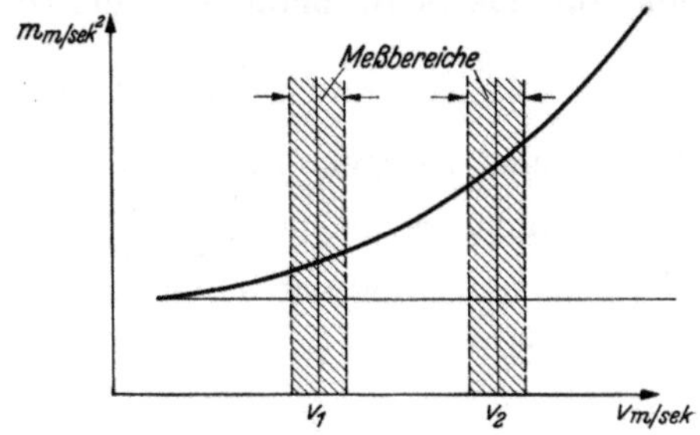

Abb. 195. Verzögerungsmessung in zwei Geschwindigkeitsbereichen beim Auslaufversuch.

$$m_1 = G \cdot f + F \cdot \frac{\varrho}{2} \cdot v_1^2 \cdot c_w,$$

$$m_2 = G \cdot f + F \cdot \frac{\varrho}{2} \cdot v_2^2 \cdot c_w,$$

die Rollreibungsziffer f und den Luftwiderstandsbeiwert c_w ermitteln. Das Verfahren liefert aber nur ungefähre Ergebnisse, denn wie früher ausgeführt wurde, ist f bei den beiden Geschwindigkeiten etwas verschieden.

C. Steigungswiderstand.

Der Steigungswiderstand läßt sich gemäß Abb. 196 aus dem Wagengewicht G und dem Steigungswinkel α einfach bestimmen zu

$$W_{St} = G \cdot \sin\alpha.$$

Bei den kleinen Steigungswinkeln, um die es sich handelt, ist angenähert

$$W_{St} \approx G \cdot \operatorname{tg}\alpha.$$

Die Steigung der Straße wird im allgemeinen (Abb. 197) in dem Verhältnis der Höhe h und der waagrechten Länge der Steigungsstrecke, und zwar auf je 100 m, also in Hundertteilen, in p vH, angegeben. h/l ist der Tangens des Winkels α, so daß in zulässiger Annäherung der Steigungswiderstand beträgt

$$W_{St} \approx G \cdot \frac{p}{100} \text{ [kg]}.$$

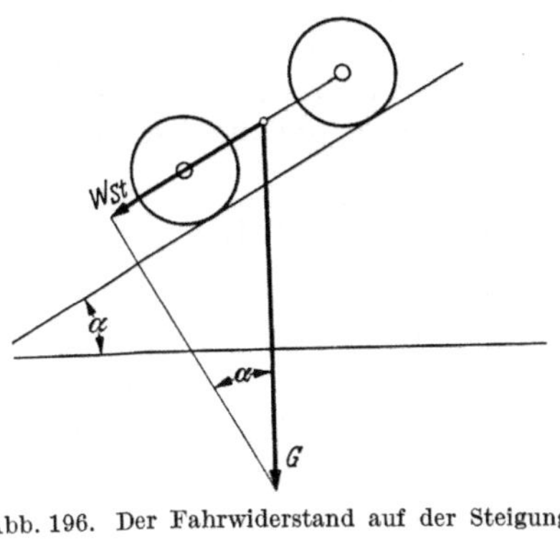

Abb. 196. Der Fahrwiderstand auf der Steigung.

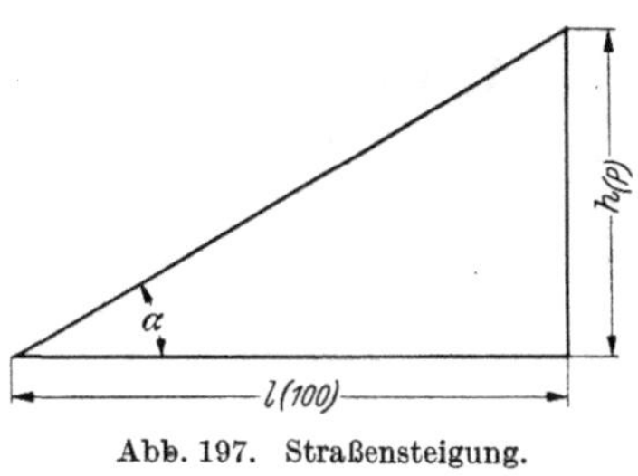

Abb. 197. Straßensteigung.

D. Beschleunigungswiderstand.

Der Beschleunigungswiderstand setzt sich zusammen aus den beiden Anteilen, die für die Beschleunigung des Fahrzeugs längs der Fahrbahn und für die Beschleunigung der umlaufenden Triebwerksteile des Wagens entstehen.

Der erstere Anteil ist

$$W_{b_1} = \frac{G}{g} \cdot \frac{dv}{dt} \text{ [kg]},$$

der letztere ist als Umfangskraft am Treibrad zu ermitteln aus der Summe der Drehmomente

$$\sum M = \sum J \frac{d\omega}{dt}$$

der einzelnen umlaufenden Teile mit wesentlichem Trägheitsmoment J und der betreffenden Winkelgeschwindigkeit ω, unter Berücksichtigung des Verhältnisses der zwischen diesem Teil und dem Treibrad liegenden Übersetzung.

Bei einer verlangten Wagenbeschleunigung $\frac{dv}{dt}$ ist für ein Laufrad

$$\frac{d\omega_0}{dt} = \frac{1}{r} \cdot \frac{dv}{dt} \qquad (r = \text{Radhalbmesser})$$

und für das Schwungrad im unmittelbaren Gang

$$\frac{d\omega_1}{dt} = \lambda \cdot \frac{1}{r} \cdot \frac{dv}{dt} \qquad (\lambda = \text{Übersetzung des unmittelbaren Gangs}).$$

Mit jeweils richtigem Einsetzen der Übersetzungen der einzelnen Teile kann die Summe der Beschleunigungsmonente $\sum J \frac{d\omega}{dt}$ und durch Division mit dem Radhalbmesser r aus ihr die für die Beschleunigung der umlaufenden Teile nötige Beschleunigungskraft am Treibrad ermittelt werden zu

$$W_{b_2} = \frac{1}{r} \sum J \frac{d\omega}{dt}.$$

Der gesamte Beschleunigungswiderstand beträgt demnach

$$W_B = W_{b_1} + W_{b_2}$$
$$= \frac{G}{g} \cdot \frac{dv}{dt} + \frac{1}{r} \sum J \frac{d\omega}{dt}.$$

Die Berechnung der Trägheitsmomente der verschiedenen Teile ergibt, daß nur die Laufräder, das Schwungrad, der umlaufende Anteil des Kurbeltriebs, die Kupplung und größere Zahnräder, also etwa das Tellerrad im Achsantrieb, für diese Zusammenstellung wesentlich und zu berücksichtigen sind.

20. Die Fahrleistungen.

Die erreichbare mittlere Reisegeschwindigkeit ist wie bei jedem Verkehrsmittel auch beim Kraftfahrzeug dessen wesentlicher Wertmaßstab. Sie ist außer von der Straßenbeschaffenheit, dem Verhalten des Fahrers und den Fahreigenschaften des Fahrzeugs von dessen Fahrleistungen abhängig. Diese sind durch die Beschleunigungsfähigkeit, die von dem Leistungsgewicht (kg/PS) und von der Übersetzung zwischen Motor und Triebrädern abhängig ist, bestimmt, sowie durch den Verlauf der Beschleunigung mit der Geschwindigkeit, wie er sich aus der Motorkennlinie ergibt, und schließlich durch die Fahrwiderstände bei beschleunigter und bei unbeschleunigter Fahrt.

A. Der Leistungsbedarf für die Fahrwiderstände.

Der am Umfang der Triebräder zur Verfügung stehenden Motorleistung N, die mit Annäherung entweder auf dem Kraftwagenprüfstand ermittelt oder auf Grund von Motorversuchen berechnet werden kann, entspricht der Leistungsbedarf für die gesamten Fahrwiderstände.

Dieser setzt sich entsprechend den Fahrwiderständen durch Rollreibung, Luftwiderstand, Steigung und Beschleunigung zusammen aus:

$$N = N_R + N_L + N_{St} + N_B.$$

Die Leistung zur Überwindung des Rollwiderstands mit der Reibungsziffer f ist bei der Fahrgeschwindigkeit V (km/h)

$$N_r = G \cdot f \cdot \frac{V}{3{,}6} \cdot \frac{1}{75} \text{ [PS]}.$$

Die Leistung zur Überwindung des Luftwiderstands ist bei einer Wagenquerschnittsfläche F, der Luftwiderstandszahl c_w und normaler Luftdichte ϱ

$$N_L = F \cdot \frac{\varrho}{2} \cdot c_w \cdot \frac{V^3}{3{,}6^3} \cdot \frac{1}{75} \text{ [PS]}$$
$$= 0{,}0637 \cdot c_w \cdot F \cdot \frac{V^3}{3{,}6^3} \cdot \frac{1}{75} \text{ [PS]}.$$

Roll- und Luftwiderstandsleistung ergeben zusammen die Fahrleistung N_E für unbeschleunigte Fahrt in der Ebene:

$$N_E = N_R + N_L.$$

Zum Überwinden einer Steigung mit dem Winkel α erhöht sich der Leistungsbedarf des Fahrzeugs vom Gewicht G um

$$N_{St} = G \sin\alpha \cdot \frac{V}{3,6} \cdot \frac{1}{75} \text{ [PS]}.$$

Die Beschleunigungsleistung längs der Fahrbahn ist bei der Geschwindigkeitsänderung $\frac{dv}{dt}$

$$N_{b_1} = \frac{G}{g} \cdot \frac{dv}{dt} \cdot \frac{V}{3,6} \cdot \frac{1}{75} \text{ [PS]}.$$

Die Leistung zum Beschleunigen der umlaufenden Massen mit den Trägheitsmomenten J und der Übersetzung λ zwischen diesen Massen und den Triebrädern vom Halbmesser r ergibt sich zu

$$N_{b_2} = \frac{dv}{dt} \cdot \frac{1}{r^2} \cdot \frac{V}{3,6} \cdot \frac{1}{75} \sum J\lambda^2 \text{ [PS]}.$$

Damit wird die zum Beschleunigen insgesamt notwendige Leistung

$$N_B = \frac{dv}{dt} \cdot \frac{V}{3,6} \cdot \frac{1}{75}\left(\frac{G}{g} + \frac{1}{r^2} \sum J\lambda^2\right) \text{ [PS]}$$

oder wenn man die auf den Radumfang bezogene Masse

$$m_{\text{red}} = \left(\frac{G}{g} + \frac{1}{r^2} \sum J\lambda^2\right)$$

einsetzt:

$$N_B = \frac{dv}{dt} \cdot \frac{V}{3,6} \cdot \frac{1}{75} \cdot m_{\text{red}}.$$

Für die Bestimmung der mittleren Reisegeschwindigkeit benötigt man die Beschleunigung in Abhängigkeit von der Geschwindigkeit. Man schreibt die Gleichung für die Gesamtleistung

$$N = N_E + N_{St} + \frac{dv}{dt} \cdot \frac{V}{3,6} \cdot \frac{1}{75} \cdot m_{\text{red}}$$

und erhält

$$\frac{dv}{dt} = \frac{3,6 \cdot 75}{V \cdot m_{\text{red}}}(N - N_E) - \frac{G \sin\alpha}{m_{\text{red}}} \text{ [m/sek}^2\text{]}.$$

Bei Fahrt in der Ebene ist das letzte Glied der Gleichung Null, bei Fahrt in der Steigung stellt es einen von der Geschwindigkeit unabhängigen Abzug von der zur Verfügung stehenden Beschleunigung dar. Steigfähigkeit und Beschleunigungsfähigkeit ergeben sich damit als gleichwertig.

Aus der Differentialgleichung

$$\frac{dv}{ds} = \frac{dv}{dt} \cdot \frac{dt}{ds} = \frac{1}{v} \cdot \frac{dv}{dt} = \frac{b}{v}$$

ergibt sich der beim Beschleunigen eines Wagens zum Erzielen eines bestimmten Geschwindigkeitszuwachses notwendige Weg zu:

$$s_2 - s_1 = \int_1^2 \frac{v}{b}\, dv$$

und die dazugehörige Zeit zu

$$t_2 - t_1 = \int_1^2 \frac{dv}{b}.$$

Mit Hilfe der aus obigen Gleichungen berechneten Weggeschwindigkeitskurven für verschiedene Motorleistungen kann man den Verlauf der Geschwindigkeit für die beschleunigte Fahrt in der Ebene und auf Steigungen aufzeichnen. Durch Planimetrieren der unter den Geschwindigkeitskurven liegenden Fläche lassen sich die mittleren Geschwindigkeiten berechnen. Sie stellen jedoch nur Vergleichswerte zwischen verschiedenen Fahrzeugen dar, da die erzielbare Reisegeschwindigkeit vielen äußeren Zufälligkeiten unterworfen ist.

B. Reisegeschwindigkeit und Fahrleistung.

Die steigenden Anforderungen an die Kraftfahrzeuge bedingen eine beträchtliche Steigerung der Reisegeschwindigkeit. Die Forderung der Erreichung hoher Geschwindigkeit bei wirtschaftlichem Aufwand wird erfolgreicher als nur durch die Steigerung der Motorleistung durch die Verringerung der Fahrwiderstände erfüllt. Dabei ist zu beachten, ob ein Fahrzeug dauernd im Schnellverkehr auf Bahnen oder nur im Stadtverkehr eingesetzt wird, oder ob es beiden Zwecken zugleich gerecht werden soll.

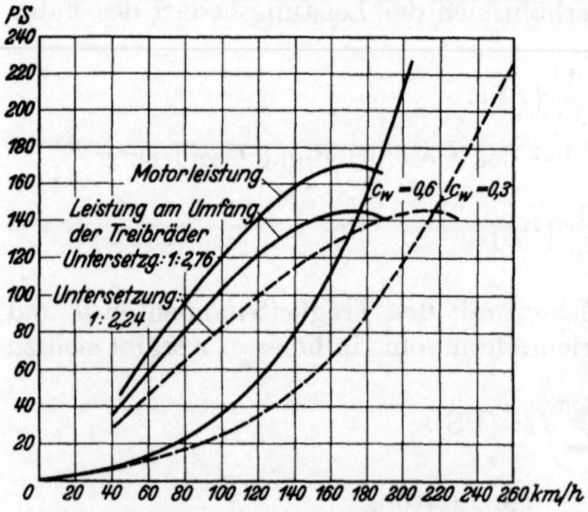

Abb. 198. Verbesserung des Luftwiderstands und ihre Auswirkung auf die Höchstgeschwindigkeit.

Bei Bahnfahrzeugen muß in erster Linie der Luftwiderstand auf das mögliche Mindestmaß verringert werden. Abb. 198 zeigt beispielsweise, daß bei einem Siebenlitersportwagen ohne Leistungserhöhung durch Verbesserung der Wagenform (von $c_w = 0{,}6$ auf $c_w = 0{,}3$) eine Geschwindigkeitssteigerung von 175 km/h auf 215 km/h möglich ist. Beim Übergang vom Luftwiderstandsbeiwert $c_w = 0{,}6$ auf $c_w = 0{,}3$ ist jedoch die Übersetzung der Hinterachse von 1 : 2,76 auf 1 : 2,24 zu ändern.

Die Verbesserung der Beschleunigungsverhältnisse durch Verminderung der bewegten Massen wäre bei reinem Schnellbetrieb auf der Autobahn zwar nicht erforderlich, doch ergibt sie sich bei der obenerwähnten Gleichwertigkeit von Beschleunigungs- und Steigfähigkeit schon allein aus der Notwendigkeit, die Steigfähigkeit zur Bewältigung auch kleiner Steigungen mit hoher Geschwindigkeit groß zu machen und das Wagengewicht aus Gründen der Wirtschaftlichkeit und Fahrsicherheit (Reifenbelastung) und auch zur Verkleinerung des Rollwiderstands einzuschränken.

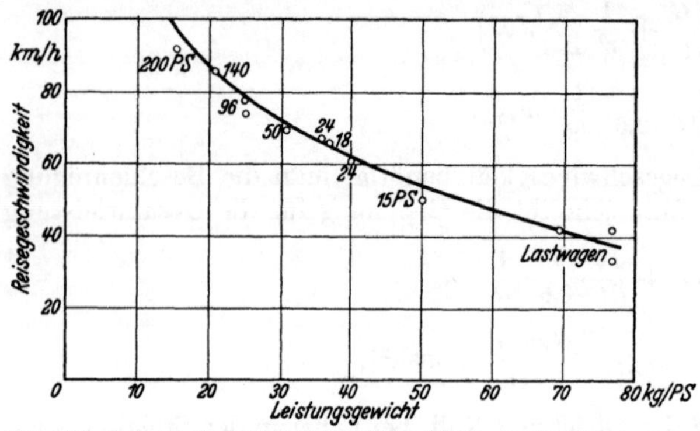

Abb. 199. Reisegeschwindigkeit in Abhängigkeit vom Leistungsgewicht des Fahrzeugs.

Für den Stadtverkehr aber ist zur Erzielung einer hohen Reisegeschwindigkeit die Beschleunigungsfähigkeit des Fahrzeugs ausschlaggebend. Aus einer für eine Musterstrecke mit Hilfe der obenerwähnten Gleichungen durchgeführten Berechnung der erzielbaren mittleren Reisegeschwindigkeit ergibt sich der in Abb. 199 dargestellte Zusammenhang zwischen der Leistungsbelastung und der Reisegeschwindigkeit. Mit klein werdendem Leistungsgewicht nimmt die erzielbare Durchschnittsgeschwindigkeit sehr rasch zu.

Ein Fahrzeug, das auf der Autobahn wie auch auf Nebenwegen und im Stadtverkehr gleich nützlich verwendet werden soll, muß daher strömungsrichtig und leicht sein. Es muß mit einem Motor versehen sein, der ihm bei wirtschaftlichem Aufwand vermittels eines im Geschwindigkeits- und Beschleunigungsgang richtig abgestuften Getriebes hohe Reisegeschwindigkeit und auch größte Beschleunigungsfähigkeit erteilt.

21. Die Lenkung des Fahrzeugs.

Bezeichnungen

- b Lenkpunktabstand (Spurweite),
- l Radstand,
- α Winkel des Radeinschlags, Kurvenaußenseite,
- β Winkel des Radeinschlags, Kurveninnenseite,
- φ Neigungswinkel des Spurhebels zur Wagenlängsachse in Nullage,
- R Wendehalbmesser Mitte Außenrad,
- y Länge des Spurhebels,
- r Kurvenhalbmesser Mitte Hinterachse.

A. Die verschiedenen Radanordnungen und die Lenkung.

Von besonderer baulicher Einfachheit sind die Einzelradlenkungen der Kleinfahrzeuge und Krafträder. Der Lenkeinschlag des Einzelrades bewirkt, daß sämtliche drei Räder des Fahrzeugs Kreise mit dem gemeinsamen Mittelpunkt M beschreiben (Abb. 200).

Wenn zwei Räder gelenkt werden, muß man diesen verschiedene Lenkausschläge geben, derart, daß alle Räder wiederum möglichst um einen gemeinsamen Mittelpunkt M kreisen (Abb. 201). Die Spuren der drei oder vier Räder sind dann alle verschieden.

Bei Lenkung eines Fahrzeugs an allen vier Rädern gibt man den kurveninneren

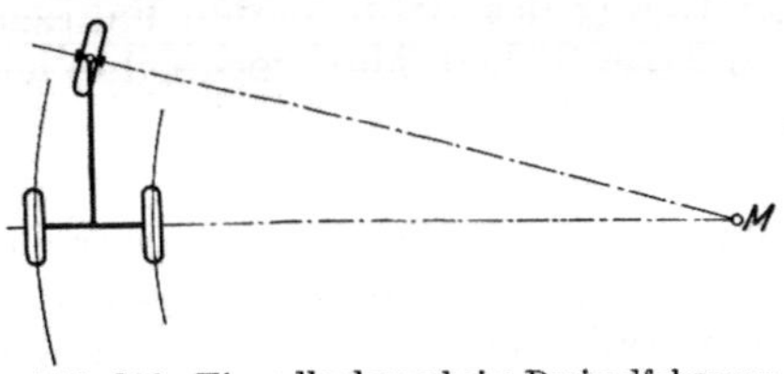

Abb. 200. Einradlenkung beim Dreiradfahrzeug

und -äußeren Rädern unter sich verschiedene Ausschläge, derart, daß der gemeinsame Drehpunkt M in einer den Radstand halbierenden Querebene liegt und die äußeren und inneren Räder je auf gemeinsamer Spur laufen (Abb. 202).

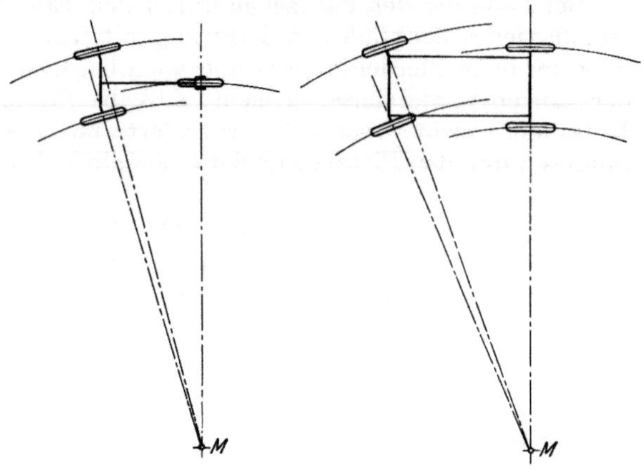

Abb. 201. Zweiradlenkung beim Drei- und Vierradfahrzeug.

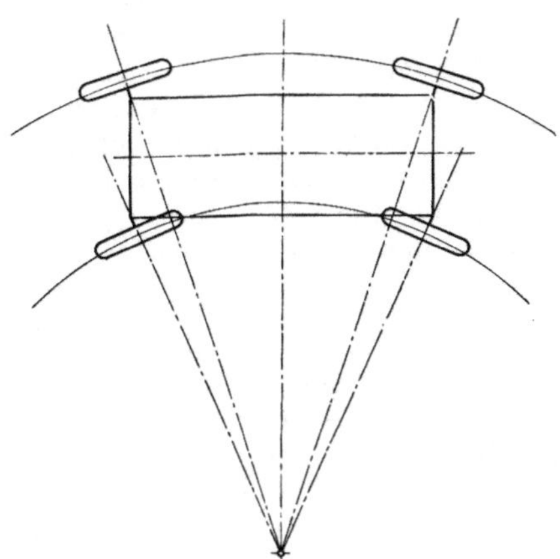

Abb. 202. Vierradlenkung.

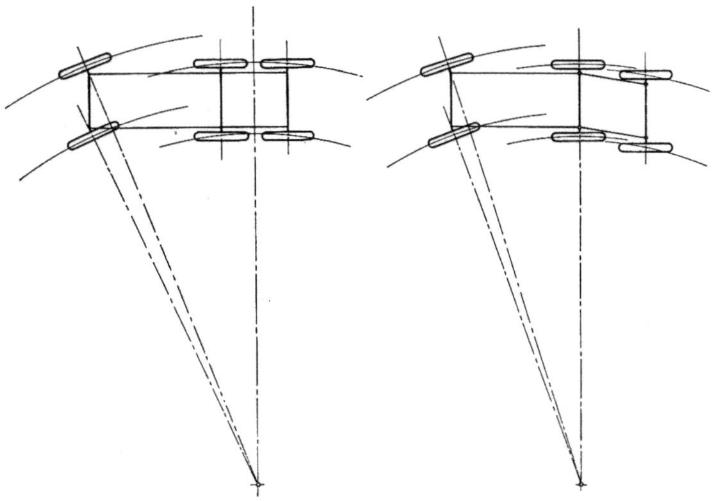

Abb. 203. Vorderradlenkung beim Sechsradfahrzeug. Unvollkommene Abrollung der Hinterräder.

Schwieriger werden die Verhältnisse bei Sechsradfahrzeugen, bei denen im allgemeinen die beiden Vorderräder schwenkbare Lenkräder sind und die Hinterachsen keine Lenkbewegung machen (Abb. 203).

In diesem Fall kann eine reine Lenkung nicht erzielt werden. Die vier Hinterräder werden bei der Lenkung zu Seitenausweichungen gegenüber dem Boden gezwungen, denen sie sich mit der federnden Rückstellkraft der Reifen widersetzen. Auch die Anwendung einfacher Seitenverschiebung führt zu etwas umständlichen und bewegungsmäßig nur angenähert wirksamen Anordnungen.

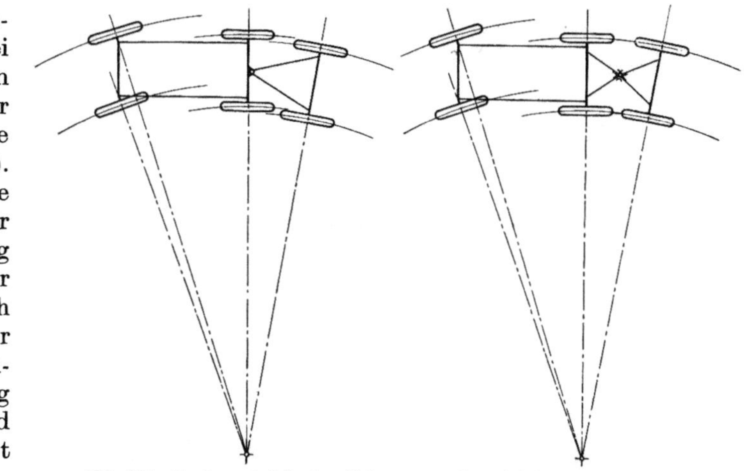

Abb. 204. Lenkung bei Sechsradfahrzeugen. Spurrichtiges Abrollen der Räder durch Lenker zwischen den Hinterachsen.

Bei solchen Wagen und noch allgemeiner bei Vielradfahrzeugen ist es zweckmäßig, Lenkungen anzuwenden, bei denen angenähert richtige Einschläge aller Räder erzielt werden. Das ist grundsätzlich möglich, wenn, wie Abb. 204 zeigt, besondere Lenker angeordnet werden.

B. Die Achsschenkellenkung.

Bei Lenkung der Fahrzeuge durch den Einschlag von mehr als einem Rad erfolgt die Anlenkung jedes Lenkrades am Fahrzeug mit Hilfe eines kurzen Achsschenkels. Damit wird, gegenüber der beim Pferdefuhrwerk und auch bei Lastwagenanhängern üblichen Drehschemellenkung der ganzen Vorderachse, erreicht, daß die Standsicherheit des Fahrzeugs bei eingeschlagenen Lenkrädern nicht wesentlich vermindert und eine Beeinträchtigung des tiefliegenden Fahrzeugraumes durch den Platzbedarf der eingeschwenkten Räder in wesentlichem Maß vermieden wird.

I. Anordnung der Spurhebel.

Für diese Achsschenkellenkung kann gemäß Abb. 205 eine Anordnung der Spurhebel in ihrer Neigung zueinander derart getroffen werden, daß mit großer Annäherung die Laufkreismittelpunkte der Räder bei allen Lenkausschlägen zusammenfallen. Der kurveninnere Winkel β ist größer als der äußere Winkel α. Zu jedem Einschlagwinkel β ergibt sich der zugehörige richtige Winkel α bei Anwendung des folgenden Hilfsmittels.

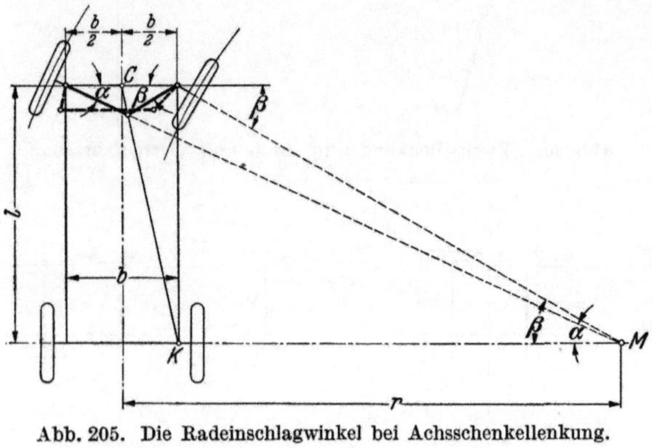

Abb. 205. Die Radeinschlagwinkel bei Achsschenkellenkung.

II. Die richtigen Einschlagwinkel.

Von der Mitte C der Vorderachse wird eine Hilfslinie zu dem Punkt K gezogen, der durch den Schnittpunkt der Hinterachse mit einer durch den Lenkzapfen gezogenen Parallele zur Fahrzeuglängsachse gebildet wird. Der Schnitt des freien Schenkels des Winkels β mit der Linie CK ist auch der Schnitt des freien Schenkels des Winkels α, so daß CK der Ort der Schnitte der Schenkel aller zueinander gehörenden Winkel α und β ist.

Mit $\operatorname{tg}\beta = \frac{l}{r - b/2}$ und $\operatorname{tg}\alpha = \frac{l}{r + b/2}$, das sich ebenfalls aus der Abb. 205 entnehmen läßt, ist der rechnerische Zusammenhang zwischen r, l und b und zwischen α und β gegeben, der zu der Ableitung des oben geschilderten Verfahrens zur Überprüfung der Winkel α und β mit Hilfe der Linie CK führt. Dazu zeichnet man nach Abb. 206 das Hilfsdreieck CDK durch Verdopplung von $CB = \frac{b}{2}$ bis D zu $CD = 2\frac{b}{2}$. Wenn der eine Achsschenkel (z. B. mit Winkel β) den einen der langen Schenkel des Dreiecks in E schneidet, ist die Richtung des andern Achsschenkels bestimmt durch den Punkt F, der erhalten wird als Schnitt der durch E gelegten Parallelen zur Radachse mit den andern langen Schenkeln des Hilfsdreiecks. Denn es ist:

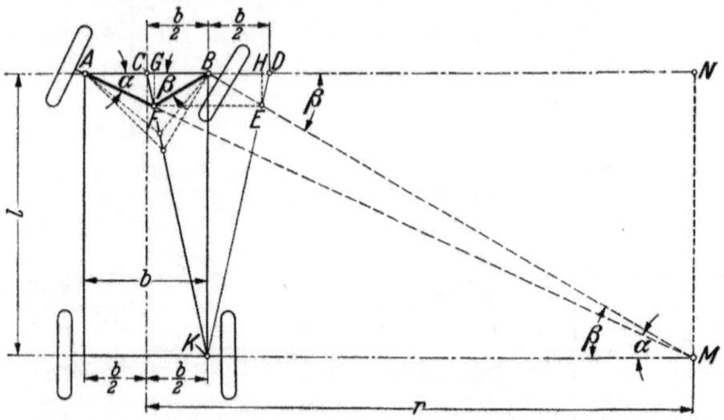

Abb. 206. Beweis des Verfahrens zur Bestimmung der einander zugeordneten Radeinschlagwinkel.

$$FG = EH \quad \text{und} \quad CG = DH,$$

$$EH : MN = BH : BN,$$

$$EH : l = \left(\frac{b}{2} - DH\right) : \left(r - \frac{b}{2}\right),$$

$$DH : EH = \frac{b}{2l},$$

also

$$EH = \frac{l}{r} \cdot \frac{b}{2} \quad \text{und} \quad DH = \frac{b^2}{4r},$$

$$\operatorname{tg}\beta = \frac{EH}{b/2 - DH} = \frac{l}{r - b/2} \quad \text{und} \quad \operatorname{tg}\alpha = \frac{EH}{b/2 + DH} = \frac{l}{r + b/2}.$$

Klappt man das Teildreieck *KDB* auf das Dreieck *KCB* um, dann ist damit das Wesen der Hilfslinie *CK* festgelegt.

Der Zusammenhang zwischen Kurvenhalbmesser, Radstand, Spurweite und Radeinschlag ist auch aus dem Rechenblatt Abb. 207 zu entnehmen. Die Verbindungslinie der Werte

$$\text{Spurweite zu Radstand} = \frac{b}{l}$$

und

$$\text{Kurvenhalbmesser zu Radstand} = \frac{r}{l}$$

zeigt die Radeinschlagwinkel α und β oder deren ctg-Werte an.

Die Zuordnung der richtigen Winkel α und β ist in der Wirklichkeit aber mit einfachen Lenkgestängeanordnungen nur mit Annäherung zu erreichen.

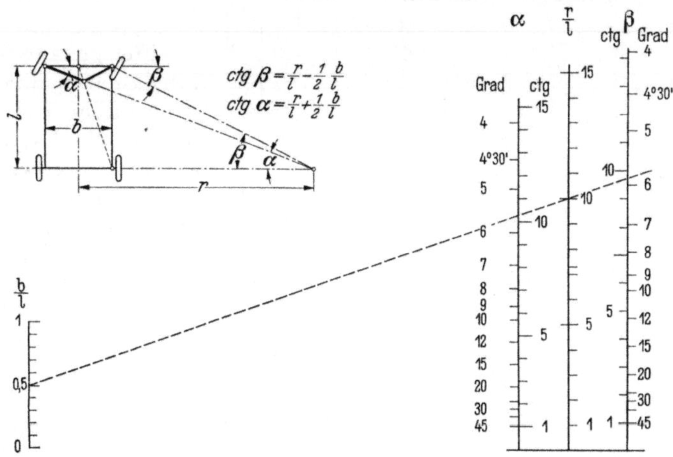

Abb. 207. Rechenblatt zur Bestimmung zugeordneter Radeinschläge, Kurvenhalbmesser, Radstände und Spurweiten.

III. Die Fehler der möglichen Anordnungen.

Man benützt daher nach Abb. 208 die Hilfslinie *CK* zur Prüfung der mit einer gewählten Anordnung der Lenkung erreichten Genauigkeit.

Die Schnitte der freien Schenkel der einander zugeordneten Winkel α und β liefern einen Linienzug, dessen Abweichung von der Geraden *CK* kennzeichnend ist für die eintretenden Lenkfehler. Der Schnittpunkt dieser Fehlerlinie mit *CK* ergibt den Winkelausschlag der Lenkung, bei dem vollständig richtige Einstellung vorhanden ist.

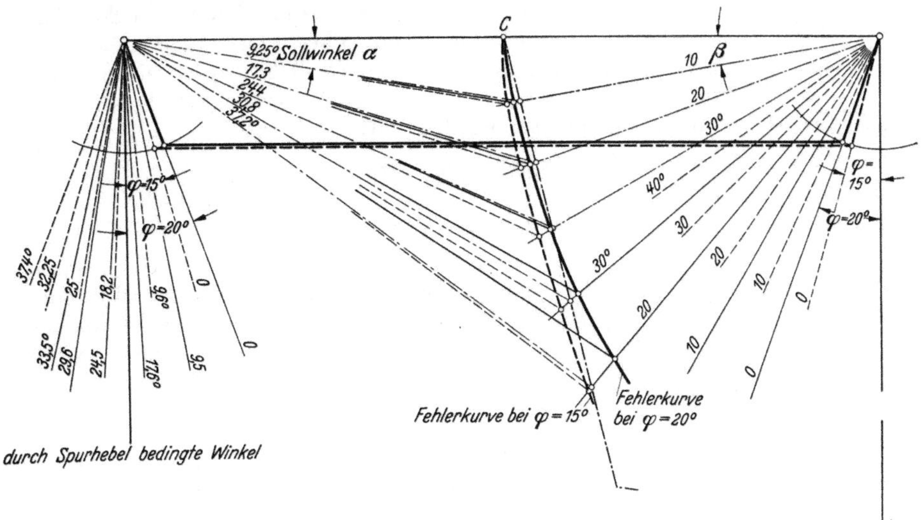

Abb. 208. Lenkfehlerkurve. Bei angenommener Spurhebelanordnung ergeben die auftretenden Winkel der Radeinschläge, an die Verbindungslinie der Achsschenkeldrehpunkte angelegt, im gegenseitigen Schnittpunkt die Fehlergrößen zur Linie *CK*.

Beim Entwurf ist die Neigung der beiden Spurhebel, die in der Nullage im Winkel φ schräg zur Längsachse des Fahrzeugs gestellt werden, so zu wählen, daß sich eine möglichst geringe Abweichung der Fehlerlinie von der Hilfslinie *CK* ergibt. Diese soll nicht mehr als 1 bis $1^1/_2{}^\circ$, am Spurhebelausschlag gemessen, betragen.

IV. Entwurfsannahmen.

Für den Entwurf des aus Spurhebeln und Spurstange bestehenden Lenktrapezes wendet man zunächst angenäherte Zeichenverfahren an. Die Länge der Spurhebel wird im Rahmen des Möglichen groß gewählt, damit die Gelenkkräfte klein bleiben. Für die erste Annahme der Winkel φ, die die Spurhebel mit der Längsrichtung des Fahrzeugs bilden, genügt nach Abb. 209 ihr Einrichten auf die Verbindungsgeraden zwischen den Lenkzapfenmitten und der Mitte der

Hinterachse, sofern es sich um den etwa üblichen Radstand der 2- bis $2^1/_2$fachen Spurweite der Räder handelt. Bei größeren Radständen benützt man statt des Radstandes die der $2^1/_2$fachen Spurweite entsprechende Hilfsentfernung x oder die in Abb. 209 dargestellten weiteren Näherungsverfahren.

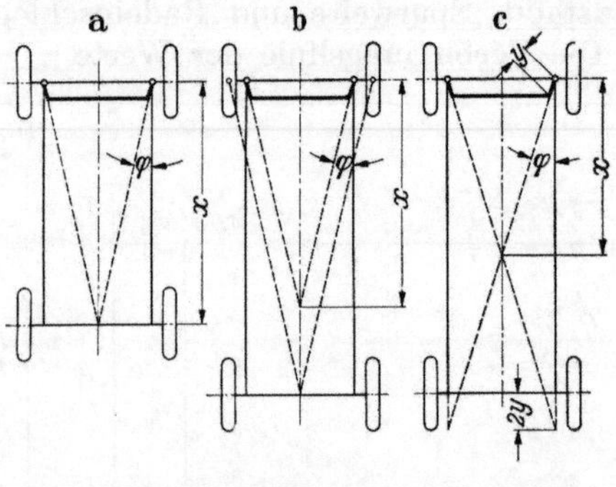

Abb. 209. Näherungslösungen für die Spurhebelstellung.

V. Genaue Gestaltung.

Für genaue Bestimmung der Winkel φ wendet man zweckmäßig den Causant-Plan nach Abb. 210 an. Man geht dabei von dem Fahrzeuggrundriß aus, der mit A und B die Lage der Lenkzapfen mit dem Lenkzapfenabstand b, sowie den Radstand l liefert.

Das Fahrzeug bewege sich bei der Lenkung um den Drehmittelpunkt M mit den anzustrebenden Radeinschlagwinkeln β und α.

Ermittelt werden der Winkel φ für die Stellung der Spurhebel nach hinten oder der Winkel φ' für die Stellung der Spurhebel nach vorn.

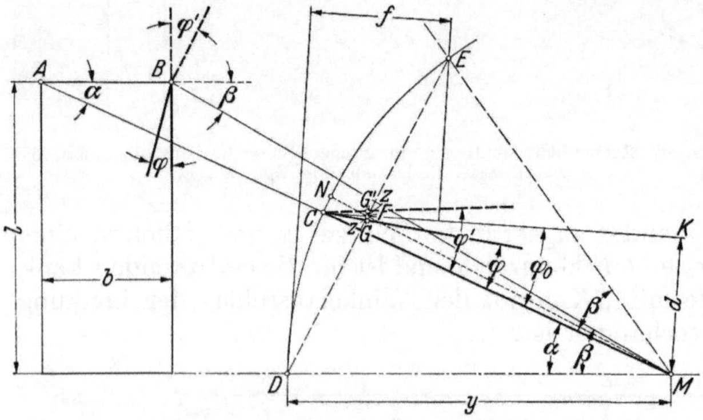

Abb. 210. Verfahren des Causant-Planes zur Bestimmung des Spurhebelwinkels φ.

Mit der angenommenen Länge y des Spurhebels als Halbmesser wird um M ein Kreis geschlagen. In M wird an den Winkel α der Winkel β angelegt. Die Schnitte der Außenschenkel von α und β mit dem Kreis liefern die Sehne DE. Durch deren Halbierungspunkt F und den Schnitt C des einen Schenkels von α mit dem Kreis wird die Hilfslinie CF gelegt, auf dieser in F das Lot errichtet und auf diesem die kleine Strecke z nach unten und oben abgetragen. Ihre Endpunkte G und G' liefern mit MCG den Winkel φ und mit MCG' den Winkel φ'.

Die Strecke z ist in ihrer Länge zu wählen mit

$$z = \tfrac{1}{2}\left[(b - 2d) - \sqrt{(b - 2d)^2 - f^2}\right].$$

Hierin sind

b der Lenkzapfenabstand, d die Länge des Lots von M auf CF, f die Projektion von DE auf CF.

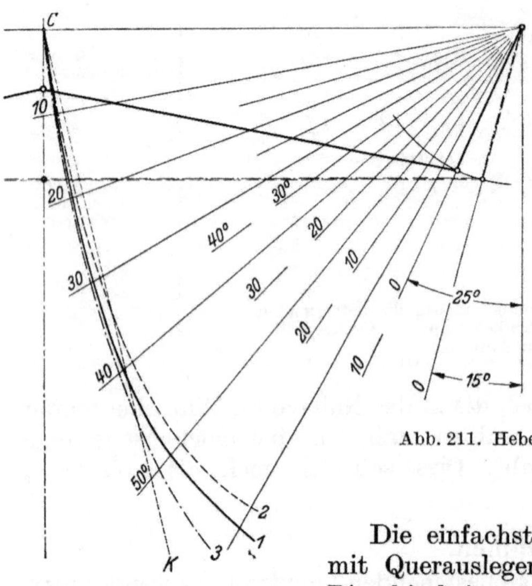

Da bei Fahrzeugen mit fester und geteilter Achse der schräg gestellte Spurhebel oder ein mit ihm gleichwertiger schräg gestellter Lenkhebel gleichermaßen angewandt wird, ist dieses Verfahren stets anwendbar. Es liefert gute Annäherungen für kleine Lenkfehler.

Doch empfiehlt es sich, die Nachprüfung der gewählten Anordnung mit Hilfe der Linie CK nach Abb. 208 stets durchzuführen.

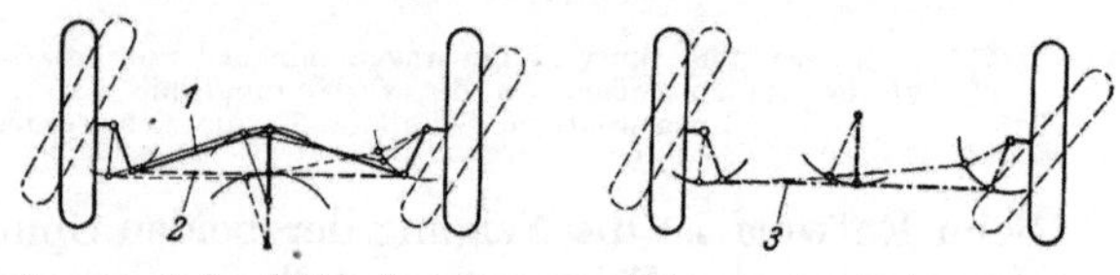

Abb. 211. Hebelanordnungen bei geteilter Spurstange und ihre Lenkfehlerkurven.

VI. Die geteilte Spurstange.

Die einfachste Gestaltung der Lenkung für Schwingachsfahrzeuge mit Querauslegerachsen beruht darin, daß man die Spurstange teilt. Die hierbei möglichen drei verschiedenen Anordnungsarten liefern durch den verschiedenen Einfluß auf die Streckung der Spurstange die in Abb. 211 dargestellten verschiedenen Fehlerlinien. Daraus ergibt sich die ausgezogene Lösung als die günstigste.

Große Fehlwinkel sind bei den großen Lenkeinschlagwinkeln stets vorhanden. Es wäre aber unangebracht, aus diesem Grund die Größe des Lenkeinschlags einzuschränken, denn gute Wendigkeit eines Fahrzeugs ist im Stadtverkehr für das Parken und Einfahren in enge Räume von großer Bedeutung. Bei den hierfür nur in langsamer Fahrt gebrauchten großen Einschlagwinkeln können große Fehlwinkel in Kauf genommen werden.

VII. Die Wendigkeit des Fahrzeugs.

Die Wendefähigkeit eines Fahrzeugs läßt sich rechnerisch nach Abb. 212 übersehen.

Der Wendekreishalbmesser R des äußersten Rades kann bestimmt werden, wenn der Lenkzapfenabstand b bzw. die damit nahezu gleiche Bodenspurweite der Räder, der Radstand l und der größte Lenkeinschlagwinkel β bekannt ist. Da a klein ist gegenüber b und s, ist R etwa gleich s. Dieses ist aber

$$s = \sqrt{l^2 + \left(r + \frac{b}{2}\right)^2},$$

also ist R angenähert

$$R = \sqrt{l^2 + (l \operatorname{ctg}\beta + b)^2}.$$

Wenn man einen bestimmten Wendekreishalbmesser R des Fahrzeugs zulassen will, kann man auch den notwendigen größten Winkel β berechnen. Denn es ist

$$\operatorname{tg}\beta = \frac{l}{r - \frac{b}{2}}$$

und mit $r = \sqrt{R^2 - l^2} - \frac{b}{2}$

$$\operatorname{tg}\beta = \frac{l}{\sqrt{R^2 - l^2} - b}.$$

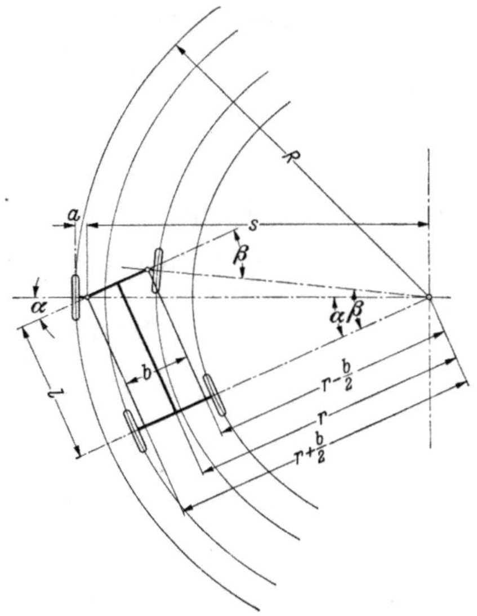

Abb. 212. Bestimmung des Wendekreishalbmessers.

VIII. Das Wesen des Verfahrens von Causant.

Die Richtigkeit des Causant-Planes läßt sich wie folgt nachweisen:

Die Aufgabe ist, eine Beziehung zwischen α und β herzuleiten (Abb. 213). Beim Einschlag um den Winkel β muß die Länge der Spurstange gleichbleiben. Also gilt

$$S_0 T_0 = S T. \qquad (1)$$

Aus der Anfangsstellung folgt:

$$S_0 T_0 = b - 2y \sin\varphi_0. \qquad (2)$$

In der Ausschlagstellung kommt aus $\triangle\, TSU$:

$$ST^2 = SU^2 + TU^2, \qquad (3)$$

wobei

$$SU = y\cos(\varphi_0 - \alpha) - y\cos(\varphi_0 + \beta),$$

$$TU = b - y\sin(\varphi_0 - \alpha) - y\sin(\varphi_0 + \beta).$$

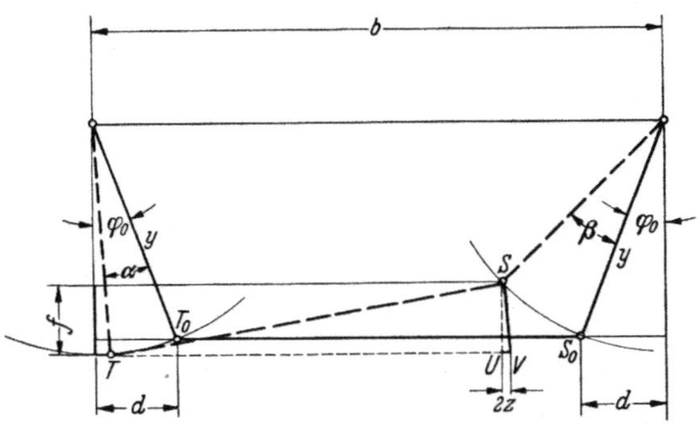

Abb. 213. Bezeichnungen zur Überprüfung des Causant-Planes.

Somit wird mit (2) und (3) in (1)

$$(b - 2y\sin\varphi_0)^2 = [y\cos(\varphi_0 - \alpha) - y\cos(\varphi_0 + \beta)]^2 + [b - y\sin(\varphi_0 - \alpha) - y\sin(\varphi_0 + \beta)]^2$$

oder

$$\begin{aligned} b^2 - 4by\sin\varphi_0 + 4y^2\sin^2\varphi_0 = {} & y^2\cos^2(\varphi_0 - \alpha) + y^2\cos^2(\varphi_0 + \beta) - 2y^2\cos(\varphi_0 - \alpha)\cos(\varphi_0 + \beta) \\ & + b^2 + y^2\sin^2(\varphi_0 - \alpha) + y^2\sin^2(\varphi_0 + \beta) \\ & - 2by\sin(\varphi_0 - \alpha) - 2by\sin(\varphi_0 + \beta) \\ & + 2y^2\sin(\varphi_0 - \alpha)\sin(\varphi_0 + \beta), \end{aligned}$$

zusammengefaßt:

$$-4by\sin\varphi_0 = 2y^2(1-2\sin^2\varphi_0) - 2y^2[\cos(\varphi_0-\alpha)\cos(\varphi_0+\beta) - \sin(\varphi_0-\alpha)\sin(\varphi_0+\beta)] - 2by[\sin(\varphi_0-\alpha)+\sin(\varphi_0+\beta)],$$

umgeformt:

$$-4by\sin\varphi_0 = 2y^2[\cos 2\varphi_0 - \cos(2\varphi_0+\beta-\alpha)] - 4by\sin\frac{2\varphi_0+\beta-\alpha}{2}\cos\frac{\alpha+\beta}{2}$$

oder:

$$-4by\sin\varphi_0 = -4y^2\sin\left(2\varphi_0+\frac{\beta-\alpha}{2}\right)\sin\frac{\alpha-\beta}{2} - 4by\sin\frac{2\varphi_0+\beta-\alpha}{2}\cos\frac{\alpha+\beta}{2}.$$

Daraus endlich:

$$b\left[\sin\varphi_0 - \sin\left(\varphi_0+\frac{\beta-\alpha}{2}\right)\cos\frac{\alpha+\beta}{2}\right] = y\sin\left(2\varphi_0+\frac{\beta-\alpha}{2}\right)\sin\frac{\alpha-\beta}{2}. \tag{3a}$$

Sonderfall: $y = 0$, also unendlich kleiner Lenkschenkel. Dabei gilt:

$$\sin\varphi_0 = \sin\left(\varphi_0+\frac{\beta-\alpha}{2}\right)\cos\frac{\alpha+\beta}{2}. \tag{4}$$

Diese Beziehung ist im Causant-Plan erfüllt.

Beweis: Aus rechtwinkligem $\triangle DFM$ folgt: $FM = y\cos\frac{\alpha+\beta}{2}$ (Abb. 210).

Ferner ist

$$\sphericalangle MFK = \varphi_0 + \frac{\beta-\alpha}{2} \quad \text{(Außenwinkel in } \triangle CFM).$$

Aus rechtwinkligem $\triangle MFK$ ergibt sich damit

$$d = MF\cdot\sin\sphericalangle MFK = y\cos\frac{\alpha+\beta}{2}\sin\left(\varphi_0+\frac{\beta-\alpha}{2}\right). \tag{5}$$

Aus dem rechtwinkligen $\triangle CMK$ erhält man:

$$d = CM\sin\varphi_0 = y\sin\varphi_0. \tag{6}$$

(5) und (6) sind mit (4) identisch, also ist der Causant-Plan richtig für $y = 0$.

Korrektur für endliche y: Dadurch wird Stange ST schief. Der Neigungswinkel STU kann wie folgt berechnet werden: Ist

$$TV = TS = b - 2y\sin\varphi_0 = b - 2d,$$

so wird

$$\sphericalangle STU = 2\sphericalangle USV \approx 2\frac{UV}{US}.$$

Dabei ist mit $US = f$ und $UV = 2z$

$$2z = TV - UT = b - 2d - \sqrt{(b-2d)^2 - f^2}.$$

Somit

$$\sphericalangle STU = 2\frac{b-2d-\sqrt{(b-2d)^2-f^2}}{f} = 2\frac{2z}{f}.$$

Die Größe f ist die Projektion von den Bogen SS_0 und TT_0 auf den Schenkel von φ_0 in der Fahrzeugachse. Im Causant-Plan ergibt sich — wie leicht beweisbar — f als Projektion von DE auf CK.

Durch die Konstruktion des Korrekturwinkels im Causant-Plan wird einfach vom Winkel φ_0 der halbe Stangenwinkel UTS abgezogen bzw. dazugezählt. Die gemachte Korrektur bedarf noch eines Genauigkeitsbeweises.

Aus Gleichung (3a) kann man φ_0 für verschiedene Werte y, α, β ermitteln, indem man (3a) durch Probieren mit verschiedenen Werten φ_0 erfüllt.

IX. Die Betätigung der Lenkung.

Die Handradbewegung. Die Betätigung der Lenkung erfolgt im allgemeinen durch ein Handrad vom Führersitz aus. Einer Rechtsdrehung des Handrades im Uhrzeigersinn entspricht eine Wendung des Fahrzeugs nach rechts und einer Drehung nach links eine Wendung nach links. Dabei muß die Forderung erfüllt sein, daß zu gleichen Handradwinkelausschlägen nach rechts und links gleiche Ausschläge der gelenkten Räder nach rechts und links gehören.

Durch die Anordnung a) der Abb. 214 wird diese Forderung nicht, durch die Anordnung b) dann erfüllt sein, wenn in der Mittellage der Lenkhebel H_L und der Lenkstockhebel H_{St} senkrecht zur Lenkschubstange *St* stehen.

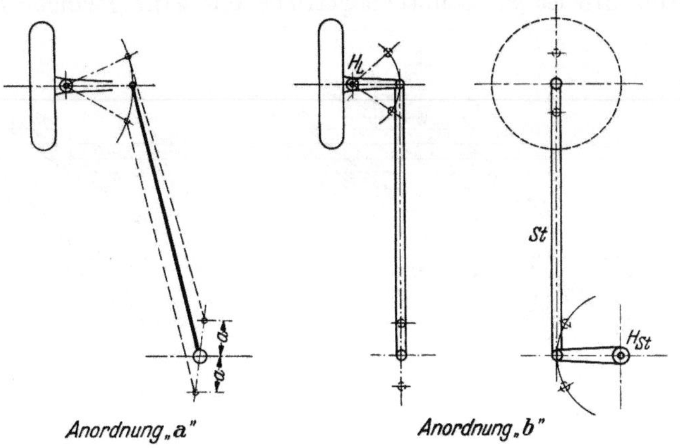

Abb. 214. Anordnung des Lenkgestänges: a) falsche Stellung, b) richtige Stellung von Lenkhebel H_L, Lenkstockhebel H_{St} und Lenkschubstange *St* zueinander.

Die Drehung des Handrades darf nur kleine Kräfte erfordern, soll aber andererseits den Fahrer nicht durch zu große Drehwege ermüden oder im Stadtverkehr die schnelle Herbeiführung großer Lenkausschläge der Räder verhindern. Die Leichtgängigkeit der Lenkung ist bedingt durch die in das Lenkgestänge vom Radauflagegewicht und von Fahrbahneinflüssen eingeleiteten Kräfte, durch die Reibungswiderstände in der Lenkung und durch die Übersetzung zwischen dem Drehwinkel der gelenkten Räder und dem des Handrades.

Die Übersetzung. Bei Personenwagen ist die Übersetzung in dem Maße üblich, daß auf den gesamten Lenkausschlag der Räder von links nach rechts 2 bis $2^1/_2$ volle Handradumdrehungen kommen. Bei schweren Lastwagen muß man diese Zahl der Handradumdrehungen bis ungefähr 4 und darüber vergrößern. Dann aber zeigt sich trotz der kleineren Fahrgeschwindigkeiten dieser Fahrzeuge schon die Gefahr der zu langsamen Erreichung großer Ausschläge.

Hilfsbetätigung. Um auch solche Fahrzeuge wendiger zu machen und die dann notwendigen großen Verstellkräfte vom Fahrer fernzuhalten, mußte man die Hilfsbetätigung der Lenkung durch Preßluft einführen. Dazu wird, etwa nach Abb. 215, im Lenkgestänge ein Hilfskolben angeordnet, dessen Bewegung durch die Drehung der Lenksäule oder durch die Bewegung des Lenkstockhebels gesteuert wird.

Die unmittelbare Verbindung zwischen Lenksäule und Lenkgestänge sichert die Betriebsmöglichkeit auch bei Ausfall des Luftdrucks.

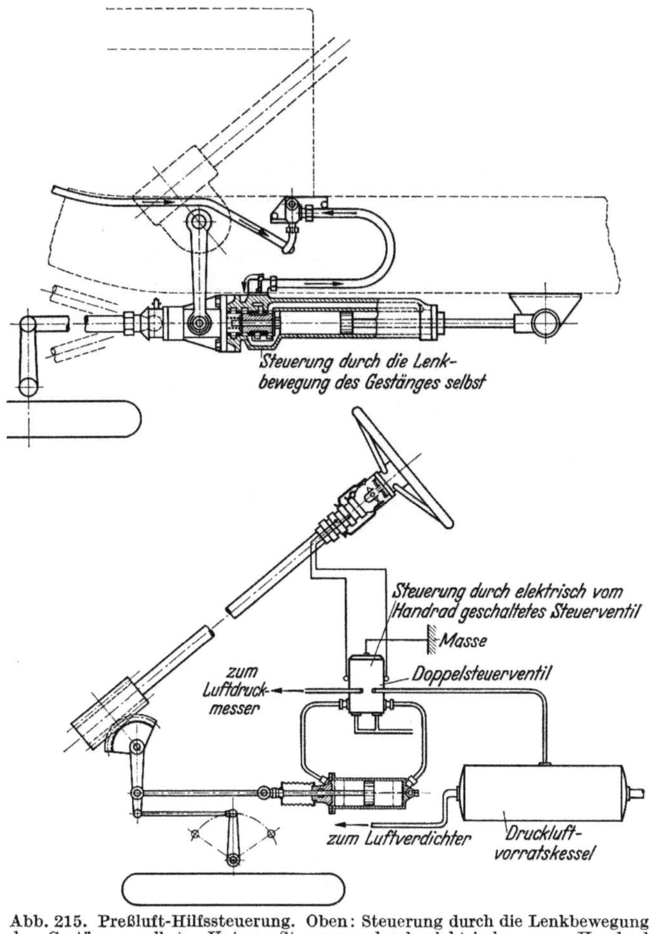

Abb. 215. Preßluft-Hilfssteuerung. Oben: Steuerung durch die Lenkbewegung des Gestänges selbst. Unten: Steuerung durch elektrisches vom Handrad geschaltetes Steuerventil (Bosch).

Das Lenkgetriebe. Eine weitere Forderung geht dahin, daß Stöße von der Fahrbahn auf die Lenkräder sich auf das Handrad nicht stark auswirken. Das ist erreichbar durch Kleinhaltung der Momente im Lenkhebel, die von den Straßenstößen auf den Achsschenkel herrühren, also insbesondere durch Beschränkung der wirksamen Länge des Achsschenkels oder durch Einschaltung des ganz oder teilweise selbsthemmenden Lenkgetriebes zwischen Achsschenkel und Lenksäule.

Selbsthemmung. Die mit Hemmung arbeitenden Lenkgetriebe werden als Schraubengetriebe, etwa nach Abb. 216, oder als Schneckengetriebe, etwa nach Abb. 217, ausgeführt. In Abb. 218 ist ein Schneckengetriebe mit ganz geringer Hemmung (Daumenlenkung) gezeigt.

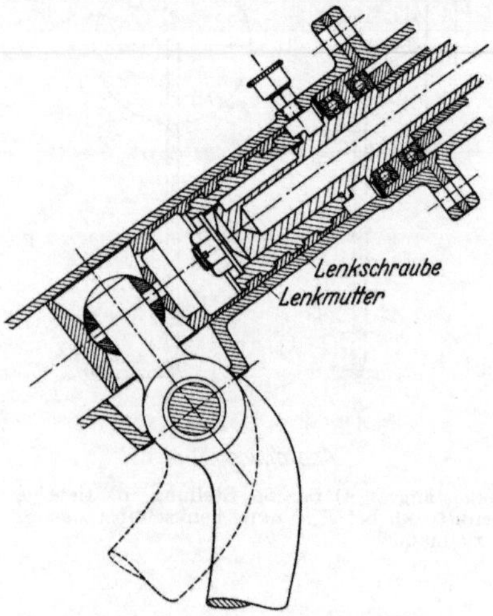

Abb. 216. Lenkschraubengetriebe, selbsthemmend.

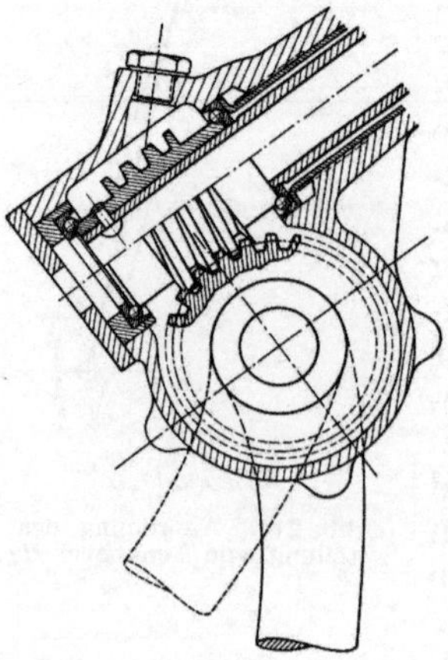

Abb. 217. Lenkschneckengetriebe, selbsthemmend.

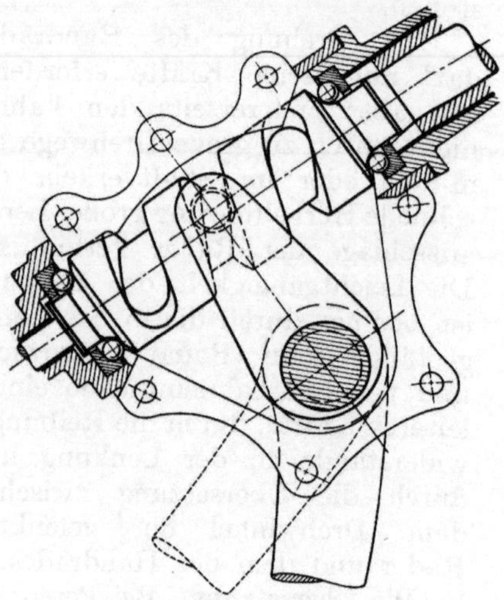

Abb. 218. Daumenlenkung, geringe Selbsthemmung (Z.F.-Ross).

Ohne Selbsthemmung. Wenn es gelingt, die Momente in der Lenkung klein zu halten, ist es möglich, ohne Selbsthemmung auszukommen. Abb. 219 zeigt eine Stirnradlenkung ohne Hemmung. An Stelle des getriebenen Zahnrads mit Hebel kann auch eine Zahnstange gesetzt werden.

Lenkungen ohne Hemmung sind sehr leichtgängig und niedrig beansprucht. Die dazu nötige kleine wirksame Länge des Achsschenkels ist erreichbar durch hinreichende Bemessung des Radsturzes und der Neigung des Lenkzapfens

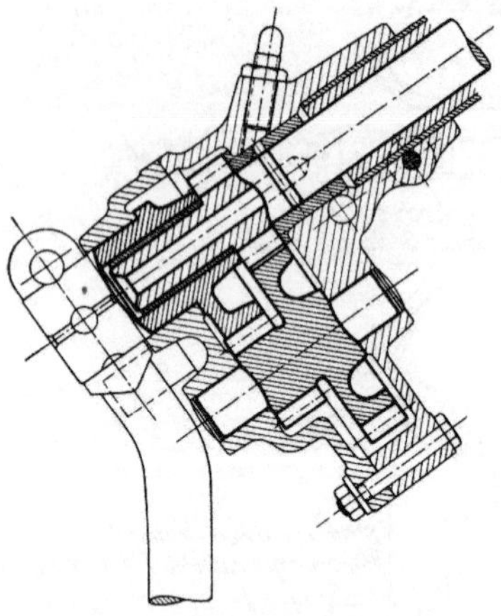

Abb. 219. Lenkzahnradgetriebe ohne Selbsthemmung.

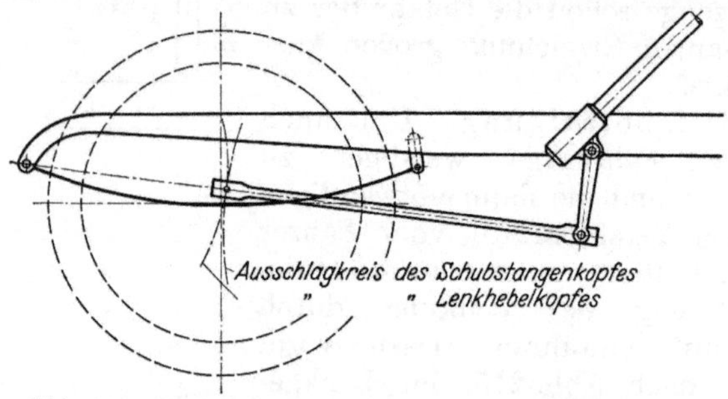

Abb. 220. Beeinflussung der Lenkung durch die Federung.

derart, daß der seitliche Abstand zwischen der Mitte der Radauflagefläche am Boden und dem Durchdringungspunkt des verlängerten Lenkzapfens im Boden sehr klein wird.

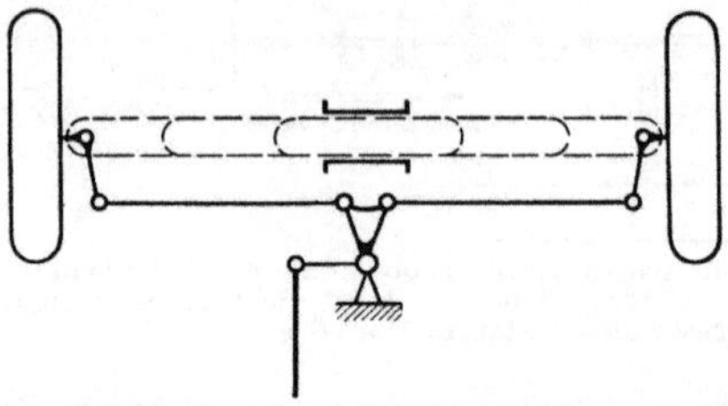

Abb. 221. Geteilte Spurstange bei Querabfederung der Räder.

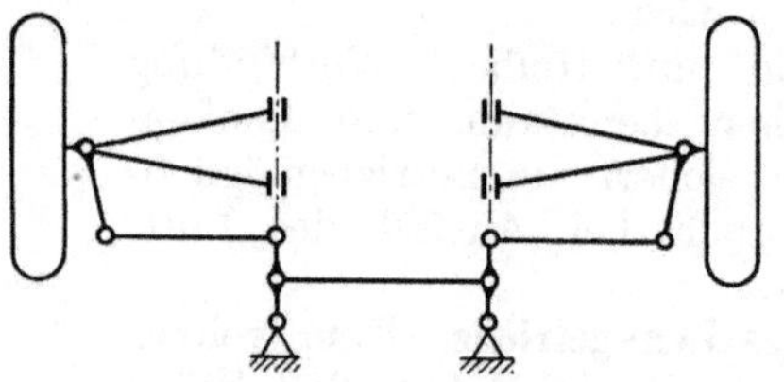

Abb. 222. Geteilte Spurstange bei Querhebelaufhängung der Räder.

Das Lenkgestänge. Die Lenkung muß weiterhin unempfindlich sein gegenüber den Federbewegungen. Das erfordert eine Anordnung des Lenkhebels und der Lenkschubstange, etwa nach Abb. 220, derart, daß der Gelenkpunkt zwischen diesen beiden Teilen in der Nullstellung der Lenkung sich auf der Verbindungslinie zwischen Federdrehpunkt und Lenkstockhebelkopf befindet. Darüber hinaus ist eine gegenseitige Anschmiegung der Ausschlagkreise des Spurstangenkopfs und des Lenkhebelkopfs am Rad zweckmäßig. Das ist bei starrer Vorderachse dadurch möglich, daß die Feder in Laschen vollkommen frei beweglich ist und die Achse mit einem Schubbalken abgestützt ist, wobei der Schubbalkendrehpunkt und der Lenkstockhebelkopf in einer Flucht liegen.

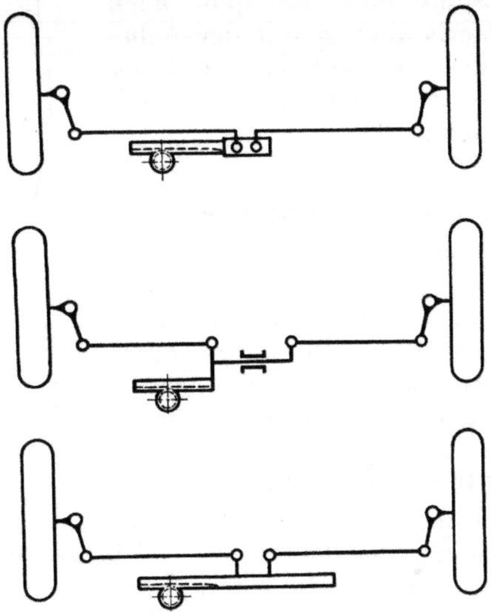

Abb. 223. Geteilte Spurstange bei Zahnstangenlenkung.

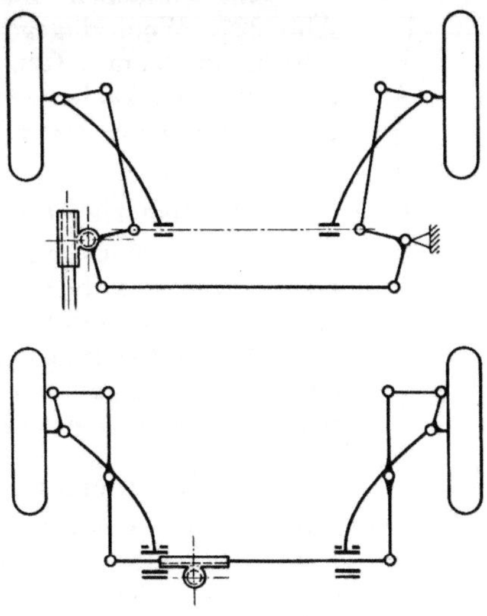

Abb. 224. Lenkhebelanordnung bei Längsauslegerfederung.

Bei Schwingachsausführungen (Abb. 221—223) wird federunabhängige Lenkung dadurch erreicht, daß man die Spurstange nur bis zu den verlängert gedachten Achsen der Schwingteile durchführt und an dieser Stelle Gelenke und Hebel anordnet, die durch eine weitere Spurstange verbunden sind, in die die Betätigung der Lenkung eingefügt ist.

Bei Längsauslegerfederung ist, wie Abb. 224 in zwei Beispielen zeigt, das gleiche erreichbar.

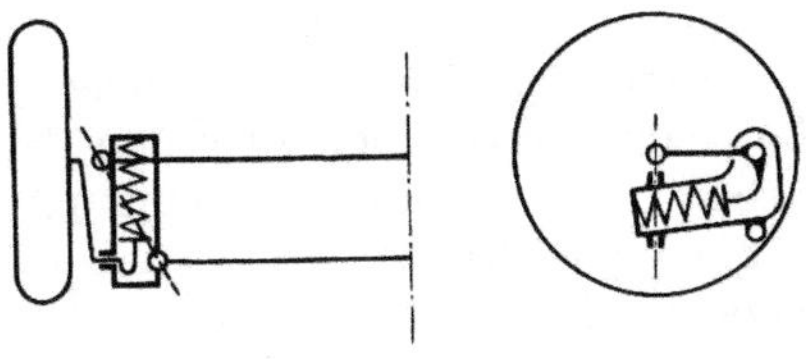

Abb. 225. Mit Rad schwenkbare Federung und ungeteilte Spurstange.

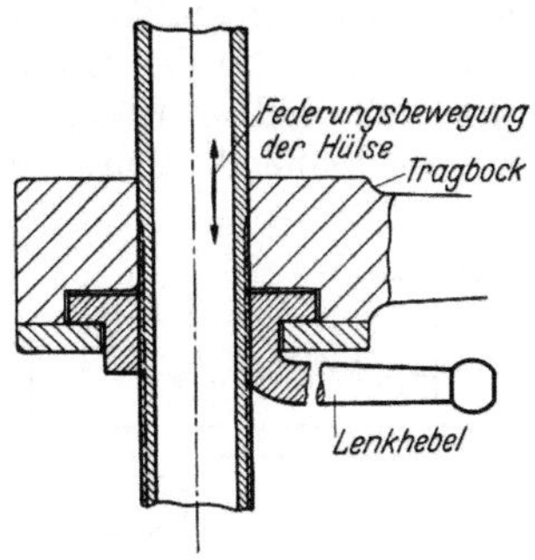

Abb. 226. Hülsenabgefedertes Rad mit an der Hülse angreifendem Lenkhebel. Lenkung von Federbewegung unabhängig.

Grundsätzlich, auch für die Lagen der Lenkhebel außerhalb der Nullage, läßt sich die Beeinflussung der Lenkung durch die Federung vermeiden, wenn der ganze Federungsteil, wie die Abb. 225 u. 226 zeigen, als um eine am Fahrzeug feste Drehachse schwenkbarer Teil in die Lenkung einbezogen ist.

C. Lenkungsschwingungen.

Bezeichnungen

x	Wege [cm],	μ	Reibungszahlen,
α, β	Winkel,	M, H	Rückstellmomente [cmkg],
a, s	Längen [cm],	J	Trägheitsmomente [cmkg sek^2],
c	Federkonstanten [cm^{-1}kg],	n	Eigenschwingungszahlen [min^{-1}],
G/g	Massen [cm^{-1}kg sek^2],	ω	Drehschnellen [sek^{-1}].
v	Geschwindigkeiten [cm sek^{-1}],		

Die Lenkungsschwingungen (*40*) stehen in Zusammenhang mit den Schwingungen der Achsen, die die Lenkräder tragen. Drei Arten von Schwingungen treten dabei vornehmlich auf, die

Lenkungsschwingungen in waagrechter Ebene (Flattern), Schwingungen der Lenkräderachse in einer senkrechten Ebene (Trampeln) und das sog. Tanzen (Shimmy). Beim Tanzen handelt es sich um Lenkungs- und Achsschwingungen, die durch Kreiselmomente miteinander gekoppelt sind.

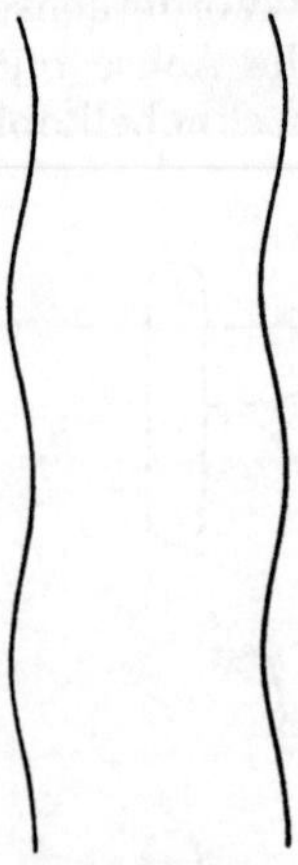

Abb. 227. Radspur beim Flattern.

I. Flattern.

Beim einfachen Flattern entsteht eine Radspur nach Abb. 227. Wenn dagegen die Flatterbewegung mit der Achsschwingung zum „Tanzen" gekoppelt ist, können die Räder zeitweise den Boden verlassen, und die Spur wird sich nach Abb. 228 auf der Fahrbahn abzeichnen.

II. Bisherige einfache Mittel der Bekämpfung.

Die Anstrengungen, dieser Schwingungen Herr zu werden, erstreckten sich bisher vielfach auf die Herbeiführung ausreichender Dämpfung der Schwingungsausschläge durch Kleinhaltung des Lenkungsspiels, starke Vorspurstellung der Räder oder ähnliche Maßnahmen. Erkenntnisse über das Grundsätzliche der Vorgänge eröffnen die Möglichkeiten ihrer Vermeidung.

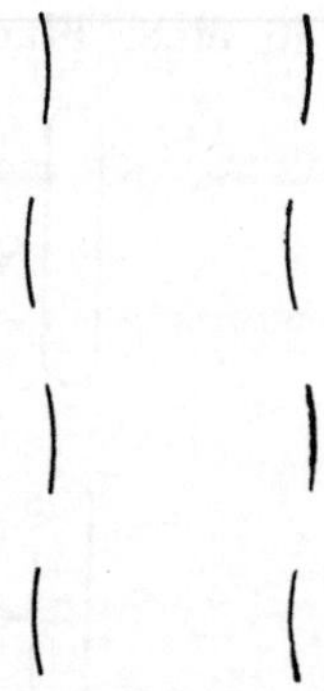

Abb. 228. Radspur beim Tanzen (Shimmy).

III. Anregung der Lenkungsschwingungen.

Das Zustandekommen der Achsschwingungen ist mit der Wirkung von Bodenunebenheiten erklärlich, das Zustandekommen der Lenkungsschwingungen ist weniger leicht zu übersehen. Die Lenkungsschwingungen können sich durch die Reibungswiderstände der Räder auf der ebenen Fahrbahn nicht nur erhalten, sondern auch anregen und aufschaukeln; sie werden aber auch durch Unebenheiten der Fahrbahn, insbesondere in Verbindung mit den Achsschwingungen, erregt. Wenn die Achse schwingt, kann eine Lenkbewegung der Räder durch den wechselnden Bodenwiderstand periodisch angeregt werden. Die Energiezufuhr in die Lenkung wird auf diese Weise durch die Achsschwingung, die im Resonanzfall mit der Eigenschwingungszahl der Achse erfolgen kann, gesteuert, und je nachdem die Eigenschwingungszahl der Lenkung mit der Schwingungszahl dieser Erregung zusammenfällt oder nicht, können Resonanz- oder Zwangsschwingungen in der Lenkung und unter Umständen im Fahrzeugrahmen mit auftreten. Es ist erklärlich, daß im Resonanzfall auch auf glatter Fahrbahn diese auf fast alle Teile des Fahrzeugs sich ausdehnende Schwingung sich allein durch die gesteuerte Energiezufuhr aus dem Bodenwiderstand auch über größere Geschwindigkeitsbereiche des Fahrzeugs erhalten kann.

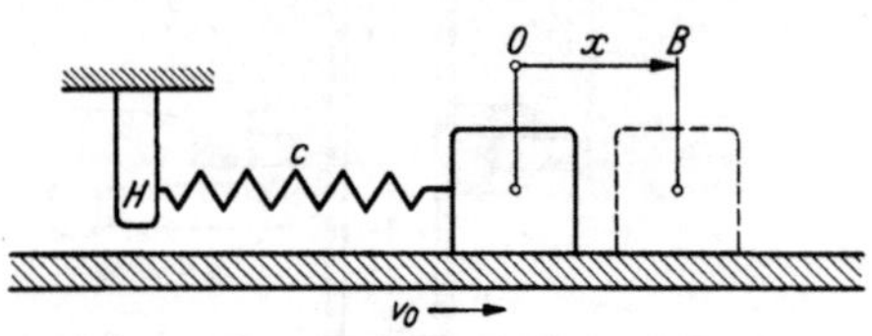

Abb. 229. Durch Reibung angefachte Schwingung.

Ferner besteht die Tatsache, daß sich schon allein durch die Reibungsvorgänge zwischen dem Rad und der Fahrbahn die Lenkungsschwingung als solche, auch bei glatter Fahrbahn, erhalten kann. Das geht aus folgenden Schwingungsansätzen hervor. Nach Abb. 229 bewege sich ein Körper vom Gewicht G mit der Geschwindigkeit v_0 gegen eine glatte Fahrbahn oder, was diesem Vorgang gleichwertig ist, die Fahrbahn mit der Geschwindigkeit v_0 unter dem Körper weg, der mittels der Feder von der verhältigen Härte c im Raum festgelegt ist. Die Fahrbahn übt dabei auf den Körper die Reibungskraft $R = \mu G$ aus. Es stellt sich eine Schwingung des Körpers mit dem Ausschlag x ein, und es gilt

$$\frac{G}{g}\,\frac{d^2x}{dt^2} + c\,x = \mu G.$$

Das Vorzeichen von R kehrt sich nicht um, solange

$$v_0 > \left(\frac{dx}{dt}\right)_{\max}.$$

Daher schwingt die Masse $\frac{G}{g}$ nach dem Gesetz

$$x = \mu\,\frac{G}{c} + A \sin\sqrt{c\,\frac{g}{G}}\,t$$

mit unveränderlichem Größtausschlag A. Die Nullage der Schwingung liegt bei

$$x_0 = \mu\,\frac{G}{c}.$$

Damit

$$v_0 > \left(\frac{dx}{dt}\right)_{\max}$$

ist, muß

$$v_0 > A\sqrt{c\,\frac{g}{G}}$$

sein. Die Schwingung kann unter dieser Voraussetzung, wenn sie einmal angefacht ist, erhalten bleiben.

Es kann aber auch eine Anfachung der Schwingung auftreten und die Schwingung im Größtausschlag anwachsen, wenn die Reibungsziffer von der Gleitgeschwindigkeit abhängig ist nach Abb. 230, aus der bei kleinen Unterschieden von v und v_0 folgt

$$\mu = \mu_0 - \operatorname{tg}\beta\cdot(v - v_0) = \mu_0 + \operatorname{tg}\beta\cdot\frac{dx}{dt},$$

denn es ist

$$v = v_0 - \frac{dx}{dt}.$$

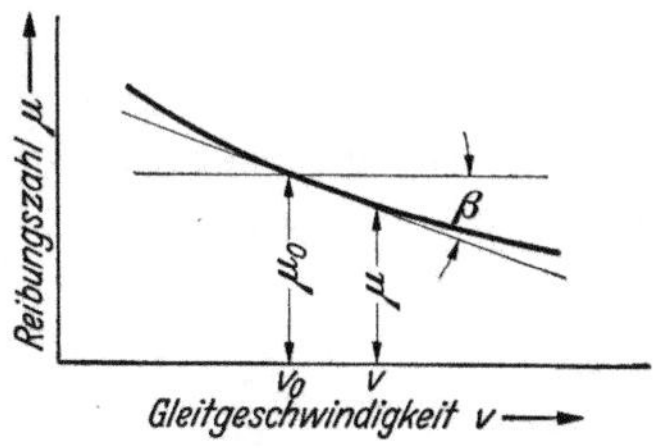

Abb. 230. Von der Gleitgeschwindigkeit abhängige Reibungszahl.

Die Schwingungsgleichung lautet

$$\frac{G}{g}\,\frac{d^2x}{dt^2} + cx = \left(\mu_0 + \operatorname{tg}\beta\cdot\frac{dx}{dt}\right)G.$$

Die Schwingung erfolgt um die Ruhelage

$$x_0 = \frac{\mu_0}{c}\,G.$$

Auf diese Achse bezogen, lautet die Differentialgleichung

$$\frac{d^2x}{dt^2} - \operatorname{tg}\beta\cdot g\,\frac{dx}{dt} + c\,\frac{g}{G}\,x = 0.$$

Unter der Voraussetzung, daß für $t = 0$ auch $x = 0$ ist, hat die Lösung die Form

$$x = A_0\,e^{\delta t}\sin 2\pi\alpha t,$$

wobei

$$\delta = \frac{1}{2}\,g\operatorname{tg}\beta \quad \text{und} \quad \alpha = \frac{1}{2\pi}\sqrt{c\,\frac{g}{G} - \frac{g^2\operatorname{tg}^2\beta}{4}}.$$

Man hat es in diesem Fall mit einer Schwingung mit zunehmender Schwingungsauslenkung zu tun (Abb. 231). Die Schwingung erhält sich so lange, bis $\frac{dx}{dt}$ größer als v_0 ist, d. h. bis die Ausschlagsgeschwindigkeit der Masse die Größe der Geschwindigkeit der Fahrbahn v_0 überschreitet. Für $\frac{dx}{dt} > v_0$ gilt die Differentialgleichung nur noch mit negativem Vorzeichen des Reibungsgliedes μG.

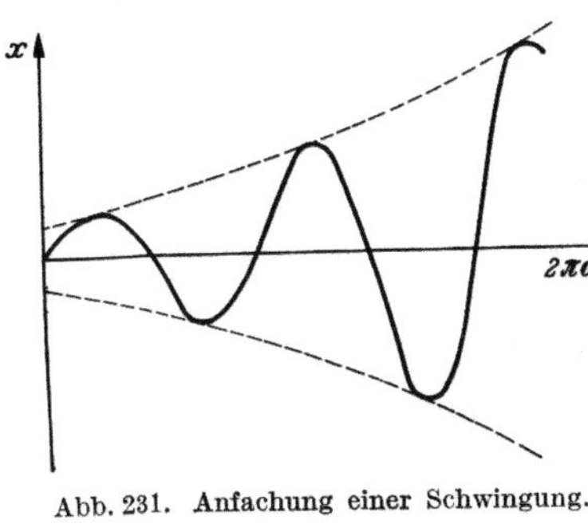

Abb. 231. Anfachung einer Schwingung.

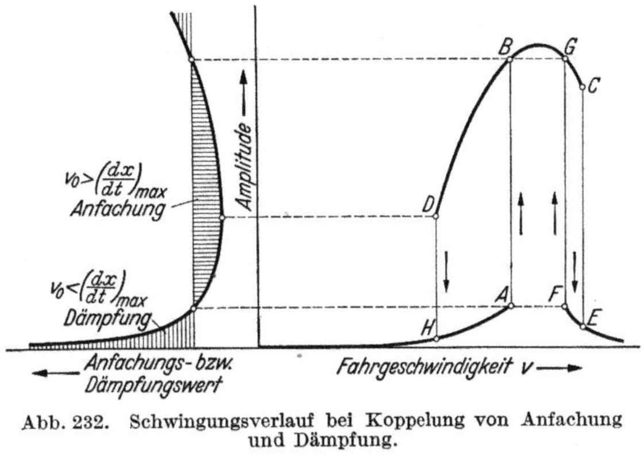

Abb. 232. Schwingungsverlauf bei Koppelung von Anfachung und Dämpfung.

Das Anwachsen der Ausschläge läßt sich daraus erklären, daß die Reibungskraft beim Hin- und Hergang der Masse auf der Fahrbahn verschiedene Werte hat, da die Gleitgeschwindigkeit sich ändert. Dadurch kann dem schwingenden System Arbeit zugeführt werden.

Besondere Verhältnisse der Lenkungsschwingungen ergeben sich, wenn die Dämpfung und die Anfachung des Systems in Abhängigkeit vom Schwingungsausschlag sich etwa wie nach Abb. 232 ändern.

Der Größtausschlag der Schwingung verläuft dann beim Steigern der Geschwindigkeit v nach dem Linienzug $HABCE$, beim Vermindern der Geschwindigkeit aber nach dem Linienzug $FGBDH$.

In dem Bereich, in dem die Anfachung stärker ist als die Dämpfung, tritt ein plötzliches Einsetzen von starken Schwingungen auf. Beim An- und Auslauf sind die Grenzen dieses Sprungs verschieden.

Vorbedingungen für die Entstehung von Lenkungsschwingungen sind also stets gegeben, sofern die Lenkung überhaupt schwingungsfähig ist.

IV. Die Kopplung der Lenkungs- und Achsschwingungen.

Die Kopplung des Flatterns und des Trampelns durch die Kreiselmomente zum „Tanzen“ kann zum Auftreten von zwei Eigenschwingungszahlen des gekoppelten Achs-Lenkungs-Systems führen.

Die Kopplung kommt zustande durch die Kreiselmomente, die an den sich drehenden Lenkrädern entstehen, wenn diese einen Winkelausschlag mit der Achse oder mit der Lenkung machen. Die Winkelausschläge aus der Achs- und der Lenkbewegung erfolgen in Ebenen, die senkrecht zueinander stehen, so daß jeweils eine Ausschlagsart die andere hervorruft.

Die schwingungsfähige Achse (*43*) kann nach Abb. 233 vereinfacht dargestellt werden. Bei einer Winkeldrehung α der Achse ergibt sich, unter der Voraussetzung gleicher Belastung der beiden Räder, mit der Federungskennzahl c_r der Reifen das rückstellende Moment der Räder zu

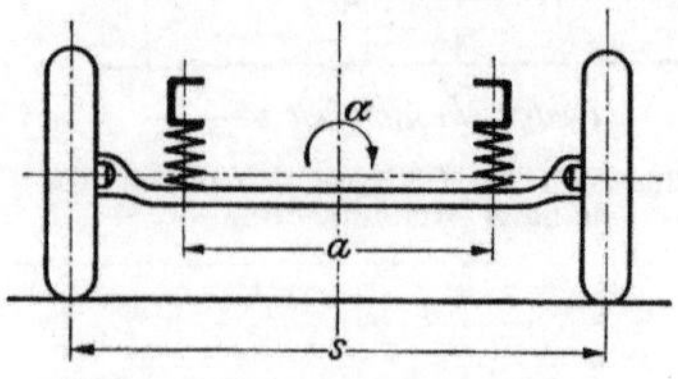

Abb. 233. Bezeichnungen der Radachsabmessungen für Schwingungsberechnung.

$$M_r = c_r \frac{s^2}{2} \alpha$$

und das Rückstellmoment aus den Federn mit deren Federungskennzahl c_f zu

$$M_f = c_f \frac{a^2}{2} \alpha .$$

Das gesamte Rückstellmoment ist

$$M_1 = \tfrac{1}{2} (c_r s^2 + c_f a^2) \alpha = M \alpha .$$

Dabei ist der Einfluß der Reifen für die Rückstellung der Achse wesentlicher als der der Federn.

Die Eigenschwingungszahl der Achse in 2π sek ist

$$n_1 = \sqrt{\frac{M}{J_1}},$$

wenn J_1 das auf die Mitte bezogene Trägheitsmoment der zusammengebauten Achse ist.

Das rückstellende Moment in der Lenkung ist bedingt durch die Federung des Lenkungsgestänges, die nicht einfach berechnet werden kann, und durch die Rückwirkungen der Fahrbahndrücke in die Lenkung. Das Moment wird versuchsmäßig bestimmt durch Messung des zur Herbeiführung eines bestimmten Lenkausschlags am aufgebockten Wagen gegen die Elastizität des Gestänges erforderlichen Kräftepaars und durch rechnerische Erfassung der aus der Anordnung des Lenkzapfens und der Achsschenkel sich ergebenden Rückwirkungen des Raddrucks in die Lenkung. Unter Umständen müssen dabei auch die Fliehkraftwirkungen in der Kurve berücksichtigt werden. Das teils versuchsmäßig, teils rechnerisch ermittelte Rückstellmoment je Winkeleinheit der Lenkung habe die Größe H. Die Eigenschwingungszahl der Lenkung ist dann in 2π sek

$$n_2 = \sqrt{\frac{H}{J_2}},$$

wobei J_2 die Summe der Trägheitsmomente der beiden gelenkten Räder ist, bezogen auf die Lenkzapfen.

Durch die Kreiselwirkung entsteht bei einem Winkelausschlag der Achse mit der Geschwindigkeit $\frac{d\alpha}{dt}$ an einem Rad das auf die Lenkung sich auswirkende Kreiselmoment

$$K_1 = J_0\, \omega \frac{d\alpha}{dt},$$

ω Drehschnelle des sich drehenden Rades, J_0 polares Trägheitsmoment des Rades.

Bei einer Schwenkung eines Rades um den Lenkzapfen mit der Geschwindigkeit $\frac{d\beta}{dt}$ entsteht in gleicher Weise ein auf die Achsbewegung sich auswirkendes Kreiselmoment

$$K_2 = J_0\, \omega \frac{d\beta}{dt}.$$

Für die Achsschwingung gilt die Gleichung

$$J_1 \frac{d^2\alpha}{dt^2} + 2 J_0\, \omega \frac{d\beta}{dt} + M\alpha = 0$$

und für die Lenkungsschwingung

$$J_2 \frac{d^2\beta}{dt^2} - 2J_0\omega \frac{d\alpha}{dt} + H\beta = 0.$$

Die Ausschläge α und β sind wegen der Kreiselwirkung um 90° versetzt, α macht eine Sinus-, β eine Cosinus-Schwingung:

$$\alpha = \alpha_0 \sin nt,$$
$$\beta = \beta_0 \cos nt,$$

woraus sich für die Bewegung der Achse nach Abb. 234 die Ellipsengleichung

$$\frac{\alpha^2}{\alpha_0^2} + \frac{\beta^2}{\beta_0^2} = 1$$

Abb. 234. Bewegung der Radachse beim Tanzen.

ergibt. Mit den Lösungsansätzen $\alpha = \alpha_0 \sin nt$ und $\beta = \beta_0 \cos nt$ ergibt sich aus den Differentialgleichungen

$$-n^2 J_1 \alpha_0 - 2\beta_0 n J_0 \omega + M\alpha_0 = 0,$$
$$-n^2 J_2 \beta_0 - 2\alpha_0 n J_0 \omega + H\beta_0 = 0.$$

Aus diesen beiden Gleichungen ergibt sich die Frequenzgleichung für n

$$n^4 J_1 J_2 - n^2(MJ_2 + HJ_1 + 4J_0^2\omega^2) + MH = 0,$$

die mit Hilfe der obigen Werte n_1 und n_2 der Einzelfrequenzen der für sich allein schwingenden Achse bzw. Lenkung umgeformt werden kann in

$$n^4 - n^2\left(n_1^2 + n_2^2 + 4\frac{J_0^2}{J_1 J_2}\omega^2\right) + n_1^2 n_2^2 = 0;$$

daraus ergeben sich unter der Voraussetzung schwacher Kopplung, also kleiner Kreiselwirkung, die beiden gekoppelten Eigenfrequenzen

$$\gamma_1^2 = n_1^2 + \frac{4J_0^2}{J_1 J_2}\omega^2 \frac{n_1^2}{n_1^2 - n_2^2},$$
$$\gamma_2^2 = n_2^2 - \frac{4J_0^2}{J_1 J_2}\omega^2 \frac{n_2^2}{n_1^2 - n_2^2}.$$

Die elliptische Bewegung der Radmitte kann mit diesen Frequenzen γ_1 und γ_2 erfolgen. Bei schwacher Kopplung liegt die eine Frequenz bei n_1 (Horizontalschwingung), die andere bei n_2 (Vertikalschwingung). Durch die Kopplung wird die raschere Frequenz hinauf- und die langsame Frequenz herabgesetzt. γ_1 und γ_2 sind obere Grenzen für die Schwingungszahlen, denn durch die Nachgiebigkeit des Fahrgestellrahmens und die Dämpfungen werden die Rückstellkräfte verkleinert, also die Schwingungszahlen erniedrigt.

V. Zusammenhang mit der Reifenfrage.

Die Lenkungsschwingungen und insbesondere das Tanzen haben sich bei Gebrauchsfahrzeugen erst mit Einführung der Ballonreifen in wesentlichem Maß gezeigt. Früher lagen die Schwingungszahlen höher, so daß durch die Fahrbahnerregungen Resonanzerscheinungen bei den benützten Fahrgeschwindigkeiten selten hervorgerufen wurden. Die weichen Ballonreifen haben die kritischen Geschwindigkeiten in den Bereich der üblichen Fahrgeschwindigkeiten herabgerückt.

Da die Vorteile der weichen Reifen für die Federung der Fahrzeuge wesentlich sind, müssen besondere Maßnahmen zur Unterdrückung oder Beseitigung der Lenkungsschwingungen ergriffen werden.

VI. Die Dämpfung.

Das Mittel der Dämpfung ist auch bei diesen Schwingungsvorgängen allgemein anwendbar. Die Dämpfung kann an der Achse oder an der Lenkung oder an beiden vorgenommen werden, ist aber, da sie ausreichend stark sein muß, unter Umständen mit nachteiligen Wirkungen auf den Federungsvorgang oder auf die Leichtgängigkeit der Lenkung verbunden. Da sie bei Schwingungen stets im Sinne einer Verbreiterung des Resonanzbereichs wirkt, kann sie auch, wenn sie infolge zu schwacher Wirkung die Ausschläge nicht rasch genug abdämpft, zu einer Erweiterung der Schwingungsvorgänge über einen größeren Geschwindigkeitsbereich des Fahrzeugs führen. Volle Abhilfe ist mit der Dämpfung, insbesondere wenn sie beispielsweise durch Reifenreibung am Boden durch das Mittel der vergrößerten Vorspur herbeigeführt wird, nur in seltenen Fällen und dann mit Nachteilen möglich.

VII. Die Änderung der Elastizität.

Der Versuch der Frequenzverlegung hat nur bezüglich der Lenkung Aussicht auf einen gewissen Erfolg, da die Schwingungszahl der Achse durch die Federungs- und Reifenverhältnisse festgelegt ist. Die Massen sind auch für die Lenkung mit der Hauptmasse der Räder gegeben, so daß nur die Elastizität des Lenkgestänges beeinflußbar bleibt. Sie kann nur in gewissen Grenzen vergrößert oder verkleinert werden. Die Vergrößerung ergibt eine Erhöhung der Schwingungszahlen in bescheidenem Maß, die dann Erfolg verspricht, wenn die Schwingungserscheinungen in der Nähe der oberen Fahrgeschwindigkeitsgrenze liegen; die Verkleinerung vermag in Einzelfällen die Schwingungen aus dem hauptsächlichen Fahrbereich nach kleinen Geschwindigkeiten zu verlegen, wo sie unschädlich sind oder die Erregungen zur Aufrechterhaltung der Schwingung nicht ausreichen. Sie kann erzielt werden durch Zufügung besonderer Elastizitäten, z. B. mittels eines sog. Flatterbocks in der Lenkungsabstützung. Eine grundsätzlich wirksame Abhilfe kann darin bestehen, daß man der Lenkung die Elastizität ganz nimmt, indem man die feste Abstützung der Lenkschubstange im Lenkgetriebe beseitigt und diese beispielsweise auf einen ganz hemmungsfreien Zahnradtrieb arbeiten läßt, so daß die Abstützung über die Lenksäule im Lenkhandrad erfolgt. Sie ist dort so wenig starr, daß man damit der Lenkung die Eigenschaft eines schwingenden Systems vollständig nehmen kann. Sie ist dann nicht mehr fähig, mit Eigenschwingungen oder in Resonanzen zu schwingen, sondern kann sich nur noch durch die Wirkung der Gestänge- und Kräfteverbindungen an Schwingungen der Achse oder des Fahrgestells mitbeteiligen.

Die Lenkung ohne Selbsthemmung kann aber noch nicht allgemein angewandt werden, weil bei Rädern mit größerer wirksamer Länge des Achsschenkels und insbesondere bei schweren Fahrzeugen die Rückwirkungen auf das Handrad zu groß werden.

VIII. Beseitigung der Kopplung.

Zur Vermeidung der Kreiselkopplung sind Kreuzlenkungen vorgeschlagen worden, bei denen die Spurstange die entgegengesetzt gerichteten Spurhebel verbindet, so daß sie bei einer Drehbewegung des einen Rades um seinen Lenkzapfen eine entgegengesetzte Bewegung des anderen Rades erzeugt, womit die Kreiselmomente einander entgegenwirken. Die Lenkung muß dann durch Verkürzung und Verlängerung der Spurstange bewerkstelligt werden.

Da aber die Lenkungsschwingungen nicht allein an die Kreiselkopplung mit der Achsschwingung gebunden sind, ist auch diese Maßnahme, die noch keine allgemeinere Anwendung gefunden hat, von begrenzter Wirkung.

Die Trennung der Kopplung kann auch durch geeignete Schwingachsausführungen ganz oder teilweise herbeigeführt werden. Wenn mit einem Ausschlag eines Rades im Sinne des Trampelns der gleiche Ausschlag des anderen Rades nicht verbunden ist, ist die Ergänzung des die Lenkung anregenden Kreiselmoments durch das des zweiten Rades zum doppelten Betrag verhindert, was einer Abschwächung der Kreiselwirkung gleichkommt. Wenn die Räder durch Parallelführung gehindert werden, bei den Federbewegungen einen Winkelausschlag zu machen, ist die Hervorrufung von Lenkbewegungen durch die Achsbewegung ausgeschaltet. Damit sind aber auch hier die Lenkungsschwingungen nicht ganz unterbunden, da sie allein angeregt und aufrechterhalten werden können. Demnach muß bei jeder Art der Radaufhängung mit der Möglichkeit der Lenkungsschwingungen gerechnet werden, sofern die Lenkung die Eigenschaften eines schwingungsfähigen Gebildes aufweist.

22. Die Federung des Fahrzeugs.

Bezeichnungen

m, M	Massen [cm^{-1} kg sek^2],	a, K, P, Q	Kräfte [kg],
s, x, h	Wege [cm],	E	Energie [cmkg],
A, B	Schwingungsweiten,	r	Trägheitsarm [cm],
l, a	Längen [cm],	ω, γ	Frequenzen [sek^{-1}],
c	Federkonstanten [cm^{-1} kg],	b	Beschleunigungen [cm sek^{-2}].
k	Dämpfung [cm^{-1} kg sek],		

A. Schwingungsverhältnisse.

Die Kenntnis der schwingungstechnischen Grundlagen der Federung (*41* bis *48*) erleichtert die Möglichkeit, von der gefühlsmäßigen Schätzung der Vorgänge zur strengeren Lösung der Aufgaben überzugehen. Die wesentlichen Gesichtspunkte lassen sich erkennen aus der Betrachtung der

Federung als unabhängiges Zweimassensystem und als mit der Fahrbahn elastisch verbundenes Zweimassensystem bei Eigenschwingungen, aus Betrachtung der Erregungsvorgänge für das Einmassen- und Zweimassensystem, aus der Gegenüberstellung der Federung mit gerader und gekrümmter Kennlinie, aus grundsätzlicher Behandlung der Dämpfung mit Reibungs- und Geschwindigkeitsdämpfung, aus einer Untersuchung der Vorgänge, die sich beim Überfahren eines Hindernisses mit ungedämpfter und stark gedämpfter Federung abspielen und durch Betrachtungen über die Nickschwingungen des Fahrzeugs.

I. Die Federung als selbständiges Zweimassensystem.

Das einfache Zweimassensystem gestattet schon eine grundsätzliche Feststellung über die Bedeutung der Massen und der Federkräfte für den Federungsvorgang (Abb. 235).

Die Schwingungsgleichungen lauten:

$$m_1 \frac{d^2 x_1}{dt^2} + c(x_1 - x_2) = 0,$$

$$m_2 \frac{d^2 x_2}{dt^2} + c(x_2 - x_1) = 0;$$

aus diesen folgt

$$m_1 \frac{d^2 x_1}{dt^2} + m_2 \frac{d^2 x_2}{dt^2} = 0.$$

Aus ihnen ergibt sich

$$m_1 x_1 + m_2 x_2 = 0$$

oder mit den Größtausschlägen A_1 und A_2

$$m_1 A_1 = m_2 A_2,$$

d. h.

$$\frac{A_2}{A_1} = \frac{m_1}{m_2}.$$

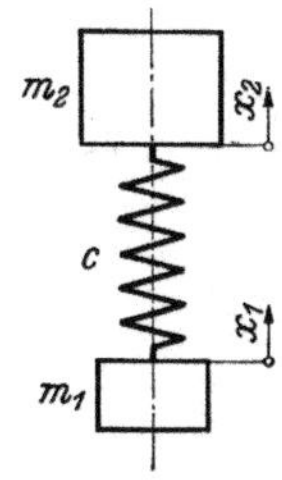

Abb. 235. Federung als selbständiges Zweimassensystem.
m_1 ungefederte Masse (Radmasse),
m_2 gefederte Masse (Wagenmasse),
c Federkennziffer.

Die Ausschläge der gefederten und ungefederten Massen m_2 und m_1 sind umgekehrt verhältig den Massen. Die Ausschläge der gefederten Masse sind umso kleiner, je größer das Verhältnis zwischen gefederter und ungefederter Masse ist.

Die Schwingungszahl dieses Systems ist

$$\omega = \sqrt{c \frac{m_1 + m_2}{m_1 m_2}}.$$

Die Schwingungszahlen sind umso niedriger, je größer die Massen sind und je kleiner die Federhärte c ist. Die zu erstrebenden niederen Schwingungszahlen setzen große Massen und weiche Federn voraus, oder besser gesagt, ein ausreichend hohes Verhältnis zwischen Massen und Federhärte.

Für die Kräfte, die bei der Federschwingung auf die Wagenlast, also insbesondere auf die Insassen ausgeübt werden, sind die Schwingungszahlen und die Beschleunigungen von solcher Wirkung, daß bei kleinen Schwingungszahlen verhältnismäßig große Beschleunigungen erträglich sind und bei kleinen Beschleunigungen auch größere Schwingungszahlen. Unerträglich werden die Zustände gleichzeitiger großer Beschleunigungen und großer Schwingungszahlen.

Die Abhängigkeit der Beschleunigungen von Ausschlag und Schwingungszahl ergibt sich aus zweimaliger Ableitung der Beziehung für den Ausschlag

$$x = A \sin \omega t,$$

t Zeit, ω Zahl der Schwingungen in 2π Sekunden,

zu

$$\frac{d^2 x}{dt^2} = -A \omega^2 \sin \omega t.$$

Die Schwingungszahl ist mit ihrem quadratischen Einfluß von besonderer Bedeutung auch für die Beschleunigung.

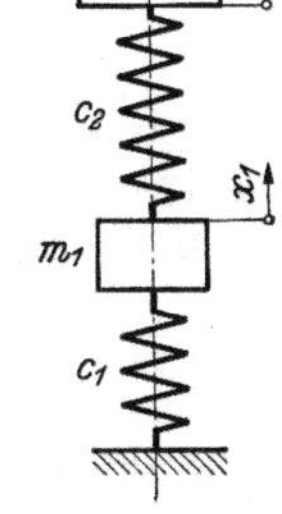

Abb. 236. Federung als mit dem Boden elastisch verbundenes Zweimassensystem.

II. Die Federung als mit dem Boden elastisch verbundenes Zweimassensystem.

Wenn das Zweimassensystem in seiner durch die elastische Reifenwirkung gegebenen Verbindung mit der Fahrbahn nach Abb. 236 betrachtet wird, ergeben sich mit der gefederten Masse m_2, der ungefederten Masse m_1 und den verhältigen Federhärten c_2 und c_1, sowie den Augenblicksausschlägen x_2 und x_1 die Schwingungsgleichungen

$$m_1 \frac{d^2 x_1}{dt^2} + (c_1 + c_2)\, x_1 - c_2 x_2 = 0,$$

$$m_2 \frac{d^2 x_2}{dt^2} - c_2 x_1 + c_2 x_2 = 0.$$

Die allgemeine Lösung für die Ausschläge ist

$$x_1 = A_1 \sin\gamma_1 t + A_2 \sin\gamma_2 t,$$

$$x_2 = B_1 \sin\gamma_1 t + B_2 \sin\gamma_2 t.$$

Aus der Frequenzgleichung

$$\gamma^4 - \left(\frac{c_1 + c_2}{m_1} + \frac{c_2}{m_2}\right)\gamma^2 + \frac{c_1 c_2}{m_1 m_2} = 0$$

ergeben sich die möglichen beiden Eigenschwingungszahlen γ_1 und γ_2 zu

$$\gamma_1^2 = \frac{\frac{c_1 + c_2}{m_1} + \frac{c_2}{m_2}}{2} - \sqrt{\left(\frac{\frac{c_1 + c_2}{m_1} + \frac{c_2}{m_2}}{2}\right)^2 - \frac{c_1 c_2}{m_1 m_2}},$$

$$\gamma_2^2 = \frac{\frac{c_1 + c_2}{m_1} + \frac{c_2}{m_2}}{2} + \sqrt{\left(\frac{\frac{c_1 + c_2}{m_1} + \frac{c_2}{m_2}}{2}\right)^2 - \frac{c_1 c_2}{m_1 m_2}}.$$

Es gibt eine langsame Eigenschwingungszahl γ_1 und eine schnelle γ_2.

c_1 ist als Reifensteifheit verhältnismäßig groß im Vergleich zur Federsteifheit c_2. Wenn die Masse m_1 in ihrer Schwingung nicht an die große Masse m_2 gekoppelt wäre, so wäre die Schwingungsfrequenz

$$\gamma_2'^2 = \frac{c_1 + c_2}{m_1}$$

oder mit $c_1 \gg c_2$

$$\gamma_2'^2 \approx \frac{c_1}{m_1}.$$

Unter der entsprechenden Voraussetzung wäre die Schwingungszahl der Masse m_2

$$\gamma_1'^2 = \frac{c_2}{m_2}.$$

Die gekoppelten Schwingungen haben aber die ermittelten Frequenzen γ_1 und γ_2. Wenn c_1 und c_2 wesentlich verschieden sind, so kann man wenigstens näherungsweise vereinfachend schreiben

$$\gamma_1^2 = \frac{c_2}{m_2} - \frac{\frac{c_2^2}{m_1 m_2}}{\frac{c_1}{m_1} - \frac{c_2}{m_2}},$$

$$\gamma_2^2 = \frac{c_1}{m_1} + \frac{\frac{c_1 c_2}{m_1^2}}{\frac{c_1}{m_1} - \frac{c_2}{m_2}}.$$

Die langsame der beiden Frequenzen wird durch die Kopplung weiter herabgesetzt und die schnelle wird durch die Kopplung erhöht. Die Masse m_1 ist gegenüber der Masse m_2 verhältnismäßig klein; deshalb sind die Ausschläge der Masse m_2 bei der schnellen Schwingung gegenüber der Masse m_1 ebenfalls klein, und bei der langsamen Schwingung sind die Ausschläge der Masse m_1 klein gegenüber denen der Masse m_2.

III. Erregung der Federschwingungen.

Einmassensystem. Der Vorgang vollzieht sich nach Abb. 237 durch Überschreiten einer Unstetigkeit von der Höhe h in der Fahrbahn seitens des gefederten Systems.

Die Bewegungsgleichung lautet

$$m \frac{d^2 x}{dt^2} + c(x - h) = 0.$$

Die allgemeine Lösung für x ist

$$x = h + A \sin\sqrt{\frac{c}{m}}\,t + B \cos\sqrt{\frac{c}{m}}\,t.$$

Mit den Anfangsbedingungen $t = 0$, $x = 0$, $\frac{dx}{dt} = 0$ wird $B = -h$ und $A = 0$.

Damit wird die allgemeine Lösung

$$x = h\left(1 - \cos\sqrt{\frac{c}{m}}\,t\right).$$

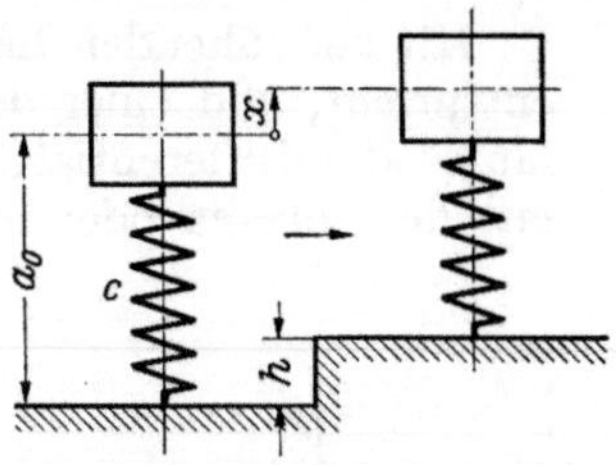

Abb. 237. Erregung der Federschwingungen bei einem Einmassensystem.

Die Schwingungsbewegung vollzieht sich nach Abb. 238. Der Größtausschlag ist $2h$, die Frequenz $\sqrt{\frac{c}{m}}$.

Je weicher die Federung ist (kleines c), um so später wird der Größtausschlag erreicht. Wenn man den Grenzfall unendlich weicher Feder annimmt, bleibt die Masse in gleicher Höhe, da keine Kraft durch die Feder auf sie ausgeübt wird.

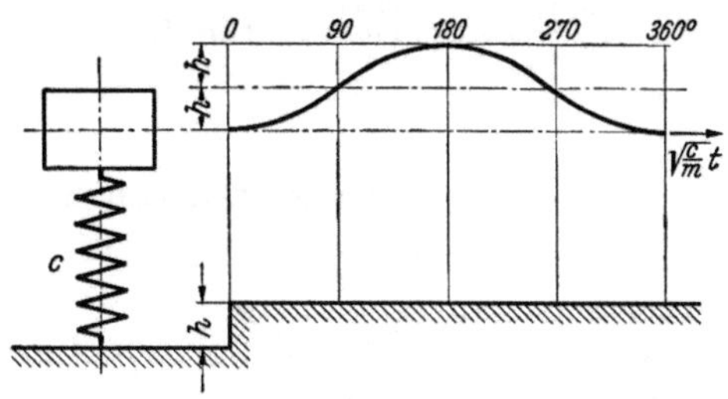

Abb. 238. Schwingungsbewegung des Einmassensystems.

Zweimassensystem. Mit Einsetzung der Bezeichnungen nach Abb. 239 ergeben sich die Bewegungsgleichungen

$$m_1 \frac{d^2 x_1}{dt^2} + (c_1 + c_2)\,x_1 - c_2 x_2 = c_1 h,$$

$$m_2 \frac{d^2 x_2}{dt^2} - c_2 x_1 + c_2 x_2 = 0.$$

Die Mittellage ist $x_1 = x_2 = h$. Die allgemeine Lösung lautet

$$\left.\begin{aligned} x_1 &= h + A_1 \cos\gamma_1 t + A_2 \cos\gamma_2 t,\\ x_2 &= h + B_1 \cos\gamma_1 t + B_2 \cos\gamma_2 t. \end{aligned}\right\}$$

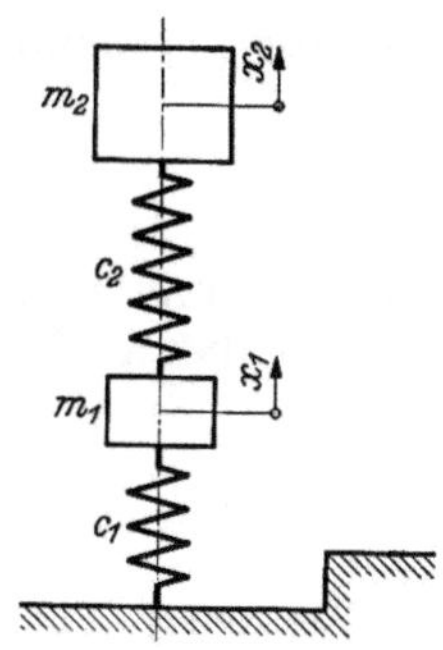

Abb. 239. Erregung der Federschwingungen bei einem Zweimassensystem.

Mit den Ausgangswerten $t = 0$, $x_1 = 0$, $x_2 = 0$, $\frac{dx_1}{dt} = 0$, $\frac{dx_2}{dt} = 0$ ergibt sich

$$A_1 + A_2 = -h,$$

$$B_1 + B_2 = -h,$$

und aus der obigen Differentialgleichung folgt

$$B_1 = \frac{-m_1\gamma_1^2 + (c_1 + c_2)}{c_2}\,A_1,$$

$$B_2 = \frac{-m_1\gamma_2^2 + (c_1 + c_2)}{c_2}\,A_2.$$

Aus den beiden letzten Gleichungspaaren sind A_1, A_2, B_1 und B_2 zu bestimmen.

Oben war in grober Annäherung festgestellt, daß

$$\gamma_2^2 \approx \frac{c_1 + c_2}{m_1}.$$

Somit ist B_2 nach der letzten Gleichung klein und $B_1 \approx -h$. Man findet ebenso, daß A_2 klein ist gegenüber A_1. Das bedeutet, daß die Schwingungsvorgänge bei den beiden Eigenfrequenzen des Systems sich nach Abb. 240 so vollziehen, daß die größere Masse m_2 vornehmlich mit der niederen und die kleinere Masse m_1 vornehmlich mit der hohen Frequenz schwingt.

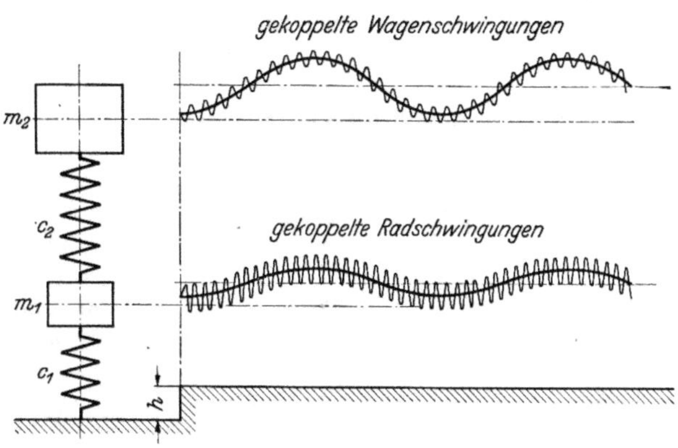

Abb. 240. Schwingungsbewegung des Zweimassensystems.

IV. Federschwingungszahl.

Die Schwingungszahl einer masselosen Feder ergibt sich daraus, daß die Änderungen der Durchbiegung den auftretenden zusätzlichen Belastungen verhältig sind.

Mit der ruhenden Last Q, der zusätzlichen Belastung P, der eine Durchbiegungsänderung x entspricht, und einer der Gesamtbelastung verhältigen Federreibung mit der Reibungszahl μ lautet die Differentialgleichung der Federschwingung (Abb. 241) je nach Bewegungsrichtung mit dem oberen oder unteren Vorzeichen

$$\frac{Q}{g}\,\frac{d^2x}{dt^2} + P \pm \mu(Q - P) = 0$$

oder

$$\frac{d^2x}{dt^2} + \frac{P}{Q}\,g(1 \mp \mu) \pm \mu g = 0.$$

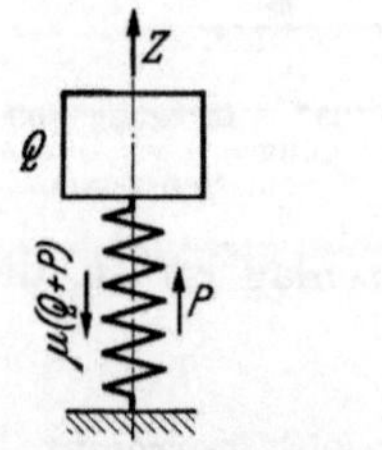

Abb. 241. Reibungsgedämpfte Feder mit Zusatzbelastung, Bezeichnungen zur Berechnung der Federschwingungszahl.

Mit der der ruhenden Belastung entsprechenden Durchbiegung $f = \frac{Q}{P}x$ ist die Eigenschwingungszahl $\omega = \sqrt{g\,\frac{1 \mp \mu}{f}}$.

Dann lautet die Schwingungsgleichung

$$\frac{d^2x}{dt^2} + \omega^2 x \pm \mu g = 0.$$

Die Integration liefert

$$x = \mp \frac{\mu g}{\omega^2} + A\cos\omega t + B\sin\omega t.$$

Die Dauer einer ganzen Schwingung ist

$$t = \frac{2\pi}{\omega} = 2\pi\sqrt{\frac{f}{g(1 \mp \mu)}}$$

für die gedämpfte und

$$t = 2\pi\sqrt{\frac{f}{g}}$$

für die ungedämpfte Feder. t soll erfahrungsgemäß nicht wesentlich kleiner sein als 1 Sekunde.

V. Federn mit gekrümmter Kennlinie.

Die bisherigen Betrachtungen setzten bei den Federn gerade Verhältigkeit zwischen Belastung und Formänderung, „gerade Kennlinie" voraus (Abb. 242, Kennlinie *1*). Federn, bei denen die Kraft mit dem Ausschlag stärker zunimmt, Federn mit „gekrümmter Kennlinie" (Abb. 242, Kennlinie *2*), haben außer der Anpassungsfähigkeit an verschiedene Belastungen eines Fahrzeugs auch schwingungstechnische Vorzüge.

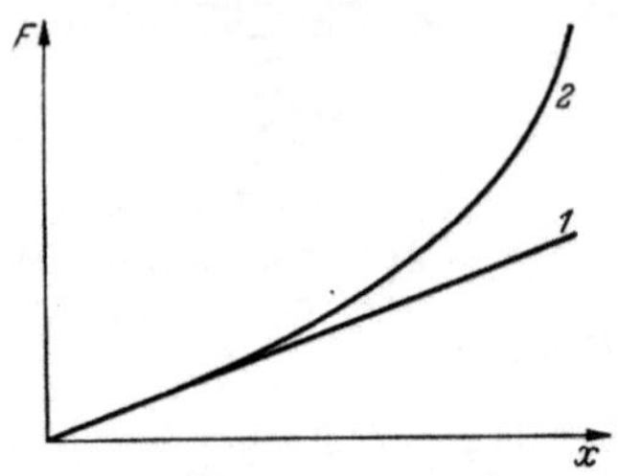

Abb. 242. Federkennlinien.

Die Federkraft ist einer Potenz des Ausschlags verhältig, deren Exponent a durch den Verlauf der Federkennlinie festgelegt ist. Die Schwingungsgleichung (*48*) lautet

$$m\,\frac{d^2x}{dt^2} + c\,x^a = 0$$

oder

$$\frac{d^2x}{dt^2} + \omega^2 f(x) = 0,$$

wobei ω die Eigenfrequenz des Systems mit gerader Kennlinie ist. Die Schwingungsform weicht von der Sinuslinie umso mehr ab, je größer der Exponent a ist.

Da die Umwandlung zwischen Lage- und Bewegungsenergie bei Durchgang durch die Nulllage zu bestimmten Zeiten erfolgt, tritt auch hier bei gegebenem Größtausschlag eine periodische Bewegung ein.

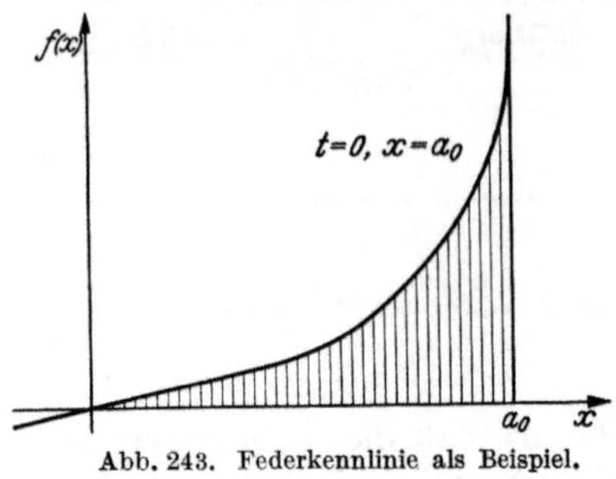

Abb. 243. Federkennlinie als Beispiel.

Bei der Darstellung der periodisch verlaufenden Funktion als Summe von Sinus- und Cosinuswellen gilt für den Ausschlag mit n als beliebiger ganzer Zahl

$$x = \sum_{n=1}^{n} \left[B_n \sin(n\omega t) + C_n \cos(n\omega t)\right].$$

Eine graphische Lösung ist möglich (Abb. 243). Man erweitert die oben angeschriebene Gleichung

$$\frac{d^2x}{dt^2} + \omega^2 f(x) = 0$$

mit $\frac{dx}{dt}$ zu
$$\frac{d^2x}{dt^2}\cdot\frac{dx}{dt}+\omega^2 f(x)\frac{dx}{dt}=0$$
und integriert. Es ergibt sich
$$\frac{1}{2}\left(\frac{dx}{dt}\right)^2+\omega^2\int f(x)\,dx=0,$$
worin das erste Glied die Bewegungsenergie, das zweite die Energie der Lage darstellt (Abb. 244). Man erhält, wenn für $t=0$ auch $\frac{dx}{dt}=0$ ist,
$$\frac{dx}{dt}=\sqrt{2\omega^2\int f(x)\,dx}$$
(Abb. 245). Das Integral ist die Fläche unter der Kennlinie in Abb. 243. Seine graphische Ermittlung liefert die Kurve in Abb. 244, die vom Größtausschlag aus in Richtung der negativen x-Achse verläuft.

Für die Zeit ist
$$t=\int\frac{dx}{v}=\frac{1}{\omega}\int\frac{dx}{\sqrt{2\int f(x)\,dx}}.$$
Das graphisch ermittelte Wurzelintegral (Abb. 245) wird radiziert, die reziproke Kurve (Abb. 246) aufgezeichnet und dann nochmals graphisch integriert (Abb. 247), womit sich die Weg-Zeit-Kurve ergibt.

Die Schwingungsdauer ist als Funktion des Integrals $\int f(x)\,dx$ vom Größtausschlag abhängig, also mit dem Größtausschlag veränderlich. Damit können sich Resonanzen zunächst nicht bilden, es sei denn, daß die Erregung in derselben Weise sich ändern würde wie die Frequenz. Die Schwingungen sind also Zwangsschwingungen außerhalb der Resonanz, was als eine günstige Eigenschaft der Feder mit gekrümmter Kennlinie anzusehen ist. Die günstige Wirkung tritt aber nur auf, wenn die Krümmung der Federkennlinie genügend stark ist.

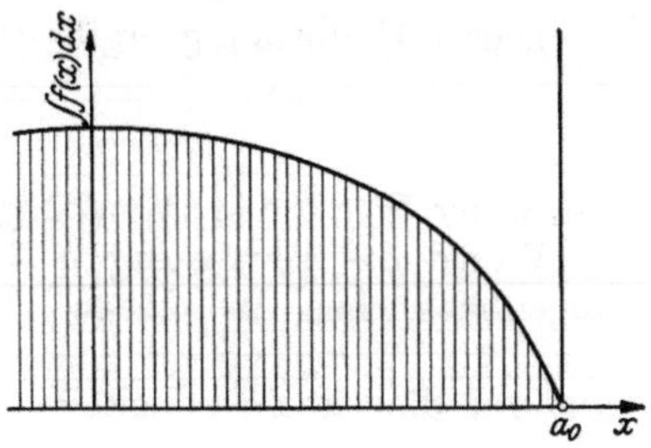

Abb. 244. Integralwert $\int f(x)\,dx$.

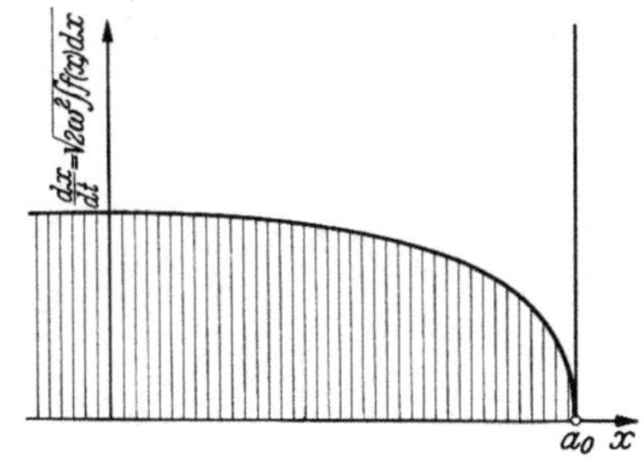

Abb. 245. Geschwindigkeitsverlauf.

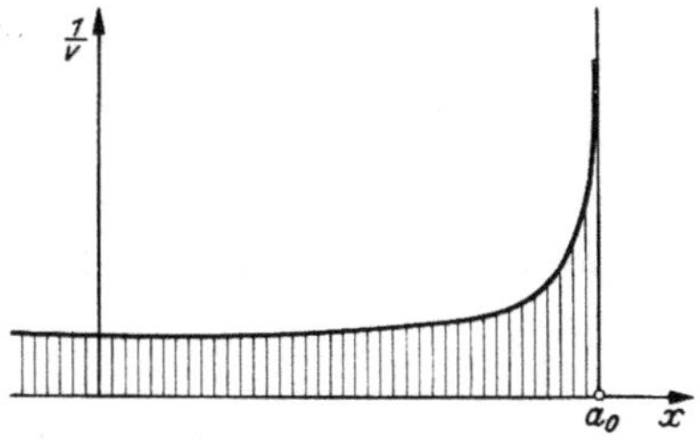

Abb. 246. Kehrwert der Geschwindigkeit.

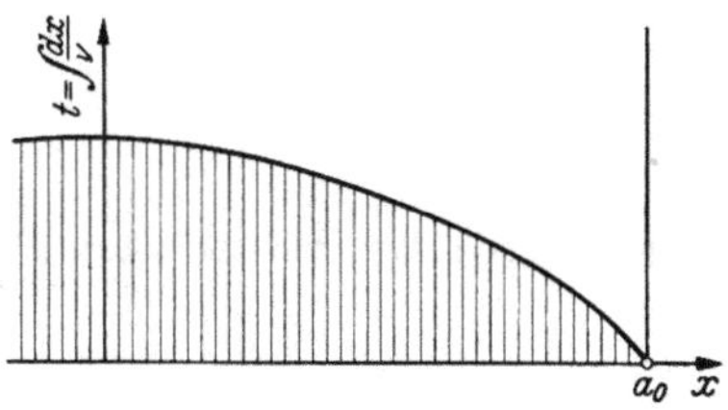

Abb. 247. Weg-Zeit-Kurve.

VI. Die Federungsdämpfung.

Die Federungsverhältnisse sind bis jetzt im wesentlichen ohne Berücksichtigung der Dämpfung behandelt. Bestimmend für die Verminderung der Größtausschläge ist die Dämpfung. Die meist angewandte Art der Dämpfung ist die der Reibung [der üblichen Fahrzeugblattfeder] zwischen den einzelnen Federblättern. Die Reibungskraft kann, wie in der üblichen Blattfeder, der Federbelastung, also dem Federweg, verhältig oder als Zusatzdämpfung von der Belastung oder dem Ausschlag unabhängig sein.

Bei Zusatzdämpfung der Blattfeder und bei Außendämpfung reibungsfreier Federn, die als Schraubenfedern oder Stabfedern verwandt werden, kann die Dämpfung in beliebiger Weise erfolgen. Meistens wird Geschwindigkeitsdämpfung angewandt. Die Abhängigkeit der Dämpfungskraft von der Geschwindigkeit kann dabei in der ersten oder zweiten oder einer anderen Potenz erfolgen. In der ersten Potenz wird sie wirksam sein bei Flüssigkeitsdämpfung, die mit laminarer Strömung in engen Kanälen arbeitet, in der zweiten Potenz bei Flüssigkeitsdämpfern, bei denen sich in größeren Strömungsquerschnitten turbulente Strömung ausbildet, oder bei Luftdämpfern.

Reibungsdämpfung. Bei der Reibungsdämpfung lautet die Schwingungsgleichung
$$m\frac{d^2x}{dt^2}\pm R+cx=K\sin\omega t.$$
Die linke Seite stellt die Eigenschwingung dar. Die rechte Seite ist die erregende Kraft.

Die Reibung ist mit $\pm R$ eingesetzt, weil die Reibung immer der Bewegungsrichtung entgegengesetzt wirkt. Sie verursacht eine Veränderung der Gleichgewichtslage, um die das System schwingt.

Durch Umformung ergibt sich als Beschleunigungsgleichung

$$\frac{d^2 x}{dt^2} + \omega_e^2 (x \pm h) = -a \sin \omega t,$$

worin der Weg h den Dämpfungseinfluß und a die Größtbeschleunigung der Erregung darstellt.

Wenn die Erregung $a = 0$ ist, also für die Eigenschwingung, ist die Lösung für die augenblicklichen Ausschläge

$$x \pm h = d \sin \omega_e t + e \cos \omega_e t,$$

und für die Geschwindigkeit

$$\frac{dx}{dt} = \omega_e (d \cos \omega_e t - e \sin \omega_e t).$$

Wenn sich die Masse m aus der Lage $x = x_0$ in Richtung $-x$ ohne Anfangsgeschwindigkeit bewegt, ist $d = 0$ und $e = -h + x_0$ (Abb. 248). Dann wird

$$x = (-h + x_0) \cos \omega_e t + h$$

und

$$\frac{dx}{dt} = -\omega_e (x_0 - h) \sin \omega_e t.$$

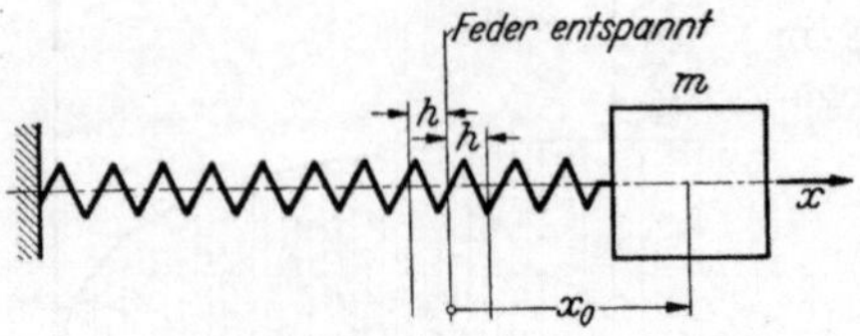

Abb. 248. Reibungsschwingung, Bezeichnungen.

Eine Schwingung kann nur bestehen, wenn der Ausschlag der Schwingung den Wert h überschreitet. Die Schwingung hat eine unbestimmte Ruhelage im Bereich zwischen $+h$ und $-h$. Für jede Halbschwingung nimmt der Ausschlag stetig um $2h$ ab, also nach einer Halbschwingung auf $x_1 = x_0 - 2h$ und nach einer Vollschwingung auf $x_2 = x_0 - 4h$.

Wenn die Erregung a nicht Null ist, wenn es sich also um eine erzwungene Schwingung handelt, lautet im Resonanzfall die Formel für $x \pm h$:

$$x \pm h = d \sin \omega_e t + e \cos \omega_e t + \frac{a}{2\omega_e} t \cos \omega_e t,$$

und für die Geschwindigkeit

$$\frac{dx}{dt} = -\left(\frac{at}{2} + e\,\omega_e\right) \sin \omega_e t + \left(\frac{a}{2\omega_e} + d\,\omega_e\right) \cos \omega_e t.$$

Für $t = 0$ sei $x = x_0$ und $\frac{dx}{dt} = 0$, also wird

$$d = \frac{-a}{2\omega_e^2} \qquad \text{und} \qquad e = -h + x_0$$

und

$$\frac{dx}{dt} = -\left[\frac{at}{2} + \omega_e (x_0 - h)\right] \sin \omega_e t.$$

Der Ausschlag ist nach einer halben Periode

$$x_1 = -\left(x_0 - 2h + \frac{a\pi}{2\omega_e^2}\right).$$

Damit eine Schwingung zustande kommt, muß auch hier der Anfangsausschlag x_0 größer sein als der Dämpfungseinfluß h. Dann ist es möglich, daß

$$h > \frac{a\pi}{4\omega_e^2} \qquad \text{oder} \qquad h < \frac{a\pi}{4\omega_e^2}.$$

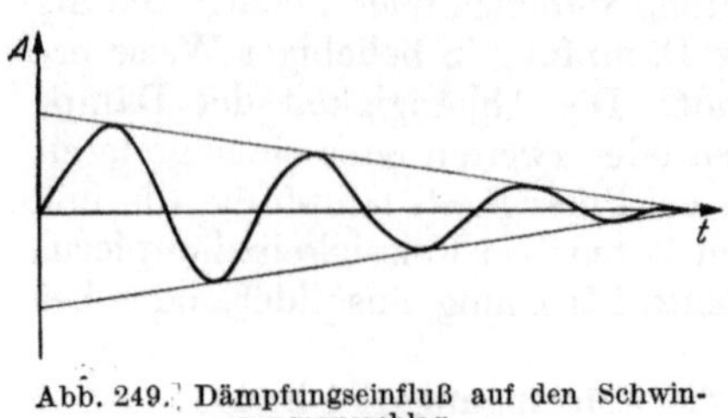

Abb. 249. Dämpfungseinfluß auf den Schwingungsausschlag.

Im ersteren Fall ist der Dämpfungseinfluß stärker als der Einfluß der Erregung. Dann nimmt der Schwingungsausschlag, und zwar auch in der Resonanz, um die es sich hier handelt, stetig ab nach einer arithmetischen Reihe, also mit geraden Einhüllenden der Schwingungsausschläge (Abb. 249).

Im zweiten Fall ist die Erregung stärker als die Dämpfung. Die Schwingungsausschläge nehmen geradlinig stetig zu. Der Dämpfer wirkt dann nur verlangsamend auf die Zunahme des Ausschlags, erfüllt aber die Aufgabe, die Schwingung abzudämpfen, nicht.

Vorausgesetzt wurde gleichförmige Wirkung des Dämpfers (zweiseitig wirkender Dämpfer). Die gleiche Dämpferwirkung wird auch durch Dämpfer erreicht, die mit Unterbrechung wirken (einseitige Dämpfer), wenn ihr Reibungsschluß gegenüber dem zweiseitigen Dämpfer derart erhöht ist, daß sie auf dem gleichen Gesamtweg die gleiche Arbeit verrichten. Durch die höhere Spannung wirken sie deshalb noch etwas günstiger, weil sie bei der Rückschwingung aus dem ersten größten Ausschlag stärker wirken als die halb so stark gespannten zweiseitigen Dämpfer.

Durch die Reibungsdämpfung wird also ein Bereich geschaffen, innerhalb dessen die Federung nicht anspricht, also hart wirkt. Die Reibungskraft der Dämpfung ist demnach mit Vorsicht zu bemessen, und es ist darauf zu achten, daß sie sich nicht ungewollt, z. B. durch Verrosten von Federblättern, stark vergrößert.

Die Wirkung der Reibungsdämpfung wird im Wagen dadurch empfunden, daß neben den Federungsschwingungen harte kleine Stöße auftreten, die von den schwächeren hochfrequenten Erregungen herrühren.

Geschwindigkeitsdämpfung. Bei der Geschwindigkeitsdämpfung lautet, wenn sich die Dämpfung mit der ersten Potenz der Geschwindigkeit ändert und wenn zunächst angenommen wird, daß die Dämpfung absolut ist, also vom ruhenden Raum aus erfolgt, die Schwingungsgleichung

$$m\frac{d^2x}{dt^2} + k\frac{dx}{dt} + cx = a\sin\omega t,$$

wobei die Dämpfungszahl k die Dimension $\mathrm{cm}^{-1}\,\mathrm{kg\,sek}$ hat.

Bei der Eigenschwingung ist der Ausschlag in Abhängigkeit vom Größtausschlag

$$x = A\,e^{\beta t}\sin(\alpha + \omega_e t).$$

Die Abnahme des Ausschlags erfolgt nach logarithmischem Gesetz, das durch $e^{\beta t}$ festgelegt ist. Dabei ist

$$\beta = -\frac{k}{2m}$$

und die Eigenfrequenz

$$\omega_e = \sqrt{\frac{c}{m} - \frac{k^2}{4m^2}}.$$

Die Eigenfrequenz ist kleiner als im ungedämpften Fall, wo sie die Größe $\omega_e = \sqrt{\frac{c}{m}}$ hatte.

Für die erzwungene Schwingung ist

$$x = \frac{a}{\sqrt{k^2\omega^2 + (c - m\omega^2)^2}}\sin(\omega t - \varepsilon),$$

wobei k die Dämpfung ist. ω ist die Frequenz der erzwungenen Schwingung, ε der Phasenunterschied zwischen Erregung und erzwungener Schwingung und

$$A = \frac{a}{\sqrt{k^2\omega^2 + (c - m\omega^2)^2}}$$

der Größtausschlag der erzwungenen Schwingung.

Im Resonanzfall ist $\varepsilon = 90°$ und $\omega = \omega_e$. Der Ausschlag A erreicht dann den Wert

$$A = \frac{a}{k\omega_e}.$$

Der Verlauf des Ausschlagverhältnisses $\frac{A}{a/m\omega_e^2}$ in Abhängigkeit vom Frequenzverhältnis $\frac{\omega}{\omega_e}$ ergibt sich für verschieden starke Dämpfung k aus der Abb. 250.

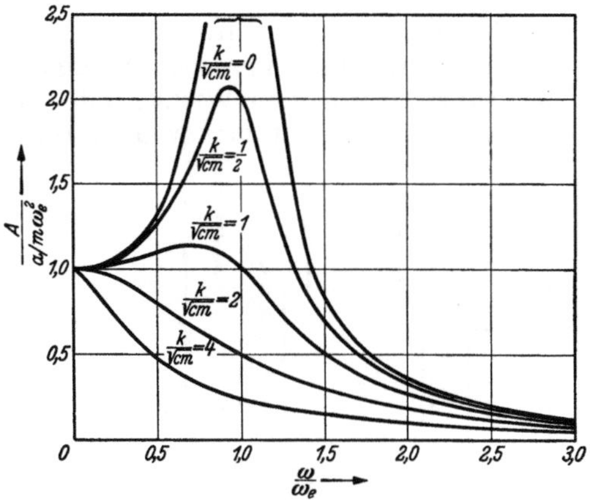

Abb. 250. Verhältnismäßige Ausschläge einer gedämpften Schwingung in Abhängigkeit vom Frequenzverhältnis ω/ω_e für verschiedene Dämpfungen.

Die durch die Dämpfung abgeführte Arbeit ergibt einen mittleren Arbeitsbetrag, der in Form von Wärme vom Dämpfer nach außen abgeführt werden muß.

Die Dämpfungskraft $k\frac{dx}{dt}$ leistet Arbeit auf dem Weg dx. Ihr Betrag ist über die Periode $\frac{2\pi}{\omega}$

$$A_D = \int k\frac{dx}{dt}\,dx = \int_0^{\frac{2\pi}{\omega}} k\left(\frac{dx}{dt}\right)^2 dt.$$

Die Leistung L_D ist

$$L_D = \frac{\omega}{2\pi}\int_0^{\frac{2\pi}{\omega}} k\left(\frac{dx}{dt}\right)^2 dt.$$

Der Ausschlag x war
$$x = \frac{a}{\sqrt{k^2\omega^2 + (c - m\omega^2)^2}} \sin(\omega t - \varepsilon),$$
also ist
$$\frac{dx}{dt} = \frac{a\omega}{\sqrt{k^2\omega^2 + (c - m\omega^2)^2}} \cos(\omega t - \varepsilon)$$
und die Integration ergibt die Leistung mit $\operatorname{tg}\varepsilon = \frac{k\omega}{c - m\omega^2}$.
$$L_D = \frac{a^2 \sin^2\varepsilon}{2k} = \frac{k A^2 \omega^2}{2}.$$

Im Gegensatz zur Reibungsdämpfung dämpft die Geschwindigkeitsdämpfung die Schwingung ohne unwirksame Reibungsgrenze. Eine Veränderung der Ruhelage der Feder tritt nicht ein. Die Stärke der Dämpfung kann je nach den Massen- und Federungs- sowie Erregungsverhältnissen beliebig verändert werden. Die logarithmische Abnahme der Ausschläge der Geschwindigkeit bedingt eine größere Steilheit der Schwingungskurve als die lineare Reibungsdämpfung, so daß die Schwingung schneller abklingt, d. h. die Dämpfung wirksamer ist.

Die Dämpfung kann auch einer nichtlinearen Funktion der Geschwindigkeit verhältig sein. Es gilt die Schwingungsgleichung
$$m\frac{d^2x}{dt^2} + k\left(\frac{dx}{dt}\right)^n + cx = 0.$$

Wenn $n > 1$, ist die Dämpfung stärker als bei der einfachen Geschwindigkeitsdämpfung. Jedoch arbeiten die üblichen Flüssigkeiten mehr nach dieser.

Bei geschichteten Blattfedern, die mit zusätzlichen Geschwindigkeitsdämpfern ausgerüstet sind, ist stets eine gewisse Reibungsdämpfung daneben wirksam. Es empfiehlt sich, in diesem Fall zwischen die Blattfedern und den Fahrzeugkörper Gummipolster einzuschalten, die die erforderliche Weichheit gegenüber den kleinen Erregungen sicherstellen.

Wesentlich ist auch die Federwirkung der Sitzpolster für die Fernhaltung der hochfrequenten kurzen Erschütterungen von den Insassen.

VII. Überfahren eines Hindernisses.

Der Verlauf der Schwingungsausschläge, der Beschleunigungen und der von der Fahrzeugfederung aufgenommenen Energien beim Überfahren eines Bodenhindernisses ist für den Federungsvorgang von Wichtigkeit. Das Hindernis bestehe in einer sinusförmigen Erhebung in der Fahrbahn mit der größten Höhe a (Abb. 251).

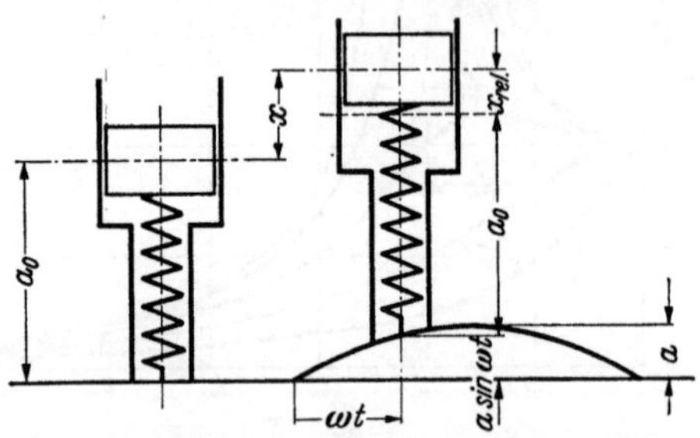

Abb. 251. Überfahren eines Hindernisses durch eine gefederte Masse mit verhältnismäßiger Dämpfung.

Die Dämpfung sei verhältig der relativen Bewegungsgeschwindigkeit $\frac{dx_{\text{rel}}}{dt}$. Mit der Federkennziffer c lautet die Bewegungsgleichung
$$m\frac{d^2x}{dt^2} + k\frac{dx_{\text{rel}}}{dt} + c x_{\text{rel}} = 0.$$
Nach der Abbildung ist
$$x_{\text{rel}} = x - a\sin\omega t.$$
Damit wird die Schwingungsgleichung zu
$$m\frac{d^2x}{dt^2} + k\frac{dx}{dt} + cx = ac\sin\omega t + ka\omega\cos\omega t.$$

Die Lösung dieser Differentialgleichung kann so erfolgen, daß sie erfüllt wird, wenn der rechte Teil fehlt. Dann handelt es sich um die Eigenschwingung. Bei einer Lösung, die die Gleichung einschließlich des rechten Glieds erfüllt, handelt es sich um den Vorgang der Zwangsschwingung.

Ohne Dämpfung. Falls der Vorgang ungedämpft verläuft, ist $k = 0$, und die Schwingungsgleichung lautet
$$m\frac{d^2x}{dt^2} + cx = ac\sin\omega t.$$

Mit der Eigenschwingungszahl $\omega_e = \sqrt{\frac{c}{m}}$ und den Anfangsbedingungen $t = 0$, $x = 0$ und $\frac{dx}{dt} = 0$ lautet die Lösung der Differentialgleichung
$$\frac{x}{a} = \frac{1}{1 - f^2}\left(\sin\omega t - f\sin\frac{\omega}{f}t\right),$$

wobei $f = \frac{\omega}{\omega_e}$ das Frequenzverhältnis ist. Die Beschleunigungen sind

$$\frac{b}{a\omega^2} = \frac{1}{1-f^2}\left(\frac{1}{f}\sin\frac{\omega t}{f} - \sin\omega t\right).$$

Die Größe der Energie, die am Ende des Stoßes im System aufgespeichert ist, hat den Betrag

$$\frac{E}{\frac{1}{2}ca^2} = \frac{2f^2}{(1-f^2)^2}\left(1 + \cos\frac{\pi}{f}\right).$$

Die Ausschläge, Energiebeträge und Beschleunigungen sind in den Abb. 252, 253, 254 und 255 aufgezeichnet.

In Abb. 252 ist der Wert x/a über ωt aufgezeichnet. Für $f = 0$ ($\omega_e = \infty$), also starre Feder, folgt die Masse der Bahnkurve. Für großes f, also weiche Feder, bleibt die Masse fast in Ruhe. Bei den Zwischenwerten werden Eigenschwingungen angestoßen, was z. B. bei $f = 0{,}1$ und $f = 0{,}25$ deutlich ersichtlich ist. Mit $f = 0{,}7$ ergibt sich beim Überlaufen des Hindernisses ein Größtwert des Ausschlags. Im Resonanzfall $f = 1$ ist der Ausschlag kleiner, er würde sich jedoch bei sinusförmiger Fortsetzung des Hindernisses aufschaukeln.

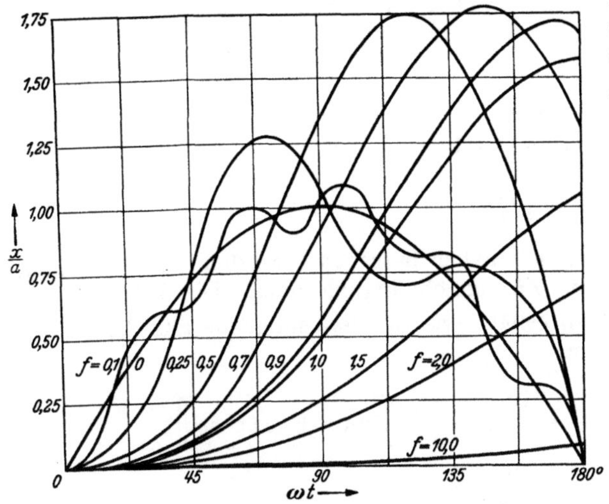

Abb. 252. Ausschläge der Masse, bezogen auf die Hindernishöhe a, bei fehlender Dämpfung und verschieden weicher Feder.

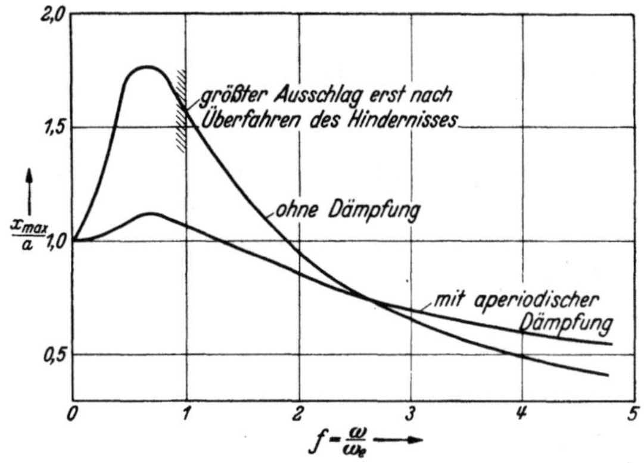

Abb. 253. Größte Ausschläge der Masse ohne und mit aperiodischer Dämpfung, bezogen auf die Hindernishöhe a.

In Abb. 253 sind die erreichten Größtausschläge über dem Frequenzverhältnis f aufgetragen. Bei den Werten f, die größer als 1 sind, tritt bei ungedämpfter Schwingung der Größtausschlag erst nach dem Durchfahren des Hindernisses ein. Sein Wert bestimmt sich aus der Endgeschwindigkeit und Endlage der Masse nach durchlaufenem Hindernis, d. h. aus der Endenergie der Masse.

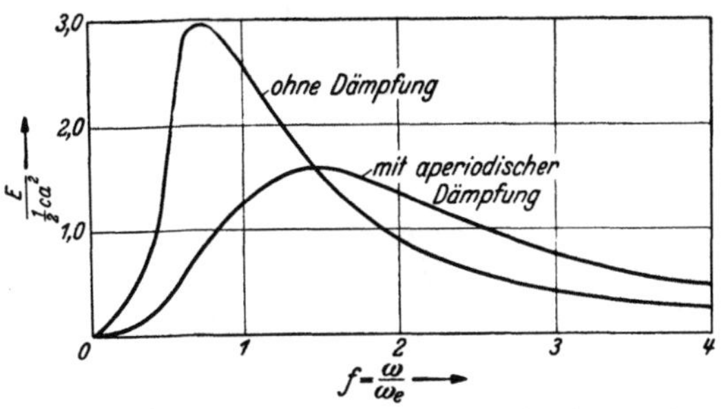

Abb. 254. Schwingungsenergie am Ende des Stoßes, bezogen auf $\frac{1}{2}ca^2$ in Abhängigkeit vom Frequenzverhältnis ω/ω_e und bei verschiedener Dämpfung.

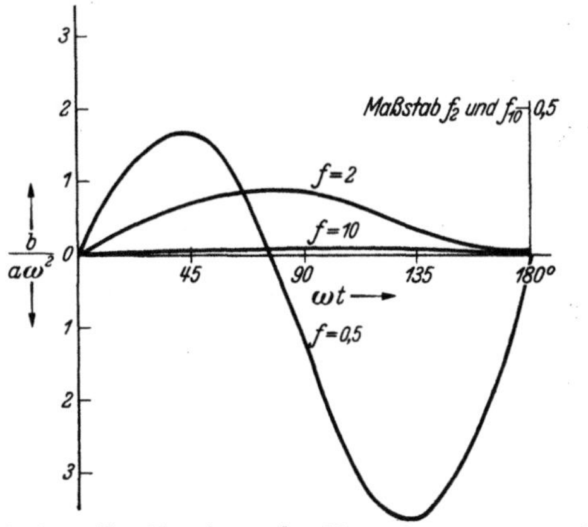

Abb. 255. Beschleunigung der Masse, bezogen auf $a\omega^2$, bei fehlender Dämpfung.

In Abb. 254 ist die Schwingungsenergie der Masse am Ende des Stoßes auf den Wert $\frac{1}{2}ca^2$ bezogen aufgetragen. Für $f = 0{,}7$ ergibt sich ein Größtwert. Mit wachsendem f nimmt E ab; d. h. die weiche Feder bettet das Hindernis ein.

In Abb. 255 sind die Beschleunigungen aufgetragen. Die Beschleunigung $\frac{b}{a\omega^2}$ ist sehr groß, wenn f klein ist. Mit wachsendem f vermindern sich die Beschleunigungen, falls gleiches $a\omega^2$ vorausgesetzt wird.

Mit Dämpfung. Für den Fall der Zwangsschwingungen findet man mit $f = \frac{\omega}{\omega_e}$, $\omega_e = \sqrt{\frac{c}{m}}$ und $k_1 = \frac{k}{\sqrt{cm}}$ aus der Schwingungsgleichung die allgemeine Lösung

$$x = e^{-\frac{k}{2m}t}\left[a_1 \sin\gamma' t + b_1 \cos\gamma' t\right] + c_1 \sin(\omega t + \varphi),$$

wobei der Zwangsausschlag

$$c_1 = a\,\frac{\sqrt{[1 + f^2(k_1^2 - 1)]^2 + k_1^2 f^6}}{(1 - f^2)^2 + f^2 k_1^2},$$

der Eigenschwingungsausschlag

$$a_1 = -c_1\left[\frac{f}{\sqrt{1 - \frac{1}{4}k_1^2}}\cos\varphi + \frac{k_1}{2\sqrt{1 - \frac{1}{4}k_1^2}}\sin\varphi\right]$$

$$\text{und}\quad b_1 = -c_1 \sin\varphi,$$

die Phasenverschiebung

$$\operatorname{tg}\varphi = -\frac{k_1 f^3}{f^2(k_1^2 - 1) + 1}$$

und die Eigenfrequenz

$$\gamma' = \omega_e \sqrt{1 - \tfrac{1}{4}k_1^2}.$$

Der Sonderfall der aperiodischen Dämpfung soll näher betrachtet werden. Bei ihm geht eine eingeleitete Eigenschwingung sofort in die Zwangsschwingung über. Die Dämpfung k ist in diesem Fall $k = 2\sqrt{cm}$ und $k_1 = 2$. Man erhält eine Sonderlösung, die aus der obigen allgemeinen durch Grenzübergang folgt. Es ist

$$\frac{x}{a} = \frac{\sqrt{(1 + 3f^2)^2 + 4f^6}}{(1 + f^2)^2}\left\{\sin(\omega t + \varphi) - e^{\frac{-\omega t}{f}}\left[\left(1 + \frac{\omega t}{f}\right)\sin\varphi + \omega t \cos\varphi\right]\right\},$$

wobei

$$\operatorname{tg}\varphi = \frac{-2f^3}{1 + 3f^2} \quad \text{ist},$$

$$\frac{b}{a\omega^2} = \frac{\sqrt{(1 + 3f^2)^2 + 4f^6}}{(1 + f^2)^2 f^2}\left\{e^{\frac{-\omega t}{f}}\left[\left(1 - \frac{\omega t}{f}\right)\sin\varphi + f\left(2 - \frac{\omega t}{f}\right)\cos\varphi\right] - f^2 \sin(\omega t + \varphi)\right\}$$

und

$$\frac{E}{\frac{1}{2}c\,a^2} = \frac{(1 + 3f^2)^2 + 4f^6}{(1 + f^2)^4}\left[H^2 + K^2\right],$$

wo

$$H = e^{\frac{-\pi}{f}}\left[\left(1 + \frac{\pi}{f}\right)\sin\varphi + \pi\cos\varphi\right] + \sin\varphi,$$

$$K = e^{\frac{-\pi}{f}}\left[\frac{\pi}{f}\sin\varphi + (\pi - f)\cos\varphi\right] + f\cos\varphi.$$

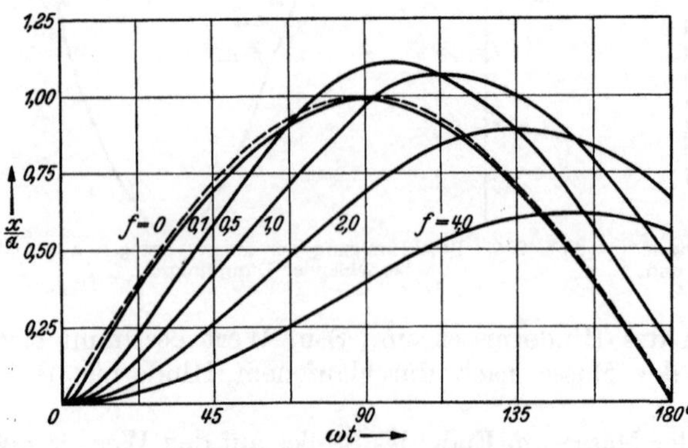

Abb. 256. Ausschläge der Masse, bezogen auf die Hindernishöhe a, bei aperiodischer Dämpfung.

Die Werte $\frac{x}{a}$ sind in Abb. 256 dargestellt. Von den eingeleiteten Eigenschwingungen sind nur noch Spuren zu erkennen. Gegenüber dem Fall ohne Dämpfung (Abb. 252) sind die Ausschläge kleiner, sofern nicht f sehr groß ist. Die größten Ausschläge sind in Abb. 253 mit eingetragen. Die Größtausschläge sind größer als im ungedämpften Fall, wenn $f > 3$ wird. Bei rasch aufeinanderfolgenden Hindernissen ist also Dämpfung schädlich. Die am Ende des Stoßes im System steckende Energie ist in Abb. 254 mit eingetragen. Sie ist für $f < 1{,}5$ kleiner als im ungedämpften Fall.

Die Beschleunigungen $\frac{b}{a\omega^2}$ sind in Abb. 257 über ωt aufgetragen. Durch die Dämpfung wird eine Beschleunigung erzeugt, die zwar im allgemeinen kleiner ist als ohne Dämpfung, aber als Anfangsbeschleunigung mit abnehmendem f zunimmt.

Die aperiodische Dämpfung stellt einen Grenzfall dar. Die wirklichen Verhältnisse liegen zwischen den ohne Dämpfung und mit aperiodischer Dämpfung ermittelten Ergebnissen.

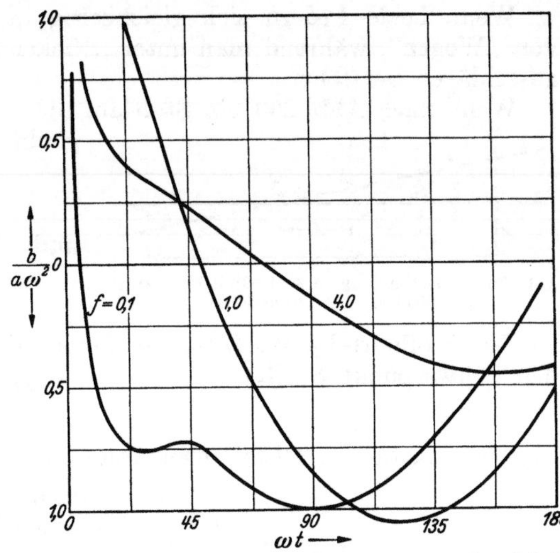

Abb. 257. Beschleunigung der Masse, bezogen auf $a\omega^2$, bei aperiodischer Dämpfung.

VIII. Ähnlichkeitsverhältnisse.

Auf Grund der bisherigen Ausführungen kann die Frage beantwortet werden, wie bestimmte Federungseigenschaften eines großen Wagens auf einen kleinen Wagen übertragen werden können und umgekehrt.

Die Formeln für die Wege und Beschleunigungen einer Masse lassen erkennen, daß bei gleichen Hindernissen (a) und gleichen Fahrgeschwindigkeiten (ω) dieselben Verhältnisse vorliegen, wenn $f = \frac{\omega}{\omega_e}$, d. h. die Eigenschwingungszahlen dieselben sind. Dies bedeutet, daß die statische Durchbiegung der Feder unter dem Eigengewicht in beiden Fällen gleich sein muß, wenn die Federung gleich sein soll.

Bei einem schweren Wagen muß die Federsteifigkeit größer sein als bei einem leichten und umgekehrt.

Aus der Schwingungsgleichung $\frac{d^2 x}{dt^2} + \frac{k}{m}\frac{dx}{dt} + \frac{c}{m} x = 0$

kann man schließen, daß für zwei Systeme sich gleiche Eigenschwingungszahlen ergeben, wenn die Dämpfungen k und Federsteifigkeiten c sich wie die Massen verhalten.

IX. Die Nickschwingungen.

Das Fahrzeug gleicht einem Körper, wie er in Abb. 258 dargestellt ist.

Der Trägheitsradius um den Schwerpunkt sei r, die Wagenmasse M, die Federsteifigkeit vorn und hinten c_1 und c_2, die Schwerpunktsabstände von Vorder- und Hinterachse l_1 und l_2.

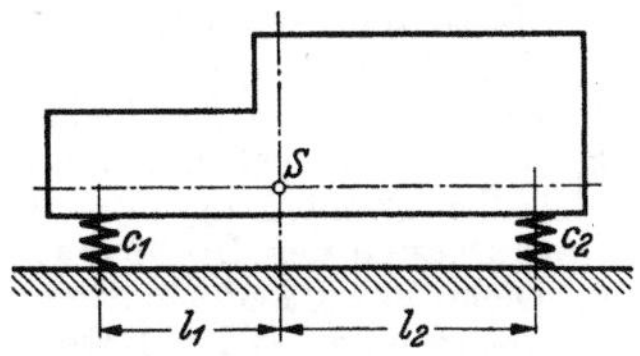

Abb. 258. Bezeichnungen zur Bestimmung der Nickschwingungen.

Wie in Abb. 259 dargestellt, fällt die Schwingungsachse des Körpers nicht mit dem Schwerpunkt zusammen, sie liegt im Abstand x von diesem im Punkt 0.

Es gelten die Gleichungen

$$M x \frac{d^2 \varphi}{dt^2} = (l_1 - x) c_1 \varphi - (l_2 + x) c_2 \varphi$$

als Schwerpunktssatz und

$$M r^2 \frac{d^2 \varphi}{dt^2} = -(l_1 - x) l_1 c_1 \varphi - (l_2 + x) l_2 c_2 \varphi$$

als Momentensatz für die Drehung um S, aus welchen folgt

$$\frac{l_1 - x}{x} c_1 - \frac{l_2 + x}{x} c_2 = -\frac{l_1 - x}{r^2} l_1 c_1 - \frac{l_2 + x}{r^2} l_2 c_2$$

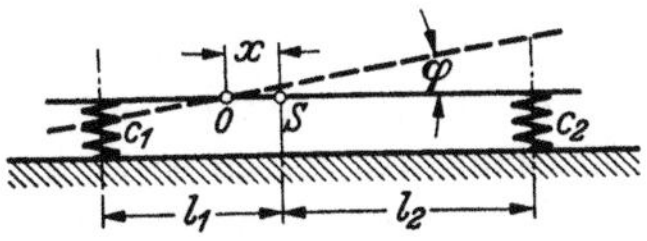

Abb. 259. Ermittlung der Schwingungsachsen für Nickschwingungen.

oder

$$x^2 [l_2 c_2 - l_1 c_1] + x [l_1^2 c_1 + l_2^2 c_2 - r^2 (c_1 + c_2)] - r^2 (l_2 c_2 - l_1 c_1) = 0.$$

Daraus erhält man 2 Werte für x, d. h. es gibt 2 Schwingungsachsen, um die der Wagen stabil schwingen kann. Die Eigenfrequenzen sind dabei nach der zweiten der Ansatzgleichungen

$$\omega^2 = \frac{(l_1 - x) l_1 c_1 + (l_2 + x) l_2 c_2}{M r^2}.$$

Für den Sonderfall $l_1 c_1 = l_2 c_2$ ist eine Achse im Unendlichen, die andere im Schwerpunkt. Die Frequenzen sind hierbei

$$\omega_1^2 = \frac{c_1 + c_2}{M}$$

für die Parallelbewegung und

$$\omega_2^2 = \frac{l_1 c_1}{M r^2} (l_1 + l_2)$$

für die Schwingungsbewegung um den Schwerpunkt.

Wenn beide Federn sich gleichzeitig in derselben Richtung bewegen, spricht man auch von „Wogen“, während man unter „Nicken“ dann Bewegungen mit entgegengesetzten Federausschlägen versteht.

Wenn nach Abb. 260 ein Stoß auf die Vorderachse des Wagens mit der Stoßkraft K ausgeübt wird, so lauten die Bewegungsgleichungen

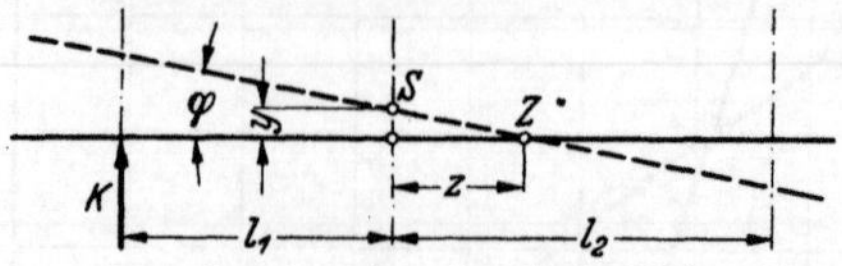

Abb. 260. Bestimmung des Stoßmittelpunktes bei Stoß an der Vorderachse.

$$M \frac{d^2 y}{dt^2} = +K \quad \text{oder} \quad M \frac{dy}{dt} = \int K\,dt$$

und

$$M r^2 \frac{d^2 \varphi}{dt^2} = +K l_1 \quad \text{oder} \quad M r^2 \frac{d\varphi}{dt} = l_1 \int K\,dt.$$

Der Stoßmittelpunkt Z ist der Punkt, der augenblicklich in Ruhe bleibt. Für diesen und den Schwerpunkt S gilt

$$\frac{dy}{dt} = z \frac{d\varphi}{dt}.$$

Aus den obigen Gleichungen folgt hiermit

$$z_1 = \frac{r^2}{l_1} = \frac{\text{Quadrat des Trägheitshalbmessers}}{\text{Abstand Schwerpunkt} - \text{Vorderachse}}$$

und entsprechend bei Stoß an der Hinterachse

$$z_2 = \frac{r^2}{l_2}.$$

Überfährt ein Wagen ein Hindernis, das einen Stoß K auf ihn ausübt, so sucht er sich um den Stoßmittelpunkt Z zu drehen. Ist dieser Punkt gleichzeitig Schwingungsmittelpunkt 0, so wird die zu diesem Schwingungsmittelpunkt 0 gehörige Eigenschwingung angeregt. Sind beide Punkte, was in Wirklichkeit stets der Fall ist, voneinander verschieden, so werden die beiden möglichen Eigenschwingungen um die beiden Schwingungsmittelpunkte 0 angeregt.

B. Gestaltung der Federung.

Bezeichnungen

- P_F Federbelastung [kg],
- t Schwingungsdauer [1/sek],
- f Federdurchbiegung unter der Last P_F [cm],
- g Erdbeschleunigung [981 cm/sek²],
- m Masse [cm⁻¹ kg sek²],
- c Federhärte [kg/cm],
- E_F Elastizitätszahl für Federstahl [kg/cm²],
- k_b zulässige Biegebeanspruchung [kg/cm²],
- l halbe Sehnenlänge der halbelliptischen Feder, Stablänge der Drehfeder,
- h_F Dicke eines Federblattes,
- b_F Breite eines Federblattes,
- α Neigungswinkel der Federlasche zur Senkrechten,
- n Blattzahl,
- i Anzahl der Windungen bei Schraubenfeder,
- d Drahtdurchmesser bei Schrauben- und Stabfeder [cm],
- r_F Windungshalbmesser bei Schrauben- und Stabfeder [cm],
- k_d Drehspannung [kg/cm²],
- φ Verdrehungswinkel im Bogenmaß,
- G Gleitmaß [kg/cm²],
- v Rauminhalt eines Luftzylinders [cm³],
- $\varkappa$ Exponent für Adiabate (Luft: $\varkappa = 1{,}4$),
- p Flächenpressung [kg/cm²],
- V Rauminhalt einer Metallfeder [cm³].

Zur Abfederung des Wagenkörpers gegen die Räder wurde im Verlauf der Fahrzeugentwicklung lange Zeit die geschichtete Blattfeder fast ausschließlich verwandt. Der Federkörper ist dabei gleichzeitig als Verbindungsglied zwischen Achse und Rahmen benützt. Die neuere Entwicklung brachte in Verbindung mit gesonderter Aufhängung der Räder die neue Federart der Drehfeder in Form von Schraubenfedern, Stabfedern und auch Rohrfedern sowie die Gummi- und Luftfederung. Der Federkörper als solcher ist hier von der Radführung frei gemacht.

Die durch die Gestaltung zu erfüllende Aufgabe der Federung besteht darin, Rad und Wagenkörper so zu verbinden, daß aus den Fahrbahneinwirkungen nur kleine Kräfte und mäßige Beschleunigungen auf den Wagenkörper übertragen werden und daß zusätzliche, über die Aufgabe der Federung hinausgehende Beanspruchungen möglichst von der Federung ferngehalten werden. Dabei müssen die Gesichtspunkte, die sich aus den oben behandelten Schwingungsaufgaben ergeben, mit berücksichtigt werden.

I. Federweg.

Für die Bemessung der Federn ist der Zusammenhang zwischen der Schwingungsdauer t (sek) und der Federdurchbiegung f (cm)

$$t = 2\pi \sqrt{\frac{f}{g(1-\mu)}}$$

für die mit der Reibungsziffer μ gedämpfte Feder und

$$t = 2\pi\sqrt{\frac{f}{g}}$$

für die ungedämpfte Feder zu berücksichtigen.

Bei einer etwa als obere Grenze anzusehenden minutlichen Federschwingungszahl 100/min oder einer Schwingungsdauer $t = 0{,}6$ sek je Schwingung und einer Reibungsziffer $\mu = 0{,}2$ ist z. B. eine Federdurchbiegung von $f = 7$ cm notwendig.

Das Bestreben nach Gewichtsverminderung der Fahrzeuge führt zur Verkleinerung der in der Federung schwingenden Massen. Da, wie früher festgestellt, die gegenseitige Abhängigkeit der Massen m, der Federhärte c und der Schwingungsdauer durch

$$t = 2\pi\sqrt{\frac{m}{c}}\cdot$$

gegeben ist, kann bei kleinen Massen eine ausreichend lange Schwingungsdauer nur durch entsprechende Verkleinerung der Federkennziffer erreicht werden, also durch große Federweichheit, die große Federdurchbiegung voraussetzt.

Diese bedingt gewisse bauliche Schwierigkeiten. Denn wenn die Federdurchbiegung bei ruhender Belastung groß ist, ergeben sich auch für die zusätzliche Belastung große zusätzliche Federwege. Wenn aber diese Federwege begrenzt sind, können mit weicher, langsam schwingender Federung nur begrenzte zusätzliche Federkräfte (Stoßkräfte) aufgenommen werden.

Wenn z. B. bei ruhender Last eine Federdurchbiegung von 20 cm vorhanden und der weitere Federweg mit 15 cm begrenzt ist, kann die ruhende Last nur im Verhältnis 35:20 überschritten werden, d. h. die zulässige zusätzliche Belastung ist das 1,75fache der ruhenden Last. Stoßkräfte aus der Fahrbahneinwirkung, die dieses Verhältnis überschreiten, sind aber durchaus möglich.

Auch die Änderung der Grundlast durch die Beladung des Fahrzeugs ist für diese Schwierigkeit wesentlich. Bei einem kleinen Wagen mit einem abgefederten Gewicht von 480 kg (600 kg Gesamtgewicht des Fahrzeugs) bedeuten beispielsweise 4 Personen von je 80 kg Gewicht schon 320 kg zusätzliche Belastung. Das ergibt insgesamt das 1,66fache der Grundbelastung und kann zu fast völliger Inanspruchnahme des Federwegs führen. Für die Aufnahme der stoßartigen Fahrbahnkräfte bleibt dann keine ausreichende Möglichkeit. Es ist bei der baulichen Beschränkung des Federwegs also schwierig, einerseits die Federn sehr weich zu machen und andererseits große zusätzliche Federungskräfte ohne hartes Anschlagen der Federn aufzunehmen. Der Federweg zwischen der Stellung der Grundbelastung und der äußersten Auslenkung der Federn ist demnach so groß als möglich zu machen. Da hierin aber Beschränkungen vorliegen, ist es zweckmäßig, durch Zusatzfedern der Federung eine gekrümmte Federkennlinie zu geben. Damit der Erfolg in gewünschtem Maße eintritt, muß aber die Krümmung der Kennlinie in wesentlichem Maß von der Geraden abweichen.

Andere Mittel, wie Anordnung von Puffern am Ende des Federwegs, können nur als Notbehelf angesehen werden. Die Federhärte wird natürlich für verschiedene Verwendung der Fahrzeuge ungleich gewählt werden. Der übliche Personenwagen erfordert sehr weiche Federn, Rennwagen, Sportwagen und Geländewagen härtere, aber auch bei Geländewagen muß mit Rücksicht auf gute Schußbedingungen die Federung noch ausreichend weich sein.

II. Zusatzbeanspruchungen der Feder.

Da man bei der Federbeanspruchung im allgemeinen nahe an die Streckgrenze des Federstahls geht, ist Klarheit über alle Zusatzbeanspruchungen und auch das zeitliche Zusammenwirken zwischen den Federungskräften und den Zusatzbeanspruchungen notwendig. Je nach den baulichen Lösungen der Achsaufhängung, insbesondere wenn die Federn auch den Achsschub zu übertragen haben, sind Zusatzbeanspruchungen durch die Bremsung, durch den Schub der treibenden Räder und durch Seitenkräfte beim Kurvenfahren möglich.

Die Rückwirkung der Bremsung auf die gleichzeitig als Achsaufhängung dienende Federung, z. B. bei fester Achse, ergibt ein dem Bremsmoment entsprechendes Achsdrehmoment, das bei längsliegenden Federn von diesen als Biegungsmoment aufgenommen werden muß, und eine der Bremskraft des Rades am Boden entsprechende Schubkraft längs der Feder, die Biegungs- und Schubbeanspruchung liefert. Diese Bremsrückwirkungen können mit großem Federausschlag gleichzeitig auftreten.

Der der Bremskraft ähnliche, aber entgegengesetzt wirkende Schub der treibenden Räder tritt mit der größten Durchfederung kaum gleichzeitig auf, denn beim Straßenfahrzeug wird bei sehr großer Druckfederung, die schnelle Fahrt voraussetzt, im allgemeinen nur mit kleinen Schubkräften gefahren, und bei Geländefahrt verbieten große Unebenheiten im allgemeinen vollen Antrieb. Immerhin ist in dieser Hinsicht beim Geländefahrzeug mit höheren Beanspruchungen zu rechnen als beim üblichen Personenwagen.

Bei der Federberechnung ist die Überlagerung der statischen Beanspruchungen durch die Dauerbeanspruchungen zu berücksichtigen. Die ungewöhnlich hohen Beanspruchungen erreichen so große Lastwechselzahlen nicht, daß sie als Dauerbeanspruchungen wirken können. Doch können durch Überlagerung der Kräfte Dauerbeanspruchungen eintreten, die zum Dauerbruch führen.

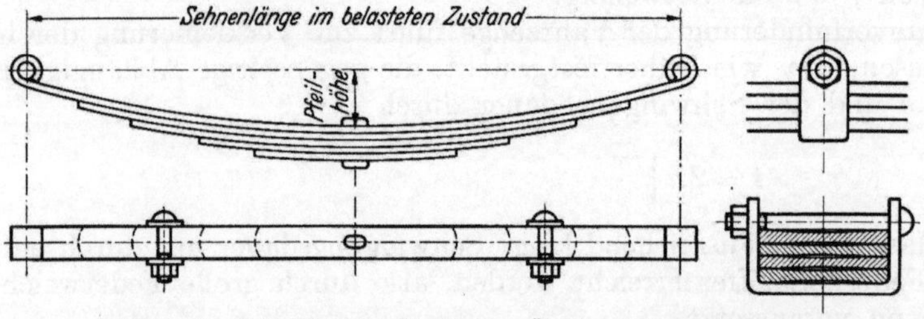

Abb. 261. Halbelliptische Blattfeder. Übliche Federausführung.

Zu vermeiden sind deshalb auch aus diesem Grund schnelle ungedämpfte Federschwingungen, die Verhärtung der Federn gegenüber raschen kleineren Stoßbeanspruchungen durch die Reibung, wie sie bei den sehr kleinen Unebenheiten der Autobahnen wirksam werden, Auswirkung von Triebwerk- oder Fahrzeugschwingungen auf die Federung. Reibungsfreie Federn und Unterbindung hochfrequenter Körperschwingungen des Fahrzeugs durch reichlich bemessene Gummizwischenlagen sind deshalb auch hier von Wichtigkeit.

Die Beanspruchungen des Werkstoffs der gleichzeitig der Achs- oder Radaufhängung dienenden Federn müssen niedriger gehalten werden. Besondere Radaufhängungen oder -abstützungen, die die Feder entlasten, sind anzustreben.

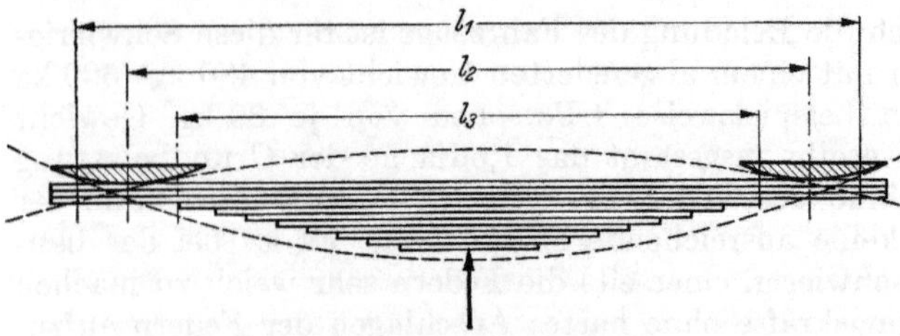

Abb. 262. Abwälz-Blattfeder (im Lastwagenbau angewendet).
l_1 Federlänge bei geringer Belastung, l_2 Federlänge bei mittlerer Belastung, l_3 Federlänge bei großer Belastung.

III. Die Blattfeder.

Trotz der großen Fortschritte der neuen Verdrehfederungen ist mit der Biegungsblattfeder in ihrer Anwendung bei starren Achsen und bei Einzelradfederungen auch künftig zu rechnen.

Formen und Ausführung der Blattfeder. Die am meisten angewandte Form der geschichteten Blattfeder ist die halbelliptische Feder nach Abb. 261. Das durchgehende Hauptfederblatt ist zu Augen umgerollt, die der Aufhängung mit Federbolzen dienen. Es wird durch weitere zusätzliche Federblätter abgestützt. Als Abwälzfeder zur Erzielung veränderlicher Federlänge wird bisweilen auch die Ausführung nach Abb. 262 gewählt. Diese beiden Arten von Federn sind in ihrer Mitte an der abzufedernden Achse befestigt.

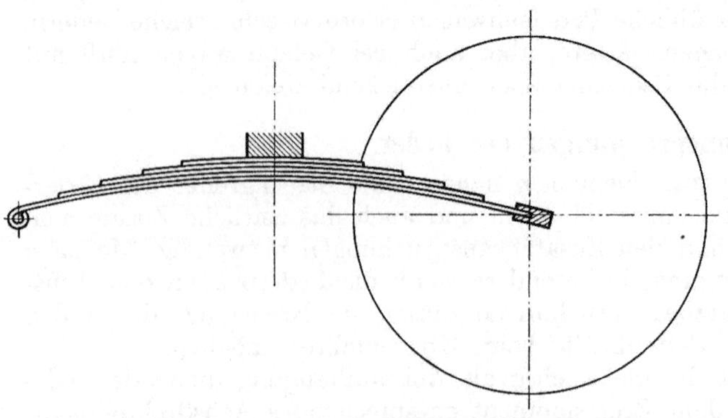

Abb. 263. Halbelliptische Ausleger-Blattfeder.

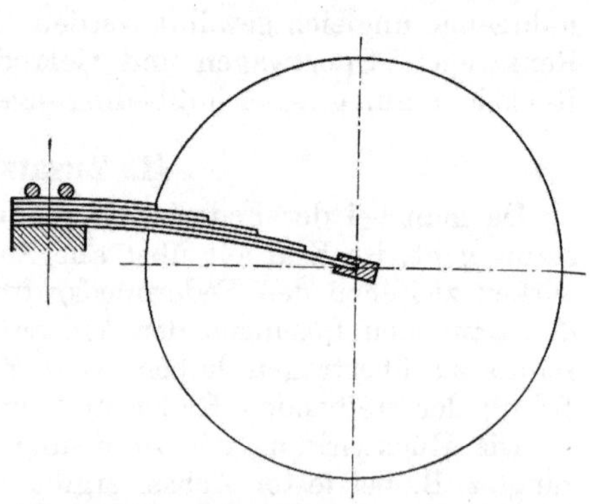

Abb. 264. Viertelelliptische Ausleger-Blattfeder.

Auslegerfedern, die mit einem Ende die Achse abstützen, sind als halbelliptische Federn nach Abb. 263 oder als viertelelliptische Federn nach Abb. 264 ausgeführt.

Als übliche Größen für die meistens angewandten Halbfedern gelten Federlängen von

800 bis 1200 mm für Personenwagen-Vorderachsen,
1200 bis 1500 mm für Personenwagen-Hinterachsen,
900 bis 1300 mm für Vorderachsen von Lastwagen,
und 1200 bis 1500 mm für Hinterachsen von Lastwagen,

Federbreiten von

40 bis 60 mm für Personenwagen-Vorderachsen,
50 bis 80 mm für Personenwagen-Hinterachsen,
50 bis 60 mm für Lastwagen-Vorderachsen,
und 60 bis 100 mm für Lastwagen-Hinterachsen,.

Dicke der Blätter:

4 bis 8 mm bei Personenwagen,
6 bis 12 mm bei Lastwagen.

6 bis 12 Federblätter werden bei Personenwagen aufeinandergeschichtet und 8 bis 15 bei Lastwagen. Die Abmessungen der Federblätter finden sich in den DIN-Blättern KrW 420 und 426 (Vornorm).

Geringes Gewicht der Federn verkleinert die unabgefederten Massen. Die Auslegerfedern werden weniger angewandt als die gewöhnlichen, denn bei der Auslegerfeder wirkt am Federende die Radkraft P gegenüber $P/2$ (Abb. 265) bei der Auflagefeder, dementsprechend sind in ihr die Biegemomente doppelt so hoch, was das Gesamtgewicht der halbelliptischen Auslegerfeder erhöht. Bei der Viertel-Auslegerfeder verursacht die Einspannung der Feder am Fahrzeug ebenfalls erhebliches Baugewicht.

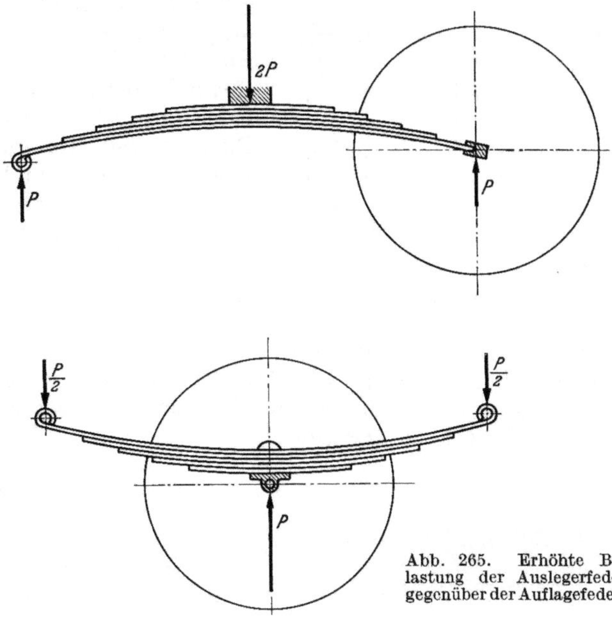

Abb. 265. Erhöhte Belastung der Auslegerfeder gegenüber der Auflagefeder.

Aufbau der Blattfeder. Die Feder wird nach Abb. 261 in der Mitte durch einen durchgehenden Bolzen zusammengehalten. Dieser Bolzen schwächt die Feder erheblich. Das Bolzenloch wird deshalb länglich und der Bolzen mit flachem Schaft ausgeführt. Der Kopf des Bolzens wird dazu verwandt, die Feder auf der Achse festzulegen, er greift in eine entsprechende Bohrung in der Federplatte ein. Die Federenden werden gegen seitliches Verdrehen durch Federklammern nach Abb. 261 gesichert. Diese Federklammern sind zum Teil als Mittel zur Erhöhung der Federdämpfung durch Verstärkung des Reibungsschlusses zwischen den Federblättern benützt worden. Die Reibungsdämpfung der Blattfeder ist jedoch, wie sich aus den bisherigen Ausführungen ergibt, eine ihrer wesentlichen Nachteile, weshalb von einer Ausbildung der Federklammern als Federverspannung abgesehen werden muß. Sie werden heute auch ersetzt durch Rippung der Federblätter nach Abb. 266.

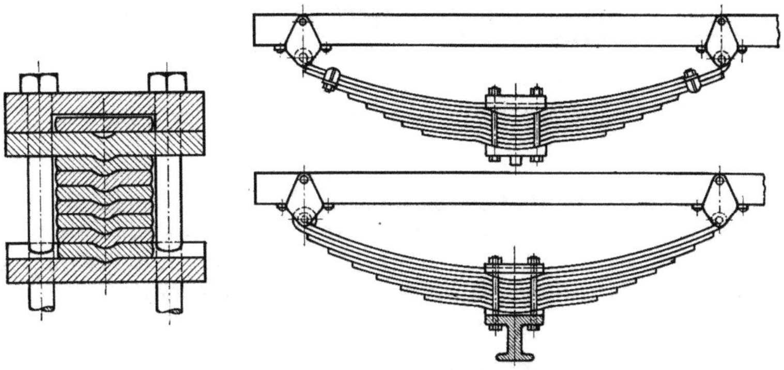
Abb. 266. Seiten- und Längsführung der Federblätter zueinander durch längsliegende Rippen und querliegende Einsenkungen.

Zur Vermeidung der Federschwächung kann der mittlere Bolzen ersetzt werden dadurch, daß die Federblätter in der Mitte mit einer Einsenkung nach Abb. 266 versehen werden, die ihre gegenseitige Längsverschiebung verhindert. Die Befestigung der Feder auf der Achse erfolgt im allgemeinen durch Federbügel nach Abb. 266.

Wenn die Federblätter nach Abb. 261 leicht hohlgewalzt werden, ergeben sich Hohlräume zwischen den einzelnen Blättern, die für die Haltung des Schmiermittels nützlich sind. Die Schmierung und der Schutz der Blattfedern gegen Nässe und Schmutz werden zum Teil durch Einhüllen in Ledergamaschen mit Schmieranschlußnippeln verbessert.

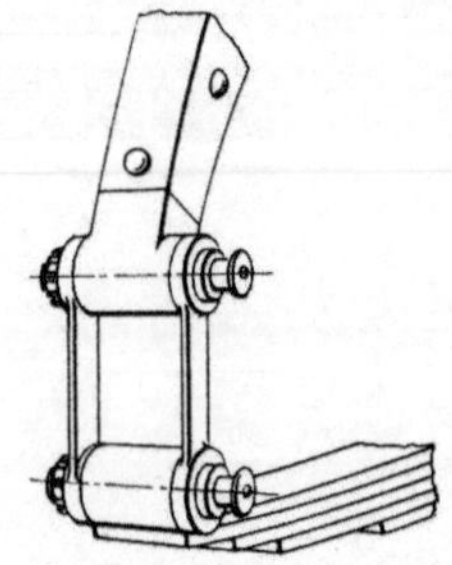

Abb. 267. Federaufhängung in einfacher Lasche.

Als Federwerkstoffe werden Mangan-Silizium-, Chrom-Silizium-, Chrom-Vanadium und Kohlenstoffstähle mit 0,5 vH Kohlenstoff verwandt.

Aufhängung der Blattfeder. Die Aufhängung des gerollten und mit einer eingepreßten Bronzebüchse versehenen Federendes erfolgt durch Federbolzen und durch Laschen (Abb. 267). Federbüchsen, -bügel, -bolzen, -stifte und -laschen sind in den DIN-Blättern KrW 421 bis 428 (Vornorm) festgelegt. Die Laschen werden, wenn sie Seitenkräften unterliegen, als zusammenhängende Laschenkörper, etwa nach Abb. 268, ausgeführt. Die Federbolzen sind gehärtet und mit Rücksicht auf die Schmierung hohl gebohrt (Abb. 269). Sie tragen seitlich Fettbüchsen, Schmiernippel oder Anschlüsse an die Gesamtschmierung des Fahrzeugs. An Stelle der glatten Federbolzen und Laschen werden auch Gewindebolzen oder in einfacher Weise U-förmige Stahlbügel nach Abb. 270 verwandt, die in Gewindezapfen endigen. Die Büchsen sind dann mit entsprechendem Muttergewinde versehen. Haltung nach allen Richtungen und die Möglichkeit spielfreier Lagerung wird hierbei mit einfachen Mitteln erzielt.

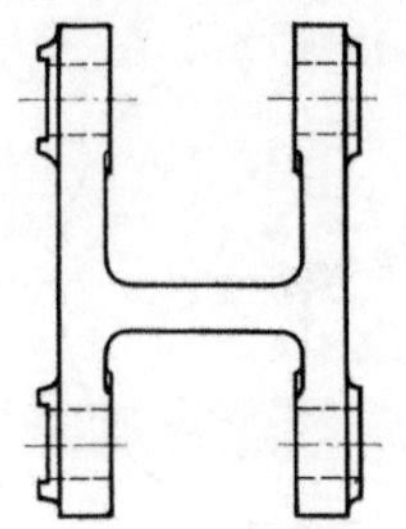

Abb. 268. Fester Laschenbügel.

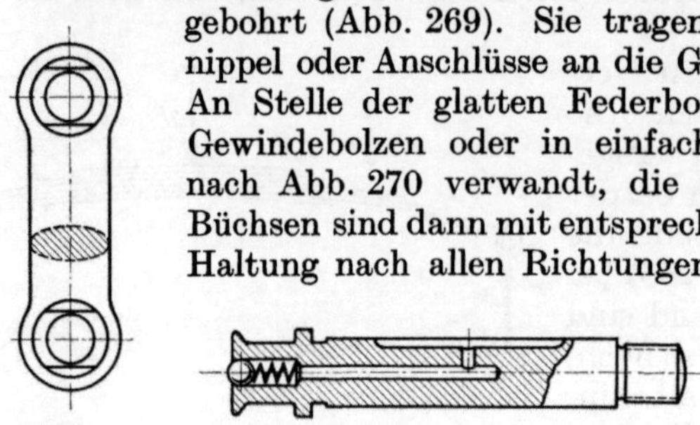

Abb. 269. Federbolzen mit Schmiernippel.

Die Ausschlagsunempfindlichkeit der reibungsgedämpften Blattfeder im Bereich kleiner Federkraftänderungen und die Notwendigkeit der Unterbrechung hochfrequenter kleiner Schwingungsausschläge hat dazu geführt, die Phosphorbronzebüchsen durch Gummibüchsen nach Abb. 271 und in weiterer Verfolgung dieser Zwecke durch größere Gummikörper, etwa nach Abb. 272, zu ersetzen.

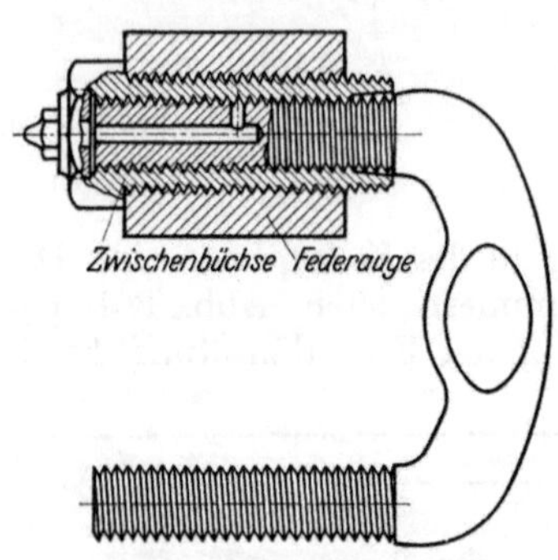

Abb. 270. Federaufhängung in Gewindezapfen (Mecano).

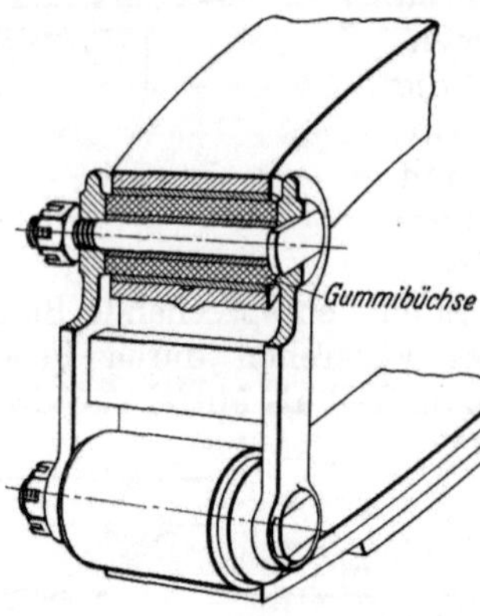

Abb. 271. Federlasche mit Gummibüchsen.

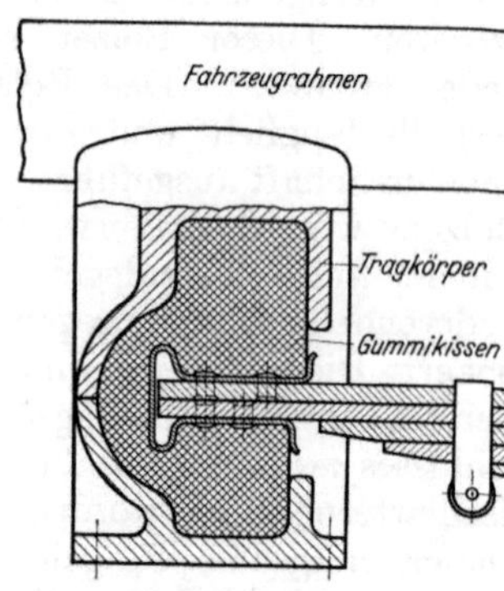

Abb. 272. Federaufhängung mit Gummikissen.

Berechnung der Blattfeder. Nach der Hütte (*49*) ist bei der zugelassenen Biegebeanspruchung k_b [kg/cm²] und mit der Elastizitätszahl E_F, die im Mittel 2000000 kg/cm² beträgt, die Federdurchbiegung mit den Bezeichnungen nach Abb. 273

Abb. 273. Blattfederberechnung, Bezeichnungen.

$$f = \frac{l^2}{h_F} \cdot \frac{k_b}{E_F}.$$

Die Durchbiegung ist bei gleicher Feder verhältig der Federbelastung, und der Durchbiegung verhältig ist die Federbeanspruchung. Die Beanspruchung σ_b des einzelnen Federblattes auf Biegung ist

$$\sigma_b = f \frac{h_F}{l^2} \cdot E_F.$$

Durch die Federaufhängung werden zusätzliche Beanspruchungen in die Feder eingeleitet. Nach Abb. 274 ist, wenn die Feder mit der Kraft P_F belastet wird, die Kraft in der Längsrichtung der unter dem Winkel α geneigten Lasche

$$\frac{P_F/2}{\cos\alpha}.$$

Die Waagrecht- und Senkrechtbestandteile $\frac{P_F}{2}\cdot \operatorname{tg}\alpha$ und $\frac{P_F}{2}$ dieser Laschenkraft erzeugen in der Feder die Biegungsmomente $\frac{P_F}{2}\operatorname{tg}\alpha \cdot f$ und $\frac{P_F}{2}\cdot l$, zusammen also das Moment

$$M_b = \frac{P_F}{2}\,(l + f\cdot \operatorname{tg}\alpha).$$

Die Beanspruchung der Feder durch Biegung ist in diesem Fall

$$\sigma_b = \frac{M_b}{W} = \frac{\frac{P_F}{2}(l + f\cdot \operatorname{tg}\alpha)}{n\,\frac{b_F h_F^2}{6}},$$

wobei $W = n\cdot\frac{b_F h_F^2}{6}$ das Widerstandsmoment für die Breite b_F und Dicke h_F der Blätter und die Blattzahl n ist.

Mit k_b als zulässiger Biegebeanspruchung ergibt sich die Federkraft zu

$$P_F = 2\,\frac{k_b\cdot n\,\frac{b_F h_F^2}{6}}{l + f\cdot \operatorname{tg}\alpha}.$$

Wenn die Feder nicht in Laschen aufgehängt ist, vereinfacht sich die Berechnung. Für Auslegerfedern ergibt sich die Berechnung sinngemäß mit kleinen Änderungen.

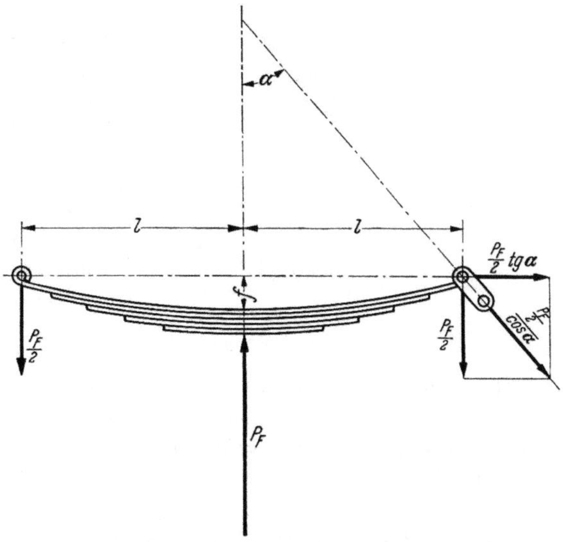

Abb. 274. Beanspruchungen einer mittels Lasche aufgehängten Blattfeder.

Die Federstähle besitzen im allgemeinen Streckgrenzen von 85 bis 90 kg/mm² im gehärteten Zustand, in Ausnahmefällen bis zu 120 und 135 kg/mm² und Dauerfestigkeiten bis etwa 60 kg/mm². Wesentlich ist auch die Oberflächenbeschaffenheit der Feder; rauhe Oberfläche (Rost, Haarrisse) setzt die Festigkeit herab. Wenn die Feder von Zusatzbeanspruchungen hinreichend frei ist, kann man mit der zulässigen Beanspruchung ziemlich nahe an die Streckgrenze und bis an die Dauerfestigkeitsgrenze gehen, also bis auf ungefähr 60 kg/mm². Wenn die Feder den üblichen Zusatzbeanspruchungen ausgesetzt ist, wird man auf eine Beanspruchung von 40 kg/mm² für Vorderfedern und 50 kg/mm² für Hinterfedern sich beschränken.

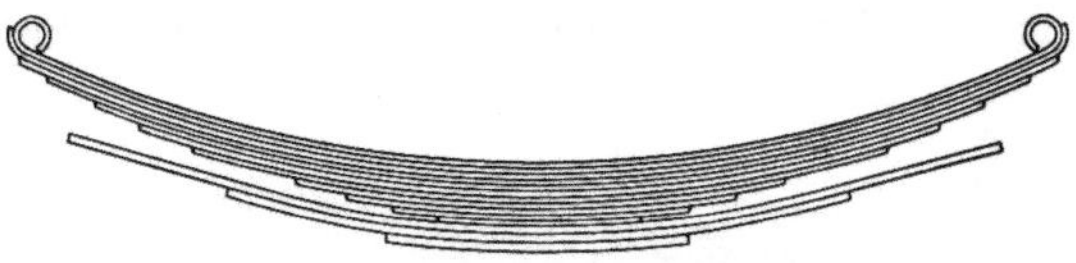
Abb. 275. Blattfeder mit Zusatzblättern.

Kennlinie der Blattfeder. Die üblichen Blattfedern besitzen gerade Federkennlinien und können deshalb, wenn sie für starke Stöße aufnahmefähig sein sollen, für die kleinen Kräfte im allgemeinen nicht weich genug gemacht werden. Deshalb sind die Maßnahmen, den Federn durch Zuschaltung von Zusatzblättern nach Abb. 275 oder durch Veränderung der wirksamen Länge mittels Abwälzung nach Abb. 262 eine gekrümmte Kennlinie zu geben, gerechtfertigt.

IV. Die Schraubenfeder.

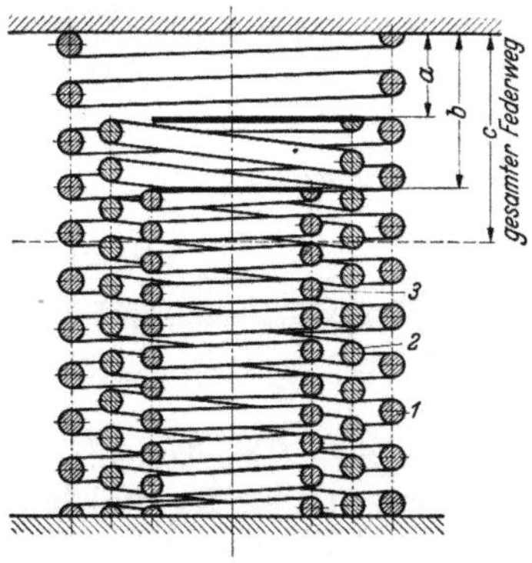

Abb. 276. Dreistufige Schraubenfeder.

Auch für die Schraubenfeder, die im wesentlichen auf Drehung beansprucht wird, sind Federbelastung, Durchbiegung und Beanspruchung zunächst einander verhältig, so daß für die Vorspannung grundsätzlich die gleichen Verhältnisse gelten wie bei der Blattfeder. Eine Krümmung der Federkennlinie kann nach Abb. 276 einfach erreicht werden. Wenn die Grundfeder die Federkennlinie *1* hat (Abb. 277) und die Zusatzfedern die Kennlinien *2* und *3*, ergibt sich eine Gesamtfederkennlinie, die sich der gekrümmten Kennung nähert.

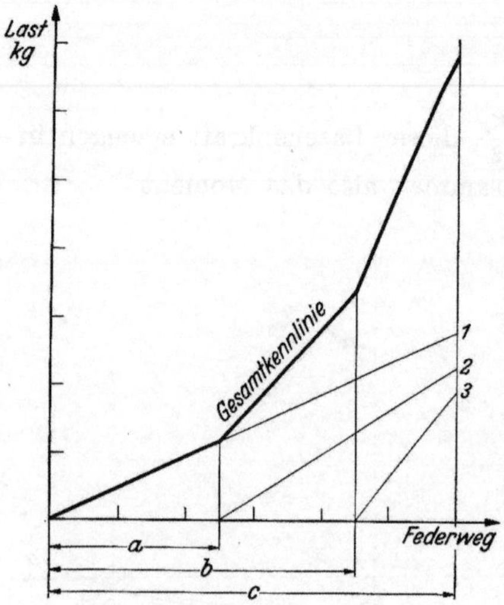

Abb. 277. Annähernd gekrümmte Federkennlinie der dreistufigen Schraubenfeder.

Berechnung der Schraubenfeder. Die Federdurchbiegung f ist mit den Bezeichnungen der Abb. 278

$$f = \frac{4\pi\, i\, r_F^2}{d} \cdot \frac{k_d}{G},$$

k_d zulässige Drehspannung [kg/cm²],
G Gleitmaß [kg/cm²], etwa 850000.

Die Federkraft ist:

$$P_F = \frac{1}{k}\,\frac{\pi\, d^3 \cdot k_d}{16 \cdot r_F}.$$

Die Erfahrungszahl k ist durch die zusätzliche Beanspruchung der Feder auf Schub und Biegung gegeben. Ihre etwa zwischen 1,5 und 1,2 liegende Größe ist in Abhängigkeit von Windungsdurchmesser und Drahtstärke Handbüchern (*49*) zu entnehmen.

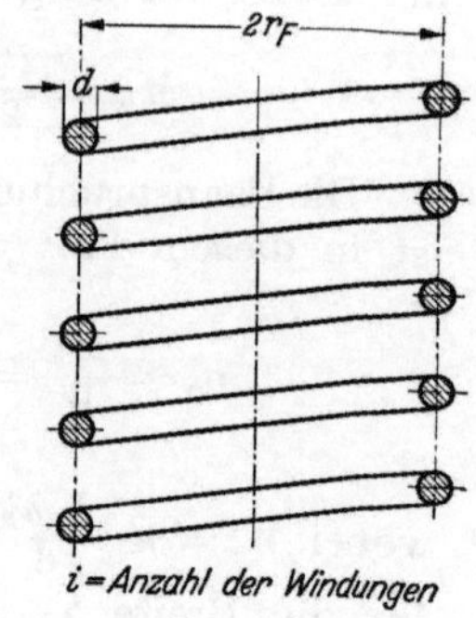

Abb. 278. Schraubenfederberechnung, Bezeichnungen.

Für eine Feder mit rechteckigem Drahtquerschnitt von der Höhe h_F und der Breite b_F ist die Federkraft

$$P_F = \eta \cdot n \cdot b_F^3 \cdot \frac{k_d}{r_F}.$$

b_F ist dabei die kleinere Seite des Drahtquerschnitts. Durch η, das etwa zwischen 0,2 und 0,3 liegt und in Handbüchern (*50*) angegeben wird, ist das Verhältnis der beiden Querschnittsseiten zueinander berücksichtigt.

Die Durchbiegung ist

$$f = \frac{\eta}{\eta'} \cdot 2\pi\, i\, r_F^2 \cdot \frac{k_d}{G},$$

wobei η', das etwa zwischen 0,15 und 0,3 liegt und aus Handbüchern (*50*) zu entnehmen ist, wiederum die zusätzlichen Schub- und Biegebeanspruchungen berücksichtigt.

V. Die Stabdrehfeder.

Die Stabdrehfeder entspricht einer ausgestreckten Schraubenfeder. An einem Ende fest eingespannt, wird sie durch den am anderen Ende angreifenden Hebelarm, der zur Radaufhängung dient, einer reinen Drehbeanspruchung unterworfen.

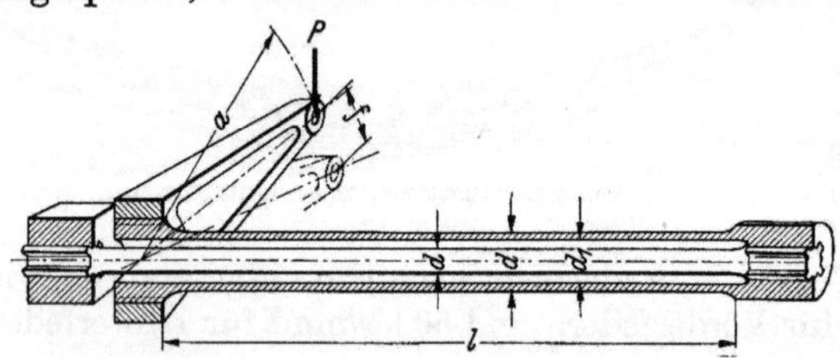

Abb. 279. Stabdrehfeder mit Rückführung durch Rohrfeder zur Erhöhung der Federweichheit bei begrenzter Baulänge des Federkörpers.

Die Anwendung der Stabfeder bedingt genügende Baulänge des Stabes zur Erreichung großer Federweichheit bei einer gegebenen Belastung.

Durch zusätzliche Verwendung der Rohrfeder ist jedoch auch bei einer kurzen zur Verfügung stehenden Baulänge eine genügende Federweichheit zu erreichen (Abb. 279).

Auch eine einfach oder mehrfach gestufte, gekrümmte Federkennlinie ist mittels Rohrfedern möglich, derart, daß nach einem gewissen Verdrehungswinkel der ersten Feder durch Anschlag eine zweite Feder zum Eingriff kommt (Abb. 280).

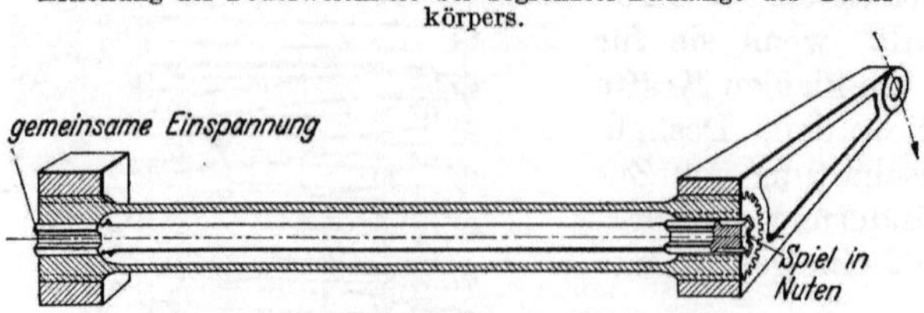

Abb. 280. Zweistufige Stab- und Rohrdrehfeder.

Die Stabfeder ist ein einfach herzustellender Federkörper, der besonders auch durch gute Oberflächenbearbeitung hohe Dauerfestigkeit aufweisen kann.

Berechnung der Stabdrehfeder. Der Federweg am Ende des mit der Drehfeder verbundenen freien Hebelarms mit Abstand a vom Drehpunkt ist

$$f = a \cdot \varphi = \frac{2a \cdot l}{d} \cdot \frac{k_d}{G},$$

a Hebelarm [cm], φ Drehwinkel (Bogenmaß), l Stablänge [cm], d Stabdurchmesser [cm].

Die Federkraft P_F am freien Hebelarm ist

$$P_F = \frac{\pi d^3}{16} \cdot \frac{k_d}{a}.$$

Für die Rohrfeder gilt entsprechend, wenn d_1 der Durchmesser der Bohrung ist

$$f = \frac{2a \cdot l}{d} \cdot \frac{k_d}{G},$$

$$P_F = \frac{\pi}{16} \cdot \frac{(d^4 - d_1^4)}{d} \cdot \frac{k_d}{a}.$$

Verbindung der Drehfedern mit Querhebel-, Pendel- und Längshebelachsen. Die Abb. 281 bis 286 zeigen einige Beispiele der verschiedenen Möglichkeiten der Achsausbildung

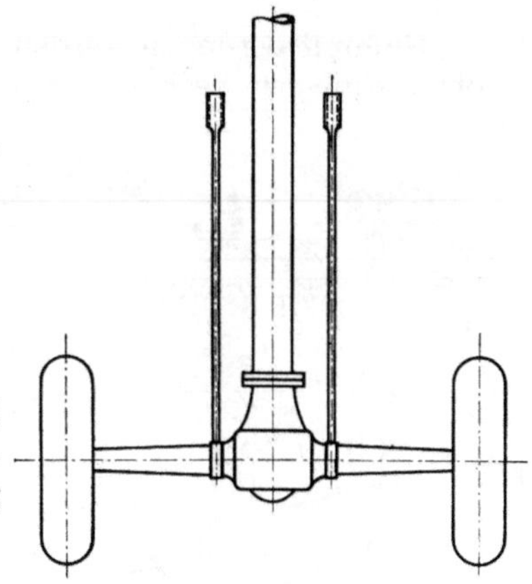

Abb. 281. Drehstabfeder an Pendelachse.

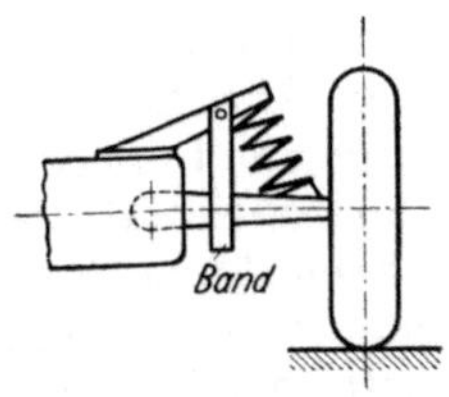

Abb. 282. Schraubenfeder an Pendelachse.

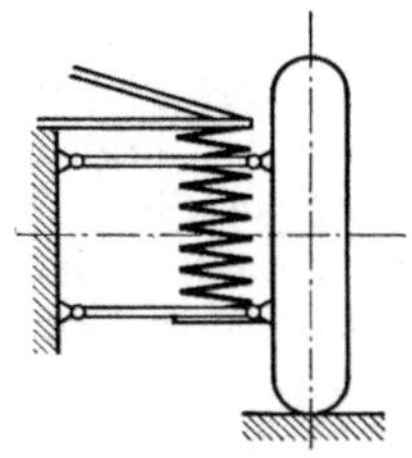

Abb. 283. Schraubenfeder an Parallelogrammhebeln.

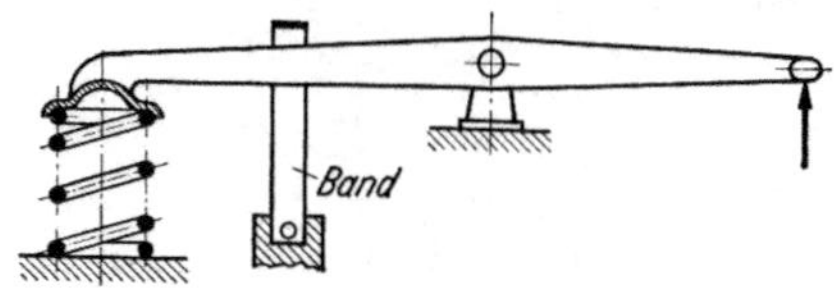

Abb. 284. Schraubenfeder an Zweiarmhebel.

bei Verwendung der Schrauben- und Drehstabfederung. Die Abarten sind sehr mannigfaltig. Doch sind die Hauptarten der Radaufhängung als Querhebel- und Längshebelanordnung zu erkennen, die erstere in der Pendelachs- (Abb. 281 und 282), Parallelogramm (Abb. 283) oder Zweiarmhebelausführung (Abb. 284), die letztere in der Hebel- (Abb. 285) oder Parallelogramm- (Abb. 286) Ausführung

Grundsätzlich wird hier die Radaufhängung und die Federung in niedrig beanspruchte Halteglieder und die höher beanspruchten Federn getrennt.

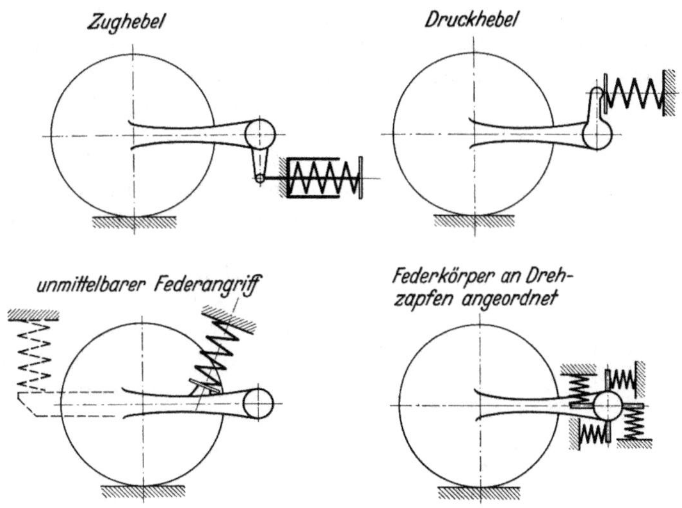

Abb. 285. Schraubenfeder an Längshebel-Radaufhängung.

Die Schraubenfederenden sind bei derartigen Ausführungen fest eingeklemmt (Abb. 287) oder nur lose eingelegt. In diesem Fall ist es notwendig, eine Begrenzung der Abwärtsbewegung des Rades vorzunehmen, so daß die Feder bei angehobenem Wagen nicht herausfällt.

Die Enden der sehr glatt bearbeitbaren Drehstabfeder sind verstärkt und genutet (Abb. 288).

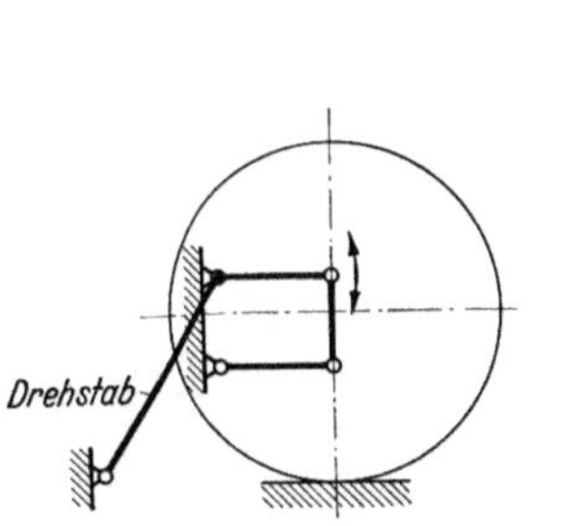

Abb. 286. Drehstabfederung an Längshebel-Parallelogrammaufhängung.

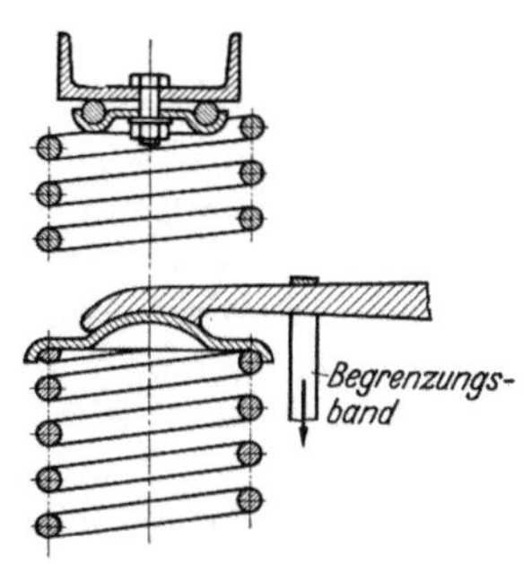

Abb. 287. Befestigung der Enden der Schraubenfedern. Oben: fest eingeklemmt, unten: lose eingelegt.

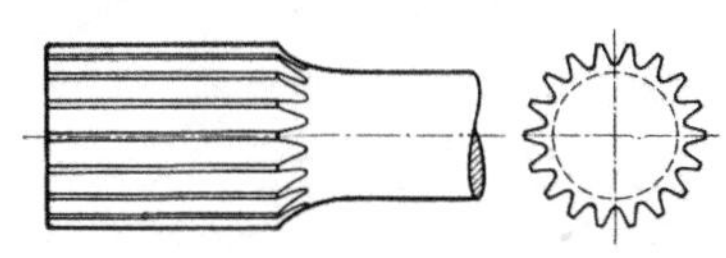

Abb. 288. Federende der Drehstabfeder mit Zahnnuten.

VI. Gummifederung.

Gummifederungen werden bei kleinen leichten Fahrzeugen angewandt (Abb. 289). Gummi ohne Einlagen besitzt angenäherte Verhältigkeit zwischen Kraft und Federweg, wenn die Größe der Auflageflächen sich beim Durchfedern nicht ändert. Für Weichgummi wird eine Dehnung bis 1000 vH und eine Zerreißfestigkeit bis 250 kg/cm² erreicht. Die Federungseigenschaften sind von der Zusammensetzung und der Vulkanisation abhängig. Für Gummikörper mit Einlagen oder Hohlräumen muß die Federkennziffer durch den Versuch festgestellt werden.

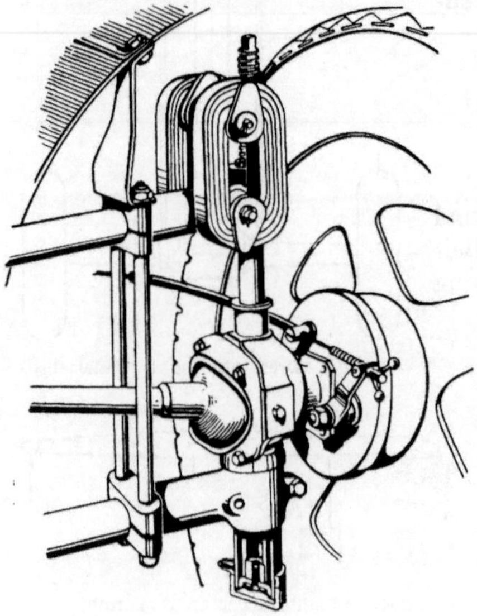

Abb. 289. Gummifederung mit auf Zug beanspruchten Gummibändern (Framo).

VII. Luftfederung.

Für die Luftfederung gilt die Beziehung zwischen Kraft und Weg

$$p = \frac{1}{v^{\varkappa}},$$

wobei v der veränderliche Rauminhalt des Federzylinders ist. Mit $\varkappa = 1{,}4$ ergibt sich der in Abb. 290 dargestellte Verlauf der Drucklinie *1*. Die Spannung im Luftfederzylinder bei ruhender Last kann etwa bei 4 kg/cm² liegen. Zur Gegenfederung wird der Druckverlauf nach Linie *2* verwendet. Die Linien *1* und *2* ergeben eine Gesamtkennlinie der Federung nach Linie *3*, die im Bereich der Nullage weich ist und bei großen Ausschlägen sich stark verhärtet.

Der Luftzylinder gestattet günstige Arten der Dämpfung. Durch Ausschnitte in der Zylinderwand kann z. B. ein Luftübertritt von der einen Kolbenseite zur anderen bewerkstelligt werden (Abb. 291), wobei der Widerstand der übertretenden Luft als dämpfende Kraft wirkt. Diese Rille kann vor der Endstellung des Kolbens abgebrochen werden, womit für sehr große Federausschläge sich ein elastischer Endanschlag ergibt. Die dämpfende Rille kann in ihrem Querschnitt verjüngt werden, so daß die Rille in der Nähe der Nullage weit ist und die Dämpfungskraft klein bleibt, bei großen Wegen aber enger wird, womit die Dämpfungskraft bei größerem Federweg sich steigert.

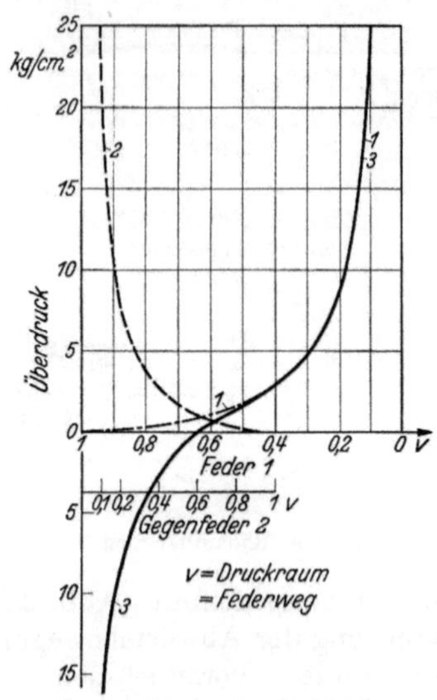

Abb. 290. Federkennlinien für Luftfederung mit Gegenfeder.

Der Nachteil der Abdichtung hat eine weite Verbreitung der Luftfederung bisher verhindert, obwohl die Druckverluste bei Ausbildung der Dichtung etwa nach Abb. 292, die sich unter dem Innendruck stärker anlegt, klein gehalten werden können.

Eine weitergehende Anwendung der Luftfederung im Kraftfahrzeug würde wohl die Verwendung einer mit dem Motor verbundenen, selbstregelnden, kleinen Hochdruckluftpumpe bedingen, womit auch die Möglichkeit gegeben wäre, die Federung je nach den Straßenverhältnissen und Belastungen während des Betriebs weich oder hart einzustellen.

VIII. Federgewichte.

Das Federgewicht ist durch Federhärte und Belastung bestimmt. Große Belastung erfordert große Federgewichte. Bei gleicher Belastung erfordert weichere Federung (größere Federlängen) größere Gewichte.

Die von einer Feder bei der Durchbiegung von 0 bis f unter der Kraft P_F aufgenommene Arbeit ist

$$A = P_F \cdot \frac{f}{2}.$$

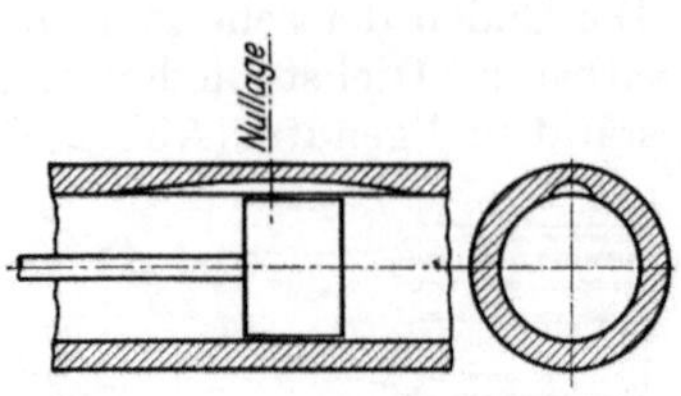

Abb. 291. Zylinder mit Luftdämpfung durch Längsrille von verschiedenem Querschnitt. Geringe Dämpfung in Nullage.

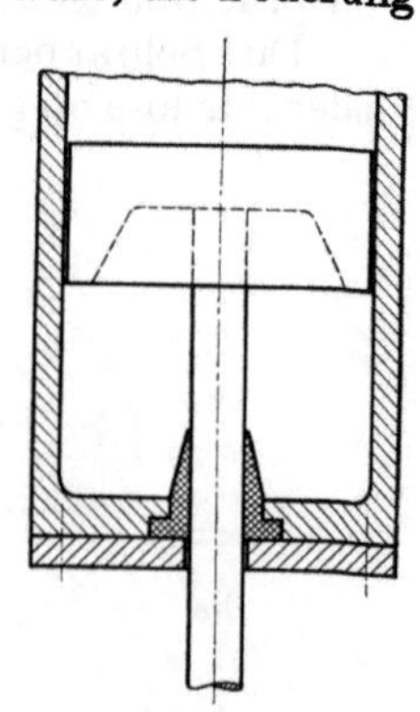

Abb. 292. Selbstanpressende Dichtung bei Luftfederung.

Nach Hütte (*49*) ist dieser Arbeitsbetrag

für die Biegefeder $\eta \frac{k_b^2}{E_F} \cdot V$,

für die Drehfeder $\eta \frac{k_d^2}{G} \cdot V$.

η ist der Arbeitsbeiwert, der das Verhältnis der Rauminhalte V der Federn bei gleicher Arbeit und gleicher Beanspruchung angibt und für die Blattfeder $^1/_6$, für die Drehfeder $^1/_4$ beträgt. Daraus ergibt sich, daß bei gleicher Federarbeit das Federgewicht der Blattfeder $1^1/_2$mal so groß sein muß als das der Drehfeder, womit sich ein Vorteil zugunsten der Drehfeder ergibt. Dieser Vorteil erhöht sich dadurch, daß die Blattfeder im allgemeinen mehr zusätzliche Beanspruchungen aufzunehmen hat und deshalb niedriger beansprucht werden muß.

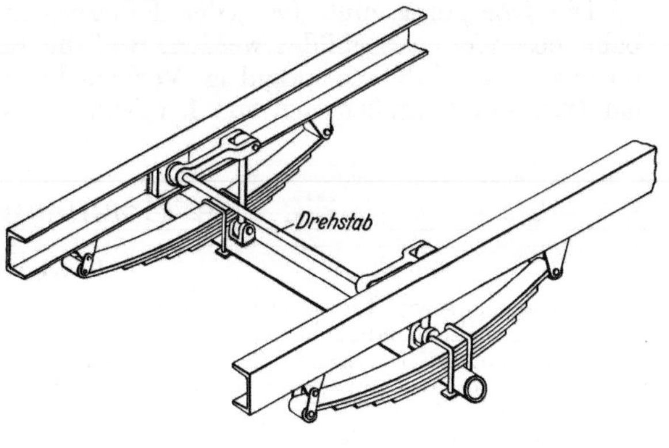

Abb. 293. Querversteifung einer Starrachse durch Querwellenfederung.

IX. Querversteifung der Federung.

Je weicher die Federung ist, desto größer ist bei den üblichen Bauarten die Kurvenneigung des Wagenkastens nach außen. Dieser kann dadurch begegnet werden, daß (Abb. 293) quer durch das Fahrzeug eine Welle gelegt wird, an deren Enden Hebel sitzen, die mittels Zugstangen mit der Federung auf beiden Seiten des Fahrzeugs verbunden sind. Das Maß dieser Kurvenversteifung kann durch die Größe der Drehfederung der Querwelle abgestimmt werden.

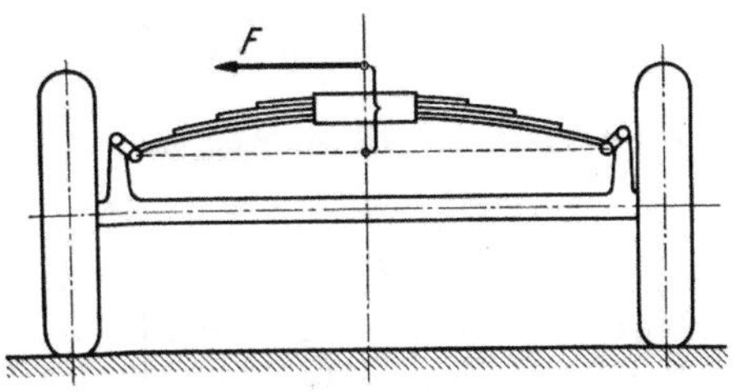

Abb. 294. Hochliegende Federangriffspunkte zur Verkürzung des wirksamen Hebelarms der Fliehkraft (Kurvenneigung) (DKW-Schwebeachse).

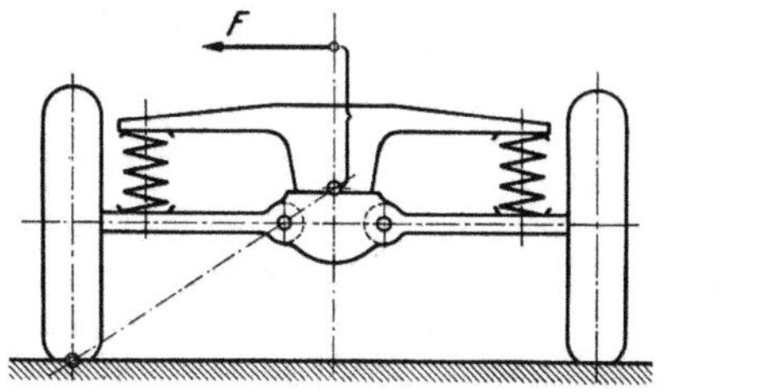

Abb. 295. Querversteifende Pendelachse (Mercedes-Benz).

Durch entsprechende Höhenlage der Punkte, in denen sich der Wagenkörper auf die Federn abstützt bei Starrachswagen (Abb. 294), oder durch die Wahl von Pendelachsen (Abb. 295) kann die Neigung des Wagenkörpers in der Kurve ebenfalls verkleinert oder sogar vermieden werden.

Auf die Querneigung wird bei der Behandlung der Achsen noch zurückgekommen.

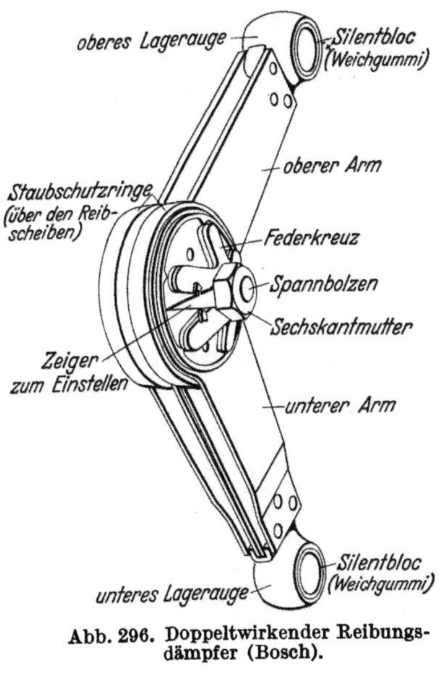

Abb. 296. Doppeltwirkender Reibungsdämpfer (Bosch).

X. Der Schwingungsdämpfer.

Reibungs- und dämpfungsarme Federkörper, wie sie von Vorteil sind, müssen mit einem zusätzlichen Schwingungsdämpfer ausgerüstet werden.

Die erste Entwicklung der Dämpfer führte zu doppel- und einseitigen Reibungsdämpfern (Abb. 296). Die neuere Entwicklung verwirklicht die wirksamere Exponentialdämpfung durch den hydraulischen Dämpfer mit Flüssigkeitsfüllung, der bei kleiner Geschwindigkeit fast dämpfungsfrei ist und bei rascher Bewegung große Dämpfungskräfte liefert (Abb. 297).

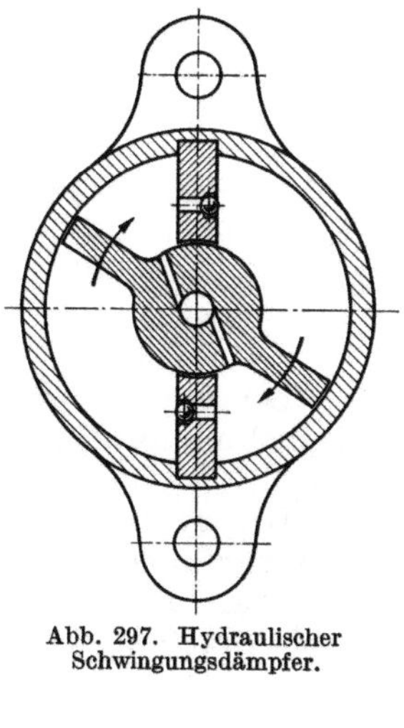

Abb. 297. Hydraulischer Schwingungsdämpfer.

Die Dämpfung muß für jedes Fahrzeugmuster durch Versuche auf verschiedener Fahrbahn besonders ausgebildet werden, weil die verschiedenen Fahrbahnbedingungen zu mannigfaltig sind, als daß eine endgültige Vorberechnung möglich wäre. Die wesentlichen Bedingungen der Dämpfung ergeben sich aus den früheren Ausführungen über die Federungsschwingungen.

23. Die Bremsen des Fahrzeugs.

Bezeichnungen

Q Wagengewicht, Radbelastung [kg],
v Wagengeschwindigkeit [m/sek],
μ_R Reibungsziffer zwischen Rad und Boden,
μ_B Reibungsziffer zwischen Trommel und Bremsbelag,
D Raddurchmesser [m],
d Bremstrommeldurchmesser [m],
U Umfangskraft an der Bremstrommel [kg],
K Kraft am Bremshebel [kg],
G_1 Wagengewicht [kg],
P Fußdruck an der Bremse [kg],
i Bremshebelübersetzung,
b, p Bremsverzögerung [m/sek²],
S_1, S_2 Spannung in den Bremsbändern [kg],
α Umschlingungswinkel.

A. Bremswege.

Die Energie des fahrenden Fahrzeugs $\frac{Q \cdot v^2}{g \cdot 2}$ (Q = Wagengewicht, bei Allradbremsung gleichbedeutend mit der Radbelastung, v = Wagengeschwindigkeit) muß beim Bremsen durch die Reibungsarbeit vernichtet werden. Die Bremskraft am Rad ist $\mu_R \cdot Q$. Die Reibungsziffer μ_R der Reibung zwischen Rad und Boden schwankt von etwa 0,2 bis 0,8. Die Bremsung vollzieht sich auf dem Bremsweg s nach der Arbeitsgleichung

$$\frac{Q}{g} \cdot \frac{v^2}{2} = Q \cdot \mu_R \cdot s.$$

Hieraus ergibt sich der Bremsweg zu

$$s = \frac{1}{\mu_R} \cdot \frac{v^2}{2g}.$$

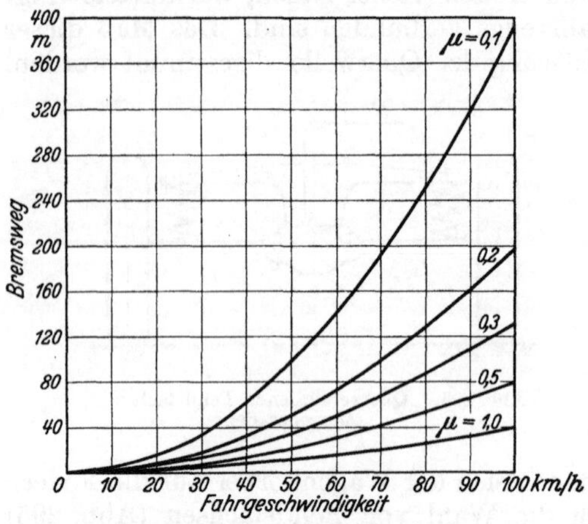

Abb. 298. Bremswege in Abhängigkeit von der Bremsausgangsgeschwindigkeit und von der Reibungsziffer zwischen Rad und Boden.

Der Bremsweg ist vom Wagengewicht unabhängig, wenn die Reibungsziffern und Geschwindigkeiten dieselben sind. Die Bremswege für verschiedene Bremsausgangsgeschwindigkeiten und Reibungsziffern bei Allradbremsung sind in Abb. 298 dargestellt.

Bei der Bremsung des Fahrzeugs wirken die Radbremsen, die Fahrwiderstände einschließlich des Luftwiderstands und die bremsende Wirkung des gedrosselten Motors zusammen.

Bei der Berechnung der Radbremsen läßt man im allgemeinen die zusätzlichen Wirkungen außer Betracht, was für kleine Ausgangsgeschwindigkeit richtig ist und für größere Geschwindigkeiten ein Abweichen nach der sicheren Seite bedeutet.

B. Bremskräfte.

Der Bremskraft B am Radumfang entspricht bei dem Raddurchmesser D und dem Bremstrommeldurchmesser d die Umfangskraft

$$U = B \cdot \frac{D}{d}$$

an der Bremse.

Bei Getriebebremsen vermindert sich die Trommelumfangskraft um das Übersetzungsverhältnis zwischen der die Bremse tragenden Antriebswelle und dem Treibrad, womit es möglich ist, die Getriebebremsen im allgemeinen kleiner und leichter zu bauen als Radbremsen.

Der wirksame Raddurchmesser D ist in engen Grenzen gegeben. Der Durchmesser der Bremstrommeln am Rad soll so groß gewählt werden, als es der Zutritt der Kühlluft zwischen Radfelge und Bremstrommel gestattet. Die Bremstrommeldurchmesser betragen im allgemeinen 200 bis 400 mm bei Personenwagen und 300 bis 500 mm bei Lastwagen. Bei Krafträdern sind die Bremsendurchmesser 100 bis 200 mm. Bei Getriebebremsen genügen die kleineren Durchmesser von 200 bis 300 mm.

I. Die Innenbackenbremse.

Die gesamte Andrückkraft R eines Bremsbackens einer Innenbackenbremse ist gemäß Abb. 299 die geometrische Summe der Einzelbremskräfte $Z_1, \ldots, Z_n$ in den Bremsflächenelementen, die dem Weg verhältig angenommen werden können, um den durch elastische Zusammendrückung des Reibbelags an der betreffenden Stelle die Bremsbacke der Bremstrommel sich nähert. Hofmann (*51*) hat festgestellt, daß die Richtung dieser Kraft R bei den üblichen Zweibackenbremsen nach Abb. 299 um etwa 5° gegen die Mittelsenkrechte zwischen Bremsbolzen und Bremsschlüssel geneigt ist.

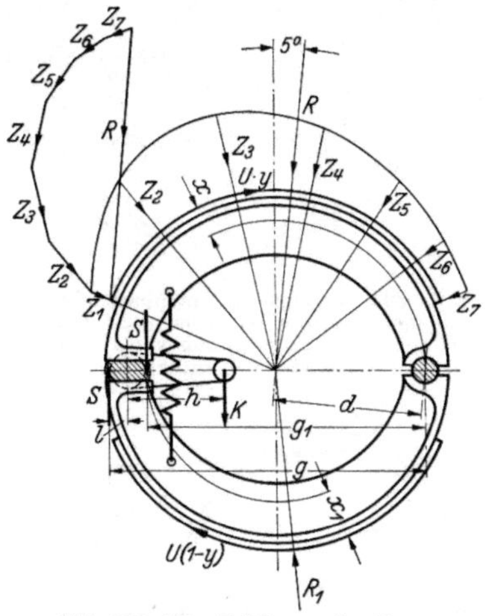

Abb. 299. Die Kräfte an der Innenbackenbremse.

Bei der Anordnung von zwei Bremsbacken nach Abb. 299, die sich auf einen Drehpunkt stützen und mit einem gemeinsamen Bremsschlüssel angezogen werden, wirken diese Bremsbacken verschieden stark, weil sich dem aus der Schlüsselkraft sich ergebenden Bremsbackenandrückmoment ein zweites Moment überlagert, das sich aus der Umfangsreibungskraft und dem radialen Abstand des Abstützpunkts der betreffenden Bremsbacke am Bolzen oder Schlüssel von der Bremsfläche ergibt. Dieses Zusatzmoment wirkt auf die eine Bremsbacke weiter andrückend, auf die andere lüftend. Beim Bremsen nach Abb. 299 ergibt sich hieraus eine Verteilung der Bremswirkung auf die beiden Backen derart, daß die gesamte erforderliche Umfangskraft U mit den beiden Teilen $U \cdot y$ und $U(1 - y)$, an den Backen wirkt, wenn y den Teil der größeren Bremswirkung darstellt.

Die Verhältniszahl y kann daraus ermittelt werden, daß den Andrückmomenten $S \cdot g$ und $S \cdot g_1$ aus den gleichen Schlüsselkräften S an den beiden Backen die Momente

$R \cdot d - y \cdot U \cdot x$ an der einen und

$R_1 \cdot d + (1 - y)\, U \cdot x_1$ an der anderen Backe gegenüberstehen.

Da $R = y \cdot \dfrac{U}{\mu}$ und $R_1 = (1 - y)\dfrac{U}{\mu}$ ist, ergibt sich aus der Gleichheit der beiden Schlüsselkräfte S

$$y = \frac{g\left(\dfrac{d}{\mu} + x_1\right)}{g\left(\dfrac{d}{\mu} + x_1\right) + g_1\left(\dfrac{d}{\mu} - x\right)},$$

und die Schlüsselkräfte ergeben sich zu

$$S = \frac{y\,\dfrac{U}{\mu}\,d - y\,U \cdot x}{g}.$$

Die erforderliche Hebelkraft am Schlüssel ist

$$K = \frac{2S \cdot l}{h}.$$

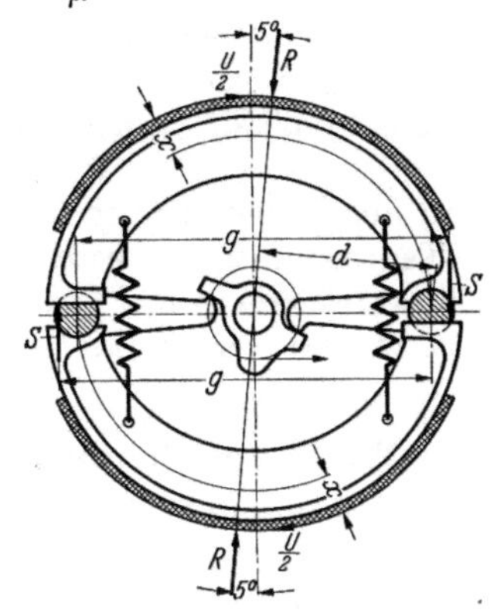

Abb. 300. Innenbackenbremse mit gleichmäßiger Andrückung beider Bremsbacken.

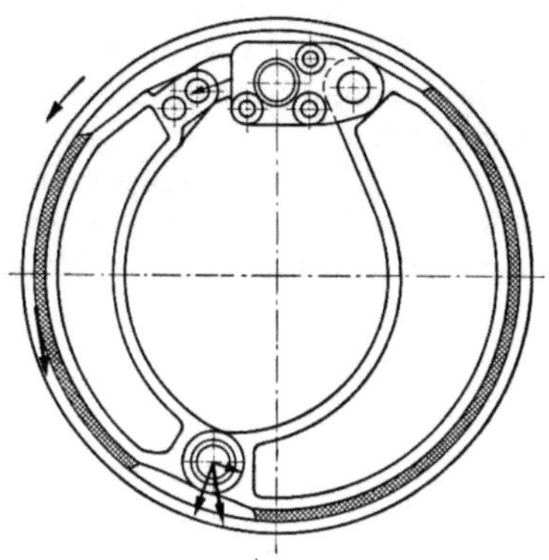

Abb. 301. Innenbackenbremse mit mechanischer Servowirkung. Die große Bremsbacke wird durch die Umfangskraft von der kleinen Backe zusätzlich angedrückt.

Hofmann hat nachgewiesen, daß Selbstsperrung der zusätzlich angedrückten Bremsbacke bei üblichen Bremskonstruktionen nicht möglich ist, da das Moment $y \cdot U \cdot x$ stets kleiner ist als $R \cdot d$.

Die zusätzliche Andrückung läßt sich für beide Bremsbacken ausnützen, wenn statt eines Bremsschlüssels und eines Bremsbolzens zwei um 180° versetzte Bremsschlüssel angewandt werden, die nach Abb. 300 auf der einen Hälfte als Stützbolzen, auf der anderen als Schlüssel wirken.

Die zusätzliche Anpressung wird bei den Bremsen mit mechanischer Servowirkung, etwa nach Abb. 301, ebenfalls benützt, indem die Zusatzkraft von einem Bremsbacken auf den anderen übertragen wird.

Die mechanischen Servobremsen haben den Nachteil, daß sie bei der Vorwärtsbewegung des Rades mit Verstärkung, bei der Rückwärtsdrehung mit Abschwächung wirken. Durch Ausbildungen nach Abb. 302 hat man diesen Einfluß schon vermindert.

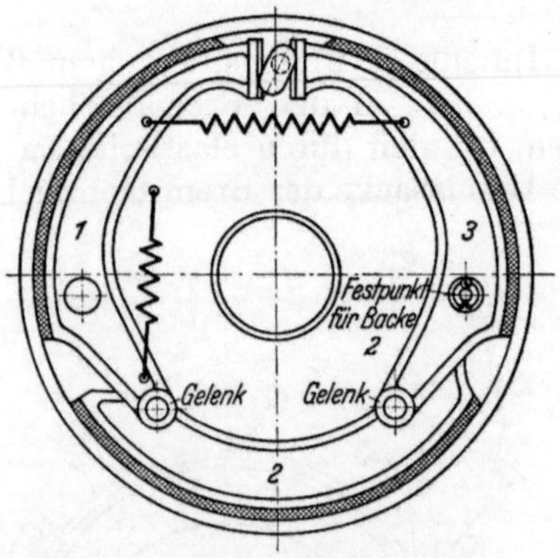

Abb. 302. Verbesserte Innenbackenbremse mit mechanischer Servowirkung. Backe 2 steht unter Zusatzwirkung von 1, Backe 3 wirkt selbständig.

II. Die Bandbremse.

Die Spannungen in den beiden Enden der Bremsbänder nach Abb. 303 in Abhängigkeit von der Reibungsziffer μ_B und dem Umschlingungswinkel α sind

$$S_1 = U \frac{e^{\mu\alpha}}{e^{\mu\alpha} - 1} \quad \text{und} \quad S_2 = U \frac{1}{e^{\mu\alpha} - 1}.$$

Dabei ist e die Basis der natürlichen Logarithmen.

III. Bemessung der Bremsen.

Bei der Konstruktion der Bremse wird zunächst der Bremsendurchmesser so groß als möglich gewählt. Aus der für eine Bremsverzögerung von $p = 6$ bis 7 m/sek² nötigen Radbremskraft

$$B = \frac{Q}{g} \cdot p$$

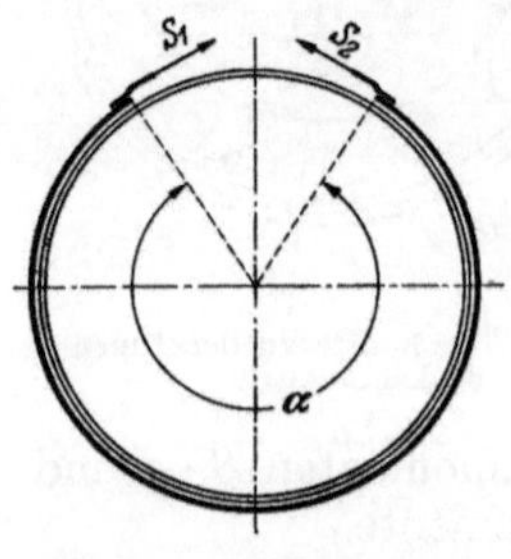

Abb. 303. Die Kräfte an der Bandbremse.

wird die Bremsenumfangskraft U nach dem Durchmesserverhältnis Rad/Bremse und aus dieser Kraft U nach Vorstehendem die Schlüsselkraft und die Gestängekräfte bestimmt. Die Breite der Trommel wird dann so gewählt, daß sich unter den Anpreßdrücken R und R_1 die für den Bremsbelag zulässigen Flächenbelastungen ergeben.

C. Der Bremsbelag.

I. Wärmeaufnahme und Wärmeabgabe.

Bei Dauerbremsung ist, wenn die Beharrungstemperatur erreicht ist, Gleichgewicht vorhanden zwischen der bei der Bremsung entstehenden Wärme und der von der Bremse unmittelbar oder durch Leitung in anderen Bauteilen an die Außenluft abgegebenen Wärme. Damit die Reibungskraft je Flächeneinheit genügend klein und die Bremstemperaturen in den für den Belag zulässigen Grenzen bleiben, darf eine gewisse Flächenpressung nicht überschritten werden. Kutzbach (*51a*) gibt an, daß für die Leistungsfähigkeit der Bremsen die Beharrungstemperatur und der Wärmespeicherwert wesentlich sind.

Die Beharrungstemperatur ist von der Dauerleistung je Bremsflächeneinheit abhängig. Je höher die für eine Bremse zulässige Temperatur ist, desto höher kann die Beanspruchung der Bremsfläche mit einer bestimmten Dauerleistung sein. Die Temperaturen steigen zuerst rasch, dann langsamer, die Beharrungstemperaturen werden erst nach längerer Zeit, etwa nach 15 bis 20 Minuten erreicht.

II. Wärmespeicherung.

Der Speicherwert ist nach Kutzbach ein Maß für die Zeit, in welcher der Beharrungszustand der Temperatur erreicht wird. Mit $\varDelta N$ als dem Unterschied zwischen der augenblicklich zugeführten Reibungsleistung und der Dauerleistung, die bei der augenblicklichen Reibflächentemperatur in Form von Wärme abgeführt wird, ist $\frac{75}{427} \cdot \varDelta N$ oder $\frac{1}{5{,}7} \varDelta N$ die Wärmemenge, die sekundlich in der Bremse aufgespeichert wird. Die dabei in der Zeit Z eintretende Temperaturzunahme $t°$ ist

$$t = \frac{1}{5{,}7} \cdot \frac{1}{B} \cdot \varDelta N \cdot Z.$$

Dann ist

$$B = \frac{1}{5{,}7t} \cdot \varDelta N \cdot Z$$

der Kutzbachsche Wärmespeicherwert der Bremse, der von ihrer Bauart abhängig ist und durch Versuche bestimmt werden muß.

III. Temperaturen und Bremszeiten.

Mit einer Erniedrigung des Wertes B erhöht sich die Temperaturzunahme, wird aber die Bremsung bei Erreichen der Grenztemperatur, wie sie bei Dauerbremsung zulässig ist, unterbrochen, so ist diese vorübergehende Überlastung für die Bremse unschädlich. Mit dem Wärmespeicherwert einer Bremse wächst die Bremsleistung oder Bremsdauer, die bei Kurzbremsung angewandt werden kann. Durch Zulassen hoher Temperaturen kann andererseits der Wärmespeicherwert und damit das Baugewicht niedrig gehalten werden.

Bei dieser Betrachtung müssen aber die richtigen zeitlichen Grenzen beachtet werden. Dauerbremsungen von mehr als etwa 10 Minuten sollten der Berechnung und den Versuchen nicht zugrunde gelegt werden. Denn in Gefällestrecken, die mehr als etwa 10 Minuten Fahrzeit verlangen, wird das Fahrzeug mit der Maschine abgebremst, die Bremse wird dann lediglich dazu benützt, die vor Kehren, Hindernissen oder kurzen Gefällverstärkungen notwendige zusätzliche Bremsung zu leisten. Für den Fall einer Triebwerkstörung muß die Bremsung zwar in der Lage sein, das Fahrzeug über lange Strecken zu Tal zu bringen, doch können hier Abkühlungspausen nach je 10 Minuten Bremszeit in Kauf genommen werden.

Die übliche Benützung der Bremsen erstreckt sich, insbesondere bei scharfer Inanspruchnahme, auf Bremsdauern von einigen Sekunden. Ist die Zeit kurz, dann kann aber auch bei verhältnismäßig kleinem Wärmespeicherwert, also leichter Bremse, eine große Bremsleistung aufgenommen werden. Durch Verwendung von Leichtmetall kann der Speicherwert ohne größere Gewichte aber günstig beeinflußt und durch Anwendung guter Kühlung hohe Dauerbremsleistung erzielt werden, so daß es möglich ist, bei richtiger Gestaltung allen Betriebsanforderungen gerecht zu werden.

IV. Reibungsleistung.

Man läßt Reibungsleistungen zu in der Größenordnung von $(0{,}4 \div 1{,}2)\,\frac{F_k}{F_r}$, wenn $\frac{F_k}{F_r}$ das Verhältnis zwischen Kühlfläche und Reibungsfläche der Bremse ist. Ist $\frac{F_k}{F_r} = \frac{10}{1}$, so wird die Reibungsleistung für dieses Verhältnis 4 bis 12 mkg/sek cm².

V. Flächenpressung.

Als zulässige Flächenpressungen können für die üblichen Reibbelage bei Fahrzeugbremsen etwa 6 kg/cm² bezeichnet werden, die bei voller Bremsung wirksam werden. Bei der im Fahrbetrieb meistens wirksamen leichteren Bremsung bewegt sich dann die Pressung bei etwa 1 kg/cm², einer Belastung, bei der die erforderliche Feinfühligkeit der Bremse noch gewährleistet ist.

Der Bremsbelag soll eine Reibungszahl besitzen, die bei trockener Fläche auch nach starker Abnützung und Erwärmung möglichst über 0,3 liegt. Die Reibungsziffer soll auch bei hohen Pressungen und hohen Temperaturen wenig schwanken. Der Bremsbelag soll unempfindlich sein gegen Benetzung durch Öl und Wasser und sein verminderter Reibungswert soll sich nach einer solchen Benetzung rasch erholen. Der Bremsbelag soll kleine Abnützung, auch bei hoher Pressung und großer Gleitgeschwindigkeit, aufweisen. Er soll bei hohen Temperaturen Formbeständigkeit besitzen.

Diesen schweren Forderungen genügen die zum Teil mit Messingdrähten durchwirkten, mit natürlichen Harzen, Pech, Bakelit, Gummi oder Zuckerlösungen getränkten, in Trockenöfen und erhitzten Pressen fertiggestellten Asbestgewebe.

Es ist zweckmäßig, die Belagreibfläche im Verhältnis zur Trommelreibfläche so groß als möglich zu machen.

VI. Reibungszahl.

Die Reibungsziffer fällt bei der Bremsung mit zunehmender Zeit, also mit zunehmender Temperatur, etwa von 0,7 bei 100° C bis auf 0,3 bei 200 bis 250° C. Für die mechanische Festigkeit der Bremse ist die höhere Reibungsziffer maßgebend, für die Errechnung der ungünstigsten Bremswirkung die niedrige. Bei nassem oder öligem Belag vermindert sich die Reibung vorübergehend weiter bis auf etwa 0,1. Für mittlere Verhältnisse und Kurzbremsung kann mit 0,6 gerechnet werden. Die Abnützung des Belags bei Dauerbremsung wird bei mittleren Verhältnissen für eine Umfangsgeschwindigkeit von 6 m/sek mit 0,01 g/cm²h für je 1 kg/cm² Auflagedruck angegeben. Große Reibungsziffern bedingen hohe Abnützung, kleine Reibungsziffern kleine Abnützung.

VII. Nachstellung.

Mit der Abhängigkeit der Abnützung von der Betriebszeit der Bremse ergeben sich für Fahrzeuge wie Stadtomnibusse Schwierigkeiten durch die Notwendigkeit oftmaliger Nachstellung und Belagerneuerung. Die Bremsen sind, um in solchen Fällen gut zugänglich zu

Abb. 304. Hinterachse eines Stadtomnibusses mit außen liegenden, leicht zugänglichen Bremsen (MAN).

sein, schon außerhalb der Räder angeordnet worden (Abb. 304). Auch sind selbstnachstellende Bremsen entwickelt worden, bei denen (Abb. 305) sich, mit dem Bremsschlüssel verbunden, ein Zahnrädchen befindet, das mit einer Sperrklinke im Eingriff steht. Diese Sperrklinke spielt bei der Bewegung des Bremsschlüssels innerhalb einer Zahnlücke und greift dann, wenn die Bewegung des Bremsschlüssels durch Abnützung größer wird, über einen Zahn weg in die nächste Lücke ein. Damit wird beim Zurückgehen des Bremsschlüssels durch Verdrehen des Rädchens über eine Spannvorrichtung der Bremsschlüssel weiter gespreizt. Bei üblichen Fahrzeugen genügt es, die Nachstellung im Bremsgestänge vorzunehmen. Dazu müssen die Nachstellschrauben leicht zugänglich angeordnet sein. Der Nachstellweg soll ausreichen, die Dicke eines Bremsbelags bis zur zulässigen Abnutzungsstärke auszunützen, womit bei voller Nachstellung die Belagerneuerung notwendig wird. Bei Fahrzeugen mit Öldruckübertragung der Bremskräfte erfolgt die Nachstellung zugleich mit bei der Nachfüllung und Entlüftung des Ölinhalts von Pumpe und Leitungen.

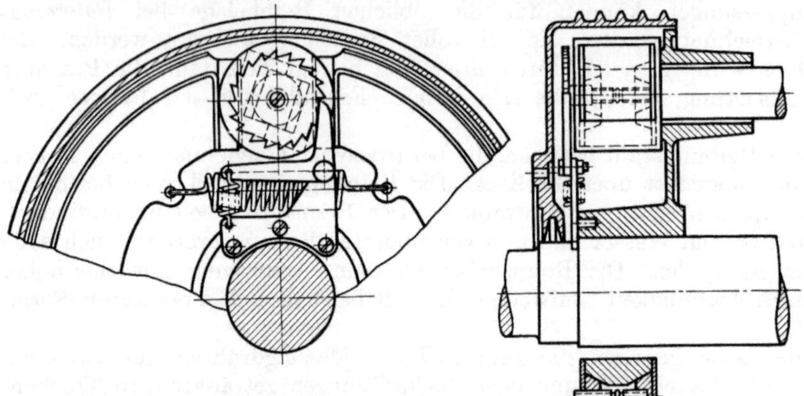

Abb. 305. Bremse mit selbsttätiger Nachstellung durch Sperrklinke.

D. Die Gestängekräfte.

Bei schweren Fahrzeugen reicht die Körperkraft des Fahrers zur Erzeugung der Bremskraft nicht aus. Sie wird durch die über die Wirkung der oben beschriebenen einfachen mechanischen Verstärkung hinausgehenden Luftdruck-Servobremsen erhöht.

Die am Fußhebel notwendige Bremskraft soll bei Personenwagen 30 kg, bei Lastwagen 50 kg nicht übersteigen.

E. Die Hilfsbremsung.

Mit der Bremskraft am Rade

$$B_r = \frac{G_0}{g} \cdot b$$

(G_0 = Wagengewicht, b = Bremsverzögerung), die nach der Gleichung

$$B_r = P \cdot i \cdot \mu \frac{d}{D}$$

vom Fußdruck P über das Gestänge mit der Übersetzung i erzeugt wird, ergibt sich das Wagengewicht, das Hilfsbremsung verlangt, zu

$$G_0 = \frac{g}{b} \cdot P \cdot i \cdot \mu \frac{d}{D}.$$

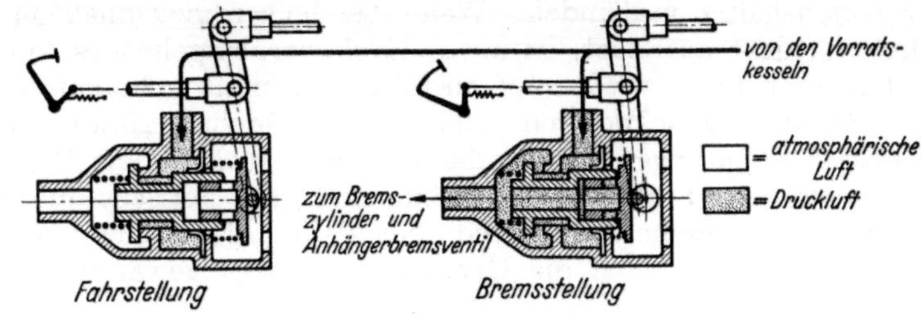

Abb. 306. Bosch-Luftdruckbremse.

Bei einer für den üblichen Betrieb verlangten Bremsverzögerung von $b = 4$ m/sek² ergibt sich mit

$$i = 100; \quad \mu = 0{,}4; \quad \frac{d}{D} = 0{,}5 \quad \text{und} \quad P = 50 \text{ kg}$$

ein Wagengewicht von 2500 kg für den Lastwagen und 1500 kg für den Personenwagen.

Bei leichteren Gewichten, insbesondere bei den sehr schnell fahrenden Fahrzeugen, Servobremsen anzuwenden, ist nicht zweckmäßig, da sie, wie jeder zusätzliche Bauteil, Störungsquellen in sich bergen können, die nur dann in Kauf genommen werden sollen, wenn es notwendig ist.

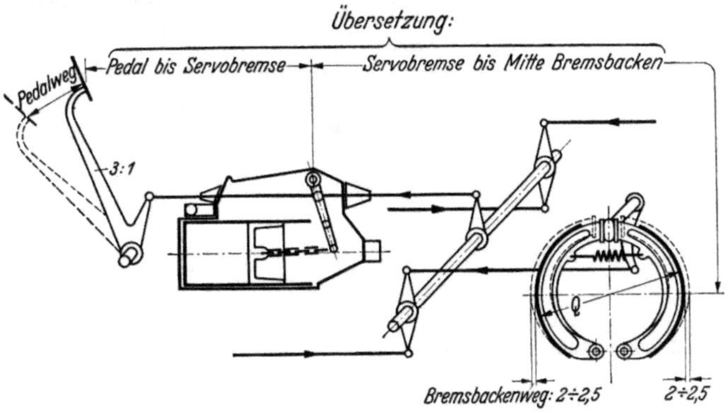

Abb. 307. Kopplung von unmittelbarer und Hilfsbremsung.

Die Luftdruck-Servobremse gliedert sich in zwei Arten, die Druckluftbremse, die einen besonderen Luftpresser erfordert, und die Saugluftbremse, die sich des Unterdrucks in der Saugleitung des Motors bedient.

Beide Bremsen erfüllen die Forderung einer feinfühligen Abstufung, wenn das Betätigungsventil als Kolbenschieber so ausgebildet ist (Abb. 306), daß der die Bremse belastende Luftdruck über den Kolbenschieber auf den Fußhebel so stark wirkt, daß der Fahrer die Bremskraft fühlt.

Das Bremsgestänge ist über den Druck- oder Saugluftzylinder hinweg fortgesetzt (Abb. 307), sodaß bei Ausfall der Servobremse mit ihrer zusätzlichen Bremskraft die Bedienung durch den Fußdruck mechanisch weiter erfolgt. Doch ist dann die Bremsfähigkeit herabgesetzt, und der Fahrer braucht eine gewisse Zeit zur Anpassung seiner Fußkraft an die unerwartet eingetretene höhere Anforderung.

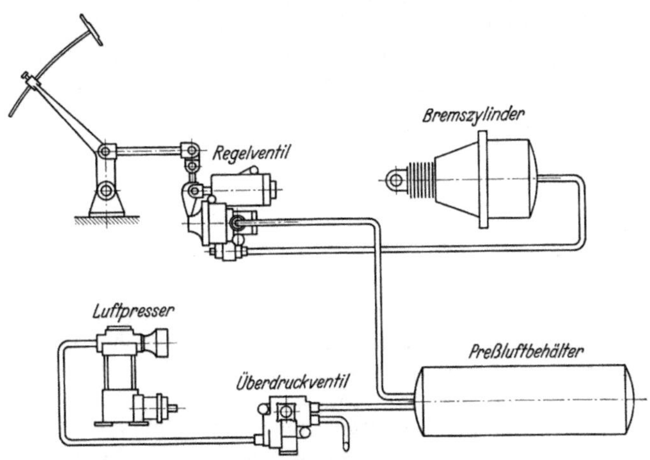

Abb. 308. Aufbau der Druckluftbremsung.

I. Die Druckluftbremse.

Der mit der Maschine umlaufende Luftpresser der Druckluftbremse arbeitet mit Drücken von einigen Atmosphären dauernd gegen ein Überdruckventil auf den Preßluftbehälter, aus dem über das vom Fuß bediente Regelventil die Bremszylinder beaufschlagt werden (Abb. 308).

II. Die Saugluftbremse.

Der Unterdruck in der Motorsaugleitung, dessen sich die Saugluftbremse bedient, beträgt beim Leerlauf der Maschine ungefähr 0,5 at, bei Vollast etwa 0,1 at und wenn die Maschine bei hoher Drehzahl gedrosselt wird, 0,7 bis 0,8 at. Die gegenüber der Druckluftbremse vergrößerten Bremszylinder der Saugbremse arbeiten mit einem Unterdruck von ungefähr 0,5 at, der dem Leerlauf des Motors entspricht. Auch sie werden vorteilhaft mit einem Unterdruckvorratsbehälter verbunden. Wenn bei langer gleichmäßiger Fahrt der Unterdruck des Behälters nicht ausreicht, kann er durch vorübergehendes kurzes Auskuppeln des Motors und Abdrosseln rasch wieder auf ausreichende Höhe gebracht werden.

Bei den Dieselmotoren setzt die Saugbremse zusammengefaßte Motorsaugleitungen mit Drosseleinrichtungen voraus, die allerdings auch für die Regelung des Motors und für die Anbringung eines Luftfilters notwendig sind. Die Betriebs- und Leerlaufunterdrücke in der Saugleitung der Dieselmaschine sind aber kleiner als bei der Vergasermaschine, weshalb bei Dieselmaschinen zunehmend die Überdruckbremse angewandt wird.

III. Die Anhängerbremsung.

Die Luftbremse. Wenn im Zugwagen von Lastzügen eine Saug- oder Druckluftbremse zur Verfügung steht, werden im allgemeinen auch die Anhänger mit Luftdruck gebremst. Die Anhängerbremsung muß aber so geschaltet sein, daß beim Abreißen des Anhängers die Bremsung

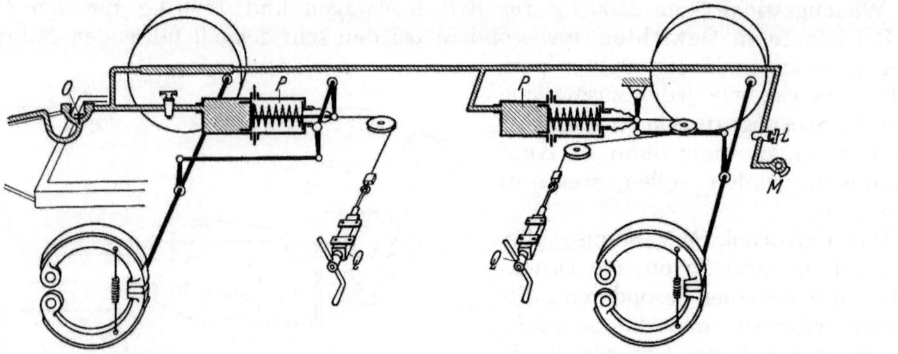

L Absperrhahn, *M* Schlauchkupplung, *O* Schnellbremsventil, *P* Anhänger-Bremszylinder, *Q* Brems-Lösevorrichtung.

in Tätigkeit tritt. Die Bremse wird (Abb. 309) durch die Druckluft oder den Unterdruck offen gehalten und durch Federdruck geschlossen. Zum Öffnen bei abgekoppeltem Anhänger sind dann besondere mechanische Zugvorrichtungen nötig.

Die Auflaufbremse. Wenn im Zugwagen Preßluft oder Unterdruck nicht zur Verfügung steht, wird der Anhänger durch die sog. Auflaufbremse gebremst. In die Anhängerkupplung ist eine Feder eingeschaltet, die sich, wenn der Vorderwagen gebremst wird, zusammendrückt und dem Anhänger die Möglichkeit gibt, sich um einen gewissen Weg dem Zugwagen zu nähern (Abb. 310). Seine Bewegung auf diesem Weg wird zur Betätigung seiner Bremse benützt. Die Bremskraft des Anhängers ist abhängig von der Kraft in der Kupplung, und diese ist abhängig von dem Auflaufweg. Zwischen diesem Weg und dem Weg der Bremsbacken ist ein bestimmtes Übersetzungsverhältnis vorhanden, das, wie sich durch Rechnung und Versuche ergeben hat, möglichst groß sein soll.

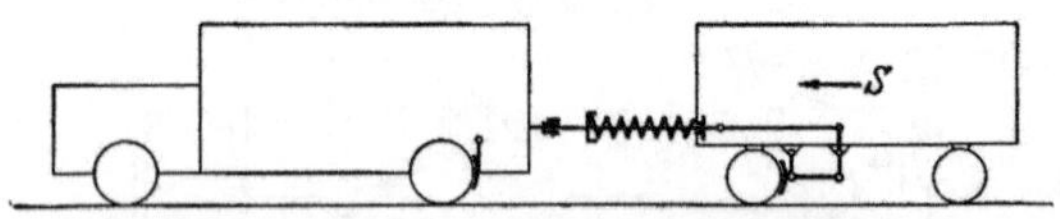

Abb. 310. Anordnung der Anhänger-Auflaufbremsung.

Der Lastzug bremst um so besser, je größer die Bremsübersetzung und je größer das Massenverhältnis zwischen Zugwagen und Anhänger ist.

Zwischen dem Zugwagen und dem Anhänger tritt bei dem Bremsvorgang infolge des gefederten Auflaufs der Anhängermasse eine Schwingbewegung auf (*50a*). Der Schwingungsausschlag des Zugwagens wird, verglichen mit dem des Anhängers, um so kleiner, je schwerer der Zugwagen gegenüber dem Anhänger ist, außerdem nimmt er mit wachsender Bremsübersetzung ab.

Die mit Reibung behaftete Schwingung kommt theoretisch nicht zum Erlöschen, solange der Anhänger vorwärts rollt, kann jedoch durch Nebeneinflüsse verschwinden. Vom Augenblick des erstmaligen Stillstands des Anhängers an erlöscht die Schwingung nach Art der Reibungsschwingungen. Durch Nebeneinflüsse verschwindet sie etwas vor dem Stillstand des Anhängers. Haben Anhänger und Zugwagen auf den gebremsten Achsen denselben Anteil ihres Gewichts, so kann der Anhänger bei scharfem Bremsen nicht blockieren, da die Anhängerbremskraft höchstens dieselbe Reibungsziffer erfordert wie der Zugwagen. Ein Blockieren der Anhängerräder beim Bremsen kann dann eintreten, wenn der Zugwagen einen größeren Gewichtsanteil auf den gebremsten Achsen hat als der Anhänger und aufs äußerste bremst, da dann am Anhänger die Reibungsziffer am Boden für die Bremskraft nicht ausreichen kann. Wird die Masse des Anhängers durch Verkleinern der Ladung vermindert, so wird seine Bremskraft selbsttätig in gleichem Maß verringert.

Die Bremswirkung des Anhängers nimmt also mit wachsendem Bremsübersetzungsverhältnis rasch zu und regelt sich im wesentlichen nach der Zuladung.

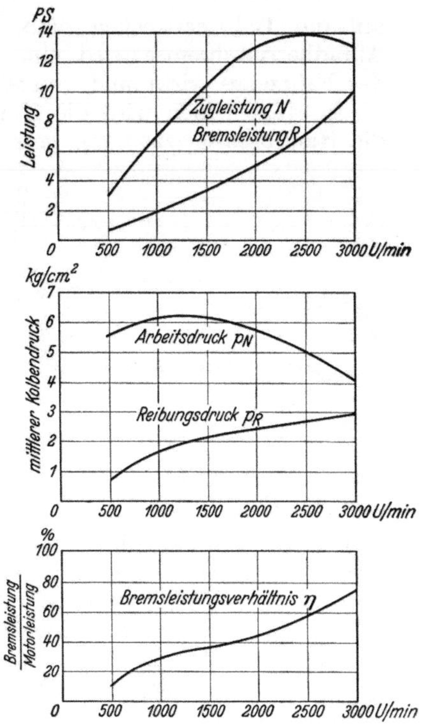

Abb. 311. Bremsleistung des Motors in Abhängigkeit von der Drehzahl.

F. Die Motorbremsung.

I. Leerlaufbremsung.

Für Dauerbremsung wird, wie oben erwähnt, zur Entlastung der Radbremsen die Motorbremsung benützt. Die bremsende Leerlaufleistung eines Motors nimmt bei hohen Drehzahlen gegenüber der Zugleistung sehr stark zu, so daß der aus Abb. 311 ersichtliche Anteil der Motorleistung für die Bremsung zur Verfügung steht. Der Fahrer hat lediglich darauf bedacht zu sein, vor Beginn des Gefälles den Getriebegang zu wählen, der bei der zu erwartenden Fahrgeschwindigkeit genügend hohe Motordrehzahl ergibt.

II. Verdichtungsbremsung.

Die von Saurer eingeführte besondere Motorbremsung durch Umschalten des Motors auf Verdichterbetrieb lieferte auch bei kleineren Drehzahlen starke Bremswirkung. Mit Einführung des Dieselmotors ist sie in den Hintergrund getreten, weil bei dessen kleinem Verdichtungsraum die Unterbringung des Ventilhubs im Kompressorbetrieb Schwierigkeiten macht.

G. Die Luftwiderstandsbremsung.

Bei hohen Geschwindigkeiten ist der Luftwiderstand eines Fahrzeugs beträchtlich. Durch besondere Mittel, die sich einerseits auf Vergrößerung des Luftwiderstandsquerschnitts und andererseits auf Verschlechterung der Luftabströmung erstrecken (Abb. 312), ist es möglich, bei sehr gut geformten Fahrzeugen den Luftwiderstand auf etwa das 3- bis 4fache seiner ursprünglichen Größe zu vermehren. Damit können bei hohen Geschwindigkeiten, also etwa bei 100 bis 150 km/h Bremswirkungen erzielt werden, die nicht nur den Bremsweg verkleinern, sondern bei hoher Geschwindigkeit und glatter Fahrbahn bisweilen die gefährliche Wirkung der Radbremsung vermindern.

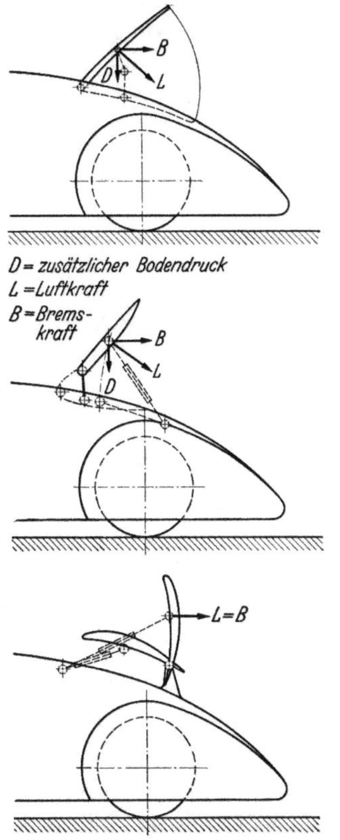

Abb. 312. Mittel zur Vergrößerung des Luftwiderstands zum Zweck der Bremsung.

H. Anordnung der Bremsen.

I. Die beiden unabhängigen Bremsanlagen des Fahrzeugs.

Die Verkehrsvorschriften verlangen zwei voneinander unabhängige Bremseinrichtungen im Fahrzeug. Diese Vorschrift wird im allgemeinen dahin ausgelegt, daß die Unabhängigkeit sich auf die Teile erstrecken muß, die Störungen zugänglich sind. Neben der Vierrad- bzw. Allradbetriebsbremse wird eine zweite Bremse vorgesehen, die wenigstens auf zwei Räder des Fahrzeugs wirkt und verstellbar ist (Abb. 313).

Im allgemeinen wird die Hauptbremse als Allradbremse mit dem Fußhebel betätigt, und die Handbremse wirkt mit getrenntem Gestänge auf die Hinterräder, bisweilen auch auf die Vorderräder.

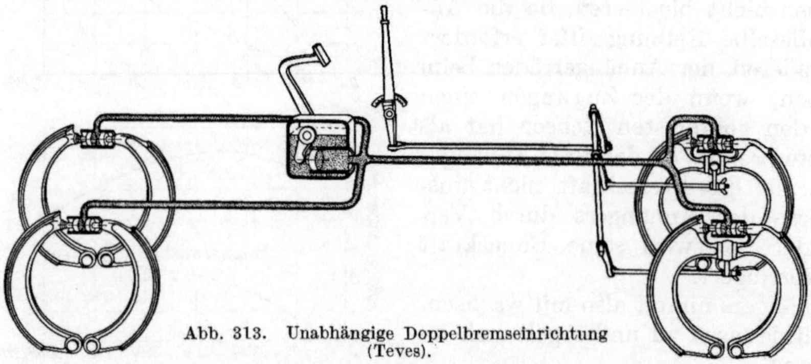

Abb. 313. Unabhängige Doppelbremseinrichtung (Teves).

Die zusätzliche Handbremse wird auch als Getriebebremse ausgeführt, womit durch die Verkleinerung der Bremse Gewichtsersparnisse möglich sind. Die Triebwerksteile zwischen Getriebebremse und Treibrädern werden dann durch die Bremswirkung zusätzlich beansprucht. Die neuerdings übliche Einschaltung stark elastischer Glieder in den Triebwerksstrang kann bei ungleichmäßig wirkender Bremse zu Reibschwingungen führen, die den Wellen und Zahnrädern gefährlich werden.

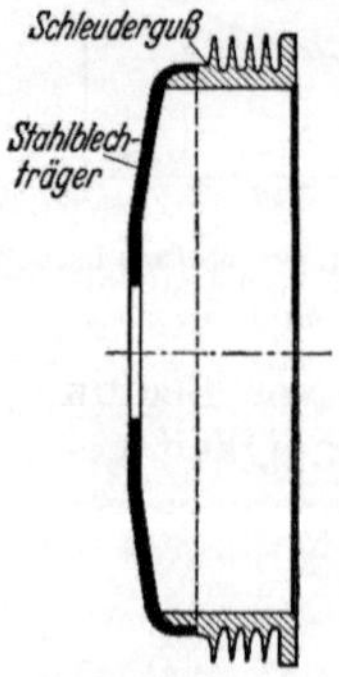

Abb. 314. Bremstrommel in Verbundbauart.

Bei Schwingachsausführungen werden zur Verkleinerung der ungefederten Massen die Bremsen bisweilen an dem am Wagenkörper angelenkten Ende der Antriebsgelenkwellen untergebracht. Ihre unmittelbare starre Verbindung mit dem Laufrad ist jedoch vorzuziehen.

II. Die Bremstrommel.

Die Bremstrommel selbst ist lange Zeit in Stahlguß mit Kühlrippen oder in Stahlblech gezogen ohne Rippen ausgeführt worden. Zur Vereinigung von hoher Kühlwirkung mit guten Gleiteigenschaften im Leichtbau werden neuerdings die Trommeln in Verbundbauart aus Stahlblech und hochnickelhaltigem Gußeisen oder Leichtmetall und Gußeisen im Schweiß- oder Schleudergußverfahren hergestellt (Abb. 314). Mit der Verrippung wird auch die Gefahr der Verziehung der innen erhitzten und außen bisweilen durch Wasser plötzlich abgekühlten Trommel vermindert.

III. Das Bremsgestänge.

Das Gestänge kann als festes Gestänge oder als Drahtseilzuganlage ausgebildet werden. Festes Gestänge ist dehnungsfreier. Es wird mit runden, flachen und in diesem Fall auch hoch-

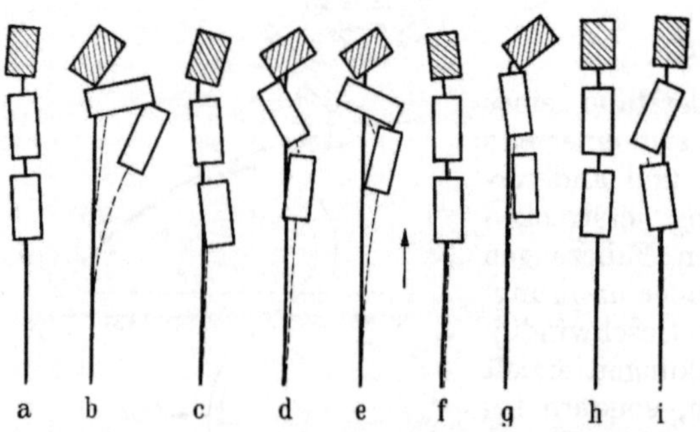

Abb. 315. Modellversuche über Anhängerbremsung bei Geradeausfahrt auf schlüpfriger Bahn mit 2 Anhängern.

„4“ Vierradbremsung, „2h“ Hinterradbremsung, „2v“ Vorderradbremsung, „0“ nicht gebremst.

Die Reihenfolge der Bremsangaben, z. B. 4—4—0, bedeutet stets die Art des Bremsvorgangs am Zugwagen, ersten Anhänger und zweiten Anhänger.

a) Bremsung 4—4—4:	Zug annähernd gestreckt und spurhaltend.
b) Bremsung 4—4—0:	Die beiden gebremsten Fahrzeuge schleudern. Der letzte Anhänger schiebt den Lastzug zusammen.
c) Bremsung 4—0—4:	Fahrbahn der beiden Anhänger unverändert, leichtes Schleudern des gebremsten zweiten Anhängers, Zugwagen hinten zur Seite geschoben.
d) Bremsung 4—2v—0:	Zug nicht so stark zusammengeschoben wie bei b. Die gebremste erste Anhängerachse weicht aus. Schlußstellung der Fahrzeuge ähnlich wie bei e.
e) Bremsung 4—2h—0:	Erster Anhänger schleudert hinten. Zweiter Anhänger läuft auf den ersten auf und drückt ihn quer zur Fahrbahn. Der stark verzögerte Zugwagen wird durch das seitliche Herausschieben des ersten Anhängers hinten herumgedrückt.
f) Bremsung 4—0—2v:	Keine Änderung der Fahrbahn.
g) Bremsung 4—0—2h:	Beide Anhänger ziemlich gestreckt Zugwagen ist durch die auffahrenden Anhänger hinten herumgedrückt.
h) Bremsung 4—2v—2v:	Zug gut gestreckt. Keine Spurabweichung.
i) Bremsung 4—2h—2h:	Erster Anhänger bricht an der Hinterachse aus. Zweiter Anhänger wird durch das Schleudern des ersten etwas aus der Fahrbahn gedrängt.

kant gestellten Stangenquerschnitten ausgeführt. Seilzüge sind leichter. Die betrieblichen Schwierigkeiten der Seilzüge können als überwunden angesehen werden, nachdem die Seile gereckt und zweckmäßige Seilverbindungen sowie Umlenkungsteile angewandt werden.

J. Bremswirkung und Fahreigenschaften.

Wie bei der Behandlung der Fahreigenschaften später gezeigt wird, ruft bei glattem Boden Hinterradbremsung Schleuderneigung hervor, bei Vorderradbremsung wird die Fahrbahn im wesentlichen gehalten, und bei Vierradbremsung vereinigen sich beide Wirkungen. Die Vierradbremsung ist jedoch um mehr als das Doppelte wirksamer als Einachsbremsung, so daß sie die Grenzstärke der Bremsung, bei der die Schleuderneigung auftritt, weniger in Anspruch nehmen muß.

Bei Lastzügen ist es, wie aus den Modellversuchsergebnissen der Abb. 315 hervorgeht (*50b*), wichtig, zur Vermeidung von Schleuderneigung möglichst die Vorderräder zu bremsen und zu frühes Einsetzen der Bremsung am Anhänger zu vermeiden. Auch dort ist es das günstigste, Allradbremsung anzuwenden.

24. Die Kupplung.

Bezeichnungen

Q_1 Wagengewicht [kg],
Q_2 Ersatzgewicht der umlaufenden Massen [kg],
Q_3 Schwungradgewicht [kg],
R Trägheitsarm des Schwungrades [m],
r Halbmesser des Treibrades [m],
v Fahrgeschwindigkeit [m/sek],
ω Drehschnelle des Treibrades [sek^{-1}],
ω' Drehschnelle des Motors [sek^{-1}],
F Projektionsfläche des Wagens für Luftwiderstand [m^2],
c_w Beiwert des Luftwiderstands,
f Rollreibungsziffer,
γ/g Luftdichte [m^{-4}kgsek^2],
M Kupplungsmoment [mkg],
M_1 Motordrehmoment [mkg],
i Achsübersetzung,
i_1 Getriebeübersetzung,
h Tiefe einer Straßenmulde [m],
l Länge der Straßenmulde [m],
L Länge des Längsschwingarmes [m],
S Radstand des Wagens [m],
$n = \frac{2\pi}{l}$ Abkürzung.

A. Die Anfahrvorgänge.

Das Anfahren geschieht in der Regel nicht mit dem normalen Motordrehmoment und dessen Steigerung, sondern durch Kuppeln der Antriebswelle mit dem in Umdrehung befindlichen Motor mit einem durch die Schwungradverzögerung vergrößerten Moment. Dazu und zur Ermöglichung des Gangwechsels, bei dem die Zahnrädereingriffe des Getriebes entlastet werden müssen, ist die als Reibungskupplung ausgebildete Wagenkupplung notwendig. Durch Einschaltung eines Freilaufs hinter dem Getriebe wird sie nur für den Vorgang des Schaltens überflüssig, solange der Freilauf nicht gesperrt ist.

I. Massenwirkung der Kupplung.

Beim Anfahren tritt zunächst ein Schleifen der beiden Kupplungshälften ein. Durch das während des Schleifens zwischen den Kupplungshälften wirkende Drehmoment wird einerseits der Motor verzögert, andererseits die Antriebswelle und der Wagen beschleunigt.

Da bei der Verzögerung des Motors lebendige Energie des Schwungrads frei wird, ist das während des Kuppelns übertragene Drehmoment größer als das Motordrehmoment. Denn das übertragene Drehmoment ist die Summe des Motordrehmoments und des durch die Schwungradverzögerung entstehenden Massenmoments.

Also ist zur Erzielung großer Anfahrbeschleunigung die Wahl eines großen Kupplungsmoments erwünscht. Diesem großen Kupplungsmoment entspricht aber die Beanspruchung der Getriebeteile, bei deren Bemessung das Kupplungsmoment maßgebend ist.

Bei richtiger Bemessung der Kupplung und ihres Moments wirkt die Kupplung als Sicherheit gegen Überbeanspruchung der Antriebsteile durch stoßartiges Einkuppeln.

Auch der Reibungsschluß der Antriebsräder am Boden wirkt in gewissem Sinn als Sicherheit gegen Überbeanspruchung der Getriebeteile. Doch ist die Reibung der Räder im Gegensatz zu der der Kupplung zu stark veränderlich. Bei hohen Reibungszahlen sind Beanspruchungen möglich, denen die Getriebeteile nicht angepaßt werden können. Deshalb ist richtige Bemessung der Kupplung wichtig.

Für den Anfahrvorgang können folgende Überlegungen angestellt werden: Das Gewicht des Wagens sei Q_1, dann ist die Beschleunigungskraft

$$P_1 = \frac{Q_1}{g} \frac{dv}{dt}$$

mit $v = r\omega$, wo ω = Drehschnelle der Treibräder, also

$$P_1 = \frac{Q_1}{g} r \frac{d\omega}{dt}.$$

Für die Beschleunigung mit der Kraft P_1 ist am Treibrad das Beschleunigungsmoment M_I erforderlich

$$M_I = P_1 r = \frac{Q_1}{g} r^2 \frac{d\omega}{dt}.$$

Außerdem sind die umlaufenden Massen zu beschleunigen. Sie können dargestellt werden durch eine Masse Q_2/g am Umfang der Hinterräder. Das durch diese Masse gegebene Trägheitsmoment ist

$$\frac{Q_2}{g} r^2$$

und das zur Beschleunigung der Masse am Treibrad notwendige Moment M_{II}

$$M_{II} = \frac{Q_2}{g} r^2 \frac{d\omega}{dt}.$$

Dazu kommen noch die übrigen bekannten Fahrwiderstände, der Rollwiderstand unter Einschluß der mechanischen Verluste $Q_1 f$ entsprechend dem Moment am Treibrad (mit $f = 0{,}053$)

$$M_{III} = 0{,}053\, Q_1 r$$

und der Luftwiderstand

$$F c_w \frac{\gamma}{2g} v^2 = F(0{,}7 \div 1{,}0) \cdot 0{,}0637\, v^2 \approx 0{,}054\, F v^2$$

entsprechend dem Moment am Treibrad

$$M_{IV} = 0{,}054 F v^2 r = 0{,}054\, F r^3 \omega^2.$$

Die Summe dieser Momente ist durch das Moment M an der getriebenen Seite der Kupplung aufzubringen, sodaß sich unter Berücksichtigung der Achsübersetzung i für die getriebene Seite ergibt

$$iM = M_I + M_{II} + M_{III} + M_{IV},$$
$$= \frac{Q_1 + Q_2}{g} r^2 \frac{d\omega}{dt} + 0{,}053\, Q_1 r + 0{,}054\, F r^3 \omega^2. \quad (1)$$

ω wächst während des Beschleunigungsvorgangs von Null bis zum Höchstbetrag. Dieser ist erreicht, wenn $\frac{d\omega}{dt} = 0$, also

$$\omega_{\max} = \sqrt{\frac{iM - 0{,}053\, Q_1 r}{0{,}054\, F r^3}}.$$

Die andere Kupplungshälfte wird verzögert. An ihr wirkt das Motordrehmoment M_1, das Verzögerungsmoment M_2 des Schwungrads und das Kupplungsmoment M.

Wenn Q_3 das Gewicht des Schwungrads und ω' die Drehschnelle des Motors ist, dann ist

$$M_2 = \frac{Q_3}{g} R^2 \frac{d\omega'}{dt},$$

wobei R der Trägheitshalbmesser des Schwungrads ist.

Das Kupplungsmoment ist demnach, da die beiden Gesamtmomente auf beiden Seiten gleich sind,

$$M = M_1 - \frac{Q_3}{g} R^2 \frac{d\omega'}{dt}. \quad (2)$$

Aus den beiden Formeln (1) und (2) läßt sich ω abhängig von t ermitteln. Setzt man zur Vereinfachung

$$a = \sqrt{0{,}054\, F r^3}; \quad b = \sqrt{iM - 0{,}053\, Q_1 r};$$

$$c = \frac{2ab}{r^2} \frac{g}{Q_1 + Q_2},$$

dann folgt aus (1)

$$t = \frac{r^2(Q_1+Q_2)}{g}\,\frac{1}{2ab}\ln\frac{b+a\omega}{b-a\omega} = \frac{1}{c}\ln\frac{b+a\omega}{b-a\omega},$$

$$\omega = \frac{b}{a}\,\frac{e^{ct}-1}{e^{ct}+1} \qquad (3)$$

für den Anlauf der getriebenen Seite unter dem Kupplungsmoment.

Aus (2) folgt, wenn ω_0' die Anfangsdrehschnelle des Motors ist,

$$\omega' = \omega_0' - \frac{M - M_1}{R^2}\,\frac{g}{Q_3}\,t \qquad (4)$$

für den Auslauf des Motors unter dem Kupplungsmoment. Dabei ist noch wegen der Achsübersetzung $\omega' = i\omega$.

Durch Gleichsetzung der aus (3) und (4) folgenden Werte ω kann man die Zeit, nach der der Kupplungsvorgang beendet ist, ermitteln.

Nachdem der Motor und die getriebene Seite dieselbe Drehzahl erreicht haben, muß der Motor samt dem Wagen beschleunigt werden. In diesem Fall ist

$$\bar{c} = 2ab\,\frac{g}{r^2(Q_1+Q_2) + i^2R^2Q_3}.$$

Das heißt, c ist um den Schwungradanteil verändert.

Rechnet man die Zeit von dem Punkte aus, wo die Kupplung nicht mehr schleift, so gilt für den Verlauf der weiteren Drehzahlsteigerung

$$\omega = \frac{b}{a}\,\frac{d e^{\bar{c}t}-1}{d e^{\bar{c}t}+1},$$

wo

$$d = \frac{b + a\omega_2}{b - a\omega_2}.$$

ω_2 ist die Drehschnelle des Rades in dem Augenblick, wo das Schleifen der Kupplung aufgehört hat.

Der Einfluß des zusätzlichen Kupplungsmoments $M_2 = M - M_1$ auf den Kupplungsvorgang kann festgestellt werden. Die Rechnung ist immerhin umständlich. Ein praktisches Beispiel gewährt aber weitergehenden Einblick in die Vorgänge.

Annahme: Gesamtes Kupplungsmoment M = Motordrehmoment,
gesamtes Kupplungsmoment $M = 1{,}5\times$ Motordrehmoment,
gesamtes Kupplungsmoment $M = 4\times$ Motordrehmoment,

$r = 0{,}35$ m,
$Q_1 = 1500$ kg,
$i = 5$,
$M_1 = 12$ mkg entsprechend 50 PS bei 3000 U/min,
$F = 2$ m² (Luftwiderstand).

Für die drei Fälle ist

$$M = M_1 = 12 \text{ mkg},\quad = 1{,}5\,M_1 = 18 \text{ mkg},\quad = 4M_1 = 48 \text{ mkg}.$$

Das Schwungradgewicht betrage $Q_3 = 30$ kg bei einem Trägheitshalbmesser $R = 0{,}15$ m. Damit ist

$$\frac{Q_3}{g}R^2 = \frac{30}{9{,}81}\,0{,}15^2 = 0{,}069 \text{ mkg sek}^2.$$

Die rotierenden Massen seien dargestellt durch ein Gewicht $Q_2 = 60$ kg am Radumfang. Dann ist

$$\frac{Q_2}{g}r^2 = \frac{60}{9{,}81}\,0{,}35^2 = 0{,}75 \text{ mkg sek}^2.$$

Außerdem ist

$$\frac{Q_1}{g}r^2 = \frac{1500}{9{,}81}\,0{,}35^2 = 18{,}7 \text{ mkg sek}^2,$$

$$a = \sqrt{0{,}054\,F r^3} = 0{,}0682.$$

Für $M = M_1$ ist $\quad b = \sqrt{iM - 0{,}053\,Q_1 r} = 5{,}65;$

für $M = 1{,}5M_1$ ist $\quad b = 7{,}86;$

für $M = 4M_1$ ist $\quad b = 14{,}55.$

Damit wird

$$c = \frac{2 \cdot 0{,}0682 \cdot 5{,}65 \cdot 9{,}81}{0{,}35^2\,(1500 + 60)} = 0{,}04 \quad \text{und} \quad \omega = 83\,\frac{e^{0{,}04\,t} - 1}{e^{0{,}04\,t} + 1} \quad \text{für } M = M_1,$$

$$c = \frac{2 \cdot 0{,}0682 \cdot 7{,}86 \cdot 9{,}81}{0{,}35^2\,(1500 + 60)} = 0{,}055 \quad \text{und} \quad \omega = 115\,\frac{e^{0{,}055\,t} - 1}{e^{0{,}055\,t} + 1} \quad \text{für } M = 1{,}5\,M_1,$$

$$c = \frac{2 \cdot 0{,}0682 \cdot 14{,}55 \cdot 9{,}81}{0{,}35^2\,(1500 + 60)} = 0{,}102 \quad \text{und} \quad \omega = 213\,\frac{e^{0{,}102\,t} - 1}{e^{0{,}102\,t} + 1} \quad \text{für } M = 4\,M_1.$$

Für verschiedene t und die drei Fälle errechnet sich ω für die getriebene Seite wie folgt:

a) $M = M_1$

$$t = 0, \quad \omega = 83\,\frac{e^0 - 1}{e^0 + 1} = 0\ [\text{sek}^{-1}], \qquad t = 30, \quad \omega = 83\,\frac{e^{1,2} - 1}{e^{1,2} + 1} = 44{,}5\ [\text{sek}^{-1}],$$

$$t = 10, \quad \omega = 83\,\frac{e^{0,4} - 1}{e^{0,4} + 1} = 16{,}4\ ,, \qquad t = 40, \quad \omega = 83\,\frac{e^{1,6} - 1}{e^{1,6} + 1} = 55{,}0\ ,,$$

$$t = 20, \quad \omega = 83\,\frac{e^{0,8} - 1}{e^{0,8} + 1} = 31{,}5\ ,, \qquad t = 50, \quad \omega = 83\,\frac{e^{2} - 1}{e^{2} + 1} = 63{,}2\ ,,$$

$$t = \infty, \quad \omega = 83\,\frac{e^{\infty} - 1}{e^{\infty} + 1} = 83{,}0\ ,, .$$

b) $M = 1{,}5\,M_1$

$$t = 0, \quad \omega = 115\,\frac{e^0 - 1}{e^0 + 1} = 0\ [\text{sek}^{-1}], \qquad t = 30, \quad \omega = 115\,\frac{e^{1,65} - 1}{e^{1,65} + 1} = 78{,}0\ [\text{sek}^{-1}],$$

$$t = 10, \quad \omega = 115\,\frac{e^{0,55} - 1}{e^{0,55} + 1} = 30{,}8\ ,, \qquad t = 40, \quad \omega = 115\,\frac{e^{2,2} - 1}{e^{2,2} + 1} = 92{,}2\ ,,$$

$$t = 20, \quad \omega = 115\,\frac{e^{1,1} - 1}{e^{1,1} + 1} = 57{,}5\ ,, \qquad t = 50, \quad \omega = 115\,\frac{e^{2,75} - 1}{e^{2,75} + 1} = 101{,}0\ ,,$$

$$t = \infty, \quad \omega = 115\,\frac{e^{\infty} - 1}{e^{\infty} + 1} = 115{,}0\ ,, .$$

c) $M = 4\,M_1$

$$t = 0, \quad \omega = 213\,\frac{e^0 - 1}{e^0 + 1} = 0\ [\text{sek}^{-1}], \qquad t = 30, \quad \omega = 213\,\frac{e^{3,06} - 1}{e^{3,06} + 1} = 194{,}0\ [\text{sek}^{-1}],$$

$$t = 10, \quad \omega = 213\,\frac{e^{1,02} - 1}{e^{1,02} + 1} = 100{,}1\ ,, \qquad t = 40, \quad \omega = 213\,\frac{e^{4,08} - 1}{e^{4,08} + 1} = 206{,}0\ ,,$$

$$t = 20, \quad \omega = 213\,\frac{e^{2,04} - 1}{e^{2,04} + 1} = 164{,}0\ ,, \qquad t = 50, \quad \omega = 213\,\frac{e^{5,1} - 1}{e^{5,1} + 1} = 210{,}0\ ,,$$

$$t = \infty, \quad \omega = 213\,\frac{e^{\infty} - 1}{e^{\infty} + 1} = 213{,}0\ ,, .$$

Für die treibende Seite wird nach (4), wenn die Drehschnelle des Motors beim Einrücken $\omega_0' = 157\ \text{sek}^{-1}$, entsprechend 1500 U/min, ist,

$$\omega' = 157 - \frac{12 - 12}{0{,}15^2} \cdot \frac{9{,}81}{30}\,t = 157 \qquad \text{für } M = M_1,$$

$$\omega' = 157 - \frac{18 - 12}{0{,}15^2} \cdot \frac{9{,}81}{30}\,t = 157 - 87{,}5\,t \quad \text{für } M = 1{,}5\,M_1 \quad (\omega' = 0 \text{ für } t = 1{,}8 \text{ sek}),$$

$$\omega' = 157 - \frac{48 - 12}{0{,}15^2} \cdot \frac{9{,}81}{30}\,t = 157 - 525\,t \quad \text{für } M = 4\,M_1 \quad (\omega' = 0 \text{ für } t = 0{,}3 \text{ sek}).$$

Die Dauer des Kupplungsvorgangs wird also kleiner, je größer das zur Steigerung des Kupplungsmoments herangezogene Moment aus der Trägheit des Schwungrads ist, d. h. je größer bei gegebenem Schwungrad der Federdruck ist.

Die Dauer des Kupplungsvorgangs wird größer, je größer die Drehschnelle ω_0' des Motors beim Einrücken ist.

Das Ergebnis dieser Rechnung ist in Abb. 316 eingetragen.

Aus dem Schaubild ist der Verlauf der Geschwindigkeiten während des Anfahrvorgangs abzulesen:

Die ausgezogene Linie $M = M_1$ zeigt die Zunahme der Drehschnelle beim Anfahren des Wagens, wenn nur das normale Motordrehmoment von der Kupplung übertragen wird, was in Wirklichkeit nie der Fall ist.

Der Wagen erreicht seine volle Geschwindigkeit erst in unendlich ferner Zeit, und zwar $\omega = 83{,}0\ \text{sek}^{-1}$, entsprechend einer Motordrehzahl $n = \frac{5 \cdot 30 \cdot 83}{\pi} = 4000$ U/min nach festem Eingriff. Es müßte also, um die Bedingung „unveränderliche Motordrehzahl" einzuhalten, mit dieser Drehzahl 4000 U/min des Motors angefahren werden. Die Geschwindigkeit $\omega = 83\ \text{sek}^{-1}$ entspricht der durch die äußeren Widerstände bedingten Endgeschwindigkeit.

Das Beispiel zeigt, daß dies unmögliche Verhältnisse sind, d. h. es wird immer mit Schwungradverzögerung und damit Vergrößerung des Kupplungsmoments über das Motordrehmoment hinaus angefahren.

Wenn $M = 1{,}5 M_1$ ist, verläuft der Vorgang wie folgt:

Nach der gestrichelten Geraden nimmt die Drehschnelle des Motors von 157 sek^{-1} ab bis auf etwa 26 sek^{-1} (entsprechend $\sim$ 250 U/min). Gleichzeitig nimmt nach der ausgezogenen Kurve $M = 1{,}5 M_1$ die Drehschnelle der Antriebswelle zu bis etwa 26 sek^{-1}, d. h. bis zu dem Punkt, in dem das Schleifen der Kupplung beendet ist. Dies ist nach etwa 1,5 sek erreicht.

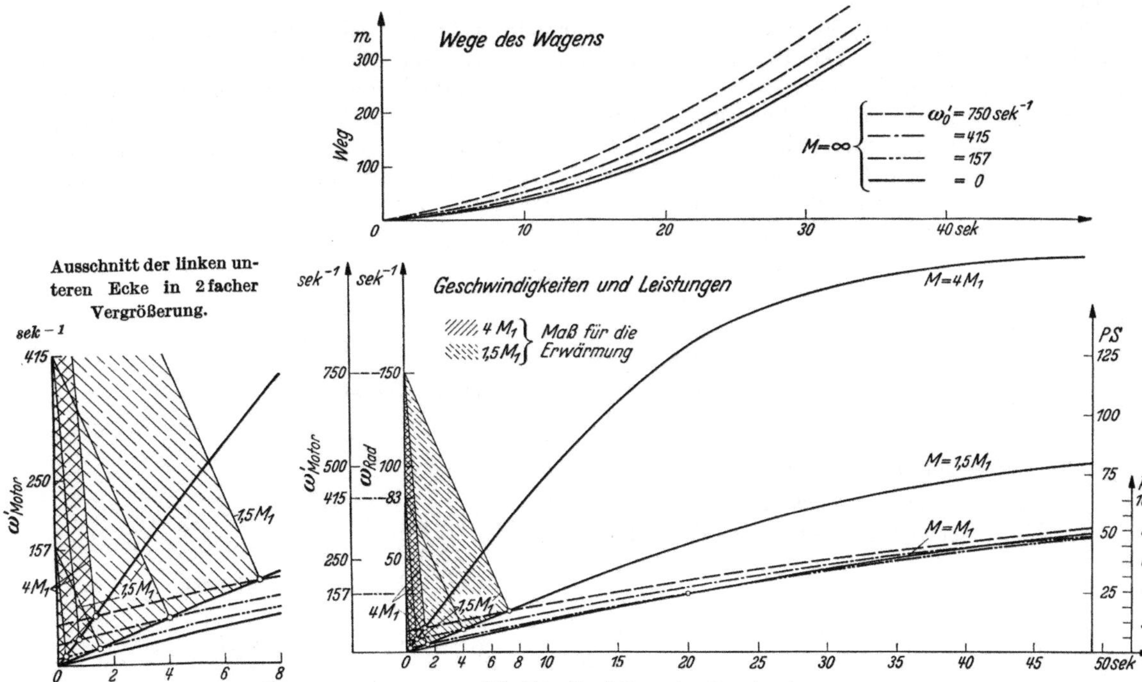

Abb. 316. Darstellung des Kupplungsvorganges beim Anfahren.

Von hier ab kann die Kupplung nur noch das normale Motordrehmoment übertragen, die beiden Teile beschleunigen sich mit der gleichen Drehschnelle weiter nach der strichpunktierten Linie –··–··–, die infolge des Schwungradträgheitsmoments flacher verläuft als die ausgezogene Linie für $M = M_1$, wo kein Schwungrad mitbeschleunigt wird.

Der Wagen hat schon nach 1,5 sek die Geschwindigkeit erreicht, die er ohne das zusätzliche Drehmoment erst nach 2,6 sek haben würde.

Für das Einkuppeln mit dem 4fachen Motordrehmoment gilt der Linienzug $M = 4 M_1$. Hier dauert der Kupplungsvorgang etwa 0,3 sek. Die Drehschnelle des Motors wird bis auf etwa 13,0 sek^{-1}, entsprechend 125 U/min, abgebremst, was schon sehr gute Einstellung der Maschine verlangt.

Die mit $M = 4 M_1$ nach 0,3 sek erreichte Geschwindigkeit würde mit $M = 1{,}5 M_1$ nach etwa 0,8 sek und mit $M = M_1$ nach etwa 1,5 sek erreicht werden. Die weitere Beschleunigung des Wagens nach Ablauf dieser 0,3 sek erfolgt nach der strichpunktierten Linie –··–··–.

Eine Vergrößerung der Drehschnelle ω_0' des Motors beim Einrücken wirkt sich stark aus auf die Anfahrbeschleunigung, weniger stark die Vermehrung des Schwungradgewichts. Zur Ausnützung einer großen Anfangsdrehzahl ist aber ein Belag auf der Kupplung notwendig, der längere Gleitzeiten ohne unzulässige Erwärmung oder Abnützung aushält. Wenn die Drehschnelle des Motors beim Einrücken $\omega_0' = 415\ \text{sek}^{-1}$ wäre, entsprechend $n = 4000$ U/min statt

1500 U/min, dann würde

$$\omega' = 415 - \frac{12-12}{0{,}15^2} \cdot \frac{9{,}81}{30} t = 415 \qquad \text{für } M = M_1,$$

$$\omega' = 415 - \frac{18-12}{0{,}15^2} \cdot \frac{9{,}81}{30} t = 415 - 87{,}5t \text{ für } M = 1{,}5 M_1 \quad (\omega' = 0 \text{ für } t = 4{,}8 \text{ sek}),$$

$$\omega' = 415 - \frac{48-12}{0{,}15^2} \cdot \frac{9{,}81}{30} t = 415 - 525t \text{ für } M = 4 M_1 \quad (\omega' = 0 \text{ für } t = 0{,}8 \text{ sek}).$$

Für $M = 1{,}5M_1$ müßte der im Schaubild ermittelte Kupplungsvorgang dann etwa 4 sek dauern, für $M = 4M_1$ etwa 0,8 sek. Im ersteren Fall ($M = 1{,}5M_1$) würde eine Geschwindigkeit $\omega' = 65\ \text{sek}^{-1}$, $n = 620$ U/min, nach 4 sek erreicht werden, die mit $M = M_1$ erst nach etwa 7,3 sek zu erreichen wäre und mit $M = 1{,}5M_1$ bei 1500 U/min Anfangsdrehzahl in 6 sek. Im Fall $M = 4M_1$ würde nach 0,8 sek eine Geschwindigkeit $\omega' = 36\ \text{sek}^{-1}$, $n = 340$ U/min, erreicht werden, die bei $n = 1500$ U/min Anfangsdrehzahl erst in 2,7 sek erreicht werden würde.

Ein drittes Beispiel ist für die Motoranfangsdrehschnelle $\omega_0' = 150 \cdot 5 = 750\ \text{sek}^{-1} = 7200$ U/min eingetragen. Das Beispiel hat allerdings nur theoretische Bedeutung, da die Motordrehzahl außerordentlich hoch ist. Hierbei könnte die Anfangsgeschwindigkeit noch rascher gesteigert werden, da mehr Schwungradenergie als in den übrigen Fällen zur Verfügung steht.

Von besonderem theoretischem Interesse ist der Fall, daß das Kupplungsmoment unendlich groß ist. Dann vollzieht sich das Abbremsen des Motors und der Kupplungsvorgang in unendlich kurzer Zeit. Es handelt sich um einen Stoßvorgang. Wenn die dabei erreichte Motordrehschnelle ω_1' und ω_0' seine Anfangsdrehschnelle ist, so gilt nach den Gesetzen des Stoßes

$$\frac{Q_1 + Q_2}{g} \frac{r^2}{i^2} \omega_1' = \frac{Q_3}{g} R^2 (\omega_0' - \omega_1').$$

Daraus hat man

$$\omega_1' = \frac{\frac{Q_3}{g} R^2 \omega_0}{\frac{Q_1 + Q_2}{g} \frac{r^2}{i^2} + \frac{Q_3}{g} R^2} = \frac{Q_3 R^2 i^2 \omega_0'}{(Q_1 + Q_2) r^2 + Q_3 R^2 i^2}.$$

Für die aufgezeichneten Beispiele ist

$$\omega_1' = \frac{30 \cdot 0{,}15^2 \cdot 25 \cdot 157}{1560 \cdot 0{,}35^2 + 30 \cdot 0{,}15^2 \cdot 25} = \frac{16{,}9 \cdot 157}{190 + 16{,}9} = 12{,}9\ \text{sek}^{-1} \quad (\omega_0' = 157\ \text{sek}^{-1}),$$

$$\omega_1' = \frac{16{,}9 \cdot 415}{207} = 34\ \text{sek}^{-1} \quad (\omega_0' = 415\ \text{sek}^{-1}),$$

$$\omega_1' = \frac{16{,}9 \cdot 750}{207} = 61\ \text{sek}^{-1} \quad (\omega_0' = 750\ \text{sek}^{-1}).$$

Beim stoßhaften Kuppeln ist theoretisch die rascheste Beschleunigung möglich. Jedoch setzt die Beanspruchung des Triebwerks und die Bodenhaftung der Reifen zu raschem Beschleunigen eine Grenze.

In dem oberen Teil der Abbildung sind die vom Wagen während des Anfahrvorgangs zurückgelegten Wege eingetragen. Sie sind durch graphische Integration aus den Geschwindigkeitszeitkurven ermittelt, wobei angenommen ist, daß der Kupplungsvorgang in unendlich kurzer Zeit beendet ist ($M = \infty$). Es gilt

— — — — — — für Motoranfangsdrehschnelle $\omega_0' = 750\ \text{sek}^{-1}$,
—·—·—·— „ „ $\omega_0' = 415$ „ ,
—··—··— „ „ $\omega_0' = 157$ „ .

Die Linie ———— gilt für den Fall, daß der Motor auf die Drehschnelle 157 sek^{-1} gebracht ist und daß die Kupplung nur das Motordrehmoment übertragen muß, also bis zur Zeit $t = 20$ sek schleift. Die Motordrehschnelle unterliegt dabei keiner Verzögerung.

Allgemein erkennt man, daß die Ausnützung der Motorenergie während des Anfahrvorgangs in den ersten Sekunden zu bedeutenden Weggewinnen führt. Mit wachsender Zeit werden die Weggewinne, gemessen am zurückgelegten Gesamtweg, klein.

Durch das Schleifen der Kupplung entsteht Reibungswärme. Ein Maß hierfür sind die ///// bzw. \\\\\\ schraffierten Flächen. Insbesondere erkennt man, daß großes Kupplungsmoment diesen Verlust bei gleicher Motoranfangsdrehzahl mindert. Im Grenzfall des Stoßes ergibt sich der Stoßverlust. Kleinere Erwärmungen ergeben sich auch, wenn der Motor vor dem Anfahren weniger hochgetrieben wird.

Eine Verdopplung des Schwungradgewichts würde die Anfahrzeiten nur etwa in der Größenordnung von 4 bis 6 vH beeinflussen.

Man sieht also die erhebliche Bedeutung der Motordrehzahl, mit der der Kupplungsvorgang begonnen wird, und, wenn man die Flächen unter den Anfahrkurven betrachtet, ihren großen Einfluß auf den nach einer bestimmten Zeit zurückgelegten Weg.

Mit Rücksicht auf die Dauer des Gleitens können nur große Werte von M in Betracht kommen, also etwa $M = (2 \div 3)\,M_1$. Geringe Belastung des Kupplungsbelags zur unschädlichen Aufnahme dieser Beanspruchung ist notwendig.

Bedeutung besitzen diese Verhältnisse deshalb, weil es bei den Formen des heutigen Stadtverkehrs, der vielfaches Anhalten und Wiederanfahren erfordert, gerade auf die Beschleunigungsfähigkeit in der Anfahrzeit ankommt. In Rennen können sie von entscheidendem Einfluß werden.

Man sieht aus dem Schaubild, daß man durch richtige Ausbildung und Handhabung der Kupplung bei sonst gleichen Verhältnissen die Anfahrbeschleunigung unter Umständen verdoppeln kann. Aber auch bei nicht völligem Anhalten des Wagens, bei dem im Stadtverkehr oft notwendigen Ermäßigen der Geschwindigkeit auf einen kleinen Betrag, in Rennen nach Kurven, kann eine richtig bemessene Kupplung ganz wesentlich zur Verbesserung der Wiederbeschleunigung herangezogen werden. Unter der Annahme, daß der Wagen wiederholt durch Bremsen auf die Geschwindigkeit von etwa 9 km/h entsprechend $n = 330$ U/min, $\omega' = 35$ sek^{-1}, verzögert werden muß, würden in Abb. 317 die Geschwindigkeitslinien nicht bei $\omega' = 0$, sondern bei $\omega' = 35$ sek^{-1} beginnen. Der Motor holt dabei nach dem Auskuppeln während des Bremsens auf das frühere $\omega'_0 = 157$ sek^{-1} (1500 U/min) auf. Die Linien für die Abnahme der Motordrehschnelle sind dann die früheren.

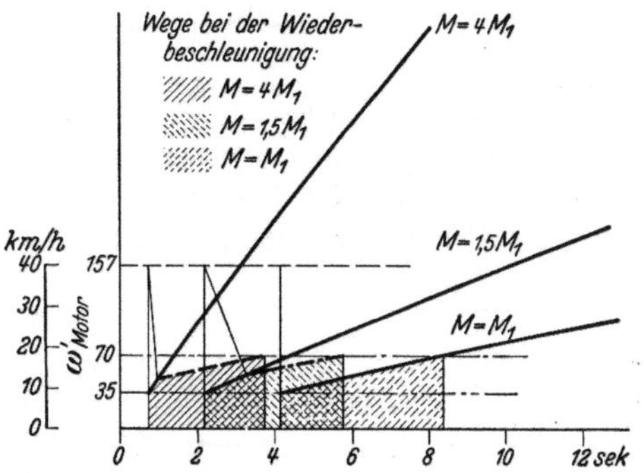

Abb. 317. Kupplungsvorgang beim Wiederbeschleunigen von 9 km/h auf 18 km/h.

Bei jeweiliger Wiederbeschleunigung auf $\omega' = 70$ sek^{-1} (entspricht etwa $v = 18$ km/h) würden dann[1] Strecken zurückgelegt werden, die bei $M = M_1$, bei $M = 1{,}5\,M_1$ und bei $M = 4\,M_1$ den verschieden schraffierten Flächen entsprechen. Die Unterschiede in den Wegen sind umso größer, je kleiner die Geschwindigkeit ist, auf die der Wagen verzögert werden muß. Die Unterschiede werden auch größer, je kleiner M_1 ist, d. h. je schwächer der Motor im Verhältnis zu den übrigen Eigenschaften des Wagens ist; d. h. bei schwachem Motor kann die Kupplung umso erfolgreicher zur Beschleunigung ausgenützt werden.

II. Das richtige Anfahrmoment.

Alle Ergebnisse zeigen die Überlegenheit eines Wagens mit hochleistungsfähiger Kupplung. Man sieht aber auch an den Schaulinien, daß eine übermäßige Erhöhung des Kupplungsmoments nicht zweckmäßig ist. Die Vergrößerung der Anfahrwege bei $M = 4\,M_1$ gegenüber $M = 1{,}5\,M_1$ entspricht z. B. nicht mehr der Erhöhung des Kupplungsmoments auf nahezu das 3fache.

Die Grenze des Zweckmäßigen wird etwa bei $M = 2\,M_1$ liegen. Dabei ist zu beachten, daß die Kupplung dieses Moment im schleifenden Zustand abgeben können muß. Nach dem Festfassen der Kupplung wird das übertragbare Moment größer, weil an Stelle der Reibungszahl der Bewegung die größere der Ruhe tritt.

B. Aufgabe der Kupplung als Triebwerkssicherung.

Im allgemeinen kann man annehmen, daß das Moment der schleifenden Kupplung die Hälfte des Moments im Ruhezustand ist, wenn der Belag ganz trocken ist, und etwa das 0,8fache, wenn der Belag fett ist. Das größte Moment bei nichtschleifender Kupplung, dem die Getriebeteile beim Antrieb gewachsen sein müssen, kann dann immer nur das 2fache des Motordrehmoments sein.

Es ist zu untersuchen, ob die von den Treibrädern eingeleiteten Momente diese Größe überschreiten, also das 4fache Motordrehmoment der Kupplung im Ruhezustand erreichen können.

[1] In zunehmend verkürzten Zeiten.

Beanspruchungen im Triebwerk beim Überfahren von Bodenunebenheiten.

Zur Vereinfachung der Behandlung dieser Frage kann davon abgesehen werden, daß das Fahrzeug beim Überfahren einer Bodenvertiefung mit seinem Schwerpunkt um ein gewisses Maß absinken wird, denn bei einer Geschwindigkeit von 20 m/sek würde die Schwerpunktssenkung über einer Muldenlänge von $^1/_2$ m nur ungefähr 3 mm ausmachen.

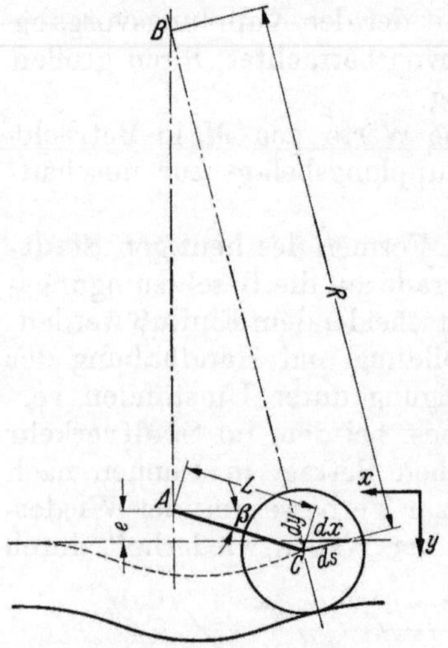

Abb. 318. Radbewegung beim Durchfahren einer Mulde.

Zum Zweck einer weiteren Vereinfachung kann angenommen werden, daß der Weg ds, den die Mitte des Laufrads beschreibt (Abb. 318), sich aus der einfachen Vorwärtsbewegung dx und der Abwärtsbewegung dy nach

$$ds = \sqrt{dx^2 + dy^2}$$

ergibt. Das trifft nicht für alle Fahrzeuge zu. Bei Anlenkung der Achse an einem Abstützlenker oder Schwingarm nach Abb. 318 ist die Bewegung der Radmitte als Momentandrehung von C um den Punkt B aufzufassen, der sich als Schnitt der Senkrechten auf der geraden Fahrbahn im Abstützpunkt A und der Normalen in C auf der Tangente der Radbahn ergibt.

Genaue Berücksichtigung dieser Verhältnisse erübrigt sich, da die Festlegung der Beanspruchungen in ihrer ungefähren Größe und ihrem Verlauf genügt. Dann kann folgende rechnerische Betrachtung über die Vorgänge beim Durchfahren einer Bodenmulde angestellt werden:

Es soll angenommen werden, daß sich die Radmitte im wesentlichen auf einer Sinuslinie, etwa nach Abb. 319, bewegt. Die Tiefe der Mulde sei h, die Länge l. Über letztere erstreckt sich die Periode 2π der Sinuslinie. Für die Bahnkurve kann geschrieben werden

$$y = \frac{h}{2}\left(1 + \sin 2\pi \frac{x}{l}\right)$$

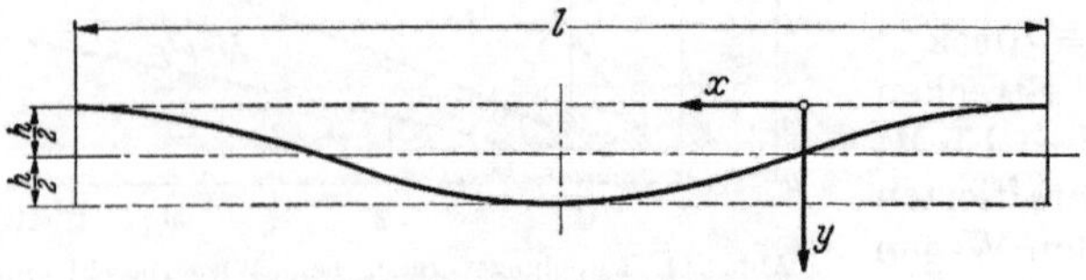

Abb. 319. Festlegung der Muldenform.

und mit $n = \frac{2\pi}{l}$

$$y = \frac{h}{2}(1 + \sin nx).$$

Nach Obigem ist der Weg des Rades

$$ds = \sqrt{dx^2 + dy^2} = dx\sqrt{1 + \left(\frac{dy}{dx}\right)^2}.$$

Die Geschwindigkeit v_R des Rades ist

$$v_R = \frac{ds}{dt} = \sqrt{1 + \left(\frac{dy}{dx}\right)^2} \cdot \frac{dx}{dt}$$

und die Drehschnelle des Rades vom Durchmesser $2r$

$$\omega = \frac{1}{r}\frac{dx}{dt}\sqrt{1 + \left(\frac{dy}{dx}\right)^2}.$$

Die Wagengeschwindigkeit ist dabei

$$v = \frac{dx}{dt}.$$

Nach Art der angenommenen Bodenmulde ist

$$\frac{dy}{dx} = \frac{h}{2} n \cos nx.$$

Damit kann für ω die Gleichung angeschrieben werden

$$\omega = \frac{v}{r}\sqrt{1 + \left(\frac{h}{2} n \cos nx\right)^2}.$$

Die Winkelbeschleunigung des Rades ist dann

$$\frac{d\omega}{dt} = \frac{d\omega \cdot dx}{dx \cdot dt} = -\frac{v^2}{2r} \frac{h^2 n^3 \sin 2nx}{4\sqrt{1 + \left(\frac{h}{2} n \cos nx\right)^2}}.$$

Zur Ermittlung der Beanspruchungen muß neben der Winkelbeschleunigung auch die Vertikalbeschleunigung des Rades berechnet werden.

Die Vertikalgeschwindigkeit ist

$$\frac{dy}{dt} = \frac{dy \cdot dx}{dx \cdot dt} = v \frac{h}{2} n \cos n x$$

und die Vertikalbeschleunigung

$$\frac{d^2 y}{dt^2} = \frac{d \frac{dy}{dt}}{dx} \frac{dx}{dt} = -v^2 \frac{h}{2} n^2 \sin n x .$$

Wenn das Schwungradgewicht mit Einschluß der Kupplungsgewichte mit Q_3 bezeichnet wird und sein Trägheitshalbmesser mit R, so ist sein Trägheitsmoment $\frac{Q_3}{g} R^2$. Mit der Winkelbeschleunigung $\frac{d\omega}{dt}$ und der Übersetzung i zwischen Schwungrad und Treibrädern ergibt sich ein Drehmoment an den Treibrädern

$$M_1 = i \frac{d\omega}{dt} \frac{Q_3}{g} R^2$$

oder mit Einsetzung von $\frac{d\omega}{dt}$ nach Obigem

$$M_1 = -\frac{v^2}{2r} i \frac{Q_3}{g} R^2 \frac{h^2 n^3 \sin 2 n x}{4 \sqrt{1 + \left(\frac{h}{2} n \cos n x\right)^2}} .$$

Die Wirkung der verschiedenen Achsgestaltung. Dieses Moment M_1 tritt bei allen Arten von Radaufhängungen, also bei Längs- und Querschwingern, auf.

Die Vertikalgeschwindigkeit $\frac{dy}{dt}$ ist, wie oben erwähnt, bei vielen Fahrzeugen, den Längsschwingern, aufzufassen als ein Schwingen um den Drehpunkt A des Längsauslegers oder der Federbefestigung mit einem Halbmesser, der der Länge L des Schwingarms entspricht. Wenn bei den üblichen Ausführungen mit fester Achse hierbei das Rad sich nicht um den Ausschlagwinkel drehen soll, muß unter entsprechendem Abrollen der Zahnräder im Achsantrieb eine Beschleunigung der Getriebewelle eintreten. Diese Beschleunigung ist verhältig der Vertikalbeschleunigung $\frac{d^2 y}{dt^2}$. Daraus ergibt sich ein zweites Beschleunigungsmoment M_2 in der Antriebswelle

$$M_2 = \frac{i}{L} \frac{d^2 y}{dt^2} \frac{Q_3 R^2}{g}$$

und bei Einsetzen von $\frac{d^2 y}{dt^2}$

$$M_2 = -\frac{i}{L} \frac{Q_3}{g} R^2 v^2 \frac{h}{2} n^2 \sin n x ,$$

das also nur bei Längsschwingern mit üblicher Kardanwelle auftritt.

Bei fester Antriebsachse oder bei Halbachsen, die sich bei Federbewegung im Kegelradeingriff des Achsantriebs abwälzen (Tatra) tritt eine weitere Verdrehbeanspruchung in der Antriebswelle dadurch auf, daß durch verschiedene Höhenlage der Räder bei einseitigen Hindernissen die Radachse in einer senkrechten Ebene geschwenkt wird, wodurch die Antriebswelle verdreht wird. Diese Verdrehung ist abhängig von der Größe der Spurweite S. Mit der Übersetzung i_1 im Wechselgetriebe ist das entsprechende Moment

$$M_3 = \frac{i_1}{S} \frac{d^2 y}{dt^2} \frac{Q_3}{g} R^2$$

oder

$$M_3 = -\frac{i_1}{S} \frac{Q_3}{g} R^2 v^2 \frac{h}{2} n^2 \sin n x .$$

Auch die Momente M_1 und M_2 werden durch einseitige Folge der Hindernisse beeinflußt insofern, als durch die Wirkung des Ausgleichgetriebes nur jeweils das eine Rad die volle Winkelbeschleunigung aufweist, das andere gleichförmig weiterläuft, so daß die Momente in der Antriebswelle auf die Hälfte herabgesetzt werden.

Eine Zusammenstellung der möglichen Betriebsfälle und der jeweils auftretenden Momente ergibt sich aus folgendem:

	Längsschwinger und feste Achse	Einzelradfederung mit		
		Längsschwinger	Abwälzquerschwinger	Gelenkquerschwinger
Doppelseitige Mulde . . .	$M_1 + M_2$	M_1	M_1	M_1
Einseitige Mulde	$\frac{M_1}{2} + \frac{M_2}{2} + M_3$	$\frac{M_1}{2}$	$\frac{M_1}{2} + M_3$	$\frac{M_1}{2}$

Eine Berechnung dieser Beanspruchungen (Abb. 320) an einem mittleren Personenwagen für übliche Bodenmulden zeigt, daß sie von erheblicher Größe werden können, sofern sie nicht durch das Gleiten des Reifens am Boden wesentlich herabgesetzt werden. Aber auch dann noch besteht die Möglichkeit, daß durch das Fahren über Bodenunebenheiten hohe Beanspruchungen in das Triebwerk kommen und daß die Forderung berechtigt ist, daß das übertragbare Drehmoment der Kupplung auf den Betrag begrenzt wird, der für günstige Anfahrbeschleunigungen wertvoll ist.

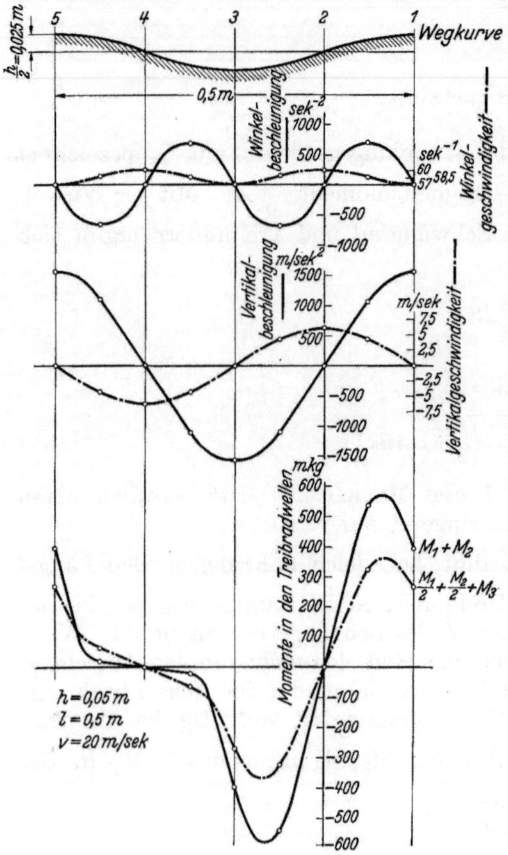

Abb. 320. Beanspruchung des Triebwerks beim Durchfahren einer Mulde.

Im gerechneten Beispiel ergeben sich je nach der Achsausbildung größte Treibrad-Wellen-Momente von 300 bis nahezu 600 mkg, die bei der Übersetzung des Achsantriebs von 1:5 Momente in der Kupplungswelle von etwa 60 bis 120 mkg hervorrufen würden. Wenn die Kupplung auf das doppelte Motordrehmoment des Beispiels, also auf 24 mkg abgestimmt ist[1], so hat sie, auch bei Verminderung der Rad-Wellen-Momente durch das Rutschen der Reifen, wirkliche Bedeutung als Triebwerkssicherung, denn Drehmomente von 50 bis 70 mkg können in dem behandelten Beispiel ohne Rutschen bei gutem Reibungsschluß zwischen Reifen und Straße in der Kupplungswelle noch auftreten.

Daraus ergibt sich auch die Bedeutung nachgiebiger Gelenke im Triebwerk des Fahrzeugs. Ferner wird damit die Frage der Haltbarkeit eines Freilaufs näher beleuchtet. Die Beanspruchungen zwischen Klemmrollen und Laufbahn sind so hoch, daß sich bei andauernder Verwendung des Freilaufs im Fahrbetrieb (neben der Wirkung der Stöße beim Feststellen) Beschädigungen ergeben, die dazu geführt haben, daß heute der Freilauf nur als Schalterleichterung angewandt wird, wobei er nur während des Schaltens in Tätigkeit tritt.

Weiterhin liefert diese Betrachtung Anhaltspunkte für die schlagende Wirkung der Reifen auf der Fahrbahn im Sinne der Umfangskräfte, die auftritt, sobald die Straße Unebenheiten, insbesondere Schlaglöcher, aufweist.

C. Bau und Entwurf der Kupplung.

Bezeichnungen

p Flächenpressung [kg/cm²],
P Kupplungsdruck [kg],
F_K Kupplungsreibfläche [cm²],
D Außendurchmesser des Kupplungsbelags [cm],
d Innendurchmesser des Kupplungsbelags [cm],
d_m mittlerer Kupplungsdurchmesser [cm],
M Kupplungsmoment [cmkg],
P_u auf d_m bezogene Umfangskraft [kg],
μ Reibungsziffer zwischen Kupplungsbelag und Reibfläche.

Im allgemeinen wendet man heute die zuverlässig lösende und weich arbeitende Scheibenkupplung an. Andere Arten, wie die Kegel- oder Schraubenbandkupplung, werden kaum mehr verwendet.

Bei Scheibenkupplungen unterscheidet man die Lamellenkupplung als nasse (geschmierte) Vielscheibenkupplung und die trockene Mehrscheiben- und Einscheibenkupplung.

I. Kupplungsfläche.

Die Übertragung des Drehmoments erfolgt über die Kupplungsflächen, bei denen mit Rücksicht auf gleichmäßige Abnützung und gute Ausnutzbarkeit der Innendurchmesser der Druckfläche nicht kleiner als der halbe Außendurchmesser sein soll. Das Verhältnis Innen- zu Außendurchmesser bewegt sich bei ausgeführten Kupplungen zwischen 0,4 und 0,85. Besonders zweckmäßig sind die Werte zwischen 0,6 und 0,7.

[1] Ein Moment, das nach festem Eingriff der Kupplung auf das Doppelte, also auf 48 mkg anwachsen kann.

II. Kupplungsbelag.

Bei der geschmierten Lamellenkupplung gleitet Metall auf Metall, im allgemeinen Messingblech auf Stahlblech. Bei trockenen Ein- und Mehrscheibenkupplungen werden auf den getriebenen Scheiben Reibbeläge aufgesetzt. Der Träger des Reibbelags soll federnd nachgiebig sein, damit der Belag voll zum Anliegen kommt. Der Belag muß auf der dünnen getriebenen Scheibe befestigt sein, damit er mit der großen Masse des treibenden schweren Körpers (Schwungrad) in Reibverbindung ist, womit die Wärme an der Fläche, wo sie entsteht, nach der großen Masse abfließen kann. Gleichmäßigkeit der Auflage und leichte Aufbringbarkeit des Belags wird bisweilen durch Unterteilung in einzelne Abschnitte angestrebt, womit auch Raum für das Absetzen von Schmutzteilchen in den Fugen geschaffen wird.

Der Belag soll möglichst gleichbleibende Reibungsziffer besitzen. Diese und die Lebensdauer sind abhängig von der Beschaffenheit des Reibwerkstoffs. Die Größe der Reibung ist weiterhin bestimmt durch das Verhalten des Belags bei hohen Temperaturen, bei Zutritt von Öl und Wasser und schließlich durch den Werkstoff der Gegenscheibe. Die Erhöhung der Reibungsziffer des Belags findet eine Grenze im Verschleiß der Reibungsflächen.

Öl und Wasser setzen die Reibungsziffer etwa auf den dritten Teil gegenüber der trockenen Reibung herab. Der Reibungsbelag soll, damit er gegen diese Einwirkung unempfindlich ist, hart und dicht sein.

Aufbau des Reibungsbelags. Die Reibungsbeläge werden in verschiedener Art, ähnlich wie die Bremsen-Reibungsbeläge, aufgebaut. Sie bestehen im wesentlichen aus Asbestfasergewebe, aus gehärtetem Baumwollgewebe mit und ohne Asbest oder aus Baumwollgewebe mit Metallgespinst. Der Belag ist mit besonderen Stoffen zur Gewährleistung von Wasser-, Benzin- und Ölbeständigkeit durchtränkt. Hitzebeständigkeit der Durchtränkung ist erforderlich, damit Erniedrigung der Reibung oder eine Erhöhung, die zum Anfressen führen kann, unterbleibt. Einzelne Gewebe enthalten auch Beimischungen aus Graugußmehl oder aus Weißmetallspänen. Teilweise werden auch nichtgewebte, aus Asbestfasern und dem Tränkungsmittel gepreßte Beläge hergestellt.

III. Kupplungskörper.

Der Kupplungskörper bildet im allgemeinen gleichzeitig das Schwungrad des Fahrzeugmotors. Seine Abmessungen ergeben sich deshalb aus der Berechnung des Gleichgangs des Motors. Die auf der getriebenen Welle sitzenden Kupplungsscheiben (Abb. 321) sind möglichst leicht mit geringem Trägheitsmoment zu bauen, damit neben der Rücksicht auf billige Herstellung die Forderung kleiner Trägheitsmomente erfüllt wird. Dies ist notwendig, damit die Schaltstöße klein bleiben und die Zwischenwelle zwischen Kupplung und Getriebe sich im Leerlauf rasch verzögert, was kurze Abwartezeiten beim Schalten ermöglicht.

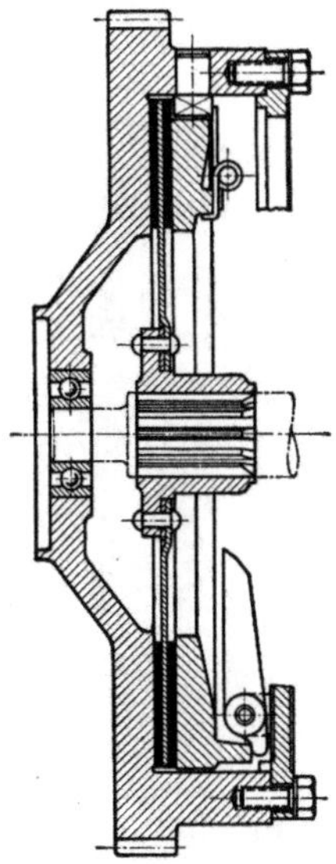
Abb. 321. Aufbau einer Einscheibenkupplung.

Die äußeren Kupplungsscheiben werden im allgemeinen in Nuten oder Bolzen des Hauptkörpers, die getriebenen Innenscheiben mit aufgenieteten Nabenstücken auf Nuten der Zwischenwelle leicht schiebend befestigt. Sorgfältige Ausbildung zur Vermeidung des Klapperns in den Bolzen oder Nuten, insbesondere bei Mehrscheibenkupplungen, ist notwendig. Bei allen Kupplungen sind möglichst elastische Nabenscheiben vorzusehen. Zum Teil werden diese mit besonderen federnden Zwischenkörpern ausgerüstet.

IV. Kupplungsdruck.

Der zur Übertragung des Drehmoments notwendige Druck zwischen den Kupplungsscheiben wird durch Anpressung mittels der Kupplungsfedern erzeugt. Bei den Federn unterscheidet man achsgleiche Mittelfedern (Abb. 322) in Schrauben- oder in Spiralausführung mit unmittelbarer oder Hebelübertragung des Drucks sowie am Umfang der Kupplung gleichförmig verteilte Außenfedern (Abb. 323) mit meistens unmittelbarer Druckübertragung. Die Größe des Kupplungsdrucks P muß in einem bestimmten Verhältnis zur Größe F der Reibfläche stehen. Die Flächenpressung $p = \frac{P}{F}$ soll höchstens 1 bis 2 kg/cm² betragen.

Wenn darauf Rücksicht genommen werden soll, daß die Kupplung das Drehmoment des Schwungrades bis zur Größe des zweifachen mittleren Motordrehmoments ausnützen soll, muß der Reibbelag so niedrig belastet sein, daß er eine Dauerbelastung über längere Schleifzeiten ohne unzulässige Erwärmung aushält.

Kupplungen, die sich in dieser Hinsicht durch Leistungsfähigkeit auszeichnen, sind nicht höher belastet als mit einem Flächendruck von 0,5 bis 0,8 kg/cm². Ausgeführte Kupplungen weisen zum Teil sogar Werte von nur 0,1 kg/cm² auf. Andererseits findet man aber Werte bis über 3 kg/cm².

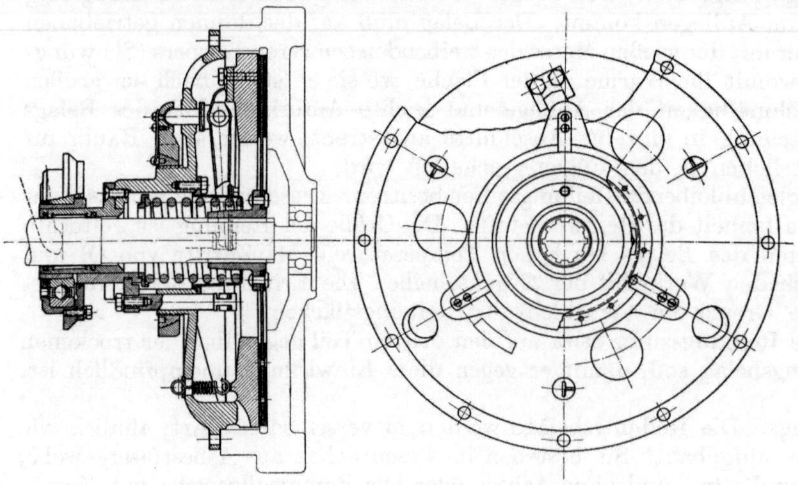

Abb. 322. Einscheibenkupplung mit Mittelfeder (F. u. S.).

Auch für geschmierte Lamellenkupplungen soll der Wert 0,5 kg/cm² nicht überschritten werden, da die Erwärmungsverhältnisse ähnlich sind. Der kleineren Reibungszahl entspricht hier die größere Gesamtfläche.

V. Berechnung der Kupplung.

Beim Entwurf wird die Größe des Belags mit seinem Außendurchmesser D und seinem Innendurchmesser d so angenommen, wie die Kupplung unterzubringen ist. Aus dem zu übertragenden Kupplungsmoment M wird mit dem mittleren Durchmesser

$$d_m = \tfrac{1}{2}(D + d)$$

die erforderliche Umfangskraft

$$P_u = \frac{M}{d_m/2}$$

berechnet. Die Umfangskraft würde richtiger mit dem mittleren Radius als Hebelarm bestimmt werden, der sich aus dem Schwerpunktsabstand eines Kreisringausschnitts ergibt nach

$$d_m = \frac{2}{3}\,\frac{D^3 - d^3}{D^2 - d^2}\,.$$

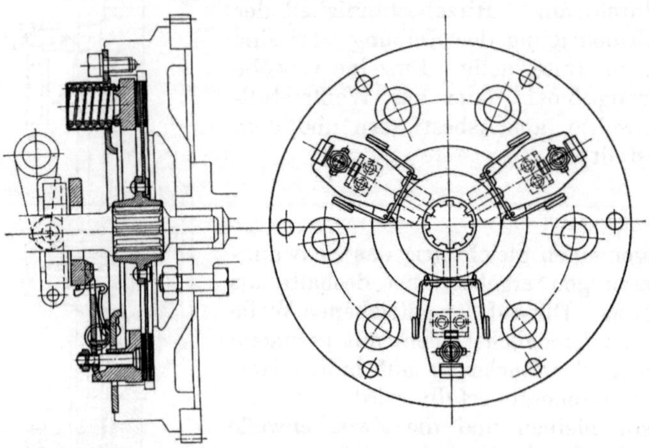

Abb. 323. Einscheibenkupplung mit Außenfedern (F. u. S.).

Für einen Ring mit $d \gtreqless 0{,}6 \cdot D$ genügt aber die obige Vereinfachung.

Die Umfangskraft P_u muß durch den Anpressungsdruck P erzeugt werden, der sich nach $P \cdot \mu = P_u$ bzw. $P = \frac{P_u}{\mu}$ aus der Reibungsziffer μ ergibt. Durch den Kupplungsdruck P und die angenommene Fläche ist die Flächenpressung bestimmt.

Als Reibungsziffer kann nur der Wert für leicht gefetteten Zustand des Belags angesetzt werden, denn selbst bei trockener Ausbildung der Reibflächen muß damit gerechnet werden, daß Öl oder Feuchtigkeit auf den Belag gelangt.

Nach Überprüfung der aus der Rechnung sich ergebenden Flächenpressung muß dann, wenn man die Annahme für die Kupplungsfläche mit einer Scheibe nicht mehr ausreichend verbessern kann, unter Umständen zur Zwei- oder Mehrscheibenanordnung übergegangen werden. Den Rechnungsgang zeigt folgendes Beispiel für eine trockene und eine nasse Kupplung.

Annahme: Motordrehmoment $M_{Mo} = 12$ mkg (50 PS, $n = 3000$),

Kupplungsmoment $M_k = 2\,M_{Mo} = 24$ mkg,

$D = 300$ mm; $d = 0{,}6\,D = 180$ mm; $d_m = 0{,}24$ m,

Kupplungsfläche $F = 454$ cm²,

$$P_u = \frac{M_k \cdot 2}{d_m} = \frac{24 \cdot 2}{0{,}24} = 200 \text{ kg}.$$

Trockene Kupplung:	Nasse Kupplung:
μ niedrig eingesetzt mit 0,2	$\mu = 0{,}1$,
$P = \frac{P_u}{\mu} = \frac{200}{0{,}2} = 1000$ kg.	$\frac{200}{0{,}1} = 2000$ kg.

Flächenpressung bei n Reibflächen

$p = \frac{P}{n \cdot F} = \frac{1000}{2 \cdot 454} = 1{,}1$ kg/cm² ist zulässig, aber besser 2 Platten, dann $p = 0{,}55$ kg/cm².	$p = \frac{2000}{2 \cdot 454} = 2{,}2$ kg/cm² ist unzulässig, mit 4 Platten wird $p = 0{,}55$ kg/cm².

Federdruck:

$\frac{P}{n} = \frac{1000}{4} = 250$ kg. | $\frac{P}{n} = \frac{2000}{8} = 250$ kg.

VI. Auslösung der Kupplung.

Zur Auslösung wird der Reibungsbelag über einen Fußhebel abgehoben (Abb. 324). Der Zug oder Druck wird im allgemeinen von einem Wälzlager aufgenommen. Dieses Lager unterliegt wegen der Schmierungsschwierigkeiten bisweilen noch Störungen und ist deshalb hinreichend zu bemessen.

Bei der Mehrscheibenkupplung sollen sämtliche Scheiben gleichzeitig und gleichmäßig frei werden. Dazu können schwächere Hilfsfedern zum Abheben der Zwischenscheiben angeordnet werden (Abb. 325). Bei Lamellenkupplungen werden die Scheiben bisweilen durch ausgebogene Federzungen auseinandergedrückt.

Der wesentliche Nachteil der Lamellenkupplung ist es, daß durch die Wirkung dieser Abdrückstege und auch durch die Wirkung des an den Flächen haftenden Öls bei den nur kleinen Abhebewegen ein vollständiges Freigeben der Kupplung im Leerlauf im allgemeinen nicht eintritt, was die Schaltung erschwert oder besondere Reibbremsen an der Zwischenwelle erfordert.

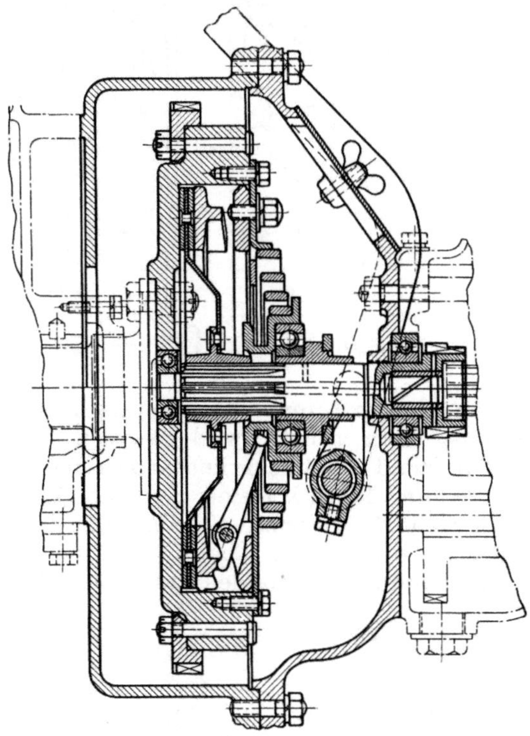

Abb. 324. Einscheibenkupplung mit Spiralfeder, Auslösung über Fußhebel und Kugellager.

Die einfache Reibkupplung ist, sofern nicht eine sehr schwache Kupplungsfeder eingebaut ist, die bei rücksichtslos losgelassenem Hebel eine ausreichende Schleifzeit gewährleistet, dann aber ein nur kleines Kupplungsmoment ergibt, in ihrer Wirkung von der Art der Bedienung abhängig. Deshalb wird immer wieder der Versuch unternommen, selbsttätig auslösende oder einrückende Kupplungen zu entwickeln. Das ist möglich durch Betätigung der Kupplung mit dem Unterdruck der Saugleitung des Motors oder mit dem Ölüberdruck, wobei die Steuerung im allgemeinen durch ein Ventil erfolgt, das mit dem Gashebel des Motors verbunden ist (Buick).

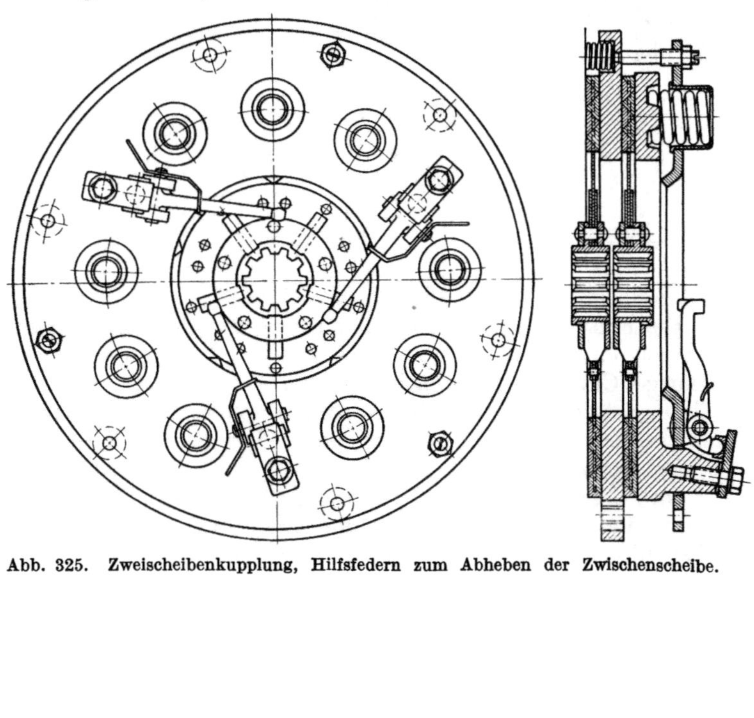

Abb. 325. Zweischeibenkupplung, Hilfsfedern zum Abheben der Zwischenscheibe.

Bei Fliehkraftkupplungen (Abb. 326) wird die Wirkung der Kupplung bei hohen Drehzahlen verstärkt und bei niedrigen Drehzahlen abgeschwächt, so daß bei unvorsichtigem Einkuppeln der langsam laufende Motor nicht abgewürgt werden kann. Zur Übertragung hoher Anfahrmomente, z. B. auf Steigungen und im Gelände, muß dann immer mit ziemlich schnell laufendem Motor eingekuppelt werden, was sehr leistungsfähige niedrig belastete Kupplungsbeläge erfordert.

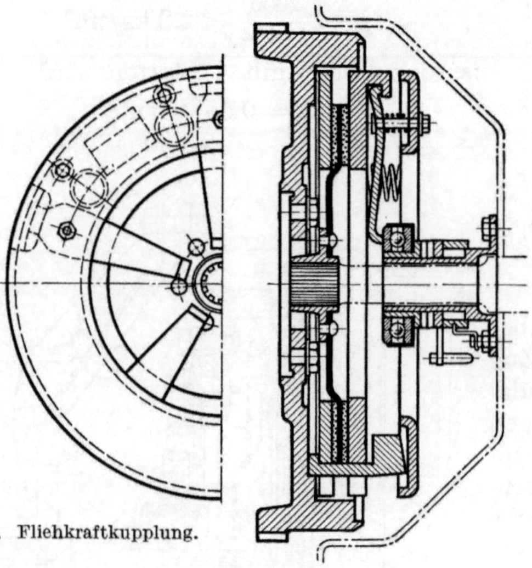

Abb. 326. Fliehkraftkupplung.

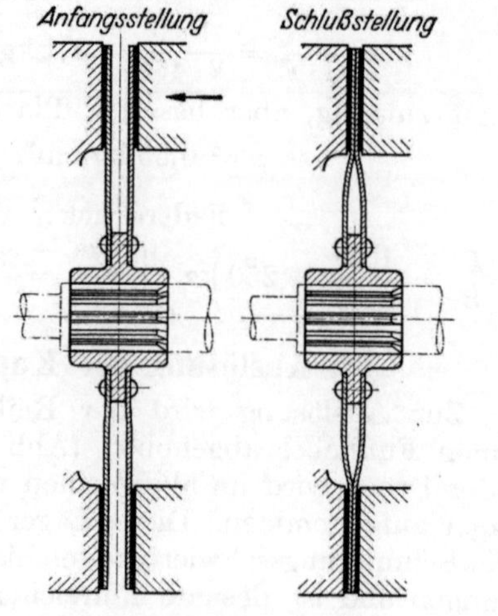

Abb. 327. Zweistufige Kupplung mit doppelter, federnder Scheibe.

Für große Kupplungsleistungen, insbesondere bei Lastwagen, die große Fußkräfte zur Auslösung nötig machen, wird bisweilen die Hilfskraft eines von der Ansaugleitung des Motors gespeisten Unterdruckzylinders oder auch einer kleinen mechanischen Hilfskupplung verwendet.

Sanftes Einrücken einer Kupplung kann auch durch zweistufige Ausbildung erreicht werden. An Stelle der einzelnen Scheibe kann dann eine doppelte Federmetallscheibe treten, Abb. 327, die von den äußeren Druckflächen der Kupplung zunächst zusammengedrückt wird, ehe der Belag voll belastet werden kann. Beim Einkuppeln tritt zuerst der Anpreßdruck der federnden Scheibe auf, und erst bei weiterem Kupplungsweg kommt der gesamte Kupplungsdruck zur Wirkung. Derartigen etwas umständlichen Ausführungen steht die einfache Kupplung mit sehr niedriger Flächenpressung gegenüber, die die gleiche Wirkung des sanften Einrückens ergibt.

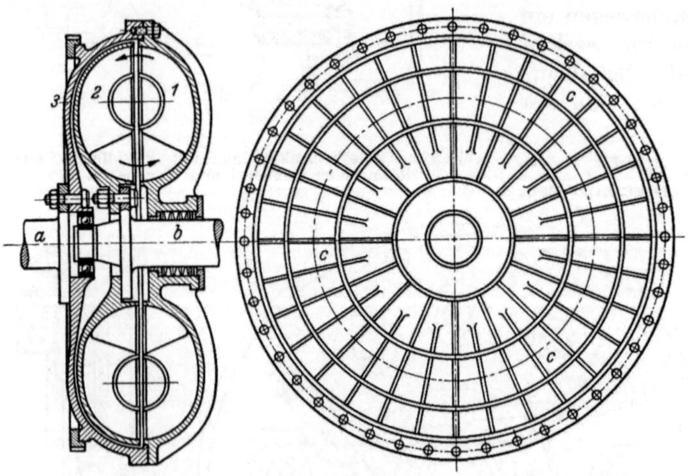

Abb. 328. Flüssigkeitskupplung nach Föttinger.

VII. Flüssigkeitskupplung.

Mit der Flüssigkeitskupplung wird unter Ausschaltung der mechanischen Kupplung eine selbsttätige Kupplung zwischen Motor und Getriebe unter möglichst voller Ausnützung des im Motor auftretenden Drehmoments erstrebt.

Die Flüssigkeitskupplungen sind nach Art der Kolbenpumpen und nach Art der Schleuderpumpen entwickelt worden. Die ersteren konnten hinreichende Einfachheit, Billigkeit und niedrige Gewichte noch nicht erzielen.

Die letzteren, die (Abb. 328) im wesentlichen aus einem an die Schwungmasse *3* angeschlossenen Pumpenrad *1* und einem Turbinenrad *2* bestehen, sind schon zu einer gewissen Betriebsreife gelangt.

Ihre eigentliche Zweckbestimmung lautet auf gleichzeitigen Ersatz des Wechselgetriebes, womit die Aufgabe der Drehmomentwandlung gegeben ist. Auch hierfür sind schon, wie im Abschnitt „Getriebe" ausgeführt, betriebsbrauchbare Lösungen geschaffen.

25. Triebwerksanordnung im Fahrzeug.

Bezeichnungen

M Massen [$cm^{-1}kg\,sek^2$],
c Federkennzahlen [$cm^{-1}kg$],
$T, P = k\omega^2 \sin \omega t$ Kräfte [kg],
s Schwingungsausschläge zur Zeit t [cm],
S Schwingungsweiten [cm].

A. Triebwerksschwingungen.

Das Gesamttriebwerk im Fahrzeug kann Schwingungen unterliegen. Es besteht nach Abb. 329 im wesentlichen immer aus dem Motor, der Kupplung, dem Getriebe, der Antriebswelle, den Gelenken und dem Achsantrieb. Dieses elastische System kann durch die Erregungen des Motors in Drehschwingungen geraten. Dabei sind grundsätzlich zwei Arten von Drehschwingungen möglich.

I. Schwingungen des gesamten Triebwerks.

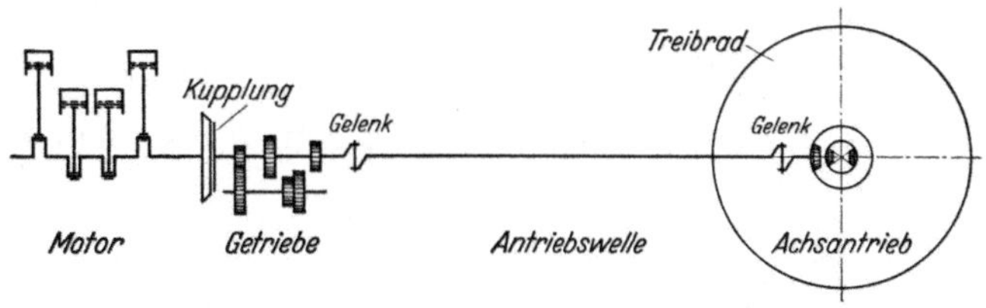

Abb. 329. Triebwerksanordnung im Fahrzeug.

Bei der einen Art schwingt die Kurbelwelle des Motors im ganzen, ohne eigene innere Verdrehung, infolge der Elastizität der Gelenke und der Welle um den Einspannpunkt am Treibrad. Die Gewebescheiben und auch die Welle sind sehr weich, die Eigenfrequenz für diese Schwingungen ist deshalb niedrig. Sie wird beim Fahren des Motors im unmittelbaren Gang mit niederen Drehzahlen durch die Zündfrequenz des Motors angeregt. Die Zündfrequenz ist für Viertakt bei der 4-Zylinder-Maschine die doppelte, bei 6-Zylindern die 3fache und bei 8-Zylindern die 4fache, bei der 12-Zylinder-Maschine die 6fache Motordrehzahl. Wenn die Zündfrequenz gerade mit der Eigenschwingungszahl übereinstimmt, tritt das Rütteln des Motors ein, das seine Ursache in den großen Schwingungsausschlägen der ganzen Anlage hat. Bei gleichen Massenverhältnissen kann die 12-Zylinder-Maschine mit weit niedrigeren Drehzahlen gefahren werden als die 6- oder die 4-Zylinder-Maschine, ohne daß die Eigenfrequenz angeregt wird.

Eine Gefährdung der Kurbelwelle durch wesentliche Drehbeanspruchungen liegt bei dieser Schwingungsart nicht vor. Gefährdet sind die Gelenke und die Antriebswelle, die aber ohne Schwierigkeiten richtig bemessen werden können.

II. Drehschwingungen des Motors in ihrer Auswirkung.

Die zweite Art der Schwingungserscheinungen tritt bei höheren Motordrehzahlen auf. Hierbei handelt es sich um die Eigenschwingungen der Kurbelwelle samt Schwungrad, die als Drehschwingungen des Motors von den Drehkraftharmonischen angeregt werden und auf S. 70ff. behandelt worden sind.

Diese Schwingungen übertragen sich nur in ganz geringem Maß auf das übrige Triebwerk, also insbesondere über die Gewebescheiben auf die Radantriebsachse, weil die größten Schwingungsausschläge an dem freien vorderen Kurbelwellenende auftreten und am Schwungrad, das nahe an dem Schwingungsknoten liegt, nur kleine Ausschläge vorhanden sind. Sie werden auch, sofern sie nicht schon durch das Zahn- oder Klauenspiel im Getriebe unterbrochen werden und noch in den Wellenstrang hineinkommen, durch die Dämpfungsfähigkeit der Welle und insbesondere der oft als Gewebescheiben ausgeführten Gelenke gedämpft.

Diese Schwingungen würden nur dann ein Rutschen der Kupplung hervorrufen, wenn die Ausschläge sehr groß und damit die Verdrehungsmomente an der Kupplung größer wären als das Kupplungsmoment. Das kann nur bei sehr heftigen Drehschwingungen der Fall sein, so daß mit einer wirksamen Dämpfung der üblichen Schwingungen dieser Art durch ein Gleiten der Hauptkupplung nicht zu rechnen ist.

Wenn auch die Auswirkung dieser Schwingungen auf das übrige Triebwerk klein ist, so ist die Beanspruchung, die sie in der Kurbelwelle des Motors selbst hervorrufen, sehr wesentlich.

III. Schwingungen in der Motoraufhängung.

Als wesentliche weitere Schwingungserscheinung des Triebwerks ist die Schwingung des Motors in seiner Aufhängung im Fahrzeug aufzufassen. Der Motor im Fahrzeug stellt immer einen Schwingungserreger dar, sei es, daß die Massenkräfte zweiter Ordnung bei der 4-Zylinder-Maschine sich nach außen auswirken, sei es, daß Massenkräfte höherer Ordnung vorhanden sind oder daß Herstellungsunvollkommenheiten Mängel im Massenausgleich bedingen, die zu Schwingungserregungen führen.

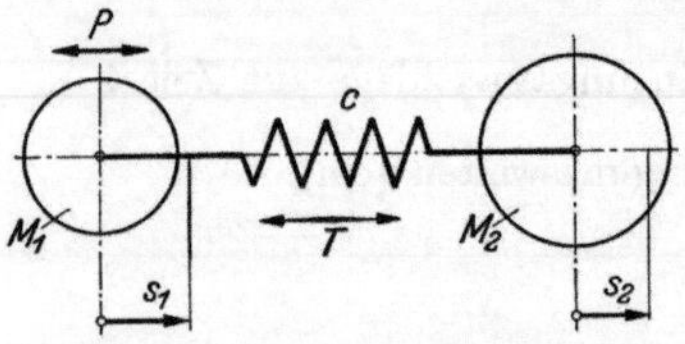

Abb. 330. Federnde Aufhängung des Triebwerks M_1 am Fahrzeug M_2.

Motor und Fahrzeug stellen ein System von zwei Massen nach Abb. 330 dar, die federnd verbunden sind.

Die Schwingungsgleichungen lauten

$$M_1 \frac{d^2 s_1}{d t^2} + c(s_1 - s_2) = k\omega^2 \sin \omega t,$$

$$M_2 \frac{d^2 s_2}{d t^2} + c(s_2 - s_1) = 0.$$

Die Schwingungsweiten sind nach Abklingen der Eigenschwingungen

$$S_1 = k\omega^2 \frac{c - M_2\omega^2}{(c - M_1\omega^2)(c - M_2\omega^2) - c^2},$$

$$S_2 = k\omega^2 \frac{c}{(c - M_1\omega^2)(c - M_2\omega^2) - c^2}.$$

Die von M_1 auf M_2 übertragene Kraft T, die dem Federausschlag entspricht, ist

$$T = c(S_1 - S_2) = \frac{-k\omega^2}{\frac{M_1\omega^2}{c} - \frac{M_1}{M_2} - 1},$$

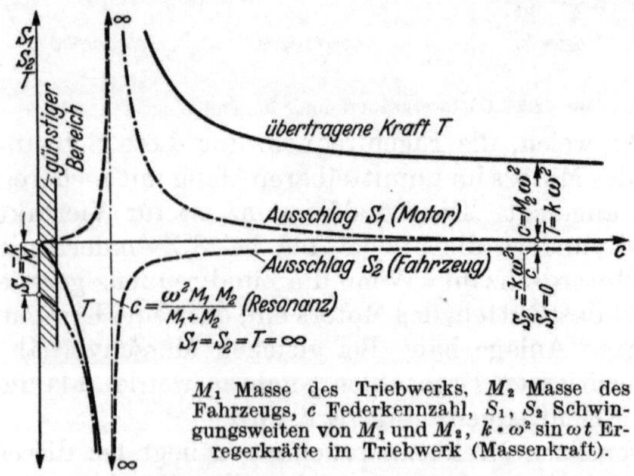

M_1 Masse des Triebwerks, M_2 Masse des Fahrzeugs, c Federkennzahl, S_1, S_2 Schwingungsweiten von M_1 und M_2, $k \cdot \omega^2 \sin \omega t$ Erregerkräfte im Triebwerk (Massenkraft).

Abb. 331. Schwingungsweiten und übertragene Kräfte bei verschiedener Federung für $M_1 : M_2 = 1 : 6$.

wobei $P = k\omega^2$ die größte Erregerkraft ist.

In einem Beispiel sei das Massenverhältnis $M_1 : M_2 = 1 : 6$. Der Grenzfall $c = 0$ liefert

$$S_1 = -\frac{k}{M_1}, \quad S_2 = 0, \quad T = 0,$$

d. h. bei sehr weicher Aufhängung schüttelt der Motor, das Fahrzeug bleibt in Ruhe, es wird keine Kraft übertragen.

$c = \infty$ liefert

$$S_1 = S_2 = -\frac{k}{M_1 + M_2},$$

$$T = \frac{k\omega^2}{\frac{M_1}{M_2} + 1},$$

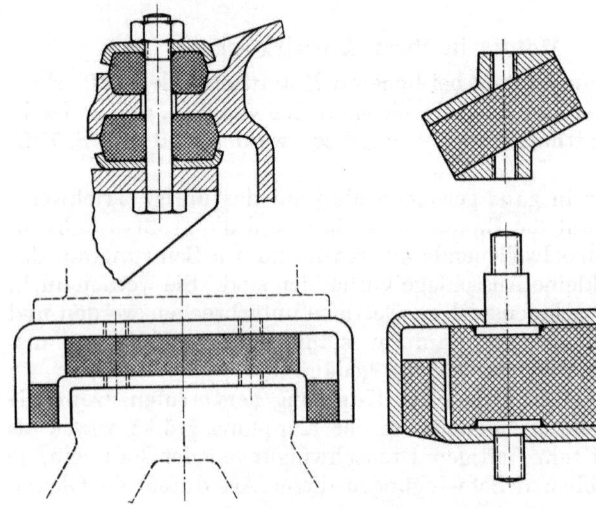

Abb. 332. Verschiedene weich dämpfende Aufhängeglieder.

d. h. starre Verbindung gibt wegen der Größe der Masse M_2 verhältnismäßig kleine Ausschläge, aber starke Erschütterungen. Im Resonanzfall

$$c = \frac{\omega^2 M_1 M_2}{M_1 + M_2}$$

wird

$$s_1 = \infty, \quad s_2 = \infty, \quad T = \infty,$$

also Kraft und Ausschlag unendlich groß, sofern keine Dämpfung wirken würde.

Bei sehr großen Werten ω (weit über der Resonanz) wird

$$s_1 = -\frac{k}{M_1}, \quad s_2 = 0, \quad T = -\frac{kc}{M_1},$$

d. h. der Motor macht endliche Ausschläge, die Spannung T verschwindet nicht vollkommen.

Die Schwingungsausschläge und übertragenen Kräfte bei verschiedener Federung sind in Abb. 331 für ein bestimmtes ω dargestellt.

Weiche Motorlagerung. Der günstigste Bereich der sehr weichen Federung kann nur durch sehr nachgiebige große Federkörper in der Aufhängung erreicht werden. Diese Aufhängeglieder

(Abb. 332) sollen dazu für die Aufnahme der noch auftretenden Bewegungen stark dämpfend ausgebildet sein. Denn der Fahrzeugmotor muß auch mit niederen Drehzahlen und voller Belastung betrieben werden, so daß Resonanzen bei niederer Drehzahl nicht immer zu vermeiden sind.

B. Gliederung der Triebwerksgruppen.

Die Aufteilung der Triebwerksgruppen Motor, Kupplung, Getriebe, Ausgleich- und Achsgetriebe im Fahrzeug geschieht im allgemeinen so, daß das Kupplungsgehäuse in Fortsetzung des Motorgehäuses den Übergang zum Getriebegehäuse bildet.

Für Vorderradantrieb-Fahrzeuge und Fahrzeuge mit Heckmotor hat sich das Bedürfnis gezeigt, die Länge dieses Motorblocks zu verkürzen, was dazu führte, daß zwischen das Getriebe und die Kupplung der Achsantrieb eingeschaltet wird. In diesem Fall muß die Leistungsübertragung durch den Achsantrieb hindurch auf das Schaltgetriebe gehen und dann wieder rückwärts in den Achsantrieb (Abb. 333).

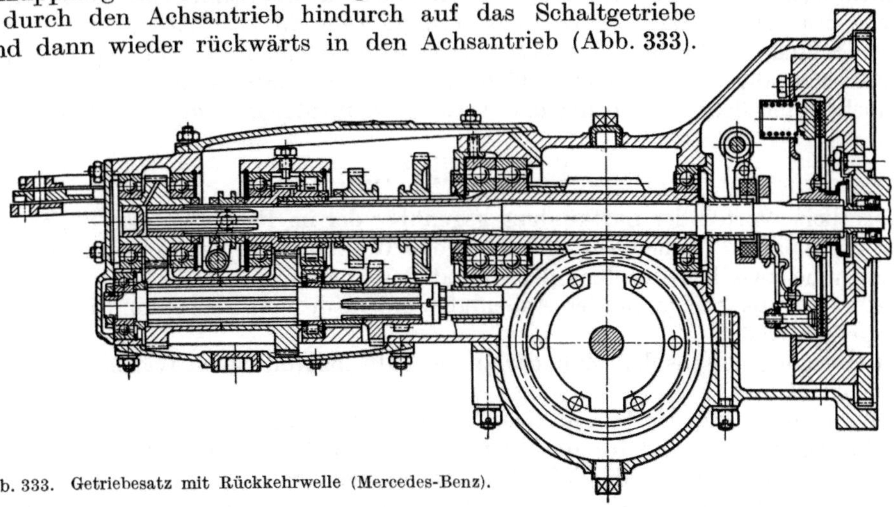

Abb. 333. Getriebesatz mit Rückkehrwelle (Mercedes-Benz).

Die früher üblich gewesene Unterteilung der ganzen Triebwerksanlage in Motor mit Kupplung und in Schaltgetriebe bot gewisse Vorteile für die Raumeinteilung des Fahrzeugs. Diese Vorteile können wieder zur Geltung kommen, wenn es sich darum handelt, mit Rücksicht auf hohe Fahrtrichtungsstetigkeit und günstige Luftwiderstandsform Fahrzeuge für hohe Geschwindigkeiten mit Vornantrieb und hinten liegendem Motor auszubilden.

Bei Lastwagen und Omnibussen entspricht die Triebwerksanordnung im allgemeinen der im Personenfahrzeug. Bisweilen, insbesondere bei Omnibussen, ist es schwer, die neuerdings erforderlichen großen Leistungen unterzubringen, weshalb auch bei diesen Fahrzeugen eine räumliche Aufteilung der Maschinenanlage in ihre Baugruppen oder auch in Doppelanlagen in Betracht gezogen wird. Die reine Zweckmäßigkeit ist hier von überragender Bedeutung gegenüber dem Herkömmlichen oder dem Geschmack.

Bei Schleppern wird vielfach der Aufbau des Motorblocks derart vorgenommen, daß er gleichzeitig das Gestell des Fahrzeugs bildet, also auch die Achskörper und die ganze Achsabstützung umfaßt.

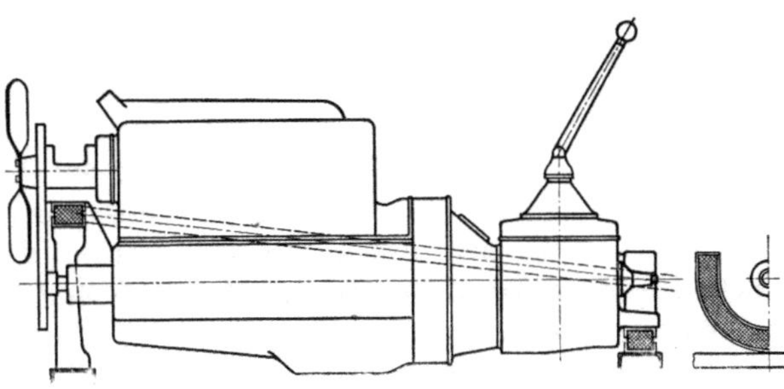

Abb. 334. Beispiel einer federnden Motoraufhängung.

C. Aufhängung des Motors.

Die Aufhängung des Motors erfolgt, wie oben dargelegt, in dämpfenden Federgliedern, am besten in Gummi, vielfach nach Abb. 334 so, daß seine Bewegung um eine freie Achse erfolgen kann und bei diesen Bewegungen der Wellenanschluß keine unzulässigen Formänderungen erleidet.

Die Lage der freien Drehachse kann auch durch entsprechende Abstimmung der Federweichheit der in verschiedener Entfernung von dieser Achse angeordneten Aufhängefederkörper festgelegt werden.

26. Kühlung des Motors im Fahrzeug.

Bezeichnungen

N_g	Gebläseleistung [PS],	Q	Wärmemenge [kcal],
Δp	Staudruck vor dem Zylinder [kg/m²],	α_0, k	Wärmeübergangzahl [kcal/m² h ° C]
v, w	Luftgeschwindigkeit [m/sek],	λ_a	Wärmeleitzahl,
V	Luftmenge [m³/sek],	τ	Wassertemperatur [° C],
ϱ	Luftdichte [kgsec²/m⁴],	γ	Wasserdichte [g/cm³],
η	Gebläsewirkungsgrad,	h	Widerstandshöhe des Kühlers [mm].

Die Kühlung hat die Aufgabe, die vom Motor mit der Kühlflüssigkeit oder unmittelbar abgeführte Wärme an den Luftstrom abzugeben, der mit dem Fahrwind zur Verfügung steht oder mit einem Gebläse erzeugt wird. Dabei soll möglichst kleine Kühlfläche, kleine Einbauquerschnittsfläche des Kühlers oder Motors und geringes Gewicht erforderlich sein.

Die Entwicklung der Luftkühlung läßt erwarten, daß man in absehbarer Zeit diese auch für Kraftfahrzeuge allgemein wird anwenden können. Die Flüssigkeitskühlung besitzt jedoch vorläufig noch wesentliche Bedeutung und verlangt demzufolge eingehende Behandlung.

A. Luftkühlung.

Der wesentliche Vorteil der Luftkühlung gegenüber der im Fahrzeug noch üblichen Wasserkühlung ist die bauliche Einfachheit und die große Betriebsunempfindlichkeit. Bei ihr ist die Temperaturspanne zwischen der Kühlfläche und der umgebenden Luft höher als bei Wasserkühlung, so daß Unterschiede in der Außenlufttemperatur von kleinerem Einfluß auf dieses Temperaturgefälle sind.

Für den Übergang der aus dem Zylinder an die Luft abzuführenden Wärme sind drei Widerstände maßgebend:

1. der Wärmeübergang der heißen Gase in die Zylinderwand,
2. der Wärmeleitwiderstand für den Durchfluß der Wärme in der Wand,
3. der Wärmeübergang von der Wand an die umgebende Luft.

Der letztere Widerstand ist der wesentlichste, denn der Wärmeübergangswiderstand von den Gasen an die Zylinderwand ist bei der starken Wirbelung und Strahlung und bei den großen Temperaturgefällen zwischen Gas und Wandung trotz der kleinen Oberfläche niedrig. Auch der Wärmewiderstand der Wände ist bei den hohen Leitzahlen der Metalle und den kleinen Wegen niedrig.

Da die außen abgeleitete Wärmemenge von dem Temperaturunterschied und der Größe der Oberfläche abhängig ist, werden die Außenflächen des Zylinders verrippt, womit die Außenwand eine größere Oberfläche erhält, die ausreicht, um die Wandungstemperatur in den Grenzen zu halten, die nötig sind.

I. Die Grenztemperaturen.

Bei hohen Wandtemperaturen tritt Verkokung des Schmieröls und Festwerden der Kolbenringe in ihren Nuten sowie anschließendes Festfressen der Kolben ein. Die Wandungstemperatur, von der ab die Schwierigkeiten eintreten, liegt bei etwa 250° C. Ein hinreichender Abstand von dieser Temperatur ist bei der Fahrzeugmaschine notwendig.

II. Die Wärmebelastung der verschiedenen Zylinderteile.

Zylinder und Zylinderkopf sind in verschiedenem Maß am Wärmeübergang beteiligt. Die den Gasen zugekehrte Innenfläche des Kopfes ist dauernd den Gasen ausgesetzt, während der Zylinder dann, wenn die Temperaturen hoch sind, durch den Kolben zu einem großen Teil abgedeckt ist.

Die Zylinderwand hat aber auch die Wärme, die von dem Kolben an sie abgegeben wird, nach außen zu übertragen. Daher muß die Kühlung auch an dem oberen Teil des Zylinders selbst stark sein.

Für die Haltbarkeit der Ventile ist die Temperatur des Zylinderkopfes und für die Haltbarkeit des Kolbens die Temperatur des Zylinders maßgebend. Besondere Sorgfalt erfordert die Kühlung der Umgebung des Auslaßventils, der Zündkerze und der Stellen der Zylinderwand, an denen während des ersten Teils der Verbrennung die die Wärme aus dem Kolben hauptsächlich übertragenden Kolbenringe stehen.

III. Gestaltung der Kühlrippen.

Über die Gestaltung der Kühlrippen für günstigste Wärmeübertragung sind theoretische und versuchsmäßige Arbeiten durchgeführt worden (*52* bis *54*).

Zusammenfassend ergibt sich aus diesen und eigenen Untersuchungen, daß die Kühlungsverhältnisse der Rippen sich bessern, wenn man den Luftstrom durch Leitbleche den Rippen entlang führt, d. h. geführte Luftströme zwischen den Kühlrippen sind wirksamer, als wenn die Zylinder mit ihren Kühlrippen im freien Luftstrom angeblasen werden. Die Unterschiede dieser beiden Kühlungsarten machen sich besonders stark geltend, wenn die Kühlrippen eng gestellt sind. Im freien Luftstrom strömt die Luft an den Rippenfüßen langsamer als an den Rippenspitzen, was Wärmestauungen ergibt. Aus diesem Grund sind viele und enge Rippen, die beim Zylinder mit Zwangsführung der Luft günstig sind, insbesondere auch mit Rücksicht auf das Baugewicht beim frei angeblasenen Zylinder nicht so günstig. Bei geführtem Luftstrom kann in der engen Teilung der Rippen bis auf die äußersten Herstellungsgrenzen gegangen werden.

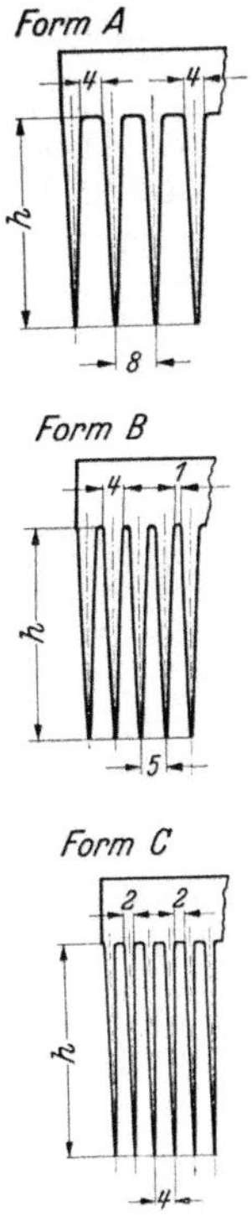

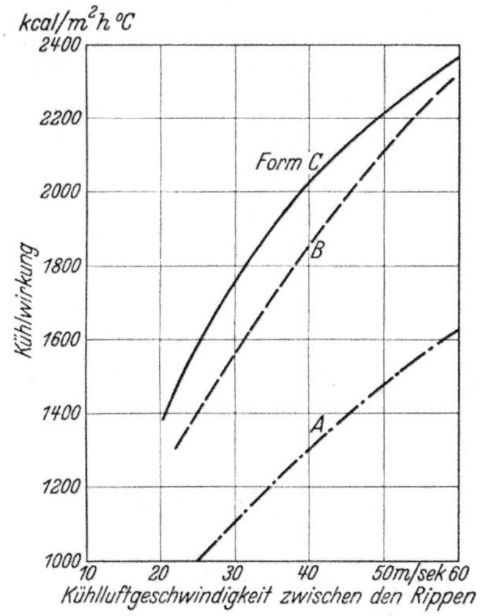

Abb. 335. Einfluß der Kühlluftgeschwindigkeit bei geführter Luft auf die Kühlwirkung bei verschiedener Rippenform. Rippenhöhe $h = 42$ mm.

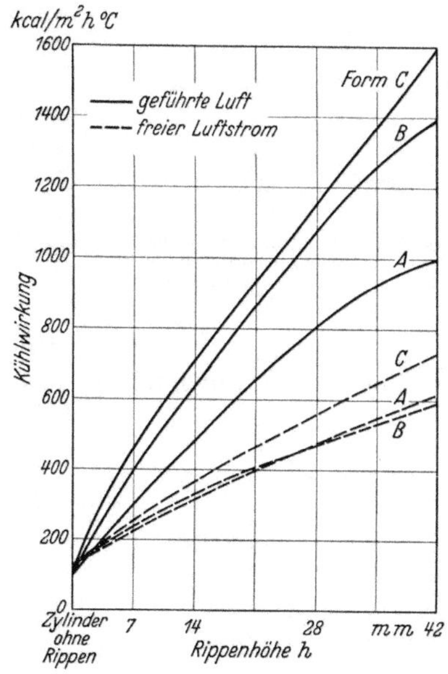

Abb. 336. Einfluß der Rippenhöhe auf die Kühlwirkung.

Die Wärmeübertragung nimmt mit der Steigerung der Luftgeschwindigkeit zwischen den Rippen zu. Wenn beispielsweise drei Rippenformen mit enger und weiter Teilung verglichen werden, so ergibt sich der in Abb. 335 dargestellte Einfluß der Luftgeschwindigkeit auf die Wärmeübertragung. Der Einfluß der Rippenhöhe ist aus Abb. 336 zu entnehmen.

Freies Anblasen ist beim Motorradmotor üblich, beim Wagenmotor wird es, insbesondere im Hinblick auf die Belastung bei langsamer Bergfahrt, stets notwendig sein, ein Kühlgebläse vorzusehen. In diesem Fall ist die Führung der Kühlluft in geschlossenen Kanälen mit Rücksicht auf den Leistungsaufwand besonders wertvoll.

IV. Leistung des Kühlgebläses.

Nach Abb. 337 wird die dem einzelnen Zylinder zuströmende Luft vor dem Zylinder gestaut und aus diesem Staudruck das Energiegefälle für Überwindung der Widerstände in den Rippenkanälen entnommen. Das Gebläse hat eine bestimmte Austrittsgeschwindigkeit hinter seinem Diffusor, sowie den Staudruck Δp [kg/m²] zu erzeugen. Demnach ergibt sich mit der Luftdichte ϱ [kgsek²/m⁴], der geförderten Luftmenge V [m³/sek] und dem Gebläsewirkungsgrad η die Leistung N_g, die das Gebläse aufzubringen hat, wie folgt:

$$N_g = \left(\Delta p + \frac{v^2 \cdot \varrho}{2}\right) V \cdot \frac{1}{\eta} \text{ [mkg/sek]}.$$

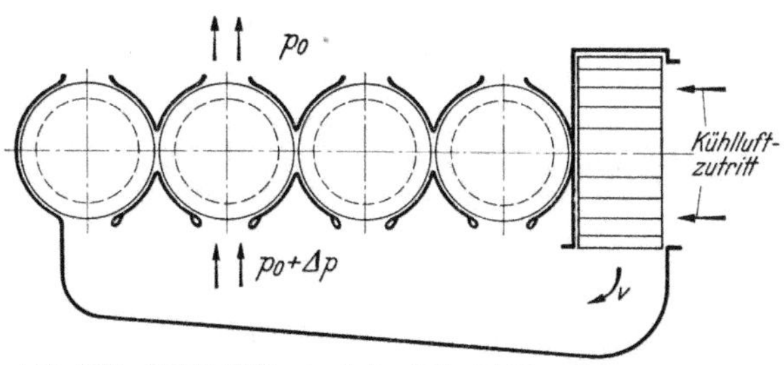

Abb. 337. Kühlluftführung beim luftgekühlten Fahrzeugmotor. Kühlluftgeschwindigkeit zwischen den Rippen 25 m/sek.

Damit der Kühlleistungsaufwand für das Gebläse klein bleibt, soll die Luftmenge V klein sein, was durch volle Verkleidung der Zylinder erreicht wird. Ferner muß der Staudruck so klein als möglich bleiben, was durch gute Rippenformen und Kleinhaltung der Widerstände in den Kühlkanälen erreicht wird.

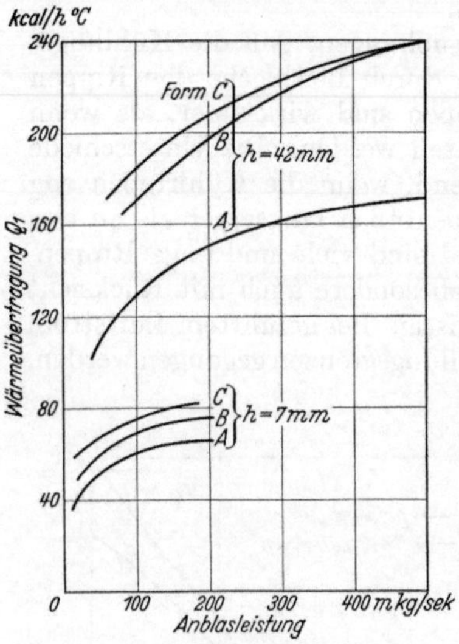

Abb. 338. Wärmeübertragung in Abhängigkeit von der Anblasleistung bei verschiedener Rippenhöhe und Rippenform.

Während der Fahrt kann die Zuströmgeschwindigkeit durch den Fahrtwind erzeugt werden. Damit wird der Gebläseleistungsaufwand kleiner, nicht aber der Gesamtaufwand für die Kühlung, weil bei Entnahme der Kühlluft aus dem Fahrtwind die Energie der hinter den Zylindern abströmenden Luft meistens verloren ist. Durch Verbesserung der Führung der austretenden Luft kann ein Teil dieser Energie wiedergewonnen werden. Dazu sollte die hohe Luftgeschwindigkeit zwischen den Zylindern durch Diffusoren auf Beträge herabgesetzt werden, die der Geschwindigkeit des Fahrtwindes entsprechen, sodaß die Luft ohne Stoßverlust in diesen abströmt.

In Abb. 338 ist der Zusammenhang zwischen der Anblasleistung und der abgeleiteten Wärmemenge dargestellt. Wegen des starken Anwachsens der Anblasleistung mit der Geschwindigkeit nähern sich die abgeführten Wärmemengen Grenzwerten. Hohe Rippen sind günstiger als niedrige. Eng gestellte Rippen sind, jedoch mit Grenzen, günstiger als weite.

V. Berechnung der Kühlrippen an Zylindern.

Mit den Bezeichnungen der Abb. 339 ist die Wärmeleitung der halben Rippe:

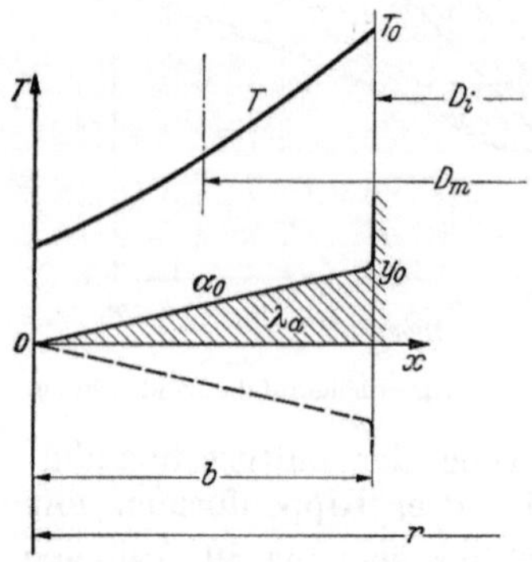

Abb. 339. Bezeichnungen zur Berechnung des Wärmeflusses der Rippen.

$$Q = -\frac{\lambda_a \cdot y_0 \cdot 2\pi}{b} \cdot x(r-x)\frac{dT}{dx} \tag{1}$$

und die Wärmeübertragung an die Luft:

$$Q = 2\pi\alpha_0 \int (r-x)\,T\,dx\,, \tag{2}$$

wo T Temperatur, α_0 Wärmeübergangszahl an Luft, λ_a Wärmeleitzahl.

Aus (1) und (2) ergibt sich durch Gleichsetzen:

$$x(r-x)\frac{dT}{dx} + \frac{\alpha_0 \cdot b}{\lambda_a \cdot y_0}\int (r-x)\,T\,dx = 0\,. \tag{3}$$

Zur Vereinfachung sei

$$\frac{\alpha_0 \cdot b}{\lambda_a \cdot y_0} = A$$

gesetzt. Zur Lösung der Gleichung dient die Reihe

$$T = c_0 + c_1 x + c_2 x^2 + \cdots + c_n x^n. \tag{4}$$

Dann wird

$$\begin{aligned}
r x\frac{dT}{dx} &= r c_1 x + 2 r c_2 x^2 + 3 r c_3 x^3 + \cdots + r n c_n x^n + \cdots,\\
-x^2\frac{dT}{dx} &= \qquad - c_1 x^2 - 2 c_2 x^3 - \cdots - (n-1)\,c_{n-1} x^n - \cdots,\\
A r\int T\,dx &= A r c_0 x + \frac{A r c_1}{2}x^2 + \frac{A r c_2}{3}x^3 + \cdots + \frac{A r c_{n-1}}{n}x^n + \cdots,\\
-A\int x\,T\,dx &= \qquad -\frac{A c_0}{2}x^2 - \frac{A c_1}{3}x^3 - \cdots - \frac{A c_{n-2}}{n}x^n - \cdots.
\end{aligned}$$

Die Glieder gleicher Koeffizienten von x müssen nun einzeln zu Null werden. Damit wird

$$r n c_n - (n-1)\,c_{n-1} + \frac{A r}{n} c_{n-1} - \frac{A}{n} c_{n-2} = 0$$

und hieraus

$$c_n = \frac{[n(n-1) - A r]\,c_{n-1} + A\,c_{n-2}}{n^2 \cdot r}\,. \tag{5}$$

Im einzelnen ist

$$c_1 = -A c_0,$$

$$c_2 = \frac{-A + A^2 r}{(2!)^2 r} c_0,$$

$$c_3 = \frac{-6A + 3A^2 r - A^3 r^2}{(3!)^2 r^2} c_0,$$

$$c_4 = \frac{-72A + 33A^2 r - 6A^3 r^2 + A^4 r^3}{(4!)^2 r^3} c_0.$$

Am Fuß der Rippe, also für $x = b$, ist die Temperatur $T = T_0$. Mit dieser Randbedingung ergibt sich aus Gleichung (4) das Glied c_0, womit auch die anderen Glieder der Reihe bestimmt sind.

Damit kann die übertragene Wärmemenge Q berechnet werden. Es ist

$$Q = -\lambda_a y_0 2\pi (r - b) [c_1 + 2c_2 b + 3c_3 b^2 + \cdots + (n+1) c_{n+1} \cdot b^n + \cdots].$$

Die Reihe konvergiert gut, so daß man nach dem Glied c_3 abbrechen kann.

Mit den Bezeichnungen der Abb. 339 läßt sich die übertragene Wärmemenge auch ohne Reihenentwicklung annäherungsweise nach der Gleichung berechnen:

$$Q = -\alpha_0 b \cdot T\pi \cdot D_m \cdot \psi_1 \left(\frac{\alpha_0 \cdot b^2 \cdot D_m}{\lambda_a y_0 D_i}\right),$$

wo die Funktion ψ_1 aus der Abb. 340 entnommen werden muß.

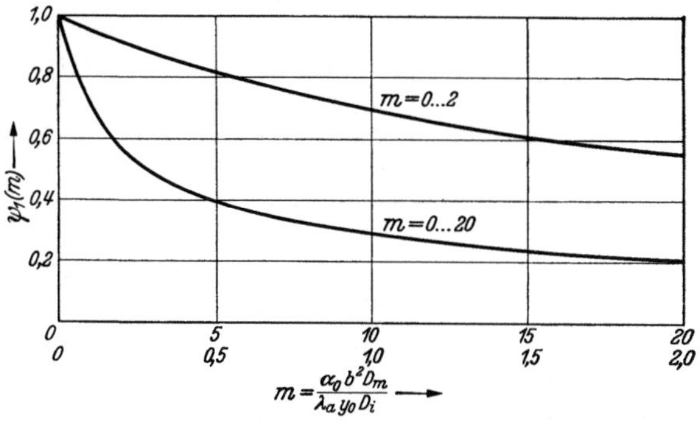

Abb. 340. Schaubild der Funktion $\psi\left(\frac{\alpha_0 \cdot b^2}{\lambda_0 y_0}\right)$ bzw. $\psi_1\left(\frac{\alpha_0 \cdot b^2 \cdot D_m}{\lambda_a \cdot y_0 \cdot D_i}\right)$.

y_0 halbe Rippenstärke, b Rippenbreite, r äußerer Rippenhalbmesser, D_m mittlerer Rippendurchmesser, D_i innerer Rippendurchmesser.

Für die Errechnung des Wärmeflusses in den Kühlrippen ist die Kenntnis der Wärmeübergangszahl α zwischen Rippenoberfläche und Luft erforderlich. Bei verkleideten Rippenzylindern kann der zwischen Zylinderwand, Rippe und Verkleidung entstehende Raum als Rohr mit trapezförmigem Querschnitt aufgefaßt werden. Für gerade Zylinderrohre ist nach Nusselt

$$\alpha = 22{,}5 \cdot \frac{\lambda}{d} \cdot \left(\frac{Z}{d}\right)^{-0{,}05} \cdot \left(\frac{w \cdot d}{a}\right)^{0{,}79},$$

wo

λ Wärmeleitzahl der Wand = 0,0263,
Z halber Umfang des Rippenzylinders [m],
w Luftgeschwindigkeit [m/sek],
a 0,114.

Bei nicht kreisförmigen Querschnitten ist statt d ein äquivalenter Durchmesser $d_{ae} = \frac{4F}{U}$ zu setzen, wo F der Querschnitt und U der Umfang der Wärmeströmfläche ist.

VI. Forderungen an das Kühlgebläse.

Das Gebläse muß rasch laufend sein, damit es die hohen statischen Drücke zu erzeugen vermag, die für große Geschwindigkeit der Luft zwischen den Rippen nötig sind.

Ein Schleudergebläse unmittelbar auf der Kurbelwelle ist wegen der Raumverhältnisse auf bescheidene Umfangsgeschwindigkeiten beschränkt. Deshalb wird es nötig, mit Übersetzung angetriebene, schnellaufende Gebläse unter Steigerung der Umfangsgeschwindigkeiten von 50 bis 60 m/sek auf 150 bis 200 m/sek zu verwenden.

VII. Richtung des Kühlluftstroms.

Für die Kühlung der Zylinder, insbesondere solcher mit stehenden Ventilen, ist es nicht gleichgültig, in welcher Richtung der Luftstrom den Zylinder umspült. Versuche haben ergeben, daß bei geschlossener Luftführung die besten Kühlverhältnisse bei kleinstem Leistungsaufwand erreicht werden, wenn die Kühlluft den Zylinder von der Ventilseite her umströmt. Bei Anschluß des Gebläses auf der Gegenseite erwies sich ein saugendes Gebläse günstiger als ein drückendes.

B. Wasserkühlung.

Die Selbstumlaufkühlung setzt verhältnismäßig große Wassermengen und große Fließquerschnitte voraus. Die Wärmequelle muß tiefer liegen als die Kühlstelle, damit der Unterschied in der Kühlwassertemperatur das nötige Strömungsgefälle ergibt.

Die Pumpenumlaufkühlung wird in allen Fällen angewandt, wo es sich um die Unterbringung großer Kühlleistung auf kleinem Raum handelt. Sie ist aber in Einfachheit und Betriebssicherheit wegen der Abdichtungs- und Schmierungsschwierigkeiten der Wasserpumpe der Kühlung mit Selbstumlauf unterlegen.

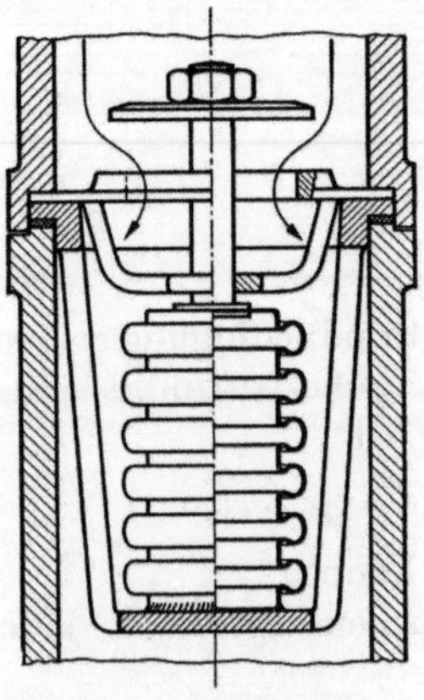

Abb. 341. Ausdehnungsdose zur Regelung der Kühlmitteltemperatur.

I. Regelung der Kühlung.

Die Empfindlichkeit der Wasserkühlung gegen Unterschiede in der Außentemperatur macht es notwendig, die Kühlwirkung zu regeln. Zur Regelung kann in den Wasserumlauf zwischen dem Motor und dem Kühler eine durch das Regelgerät gesteuerte Kurzschlußleitung eingefügt oder ein Satz Abdeckklappen vor dem Kühler angeordnet werden, die durch das Regelgerät geöffnet oder geschlossen werden. Die erstere Anordnung ist baulich und betrieblich einfacher und daher besser. Immerhin besitzt die Regelung mit Kühlerklappen den Vorteil, daß bei kalter Außentemperatur die hohe Kühlwassertemperatur auch im Kühler gehalten wird, wenn die Klappen geschlossen sind, während bei der Kurzschlußregelung die Möglichkeit des Einfrierens des Kühlers eintritt. Diese Gefahr ist heute jedoch durch die allgemein gewordene Anwendung der Gefrierschutzmittel beseitigt.

Betätigt wird die Regelung im allgemeinen durch Thermostateinrichtungen. Diese sind als Mehrfach-Ausdehnungsdosen (Abb. 341) in die Kühlleitung eingebaut und liefern durch ihre Temperaturdehnung Weg und Kraft zur Verstellung der Regelklappen oder -ventile.

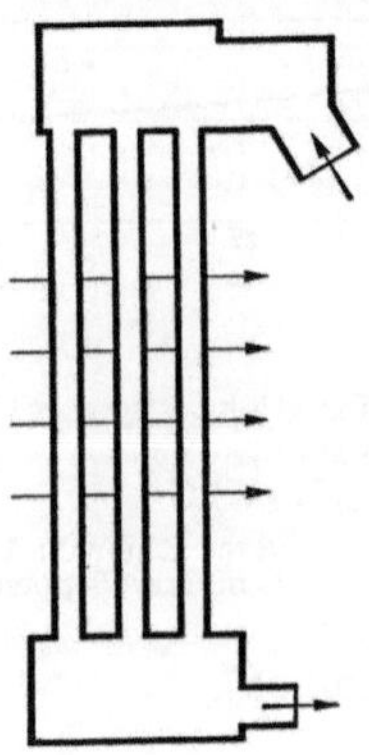

Abb. 342. Wasserrohrkühler.

II. Der Kühler.

Das Wasser fließt im Kühler stets von oben nach unten, die Luft durchströmt ihn im allgemeinen waagrecht von vorn nach hinten. Die Kühler werden als Wasserrohrkühler oder Luftröhrenkühler gebaut. Beim Wasserrohrkühler (Abb. 342) fließt das Wasser durch senkrecht angeordnete Rippenrohre, die von der Luft umströmt werden, beim Luftröhrenkühler (Abb. 343) strömt die Luft in Röhren, die mit ihren Enden zu einem Kasten verlötet sind, sodaß sie von außen vom Wasser in geschlossenem Raum umspült werden können. Die Herstellung der Wasserrohrkühler ist einfacher und billiger, die Luftröhrenkühler gestatten die Unterbringung größerer Kühlflächen auf kleinem Raum.

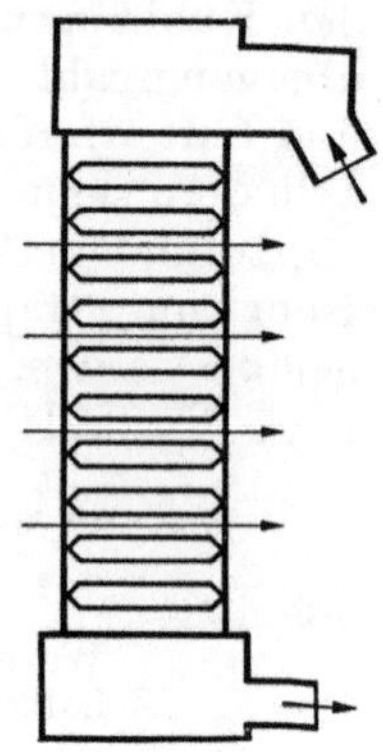

Abb. 343. Luftröhrenkühler.

Berechnung des Kühlers. Für die Berechnung der Größe des Kühlers benützt man die v. Doblhoffsche Formel (*55*). Nach dieser ist die erforderliche Stirnfläche F_{st} des Kühlers

$$F_{st} = \frac{\frac{1}{\varphi \cdot k} + \frac{1}{500 V_f \cdot \lambda \cdot \varrho}}{\frac{\vartheta_1 \cdot \tau_1}{Q} - \frac{1}{2W}}.$$

$\varphi = \frac{F_k}{F_{st}}$ ist das Verhältnis zwischen der ganzen Kühlfläche F_k und der Stirnfläche F_{st} des betreffenden Kühlers. Dieses Verhältnis muß bei der Konstruktion des Kühlers ermittelt werden. Für die Vorberechnung kann $\varphi = 28$ für Wasserrohrkühler mit flachen Rohren und $\varphi = 37$ für Luftröhrenkühler, die aus runden Luftröhrchen zusammengesetzt sind, angenommen werden.

k ist die Wärmeübergangszahl. Sie setzt sich zusammen aus den Wärmeübergangszahlen für den Übergang der Wärme vom Wasser ans Metall und vom Metall an die Luft, sowie aus der Wärmeleitzahl für den Wärmefluß im Metall.

Gegenüber der Zahl für den Übergang vom Metall an die Luft treten, wie oben bei der Luftkühlung, die beiden anderen Zahlen in ihrer Größe vollkommen zurück, so daß der Wärmeübergang zwischen Kühlerblech und Außenluft maßgebend ist. Bei etwa 25 m/sek Anblasgeschwindigkeit und Messingblech als Kühlerbaustoff können auf Grund verschiedener Untersuchungen folgende Werte für k angenommen werden:

$k = 90$ (kcal/m²h°C) für Luftröhrenkühler,
$k = 120$ „ für Wasserrohrkühler mit geraden Rohrreihen,
$k = 160$ „ für Wasserrohrkühler mit versetzten Rohrreihen,
$k = 230$ „ für Wasserrohrkühler mit Rippen und geraden Rohrreihen,
$k = 260$ „ für Wasserrohrkühler mit Rippen und versetzten Rohrreihen.

Die Zahl 90 für Luftröhrenkühler gilt für die gesamte Kühlfläche, die Zahlen für Wasserrohrkühler sind auf die unmittelbare Kühlfläche zu beziehen. V_f stellt die Luftgeschwindigkeit vor dem Kühler dar. Sie entspricht bei großen Geschwindigkeiten der Fahrgeschwindigkeit annähernd, bei kleinen Geschwindigkeiten wird sie durch das hinter dem Kühler angeordnete Gebläse beeinflußt.

$\lambda = \frac{F_L}{F_{st}}$ ist das Verhältnis zwischen dem freien Luftquerschnitt F_L zwischen oder in den Kühlerröhren und der Stirnfläche F_{st} des Kühlers. Seine Größe ergibt sich bei der Konstruktion des Kühlers. Für Überschlagsrechnungen kann angenommen werden $\lambda = 0{,}43$ bei Wasserrohrkühlern und $\lambda = 0{,}63$ bei Luftröhrenkühlern.

ϱ ist das Verhältnis der mittleren Luftgeschwindigkeit im Kühler zur Luftgeschwindigkeit vor dem Kühler. Es ist bedingt durch die Strömverluste und daher je nach der Kühlerausführung stark verschieden. Als Zahlen werden angegeben:

$$\varrho = 0{,}8 \text{ bis } 0{,}9 \text{ für Luftröhrenkühler,}$$
$$\varrho = 0{,}3 \text{ bis } 0{,}8 \text{ für Wasserrohrkühler.}$$

ϑ_1 [° C] ist die Eintrittstemperatur des Kühlwassers im Kühler. Diese Temperatur wird als höchstzulässige Temperatur des Kühlwassers angenommen.

τ_1 [° C] ist die Eintrittstemperatur der Luft im Kühler.

Q [kcal/h] ist die Wärmemenge, die stündlich abgeleitet werden muß. Wenn α der Anteil der Brennstoffwärme ist, die abgeführt wird, η_t der Anteil, der in Nutzarbeit umgesetzt wird, also der thermische Wirkungsgrad, und Q_n der Wärmewert der geleisteten Nutzarbeit, so ist

$$Q = \frac{\alpha}{\eta_t} \cdot Q_n .$$

Für Q_n gilt

$$Q_n = \eta_t \cdot G_B \cdot N_e \cdot H_u ,$$

wenn G_B [kg/PSh] das Brennstoffgewicht ist, das der Motor je PSh verbraucht, N_e [PS] die Höchstleistung des Motors und H_u der untere Heizwert des Brennstoffs. Damit ist

$$Q = \alpha \cdot G_B \cdot N_e \cdot H_u .$$

Als Faustformel, unter Einsetzung üblicher Zahlen, also $\alpha = 0{,}35$, $G_B = 0{,}275$, $H_u = 10500$, ergibt sich $Q = 1000\, N_e$.

W [kg/h] ist die umlaufende Kühlwassermenge.

Kühler gleicher Stirnfläche und gleicher Blocktiefe sind bei gleichem Verhältnis der Stirnfläche zur Kühlfläche gleichwertig. Für die Länge und Querschnittsfläche der Röhrchen gilt folgendes:

Bei gegebener Größe der Stirnfläche, Luftgeschwindigkeit und der durchfließenden Wassermenge kann die Kühlleistung durch eine Vergrößerung der Kühlfläche, also durch Verlängerung der Röhrchen bei Luftröhrenkühlern oder durch Vermehrung der Zahl der Röhrchen bei entsprechender Querschnittsverkleinerung nur bis zu einem bestimmten Größtwert gesteigert werden. Bei einer weiteren Vergrößerung der Kühlfläche nimmt sie wieder ab. Der Bereich des Bestwertes ist aber ein sehr großer. Aus wirtschaftlichen Gründen muß man sich an der unteren Grenze von Zahl und Länge der Röhrchen halten.

Beim Luftröhrenkühler sind bei großen Luftgeschwindigkeiten und kleinen Durchmessern größere Rohrlängen günstig. Die besten Werte liegen nach Richter bei Fahrzeugkühlern bei 100 bis 150 mm Luftröhrenlänge und 4 bis 6 mm Rohrdurchmesser bzw. Kantenlänge der Rohrquerschnitte.

Die Stirnform des Blocks ist unter sonst gleichen Verhältnissen ohne Einfluß auf die Kühlleistung. Die Stirnflächengröße beeinflußt bei gegebener Kühlfläche die Kühlwirkung in verschiedenem Sinn. Wenn die durchfließende Wassermenge verhältig der Stirnfläche wächst, ist, da der Kühlwert der durchströmenden Luft der Stirnfläche verhältig ist, die übertragene Wärme verhältig der Wassermenge, also der Stirnfläche. Wenn die durchfließende Wassermenge schneller wächst als die Stirnfläche, wächst auch die übertragene Wärme schneller als die Stirnfläche. Wenn die durchfließende Wassermenge langsamer wächst als die Stirnfläche, wächst, da der Kühlwert der durchströmenden Luft der Stirnfläche verhältig bleibt, die übertragene Wärme langsamer als die Stirnfläche, d. h. die je m² Stirnfläche übertragene Wärme wird kleiner.

Die Luftgeschwindigkeit ist von wesentlichem Einfluß auf die Kühlwirkung. Für mittlere Verhältnisse ergibt sich nach **Richter** die in Abb. 344 dargestellte Steigerung der Übertragungswärme mit der Luftgeschwindigkeit. Mit der Luftgeschwindigkeit wächst aber die erforderliche Anblasleistung sehr erheblich, so daß man sich mit möglichst kleiner Luftgeschwindigkeit begnügen muß. Günstige Geschwindigkeiten liegen bei ungefähr 25 m/sek.

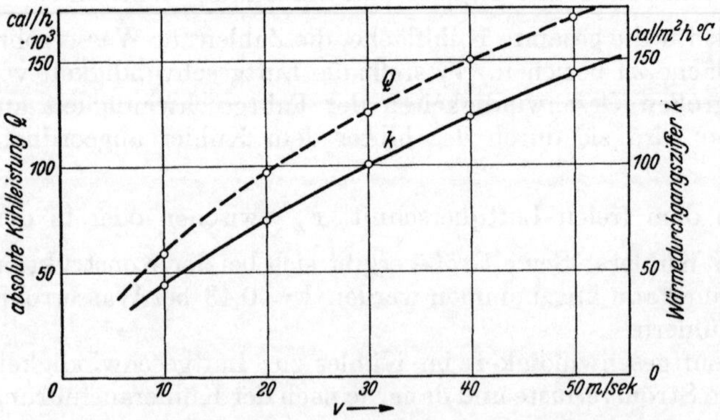

Abb. 344. Kühlleistung eines Flüssigkeitskühlers in Abhängigkeit von der Luftgeschwindigkeit.

Der Einfluß der durchfließenden Wassermengen ist klein, die Grenze der Wasserumlaufmenge, von der ab ein merkbares Absinken der Kühlleistung eintritt, liegt bei 0,16 m³ stündlichem Wasserumlauf je 1000 kcal/h abzuführende Wärme.

Die Kühlwirkung ist der Luftdichte verhältig. Die Luft- und Wassereintrittstemperaturen sind von geringem Einfluß, so daß die übertragene Wärme in der Hauptsache vom Unterschied der beiden Eintrittstemperaturen abhängig ist.

III. Das Kühlergebläse.

Bei dem Kühlergebläse wählt man das Verhältnis zwischen Wagengeschwindigkeit und Luftgeschwindigkeit in der Kühlerebene so, daß bei voller Fahrgeschwindigkeit keine Stauung der Luft am Gebläse eintritt, d. h. daß die wirksame Luftgeschwindigkeit im Gebläse mit der Austrittsgeschwindigkeit der Luft aus dem Kühler bei großer Fahrgeschwindigkeit übereinstimmt. Die Geschwindigkeit der Luft hinter dem Kühler ist im allgemeinen das 0,8- bis 0,9fache der Fahrgeschwindigkeit, andererseits muß beim Gebläse mit einem Schlupf von ungefähr 20 bis 30 vH gerechnet werden. Damit ergibt sich, daß der Gebläseentwurf richtig ist, wenn die Steigung der Flügel des Axialgebläses unter Berücksichtigung der Gebläsedrehzahl eine Fortschrittsgeschwindigkeit ergibt, die der größten Fahrgeschwindigkeit im schnellsten Gang entspricht.

Gebläse mit Blechflügeln gestatten nicht, die Flügelquerschnitte günstig zu gestalten. Bessere Wirkungsgrade werden mit Flügeln aus Leichtmetall erzielt, die eine günstige Profilierung ermöglichen. Die Umrißform der Flügel ist ohne wesentlichen Einfluß. Sie soll möglichst einfach sein. Als Flügelzahlen sind je nach Drehzahl und Belastung 2, 3 oder 4 Flügel üblich.

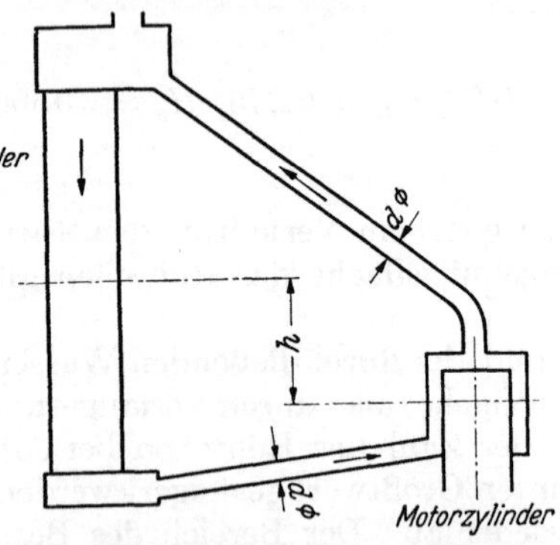

Abb. 345. Selbsttätige Wärmeumlaufkühlung, Bezeichnungen für die Berechnung.

IV. Berechnung der Wärmeumlaufkühlung.

Bei der Wärmeumlaufkühlung entspricht die Kühlanlage grundsätzlich der Abb. 345.

τ_1 und τ_2 sei die niederste und höchste Wassertemperatur,

W die stündlich umgewälzte Wassermenge,

γ_1 und γ_2 die Dichte des Wassers bei den Temperaturen τ_1 und τ_2.

Die stündlich abzuführende Wärmemenge ist dann $Q = W(\tau_2 - \tau_1)$.

Wenn v die Strömungsgeschwindigkeit in der Rohrleitung vom Durchmesser d in m/sek ist, dann ist

$$W = 3600 \cdot \frac{\pi \cdot d^2}{4} \cdot v \cdot 1000\, \frac{\gamma_1 + \gamma_2}{2}\ [\text{kg/h}],$$

und

$$Q = 3600000 \cdot \frac{\pi \cdot d^2}{4} \cdot v\, \frac{\gamma_1 + \gamma_2}{2}\, (\tau_2 - \tau_1)\ [\text{kcal/h}].$$

Daraus läßt sich die Wassergeschwindigkeit bestimmen zu

$$v = \frac{Q}{3600000\, \frac{\pi \cdot d^2}{4} \cdot \frac{\gamma_1 + \gamma_2}{2}\, (\tau_2 - \tau_1)}\ [\text{m/sek}].$$

Wenn h der senkrechte Abstand von Mitte Kühlmantel zu Mitte Kühler ist, dann ist $h \cdot (\gamma_2 - \gamma_1)$ die Druckhöhe, die den Wasserumlauf gegen die Strömungswiderstände mit der Geschwindigkeit aufrechterhält.

Es ist
$$h(\gamma_2 - \gamma_1) = \frac{v^2}{2g} \cdot \frac{\gamma_1 + \gamma_2}{2} \left(\frac{\varrho}{d} l + \sum \zeta\right).$$

Der Klammerausdruck enthält die Widerstände. Nach Weisbach (*56*) ist
$$\varrho = 0{,}01439 + \frac{0{,}0097411}{\sqrt{v}}.$$

$\frac{\varrho}{d} \cdot l$ sind die Widerstände der glatten Leitung, $\sum \zeta$ sind die Krümmer- und Übergangswiderstände. Für die Widerstandszahl ζ wird angegeben:

$\zeta = 1{,}0$ für einen rechtwinkligen Krümmer,
$= 1{,}0$ für einen starken und plötzlichen Querschnittsübergang,
$= 0{,}5$ für einen Bogen,
$= 0$ für kleine und allmähliche Querschnittsübergänge.

Man muß also die Leitung kurz und weit und mit Vermeidung unnötiger Übergangswiderstände ausbilden.

Zu den Widerständen der Leitung ist noch der Strömungswiderstand im Kühler zuzurechnen.

h ändert sich bei vorn liegendem Kühler selbsttätig günstig. Es wird in Steigungen größer, im Gefälle der Fahrbahn kleiner.

Beispiel. Abzuführen sei die Wärme $Q = 32400$ kcal/h, dann ist die nötige Wassermenge
$$W = \frac{Q}{\tau_2 - \tau_1} \text{ [kg/h]}.$$

In der Steigung bei voller Motorleistung (zweiter Gang) sei $\tau_2 = 85°$ C, $\tau_1 = 55°$ C, also ist $\tau_2 - \tau_1 = 30°$ C. Damit wird
$$W = \frac{32400}{30} = 1080 \text{ kg Wasser je Stunde.}$$

Die Umlaufgeschwindigkeit des Wassers ist
$$v = \frac{Q}{3600000 \frac{\pi \cdot d^2}{4} \cdot \frac{\gamma_1 + \gamma_2}{2} (\tau_2 - \tau_1)}.$$

Mit $d = 0{,}05$ m $\varnothing$, $\gamma_1 = 0{,}9687$, $\gamma_2 = 0{,}9857$ und $\frac{\gamma_1 + \gamma_2}{2} = 0{,}9772$

wird dann
$$v = \frac{32400}{3600000 \cdot 0{,}00196 \cdot 0{,}9772 \cdot 30} = 0{,}156 \text{ [m/sek]}.$$

Zur Berechnung der Druckhöhe ist
$$\varrho = 0{,}01439 + \frac{0{,}0094711}{\sqrt{v}} = 0{,}01439 + 0{,}024 = 0{,}0384.$$

Es ist dann
$$\frac{\varrho}{d} = \frac{0{,}0384}{0{,}05} = 0{,}77$$

und mit $l = 0{,}5$ m
$$\frac{\varrho}{d} \cdot l = 0{,}77 \cdot 0{,}5 = 0{,}38.$$

$\sum \zeta$ sei 2,0. Dann ist
$$\left(\frac{\varrho}{d} \cdot l + \sum \zeta\right) = 2{,}38$$

und
$$h(\gamma_2 - \gamma_1) = 0{,}00124 \cdot 0{,}9772 \cdot 2{,}38 = 0{,}00288.$$

Damit wird
$$h = \frac{0{,}00288}{0{,}017} = 0{,}170 = 170 \text{ [mm]}.$$

Zu dieser Druckhöhe kommt noch die Druckhöhe h_2 für Überwindung der Strömungswiderstände im Kühler.

Der freie Querschnitt im Kühler des Beispiels sei 0,0065 m².

Von den eingebauten 110 Kühlerröhrchen seien 90 wirksam für den Durchfluß (Lötung), die Zwischenräume sind 1,5 mm, zwischen 50 Röhrchen befinden sich 49 Zwischenräume. Die Strömungsgeschwindigkeit v_2 im Kühler beträgt dann
$$v_2 = \frac{1080}{0{,}0065 \cdot 3600 \cdot 10^3} = 0{,}0473 \text{ m/sek}.$$

Die Widerstandshöhe je Spalt im Kühler beträgt:

$$W = \frac{u \cdot l \cdot v^2 \cdot \varrho}{2gF} \text{ [cm]},$$

wo

F Querschnitt in m^2,
u benetzter Umfang in m,
l Länge in m,
$u \cdot l$ benetzte Oberfläche [m^2],
ϱ Reibungszahl für die benetzte Flächeneinheit, $= 0{,}003$ bis $0{,}006$, angenommen zu $0{,}0045$,
v Geschwindigkeit in m/sek.

Mit $l = 0{,}51$ [m],

$$F = \frac{0{,}0065}{49} = 0{,}000135\,[\text{m}^2],$$

$$u = 0{,}003 + 0{,}18 \text{ (}\square\text{-Röhrchen)} = 0{,}183\,[\text{m}],$$

$$v^2 = 0{,}0473^2 = 0{,}00224\,[\text{m}^2/\text{sek}^2],$$

wird $$W = \frac{0{,}183 \cdot 0{,}51 \cdot 0{,}00224 \cdot 0{,}0045}{0{,}000135 \cdot 2 \cdot 9{,}81} = 0{,}000355 \text{ [m] Wassersäule.}$$

Dieser Widerstand ist klein und kann vernachlässigt werden. Auch für eine Reihe parallel geschalteter Spalte hat er einen kleinen Wert.

Nun muß noch eine Annahme für den Strömungswiderstand im Zylinderblock gemacht werden. Sie wird mit 5 mm Wassersäule richtig sein.

Die gesamte Höhe für den Unterschied zwischen Kühlermitte und Zylindermitte ist also in diesem Beispiel

$$h_2 = 170 + 5 = 175 \text{ [mm] Wassersäule.}$$

27. Auspuffvorgang und Schalldämpfung.

Bezeichnungen

$A = u \cdot F$ Schallstrom [cm^3/sek],
a Schallamplitude (Ausschlag der Luftteilchen) [cm],
u Schallschnelle (Geschw. der Luftteilchen) [cm/sek],
p Schalldruck (schwingender Anteil des Luftdrucks) [μ Bar] = [Dyn/cm^2] = [g/cm sek^2] ($10^6 \mu$ Bar $\approx$ 1 at),
$z = p/u$ spez. Schallwiderstand [g/cm^2 sek],
$Z = p/A$ ges. Schallwiderstand [g/cm^4 sek],
r_s Strahlungswiderstand [g/sek],
R Verlustwiderstand, elektrisch: Ohm, akustisch: [g/cm^4 sek],
ωL induktiver Widerstand,
L Induktivität, elektrisch: [Hy], akustisch: [g/cm^4],
$G = 1/R$ Leitwert, Ableitung,
ωC kapaz.-Leitwert
C Kapazität, elektrisch: [Fd], akustisch: [cm^4 sek^2/g],
l Länge [cm],
r, R Abstand, Radius [cm],
F Fläche [cm^2],
V Volumen [cm^3],
m Masse [g],
f Frequenz [Hz],
ω Kreisfrequenz [1/sek],
λ Wellenlänge [cm],
N Leistung [Erg/sek] = [cm^2 g/sek^3],
J Intensität [Erg/sek cm^2] = [g/sek^3],
L Lautstärke [Phon],
c Schallgeschwindigkeit im freien Medium [cm/sek],
ϱ Luftdichte [g/cm^3],
ν kinematische Zähigkeit nach Maxwell [cm^2/sek],
μ innere Reibung [g/cm sek].

Die lateinischen Buchstaben A, u, p, Z, R bezeichnen die Beträge. Die deutschen Buchstaben $\mathfrak{A}$, $\mathfrak{u}$, $\mathfrak{p}$ kennzeichnen, als Zeitvektoren, Betrag und Phasenlage. Sie können in der Form $\mathfrak{A} = A e^{j(\omega t + \varphi)}$ oder abgekürzt $\mathfrak{A} = A e^{j\varphi}$ und in der komplexen Darstellungsweise $\mathfrak{A} = A_1 + jA_2$ geschrieben werden. Bei der Multiplikation $\mathfrak{p} = \mathfrak{A} \cdot \mathfrak{Z}$ verursacht die komplexe Widerstandsgröße (Scheinwiderstand) $\mathfrak{Z} = Z_1 + jZ_2 = Z e^{j\psi}$ die Phasenverschiebung ψ zwischen $\mathfrak{p}$ und $\mathfrak{A}$.

A. Die Auspuffströmung (*58, 59, 60*).

Die Verbrennungsgase besitzen beim Öffnen des Auslaßventils noch etwa 4 at Überdruck bei einer Temperatur von 800 bis 1000° C. Beim Öffnen des Ventils werden die Gase zuerst plötzlich entspannt, anschließend erfolgt der durch den Kolben bewirkte Ausschub. Durch den Auslaßquerschnitt tritt hierbei die Strömung A [cm^3/sek], die sich nach Fourier zerlegen läßt in eine Gleichstromkomponente A_0 und die Wechselstromkomponenten A_n ($n = 1 \rightarrow \infty$). Die Zeitdauer des ganzen Auspuffvorgangs beträgt je nach Drehzahl 8 bis 50 Millisekunden.

Der Verlauf der Strömung A kann gemessen werden, indem ihr ein rein reeller Strömungswiderstand Z entgegengesetzt wird. Es entsteht dann im Auslaßstutzen die Druckschwankung (Schalldruck)

$$p = Z \cdot A \; [\mathrm{Dyn/cm^2}],$$

die z. B. durch einen Quarzindikator (*59*) aufgenommen werden kann. Als rein reeller Strömungswiderstand dient ein sehr langes Auspuffrohr, bei dem keine am Ende reflektierten Wellen an den Anfang zurückkehren. Es ist hierbei

$$Z = \frac{\varrho\, c}{F} \; [\mathrm{g/cm^4\, sek}],$$

wobei ϱ die Dichte [g/cm³], c die Schallgeschwindigkeit im Abgas [cm/sek] und F der Rohrquerschnitt (cm²) ist.

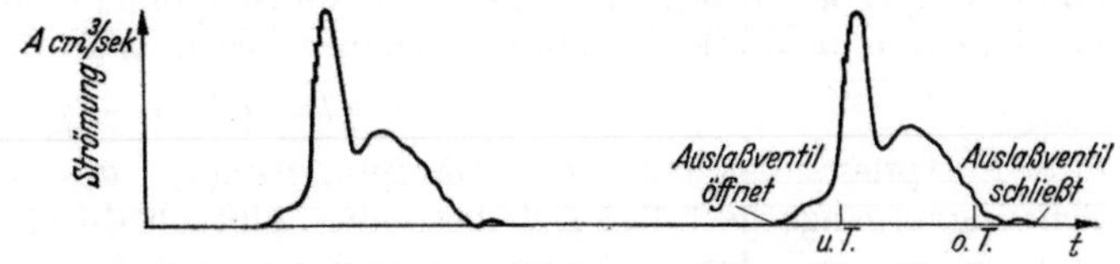

Abb. 346. Verlauf der Auspuffströmung bei einem Viertaktmotor.

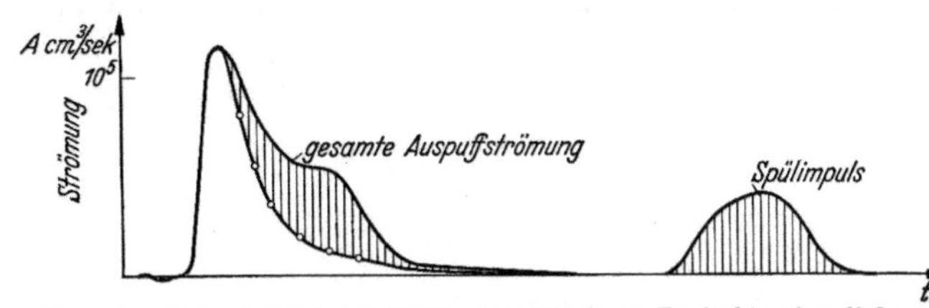

Abb. 347. Verlauf der Auspuffströmung bei einem Zweitaktmotor, links mit Zündung, rechts ohne Zündung.

Abb. 346 zeigt den Verlauf der Strömung A bei einem Viertaktmotor. Der Expansionsstoß und der Ausschubvorgang sind deutlich voneinander zu unterscheiden. Bei hohen Drehzahlen überschneiden sich die Vorgänge, während gleichzeitig die Amplitude zunimmt. Beim Zweitaktmotor ist dem abklingenden Expansionsstoß der Spülstoß überlagert (Abb. 347). Die Zerlegung dieses Strömungsvorganges nach Fourier ergibt seine harmonischen Teilfrequenzen (Abb. 348).

Wird kein Auspuffrohr angeschlossen, so tritt der Gasstrom A aus dem Auslaßstutzen ins Freie. Der Endquerschnitt des Stutzens wirkt dabei als schallabstrahlende Fläche.

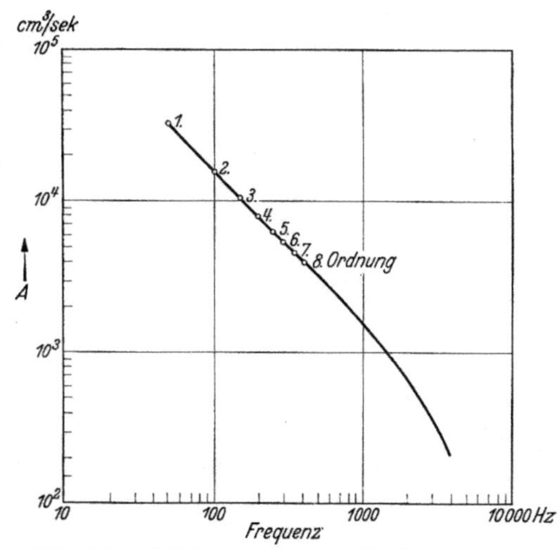

Abb. 348. Zerlegung der Auspuffströmung von Abb. 347 in ihre Teilfrequenzen nach Fourier.

B. Die Wirkung der Rohrleitung an Saug- und Auspufföffnung.

Bringt man ein langes Rohr am Ansaug- oder Auspuffstutzen an, so werden beidemale in dem Rohr Schwingungen angeregt, die den gleichen Gesetzen gehorchen und deshalb gemeinsam behandelt werden können.

Schließt man an den Ansaugstutzen die Rohrleitung mit der Länge l an, so wird am Anfang, an der Motorseite, zwangsweise ein bestimmter Schallstrom A_a dem Rohr aufgedrückt. Hierbei sei A_a zunächst die Grundkomponente der Gesamtströmung, die Betrachtung gilt aber auch für die höheren Komponenten.

Die Fortleitung der Schallwellen im Rohr (*61* u. *62*) kann dann dargestellt werden durch die Differentialgleichung der Wellenausbreitung in Rohren:

$$\left\{\begin{aligned} \frac{\partial^2 \mathfrak{p}}{\partial x^2} &= \gamma^2 \mathfrak{p}, \\ \frac{\partial^2 \mathfrak{A}}{\partial x^2} &= \gamma^2 \mathfrak{A}. \end{aligned}\right. \tag{1}$$

Dies ist dieselbe Differentialgleichung, die in der elektrischen Fernsprechtechnik die Fortleitung der Wechselströme auf Fernsprechleitungen beschreibt, und zwar entsprechen sich folgende Größen:

akustisch:		elektrisch:
Schalldruck p	und	Spannung V,
Schallstrom $A = u \cdot F$	und	Stromstärke $J = G \cdot F$
(u = Geschwindigkeitsamplitude der Luftteilchen)		(G = Stromdichte)

$\gamma = \beta + j\alpha$ ist eine komplexe Leitungskonstante, wobei γ als Fortpflanzungskonstante bezeichnet wird. Ihr reeller Betrag β kennzeichnet die Dämpfung der Wellen längs der Strecke *1* (Dämpfungskonstante), während α die Phasenverschiebung an den Endpunkten der Strecke *1* bezeichnet und Winkelkonstante genannt wird. Für die ganze Länge l gilt

$$\gamma l = g = b + j a$$

(g = Fortpflanzungsmaß, b = Dämpfungsmaß, a = Winkelmaß). Die Beschreibung der Schwingvorgänge gestaltet sich besonders einfach durch die Einführung der komplexen Rechnungsweise und des Zeitvektordiagramms, wobei $\mathfrak{p}$ und $\mathfrak{A}$ vektorische Eigenschaften zugeschrieben werden. Der Widerstand $\mathfrak{Z}$ wird dabei eine komplexe Zahl. Es gilt $\mathfrak{p} = \mathfrak{Z} \cdot \mathfrak{A}$. Mit Hilfe des Ansatzes $p = e^{\lambda x}$ erhält man nach mehrmaliger Umformung und Einsetzen der Anfangsbedingungen (bei $x = 0$, $p_x = p_a$, $A_x = A_a$) als Lösung der Wellengleichung die Daten für einen Punkt im Abstand x vom Rohranfang:

$$\left\{\begin{aligned} \mathfrak{p}_x &= \frac{1}{2}(\mathfrak{p}_a - \mathfrak{Z}\mathfrak{A}_a)\, e^{\gamma x} + \frac{1}{2}(\mathfrak{p}_a + \mathfrak{Z}\mathfrak{A}_a)\, e^{-\gamma x}, \\ \mathfrak{A}_x &= \frac{1}{2}\left(\mathfrak{A}_a - \frac{\mathfrak{p}_a}{\mathfrak{Z}}\right) e^{\gamma x} + \frac{1}{2}\left(\mathfrak{A}_a + \frac{\mathfrak{p}_a}{\mathfrak{Z}}\right) e^{-\gamma x} \end{aligned}\right. \tag{2}$$

oder für das Rohrende (nach Anwendung der **Eulerschen** Formeln):

$$\left\{\begin{aligned} \mathfrak{p}_e &= \mathfrak{p}_a \operatorname{\mathfrak{Cof}} g - \mathfrak{Z}\mathfrak{A}_a \operatorname{\mathfrak{Sin}} g, \\ \mathfrak{A}_e &= \mathfrak{A}_a \operatorname{\mathfrak{Cof}} g - \frac{\mathfrak{p}_a}{\mathfrak{Z}} \operatorname{\mathfrak{Sin}} g \end{aligned}\right. \tag{3 a}$$

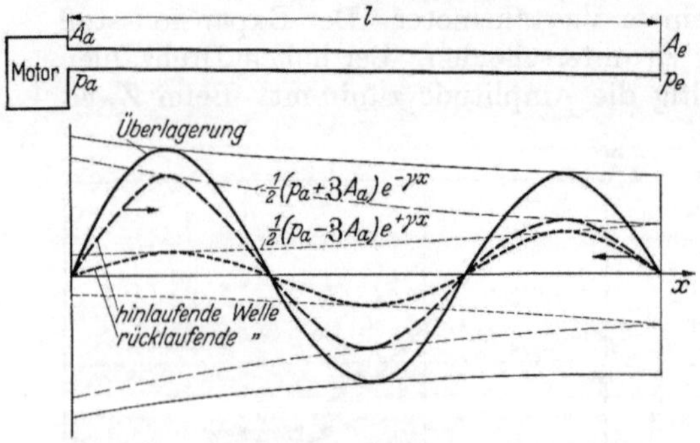

Abb. 349. Schwingungszustand in einem Rohr mit Dämpfung. Die hin- und rücklaufende Welle überlagert sich.

oder für den Rohranfang:

$$\left\{\begin{aligned} \mathfrak{p}_a &= \mathfrak{p}_e \operatorname{\mathfrak{Cof}} g + \mathfrak{Z}\mathfrak{A}_e \operatorname{\mathfrak{Sin}} g, \\ \mathfrak{A}_a &= \mathfrak{A}_e \operatorname{\mathfrak{Cof}} g + \frac{\mathfrak{p}_e}{\mathfrak{Z}} \operatorname{\mathfrak{Sin}} g. \end{aligned}\right. \tag{3 b}$$

Schreibt man den Faktor $e^{-\gamma x}$ in der Form $e^{-\gamma x} = e^{-\beta x} \cdot e^{-j\alpha x}$, so stellt $e^{-\beta x}$ das Verhältnis der Schalldrücke $\frac{p_a}{p_x}$ und $e^{-j\alpha x}$ die Winkeldrehung zwischen $\mathfrak{p}_a$ und $\mathfrak{p}_x$ dar und zwar für die vom Leitungsanfang abgehende Welle. Für die am Leitungsende reflektierte Welle gilt sinngemäß der Ausdruck mit $e^{+\gamma x}$. Die Ausbreitung des Schalles längs der Rohrleitung findet in der Form von gedämpften Wellen statt, die am Ende reflektiert und zur Bildung eines Gemisches von stehenden und fortschreitenden Wellen Anlaß geben (Abb. 349).

Die Leitungskonstanten haben nach **Helmholtz** (*62*) den Wert:

$$\gamma = \beta + j\alpha = \frac{\omega}{c}\left[\frac{1}{r}\sqrt{\frac{\mu}{\varrho}}\sqrt{\frac{1}{2\omega}} + j\left(1 + \frac{1}{r}\sqrt{\frac{\mu}{\varrho}}\sqrt{\frac{1}{2\omega}}\right)\right], \tag{4}$$

$$\mathfrak{Z} = Z_1 + jZ_2 = \frac{\varrho \cdot c}{F}\left[\left(1 + \frac{1}{r}\sqrt{\frac{\mu}{\varrho}}\sqrt{\frac{1}{2\omega}}\right) - j \cdot \frac{1}{r}\sqrt{\frac{\mu}{\varrho}}\sqrt{\frac{1}{2\omega}}\right]. \tag{5}$$

Die Schallgeschwindigkeit im Rohr hat den Wert:

$$c' = c\left(1 - \frac{1}{r}\sqrt{\frac{\mu}{\varrho}}\sqrt{\frac{1}{2\omega}}\right). \tag{6}$$

Nach **Kirchhoff** (*61, 62*) ist der Einfluß der Wärmeleitung zu berücksichtigen, indem in den obigen Formeln

$$\sqrt{\frac{\bar{\mu}}{\varrho}} = \sqrt{\frac{\mu}{\varrho}} + \left(\sqrt{\varkappa} - \frac{1}{\sqrt{\varkappa}}\right)\sqrt{\nu}$$

gesetzt wird.

In den Formeln bedeutet

$\omega = 2\pi f$ die Kreisfrequenz [1/sek],
μ Koeffizient der inneren Reibung des Mediums [g/cmsek],
ϱ Dichte des Mediums [g/cm³],
ν kinematische Zähigkeit nach **Maxwell** [cm²/sek],

für einatomige Gase $\nu = 1{,}90\,\frac{\mu}{\varrho}$, für zweiatomige Gase $\nu = \frac{5}{2}\,\frac{\mu}{\varrho}$,

$\varkappa$ Verhältnis der spezifischen Wärmen,
r Radius des Rohres [cm],
c Schallgeschwindigkeit im unbegrenzten Medium [cm/sek].

Nach den Untersuchungen von Tischner (*61*) gelten für Rohre mit rauher Innenoberfläche höhere Werte für den Dämpfungsfaktor β, als Gleichung (4) angibt.

Vernachlässigt man die Dämpfung, so ergeben sich die Näherungsformeln

$$\gamma = j\alpha = j\frac{\omega}{c}, \tag{4a}$$

$$\mathfrak{Z} = Z = \frac{\varrho c}{F}. \tag{5a}$$

Die Analogie zur elektrischen Leitung ist stets gewahrt, nur kennt man hier als Größen für die Leitung von der Länge l den Längswiderstand $\mathfrak{R} = R + j\omega L$, wobei R den Ohmschen Leitungswiderstand und L die Induktivität $\left(\text{akustisch } L_{ak} = \frac{\varrho \cdot l}{F}\right)$ bedeutet, ferner den Querleitwert $\mathfrak{G} = G + j\omega C$, wobei G die Ableitung (Undichtheit) und C die Querkapazität darstellt $\left(\text{akustisch } C_{ak} = \frac{V}{\varrho \cdot c^2}\right)$. Für die Leitungslänge *1* ergibt sich

$$\gamma = \sqrt{\mathfrak{R}\mathfrak{G}}, \quad \mathfrak{Z} = \sqrt{\frac{\mathfrak{R}}{\mathfrak{G}}}$$

oder unter Vernachlässigung der Reibung wiederum

$$\gamma = \sqrt{j\omega L \cdot j\omega C} = j\omega\sqrt{LC} = j\frac{\omega}{c},$$

$$\mathfrak{Z} = \sqrt{\frac{j\omega L}{j\omega C}} = \sqrt{\frac{L}{C}} = \frac{\varrho c}{F}.$$

Mit Hilfe der obigen Formeln lassen sich alle Vorgänge in Ansaug- und Abgasleitungen erklären.

Ist das Rohr am Ende geschlossen, so kann dort keine Strömung auftreten. Es ist in der Formel (3) $\mathfrak{A}_e = 0$ zu setzen. Ist das Rohr offen, so müßte $\mathfrak{p}_e = 0$ werden. Doch ist zu berücksichtigen, daß die der Mündung benachbarten Luftteilchen des Außenraums ebenfalls in Schwingung versetzt werden. Ihre sog. mitschwingende Mediummasse m_s wirkt wie eine Verlängerung des Rohres (Mündungskorrektur). Außerdem wird Schallenergie an die Umgebung abgestrahlt und dabei dem austretenden Schallstrom der Strahlungswiderstand r_s entgegengesetzt. Beide Erscheinungen zusammen verursachen eine Rückwirkung des Schallfeldes auf die strahlende Mündungsfläche.

Die Gesamtkraft auf die Rohrmündung ist $\mathfrak{p}_e F = \mathfrak{u}_e \frac{\mathfrak{p}_e}{\mathfrak{u}_e} F$. Bezeichnet man $\frac{\mathfrak{p}_e}{\mathfrak{u}_e} = \mathfrak{z}_e$ als akustischen Scheinwiderstand je Flächeneinheit und $\mathfrak{z}_e \cdot F$ als komplexen Strahlungswiderstand $\mathfrak{r}_s$, wobei

$$\mathfrak{r}_s = r_s + j\omega m_s, \tag{8}$$

dann wird

$$\mathfrak{p}_e F = \mathfrak{u}_e \mathfrak{r}_s.$$

Hieraus ergibt sich als Abschlußwiderstand des Rohres

$$\mathfrak{R}_e = \frac{\mathfrak{p}_e}{\mathfrak{A}_e} = \frac{\mathfrak{p}_e}{\mathfrak{u}_e F} = \frac{\mathfrak{r}_s}{F^2}. \tag{9}$$

Wenn die Abmessungen der Rohrmündung klein sind gegenüber der Wellenlänge des Schalles $\left(\frac{\omega}{c} R \ll 1\right)$, so ist

$$r_s = \frac{\varrho c F}{4}\left(\frac{\omega}{c} R\right)^2 \quad \text{und} \quad m_s = \frac{8}{3\sqrt{2}}\varrho R^3 \tag{10}$$

einzusetzen.

Die endgültige Formel für die Schwingungen bei offenem Rohrende lautet

$$\frac{\mathfrak{p}_a}{\mathfrak{A}_a} = \frac{\mathfrak{R}_e \operatorname{Cos} g + \mathfrak{Z} \operatorname{Sin} g}{\operatorname{Cos} g + \frac{\mathfrak{R}_e}{\mathfrak{Z}} \operatorname{Sin} g}. \tag{11}$$

Außerhalb eines Resonanzpunktes genügt meist eine Näherungsrechnung unter Vernachlässigung der Reibung und des Strahlungswiderstandes. Die Gleichung wird hierbei zu

$$\frac{\mathfrak{p}_a}{\mathfrak{A}_a} = j\mathfrak{Z} \operatorname{tg} a, \tag{11a}$$

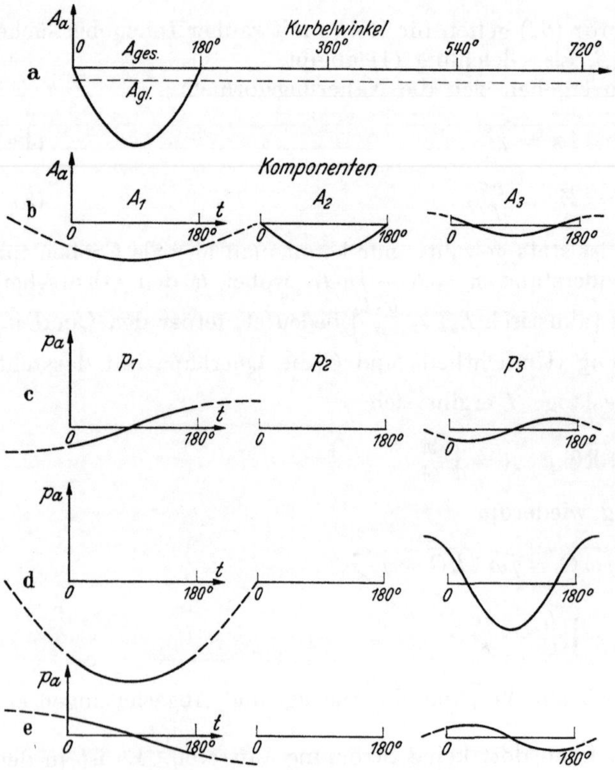

Abb. 350. Schwingungen im Ansaugrohr eines 1-Zylinder-Viertaktmotors. a) Zeitlicher Verlauf der Gesamtströmung A_a an der Motorseite und deren Gleichstromwert. b) Die drei ersten Teilschwingungen A_1, A_2, A_3 der Gesamtströmung, je während des Ansaugtaktes. c) Verlauf der Drücke p_{a1}, p_{a2}, p_{a3} am Anfang des Rohres, unterhalb Resonanz. d) Dasselbe, jedoch befindet sich die erste Teilschwingung in Resonanz mit der Grundfrequenz des Rohres. e) Dasselbe oberhalb Resonanz.

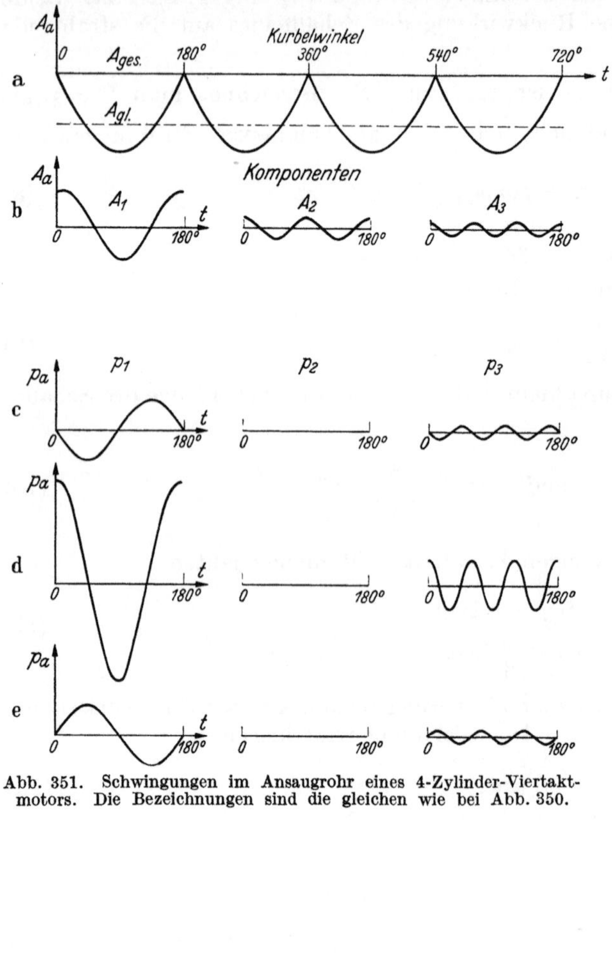

Abb. 351. Schwingungen im Ansaugrohr eines 4-Zylinder-Viertaktmotors. Die Bezeichnungen sind die gleichen wie bei Abb. 350.

wobei

$$a = \frac{\omega}{c}\, l \quad \text{und} \quad \mathfrak{Z} = Z = \frac{\varrho c}{F}.$$

Hierbei bedeutet der Faktor j eine Voreilung der Druckphase um 90° gegenüber der Strömung. Resonanz tritt ein, wenn $a = \frac{\pi}{2}, \frac{3\pi}{2}, \frac{5\pi}{2}$ ist. Wegen des vernachlässigten Einflusses der Mündung ist hier statt mit der wahren Rohrlänge mit der Länge $l + 0{,}82\, R$ zu rechnen. Im Resonanzfall können außerordentlich hohe Wechseldrücke entstehen. Erreichen sie die Größenordnung des Atmosphärendruckes, so gilt die der Rechnung zugrunde gelegte adiabatische Zustandsänderung nicht mehr. Eine ausführliche Darstellung der Vorgänge gibt O. Lutz (*62a*).

C. Der Einfluß der Rohrschwingungen auf die Leistung des Motors (*63, 64, 65*).

Die Resonanzschwingungen der tiefsten Komponenten können die Leistungsabgabe des Motors beeinflussen, und zwar wirken die Schwingungen im Auspuffrohr durch ihren Gegendruck. Die Schwingungen im Ansaugrohr können außerdem Überladung oder Unterladung der Zylinder verursachen. In Abb. 350 sind die Verhältnisse bei einem 1-Zylinder- und in Abb. 351 bei einem 4-Zylinder-Motor dargestellt. Dabei wurde zur Vereinfachung angenommen, daß die Ansaugströmung nach einem Sinusgesetz verlaufe.

Die Ansaugströmung wurde in ihre Komponenten aufgeteilt und jede Komponente getrennt behandelt. Die Kurve a zeigt den Verlauf der Ansaugströmung $\mathfrak{A}_a$ und deren Gleichstromanteil A_{a_0} zwischen 0 und 720° Kurbelwinkel, die Kurven b die drei ersten Komponenten $\mathfrak{A}_{a_1}, \mathfrak{A}_{a_2}, \mathfrak{A}_{a_3}$ während eines Ansaugtaktes. Die Kurven c, d und e zeigen die Drücke $\mathfrak{p}_{a_1}, \mathfrak{p}_{a_2}, \mathfrak{p}_{a_3}$ unterhalb, in und oberhalb der Resonanz für die Grundfrequenz des Rohres. Beim 1-Zylinder-Motor bewirkt die Grundwelle einen Unterdruck während des ganzen Ansaugvorganges, während beim 4-Zylinder-Motor die Grundwelle vor Schließung des Einlaßventils noch eine Überladung verursacht.

Resonanzschwingungen höherer Ordnung treten besonders im Auspuffrohr auf. Sie wirken akustisch, indem sie einzelne Frequenzen des aufgedrückten Frequenzgemisches hervorheben (Abb. 354).

Ein Rohr bestimmter Länge kann mit den Eigenfrequenzen f_0, $3f_0$, $5f_0$ ... schwingen. Ferner kann jede dieser Frequenzen durch die Grund- und Oberwellen der Erregerschwingung (f_1, f_2, f_3 ...) angeregt werden. Es ergeben sich also beim Durchfahren des ganzen Drehzahlbereiches eine größere Zahl von Resonanzstellen.

Verzeichnis der möglichen Rohrresonanzen (siehe Tabelle).

		Eigenschwingungszahlen des Rohres: f_0	$3f_0$	$5f_0$		
Harmonische der Erregerschwingung	f_1	1	3	5	...	relative Drehzahlen, bei denen Resonanz auftritt
	f_2	1/2	3/2	5/2	...	
	f_3	1/3	3/3	5/3	...	
	⋮	⋮				

Ebenso wie der Druck $\mathfrak{p}_a$ am Anfang des Rohres läßt sich auch die am Rohrende herrschende Strömung $\mathfrak{A}_e$ berechnen, und zwar erhält man unter Verwendung der Gleichungen (3b) und (9):

$$\frac{\mathfrak{A}_a}{\mathfrak{A}_e} = \mathfrak{Cof}\, g + \frac{\mathfrak{R}_e}{\mathfrak{Z}} \mathfrak{Sin}\, g. \tag{12}$$

Für den Fall der Resonanz ergibt sich ein starkes Anwachsen der Strömung $\mathfrak{A}_e$ und damit der Geschwindigkeitsamplitude $\mathfrak{u}_e$ im Rohrende.

D. Das Auspuffrohr als Schallstrahler.

Der Endquerschnitt des Auspuffrohres kann aufgefaßt werden als eine schwingende Kolbenmembran, deren eine Fläche gekapselt ist. Die an das Schallfeld abgestrahlte mittlere Leistung ist

$$N_s = \tfrac{1}{2} r_s u_e^2, \tag{13}$$

wobei für r_s Gleichung (10) gilt. Befindet sich das Rohrende in Bodennähe und wird von der Richtwirkung abgesehen, die z. B. durch die Rückwand des Wagens hervorgerufen werden kann,

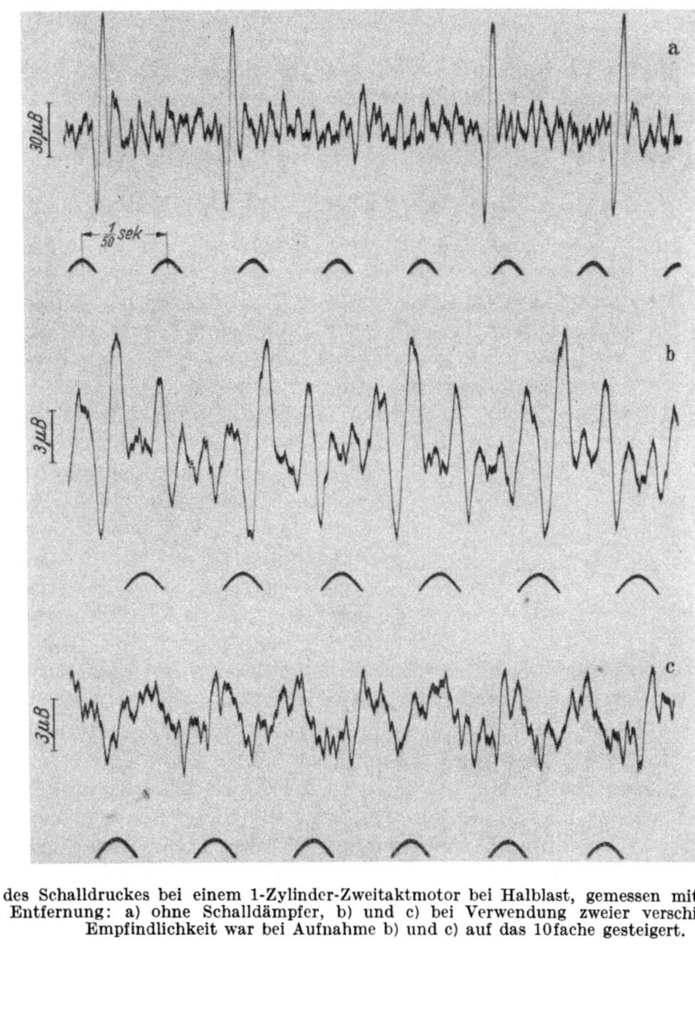

Abb. 352. Verlauf des Schalldruckes bei einem 1-Zylinder-Zweitaktmotor bei Halblast, gemessen mittels Kondensatormikrophon in einigen Metern Entfernung: a) ohne Schalldämpfer, b) und c) bei Verwendung zweier verschiedener Schalldämpfer. Die Empfindlichkeit war bei Aufnahme b) und c) auf das 10fache gesteigert.

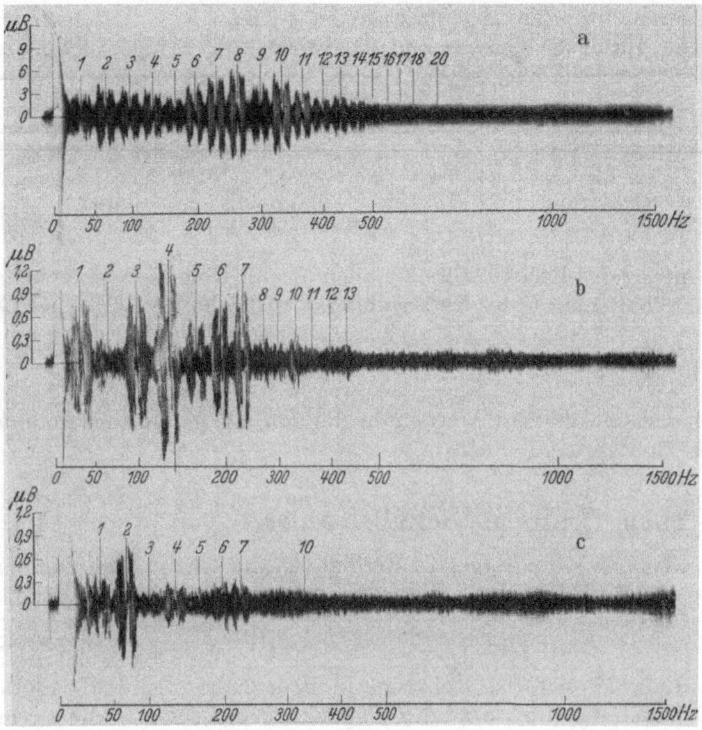

Abb. 353. Auflösung der in Abb. 352 dargestellten Schalle in ihre Teilkomponenten mittels Geräuschanalyse.

so breitet sich der Schall in Form von Halbkugelwellen aus. In einem Punkt im Abstand r cm herrscht dann die Schallintensität

$$J = \frac{N}{2\pi r^2}. \tag{14}$$

Aus der Beziehung

$$J = \frac{p_{\text{eff}}^2}{\varrho c} \tag{15}$$

ergibt sich mit den Gleichungen (10), (13), (14), (15) der effektive Schalldruck für jede Teilfrequenz f_n zu

$$p_{n\,\text{eff}} = \frac{\varrho}{2r} f_n A_{e_n}. \tag{16}$$

Die Teiltöne höherer Frequenz werden also besser abgestrahlt als die Grundfrequenz, deshalb zeigt der mittels Kondensatormikrophon aufgenommene Verlauf des Schalldrucks p ein anderes Kurvenbild als die Strömung A_e. Stellt Abb. 347 und 348 den Verlauf und die Zusammensetzung der Strömung A_e eines Zweitakt-Einzylinder-Motors dar, so zeigt Abb. 352a und 353a den entsprechenden im Schallfeld aufgenommenen Schalldruck und die Ergebnisse der Schallanalyse. Bei Anwendung eines Auspuffrohres werden einzelne Teilschwingungen verstärkt, wie die Analyse Abb. 354 zeigt.

E. Hörvorgang und Dämpfung (*62, 66, 67*).

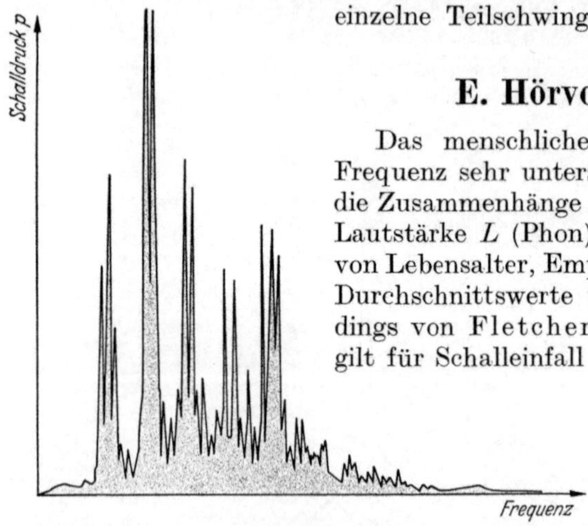

Abb. 354. Analyse des Auspuffgeräusches beim Auftreten von Rohrresonanzen.

Das menschliche Ohr spricht auf Schwingungen verschiedener Frequenz sehr unterschiedlich an, und zwar sind schon für reine Töne die Zusammenhänge zwischen dem Schalldruck p und der empfundenen Lautstärke L (Phon) nicht einfacher Art und überdies stark abhängig von Lebensalter, Empfindlichkeit und Ermüdung der Versuchspersonen. Durchschnittswerte wurden von Kingsbury (*66*, S. 135) und neuerdings von Fletcher und Munson (*68*)[1] aufgestellt. Letztere Kurve gilt für Schalleinfall von vorn, wobei sich bei hohen Frequenzen der Einfluß der Schallbeugung am Kopf des Beobachters bemerkbar macht, sie ändert sich bei seitlichem Einfall. Von Thilo und Steudel (*68*) bei der Schallanalyse verwendete einfache Kurven zeigt Abb. 355. Man sieht, daß das Ohr für sehr tiefe und sehr hohe Frequenzen nur wenig empfindlich ist. Auf Grund der Untersuchungen von Fletcher und Munson (*67* und *68*) läßt sich die Lautstärke von zusammengesetzten Schallen nach folgenden Anhaltspunkten schätzen:

Ertönen neben dem Einzelton noch weitere gleich laute, aber von anderer Tonhöhe, so erhöht sich bei 2 Tönen die Lautstärke um etwa 6 Phon, bei 4 Tönen um 12 Phon. Sind die weiteren Teiltöne um 10 Phon leiser als der Hauptton, so ist der Lautstärkezuwachs kaum halb so groß. Sind sehr viele Töne vorhanden, so werden zunächst die dicht beieinander liegenden Töne in Gruppen von höchstens Oktavenbreite zusammengefaßt, ihre Intensitäten unter Benutzung von Gleichung (15) addiert, daraus der Gesamtschalldruck und über die Hörkurven die entsprechende

[1] Siehe auch Z. VDI Bd. 79 (1935) S. 532.

Lautstärke für jede Gruppe ermittelt. Die Behandlung der Gruppen erfolgt dann wie bei den Einzeltönen.

Zu Dämpfungsuntersuchungen wird der Schall somit am besten in seine Teilfrequenzen aufgelöst und diese in die Hörkurven eingetragen (Abb. 356, Kurve *a* für den Zweitakt-Einzylinder-Motor). Die Lautstärke dieses Spektrums wäre zu etwa 96 Phon einzusetzen.

Wird ein Schalldämpfer verwendet, so ist darauf zu achten, daß gerade die lautstärksten Teiltöne am besten gedämpft werden. Abb. 352b und c zeigen Aufnahmen des Schalldruckes bei Verwendung verschiedener Dämpfer, Abb. 353b und c die entsprechen-

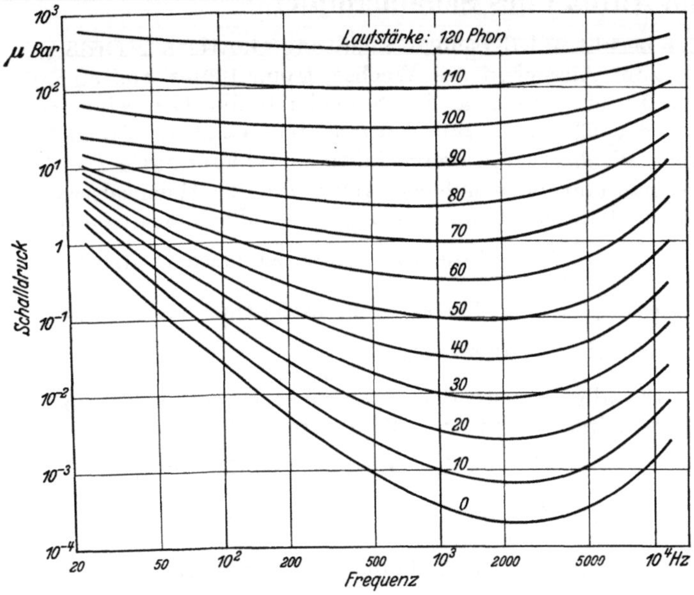

Abb. 355. Kurven der Lautstärke reiner Töne.

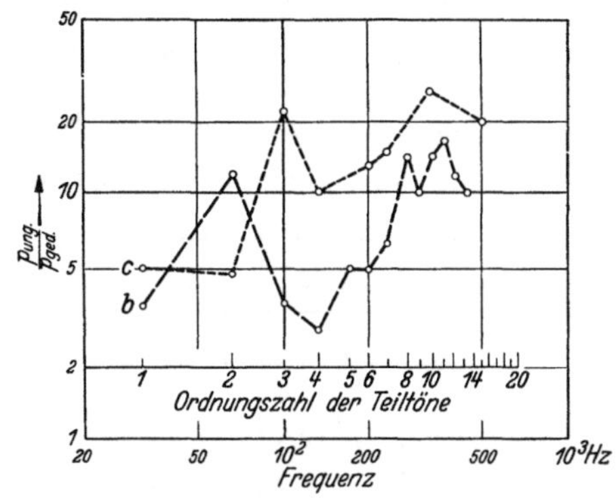

Abb. 357. Dämpfung und Abhängigkeit von der Frequenz für die beiden untersuchten Dämpfer, ausgedrückt im Verhältnis der Schalldrücke ohne und mit Dämpfer.

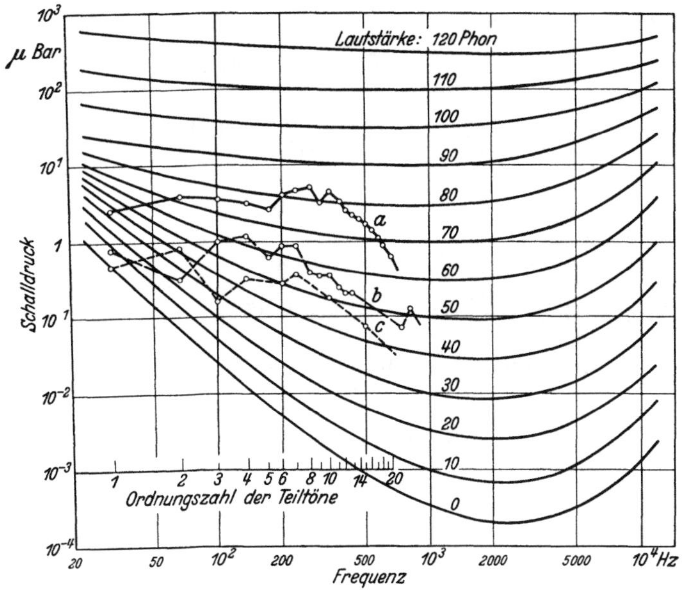

Abb. 356. Auswertung der Analysen in Abb. 353. Die Eintragung der Teiltöne in die Hörkurven gibt ein Bild darüber, welche Teiltöne am stärksten auf das Ohr wirken. Die Gesamtlautstärke beträgt bei Kurve *a* 96 Phon, bei Kurve *b* 75 Phon und bei Kurve *c* 64 Phon, somit die Gesamtdämpfung für Dämpfer *b* 21 Phon, für Dämpfer *c* 32 Phon.

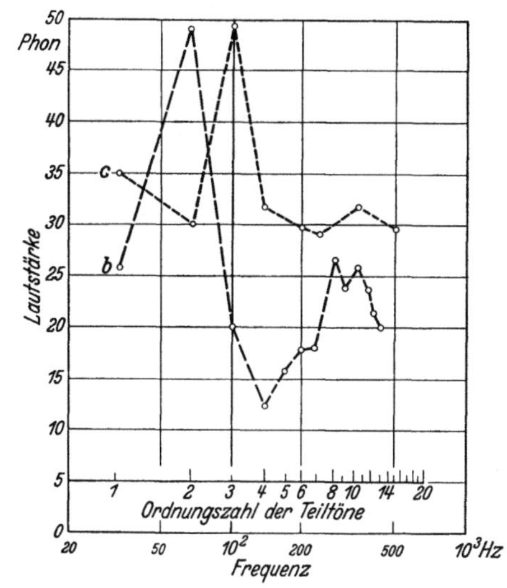

Abb. 358. Dämpfung der Teiltöne, ausgedrückt in Phon.

den Analysen und Abb. 356b und c die Lage der Teiltöne in der Hörkurve.

Die Eigenschaften des Dämpfers können aus Abb. 356 entnommen werden, sie werden am besten ausgedrückt durch das Verhältnis der Schalldrücke ohne und mit Dämpfer (Abb. 357). Man kann aber auch für jeden Teilton die Dämpfung in Phon entnehmen (Abb. 358). Die vom Ohr empfundene Gesamtdämpfung ergibt sich als Differenz der aus Abb. 356 berechneten oder unmittelbar gemessenen Gesamtlautstärken. Die in Phon ausgedrückte Wirkung eines Dämpfers ist somit abhängig von der Zusammensetzung des Abgasstromes hinsichtlich der Frequenz, also vom Motor, an dem der Dämpfer geprüft wird.

Durch das Vorbeistreichen der Gase an scharfkantigen Stellen (Ventile, Vergaser) entstehen die sog. Spalttöne mit Frequenzen von einigen 1000 Hz. Bei guter Dämpfung des Auspuffschalles können sie als Ansauggeräusch hervortreten. Es empfiehlt sich dann die Anwendung eines Ansaugdämpfers.

F. Berechnung und Aufbau des Schalldämpfers.

Die Wirkungsweise der Schalldämpfer beruht auf derselben Schaltung akustischer Größen, wie sie in der Elektrotechnik üblich ist zum Aussieben des Wechselstromanteiles aus einem pulsierenden Gleichstrom. Dies sind die Filter, und zwar im besonderen die Drosselketten (Abb. 359). Derartige Gebilde werden in der Elektrotechnik Kettenleiter genannt. Im elektrischen Gebilde setzen die Drosseln L dem Wechselstrom den induktiven Widerstand ωL entgegen und lassen den Gleichstrom durch, während die Kondensatoren C für den Wechselstrom eine Ableitung ωC bedeuten. Steward (*69*) betrachtet im akustischen Gebilde die Masse der Luftsäule in den Rohrstücken als Drossel $\left(L_{ak} = \frac{\varrho l}{F}\right)$ und die Elastizität der Gase in den seitlich angesetzten Kammern als Kondensator $\left(C_{ak} = \frac{V}{\varrho c^2}\right)$. Bei Zusammenschaltung von L und C entsteht ein schwingfähiges Gebilde mit der Eigenfrequenz $\omega_0 = \frac{1}{\sqrt{LC}}$.

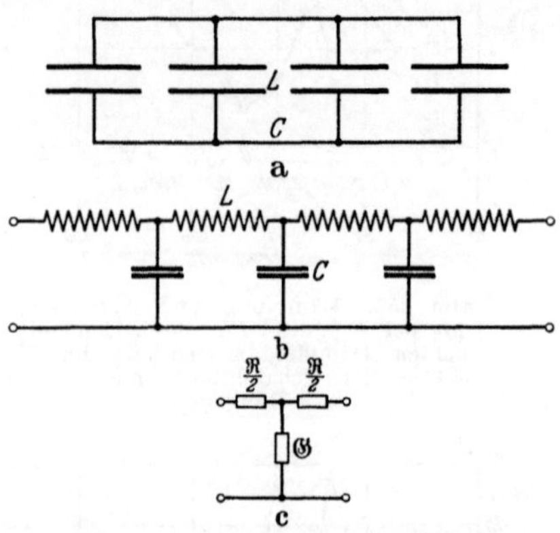

Abb. 359. Schaltbild einer Drosselkette (Tiefpaß): a) Akustische Drosselkette (Schalldämpfer), b) entsprechende elektrische Anordnung, c) Prinzipschaltung eines Einzelgliedes.

Die allgemeinste Schaltung eines Einzelgliedes eines Kettenleiters ist in Abb. 359c dargestellt. Es bedeutet:

$\mathfrak{R} = R + j\omega L_{ak}$ den Längswiderstand,

$\mathfrak{G} = \frac{1}{R} + j\omega \cdot C_{ak}$ den Querleitwert.

Es ist dann der Druckabfall längs der Leitung

$$\mathfrak{p}_a - \mathfrak{p}_e = \frac{\mathfrak{R}}{2}\mathfrak{A}_a + \frac{\mathfrak{R}}{2}\mathfrak{A}_e$$

und der Querstrom

$$\mathfrak{A}_a - \mathfrak{A}_e = \mathfrak{G}\left(\mathfrak{p}_a - \frac{\mathfrak{R}}{2}\mathfrak{A}_e\right)$$

oder

$$\left\{\begin{aligned} \mathfrak{p}_e &= \mathfrak{p}_a\left(1 + \frac{\mathfrak{R}\mathfrak{G}}{2}\right) - \mathfrak{A}_a\left(1 + \frac{\mathfrak{R}\mathfrak{G}}{4}\right)\mathfrak{R}, \\ \mathfrak{A}_e &= \mathfrak{A}_a\left(1 + \frac{\mathfrak{R}\mathfrak{G}}{2}\right) - \mathfrak{p}_a \cdot \mathfrak{G}. \end{aligned}\right. \tag{17}$$

Der Vergleich mit der Formel (3) zeigt die Verwandtschaft, es entspricht

$$\mathfrak{Cof}\, g = 1 + \frac{\mathfrak{R}\mathfrak{G}}{2}; \quad \mathfrak{Z}\,\mathfrak{Sin}\, g = \left(1 + \frac{\mathfrak{R}\mathfrak{G}}{4}\right)\mathfrak{R}; \quad \frac{1}{\mathfrak{Z}}\mathfrak{Sin}\, g = \mathfrak{G}.$$

Bestehen die Glieder nur aus L und C (Dämpfer ohne Verwendung von schallschluckenden Stoffen), dann wird

$$\mathfrak{Cof}\, g = 1 + \frac{\mathfrak{R}\mathfrak{G}}{2} = 1 - \frac{\omega^2 L C}{2}.$$

Der Dämpfer ist nur dann für Schall durchlässig, wenn das Dämpfungsmaß b in $\mathfrak{Cof}\, g = \mathfrak{Cof}\,(b + ja)$ verschwindet. Mit $b = 0$ wird $\mathfrak{Cof}\, g$ zu $\cos a$, also $\cos a = 1 - \frac{\omega^2 L C}{2}$. $\cos a$ kann zwischen $+1$ und -1 schwanken, die Formel ergibt dabei die Grenzen des Durchlaßbereiches zu $\omega = 0$ und $\omega = \frac{2}{\sqrt{LC}} = 2\omega_0$. Dämpfung tritt nur oberhalb der doppelten Eigenfrequenz $2\omega_0$ auf. Um sehr tiefe Frequenzen dämpfen zu können, muß L und C genügend groß sein, es werden also großes Volumen und lange Rohrstücke benötigt.

Für hohe Frequenzen sind aber die Abmessungen der Verbindungsleitungen und Kammern nicht mehr klein gegenüber der Wellenlänge. Die Gassäulen in den Rohrleitungen besitzen dann neben Masse auch Elastizität, und die Kammern besitzen auch Massenträgheit. Rohre und Kammern können daher in sich in Schwingung geraten.

Es treten also weitere Resonanzerscheinungen auf, die bewirken, daß auch im Sperrbereich, also oberhalb der Grenzfrequenz, wieder Durchlaßgebiete erscheinen. Rechnerische Behandlungen hierüber wurden von Mason und von Wätzmann durchgeführt (*70* und *71*).

Die Dämpfungskurve eines solchen Filters zeigt Abb. 360. Kluge (*58*) stuft die Abmessungen der einzelnen Kammern und Verbindungsrohre ab, damit die Sperrbereiche sich gegenseitig überdecken und völlige Filterung erreicht wird (Abb. 361).

Eine Rohrleitung mit vielen Seitenlöchern dämpft alle Frequenzen unterhalb der halben Eigenfrequenz und ist nur für hohe Frequenzen durchlässig. Man nennt eine derartige Anordnung Hochpaß, sie wird aber als Schalldämpfer kaum verwendet (Abb. 362).

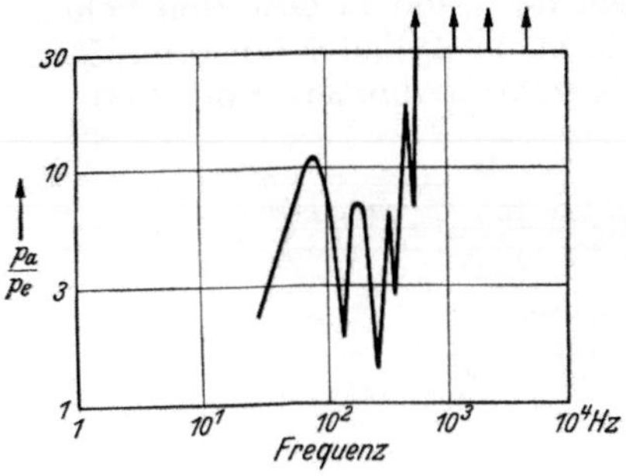

Abb. 360. Dämpfung eines Filters in Abhängigkeit von der Frequenz. Aufgetragen wurde das Verhältnis der Schalldrücke am Anfang und Ende des Dämpfers beim Durchgang reiner Töne.

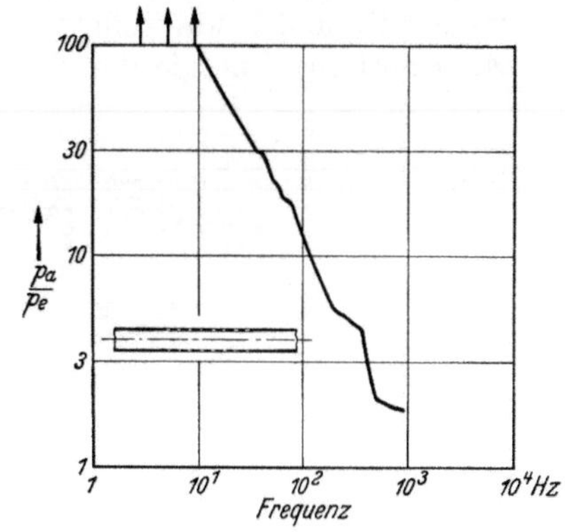

Abb. 362. Dämpfungsverlauf bei einem Hochpaßfilter.

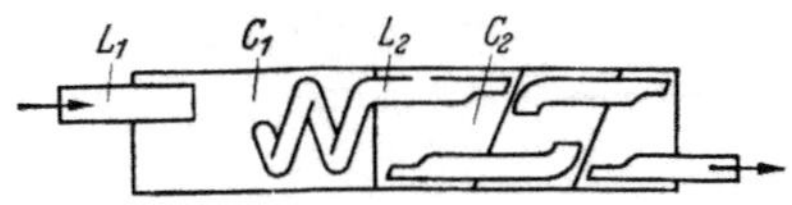

Abb. 361. Gestaffeltes Filter nach Kluge.

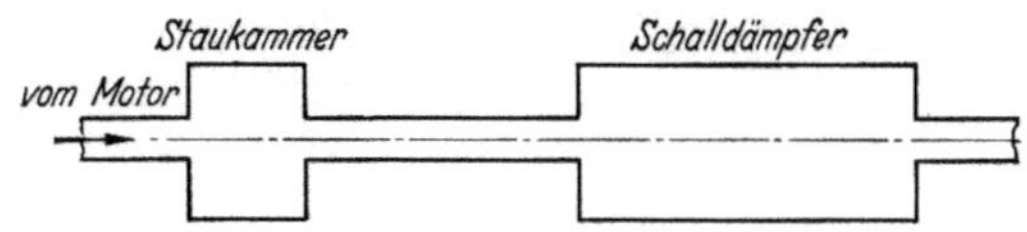

Abb. 363. Trennung von Staukammer und Dämpfer.

I. Leistungsverluste (*58* und *59*).

Leistungsverluste entstehen, wenn während des Auspuffvorgangs große Gegendrücke auftreten. Diese können durch einen hohen Gleichstromwiderstand des Filters infolge zu enger Leitungsquerschnitte verursacht werden. Ferner muß der Eingangswiderstand für die tiefsten Teilfrequenzen klein sein, da der Gegendruck für jede Teilfrequenz f_n durch $\mathfrak{p}_{a_n} = \mathfrak{Z}_{a_n} \cdot \mathfrak{A}_{a_n}$ bestimmt ist. Maßgebend für den Eingangswiderstand ist die Größe der Eingangskammer und der Verbindungsleitung zwischen Dämpfer und Motor. Die Eingangskammer wird daher auch vom Dämpfer getrennt und als sog. Staukammer möglichst nahe beim Motor untergebracht (Abb. 363). Der Wechselstromwiderstand der Staukammer ist $\mathfrak{Z}_k = \frac{\mathfrak{p}_a}{\mathfrak{A}_a} = \frac{1}{j\,\omega\, C_{a_k}}$, das erforderliche Volumen kann also berechnet werden.

Die weitere Abgasleitung wird dann so eng gemacht, wie es der Gleichstromwiderstand zuläßt.

Leistungsabfall und Leistungssteigerung können aber auch durch Schwingungen im Rohr zwischen Motor und Dämpfer verursacht werden.

II. Weitere Wege der Schalldämpfung.

Schon eine einfache Querschnittsänderung in der Abgasleitung kann als Einzelglied eines Dämpfers aufgefaßt werden und wirkt daher schalldämpfend (Abb. 364). Durch Einbringen von schallschluckenden Stoffen (Glaswolle) zwecks Erhöhung des Dämpfungsmaßes b kann dann eine Steigerung der Dämpfung erzielt werden (Absorptionsdämpfer, Abb. 365 und 366).

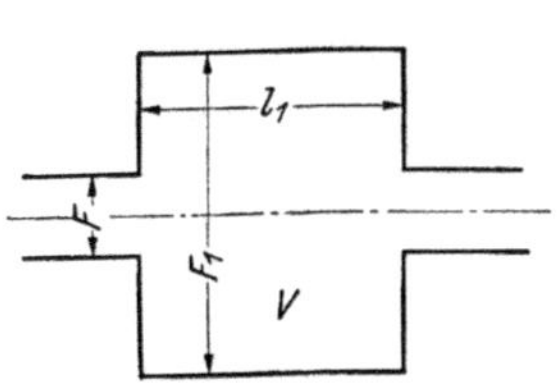

Abb. 364. Einfachste Form eines Dämpfers.

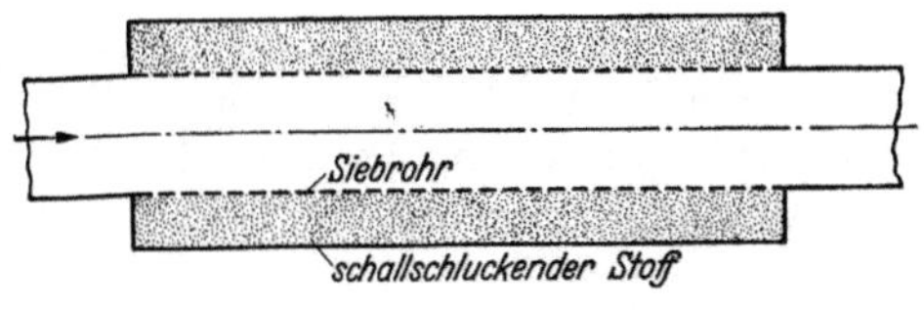

Abb. 365. Bauart eines Absorptionsdämpfers.

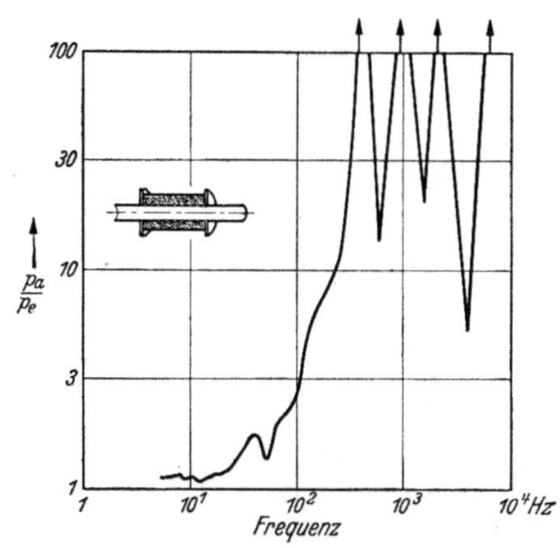

Abb. 366. Dämpfungsverlauf bei einem Absorptionsdämpfer.

Die Abkühlung der Gase beim Durchlaufen eines Dämpfers wirkt wegen der Zusammenziehung der Gase gleichfalls wie eine Schallabsorption.

Ein weiterer Weg zur Vernichtung der Schallwelle wird beschritten, indem man den Schallstrom teilt und beide Teilströme tangential, aber gegensinnig in einen Zylinder eintreten läßt. Die kinetische Energie der Gasstöße wird auf diese Weise aufgezehrt (Abb. 367 und 368).

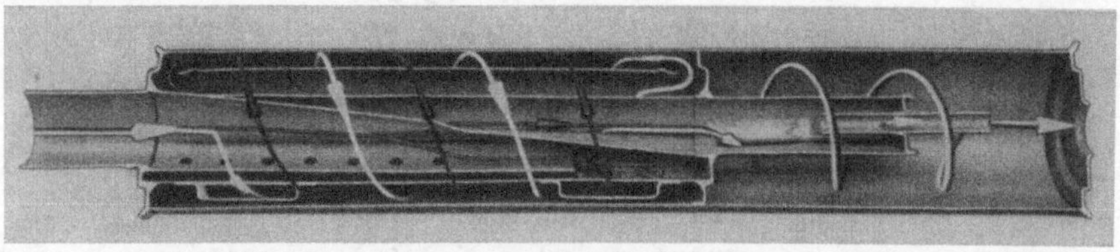

Abb. 367. Schnitt durch einen Schalldämpfer mit gegenläufiger Führung zweier Gasströme (Wema).

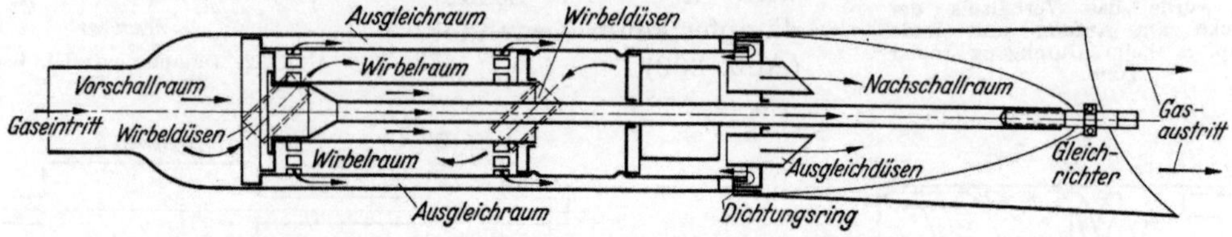

Abb. 368. Kraftraddämpfer mit Teilung der Gasströme und Fischschwanzöffnung (Wema).

Bei den meisten handelsüblichen Dämpfern werden mehrere der angeführten Mittel gleichzeitig verwendet.

Bei Motorraddämpfern besteht Schwierigkeit, ein genügendes Volumen unterzubringen. Daher ergibt sich meistens eine schlechtere Dämpfung. Düsenförmige Ausbildung des Rohrendes (Fischschwanz) stellt einen erhöhten Ausgangswiderstand dar und wirkt daher schalldämpfend. Der Gleichstromwiderstand wird aber dadurch erhöht.

28. Fahreigenschaften.

Während der Begriff der „Fahrleistungen" sich auf die erreichbaren Geschwindigkeiten, Steig- und Beschleunigungsfähigkeiten erstreckt, sind unter „Fahreigenschaften" das Verhalten auf der Fahrbahn hinsichtlich der Federung, Richtungshaltung, Fahrsicherheit und Fahrannehmlichkeit zu verstehen. Federung und Fahrannehmlichkeit wurden früher behandelt. Hier ist die Richtungshaltung des Fahrzeugs und die Fahrsicherheit zu erörtern.

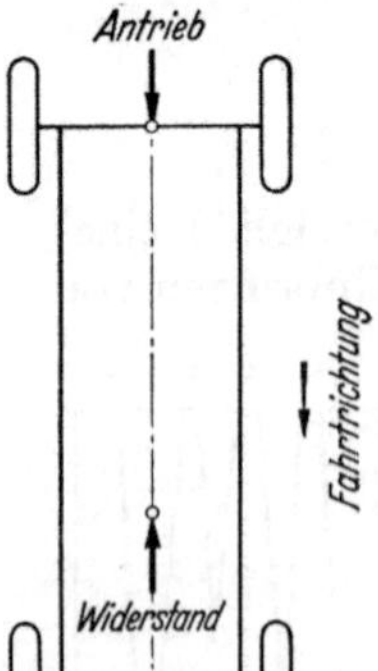

Abb. 369. Am Fahrzeug angreifende Kräfte bei Hinterradantrieb und Geradeausfahrt.

A. Das übliche hinten angetriebene Fahrzeug.

Bei angetriebenem, mit Hinterradantrieb versehenem Fahrzeug greifen die Schubkräfte der Hinterräder hinter dem Angriffspunkt der zusammengefaßten Fahrwiderstände an, der etwas vor der Mitte des Fahrzeugs liegt.

Diese Lage des Angriffspunktes der Gesamtwiderstände ergibt sich durch den Einfluß des Luftwiderstands, der um so weiter vor der Mitte des Fahrzeuges angreift, je besser dessen Form ist. Demzufolge befindet sich das Fahrzeug in diesem Betriebsfall in einem labilen Zustand (Abb. 369), der vergleichbar ist mit dem eines ruhenden Pendels, dessen Schwerpunkt über dem Aufhängepunkt liegt.

Wenn das gleiche Fahrzeug sich in ungetriebenem Fahrzustand befindet, wirkt im Sinne der Vorwärtsbewegung die Massenkraft des Fahrzeugs, die im Schwerpunkt angreift und gegenüber den in ihrer Art gleichen Fahrwiderständen wirksam ist, die vor der Mitte des Fahrzeugs und daher im allgemeinen auch vor dem Schwerpunkt angreifen. Es liegt also, ähnlich wie im getriebenen Zustand, labiles Gleichgewicht vor, aber mit kleinerem Abstand zwischen dem Antriebspunkt und Widerstandspunkt.

Im gebremsten Fahrzustand greifen die Fahrwiderstände ziemlich gleichmäßig an allen Rädern an; der Luftwiderstand wirkt nur noch bei größeren Geschwindigkeiten in wesentlichem

Maß, so daß durch das Überwiegen der Bodenbremskräfte der Angriffspunkt des Gesamtfahrwiderstands etwas nach hinten rückt, aber im allgemeinen noch etwas vor der Mitte des Fahrzeugs bleibt. Antreibend wirkt die Massenkraft im Schwerpunkt.

Beim üblichen, hinten angetriebenen Fahrzeug hat man es also mit einem Körper zu tun, der sich hinsichtlich seiner Drehmöglichkeit auf der Fahrbahn um die senkrechte Schwerachse in den verschiedenen Fahrzuständen im labilen Gleichgewicht befindet und deshalb dazu neigt, bei leichten Störungen dieses labilen Zustands sich unter dem Einfluß des dann wirksam werdenden Moments um seine Hochachse zu drehen, wenn keine Führungskräfte entgegenwirken.

In der Vorderachse kann sich das Fahrzeug gegen die Wirkung dieses Moments nicht abstützen, weil bei Eintreten von Schleuderbewegungen der Fahrer mit der Lenkung nachgehen muß, damit bei wieder greifenden Rädern der Wagen in der Fahrbahn bleibt und weil, selbst wenn bei genügender Fahrbahnbreite dies nicht nötig sein sollte, die rollenden Räder nur einen sehr kleinen Widerstand an der Fahrbahn finden. Damit kommt jede unterstützende Wirkung auf der Grundlinie der Vorderachse in Fortfall. Durch den mit Bremsung erzielten Reibungsschluß die Abstützung hervorzurufen, ist in gewissen Grenzen möglich, aber im Schleuderzustand kaum anwendbar.

Der labile Gleichgewichtszustand wird also nicht durch eine derartige abstützende Wirkung aufrechterhalten, sondern durch die führende Wirkung der Räder. Solange das Fahrzeug auf der Fahrbahn im üblichen Zustand fährt, besitzen die Räder vermittels ihres Reibungsschlusses am Boden und der gerichteten Rollbewegung eine ausreichende Führung, das Fahrzeug verhält sich angenähert wie ein Fahrzeug auf Schienen, es rollt geradeaus oder nach den gelenkten Kurven. In Ausnahmefällen ist die Fahrbahn aber so glatt oder die Massenwirkung so groß, daß der Reibungsschluß zu gering und damit die seitliche Führung der Räder unwirksam ist. Das Fahrzeug hat dann die Möglichkeit, seitlich auszubrechen.

Die seitliche Führung der Räder ist jedoch auch bei vorhandenem Reibungsschluß schon beeinträchtigt, weil die Reifen seitlich weich sind. Unter seitlichen Zugkräften können die Reifen um ein beträchtliches Maß federnd verformt werden, bis Gleiten am Boden eintritt. Das hat zur Folge, daß sich das Fahrzeug, z. B. bei Geradeausfahrt, um seine Hochachse um einen gewissen Winkel federnd drehen kann, bevor die Wirkung des Reibungsschlusses voll in Erscheinung tritt. Dieser Winkel, innerhalb dessen das Fahrzeug „schwimmt", wird Schwimmwinkel genannt. Je weicher die Reifen sind, um so größer ist der Schwimmwinkel, der die Unsicherheiten der Seitenführung auf der Fahrbahn zunächst bedingt. Der Schwimmwinkel vergrößert sich insbesondere auch, wenn die Räder durch Luftverlust weicher werden, was sich an den nicht gelenkten, also vom Fahrer unbeeinflußten Hinterrädern hauptsächlich bemerkbar macht.

Aber auch der an der Grenze des Schwimmwinkels zunehmend wirksam werdende Reibungsschluß wird bisweilen stark beeinträchtigt durch ungleichmäßige Beschaffenheit der Fahrbahn, Ungleichförmigkeiten im Antrieb, unterschiedliche Reibung und Massenwirkung. Bei unebener Fahrbahn springen die Räder, bisweilen bis zum Abheben vom Boden, wodurch der Reibungsschluß vermindert und der Antrieb einseitig ungleichmäßig wird.

Wenn die bei der labilen Lage des Fahrzeugs rasch wachsenden Momente aus einseitig wirkenden Kräften, bezogen auf den Schwerpunkt des Fahrzeugs, größer werden als die auf den gleichen Punkt bezogenen Momente aus der Haftung der Räder, dann ist die Vorbedingung dafür gegeben, daß das Fahrzeug schleudert.

B. Reibung, Vortriebs- und Seitenführungskräfte.

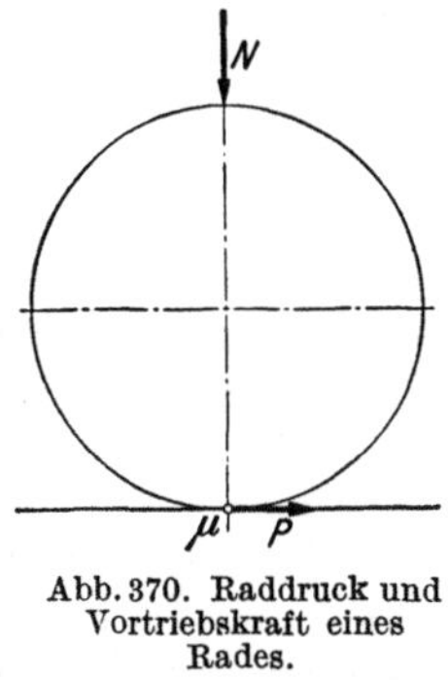

Abb. 370. Raddruck und Vortriebskraft eines Rades.

Nach Abb. 370 kann ein treibendes Rad zunächst die Kraft $P = \mu \cdot N$ auf den Boden übertragen. Die Reibungsziffer μ ist aber keine feste Größe. Sie ändert sich mit der Glätte der Bahn, mit der Größe des Schlupfes des Reifens am Boden und mit der Fahrgeschwindigkeit. Bei vollständig glatter Fahrbahn, auch auf Eis, nimmt die Vortriebskraft und die Bremskraft mit zunehmendem Durchdrehen der Räder nach Abb. 371 zunächst etwas zu und bleibt dann gleich. Andererseits wird die Haftfähigkeit nach Abb. 372 beeinträchtigt durch die Erschütterungen bei rascher Fahrt, wobei es sich aber weniger um Änderungen der Reibungsziffer μ, als um Änderungen des Anpreßdrucks N handelt. Im Bereich des reinen Abrollens kann durch den Griff der Reifenoberfläche in die feinen Unebenheiten, die auf der Straßendecke vorhanden sind, oder die, wie beim Geländereifen, durch diesen in die Erde gedrückt werden, die Vortriebs- und Bremskraft gesteigert werden; jedoch erst, wenn im Reifen selbst durch dessen elastische Nachgiebigkeit schon ein kleines Walkgleiten aufgetreten ist. Bei sehr glatten Straßen werden im wesentlichen der erstere Verlauf (Abb. 371), bei üblichen Straßen die letzteren Wirkungen (Abb. 372) überwiegen.

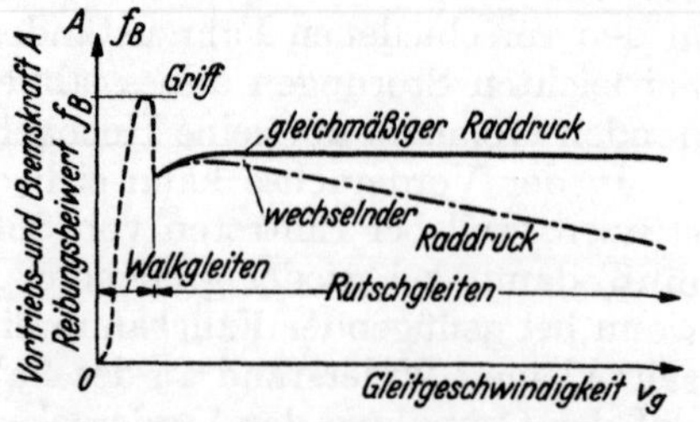

Abb. 372. Vortriebskraft, Bremskraft und Reibungsbeiwert in Abhängigkeit von der Gleitgeschwindigkeit auf üblichen Straßen.

Als Haftreibungsbeiwerte können die Zahlen 0,7 bis 0,9 bei langsamen Geschwindigkeiten und griffiger Straße und 0,45 bis 0,5 bei hohen Geschwindigkeiten angenommen werden.

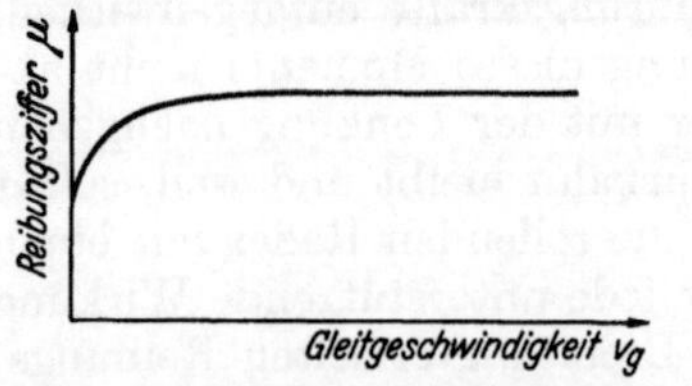

Abb. 371. Vortriebs- und Bremskraft auf glatter Bahn, abhängig von der Gleitgeschwindigkeit zwischen Rad und Boden.

Die Haftfähigkeit ist nun die wesentliche und, wie sich aus folgendem ergibt, die Übertragung von Antriebs- und Bremskräften zwischen Rad und Boden die zweite Bedingung für die Seitenführungsverhältnisse der Räder.

Ein stillstehendes Rad hat nach allen Seiten hin gleiche Reibung und damit gleiche Kraftübertragungsfähigkeit. Die Spitze des Pfeiles dieser Kraft R liegt deshalb nach Abb. 373 auf einem Kreis mit dem Radauflagepunkt als Mitte. Wird für die Vortriebs- oder Bremskraft ein Anteil A dieser Kraft benötigt, so bleibt für die Seitenführung nur noch die als geometrische Differenz von R und A sich ergebende Kraft S.

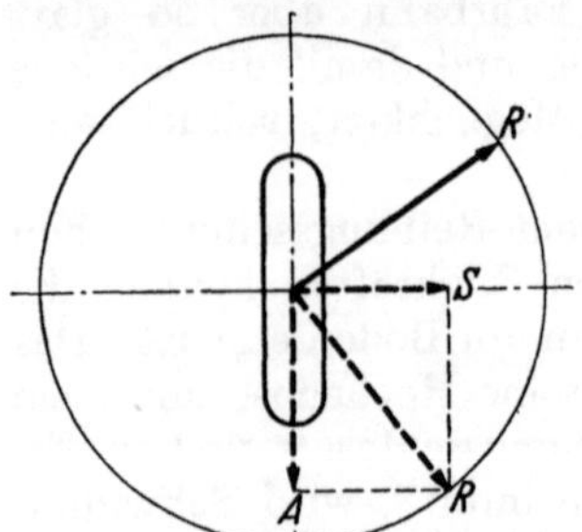

Abb. 373. Aufteilung der Reibkraft des Rades in Vortriebs- und Seitenführungskraft. R Reibkraft, A Bremskraft, S Seitenführungskraft.

Volle Seitenführung ist vorhanden, wenn keine Vortriebs- oder Bremskräfte übertragen werden, ganz aufgehoben ist die Seitenführung, wenn der Antrieb oder die Bremskraft die volle Reibungsschlußkraft R in Anspruch nimmt, d. h. wenn die Räder beim Antrieb durchdrehen oder bei Bremsung sperren.

C. Vorgänge beim Bremsen.

Demnach ist scharfes Bremsen, bei dem die Grenze der Haftfähigkeit vielfach erreicht wird, besonders geeignet, die Seitenführung der Räder aufzuheben und bei geringfügigen, das Fahrzeug um die Hochachse drehenden Anlässen ein Schleudern herbeizuführen.

Dabei sind die Wirkungen aber verschieden, wenn das Fahrzeug vorwiegend hinten oder vorwiegend vorn gebremst wird. Die Räder, die am schärfsten gebremst werden, neigen dazu, zuerst auszubrechen.

Wenn das Fahrzeug hinten stärker gebremst wird, brechen im Grenzzustand unter der fast stets vorhandenen Wirkung einseitiger Einflüsse die Hinterräder nach der Seite aus, die Vorderräder rollen in ihrer Fahrtrichtung weiter. Wenn nun, wie oben ausgeführt, labiles Gleichgewicht zwischen der treibenden Massenkraft und der Gesamtbremskraft herrscht, führt das Ausbrechen der Hinterräder zu einer einem Kippen in die stabile Lage ähnlichen schnellen Drehen des Wagens um eine hochstehende Achse, zum Schleudern.

Wenn die Vorderräder stärker gebremst werden, ist ein solches Umschlagen in der Richtungshaltung des Fahrzeugs nicht möglich, weil die Hinterräder ihre Führung beibehalten und die Vorderräder in Richtung der Massenbewegung weggleiten, was lediglich einer Fahrtrichtungsänderung entspricht. Der Vorgang bei Hinterradbremsung vollzieht sich sehr rasch mit großer Winkelgeschwindigkeit des Fahrzeugs, der Vorgang bei Vorderradbremsung mit kleinerer Winkelgeschwindigkeit. Er ist infolgedessen der Beeinflussung durch den Fahrer leichter zugänglich.

Wenn an sämtlichen Rädern eines Fahrzeugs so gebremst wird, daß unter Berücksichtigung der durch die Massenwirkung gegebenen zusätzlichen Vorderradbelastung die Grenze der Haftfähigkeit an allen Rädern gleichzeitig erreicht wird, dann vereinigen sich beide Wirkungen, der Wagen wird also steuerlos und schleudert gleichzeitig, jedoch nicht so stark wie bei Hinterradbremsung. Das Gleiten der Räder tritt allerdings erst bei höherer Gesamtbremskraft ein. Dennoch ist aber die vorteilhafteste Bremseinstellung die, bei der wohl alle Räder gebremst werden, die Vorderräder aber um so viel stärker als die Hinterräder, daß bei allen Fahrzeugbelastungen und unter Einfluß der Belastungsverschiebungen durch die Massenkräfte die Vorderräder zuerst ausbrechen, die Hinterräder also ihre Führung länger behalten. Renn- und Sportfahrzeuge in den Händen geübter Fahrer, die das Schleudern zum Fahren sehr scharfer Kurven ausnützen wollen, können davon eine Ausnahme bilden.

Abb. 374 zeigt die Wirkung der verschiedenen Bremsarten auf Grund von Modellversuchen.

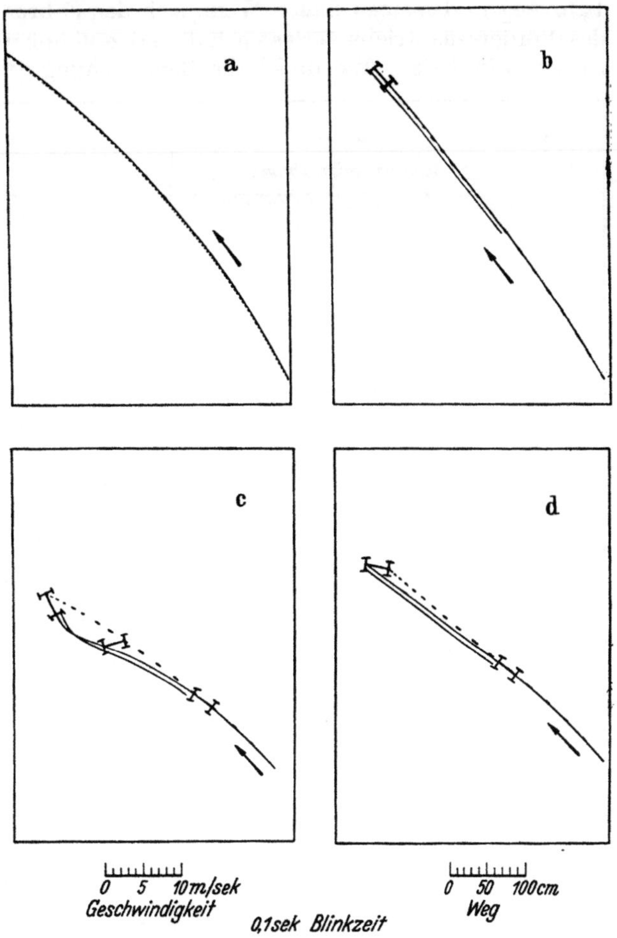

Abb. 374. Verhalten eines Fahrzeugs bei verschiedenen Bremsarten (Modellversuche Maßstab 1 : 10).

a Fahrbahn bei den Bremsversuchen bei langsamer ungebremster Fahrt, b Bild des Wegs des Fahrzeugs bei Vorderradbremsung, c Weg und Drehung des Fahrzeugs bei Hinderradbremsung, d Weg und Drehung des Fahrzeugs bei Vierradbremsung.
—— Vorderachse, – – – Hinterachse, ═══ Bremsung.

D. Wirkung des Vorderradantriebs.

Hier greift die Gesamtantriebskraft in der Mitte zwischen den Vorderrädern an. Die Gesamtfahrwiderstände greifen wiederum vor der Mitte des Fahrzeugs, aber im allgemeinen hinter der Vorderachse an (Abb. 375). Ihr Angriffspunkt liegt jetzt hinter dem der antreibenden Kräfte. Das Fahrzeug befindet sich in einem stabilen Gleichgewichtszustand. Die ungleichmäßigen Einflüsse des Antriebs und der Fahrbahn sind in diesem Fall nicht in der Lage, das Fahrzeug zu raschen Schleuderbewegungen anzuregen. Der Wagen sucht, solange der Antrieb wirkt, seine Richtung zu halten. Bei Überlastung der Haftfähigkeit durch den Antrieb tritt bei Auftreten einer einseitigen Wirkung ein seitliches Ausbrechen der Vorderräder ein, die führende Wirkung der Hinterräder bleibt erhalten.

Durch die Verbindung von Antrieb und Lenkung besteht die Möglichkeit, daß bei eintretendem seitlichem Gleiten der Vorderräder noch eine Lenkwirkung erzielt wird, da auch das gleitende Antriebsrad in der Richtung seiner Lenkeinstellung eine Vortriebskraft auf den Boden ausübt.

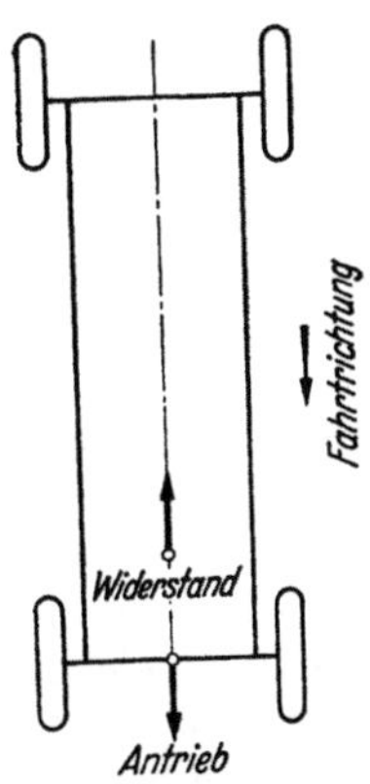

Abb. 375. Am Fahrzeug angreifende Kräfte bei Vorderradantrieb und Geradeausfahrt.

Da auf Grund dieser Wirkung der Vorderradantriebswagen nach Abb. 376 kleinere Führungskräfte in der Kurve benötigt als der an den Hinterrädern angetriebene, kann sie dazu ausgenützt werden, das Fahrzeug in die Kurve hineinzuziehen. Von dieser Möglichkeit soll aber nur vorsichtig Gebrauch gemacht werden.

Wenn in der Kurve aus irgendeinem Grunde die Antriebskraft durch Drosseln des Motors aufgehoben werden muß, verhält sich dieses Fahrzeug nicht anders als ein hinterradangetriebenes

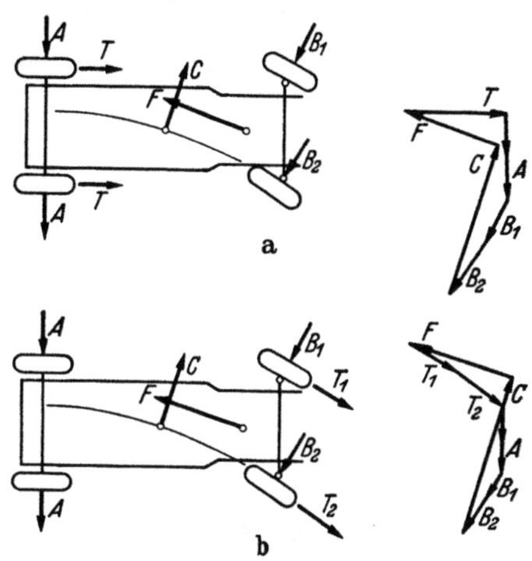

Abb. 376. Hinter- und Vorderradantrieb in der Kurve. Am Fahrzeug angreifende Kräfte: C = Fliehkraft, F = Fahrwiderstandskräfte, A u. B = Seitenführungskräfte, T = Triebkräfte.

Die Seitenführungskräfte A und B schließen den Kräfteplan aus den übrigen Kräften. Sie sind bei b) in kleinerer Größe notwendig als bei a).

Fahrzeug in derselben Lage. Wenn sich der Fahrer nun auf die besonderen Kurvenfähigkeiten des Vorderradantriebs verlassen hat und mit höherer Geschwindigkeit in die Kurve gegangen ist, kann in diesem Augenblick die Beherrschung des Fahrzeugs verlorengehen. Der Fahrer soll also auch hier mit der Geschwindigkeit, mit der jedes Fahrzeug in jeder Lage beherrscht werden kann, in die Kurve gehen, und erst wenn diese voll zu übersehen ist, die Kurveneigenschaften des Vorderradantriebs dazu ausnützen, mit höherer Beschleunigung aus der Kurve zu fahren. Damit wird eine zusätzliche Erhöhung der Fahrsicherheit erreicht, da in den Fällen, in denen der Fahrer die Krümmung der Kurve zu schwach eingeschätzt hat, durch die Wirkung des Vorderradantriebs das Fahrzeug noch in der Kurve gehalten werden kann.

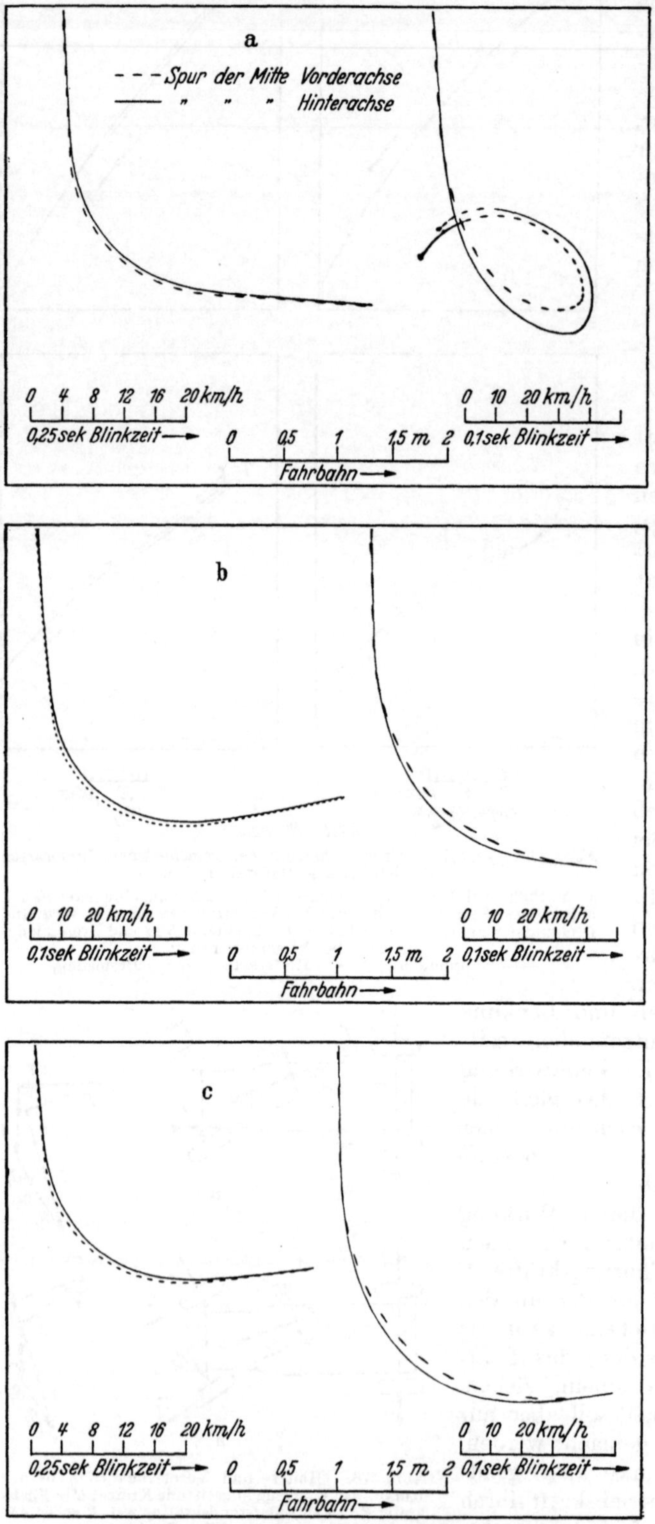

Abb. 377. Fahrverhalten des gleichen Fahrzeugs (Modell): links bei langsamer, rechts bei rascher Fahrt und gleichbleibendem Lenkeinschlag a) mit Hinterradantrieb (starkes Schleudern), b) mit Vorderradantrieb (leichtes Ausschwimmen der Hinterachse), c) Vierradantrieb (wie b).

E. Wirkung des Vierradantriebs.

Bei Vierradantrieb werden die für den Vortrieb notwendigen Kräfte zwischen Rad und Boden auf alle vier Räder verteilt. Der Vierradantrieb bzw. Allradantrieb ist aus diesem Grunde dem Vorder- und dem Hinterradantrieb in bezug auf die Seitenführung der Räder immer überlegen, trotzdem bei ihm das Ausbrechen der Vorder- und Hinterräder gleichzeitig erfolgen kann.

An der Grenze des Rutschens ist der Zustand des Fahrzeugs noch leicht unstabil, aber doch dem indifferenten Gleichgewicht nahe, weil die zusammengefaßten Antriebskräfte etwa in der Mitte des Fahrzeugs angreifen. Da aber in den Vorderrädern wiederum die lebendige Verbindung zwischen Antrieb und Lenkung vorhanden ist, kann der Fahrer mit Lenkung und Antrieb die Fahrtrichtung beeinflussen.

Damit tritt ein wesentlicher Vorzug in den Fahreigenschaften, der dem des Vorderradantriebs ähnlich ist (Abb. 377 und 378), zu der gewaltigen Überlegenheit hinzu, die der Vierradantrieb in seinem Steigvermögen gegenüber den beiden anderen Antriebsarten besitzt, wie es in Abb. 379 zum Ausdruck kommt. Bei hohen Geschwindigkeiten besitzt Vierradantrieb außerdem noch den Vorteil der kleineren Reifenbeanspruchung durch die Antriebskräfte.

Die Unterschiede der Antriebsarten hinsichtlich Fahrbahnhaltung auf der Steigung beim Erreichen der Rutschgrenze zeigt die Abb. 380.

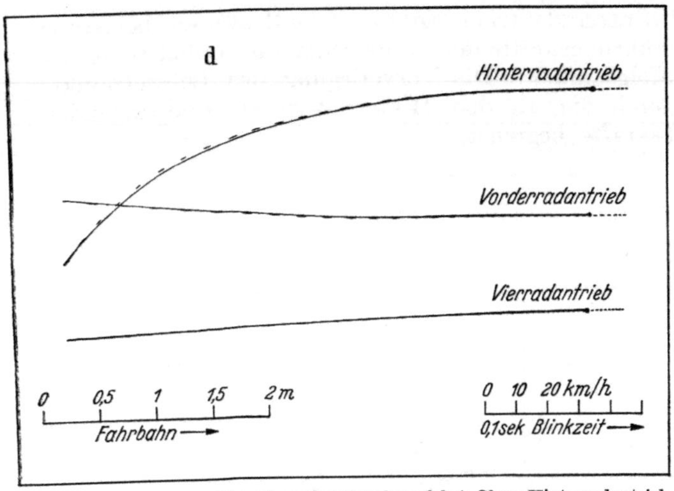

Abb. 378. Beschleunigung bei Geradeausfahrt. Oben: Hinterradantrieb (Ausbrechen aus Fahrtrichtung), Mitte: Vorderradantrieb, unten: Vierradantrieb.

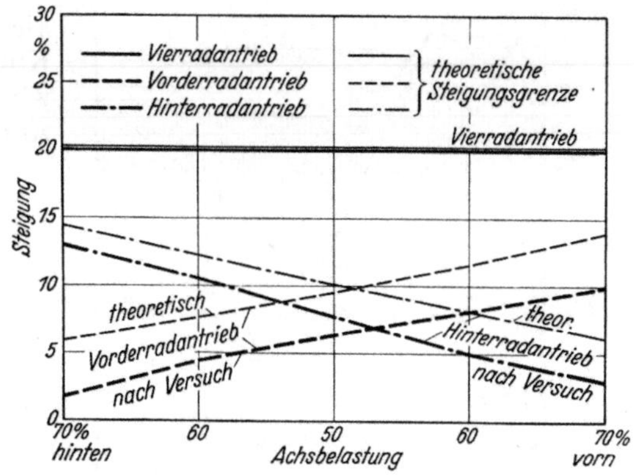

Abb. 379. Steigungsgrenze bei beginnendem Schlupf der Treibräder (nach Modellversuchen) bei Reibungsbeiwert $\mu = 0{,}2$ und verschiedener Achsbelastung von Vierrad-, Vorderrad- und Hinterradantrieb; bei Einachsantrieb verringerte Steigfähigkeit gegenüber den rechnerischen Werten durch den Fahrwiderstand der geschleppten Räder.

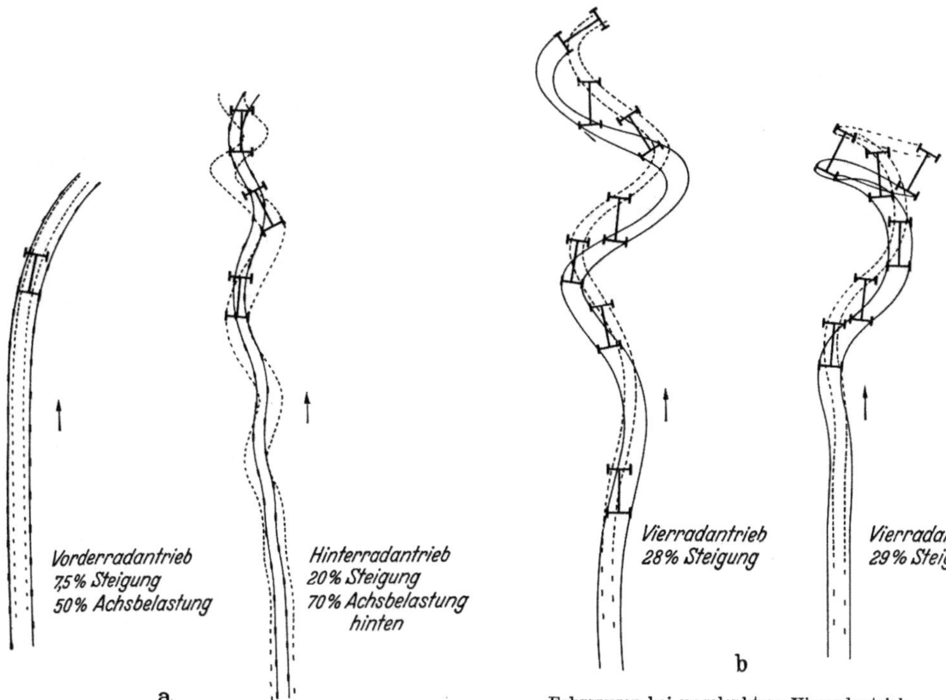

a

Fahrspuren des ungelenkten Fahrzeugs, links Vorderradantrieb, rechts Hinterradantrieb (die Spuren der Vorderräder sind enger gezeichnet).

b

Fahrspuren bei ungelenktem Vierradantrieb.

Abb. 380. Fahrverhalten der Antriebsarten nach Überschreiten der Grenzsteigung nach Abb. 379: a) Vorderrad- und Hinterradantrieb, b) Vierradantrieb.

F. Einfluß der Schwerpunktslage auf die Fahrbahnhaltung.

Die Schwerpunktshöhe ist möglichst niedrig zu wählen, damit die Kippsicherheit groß ist.

Die Wirkung der Lage des Schwerpunkts in der Längsrichtung ist weniger leicht zu übersehen. Bei den heutigen Fahrzeugen kommen Achsdruckverteilungen mit bis zu 70 vH der Belastung auf den Hinterrädern und mit bis 60 vH auf den Vorderrädern vor. Modellversuche haben ergeben (Abb. 381), daß die beste Fahrbahnhaltung beim Bremsen mit Vierradbremse dann vorhanden ist, wenn ungefähr 60 vH des Achsdruckes auf der Vorderachse sind. Doch liegt (Abb. 381 und 382) in den weiten Grenzen von 60 vH Vorderachsbelastung bis 60 vH Hinterachsbelastung ein weiter günstiger Bereich. Wenn diese Grenzen überschritten werden, tritt eine Verschlechterung in der Schleuderneigung ein.

Bei Hinterradantrieb ergibt zu hohe Hinterachsbelastung kleine Führungskräfte der Vorderräder und daher schlechte Kurvenfolgsamkeit. Die Vorverlegung des Schwerpunkts wird durch die an den Hinterrädern zu übertragenden Antriebskräfte begrenzt.

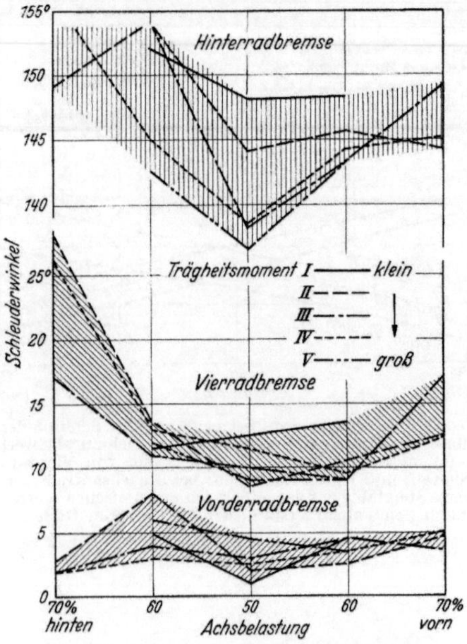

Abb. 381. Schleuderwinkel beim Bremsen mit Hinterradbremse, Vierradbremse und Vorderradbremse bei verschiedenen Schwerpunktslagen (Achsdrücke) (nach Modellversuchen). I = kleines, V = großes Trägheitsmoment.

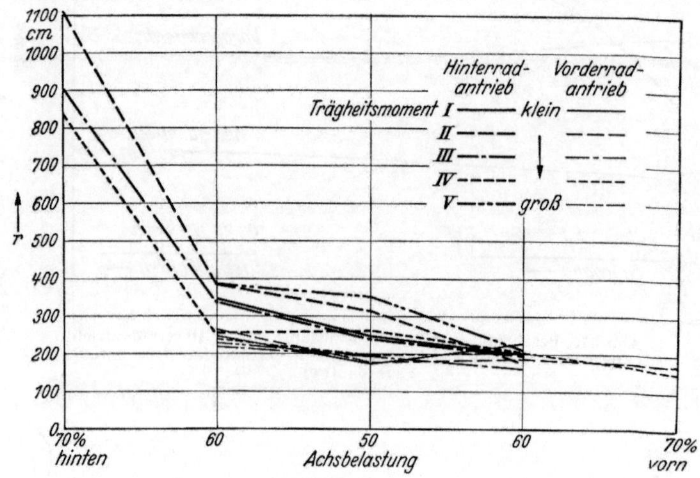

Abb. 382. Halbmesser der bei bestimmtem gleichbleibendem Lenkeinschlag gefahrenen Kurven von Hinterrad- und Vorderradantrieb mit verschiedenen Achsdrücken (kleiner Kurvenhalbmesser = beste Kurvenwilligkeit) (nach Modellversuchen). I = kleines, V = großes Trägheitsmoment.

Vorderradantrieb verlangt zur ausreichenden Sicherung der Vortriebskräfte, insbesondere in der Steigung, Vorverlegung des Schwerpunkts. Eine Vorverlegung über 60 vH Vorderachsdruck hinaus ergibt aber zu starke Entlastung der Hinterachse, so daß das Fahrzeug in der Kurve mit der Hinterachse nach außen auszuweichen versucht. Auch bei Vorderradantrieb ist also eine Erhöhung des Vorderachsdruckes über 60 vH hinaus unzweckmäßig.

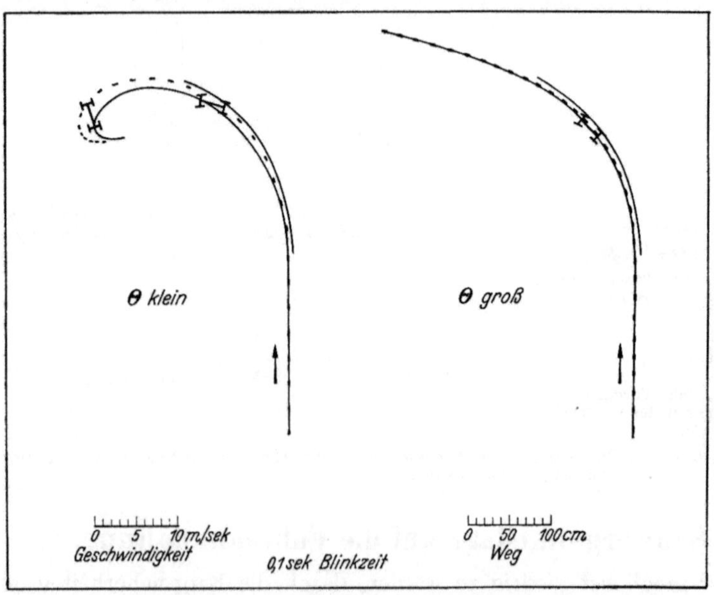

Abb. 383. Modellversuche über die Wirkung des Trägheitsmoments bei Hinterradantrieb. Kleines Trägheitsmoment gibt Schleuderneigung.

G. Einfluß des Trägheitsmoments.

Der Einfluß der Trägheitsmomente der Fahrzeuge auf die Fahrbahnhaltung ist kleiner als der der Schwerpunktslagen. Viersitzige Fahrzeuge weisen Trägheitsmomente um die durch den Schwerpunkt gehende Hochachse mit Werten zwischen 8000 und 26000 cmkg sek² auf.

Mit größer werdendem Achsstand wächst auch das Trägheitsmoment des Fahrzeugs, so daß vielfach die bei einer Schleuderbewegung durch die Trägheitskräfte auftretenden Drehkräfte, die mit dem Trägheitsmoment wachsen können, von den ebenfalls größer werdenden Gegenmomenten aus Raddruck und Radstand ausgeglichen werden. Deshalb tritt selten eine wesentliche Wirkung des Trägheitsmoments in Erscheinung.

Fahrzeuge mit großem Trägheitsmoment weisen kleine Folgsamkeit für rasche Lenkbewegungen auf und besitzen größeren Widerstand gegen von außen wirkende Schleudereinflüsse (Abb. 383). Großes Trägheitsmoment verursacht stärkere Richtungshaltung bei gerader Fahrt. Deshalb wächst auch bei großem Trägheitsmoment der Kraftaufwand des Fahrers bei Einleitung einer Drehung. Wenn das Fahrzeug sich in der Kurve befindet, ist die Neigung, diese Drehung beizubehalten, groß, weil die Bewegungsenergie bei eingeleiteter Drehung bei großem Trägheitsmoment größer ist. Das führt zu der Erscheinung des „Nachschleuderns" (Abb. 384).

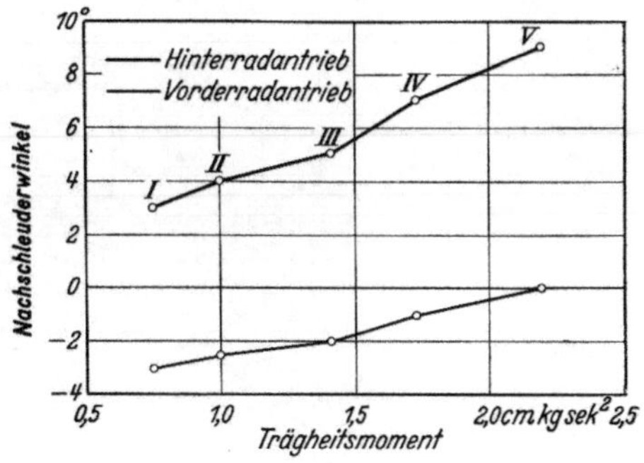

Abb. 384. Modellversuche ergaben Nachschleudern nach zurückgenommenem Lenkeinschlag: Nachschleudern nimmt bei Vorderrad- und Hinterradantrieb mit zunehmendem Trägheitsmoment zu. Das Nachschleudern erfolgt bei Hinterradantrieb in die Kurve hinein, bei Vorderradantrieb aus der Kurve heraus.

Ein Fahrzeug, das besonders wendig sein soll, also ein Sport- oder Rennfahrzeug, wird besser mit kleinem Trägheitsmoment, und ein Fahrzeug, bei dem es hauptsächlich auf gute Richtungshaltung ankommt, vorteilhafter mit größerem Trägheitsmoment gebaut.

29. Das Fahrwerk.

Das Fahrwerk besteht im wesentlichen, wenn von den schon behandelten Gruppen Federung, Lenkung, Bremsen, Antrieb abgesehen wird, aus Rahmen, Achsen, Naben, Rädern und Bereifung.

Die Entwicklung des Kraftfahrzeugs, welche leichte Zugänglichkeit der Maschinenanlage bei Bau und Behandlung erforderte, brachte es mit sich, daß das Fahrgestell und der Aufbau als zwei getrennte Teile behandelt worden sind.

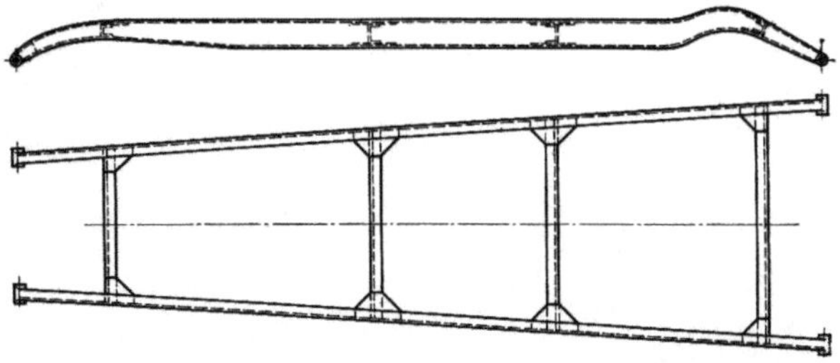

Abb. 385. Einfacher niederer Flachrahmen aus offenen Trägern.

A. Der Flachrahmen.

Das Grundgestell der Maschinenanlage hat sich als ein flacher Rahmen aus gepreßten Längs- und Querträgern entwickelt (Abb. 385), an dem der Motor und die übrigen Triebwerksteile sowie das Kutschwerk befestigt sind. Dieses Gebilde ist gegen Verdrehung weich. Die Weichheit hat zu Anfang nicht gestört, führte aber nach Erreichung der höheren Fahrgeschwindigkeiten zu sehr störenden Schwingungserscheinungen mit gefährlichen Auswirkungen auf die Lenkung und zerstörenden Einflüssen auf die Aufbauten.

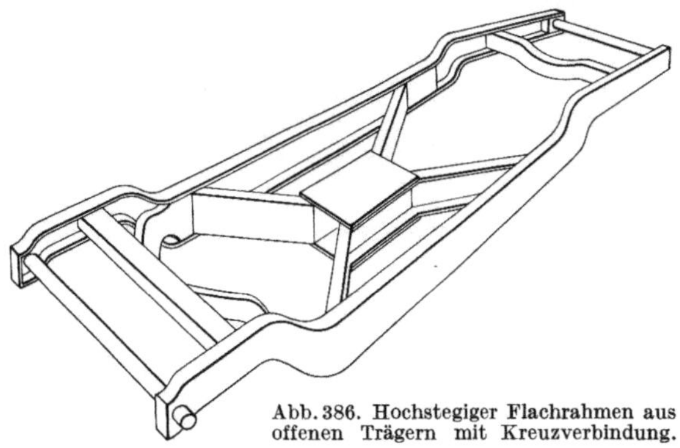

Abb. 386. Hochstegiger Flachrahmen aus offenen Trägern mit Kreuzverbindung.

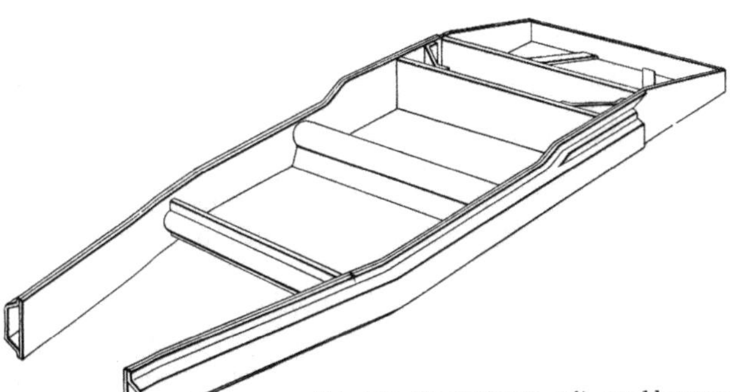

Abb. 387. Flachrahmen mit geschlossenen Kastenträgern.

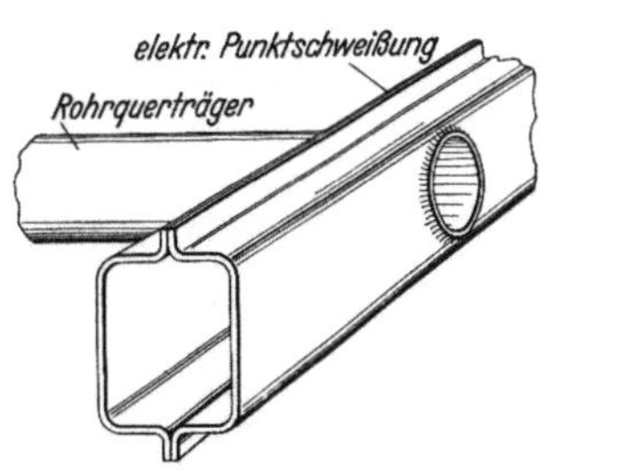

Abb. 388. Aufbau eines Kastenträgers mit Rohrquerverbindung.

Die Bestrebungen, die Drehsteifigkeit der Rahmen um die Längsachse zu erhöhen, führten dazu, die Träger hochstegig und die Querträger kreuzförmig auszubilden (Abb. 386), mit fest verschweißten Blechen zu versteifen und die offenen Trägerquerschnitte durch geschlossen geschweißte (Abb. 387, 388, 389) oder rohrförmige Ausführungen (Abb. 390) zu ersetzen oder die beiden Längsträger zu einem rohrförmigen (Abb. 391) oder ähnlich geschlossenen Träger (Abb. 392) zu vereinigen. Mit diesen Mitteln wurde die Verdrehungssteifigkeit so weit gesteigert, daß die Fahrzeuge im Bereich der üblichen höchsten Fahrgeschwindigkeiten von 90 bis 120 km/h die erwähnten Schwingungen des Rahmens noch nicht aufweisen. Der allgemeinere Übergang auf hohe Geschwindigkeiten wird aber die Erscheinungen wieder in den Betriebsbereich hereinrücken, so daß es notwendig wird, von baulichen Lösungen Gebrauch zu machen, die eine solche Steigerung der Formsteifigkeit des Wagengerippes bedeuten, daß nicht nur diese Schwingungen endgültig ausgeschaltet bleiben, sondern auch die noch vorhandenen hochfrequenten Erzitterungen des Wagenkörpers beseitigt werden, die sich in den Geräuschen im Wageninnern auswirken.

Abb. 389. Kastenrahmen in Verbindung mit Stahlaufbau (Adler).

Abb. 390. Rohrförmige Längsträger mit Querträgern verbunden (BMW).

B. Der tragende Wagenkörper.

Wesentliche Fortschritte in dieser Richtung sind möglich durch Ausnützung der großen räumlichen Ausdehnung des Wagenkörpers für die Unterbringung der Gestellteile, also durch Schaffung und Weiterentwicklung der selbsttragenden Wagenkörper. Modellversuche ergaben, daß es möglich ist, mit dem Gewichtsaufwand, den ein neuzeitlicher Flachrahmen mit geschlossen geschweißten Trägern erfordert, einen Wagenkörper von etwa 10facher Verdrehsteifigkeit zu bauen, der zudem Gewichtsvorteile für die weitere Ausgestaltung des Aufbaus ergibt.

Abb. 391. Mittelrohrrahmen, gegabelt für die Motoraufhängung (Austro-Daimler-Steyr).

Geschlossene Fahrzeugformen, auch mit zu öffnenden Decken und Rückwänden, sind aber nicht in allen Fällen, z. B. für Heereswagen und Lastkraftwagen, anwendbar. Doch ist auch dort der Weg der Ausbildung räumlich ausgedehnter tragender Gebilde, etwa in Wannenform, gangbar.

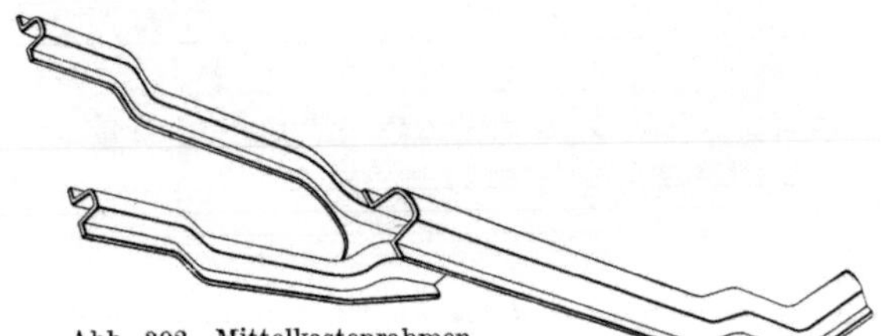

Abb. 392. Mittelkastenrahmen.

Bewährte Ausführungen für selbsttragende Wagenkörper zeigen die Abb. 393 und 394. Diese Entwicklung zur Steifigkeit und Leichtheit ist aber erst begonnen. Sie wird mit Vorteil von allen Verfahren des Leichtbaus Gebrauch machen können.

C. Die Fahrzeugachsen.

Feste Achsen und Schwingachsen werden nebeneinander benötigt je nach den Anforderungen an Fahreigenschaften, Raumverhältnisse und Bauverbilligung.

Abb. 393. Selbsttragender Wagenkörper ohne Mittelpfosten (Lancia).

Für die feste gelenkte Achse hat sich die Form der aus VCN 15 bis VCN 30 geschmiedeten Achse (Abb. 395) allgemein eingeführt, wobei der Hauptquerschnitt der Achse I-förmig ausgebildet ist mit Übergang an den Enden in volle rundliche Querschnitte. Die Übergänge sind so zu formen, daß Kerbwirkungen mit Rücksicht auf die Dauerbeanspruchung vermieden werden.

Rohrachsen waren zur Zeit des Entstehens der Schwingachsen neu in Erscheinung getreten Abb. 396), haben aber eine weitere Verbreitung nicht gefunden.

Abb. 394. Selbsttragender Wagenkörper (Citroën).

Die angetriebenen und nicht gelenkten festen Achsen werden, sofern sie Treibachsen sind, in den zwei verschiedenen Arten der „Flanschachse“ (Abb. 397) und der „Banjoachse“ (Abb. 398) ausgeführt.

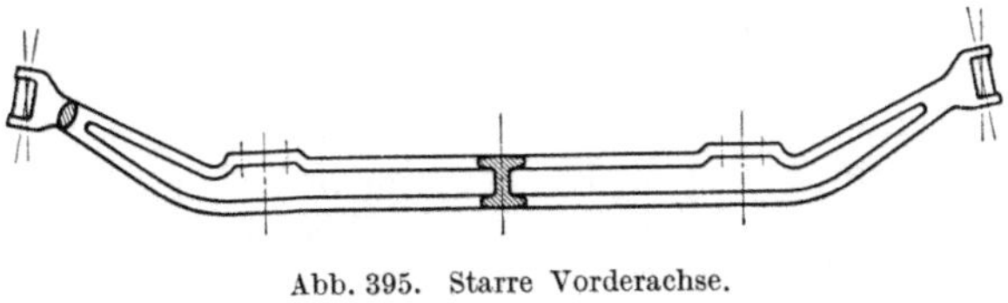

Abb. 395. Starre Vorderachse.

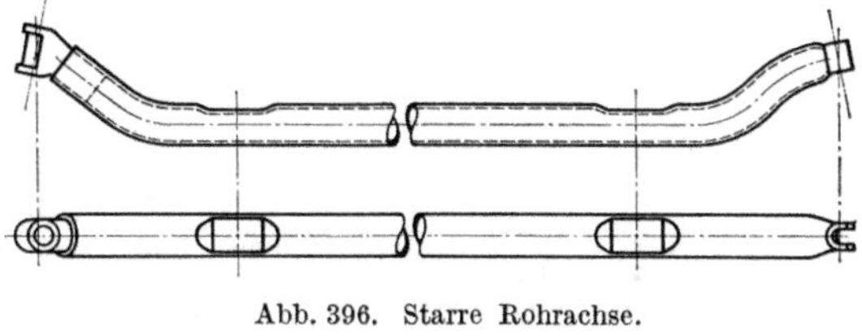

Abb. 396. Starre Rohrachse.

Abb. 397. Starre Hinterachse, Flanschachse eines Lastwagens (MAN).

Abb. 398. Starre Hinterachse, Banjo-Achse eines Lastwagens (MAN).

Abb. 399. Lastwagenhinterachse, Schubübertragung durch die Federn.

Die Schubübertragung von den Rädern auf das Fahrzeug erfolgt zum Teil durch die Federn selbst (Abb. 399) oder durch besondere Schubrohre oder Schubbalken.

Die Werkstoffe dieser Achsen sind Stahlblech, warm gepreßt und geschweißt, bei Lastfahrzeugen zum Teil auch Stahlguß. Leichtmetallguß ist vereinzelt angewandt worden.

Die Beanspruchungen der Achsen ergeben sich aus der Wagenlast auf die Räder und aus den Bremsmomenten, die in die Achse kommen, wobei mit den größten Reibungsziffern (etwa 1, für klebende Reifen) zu rechnen ist.

Zusätzliche Beanspruchungen entstehen durch Stöße. Die durch sie hervorgerufenen Kräfte sind noch nicht genau ermittelt worden, vorläufig werden die 2- bis $2^1/_2$fachen Beträge der statischen Achslasten eingesetzt.

Die Schwingachse ist in zahlreichen Ausführungen als Geradschwingachse und Pendelachse in Erscheinung getreten. Die wesentlichsten sind in Abb. 401 bis 409 vereinfacht dargestellt.

Während bei der festen Achse die Wagenmasse bei Kurvenfahrt sich auf die Achse selbst abstützt und damit der wirksame Hebelarm der Fliehkraftmomente klein bleibt (Abb. 400), stützt sich die Wagenmasse bei allen Einzelradfederungen, bei denen die Räder parallel geführt werden, auf der Fahrbahnfläche ab, womit der Hebelarm der Fliehkräfte vergrößert und die Kurvenneigung des Fahrzeugs nach außen verstärkt ist.

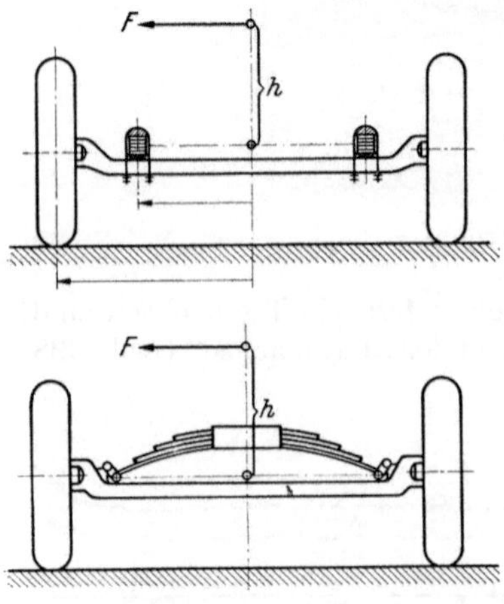

Abb. 400. Starrachse. Oben: Längsfederung, unten: Querfederung. Kurzer wirksamer Hebelarm bei Seitenkraft.

Um dem zu begegnen, kann man bei einem Fahrzeug eine Verbindung von Geradführung und Pendelaufhängung verwenden, indem die Vorderachse, bei der die Vermeidung von Kreiselwirkungen wichtig ist, mit Parallelführung und die Hinterachse mit Pendelabstützung ausgeführt wird. Der Hebelarm des Fliehkraftmoments findet dann seinen Drehpunkt unter dem Wagenschwerpunkt in einer schrägen Ebene, die vorn die Fahrbahn, hinten, wie sich aus folgendem ergibt, den hoch liegenden Angriffspunkt schneidet. Er wird dadurch wirksam verkürzt.

Bei der Pendelachse mit außerhalb der Wagenmitte liegendem Gelenkpunkt (Abb. 401) schneidet die Stützlinie $A : A$ die Wagenlängsmittelebene über der Achsmitte, was den Hebelarm der Fliehkraft stark verkleinert.

Bei Pendelachsen mit gemeinsamem Gelenkpunkt in Achsmitte (Abb. 402) stützen sich die Räder gegen die Achsmitte ab.

Bei der Schwingachse, bei der die Verlängerung der einfachen Querfeder den Achsschenkel bildet (Abb. 403), ist der Hebelarm der Fliehkraft kurz. Diese Achse erlaubt aber dem Rad weitgehende Winkelausschläge.

Die Schwingachsausführung mit zwei Querfedern (Abb. 404) sichert hinreichende Parallelbewegung der Räder. Sie macht aber die Aufhängung der Räder und damit die Sicherheit von der Festigkeit der hoch beanspruchten Federn abhängig. Sie wird deshalb auch ersetzt durch in der Radführung gleichwertige Parallelogrammauslegerhebel mit besonderer Federabstützung (Abb. 405).

Die Seitenbewegung des Reifens am Boden kann noch verkleinert werden durch trapezartige Anordnung der Anlenkpunkte (Abb. 406), womit aber wiederum kleine Winkelausschläge des Rades entstehen.

Geradführungen der Räder mit Hilfe von Hülsen (Abb. 407) liefern eine reine Parallelbewegung und genaue Spurhaltung. Während aber alle gerade geführten, einzeln gefederten Räder den Nachteil des langen Hebelarms und damit der großen Kurvenweichheit haben, wird bei dieser ebenfalls zu dieser Gruppe zählenden Aufhängung durch die Fliehkraft die Führungsreibung zwischen dem Führungszapfen und der Hülse vergrößert, so daß die Federung sich in der Kurve verhärtet und auch eine Versteifung der Kurvenlage eintritt. Diese Radführung besitzt aber den Nachteil, daß die Federwege aus baulichen Gründen begrenzt und verhältnismäßig klein sind.

Die Längsauslegeranordnung Abb. 408 und 409 besitzt alle günstigen

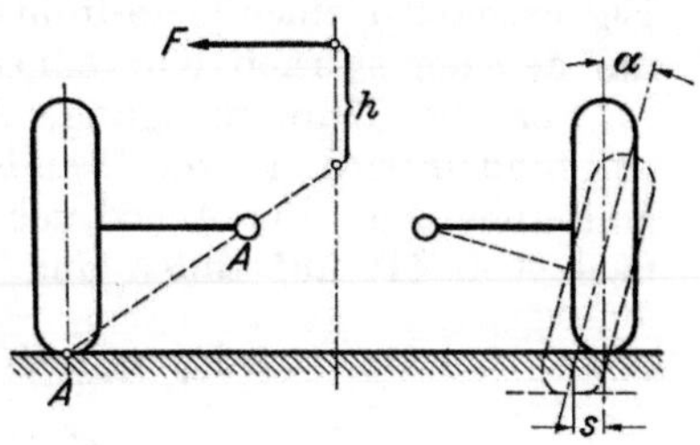

Abb. 401. Außenpendelachse mit starker Stützwirkung: Kleiner wirksamer Hebelarm, Spur- und Sturzänderung bei Federbewegung.

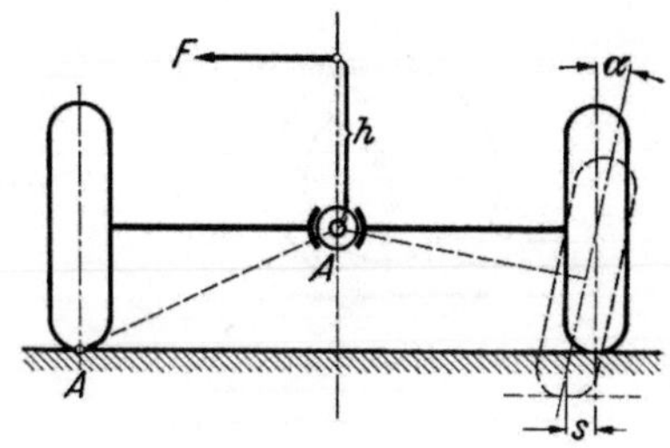

Abb. 402. Mittenpendelachse mit Stützwirkung: Der wirksame Hebelarm geht bis zum Pendeldrehpunkt. Spur- und Sturzänderung bei Federbewegung.

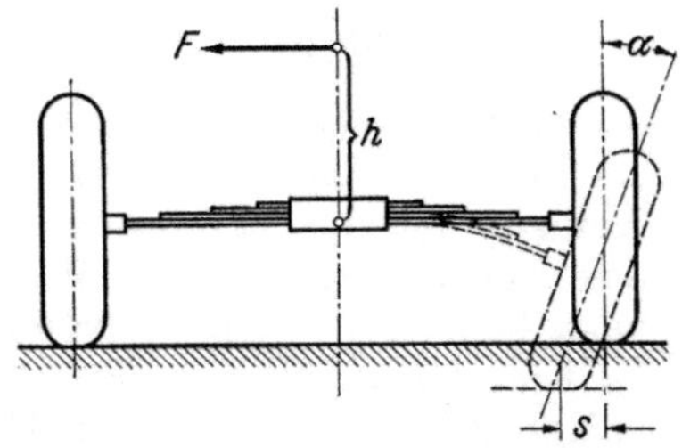

Abb. 403. Federpendelachse: Abstützwirkung wie bei der Mittenpendelachse, verstärkte Spur- und Sturzänderung bei Federbewegung.

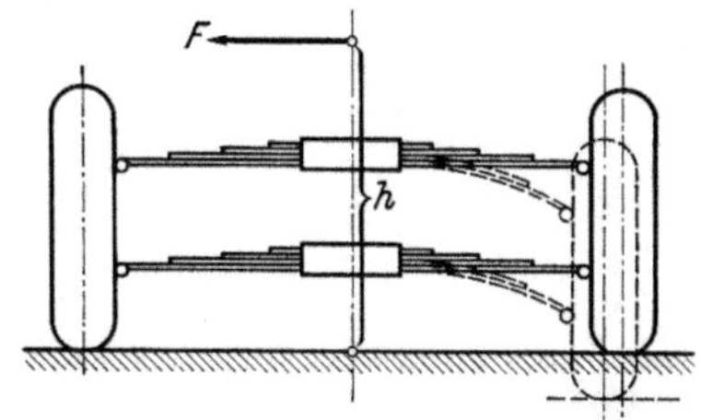

Abb. 404. Querparallelogramm-Federachse ohne Stützwirkung: Spuränderung, keine Sturzänderung beim Durchfedern.

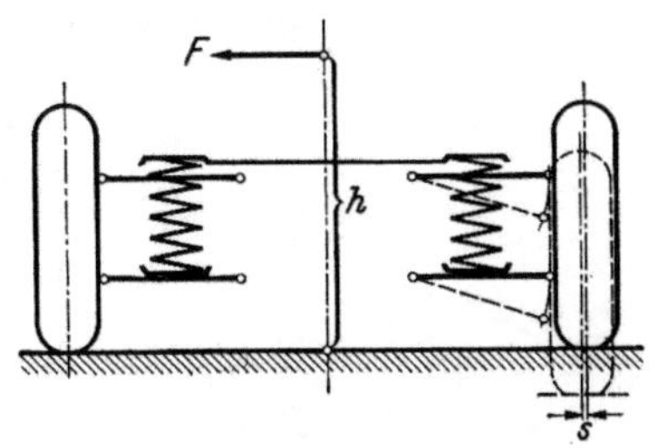

Abb. 405. Querparallelogramm-Auslegerachse ohne Stützwirkung: Spuränderung, keine Sturzänderung beim Durchfedern.

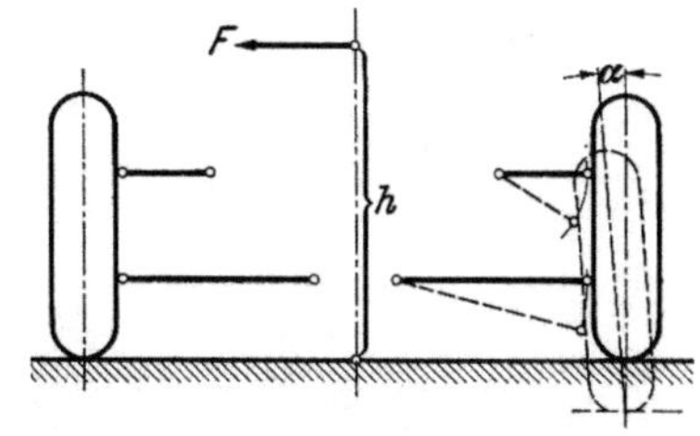

Abb. 406. Quertrapez-Auslegerachse ohne Stützwirkung: Keine oder geringe Spuränderung, aber Sturzänderung beim Durchfedern.

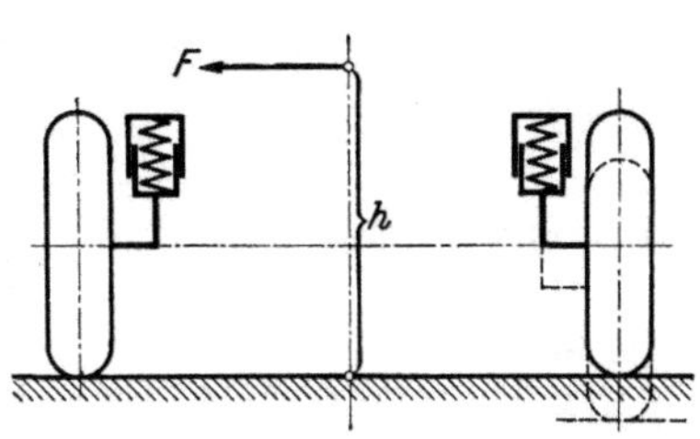

Abb. 407. Führungshülsenachse. Stützwirkung durch Reibung bei Querbelastung der Hülsen: Keine Spur- und keine Sturzänderung bei Federbewegung.

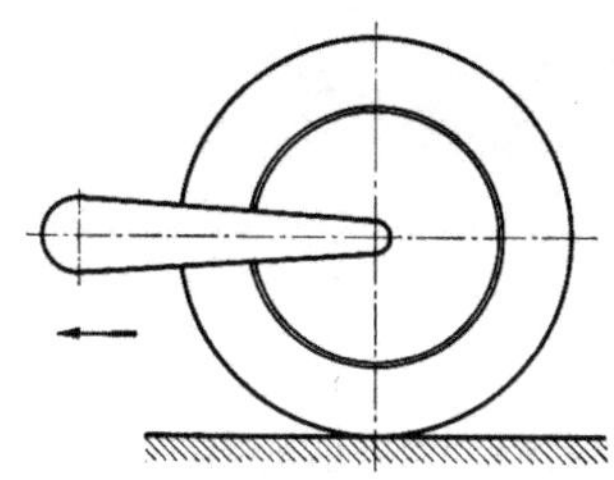
Abb. 408. Längsauslegerachse: Keine Stützwirkung, ohne Spur- und Sturzänderung bei Federbewegung.

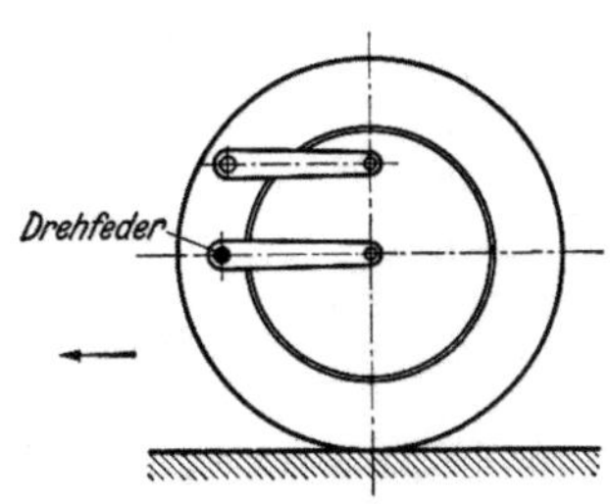

Abb. 409. Parallelogramm-Längsauslegerachse: Keine Stützwirkung, ohne Spur- und Sturzänderung bei Federbewegung.

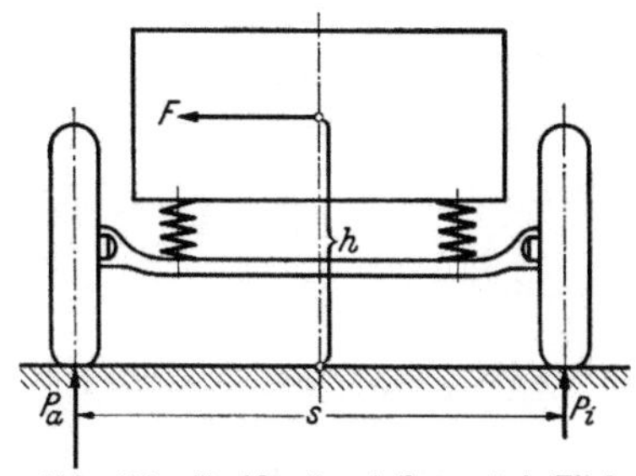

Abb. 410. Raddruckverteilung bei Fliehkraftwirkung.

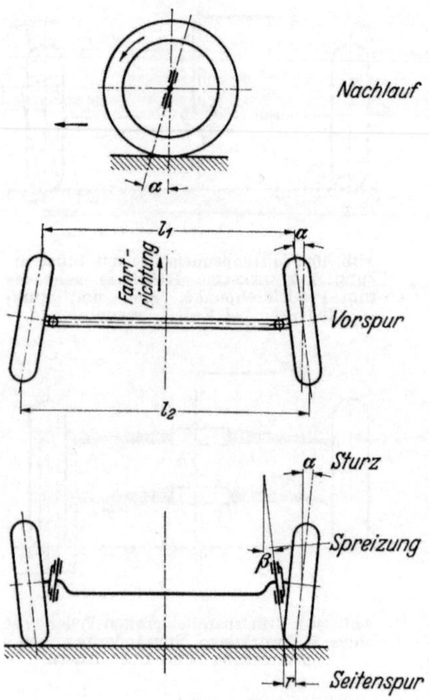

Abb. 411. Nachlauf, Vorspur, Sturz und Spreizung am gelenkten Rad.

Eigenschaften einer Geradführung, von ihren Nachteilen nur den der starken Kurvenneigung.

Von der Kurvenneigung, die zwar als unangenehm empfunden wird, ist die Standsicherheit nur in geringem Maß abhängig. Der Achsdruck in der Kurve verteilt sich nach Abb. 410 auf außen und innen nach

$$P_a = \frac{G}{2} + \frac{h}{s} F,$$

$$P_i = \frac{G}{2} - \frac{h}{s} F,$$

G Wagengewicht, F Fliehkraft, h Schwerpunktshöhe über Boden, s Spurweite.

Das Verhältnis $\frac{h}{s}$ ändert sich nur in dem Maße der Änderung der Schwerpunktshöhe h durch die Neigung.

Die Versuche, dem Wagenkörper durch besondere Aufhängung eine Kurveninnenneigung zu geben, erhöhen das Sicherheitsgefühl der Wageninsassen; die Raddruckverteilung wird dadurch nicht wesentlich geändert.

Eine Übertreibung dieser Maßnahme kann eine Fahrgefährdung infolge falscher Empfindungsauslösung beim Fahrzeugführer bedeuten.

Allen Aufhängungen gemeinsam ist die richtige Wahl der Größe des Nachlaufs des Rades bei geschlepptem Rad in seinem Auflagepunkt am Boden hinter dem Bodendurchstoßpunkt des verlängerten Lenkzapfens, die Größe der Vorspur und im wesentlichen auch die der Lenkzapfenspreizung und des Radsturzes (Abb. 411).

Abb. 412. Ausführung einer Parallelogramm-Federachse (Steyr).

Der Nachlauf soll 1 bis 2° betragen und der Winkel der Vorspur nicht mehr als 2 bis 3°. Sturz und Spreizung werden der je nach Lenkung und Antriebsart erforderlichen Kleinheit der Seitenspur r angepaßt.

Ausgeführte Beispiele von Achsen zeigen die folgenden Abbildungen.

Geradschwingachsen, bei denen die Radscheibe im wesentlichen eine ebene Bewegung ausführt, sind die Parallelogrammachse (Abb. 412), die Trapezachse (Abb. 413) und die Längsauslegerachsen (Abb. 414). Zu den Pendelachsen, bei denen die Räder aus ihrer Ebene in einer Winkelbewegung heraustreten, zählen die Achsen mit Mittelangriff (Abb. 415) und die die Kurvenneigung wirksam verhindernden Achsen mit seitlicher Lage des Abstützpunktes (Abb. 416).

Abb. 413. Ausführung einer Quertrapez-Auslegerachse mit Drehstabfederung am unteren Hebel (Citroën).

Die obigen Ausführungen über die Abstützwirkungen und Federungseigenschaften gelten in gleicher Weise für die Vorder- und Hinterachsen mit und ohne Antrieb.

D. Naben.

Die Naben der treibenden Räder können nach Abb. 417 so ausgeführt werden, daß die Haltung des Rades von niedrig beanspruchten Achsteilen und der Antrieb getrennt davon von der höher beanspruchten Welle übernommen wird.

Billigere Ausführungen (Abb. 418) ziehen zum Teil die Wellen selbst zum Halten des Rades heran, wodurch die Wellen zusätzlich auf Biegung beansprucht werden.

Abb. 414. Ausführung einer Längsauslegerachse (Stoewer).

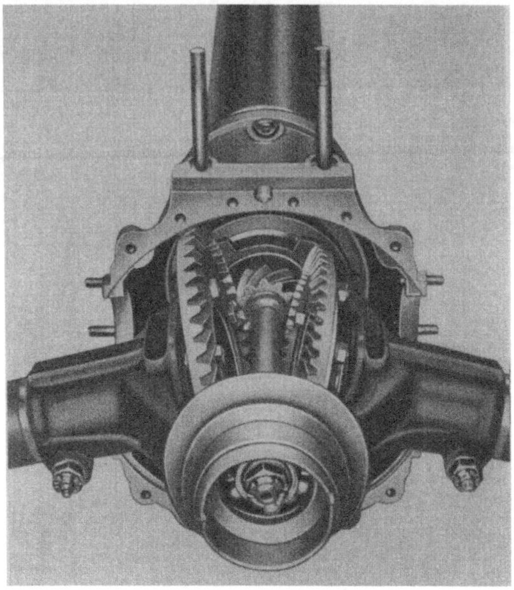

Abb. 415. Pendelachse mit Mittellagerung der Abstützung (Tatra).

Abb. 416. Pendelachse mit seitlicher Lage der Abstützpunkte (Daimler-Benz).

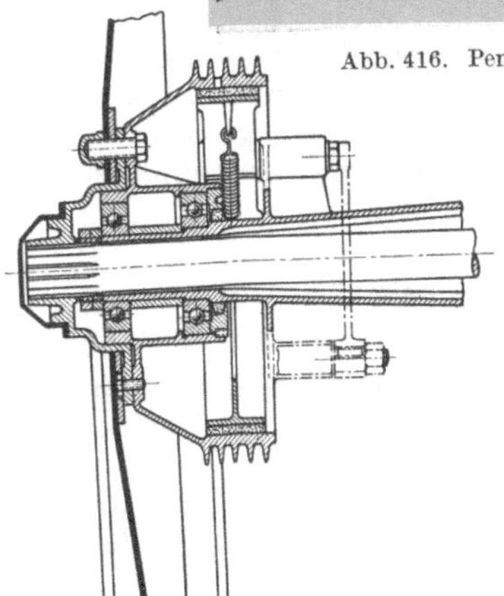

Abb. 417. Radlagerung auf der Achse von der Antriebswelle getrennt.

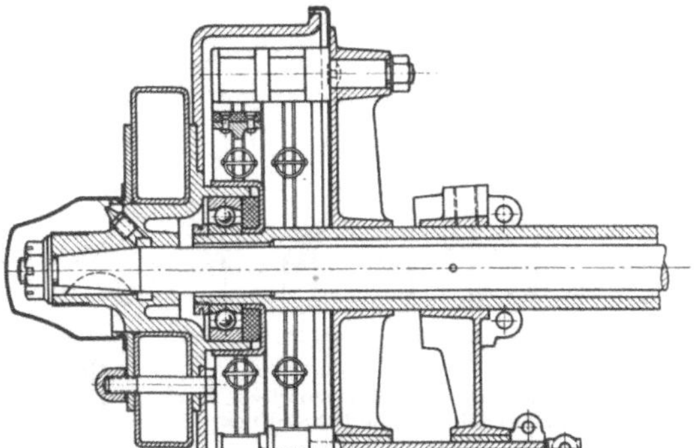

Abb. 418. Radlagerung auf Achse und Antriebswelle, ergibt zusätzliche Beanspruchung der Antriebswelle.

E. Räder.

Die Räder werden nur noch wenig als Drahtspeichenräder ausgeführt, mehr als Scheibenräder (Abb. 419) oder Speichenräder aus Stahlblech (Abb. 420), bei Lastfahrzeugen auch als Stahlguß- oder Leichtmetallgußräder mit abnehmbarer Felge (Abb. 421). Das Scheibenrad

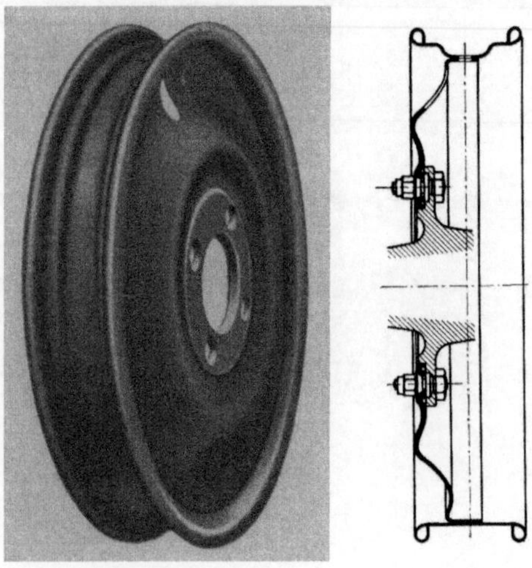

Abb. 419. Scheibenrad, aus Stahlblech gepreßt (Hering).

Abb. 420. Speichenrad, aus Stahlblech gespreßt, geschweißt (Hering).

aus Stahlblech besitzt die Vorzüge der Einfachheit, Billigkeit und leichten Reinigungsmöglichkeit. Es ist zur Vermeidung von Dröhngeräuschen mit wellenförmigen Sicken zu versehen.

Die Felgen werden als Tiefbettfelgen ausgeführt, sofern sie mit dem Rad aus einem Stück sind, und als Geradseitfelgen, sofern sie zum Einbau des Reifens zerlegt werden können.

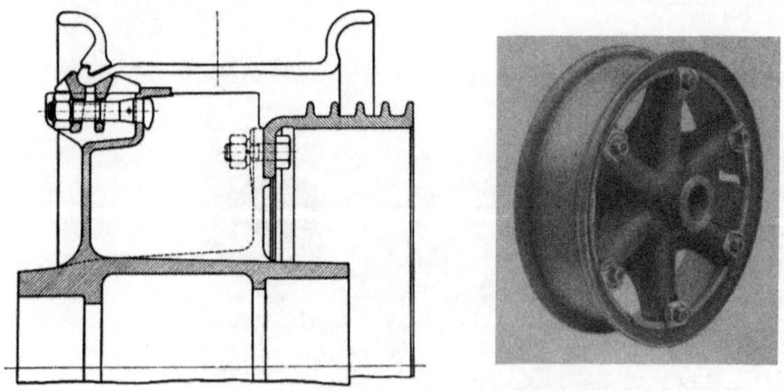

Abb. 421. Stahlguß-Speichenrad mit abnehmbarer Felge (Fischer).

F. Reifen.

I. Aufbau.

Die Ausbildung der Reifen hat in den letzten Jahren erhebliche Wandlungen durchgemacht und steht heute vor neuen Aufgaben. Die Entwicklung ist vom schlecht federnden Hochdruckreifen mit Wulst oder Drahteinlage zum besser federnden Niederdruckreifen mit und ohne Drahteinlage gegangen (Abb. 422).

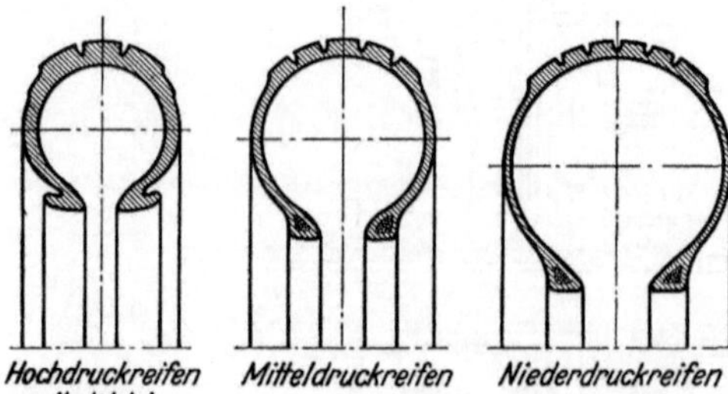

Abb. 422. Reifenquerschnitte: Wandlungsform von Hochdruckreifen mit Wulst zum Mittel- und Niederdruckreifen.

II. Federweichheit.

Dennoch ist die Federweichheit der Reifen klein im Vergleich zu der der Wagenfederung. Deshalb sollte die Weiterentwicklung dazu führen, die Reifen noch weicher zu machen. Versuche, die mit verschiedenen Reifenprofilen und Reifendrücken durchgeführt worden sind, bestätigen diese Forderung.

Mit zunehmender Reifenfederung wachsen aber die Nachteile, die darin bestehen, daß der weiche Reifen auch sehr seitenweich ist und dem Fahrzeug einen großen Schwimmwinkel gibt, und daß der weiche Reifen mit seinem großen Profil bei Leerwerden gefährlicher als der harte Reifen ist.

III. Erwärmung.

Hohe Geschwindigkeiten können von sehr weichen Reifen außerdem nicht in wirtschaftlicher Weise beherrscht werden, weil durch die innere Walkarbeit des Reifens die Erwärmung im Gummi hoch wird und die Wärme bei den schlechten Wärmeleiteigenschaften von Gummi und Gewebe nicht rasch genug nach außen geleitet werden kann. Für sehr hohe Geschwindigkeiten (Rennwagen) ist man wieder zu Hochdruckreifen übergegangen, die sehr große Querschnitte, also große Auflagefläche am Boden besitzen und so hart sind, daß bei der Fahrt große Walkarbeit von dem Reifen nicht aufgenommen werden muß.

IV. Forderungen der Schnellfahrt.

Die Fahreigenschaften werden bei dieser Vergrößerung der Reifenhärte nicht verbessert und die Fahrsicherheit nicht erhöht, da diese mit dünner Auflage versehenen Reifen empfindlicher gegen äußere Verletzungen werden. Sache der Weiterentwicklung wird es sein, weiche und innerlich hinreichend gekühlte Reifen zu schaffen, die die Kräfte bei Unabhängigkeit der Betriebssicherheit von innerem Überdruck aufzunehmen vermögen.

G. Das Geländefahren.

I. Bodenfreiheit.

Ein geländefähiges Fahrzeug soll so tiefliegenden Schwerpunkt besitzen, daß es eine seitliche Neigung bis zu etwa 38° erleiden kann, bevor Kippen eintritt.

Die Bodenfreiheit in der Mitte der Achsen sollte 280 mm betragen. Das führt bei Lastwagen unter Umständen, damit das Achsgetriebe klein bleibt, zu dessen Unterteilung in zwei Untersetzungsstufen.

Über Straßenkuppen von etwa 8 m Krümmungshalbmesser soll die Bauchfreiheit in der Mitte des Radstandes zwischen den beiden Achsen noch 300 bis 320 mm betragen. Die Freigängigkeit des Rades gegenüber Wagenkörper und Kotflügeln soll mit Rücksicht auf das Auflegen von Schneeketten bei allen Fahrzeugen etwa 100 mm sein.

II. Bodenpressung.

Die Bodenpressung des Reifens, die bei üblichen Fahrzeugen mit schmalen Hochdruckreifen etwa 4 kg/cm², bei solchen mit Niederdruckreifen etwa 2,5 kg/cm² beträgt, soll bei Geländefahrzeugen weiter herabgesetzt werden und sich den Werten von 0,5 bis 1,5, wie sie bei Mensch und Tier vorkommen, annähern. Das ist erreichbar mit Laufbändern oder mit Vielradanordnungen bei sehr großen Reifenprofilen.

III. Fahrgeschwindigkeit und Leistungsbelastung.

Der Zusammenhang, der zwischen der erreichbaren Fahrgeschwindigkeit und der Leistungsbelastung eines Fahrzeugs besteht, tritt auch bei Geländefahrzeugen in Erscheinung. Er kann auf Grund von allgemeineren Erfahrungen, die durch geschätzte Außenwerte ergänzt sind, so angegeben werden, daß für die Geschwindigkeiten 10, 20, 40, 60, 100 und 200 km/h höchste Leistungsbelastungen von 200, 100, 50, 30, 20, 10 kg/PS als Grenzen erreicht werden müssen.

30. Wagenaufbauten.

Die Aufbauten bilden einen geschlossenen Raum auf dem Fahrzeug zur Unterbringung der Insassen oder der Last, der bei ausreichenden Innenabmessungen gute Sicht und hinreichende Ein- und Ausstiegmöglichkeiten, Schutz gegen Witterung und Straßenschmutz bietet und dem Fahrzeug zweckmäßige Formen geben soll, die seinen Luftwiderstand so niedrig als möglich halten.

Formen und Ausführungen.

Üblich sind geschlossene und offene Wagen und die Zwischenlösungen der doppelt verwendungsfähigen, aber umständlichen und teuren Kabriolettbauart und des Roll- oder Schiebeverdecks. Neue Möglichkeiten für Wahrung freier Sicht und richtiger Lüftung ergeben sich durch das Auftreten der biegbaren Gläser, die es auch gestatten, zugunsten der guten Luftwiderstandsform gekrümmte Windscheiben und durchsichtige gerundete Dachkanten zu fertigen;

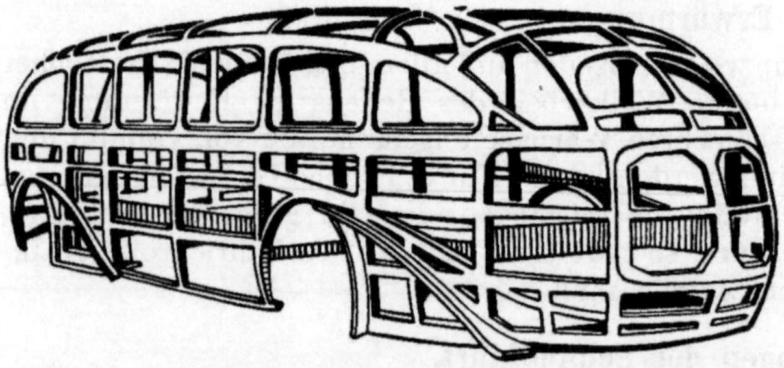

Abb. 423. Omnibuswagenaufbau aus Holzgerippe (Daimler-Benz).

Lösungen, die zur Einführung der leichten und formsteifen aufgelösten Bauweise des Wagenkörpers als Raumfachwerk beitragen können.

Die üblichen Ausführungen der Aufbauten sind die Holz-Stahl-Bauweise und die Ganzstahlausführung.

Die erstere, bei der das Gerippe aus Holz, die Beplankung aus tief gezogenem Stahlblech besteht, ist zweckmäßig bei kleineren Baureihen und zur Erzielung guter Geräuschdämpfung. Für ihren Aufbau ist Abb. 423 ein Beispiel.

Die letztere bildet bei großen Baureihen die Grundlage für billige Herstellung.

Abb. 424. Fahrzeugaufbau in Holzausführung (DKW).

Hohe Anforderungen müssen an die Tiefziehbarkeit der Bleche gestellt werden. Die Stahlbleche konnten deshalb und auch aus Gründen der Werkstoffkosten von Leichtmetallblechen trotz ihrer Gewichtsvorteile noch nicht wesentlich verdrängt werden. Dagegen haben sich Ganzholzausführungen (Abb. 424) erfolgreich behauptet, wenn sie auch die Klima-Unempfindlichkeit der Stahlaufbauten nicht erreichen.

I. Raumeinteilung.

Für die Raumeinteilung gelten die in Abb. 425 dargestellten Abmessungen als Richtlinien. Sie können nach oben überschritten werden, womit aber nicht in jedem Fall Verbesserungen erzielt werden. Sie kleiner zu

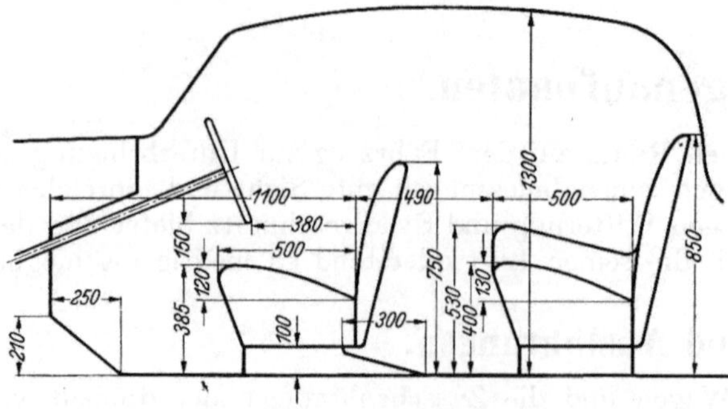

Abb. 425. Raumaufteilung im Sitzraum eines Personenfahrzeugs.

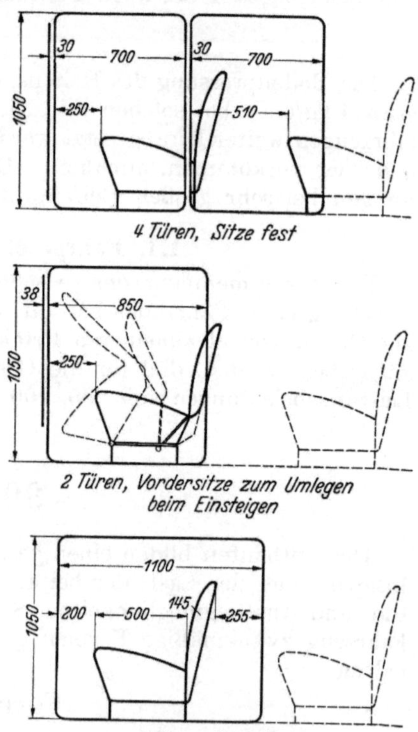

Abb. 426. Abmessungen der Einstiege bei verschiedenen Türanordnungen.

wählen, wird nur mit besonderer Vorsicht möglich sein. Bei Übergang auf wesentlich neue Raumeinteilungen empfiehlt es sich stets, aus Latten und Sitzpolstern Attrappen zu bauen und an diesen die Verhältnisse genau zu untersuchen. Als Anhalt für brauchbare Einstiegsmöglichkeit können die Abmessungen nach Abb. 426 angegeben werden.

II. Sicht.

Die Pfosten, insbesondere im Blickbereich des Führers, sollen möglichst schmal sein. Als Regel gilt, daß sie dünner sein sollen als der Augenabstand des Menschen, damit hinter den Pfosten keine toten Blickfelder entstehen.

III. Luftwiderstand.

Die Gesichtspunkte für die Erzielung niedrigen Luftwiderstands sind bei der Behandlung der Fahrleistungen früher erörtert. Es ist zu erwarten, daß gute Luftwiderstandsformen sich als schön empfundene Zweckformen einführen werden.

31. Geräuschbildung.

Schallschwingungen können nur auftreten, wenn schwingende Flächen vorhanden sind. Die Schallenergie, die eine schwingende Fläche abstrahlt, ist von den Abmessungen der Fläche, der Schwingungsform, der Amplitude und der Frequenz abhängig.

Nur wenn die Wellenlänge der ausgestrahlen Schallwellen groß oder klein gegenüber den Abmessungen des Strahlers ist, gelten einfache Annäherungsformeln zur Berechnung der Schallabstrahlung. Bei tiefen Frequenzen steigt der abgestrahlte Schalldruck verhältig mit der mechanischen Amplitude, der Fläche und dem Quadrat der Frequenz ($p \sim a \cdot F \cdot f^2$). Bei hohen Tönen steigt er nur noch verhältig mit der Amplitude, der linearen Abmessung und der Frequenz ($p \sim a \cdot \sqrt{F} \cdot f$).

Da außerdem das Ohr für niedere Frequenzen wenig empfindlich ist, sind zur Erreichung einer bestimmten Lautstärke bei niederen Frequenzen (Dröhnen) große Amplituden und große strahlende Flächen nötig, während bei hohen Tönen (Quietschen der Karosserie, Zahnradgeräusche) nur eine kleine strahlende Fläche und ganz kleine Amplituden ausreichend sind.

A. Geräusche hoher Frequenz.

Die Ursachen von Geräuschen hoher Frequenz sind zu suchen in Reibungsvorgängen bei Zahnrädern (Getriebe, Differential), bei ungeschmierten Federn, ferner bei stoßartigem Aufprallen von Metallteilen (Ventile), bei raschen Schwingungen des Zylinderblocks (Klopfen), ferner bei gelockerten Verbindungen im Aufbau (Klappern von Fenstern und Blechteilen).

Da in diesem Fall der Entstehungsort des Schalles nur geringe Ausdehnung besitzt, gelingt es meistens, das Geräusch zu beseitigen, indem die Ursache behoben oder der strahlende Körper in schallschluckende Stoffe (Filz, Gummi) eingepackt oder mit einer schalldichten Hülle umgeben wird.

B. Geräusche tiefer Frequenz (Brummen).

Anders liegt der Fall bei Geräuschen tiefer Frequenz, die als Dröhn- oder Brummerscheinungen bekannt sind.

I. Erregung durch den Motor und die Reifen.

Die Ursache für diese liegt zum Teil im Motor. Auf den Rahmen wirken neben dem Motorgewicht die freien Massenkräfte und das ungleichmäßige Drehmoment des Motors (beim 4-Zylinder-Motor sind die Kräfte zweiter Ordnung mit der Frequenz $f = \frac{2n}{60}$ besonders stark), ferner noch die Schwingungen, die von den Rädern übertragen werden und beim Fahren über Großpflaster ebenfalls als Karosseriedröhnen zu hören sind (die noch hörbaren hellen Reifengeräusche werden auf dem Luftwege übertragen).

II. Körperschall.

Beide Ursachen regen den Rahmen zu Biegungs- und Verdrehschwingungen an, wobei sich auf ihm stehende und fortschreitende Wellen ausbilden, deren Amplituden von Resonanzerscheinungen abhängig sind. Die Einzelteile des Aufbaus, die auf dem Rahmen befestigt sind, werden ebenfalls in Schwingung versetzt und bevorzugen je nach ihrer eigenen Eigenfrequenz wieder bestimmte Erregerfrequenzen.

III. Schallabstrahlung.

Messungen der Schwingungen an dröhnenden Karosserien ergaben Ausschläge der Wände von der Größenordnung $^1/_{100}$ mm bei Frequenzen zwischen 50 und 100 Hz. Bei einem offenen Wagen kann der Schall von einer schwingenden Fläche frei abstrahlen. Die Rechnung ergibt trotz der großen Fläche Schalldrücke unter 1 μ Bar. Ist der Wagen aber geschlossen (Limousine), so wirkt die schwingende Fläche bei diesen tiefen Frequenzen wie der Kolben eines Kompressors; der Schalldruck kann aus der Volumenverminderung des Innenraums geschätzt werden, er liegt in diesem Fall um eine Zehnerpotenz höher.

C. Schallminderung.

I. Motoraufhängung.

Die beste Abhilfe gegen diese Erscheinungen ist die Beseitigung der Schwingungen an der Quelle oder die Beschränkung auf ihren Herd. Dies kann beim Motor geschehen durch Beseitigung der freien Kräfte (Wahl von 6-Zylinder-Motoren, Massenausgleich), ferner durch Aufhängung in Gummi, wobei aber darauf Rücksicht zu nehmen ist, daß auch wirklich nach allen Richtungen hin genügende Weichheit herrscht. Dieser Forderung steht entgegen, daß der Motor wegen des Antriebs an seinem Platz im Rahmen innerhalb gewisser Grenzen festgelegt bleiben muß.

II. Radaufhängung.

Auch die Schwingungsübertragung von den Rädern her kann wirksam durch Gummi gedämpft werden, wobei wegen der Fahreigenschaften die Räder keine großen Zusatzbewegungen gegen ihre Aufhängung machen dürfen. Bei gegebener Härte der Federn wird der Rahmen um so weniger in Schwingung geraten, je steifer er ist.

III. Dämpfung.

Die Schallabstrahlung der Wagenwände durch Anbringung von schallschluckenden Stoffen aufzuzehren, hilft wenig, da die Schallabsorption dieser Stoffe bei tiefen Frequenzen gering ist. Durch Dämpfung der Blechflächen, durch Bekleben mit Pappe usw. können die Eigenschwingungen beeinflußt werden, doch bleiben noch immer die Schwingungen des Aufbaus als Ganzes bestehen. Wände aus Holz sind besser gedämpft und geraten weniger ins Schwingen, aber auch hier tritt bei sehr großen Flächen (Omnibusse) Dröhnen ein. Günstig wirkt die Einfügung von Isolierungen zwischen Rahmen und Wagenkörper.

32. Bedienungs- und Zusatzeinrichtungen.

Die Bedienungseinrichtungen des Kraftfahrzeugs sollen den Normen entsprechen, damit bei Wechsel des Fahrzeugs keine die Fahrsicherheit beeinträchtigenden Fehlgriffe vorkommen.

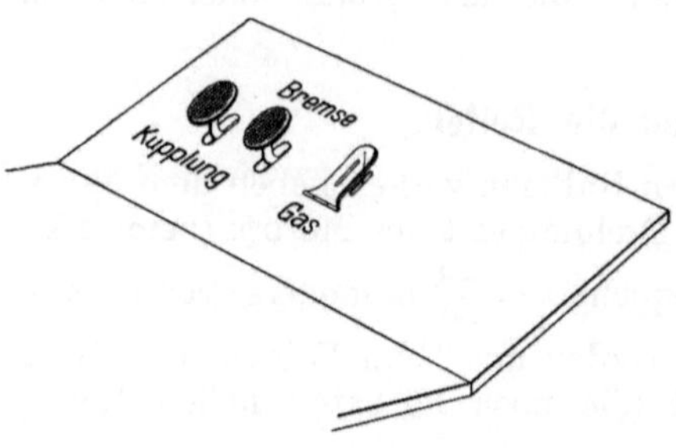

Abb. 427. Genormte Anordnung der Fußhebel (KrV 403).

A. Fußhebel.

Nach Norm KrV 403 ist die Anordnung der Fußhebel nach Abb. 427 mit folgender Bedienung festgelegt:

Treten der Kupplung = Entkuppeln,
Treten der Bremse = Bremsung,
Treten des Gashebels = Beschleunigen.

B. Handhebel.

Die Anordnung der Handhebel ist so festgelegt, daß sich der Getriebeschalthebel zwischen Fahrer und Bremshebel, möglichst rechts, befindet. Seine Lage richtet sich aber nach der Lage des Getriebes. Die Normung der Gangschaltung ist schwer durchzuführen, üblich sind die Anordnungen der Abb. 428 (KrV 404). Für die Fahrsicherheit ist es vorteilhaft, wenn der Rückwärtsgang gesichert ist. Notwendig ist eine fest angebrachte Bezeichnung der Schaltstellungen. Für die Bedienung des Bremshebels gilt, daß Anziehen des Hebels Bremsung des Fahrzeugs ergibt.

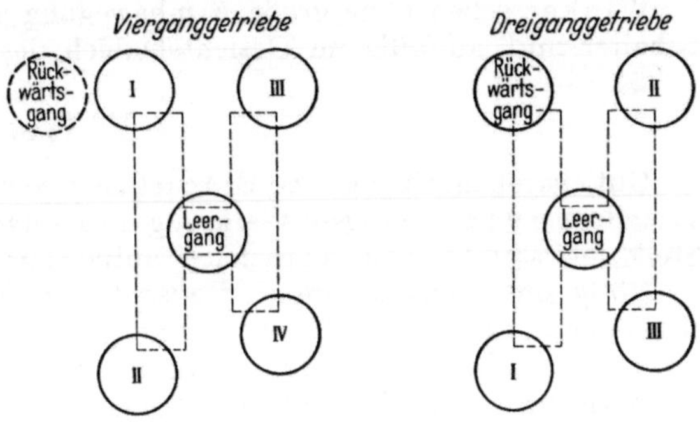

Abb. 428. Richtlinien für die Gangschaltung des Getriebes (KrV 404).

C. Lenkrad.

Am Lenkrad soll, wie früher ausgeführt, der Drehsinn gleich der Wenderichtung des Wagens sein, die Größe der Lenkraddrehung und die Größe des Radeinschlags einander verhältig. Bei der bestehenden Rechtsfahrordnung der meisten Länder ist die Linkslenkung wegen der besseren Übersicht über die Fahrbahn nach Abb. 429 vorzuziehen. Das Gefühl für die richtige Fahrbahneinhaltung, das sich nicht auf eine Seitenbegrenzung beschränken soll, sondern richtige Abschätzung der Durchfahrtsbreite und der Stellung des Fahrzeugs in diesem Raum erfordert, kann bei beiden Sitzarten gleichwertig entwickelt werden.

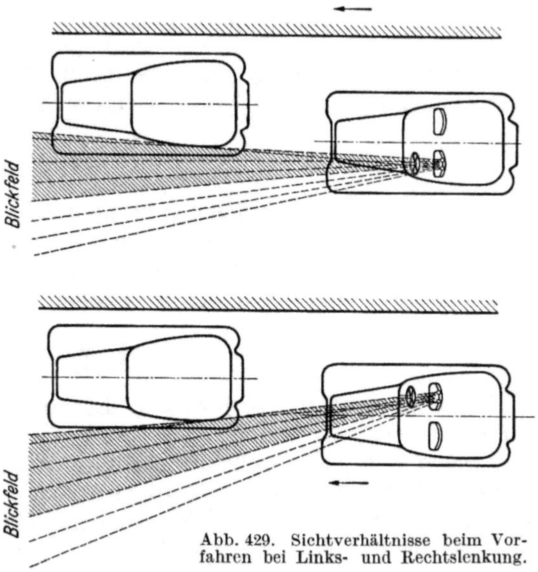

Abb. 429. Sichtverhältnisse beim Vorfahren bei Links- und Rechtslenkung.

D. Überwachungsgeräte.

Für Gebrauchswagen üblich ist die Anordnung folgender Geräte.

Gechwindigkeitsmesser. Dieser zeigt bei großen Geschwindigkeiten im allgemeinen nach Abb. 430 zu hohe Werte, was bei billigen Geräten mit Fliehkraftanzeige durch mangelnden Ausgleich der dem Quadrat der Geschwindigkeit verhältigen Fliehkraftwirkung bedingt ist.

Kilometerzähler, mit Geschwindigkeitsmesser vereinigt.

Öldruckanzeiger zur Überwachung des Arbeitens der Schmierölpumpe.

Benzinstandanzeiger. Seine Anzeigegenauigkeit ist bei mechanischer Übertragung vom Schwimmer zur Uhr sehr beschränkt. Teure Ausführungen, etwa mit elektrischer Übertragung der vom Schwimmer auf eine Gewindespindel übertragenen Drehbewegung oder mit Messung der Kapazität von in den Brennstoff eintauchenden Meßkörpern, verbieten sich im allgemeinen. Die sicherste Überwachung ermöglicht ein

Notbehälter mit bekanntem Inhalt, der während der Fahrt vom Führer eingeschaltet werden kann, oder eine gleichwertige Abflußumschaltung am Hauptbehälter.

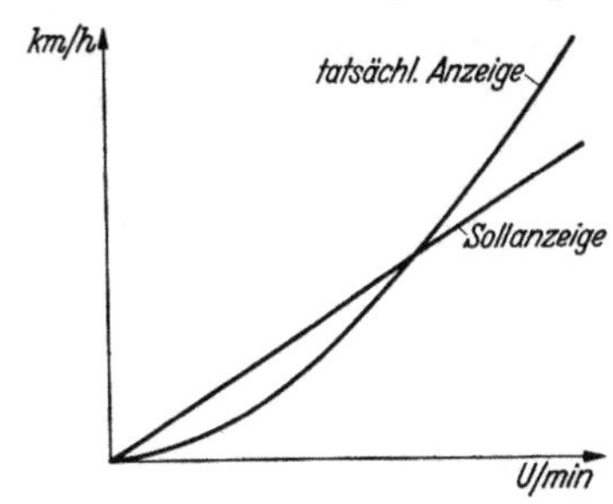

Abb. 430. Anzeigefehler billiger Geschwindigkeitsmesser.

Für wassergekühlte Motoren ist ein

Kühlwasserthermometer für die Überwachung der Kühlwassertemperatur vorteilhaft. Bei gut arbeitenden Thermostaten im Kühlwasserumlauf kann darauf verzichtet werden.

Zeituhr, die für lange Fahrten in Gebrauchs- und Sportfahrzeugen zweckmäßig ist, da bei langen Strecken mehr nach der Uhr als nach dem Geschwindigkeitsmesser gefahren wird.

Für Rennwagen ist außerdem ein Motordrehzähler nötig, damit mit der vorteilhaftesten Motordrehzahl gefahren und ein „Überdrehen“ vermieden werden kann.

E. Schalter.

Sämtliche während der Fahrt zu bedienenden Schalter sollen in einfach greifbarer Nähe des Führers erreichbar sein.

Die Abblendung wird mit dem linken Fuß oder am Lenkrad betätigt. Letzteres ist vorteilhafter, da bei Fußschaltung Verwechslungen mit der Kupplung möglich sind.

Winker sollen ohne große Armbewegung zu tätigen sein. Die Stellung von Winker oder Schalter muß auffällig im Gesichtsbereich des Führers liegen.

F. Werkzeuge.

Gut ausgebaute Tank- und Hilfsstellen vereinfachen die bei Fahrt durchzuführenden Arbeiten. Trotzdem muß das nötigste Werkzeug im Fahrzeug mitgeführt werden und an einfach greifbarer Stelle, etwa unter dem Vordersitz, aufbewahrt sein.

Nötig sind Kerzenschlüssel, Radschlüssel, Schraubenzieher (auch zum Entfernen der Radzierkappen), Schraubenschlüssel für Vergaser (Schwimmerkammer, Düsen), Luftpumpe, Ersatzsicherungen, Zündkerzen, für Sonderfahrzeuge entsprechende Hilfsmittel.

Wagenheber. Der einfache mechanisch oder hydraulisch betätigte Heber ist bei Starrachsen sicher unterzuschieben. Schwingachsen bieten zum Teil Schwierigkeiten.

Neuerdings werden Wagenheber verwendet, die einfach von außen anzubringen sind, z. B. am Trittbrett in Wagenmitte, jeweils auf der Seite des anzuhebenden Rades. Vorteilhaft sind auch fest eingebaute Wagenheber, die mechanisch oder hydraulisch betätigt werden.

Schwingachsfahrzeuge bedingen große Anlüftwege, wenn der Heber nicht unter die Radachse geschoben werden kann. Dann sind Begrenzer für die Radrückfederung vorzusehen.

G. Ersatzräder

müssen ohne Gepäckbewegung zugänglich sein und sollten gegen starkes Verschmutzen bei Fahrt und gegen Sonnenbestrahlung geschützt werden.

Die Anordnung von zwei Ersatzrädern ist, auch für den Wechsel auf Schneekettenbetrieb oder auf Gleitschutzreifen für die beiden treibenden Räder, zweckmäßig.

H. Einfüllöffnungen.

Die Öffnungen für Kühlwasser, Benzin, Öl und der Ölstandsprüfstab liegen zweckmäßig auf einer Seite des Motors.

Besonders der Öleinfüllstutzen soll groß und so weit nach oben gezogen sein, daß einwandfreies Einfüllen aus jedem Gefäß möglich ist.

Die Verschlüsse zu den Öffnungen müssen unverwechselbar sein, da z. B. in dem Fall, in dem gleiche Verschlüsse für Kühler und Benzinbehälter verwendet werden, das Fehlen einer kleinen Entlüftungsöffnung in einem der beiden Deckel zu Störung des Brennstoffzuflusses zum Vergaser führen kann.

Zugänglichkeit zur Batterie zur Prüfung und zum Nachfüllen von Wasser ist von Vorteil.

I. Heizung.

Bei vorn liegendem Motor erfolgt in kleineren Fahrzeugen die Heizung ohne besondere Maßnahmen vom Motor selbst.

Für größere Wagen, z. B. Omnibusse, und besonders bei hinten liegendem Motor ist eine Zusatzheizung notwendig.

Besonders die Anwendung von Dieselmotoren in Omnibussen verlangt eine gut wirksame Heizung, da der Dieselmotor mit seinem hohen Wärmewirkungsgrad selbst nur eine geringe Heizwirkung ausübt.

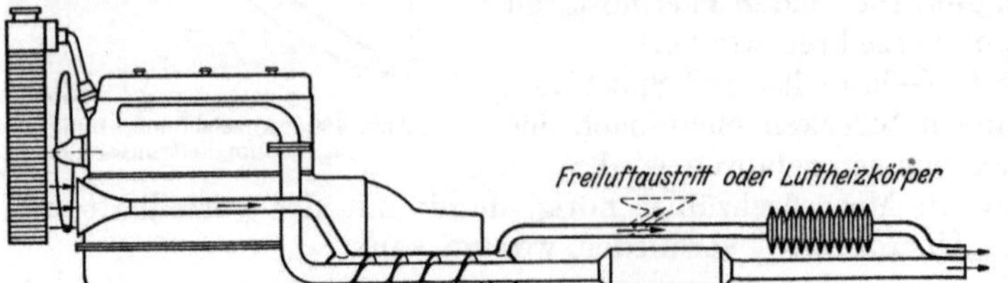

Abb. 431. Warmluftheizung im Fahrzeug.

Üblich sind die Luftheizung, bei der Frischluft am heißen Auspuff vorbei ins Wageninnere geleitet wird, und zwar unmittelbar in die Luft (dichter Auspuff Bedingung) oder in Heizkörper im Wagen; die Kühlwasserheizung, bei der das Kühlwasser über eine Heizschlange durch das Wageninnere geführt wird, was baulich umständlich und schwer ist; die Dampfheizung, bei der Dampfbildner um das Auspuffrohr gelegt sind, die Heizkörper wirken als Kondensatoren. Die einfachste und leichteste Einrichtung ist die Luftheizung, etwa nach Abb. 431.

K. Lüftung der Fahrzeuge.

Von außen in das Fahrzeug eindringende Gase (Auspuff, Öldampf) verbieten das Fahren im vollständig geschlossenen Fahrzeug. Zur Vermeidung von Gesundheitsstörungen ist Lüftung unerläßlich.

Zunächst ist es notwendig, die Abgase aus dem Druckbereich des Fahrzeugs herauszuführen. Sodann ist es vorteilhaft, im Wageninnern einen Luftüberdruck zu schaffen, der Gase selbsttätig entfernt und auch eine Verstaubung des Wageninnern verhindert.

Innerer Überdruck ist zu erreichen, da gewisse Teile des Fahrzeugs von Überdruckbereichen der Außenluft umgeben sind (Abb. 432) und an diesen Stellen, z. B. vorn an der Stirnseite, die Überdrücke zur Zuführung der Lüfterluft zur Verfügung stehen. Die Lüftung wird bei Entnahme des Druckes an der Kühlerstirnfläche des Wagens vorteilhaft mit der Heizung verbunden.

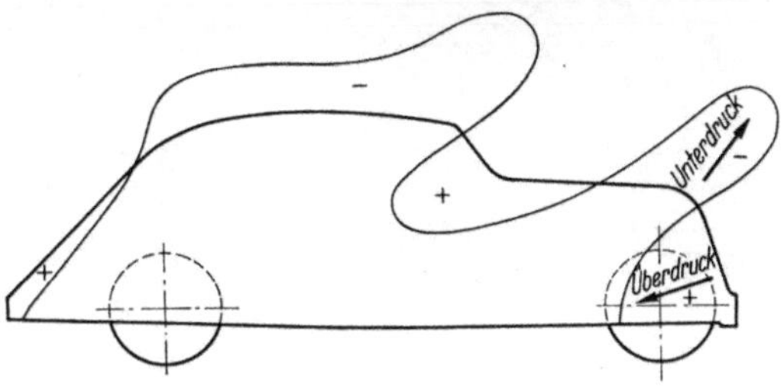

Abb. 432. Druckverteilung in der Hauptlängsschnittebene eines Fahrzeugs.

33. Versuche an Fahrzeugen und Motoren.

Die Durchführung von Prüfungen und Versuchen an den Fahrzeugen und ihren Motoren dient der Feststellung der Fahrleistungen und Fahreigenschaften zum Zweck der Schaffung von Erkenntnissen zur Verbesserung von Mängeln und zur schrittweisen Weiterentwicklung in der Richtung auf die in den vorhergehenden Abschnitten behandelten Gestaltungsziele.

Die dazu nötigen Versuche werden am Motorenprüfstand, am Kraftwagenprüfstand, am Kraftwagen auf der Straße, am Fahrzeugmodell im Windkanal sowie am selbstfahrenden Wagenmodell auf der Versuchsfahrbahn durchgeführt.

A. Untersuchungen an Wagenmotoren.

Die Versuchsarbeiten am Motorenprüfstand dienen der Messung der Motorleistungen und des Brennstoffverbrauchs, der Feststellung der Verteilung der mit dem Brennstoff zugeführten Energie durch Ermittlung der indizierten Leistung, der mit dem Kühlmittel abgeführten Wärme, der Abgaszusammensetzung und, durch den Vergleich dieser Größen mit der Größe der Schwungradleistung, zur Feststellung des Betriebsverhaltens und der Leistungen unter verschiedenen Betriebsbedingungen und Wärmebeanspruchungen sowie zur Ermittlung der Betriebssicherheit und der Abnützungsverhältnisse.

Neben diesen üblichen Untersuchungen an vollständigen Motoren führen sich mit besonderem Erfolg jetzt auch die der Entwicklung dienenden grundsätzlichen Versuche an einzelnen Zylindern ein, die es ermöglichen, mit wenig Aufwand und mit der Möglichkeit rascher baulicher Änderungen die wichtigsten Gestaltungsgrundlagen des Motors zu klären und weit in noch nicht bekannte Betriebsgebiete einzudringen.

I. Der Motorenprüfstand.

Zur Messung der Schwungradleistung genügen einfache Bremsvorrichtungen, z. B. der Pronysche Zaum und Handdrehzähler, zur Feststellung des Brennstoffverbrauchs einfache Meßgefäße. Damit aber die Leistungen und der Verbrauch mit größerer Genauigkeit und mit guter Regelbarkeit des Versuchsbetriebs festgestellt werden können, ist man allgemein zur Ausrüstung der Prüfstände mit Wasserbremsen oder Pendeldynamen, mit zuverlässigen Drehzahlmeßgeräten, mit besonderen Einrichtungen zur Messung des Verbrauchs und der Temperaturen geschritten. Für weitergehende Versuchszwecke hat man Einrichtungen zur Messung der indizierten Leistungen, der Schwingungsverhältnisse und der Abnützung geschaffen.

Die Prüfstände werden, wenn es sich um das Einlaufen und die Prüfung der Motoren in der laufenden Herstellung handelt, mit festen Aufspannböcken und mit Anschlußeinrichtungen am Bremsmittel gebaut, die den gegebenen Motoren angepaßt sind. Die Leistung wird mit Wasserbremsen oder elektrischen Bremsen vernichtet, zum Teil auch in das Stromnetz geliefert oder zum unmittelbaren Antrieb für das Einlaufen neuer Motoren in der Herstellung benützt.

Die Prüfstände für Versuchszwecke erfordern möglichst weitgehende Wandelbarkeit der Einrichtungen, damit die Untersuchung der verschiedenartigsten Motoren ohne Schwierigkeit und ohne wesentliche Umbauarbeiten vorgenommen werden kann. Wichtig ist dabei insbesondere die Ausbildung des Wellenanschlusses derart, daß Arbeiten für die Anfertigung der Teile zum Neuanschluß des Motors an das Bremsmittel geringfügig bleiben und Schwierigkeiten bei dem gegenseitigen Ausrichten des Motors und des Bremsmittels nicht entstehen.

Abb. 433. Bremsmittelanschlußkupplung mit Stirnverzahnung an den beiden Teilen (FKFS)[1].

Zu diesem Zweck wurde beispielsweise eine Schnellanschlußkupplung nach Abb. 433 geschaffen, die mittels der Stirnverzahnung eine Selbstausrichtung auf Wellenmitte vornimmt und mit der Gummischeibe die in kleinem Maße vorkommenden Winkelabweichungen der beiden Wellen ohne Nachteil aufzunehmen vermag.

Bremsmittel. Neben den in besonderen Fällen, insbesondere bei der Untersuchung von Kraftradmotoren, noch üblichen und hierfür auch vorteilhaften Luftwirbelbremsen in Form von Luftklatschen, Luftschrauben oder Schleudergebläsen, die zum Teil auch selbst den Kühlluftstrom liefern, haben insbesondere die Wasserbremsen und elektrischen Bremsen weitgehende Anwendung gefunden.

Wasserbremsen. Aus der einfachen Scheibenwasserbremse mit glatten, in einem wassergefüllten Gehäuse in geringem seitlichem Abstand umlaufenden Scheiben und ihrer Verbesserung durch leistenartige Ausbauten an den Scheiben und am Gehäuse zur Erhöhung der Wasserwirbelung haben sich insbesondere die Junkers-Bremse und die Krupp-Froud-Bremse als leistungsfähig und gut regelbar entwickelt.

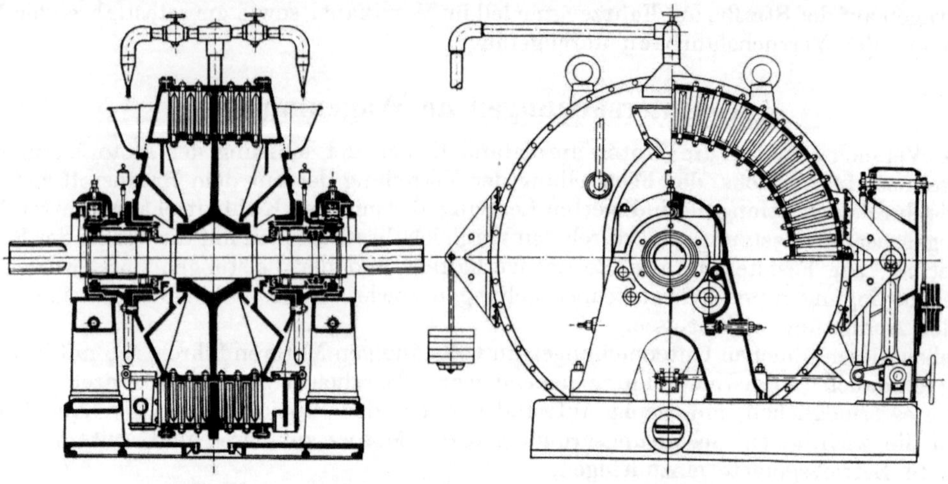

Abb. 434. Längs- und Querschnitt durch eine Junkers-Wasserwirbelbremse.

Bei der Junkers-Wasserwirbelbremse (Abb. 434) ist der Läufer sowie das Gehäuse mit radialen Stiften versehen, die beim Umlauf nahe aneinander vorbeigehen und damit den im Gehäuse mit umlaufenden Wasserring stark zerwirbeln und auf diese Weise hohe Leistungsaufnahmefähigkeit ermöglichen. An dem pendelnd gelagerten Gehäuse wird mit Pendel- oder Laufgewichtswaagen das Drehmoment gemessen. Die Leistungsaufnahme wird mit dem Wasserzu- und -abfluß geregelt.

Bei der Krupp-Froud-Bremse (Abb. 435) befinden sich im Gehäuse zwei scheibenartige feste Einsätze, die mit einzelnen Taschen versehen sind, denen entsprechende gleiche Taschen in dem dazwischen angeordneten Läufer gegenüberstehen. Die Taschen der festen Scheiben füllen sich durch Bohrungen, die mit dem Wasserraum des Gehäuses in Verbindung stehen. Beim Umlauf wird in den Taschen eine zusätzlich kreisende Wirbelung des Wassers hervorgerufen,

[1] FKFS = Forschungsinstitut für Kraftfahrwesen und Fahrzeugmotoren an der Techn. Hochschule Stuttgart.

die durch die wechselnde Überdeckung der aneinander vorbeilaufenden Taschen mit kräftiger Energievernichtung verbunden ist. Neben der Regelung der Leistungsaufnahme durch die Wassermenge im Gehäuse ist bei dieser Bremse eine weitere Regelmöglichkeit dadurch gegeben, daß zwischen den stehenden Taschenscheiben und dem Läufer Abdeckscheiben sich befinden, die durch Handradverstellung von außen mehr oder weniger weit zwischen die Scheiben geschoben werden können und damit die Taschen teilweise abdecken.

In Abb. 436 ist die größte Leistungsaufnahme der einfacheren Junkers-Bremse und einer Krupp-Froud-Bremse von etwa gleicher Größe in Abhängigkeit von der Drehzahl dargestellt und zum Vergleich die Vollleistungsschaulinie eines Wagenmotors eingezeichnet. Die gestrichelten Linien stellen die Regelschaulinien der beiden Wasserbremsen dar. Die Schnittpunkte zwischen diesen und der Motorleistungskennlinie in deren oberem Bereich sind die Punkte, in denen die Bremse die Motorleistung ohne Schwankung aufzunehmen vermag, da hier einer eintretenden Drehzahlerhöhung stets eine rasche Zunahme der Leistungsaufnahme der Bremse entspricht. Je steiler die Schnitte zwischen den Leistungsaufnahmekennlinien und der Motorleistungskennlinie sind, desto stetiger ist der Betrieb des Bremsmittels.

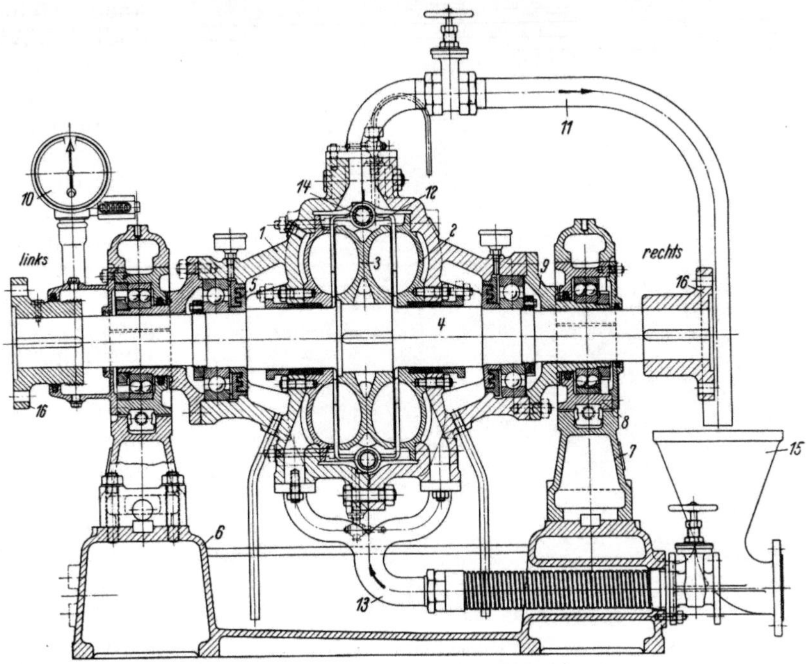

Abb. 435. Krupp-Wasserwirbelbremse.
1 Gehäuse, *2* Gehäuseeinsatz, *3* Laufrad, *4* Welle, *5* Dichtungsringe, *6* Grundplatte, *7* Lagerbock, *8* Lagerkopf, *9* Gehäusehals, *10* Tachometer, *11* Wasserablaufleitung, *12* Regulierschieberhälften, *13* Wasserzulaufleitung, *14* Regulierschieberspindel, *15* Wasserablauftrichter, *16* Kupplungen.

Der Vergleich zwischen der Junkers-Bremse und der Krupp-Bremse zeigt, daß die einfachere Junkers-Bremse dann zweckmäßig angewandt wird, wenn durch Wahl genügend großer Bremsenabmessungen die Leistungsaufnahme ausreichend gestaltet werden kann und wenn die Motoren hauptsächlich im oberen Leistungsbereich geprüft werden. Die Krupp-Bremse ist da besonders vorteilhaft, wo es sich um die Aufnahme großer Leistungen in kleinem Drehzahlbereich bei kleinen Abmessungen der Bremse und um besonders weitgehende Regelmöglichkeiten handelt.

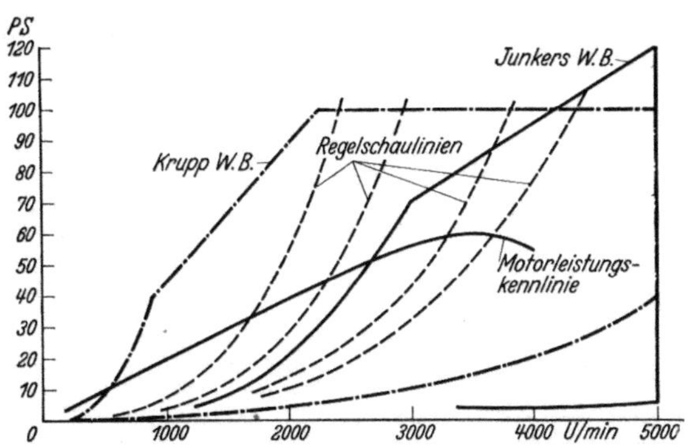

Abb. 436. Leistungsaufnahmefähigkeit von Wasserwirbelbremsen und Volleistungsschaulinie eines Wagenmotors.

Elektrische Bremsen. Die einfachste elektrische Bremse ist die Wirbelstrombremse, bei der in einem pendelnden Rahmen, dem Schwungrad des Motors gegenüber, Elektromagnete angeordnet werden, die durch Erzeugung von Wirbelströmen im Schwungrad dessen Leistung vernichten und das übertragene Drehmoment in dem pendelnden Rahmen zu messen gestatten. Die Anbringung solcher Bremsen ist jedoch umständlich, weshalb im allgemeinen Stromerzeuger als Bremsen benützt werden, die als pendelnde Maschinen ausgebildet sind und an den zu prüfenden Motor angekuppelt werden (Abb. 437). Das pendelnde Gehäuse kann dabei in den Böcken der Maschine unmittelbar gelagert sein und die Wellenlager in sich tragen oder auch in zweiten Lagern auf der umlaufenden Welle, die ihrerseits in den Böcken gelagert ist, aufgestützt sein.

Abb. 437. Pendelgenerator mit angebauter Drehmomentwaage zum Messen von Leistungen im Bereich bis 50 PS bei $n = 4200$ U/min.

Abb. 438. Neigungswaage.

Die erste Ausführung wird im allgemeinen vorgezogen, weil dann mit dem pendelnden Gehäuse die Lagerreibung des Wellenlagers mit gemessen wird.

Im Verein mit einer genauen Waage, etwa einer Laufgewichts- oder Pendelwaage, stellt diese Einrichtung ein empfindliches Wiegegerät dar. Damit die Maschine bei ihrer Pendelung kein eigenes, die Waage entlastendes rückführendes Drehmoment äußert, das Meßdrehmoment vielmehr allein auf die Waage überträgt, ist es nötig, sie nahezu ausgeglichen auszubilden. Sie muß lediglich eine kleine Schwerkraftrückführung haben, die zur Überwindung der Reibung der Pendellager ausreicht. Die als Wälzlager ausgebildeten Pendellager und die Stromübertragungsteile lassen aber eine Wiegeungenauigkeit in der Größenordnung von 0,03 bis 0,05 vH zu, so daß dieser Einfluß auf die Messung vernachlässigbar bleibt.

Die Maschinen sind im allgemeinen als leicht regelfähige Gleichstrommaschinen ausgebildet, die auch motorischen Betrieb gestatten.

Die Frage, wo zweckmäßig Wasserbremsen und wo elektrische Bremsen anzuwenden sind, wird oft gestellt. Wasserbremsen besitzen in ihrer heutigen Ausführung Regeleigenschaften, die denen der elektrischen Bremsen gleichwertig sind. Sie haben diesen gegenüber den Vorteil der großen Einfachheit und Übersichtlichkeit in den Händen einer nicht elektrotechnisch geschulten Motorenbedienung. Die elektrischen Bremsen besitzen den Wasserbremsen gegenüber insbesondere den Vorteil, daß sie auf Elektromotorenbetrieb geschaltet werden können, was das Anlassen des Prüfmotors erleichtert und gestattet, Messungen der Leerlaufleistungen des Prüflings und sonstige mechanische Untersuchungen an diesem, bei denen er nicht mit eigener Kraft in Betrieb ist, vorzunehmen. Die Wasserbremsen eignen sich demnach mehr für die einfacheren und laufenden Versuche, die elektrischen Bremsen für Arbeiten ausgedehntester Art.

Messung der Leistung. Die Messung der Leistung auf dem Motorenprüfstand erfolgt durch Bestimmung des Drehmoments und der Drehzahl. Das Drehmoment wird mit Waagen oder Dynamometern gemessen, die Drehzahl mit gut gehenden Tachometern oder besser und zuverlässiger mit Stichzählern.

Drehmomentwaagen. Die einfachste Drehmomentwaage ist ein an der pendelnden Wasserbremse oder an dem Pendelgehäuse der elektrischen Bremse angebrachter Hebelarm, der eine Schale zum Auflegen von Gewichten trägt. Er ist im allgemeinen auf eine Länge von 716,2 mm abgestimmt, so daß sich die Leistung in PS nach der einfachen Formel $N = \frac{P \cdot n}{1000}$ ergibt, wenn P das aufgelegte Gewicht in kg und n die Drehzahl in U/min ist.

Das Auflegen der Gewichte ist umständlich und erfordert zur Beibehaltung der Gleichgewichtslage dauernde Aufmerksamkeit, weshalb fast allgemein besondere Drehmomentwaagen in Form von Laufgewichts- oder Neigungswaagen eingeführt worden sind. Die Laufgewichtswaagen werden mit von Hand leicht einstellbaren Laufgewichten ausgerüstet oder mit selbsttätiger elektrischer Verschiebung der Laufgewichte durch kleine, von Kontakten an der Waagenzunge gesteuerte Elektromotoren, so daß sie sich stets auf die Gleichgewichtslage stellen und nur die Ablesung des Gewichts erforderlich ist. Übersichtlicher für die Ablesung sind die voll selbsttätigen Neigungswaagen, die mit Pendelgewichten und Zeiger nach Abb. 438 arbeiten oder mit einem nach Art der Briefwaage ausgebildeten Pendel, dessen Zifferstreifen durchsichtig ist und mit Hilfe eines Lichtstrahls unter optischer Vergrößerung das Bild der Belastung auf einer Mattscheibe in Form von beweglichen Zahlen erscheinen läßt.

Für Ablesung auf größere Entfernung sind die Zeigerwaagen mit feststehendem Zifferblatt vorteilhaft, weil sie den ungefähren Stand der Belastung sowie bei Erschütterungen die Mittellage des Zeigers und bei Störungen am Motor die Änderung des Drehmoments sofort zu erkennen gestatten.

Statt der Waagen an Pendelgehäusen können bei feststehendem Bremsmittel auch Wellenleistungsmesser als Einschaltdrehmomentmesser verwendet werden in Form von pendelnden Zwischengetrieben, die zwischen den Prüfmotor und das Bremsmittel gekuppelt werden, oder in Form von Federdynamometern (*72*), die in die getrennte Welle eingeschaltet werden, oder in Form von Meßgeräten, die, auf die Antriebswelle aufgesteckt, deren Verdrehung selbst zu messen gestatten. Doch sind diese Mittel an Prüfständen wenig üblich. In der letzteren Form können sie für die Messung von Wellenleistungen an Fahrzeugen benützt werden. Zur Aufnahme der Verdrehungsschwingung der Kurbelwellen dienen die auf dieser Grundlage weiterentwickelten Torsiographen, etwa nach Geiger (*73*) oder in Form des Ritz-Torsiographen und des Verdrehschreibers der DVL (*74*).

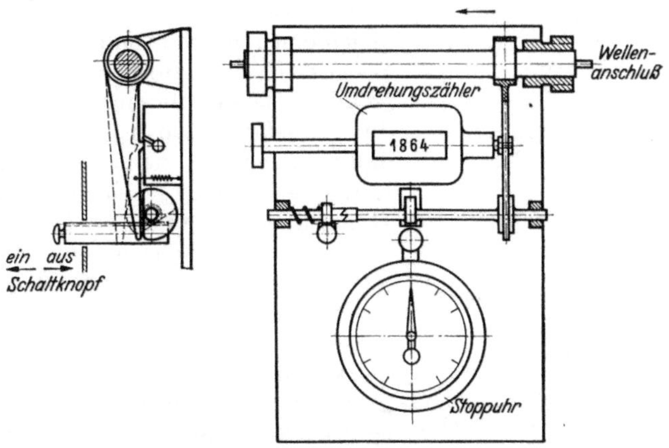

Abb. 439. Drehzahlstichzähler nach DVL.

Drehzahlmeßgeräte. Unter den Drehzahlmessern sind die Tachometer als Betriebsüberwachungsgeräte für den Prüfstand notwendig, für die Messung sind sie aber nicht genügend genau. Bei ihnen wird entweder durch ein federbelastetes Fliehkraftpendel, das über eine biegsame Welle vom Motor angetrieben ist, oder durch die Erzeugung von Wirbelströmen in einer Kupfer- oder Aluminiumscheibe die Mitnahme des die Drehzahl angebenden Zeigers bewirkt. Zur Fernübertragung werden auch elektrische Drehzahlmeßgeräte verwandt, bei denen am Motor ein kleiner Gleichstrom- oder Wechselstromerzeuger als Geber angebracht ist, der auf ein auf die Spannungsänderungen ansprechendes Meßgerät arbeitet.

Abb. 440. Drehzahlstichzähler für unmittelbare Angabe der minutlichen Drehzahl (FKFS).

Da diese Geräte einer Eichung bedürfen und von bestimmten Einflüssen in ihrer Meßgenauigkeit abhängig sind, ist es nötig, für die eigentliche Messung der Drehzahl Zählgeräte zu verwenden, die die innerhalb einer bestimmten Zeit vom Motor gemachten Umdrehungen angeben.

Man verwendet dazu Zählwerke, die mit einer Stoppuhr mechanisch so verbunden sind, daß etwa nach Abb. 439 bei Einschaltung des Zählwerks gleichzeitig die Stoppuhr in Gang gesetzt und bei dessen Ausschalten abgestoppt wird, oder selbsttätige Zählwerke, etwa nach Abb. 440, bei denen von einem Uhrwerk oder einem sonstigen Zeitwerk nach Betätigen des Einschaltknopfes das Zählgerät für eine bestimmte Zeit, etwa 1 Minute lang, mit der Antriebswelle gekuppelt und nach dieser Meßzeit selbsttätig wieder gelöst wird, so daß ohne Umrechnung der Stoppuhr- und Zählerangabe die minutliche Drehzahl unmittelbar abgelesen werden kann.

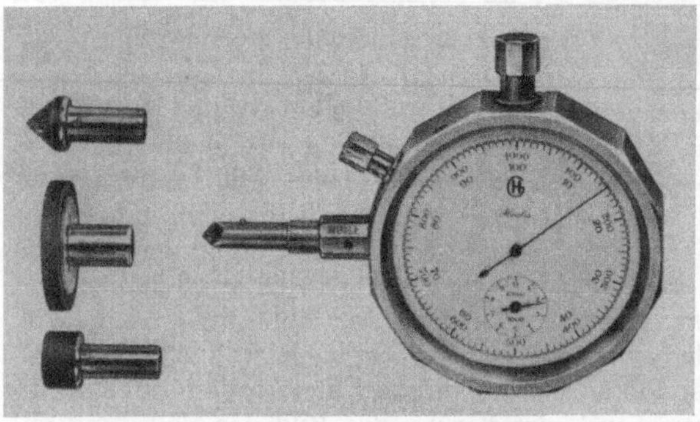

Abb. 441. Handstichdrehzähler (Hasler).

Üblich sind auch Stichdrehzähler (*75*) nach Abb. 441, bei denen ein durch die Antriebswelle in Gang gesetztes Uhrwerk das Zählwerk ebenfalls selbsttätig für eine bestimmte Zeit, in diesem Fall für einige Sekunden, zuschaltet. Doch leidet die Meßgenauigkeit dieser Geräte durch die kurze Meßzeit und durch die Schlupfmöglichkeiten, die sich beim Aufdrücken der Zählerspindel auf das Mittel der umlaufenden Welle ergeben.

Messung des Betriebsmittelverbrauchs. Von besonderer Wichtigkeit ist die Brennstoffverbrauchsmessung. Zur Bestimmung der Betriebsverhältnisse ist jedoch auch eine Messung des Schmierölverbrauchs und der Ölumlaufmengen nötig.

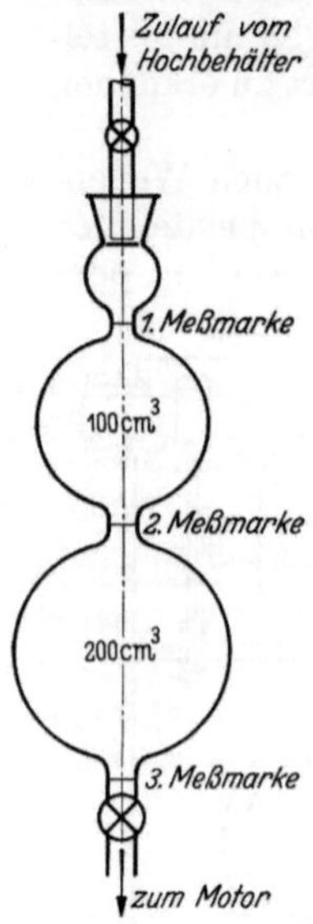

Abb. 442. Offener Brennstoffvolumenmesser.

Der Brennstoffverbrauch. Der Brennstoffverbrauch wird mit Meßgefäßen volumetrisch oder mit Waagen nach Gewicht festgestellt.

Bei der Volumenmessung verwendet man offene Gefäße nach Abb. 442, die an engen Durchflußstellen mit Meßmarken versehen sind, die den Zeitpunkt des Durchgangs des Brennstoffspiegels mit der Stoppuhr mit im allgemeinen ausreichender Genauigkeit festzustellen gestatten. Damit der Brennstoffzulauf zum Motor nicht von der Höhe der Anbringung des Meßgefäßes, das sich in Augenhöhe ablesbar befinden muß, abhängig ist, werden die Meßgefäße nach Abb. 443 in eine geschlossene Leitung derart eingefügt, daß sich zwischen dem höher liegenden Vorratsgefäß und dem Meßgefäß eine Luftblase befindet, welche den aus dem Gefälle sich ergebenden statischen Druck überträgt und den Durchgang des Brennstoffspiegels durch die Meßmarken zu beobachten und zu stoppen gestattet.

Da mit dieser Messung Beobachtungs-, Stopp- und Ausrechnungsfehler verbunden sein können, sind Einrichtungen nach Abb. 444 entwickelt worden, bei denen der Durchgang des Brennstoffspiegels durch die Meßmarken mit Hilfe zweier vom Brennstoffspiegel betätigter, brandsicher eingebauter Kontakte oder mit Hilfe von Metallschwimmern, die Induktionsspulen beeinflussen, auf eine elektrische Stoppuhr unmittelbar übertragen wird.

Die Gewichtsbestimmung des Brennstoffverbrauchs ist von größerem Vorteil, weil der Verbrauch im allgemeinen nach g/PSh angegeben wird, was nach der Volumenbestimmung eine Umrechnung nach dem spezifischen Gewicht unter Berücksichtigung der Temperatur erforderlich macht. Die Gewichtsbestimmung erfolgt mit Hilfe einer Waage, etwa nach Abb. 445, die einen mit biegsamen Leitungen angeschlossenen Meßbehälter trägt, der mit einem höher gelegenen Zwischengefäß in ähnlicher Weise verbunden ist wie das mit der Luftblase arbeitende Volumenmeßgefäß. Bei diesem Meßverfahren ist es möglich, auch die Waage zu selbsttätiger Anzeige so auszubilden, daß der Zeiger beim Durchgang durch bestimmte Stellungen eine elektrische Stoppuhr betätigt.

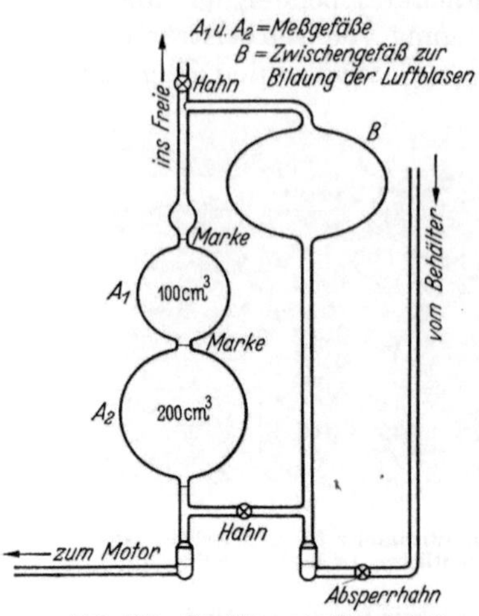

Abb. 443. Geschlossener Brennstoffvolumenmesser nach Seppeler.

Der Schmierölverbrauch und die Ölumlaufmenge. Der Ölverbrauch wird bei Motoren, die den Ölvorrat im Kurbelgehäuse tragen, entweder nach Ablassen des gesamten vor der Einfüllung gemessenen Ölinhalts nach längerer Betriebszeit oder durch Wiederauffüllen des Ölvorrats bis zu einer bestimmten Meßmarke festgestellt. Bei Motoren mit Trockensumpf-Umlaufschmierung und besonderem Ölvorratsbehälter wird dieser auf die Waage gestellt und sein Gewicht zu Anfang und zu Ende des Motorlaufs festgestellt.

Die Ölumlaufmenge in der Zeiteinheit wird dadurch gemessen, daß in den Ölumlauf ein Waagenbehälter eingelegt wird, der nach Abb. 446 so geschaltet ist, daß der Zufluß aus dem oberen Behälter für eine bestimmte Meßzeit unterbrochen werden und dann das Abnehmen des Ölinhalts im Meßbehälter abgewogen werden kann.

Die Ölumlaufmessungen dienen im Verein mit Temperaturmessungen zur Bestimmung der im Öl abgeführten Wärme, insbesondere zum Zweck der Berechnung allenfalls vorzusehender Ölkühler. Die Ölverbrauchsmessung ist nötig zur Beurteilung der Betriebsverhältnisse der Kolben und Kolbenringe und zur Entwicklung der Mittel für Erniedrigung des Ölverbrauchs.

Abb. 444. Geschlossener Brennstoffvolumenmesser mit elektrisch betätigter Stoppuhr (FKFS).

II. Hilfseinrichtungen für den Motorenprüfstand.

Neben diesen einfachen Leistungs- und Verbrauchsmessungen sind im Versuchsbetrieb weitere Messungen nötig, insbesondere über die Verteilung der mit dem Brennstoff zugeführten Energie im Motor. Die Ermittlung der zugeführten Energie erstreckt sich, da der Betriebsstoffverbrauch als solcher ohnehin gemessen wird, auf die Untersuchung der Kraftstoffheizwerte, auf Feststellung der Ansaugluftmenge und ihres Zustandes, auf Messung der indizierten Leistung, auf Feststellung der mit dem Kühlmittel abgeführten Wärme und auf die Untersuchung der Abgase.

Kraftstoffprüfung. Im Rahmen der üblichen Versuchsarbeiten werden die Kraftstoffe zunächst auf ihren für die Abnützung wichtigen Gehalt an Säuren oder Alkalien mit Lackmuspapier untersucht. Sodann wird ihr spezifisches Gewicht, das zwar in den vorkommenden Grenzen für ihre motorische Eignung nicht wesentlich ist, aber als Handelskennziffer gilt, mit einfachen Aräometerwaagen festgestellt.

Wichtiger ist die Untersuchung des Gehalts der Brennstoffe an Aromaten und Alkohol. Das Vorhandensein von Alkohol im Brennstoff wird daran erkannt, daß diesem zugesetzte Wassertropfen sich ohne Trübung des Gemischs auflösen und bei größeren zugesetzten Wassermengen zuerst eine Trübung und dann eine Trennung des Brennstoffs in zwei Schichten eintritt. Bei nichtalkoholhaltigem Gemisch sinken eingebrachte Wassertropfen sofort unter und lösen sich beim Umschütteln nicht auf. Der Anteil des Alkohols in der Mischung wird dadurch festgestellt, daß in einem Meßglas dem Gemisch eine bestimmte größere Menge Wasser zugegeben wird, in der sich der im Gemisch enthaltene Alkohol löst und durch Bildung von Trennungslinien zwischen der Wasser-Alkohol-Lösung und dem übrigen Brennstoffgemisch mengenmäßig in Erscheinung tritt.

In der gleichen Weise werden die im Brennstoff enthaltenen Aromate unter Verwendung von Dimethylsulfat festgestellt, das die aromatischen Bestandteile löst.

Wesentliche Bedeutung besitzt, was aus den Ausführungen in Abschnitt 2 hervorgeht, die Feststellung des Siedeverhaltens durch Ermittlung der Siede-

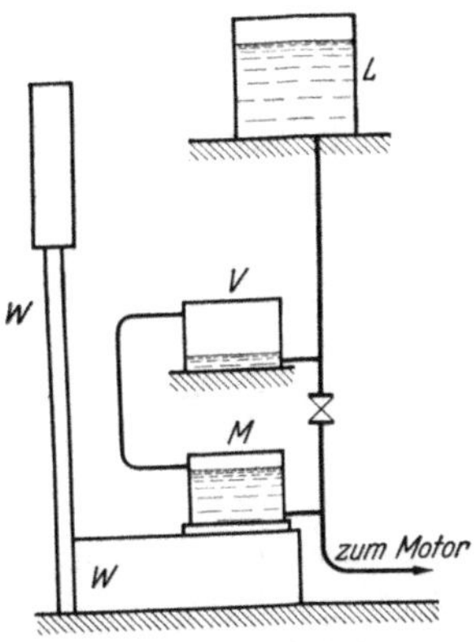

Abb. 445. Gewichtsmäßige Bestimmung des Brennstoffverbrauchs.
L = Lagerbehälter, M = Meßbehälter, V = Vorratsbehälter, W = Waage.

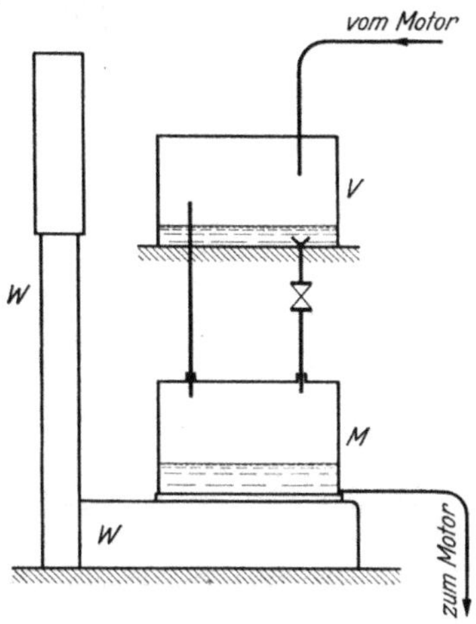

Abb. 446. Gewichtsmäßige Bestimmung der Schmierölumlaufmenge.
V = Vorratsbehälter, M = Meßbehälter. W = Waage.

kennlinie, die man bei Destillation des Brennstoffs mit einer Einrichtung nach Abb. 447 erhält, indem man die überdestillierten Anteile bei den verschiedenen Temperaturstufen bestimmt und im Siedeschaubild (siehe Abschnitt 2) aufträgt.

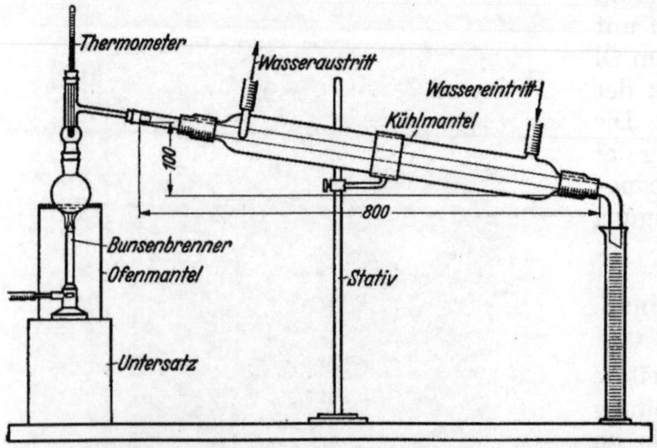

Abb. 447. Gerät zur Bestimmung der Siedekennlinien (nach Engler).

Die Bestimmung des Heizwertes des Brennstoffs wird der Errechnung der Wirkungsgrade und der Wärmeverteilung in der Maschine zugrunde gelegt. Sie erfolgt im Einzelversuch in einfachen flüssigkeitsgekühlten Verbrennungsbomben, bei denen die erzeugte Wärme in meßbare Kühlwärme des Wassers übergeführt wird, oder im Durchflußkalorimeter, etwa nach Junkers (*76*), gemäß Abb. 448, indem für eine bestimmte Meßzeit der abgewogene Brennstoffverbrauch in Vergleich gesetzt wird mit der aus der Menge und den Temperaturen des Kühlwassers bestimmbaren, an das Kühlmittel abgeführten Wärme.

Besondere Bedeutung hat die Feststellung des Klopfverhaltens der Brennstoffe erlangt, weil von diesem die Entwicklung der Motoren zu hoher Verdichtung, großer Leistung und hohen Wirkungsgraden abhängig ist. Ein einfaches Laboratoriumsverfahren für die Bestimmung der Klopffestigkeit ist nicht bekannt, so daß man auf Versuche in Motoren angewiesen ist. Dazu werden vereinheitlichte Prüfmotoren, beispielsweise der in Abb. 449 dargestellte CFR-Motor (*77*), mit veränderlicher Verdichtung unter bestimmten Belastungen und Temperaturverhältnissen verwandt und der zu untersuchende Brennstoff in Beziehung gebracht zu einem Vergleichsbrennstoff, der sich aus einem klopffreudigen Anteil (z. B. Hexan) und einem klopffesten Anteil (Oktan) zusammensetzt. Das Klopfverhalten des zu untersuchenden Brennstoffs wird festgestellt und dann die Zusammensetzung des Vergleichsbrennstoffes so lange geändert, bis dieser das gleiche Klopfverhalten zeigt. Die Kennzeichnung erfolgt durch den Anteil des klopffesten

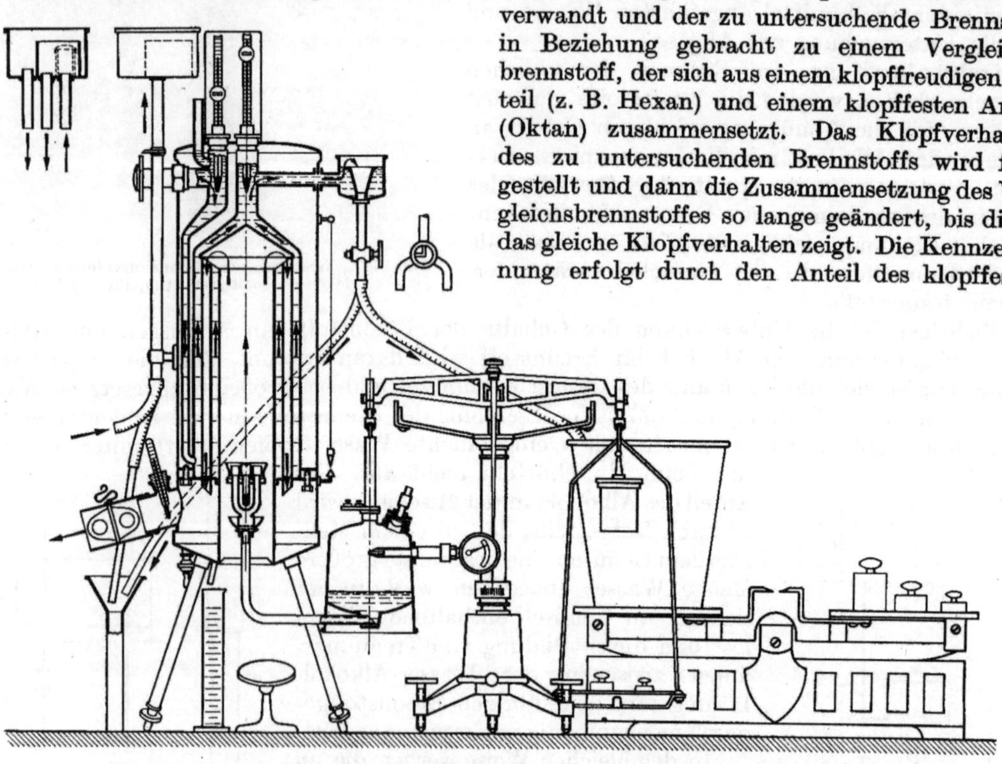

Abb. 448. Gesamtanordnung des Junkers-Kalorimeters zur Bestimmung der Brennstoffwärme.

Kohlenwasserstoffs, der zu dem Vergleichsbrennstoff gegeben werden muß, also beispielsweise in Oktanwerten oder, wenn als klopffester Meßbrennstoff Toluol verwendet wird, in Toluolwerten (*77*). Die Ergebnisse liefern bei Einhaltung gleicher motorischer Bedingungen vergleichbare Werte für die verschiedenen Brennstoffe, jedoch keine unabhängig brauchbaren Maßzahlen, weil das Klopfverhalten bei verschiedenen Motorbauarten und Temperaturbedingungen verschieden ist und weil es im Fahrzeugmotor auf der Straße anders ist als im Versuchsmotor.

Bei Klopfuntersuchungen auf der Straße wird so vorgegangen, daß durch Beschleunigungsversuche unter Vollast die Geschwindigkeit, bei der stärkstes Klopfen auftritt, bestimmt und in diesem Betriebszustand die Brennstoffe verglichen werden. Als Straßenklopfwert gilt der Klopfwert des Vergleichsbrennstoffs, der im gleichen Beschleunigungsversuch das gleiche stärkste Klopfen aufweist wie der zu untersuchende Brennstoff. Auch dieses Verfahren hat im wesentlichen nur Vergleichswert.

Ansaugluftmessung. Die vom Motor verbrauchte Ansaugluft wird nach Menge, Druck und Feuchtigkeit gemessen. Die Mengenmessung erfolgt als volumetrische Messung mit Hilfe von Meßglocken, bei denen durch Belastungsgewichte der richtige Druckausgleich vorgenommen wird; als Volumenmessung in umlaufenden Zellen- oder Drehkolben-Gasmessern oder als Durchflußmessung mit Hilfe von Blenden, Düsen oder Venturi-Rohren. In diesem Fall werden die DIN-Bestimmungen eingehalten und dabei für die Druckmessung die Flüssigkeitsmanometer in Form der senkrechten oder schrägen U-Rohre, oder Zeigerdruckmeßgeräte in Form von Federdruckmessern, Schwimmermanometern, Ringwaagen (*78*), oder schließlich Gegendruckgeräte in Form der Askania-Minimeter verwandt.

Mit den gleichen Geräten wird auch der Druck in der Ansaugluft, also deren Dichte, festgestellt.

Die Luftfeuchtigkeit (*79*) wird mit Hilfe der Taupunktsbestimmung in einem Ätherverdampfgefäß oder mit Hilfe von Haarhygrometern, die die Längendehnung eines Haares in Abhängigkeit von der Luftfeuchtigkeit als Meßgrundlage benützen, bestimmt. Besser erfolgt die Messung mit Hilfe der den Temperaturunterschied zwischen einem im Luftstrom befindlichen trockenen und feuchten Thermometer benützenden Psychrometer mittels Quecksilber- oder Widerstandsthermometern.

Abb. 449. CFR-Prüfmotor zur Ermittlung der Klopffestigkeit von Brennstoffen.

Abgasprüfung. Die Abgaszusammensetzung wird durch das von Hand bedienbare Orsat-Gerät (*80, 81*) ermittelt, in dem mittels eines hydraulischen Spülgefäßes eine den Abgasen entnommene Probe durch verschiedene Reagenzgefäße gespült wird, in denen sich die die verschiedenen Abgasbestandteile absorbierenden chemischen Mittel befinden. Die Messung selbst erfolgt durch Volumenbestimmung vor und nach den einzelnen Absorptionsvorgängen. Sie kann auch fortlaufend in dem O_2- und $CO + H_2$-Messer von Siemens (*81*) oder in dem CO_2- und $CO + H_2$-Mono-Meßgerät durchgeführt werden, das ähnlich wie das Orsat-Gerät, jedoch mit selbsttätiger Schaltung des Meßvorgangs arbeitet und die Meßergebnisse fortlaufend aufzeichnet.

Einrichtungen zur Ermittlung der Zylinderdrücke, der indizierten Leistung und des Verbrennungsverlaufs. Höchstdruckmesser. Für viele Versuche, insbesondere über das Klopfverhalten der Motoren, beschränkt man sich auf die Feststellung der im Zylinder erreichten höchsten Arbeitsdrücke. Dazu werden Höchstdruckmesser (*82*) verwandt, bei denen im allgemeinen an dem Zylinder ein Geber-Gerät angeschlossen wird, das einen ganz leichten Kolben oder eine Membran enthält, die von außen von einem bekannten regelbaren Gasdruck aus der Preßluftflasche belastet ist, bei Erreichung dieser jeweiligen Druckhöhe durch die Verbrennungsgase auf einem kurzen Weg nach außen bewegt wird und damit ein elektrisches Anzeigegerät durch Kontaktgebung oder sonstige Übertragung betätigt. Als Anzeigegerät wird mit Vorteil eine Glimmlampe verwandt, die durch ihr Aufleuchten das Erreichen des außen eingestellten Druckes im Zylinder anzeigt (DVL).

Zu diesen Höchstdruckanzeigegeräten zählt auch der sog. „Springstab“ (*83*), der auf einer über dem Zylinder in dem Gebergerät angeordneten Abschlußmembran aufliegt, bei stoßartiger Durchbiegung dieser Membran infolge des Detonationsdruckes im Zylinder eine Springbewegung vollführt und dabei einen elektrischen Kontakt betätigt, der den Strom für ein elektrolytisches Gerät schließt, dessen Wasserstoffentwicklung in ihrer Menge einen Maßstab für die Stärke des Klopfens des Motors darstellt.

Indikatoren. Für die fortlaufende Druckanzeige in Abhängigkeit von der Zeit oder vom Kolbenweg hat man zunächst versucht, die bei langsam laufenden Dampf- oder Verbrennungsmaschinen üblichen Druckindikatoren zu verwenden. Diese versagen jedoch selbst bei leichtester

Ausbildung der mit Masse behafteten bewegten Teile und bei Ausführung der Indikatorfeder mit sehr hoher Eigenschwingungszahl schon bei Drehzahlen in der Größenordnung von 1200 U/min.

Die Zahl der für schnellaufende Motoren neu entwickelten Indikatorgeräte ist groß. Man kann sie gliedern in die Stroboskop-Indikatoren, bei denen mit Hilfe einer besonderen Schalteinrichtung aus dem Verbrennungsverlauf in regelmäßiger Folge einzelne Punkte herausgegriffen und auf ein langsam arbeitendes Indikatorgerät geschaltet werden, so daß dieses bei gleichbleibendem Betrieb des Motors ein Durchschnittsdiagramm aus vielen Arbeitsvorgängen aufzeichnet.

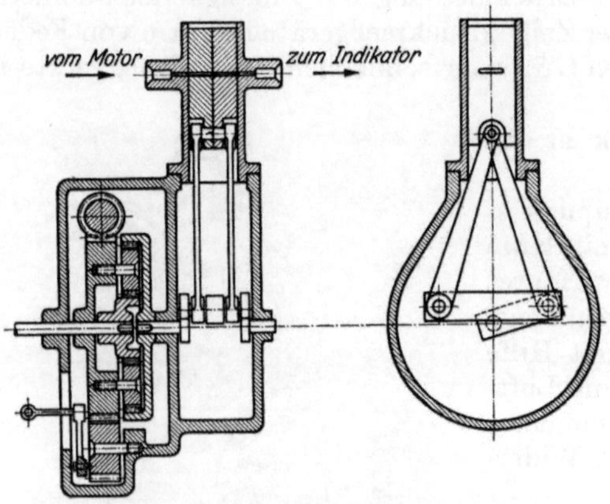

Abb. 450. Juhasz-Indiziereinrichtung.

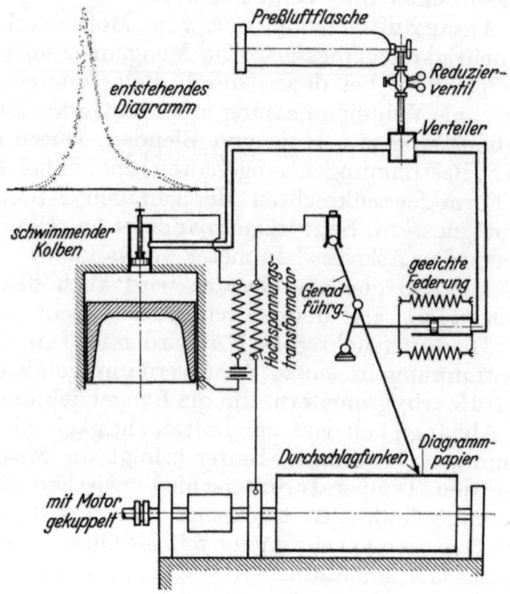

Abb. 451. Farnboro-Indikator.

Die stroboskopische Einrichtung kann nach Abb. 450 so gestaltet sein, daß in das Druckleitungsrohr zwischen Motor und Indikator ein mechanisch betätigter Gasabsperrschieber (*84*) eingebaut ist, der vom Motor angetrieben und so geregelt wird, daß seine Drehzahl um ein geringes über oder unter der Maschinendrehzahl liegt.

Andere Einrichtungen lehnen sich an das Gebergerät des Höchstdruckmessers an. Bei ihnen wird durch ein leichtes, an den Zylinder angeschaltetes Kolben- oder Membransteuergerät, das von regelbarem Außendruck belastet ist, ein Kontakt geschlossen, der, wie beim Farnboro-Indikator (*85*), nach Abb. 451 das Überspringen eines Zeichnungsfunkens zwischen dem ebenfalls von dem äußeren Belastungsdruck bewegten Zeiger und der mit der Maschine umlaufenden Meßtrommel betätigt, oder nach Abb. 452 eine Glimmlampe (*86*) steuert, die für die Dauer des Überschreitens des außen eingestellten Druckes durch den Innendruck des Zylinders auf dem Meßstreifen einen waagrechten Strich zeichnet, so daß nach Durchlaufen des ganzen Druckbereichs das Druckschaubild voll erscheint.

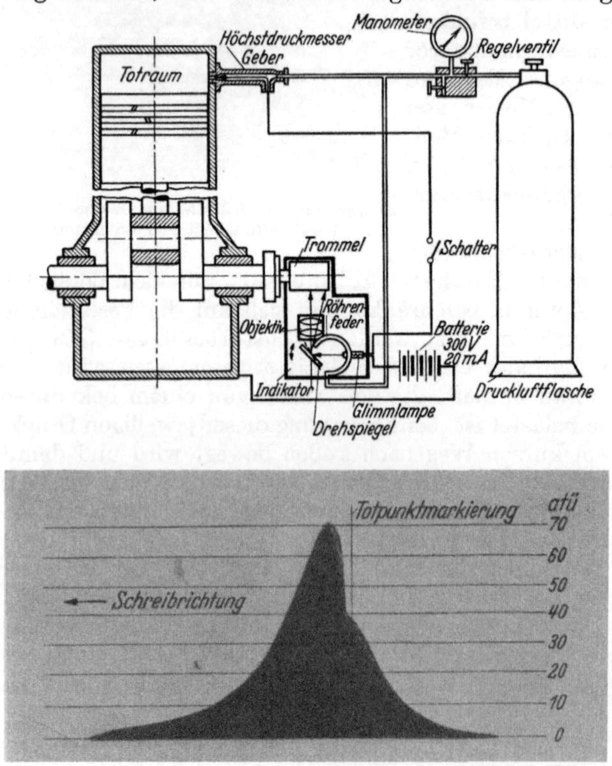

Abb. 452. Glimmlampenindikator (DVL) mit aufgenommenem Schrieb.

Zahlreich sind die optischen Indikatoren, bei denen die kleine Formänderung oder Bewegung eines vom Zylinderinnendruck gegen einen äußeren Federdruck bewegten Kölbchens oder einer Membran über Spiegelablenkung eines Lichtstrahls auf einen Lichtschirm oder auf lichtempfindliches,

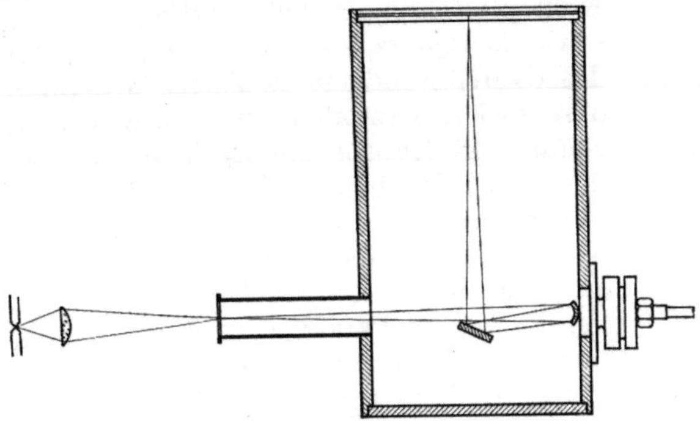

Abb. 453. Optischer Indikator nach Watson.

Abb. 454. Ritz-Indikator (DVL).

mit der Zeit oder mit der Drehzahl abrollendes Papier übertragen wird, etwa nach Abb. 453.

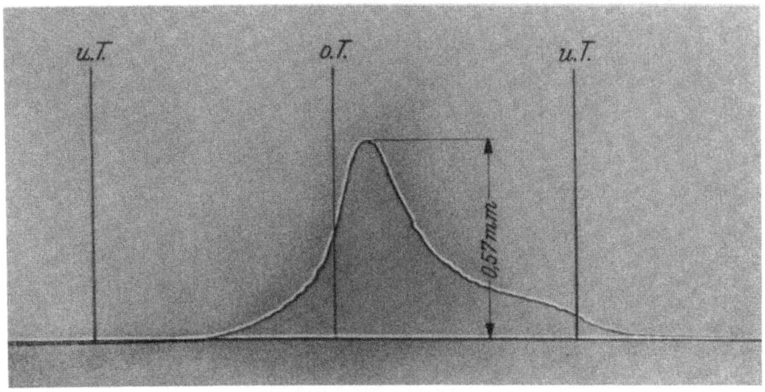

Abb. 455. Vergrößert wiedergegebenes Ritz-Druckzeitdiagramm.

Wenn das Gerät sehr klein sein soll, ist es auch möglich, die Bewegung der Druckmembran in ihrer wahren Größe, also mit sehr kleiner Auslenkung, im Diamantritzverfahren (*73*) auf ein Glasplättchen, das sich unter der Diamantspitze, von einem Uhrwerk angetrieben, entlang bewegt, einzuritzen, etwa mit dem in Abb. 454 gezeigten Gerät, das einen unter dem Mikroskop zu vergrößernden Aufschrieb (Abb. 455) liefert.

Den weitestgehenden Einblick in den Verbrennungsverlauf gestatten die Hochfrequenzindikatoren, bei denen unter Verwendung elektrischer Übertragungsverfahren und ausreichender Vergrößerung der Meßausschläge jeder einzelne Druckverlauf aufgenommen wird. Die Geräte arbeiten mit einem Geber, der auf Kapazitäts- (*88*), Induktions- (*89*), Widerstands- (*90*) oder Piezo- (*91*) Wirkung beruhen kann und über Hochspannungsschwingungskreise unter hinreichender Verstärkung die Meßstromänderungen auf eine Oszillographenschleife oder eine

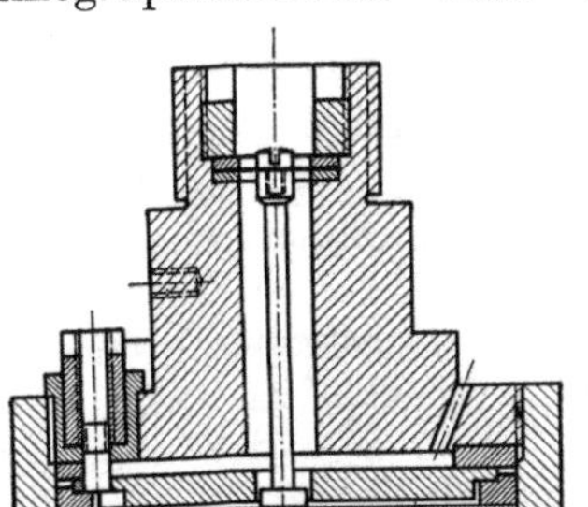

Abb. 456. Kondensatormeßdose nach Schnauffer (DVL).

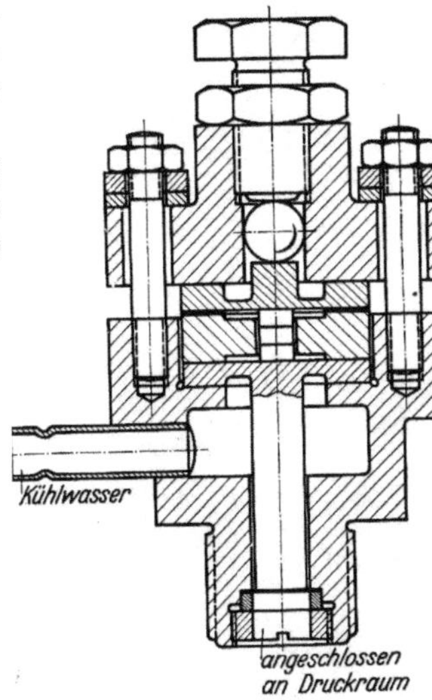

Abb. 457. Kohlensäulewiderstandsgeber.

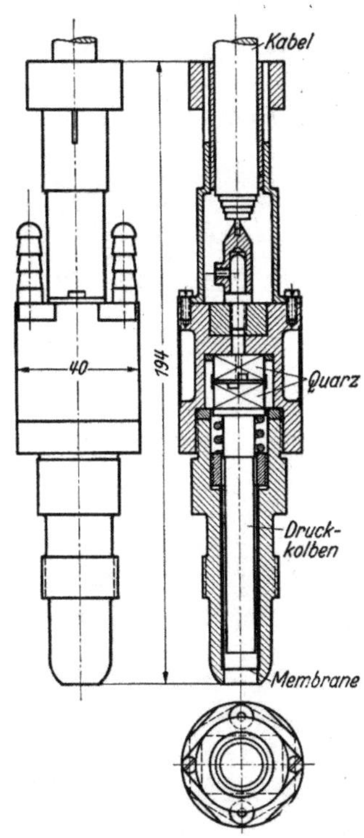

Abb. 458. Quarzgeber (Ausführung FKFS).

Braunsche Röhre überträgt. Als Gebergeräte sind in Verwendung gekommen das als Kondensatormikrophon arbeitende Schnauffer-Gerät nach Abb. 456, das Kohlensäule-Widerstandsgerät nach Abb. 457, das die Veränderlichkeit des Übergangswiderstandes zwischen den eingelegten Kohleplättchen als Meßgrundlage benützt, sowie das Quarzgebergerät nach Abb. 458, das als Meßgrundlage die Tatsache benützt, daß gewisse Kristalle, wie Quarz, bei mechanischer Beanspruchung, in einer durch den Kristallaufbau bestimmten Richtung, elektrische Ladungen bilden. Die durch die Druckschwankungen im Zylinder am angeschlossenen Quarzgeber hervorgerufenen Ladeschwankungen werden in Stromänderungen umgewandelt, die im Oszillographen (*92*) oder mit der Braunschen Röhre (*93*) aufgezeichnet werden. Abb. 459 zeigt das Gebergerät und die dynamische Eichvorrichtung in Form einer größeren Druckbombe, Abb. 460 das zwischen das Gebergerät und den Oszillographen geschaltete Röhrenvoltmeter und Abb. 461 ein aufgenommenes Druck-Zeit-Schaubild. Abb. 462 zeigt ein mit Braunscher Röhre arbeitendes Gerät. Ein Vorteil der Aufnahme mit einem Mehrschleifenoszillograph ist, daß auf dem Druckschaubild eine Anzahl anderer Meßvorgänge, die für den Verbrennungsverlauf maßgeblich sind, in scharfer zeitlicher Übereinstimmung mit aufgenommen werden kann.

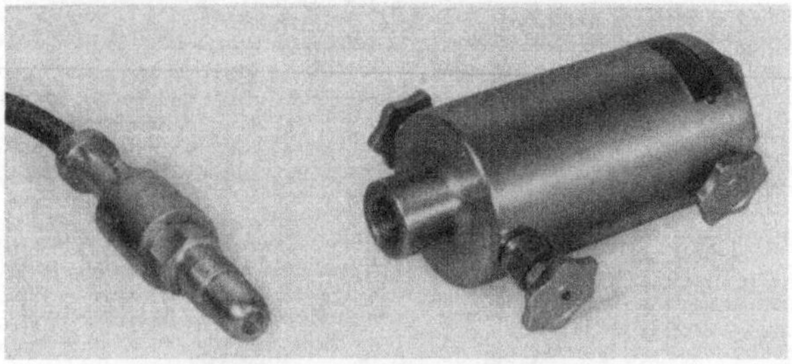

Abb. 459. Quarzgeber mit Eichvorrichtung (FKFS).

Abb. 460. Röhrenvoltmeter (Ausführung FKFS).

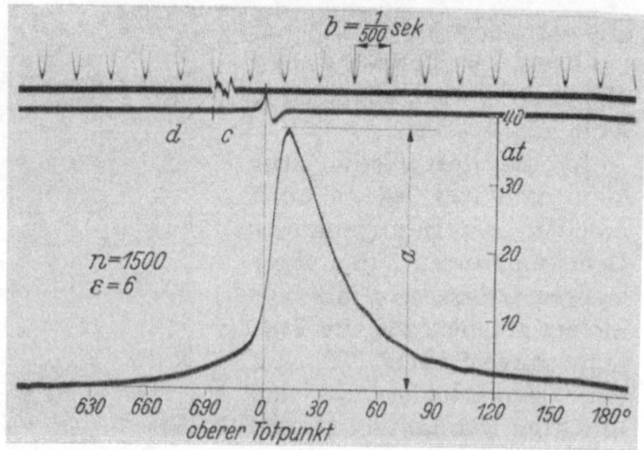

Abb. 461. Druckzeitschaubild eines Quarzindikators (FKFS): a) Druckverlauf, b) Zeitangabe, c) Totpunktsangabe, d) Zündzeitpunkt.

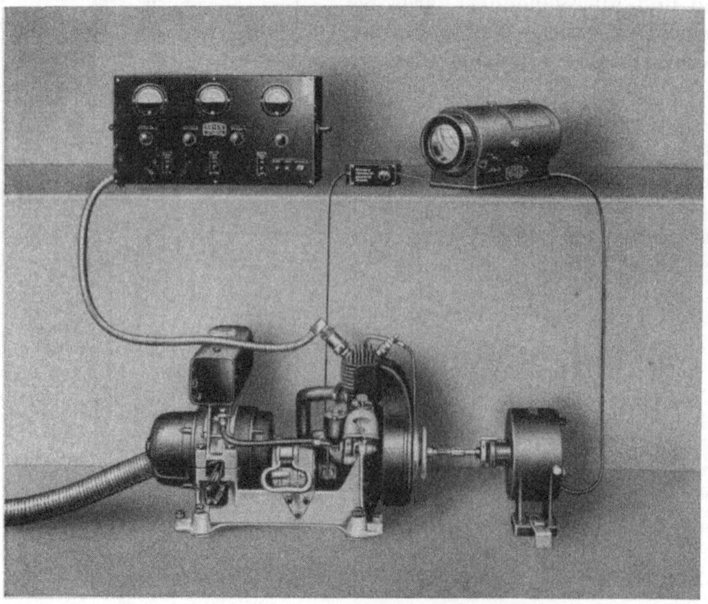

Abb. 462. Gesamtansicht des Zeiss-Ikon-Quarzindikators.

Messung des Einspritzvorgangs. Zur Messung des Einspritzvorgangs werden Hochfrequenz-Lichtbildgeräte verwandt, die auf eine durchsichtige Glaskammer gerichtet sind, in die der Brennstoffstrahl gegen den entsprechenden Innendruck (*94*) eingespritzt wird. Die Glaskammer wird von der Gegenseite elektrisch belichtet. Abb. 463 zeigt eine derartige Einrichtung nach Nägel-Holfelder (*95*).

Neuerdings ist es gelungen, durch Hochfrequenz-Lichtbildgeräte bei Verwendung von langen, in den Wänden des Verbrennungsraums eingebauten Quarzglasfenstern auch die Flamme im Verbrennungsraum selbst aufzunehmen (*96*).

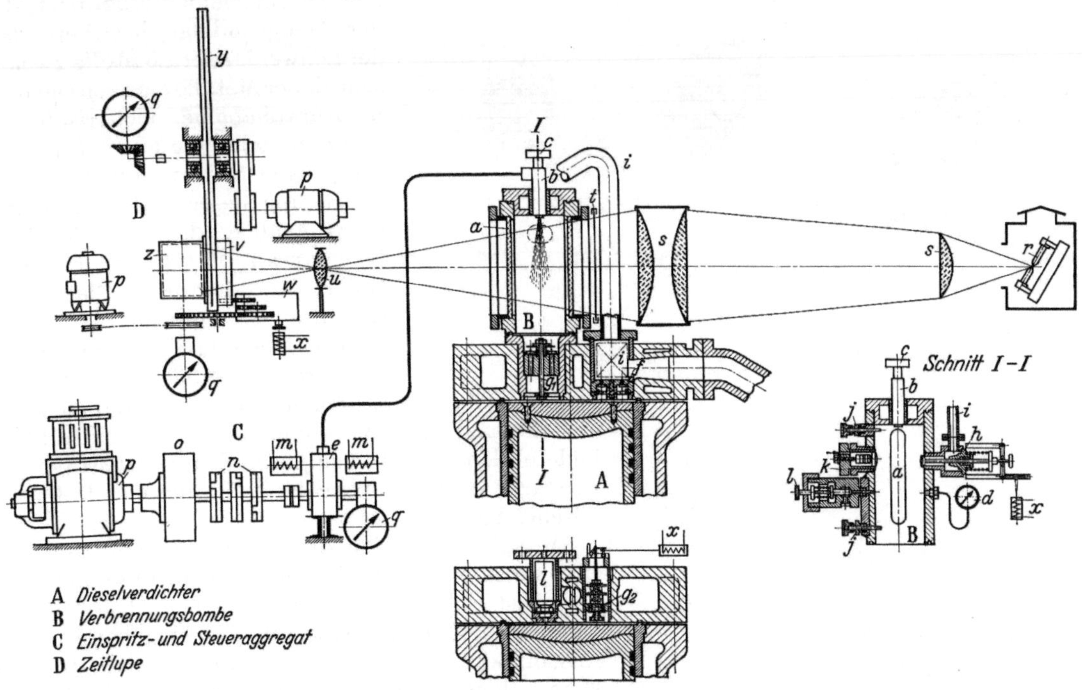

Abb. 463. Anordnung zur Aufnahme des Einspritzstrahls (Nägel-Holfelder).
a Beobachtungsfenster, *b* Einspritzventil, *c* Düsennadel-Hubmeßvorrichtung, *d* Druckmanometer, *e* Brennstoffpumpe, *f* Saugventil im Verdichter, g_1 Druckventil im Verdichter, g_2 Belüftungsventil, *h* Überströmventil im Verdichter, *i* Überströmleitung mit Heizung, *j* Thermoelemente, *k* Quarzindikator, *l* Sicherheitsventile, *m* Steuermagnete für Brennstoffpumpe, *n* Hauptschaltwalzen, *o* Schwungrad, *p* Antriebsmotoren, *q* Tachometer, *r* Bogenlampe, *s* Kondensatoren, *t* Grünfilterscheibe, *u* Objektiv, *v* Drehblende, *w* Momentverschluß, *x* Auslösemagnete, *y* Stroboskopscheibe, *z* Filmtrommelkassette.

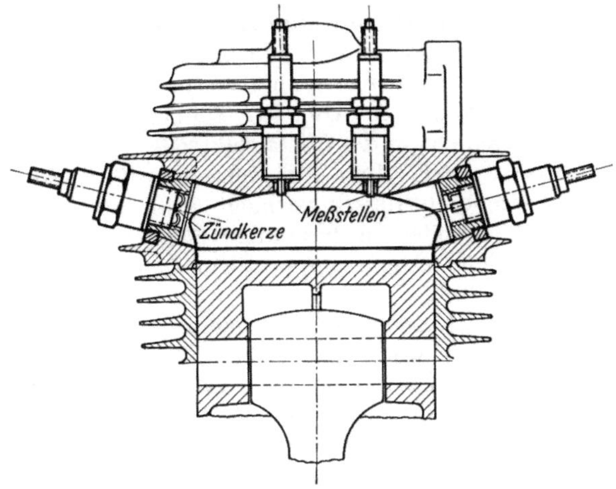

Abb. 464. Ionisationsstrecken, eingebaut in den Verbrennungsraum eines Zylinders.

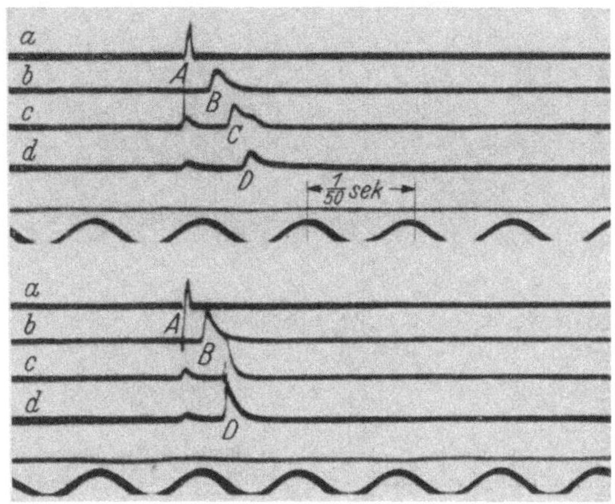

Abb. 465. Oszillogramm zur Ermittlung der Verbrennungsgeschwindigkeit.
Oben: Bei nichtklopfendem Betrieb; *a* Zündströme, *b*, *c* u. *d* Ionisationsströme,
unten: bei klopfendem Betrieb. *A* Zündpunkte, *B*, *C* u. *D* Flammenankunftspunkte.

Ein mittelbares Verfahren zur Beurteilung des Verbrennungsverlaufs ist das von Schnauffer angegebene Ionisationsverfahren (*88*), bei dem die Zunahme der elektrischen Leitungsfähigkeit in Brand geratender Gase als Meßgrundlage benützt wird. In den Verbrennungsraum werden nach Abb. 464 Ionisationsstrecken gelegt, die so an den Oszillographen angeschlossen werden, daß die durch die Verminderung des Widerstands auftretenden Stromverstärkungen bei Ankunft der Verbrennungsflamme an den jeweiligen Meßpunkten nach Abb. 465 aufgezeichnet werden.

Einrichtungen zur Messung der Verbrennungs- und Gastemperaturen. Zur Temperaturmessung der Auspuffgase, der Gase im Verbrennungsraum und der inneren und äußeren Wandungen des Verbrennungsraums werden Thermoelemente benützt, die auf der Meßgrundlage beruhen, daß an der Schweiß- oder Lötstelle zweier verschiedener Metalle eine schwache, temperaturabhängige, elektrische Spannung entsteht, die einen für die Messung ausreichenden Strom liefert. Zur Erzeugung dieser Thermokraft werden hauptsächlich die Metalle Kupfer-Konstantan, Eisen-Konstantan, Nickel-Nickelchrom, Platin-Platinrhodium verwandt.

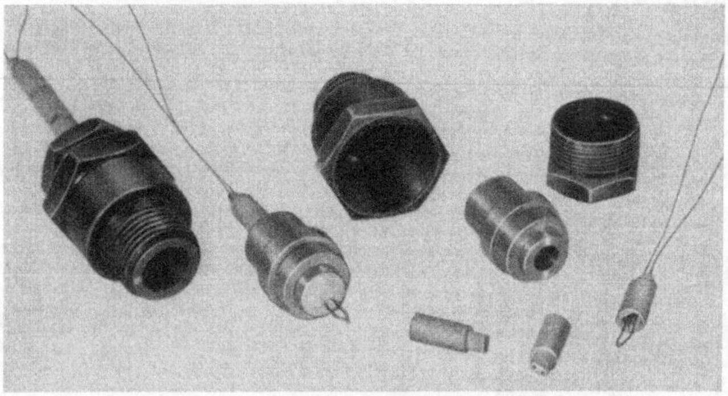

Abb. 466. Einschraubthermoelement zur Messung der mittleren Temperatur im Verbrennungsraum.

Die Messung der hohen Gastemperaturen bereitet noch Schwierigkeiten, weil Thermoelemente, die aus dünnen Drähten gebildet sind, rasch verbrennen, aus dicken Drähten gebildete Elemente aber zu große Temperaturträgheit und zu starke eigene Wärmeableitung, die das Meßergebnis fälscht, besitzen.

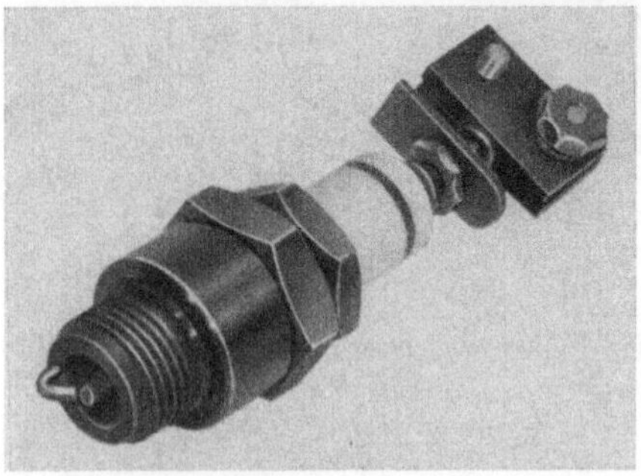

Abb. 467. Zündkerzenthermoelement, Mittelstift ist durchbohrt und mit Nickel-Nickelchromelement versehen.

Mit Erfolg werden die Thermoelemente regelmäßig zur Messung der Wandungstemperaturen angewandt. Dabei ist richtiger Einbau wesentlich. Die Thermoelemente sollen in der Wandung so eingebaut und ihre Anschlußdrähte so abgeführt werden, daß durch den Einbau kein Wärmestau, aber auch keine Verbesserung der Wärmeabführung an der Wandung entsteht und die Abführungsdrähte auf eine längere Strecke hinter der Lötstelle gleichbleibende Temperatur besitzen, damit nicht aus der Lötstelle selbst Wärme abgeführt wird.

Die Elemente werden als Einschraubelemente nach Abb. 466 benützt oder zum Teil in die zu messenden Körper selbst eingesetzt, wie in Abb. 467, bei der das Thermoelement in der Mittelelektrode der Zündkerze sitzt. Zum Teil werden sie in Zündkerzendichtungsringe nach Abb. 468 eingebaut oder in besondere Meßkörper wie in dem Abgastemperaturmeßgerät nach Abb. 469.

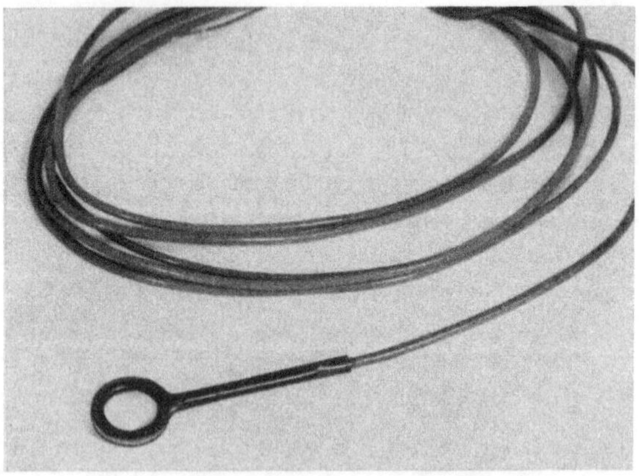

Abb. 468. Kupfer-Konstantan-Thermoelement, eingebaut in Kerzensitzring.

Die Messung der Temperatur bewegter Teile am Motor mit Hilfe von Thermoelementen bereitet Schwierigkeiten, so daß Kolbentemperaturmessungen in weitgehendem Maße noch mit Hilfe von in ihren Schmelztemperaturen entsprechend abgestimmten Metallschmelzkegeln vorgenommen werden, die nach Abb. 470 in den Bauteil eingestemmt werden.

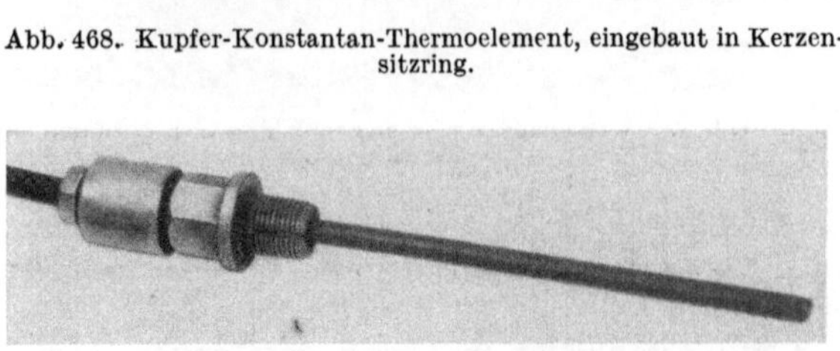

Abb. 469. Abgaspyrometer, Nickel-Nickelchromelement, eingebaut in Schutzrohr mit Zündkerzengewinde.

Einrichtungen zur Ermittlung der Kühlmittelwärme. Die an das Kühlmittel abgegebene Wärme wird durch Messung der in der Zeiteinheit strömenden Menge des Kühlmittels und seiner Temperaturen vor und hinter dem Motor festgestellt. Bei Flüssigkeitskühlung ist diese Messung leicht durchzuführen, bei Luftkühlung bereitet sie gewisse Schwierigkeiten.

Bei Flüssigkeitskühlung wird die Mengenmessung mit Hilfe von Überlaufgefäßen festgestellt, derart, daß der Überlauf des in den Kühlmittelumlauf eingeschalteten Behälters in einem auf einer Waage befindlichen Gefäß aufgefangen und in einer bestimmten Meßzeit gewichtsmäßig aufgenommen wird. Zur Vereinfachung der Messung werden Trommelzähler (*97*) nach Abb. 471 verwandt, die eine volumetrische Messung durchführen, wobei als Maß die Zahl der Umdrehungen in einer bestimmten Zeit verwendet wird.

Abb. 470. Motorkolben mit Anbohrungen zum Einpfropfen von Schmelzkegeln.

Die Temperaturmessungen erfolgen durch Quecksilberthermometer, die mit ihrer Quecksilberblase hinreichend tief in die Flüssigkeitsströmung eingetaucht und nach außen gegen Abkühlung des Quecksilberfadens durch Abschirmung gegen Luftströme und durch Isolierungen geschützt sein müssen; sowie durch Dampfdruckthermometer, die den in geschlossenen Röhren entstehenden Dampfdruck leicht siedender Flüssigkeiten auf ein Druckmeßgerät übertragen, das in Temperaturgraden geeicht werden kann, oder schließlich durch Thermoelemente, die in der Metallzusammenstellung den niedrigen Temperaturen angepaßt sind.

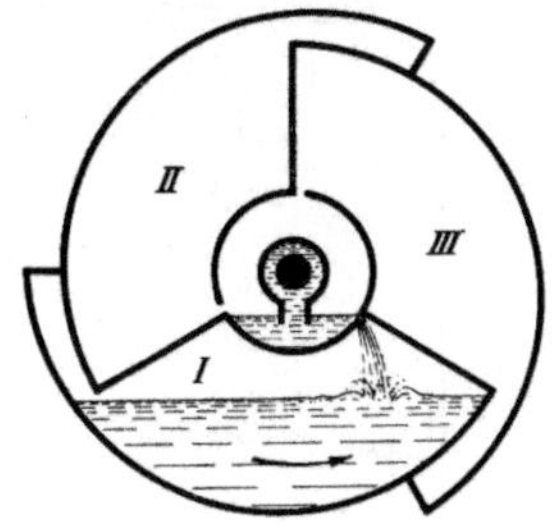

Abb. 471. Trommelflüssigkeitsmengenmesser.

In neuerer Zeit werden elektrische Widerstandsmanometer zur Temperaturmessung verwendet, die in eine Wheatstonesche Brücke eingeschaltet sind. Der Grad der Widerstandsänderung in der Brücke ist ein Maß für die Temperatur an der Meßstelle. Bei Verwendung von zwei Widerstandsthermometern und entsprechender Brückenschaltung kann die Temperaturdifferenz zweier Meßstellen unmittelbar abgelesen werden.

Bei Luftkühlung werden die Temperaturen auf gleiche Weise mit Quecksilber- oder Dampfdruckthermometern oder mit Thermoelementen festgestellt. Die Luftmengenmessung setzt eine ganz geschlossene Kühlluftführung um den Motor voraus und die Temperaturmessung gleichmäßige Verteilung der Temperaturen, die über die gesamten Meßquerschnitte gemessen werden. Die Mengenmessung selbst wird im allgemeinen als Durchflußmessung mit Hilfe von Düsen oder Blenden vorgenommen.

Abb. 472. Einzylinderversuchsmotor (Bauart FKFS).

Sonder-Prüfeinrichtungen. Für Einzelzylinderuntersuchungen sind neben den schon erwähnten Klopfmotoren für Brennstoffuntersuchungen die Entwicklungsmotoren in Gebrauch, die mit veränderlicher Verdichtung so ausgebildet sind, daß in gewissen Abmessungsgrenzen beliebige Zylinder unter Anfertigung einfacher Zwischenstücke aufgesetzt werden können (*98*). Auch der Steuerungsantrieb kann jedem Zylinder leicht angepaßt und die Kurbelwelle einfach geändert oder ausgewechselt werden. Die Abb. 472 zeigt einen derartigen Versuchsmotor.

B. Untersuchungen an Kraftfahrzeugen.

Die Fahrzeuguntersuchungen werden, wie oben kurz erwähnt, auf Kraftwagenprüfständen oder auf der Straße oder mit Hilfe von Modellen in Windkanälen und auf der Modellfahrbahn durchgeführt.

Die Kraftwagenprüfstandsversuche können die Straßenversuche nicht ersetzen. Straßen- und Prüfstandsversuche müssen Hand in Hand gehen, etwa in der Art, daß die zu untersuchenden Vorgänge und ihre Vorbedingungen auf der Straße beobachtet, die gleichen Vorbedingungen und Vorgänge auf dem Rollfeld wiederhergestellt und dort im ortsfesten Betrieb unter Anwendung feiner und weitgehender Meßverfahren geklärt werden. Nachprüfende Straßenversuche sind in den meisten Fällen zweckmäßig.

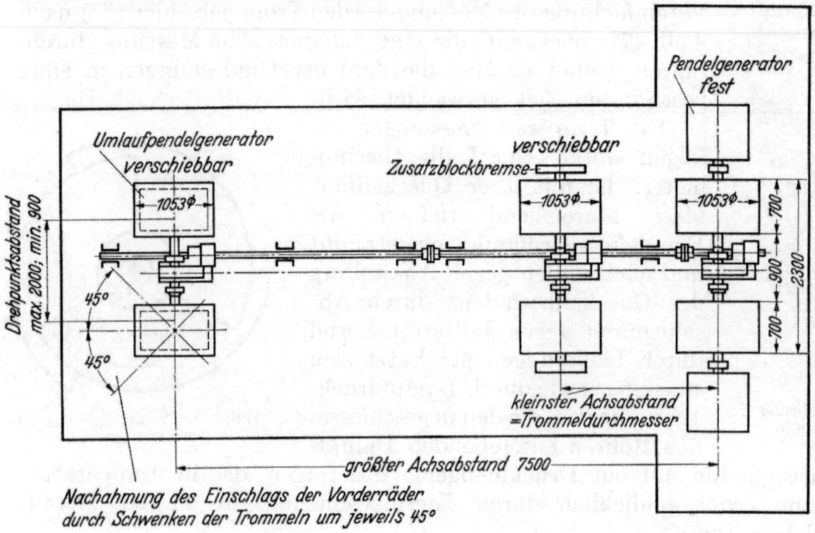

Abb. 473. Plan eines Kraftwagenrollfeldes (FKFS).

Auch die Windkanaluntersuchungen an Fahrzeugmodellen bedürfen der Nachprüfung am wirklichen Fahrzeug, wofür Straßenversuche zunächst ausreichend sind.

Eine gewisse Sonderstellung nehmen die Versuche mit selbstfahrenden Modellen auf der Modellfahrbahn ein, weil hier für die Feststellung der Fahreigenschaften, also des Verhaltens der Fahrzeuge, in Grenzfällen viel weiter gegangen werden kann als beim wirklichen Fahrzeug auf der Straße, bei dem die Gefahren starker Schleuderbewegungen und des Umschlagens nicht herbeigeführt werden dürfen, und weil die Modellversuche das Einhalten bestimmter Vorbedingungen in der Lenkung und Bremsung ohne Beeinflussung des Fahrers gestatten. Diese Modellversuche stellen deshalb eine wertvolle Erweiterung der Versuchsmöglichkeiten am wirklichen Fahrzeug dar.

Abb. 474. Ansicht des Kraftwagenrollfeldes (FKFS).

I. Kraftwagenprüfstand.

Einfache Rollprüfstände mit zwei Laufrollen für die Treibräder eines Fahrzeugs genügen zur Feststellung der Antriebsleistungen des Fahrzeugs, der Leistungsverluste im Triebwerk und an den Rädern und Reifen. Für die Untersuchung über Fahreigenschaften, insbesondere über die Federungsvorgänge, Schwingungsvorgänge im Rahmen und Aufbau und über die Geräuschschwingungen an den Fahrzeugen ist ein Rollfeld, etwa nach Abb. 473 und 474, zweckmäßig, das gestattet, Vier- und Sechsradfahrzeuge in jedem Betriebszustand, auch in Kurvenstellung und bei Antrieb der gelenkten Vorderräder, zu untersuchen. Die Leistung wird bei den vorderen und hinteren Haupttrommeln durch elektrische Pendelmaschinen aufgenommen. Die Pendelmaschinen für die Vorderachsen können in die Trommeln selbst eingebaut und mit diesen so schwenkbar sein, wie es der Lenkausschlag des Fahrzeugs unter Umständen erfordert. Das mittlere Trommelpaar ist in einfacher Weise durch zusätzliche mechanische Bremsen (*99*) belastbar. Sämtliche Trommeln können über Getriebe und eine durchgehende Längswelle nach

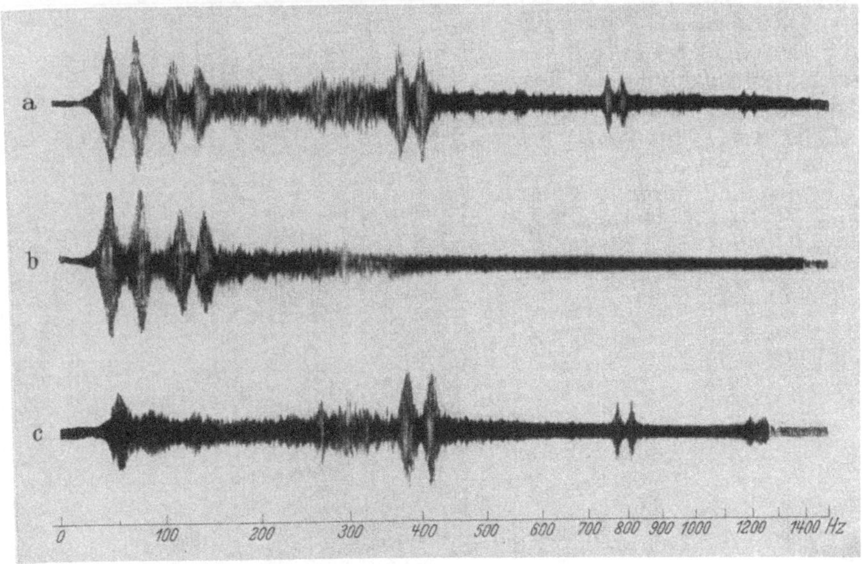

Abb. 475. a) Analyse eines Geräusches, das sich zusammensetzt aus Motordröhnen und Reifensingen bei starkem Reifenprofil. b) Motorgeräusch allein. c) Reifengeräusch allein.

Bedarf miteinander gekuppelt oder selbständig verwendet werden. Zur Darstellung der Einflüsse der Fahrbahn, insbesondere bei Schwingungsuntersuchungen, werden auf den Trommeln oder an den Reifen der Fahrzeuge Erhöhungen angebaut, die Erregungen auf das Fahrzeug liefern, die den Fahrbahnerregungen in der Frequenz entsprechen.

Als Meßgeräte zur Untersuchung der Schwingungen am Fahrzeug werden neben Schreibeinrichtungen Massenpendel-Schwingungsmeßgeräte, etwa nach Geiger (*100*), verwendet sowie elektrische Abtast-Gebergeräte, die, als Kondensator- oder Induktionsgeräte aufgebaut, die Meßströme für Oszillographenschleifen liefern.

Für die Geräuschuntersuchungen werden leistungsfähige Mikrophone verwendet. Die Messung erfolgt dabei nach Schalldruck, Lautstärke und auf Untersuchung der Frequenzen durch die Geräuschanalyse, die den Zusammenhang zwischen den auftretenden Geräuschen, den im Fahrzeug vorhandenen Erregungen und ihrer Weiterleitung in den festen Bauteilen zu erkennen gestattet (Abb. 475).

II. Straßenversuche.

Die Straßenversuche erstrecken sich auf die Vorbereitung für die Rollfeldversuche, auf Feststellung des Steigvermögens und der Größtgeschwindigkeit, sowie auf Auslaufversuche zur Feststellung des Roll- und des Luftwiderstands in Ergänzung zu entsprechenden Rollwiderstandsuntersuchungen auf dem Rollfeld und den Luftwiderstandsuntersuchungen am Modell im Windkanal. Nach bekannten Verfahren, von denen eines in Abschnitt 19 schon genannt wurde, ist dabei das Vorgehen etwa folgendes (*101*): Mit Hilfe eines zuverlässigen Geschwindigkeitsmeßgerätes wird im Auslauf die Geschwindigkeit in Abhängigkeit von der Zeit nach Abb. 476 aufgenommen, aus dieser Abbildung die Geschwindigkeitsänderung für die verschiedenen

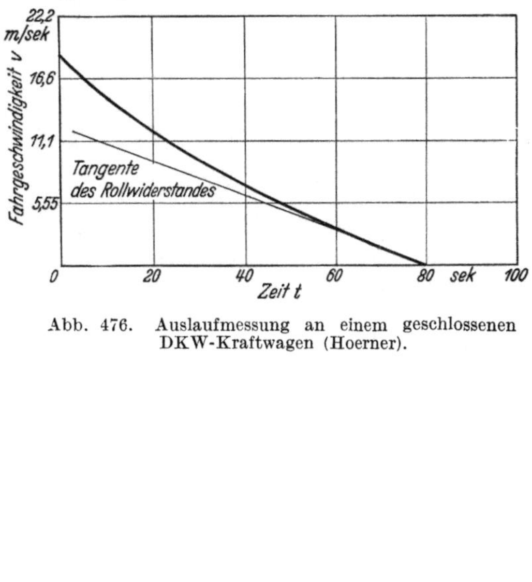

Abb. 476. Auslaufmessung an einem geschlossenen DKW-Kraftwagen (Hoerner).

Geschwindigkeiten als Tangente der Auslaufkurve abgelesen und aus diesen Verzögerungswerten der Fahrwiderstand bestimmt nach dem Gesetz, daß der jeweilige Fahrwiderstand das Produkt aus Masse und Verzögerung ist.

Bei der wirksamen Masse müssen die umlaufenden Teile des Triebwerks mit berücksichtigt werden.

Die errechneten Fahrwiderstände werden in Abb. 477 dargestellt. Da der Luftwiderstand bei kleinen Geschwindigkeiten gering ist, ergeben sich mit der Nulltangente in der Abbildung mit etwa 1 vH Genauigkeit der Rollwiderstand und über dieser Linie die Werte des Luftwiderstands.

Der Rollwiderstand umfaßt dabei alle nicht durch Luftkräfte verursachten

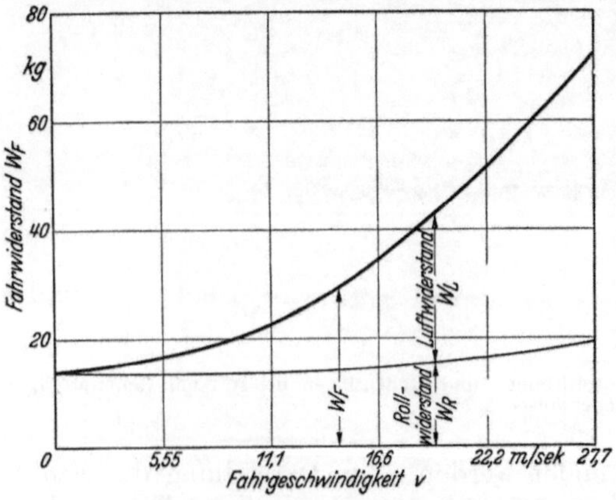

Abb. 477. Fahrwiderstand, Rollwiderstand und Luftwiderstand eines DKW-Wagens (Hoerner.)

Abb. 478. Fahrzeugmodell im Wasserkanal. (Der Elektromotor dient zum Antrieb der Schrauben für die Wasserbewegung und eines die Fahrstraße nachahmenden Laufbandes.) (FKFS.)

Abb. 479. Bild an dem Mittelschnitt eines Fahrzeugmodellkörpers im Wassserkanal mit laufender Straße (FKFS).

Teilwiderstände, während der Luftwiderstand, den die Laufräder bei ihrer Drehung verursachen, in den Werten der Luftwiderstandslinie mit enthalten ist. Versuche haben ergeben, daß die Massenwirkung der umlaufenden Teile des Fahrzeugs für sich genommen nicht ganz ausreicht, den Widerstand aus der Lüftung der Räder und aus der Triebwerksreibung zu decken.

Die Auswertung der festgestellten Luftwiderstandskräfte zur Bestimmung der Luftwiderstandszahlen ist auch in diesem Fall nach Abschnitt 19 möglich.

III. Windkanaluntersuchungen.

Die Windkanaluntersuchungen dienen dazu, den Widerstand eines Fahrzeugmodells bei Anblasen von vorne und bei Schräganblasen, sowie die Momente, die sich aus den Luftkräften am Fahrzeug ergeben und dieses insbesondere um die hochstehende Schwerpunktsachse zu drehen versuchen, und schließlich die Druckverteilung am Wagen zur Erkennung des Strömungsverlaufes festzustellen. Die letzteren Versuche können ergänzt werden durch das Anschauungsmittel der Umströmung des Modells im Wasser mit einer Einrichtung nach Abb. 478, wobei sich, wenn Aluminiumpulver oder ähnliches auf die Wasseroberfläche aufgestreut wird, die Strömung etwa nach Abb. 479 aufzeichnet. Die im Windkanal gemessene Druckverteilung liefert diese Vorgänge mit größerer Genauigkeit.

Abb. 480. Fahrzeugmodell im Windkanal mit laufendem Band als Fahrbahn (FKFS).

Das Modell wird im Freistrahl eines Windkanals, etwa nach Abb. 480, mit dünnen Drähten aufgehängt und zur Nachahmung der Einwirkung der Fahrbahn auf die Strömung mit einer ebenen Platte (*38*) oder mit einem die Wirkung der Straße naturgetreu hervorrufenden, mit der Windgeschwindigkeit laufenden Band untersetzt. Die Kräfte und Momente am Modell werden durch seine Aufhängdrähte auf den Rahmen der Waage übertragen und sind an dieser meßbar.

Die geometrische Übereinstimmung der etwa im Maßstab 1 : 5 ausgeführten Modelle mit den wirklichen Fahrzeugen ist im allgemeinen nicht so vollkommen, daß die Meßergebnisse des Windkanals auf die Wirklichkeit und damit für die Errechnung der zu erwartenden Fahrleistungen unmittelbar verwendet werden können, denn es ist kaum möglich, am Modell alle baulichen Einzelheiten naturgetreu nachzubilden. Jedoch bieten die Widerstandsmessungen im Windkanal eine vollkommene

Abb. 481. Fahrmodell auf ebener Fahrbahn (FKFS).

Abb. 482. Fahrmodell auf Steigung (FKFS).

Vergleichsmöglichkeit für die Prüfung des Einflusses verschiedener Formen, die einem Wagenentwurf zugrunde gelegt werden sollen. Sie können durch den erwähnten Auslaufversuch auf der Straße nachgeprüft werden, so daß mit Vornahme einer genügend großen Zahl von Messungen Erfahrungsgrundlagen für die Umrechnung zwischen Modell und Wirklichkeit geschaffen werden können. Die Windkanalmessungen sind, so weit sie die Feststellung der am Fahrzeug wirkenden Momente, also die Beeinflussung der Fahreigenschaften durch die Luftkräfte betreffen, durch den Fahrversuch nicht ersetzbar.

Abb. 483. Ansicht des elektrisch angetriebenen Fahrmodells (FKFS).

IV. Selbstfahrendes Fahrzeugmodell.

Das selbstfahrende Wagenmodell (*102*) kann auf fester Bahn verwendet werden, wenn es sich um die Untersuchung kurz verlaufender Vorgänge handelt, oder auf einer abrollenden Bahn, wo langsam sich entwickelnde Vorgänge zu beobachten sind.

Auf fester Bahn in der Ebene nach Abb. 481 oder in der Steigung nach Abb. 482 werden mit elektrisch angetriebenen Modellen nach Abb. 483, die über wahlweise schaltbaren Vorderrad-, Hinterrad-, Vierradantrieb, wahlweise und veränderlich schaltbare Vorder- und Hinterradlenkung, sowie über elektrische Radbremsen verfügen, wobei die Steuerung aller Vorgänge als Fernsteuerung über ein Sammelkabel erfolgt, insbesondere die Einflüsse der verschiedenen Antriebs- und Bremsarten am Einzelfahrzeug und am Lastzug, sowie der Achsbelastungen, der Trägheitsmomente und der verschiedenen Lenkverfahren untersucht.

Abb. 484. Fahrmodell auf abrollender Fahrbahn (FKFS).

Auf der abrollenden Fahrbahn (Abb. 484) werden insbesondere Schwingungserscheinungen am Lastzug untersucht, die sich bei gerader Fahrt im Verlauf längerer Zeit langsam aufschaukeln. Die Ergebnisse solcher Modellversuche sind unter sich vergleichbar, bilden also einen zuverlässigen Maßstab für die Wirkung verschieden gewählter Betriebsbedingungen. Sie sind aber in ihren wesentlichen Punkten auch auf die Wirklichkeit übertragbar (*103*), unter der Voraussetzung, daß die Reibungsvorgänge zwischen Rad und Fahrbahn am Modell und in der Wirklichkeit ähnlich sind. Versuche auf Eisflächen am wirklichen Fahrzeug und mit Lastzügen auf der Straße haben hierfür ausreichende Übereinstimmung ergeben.

Schlußbemerkung — Ausblick.

In den einzelnen Abschnitten des vorliegenden Buches sind die grundsätzlichen Fragen, die für die Gestaltung des Kraftfahrzeugs maßgeblich sind, behandelt. Nach dem Stand der Technik sind sachlich zweckmäßig erscheinende Lösungen für die augenblicklichen Aufgaben angegeben und im einzelnen auch fernere Ziele der Entwicklung genannt. Es ist nach Möglichkeit, insbesondere auf den noch im Fluß befindlichen Teilgebieten, vermieden, feste Regeln anzugeben, und versucht worden, den Leser zu freier, eigener Betätigung anzuregen.

Bei dem heutigen Stand des Kraftfahrwesens wird häufig die Frage aufgeworfen, ob denn nicht schon von einem Abschluß der technischen Entwicklung gesprochen werden könne, weil das Fahrzeug seinen Aufgaben in recht vollkommener Weise dient. Die Frage muß verneint werden. Von einer höheren Warte aus, die den Blick in die Zukunft ermöglicht, betrachtet, ist das bisher Geleistete nur als die Grundstufe anzusehen, die das Kraftfahrzeug als solches zu betriebstechnischer Reife gebracht hat. Seine Anwendung offenbart aber, je leistungsfähiger das Fahrzeug ist, um so mehr Unvollkommenheiten. Seine Reisegeschwindigkeit bleibt hinter der der üblichen anderen Verkehrsmittel, insbesondere der Eisenbahn, zurück; die körperliche und geistige Anstrengung des Fahrzeugführers auf langer, rascher Fahrt ist zu groß. Dieser erwartet aber in den meisten Fällen als Besitzer des Wagens von dessen Gebrauch eine Steigerung der eigenen Leistungsfähigkeit nach Zeit und Arbeitskraft.

Der tiefere Grund für diese Mängel liegt in dem fehlenden Gleichmaß der Entwicklung der äußeren und inneren Betriebsbedingungen des Kraftfahrwesens. Das rasche Fahren, das dem Wesen des Fahrzeugs entspricht, ist zur höchsten Kunst der Geschicklichkeit und Geistesgegenwart geworden in einer Umgebung, die alle Augenblicke unerwartete, mit Gefahr und hoher Verantwortung verbundene Aufgaben stellt.

Dem heutigen Zeitalter ist die Schaffung von Verkehrswegen vorbehalten geblieben, die der Eigenart und den technischen Möglichkeiten des Kraftfahrzeugs erst entsprechen. Damit wird nunmehr die Entwicklung frei zu beschleunigtem Fortschritt in Richtung der dem Straßenfahrzeug gesteckten Ziele. Diese Ziele sind im wesentlichen die Erreichung sehr hoher Fahrleistungen bei Wahrung der Wirtschaftlichkeit und die Verwirklichung der mit anderen Verkehrsmitteln vergleichbaren Sicherheit bei mäßigen Ansprüchen an die Kunst und Aufmerksamkeit des Fahrers.

Nach Schaffung des zusammenhängenden Netzes der Autobahnen durch den großen Führer des deutschen Volkes ist die Erreichung beider Ziele im Rahmen der technischen Möglichkeiten, insbesondere auch im Stammlande des Kraftfahrzeugs, gegeben. Ihr muß der weitere bedeutende Entwicklungsabschnitt gewidmet sein.

Dann soll das der Wirtschaft dienende Fahrzeug nicht ein Glied in der Kette der zunehmenden Belastungen des Menschen bleiben, sondern als Ergebnis gesund gerichteter technischer Arbeit ein Mittel sein zur Steigerung der Leistungsfähigkeit bei gleichem Kräfteeinsatz und zur Verbesserung der Lebenshaltung, die mit der zunehmenden Überwindung von Zeit und Raum einhergeht.

Schrifttum.

1. Ricardo: Schnellaufende Verbrennungsmotoren. Berlin: Julius Springer 1932.
1a. Schmidtmann: Kraftverkehr und Volksgesundheit. Jena: Fischer 1934.
2. Landolt-Börnstein: Physikalisch-chemische Tabellen. Berlin: Julius Springer.
3. Lutz: p-v-Tafel, Tabellen und Diagramme zur thermischen Berechnung der Verbrennungskraftmaschinen. Berlin: Julius Springer 1932.
4. Z. VDI Bd. 77 (1933) Nr. 18 S. 457ff.
5. Aeroplane Bd. 48 (1935) Nr. 1250 S. 540ff.
6. Automobiltechn. Bibliothek Bd. 13: Die elektrische Ausrüstung des Kraftfahrzeugs, Teil I—III.
7. Neue Kraftfahrerztg. Bd. 9 (1934) H. 40; Bd. 10 (1935) H. 26.
8. Kutzbach: Der Leichtmotor als Lehrmeister des Maschinenbaus. Bericht von der 71. Hauptversammlung des VDI in Friedrichshafen, S. 83ff.
9. Föppl: Grundzüge der technischen Schwingungslehre. Berlin: Julius Springer 1931.
10. Gümbel: Verdrehungsschwingungen eines Stabes mit fester Drehachse und beliebig zur Drehachse symmetrischer Massenverteilung unter dem Einfluß beliebiger harmonischer Kräfte. Z. VDI 1912 S. 1025.
11. Grammel: Ein neues Verfahren zur Berechnung der Drehschwingungszahlen von Kurbelwellen. Ing.-Arch. Bd. 2 (1931) S. 228.
12. Grammel: Die erzwungenen Drehschwingungen von Kurbelwellen. Ing.-Arch. Bd. 3 (1932) S. 76.
13. Grammel: Die Berechnung der Drehschwingungen von Kurbelwellen mittels der Frequenzfunktionentafel. Ing.-Arch. Bd. 3 (1932) S. 277.
14. Grammel: Die Drehschwingungen der Blockmotoren. Ing.-Arch. Bd. 5 (1934) S. 83.
15. Grammel: Die Schüttelschwingungen der Brennkraftmaschinen. Ing.-Arch. Bd. 6 (1935) S. 59.
16. Grammel: Torsion von Kurbelwellen. Ing.-Arch. Bd. 4 (1933) S. 287.
17. Holzer: Die Berechnung der Drehschwingungen. Berlin: Julius Springer 1921.
18. Geiger: Mechanische Schwingungen und ihre Messung. Berlin: Julius Springer 1927.
19. Hort: Technische Schwingungslehre. Berlin: Julius Springer 1922.
20. Lehr: Schwingungstechnik. Berlin: Julius Springer 1930.
21. Carter: An empirical formula for crankshaft stiffness in torsion. Engineering Bd. 126 (1928) S. 36.
22. Geiger: Zur Berechnung der Verdrehungsschwingungen von Wellenleitungen. Z. VDI 1921 S. 1241.
23. Kluge: Ing.-Arch. Bd. 2 (1931) S. 119.
24. Wydler: Drehschwingungen in Kolbenmaschinenanlagen. Berlin: Julius Springer 1922.
25. Stieglitz: Drehschwingungen in Reihenmotoren. Luftf.-Forschg. Bd. 4 (1929) S. 133.
26. Geiger: Die Dämpfung bei Drehschwingungen von Brennkraftmaschinen. Mitt. Forsch.-Anst. Gutehoffnungshütte Bd. 3 (1934) S. 147.
27. Tränkle: Berechnung kritischer Drehzahlen beliebiger Ordnung. Ing.-Arch. Bd. 1 (1930) S. 499.
28. Riekert: Der Massenausgleich von Reihenmotoren. Diss. Stuttgart 1928.
29. Riekert: Beitrag zur Theorie des Massenausgleichs von Sternmotoren. Ing.-Arch. Bd. 1 (1929) S. 16.
30. Riekert: Beitrag zur Theorie des Massenausgleichs von Sternformmotoren mit nicht zyklisch-symmetrischen Gleitbahnen. Ing.-Arch. Bd. 1 (1930) S. 245.
31. Tolle: Regelung der Kraftmaschinen. Berlin: Julius Springer 1921.
32. Kölsch: Gleichgang und Massenkräfte bei Fahr- und Flugzeugmaschinen. Berlin: Julius Springer 1911.
33. Wittenbauer: Die graphische Ermittlung des Schwungrades, ein Beitrag zur graphischen Dynamik. Z. VDI 1905 S. 471.
34. Hütte, 25. Aufl., Bd. 1 S. 629ff.
35. Kruppsche Mh. 1929 S. 44.
36. Hütte, 26. Aufl., Bd. 2 S. 193.
37. Spannhake: Kraftfahrtechnische Tagung 1934, Vorträge und Aussprachen S. 47—54. VDI-Verlag.
38. Lay, W. E.: S. A. E. J. Bd. 32/33 (1933) S. 144.
38a. Heald, R. H.: Aerodyn. characteristics of automobile models. Bur. Stand. J. Res. Bd. 11 (1933) S. 285.
39. Klemperer: Z. Flugtechn. Motorluftsch. 1922 S. 203ff.
40. Becker-Fromm-Maruhn: Schwingungen in Automobillenkungen. Berlin: Krayn 1931.
41. Geiger: Einfluß der Dämpfung auf das Verhalten des Wagens auf unebener Bahn. Automob.-techn. Z. 1931 H. 3 S. 56.
42. Lehr: Schwingungsfragen der Fahrzeugfederung. Z. VDI 1930 S. 1113.
43. Wedemeyer: Automobilschwingungslehre. Braunschweig: Vieweg 1930.
44. Wedemeyer: Fahrzeugfederung. Automobiltechn. Z. 1935 H. 11 S. 272.
45. Slaby: Ausgleichvorgänge bei Automobilfedern. Automobiltechn. Z. 1931 H. 34/35 S. 775.
46. Mahrun: Grundlagen der Federung von Automobilen. Berlin: M. Krayn 1932.
47. Dobberack: Verfahren zur meßtechnischen Bestimmung der Federungseigenschaften von Kraftfahrzeugen. Diss. Stuttgart 1933.
48. Rüdenberg: Unharmonische Schwingungen großer Amplitude. Z. angew. Math. Mech. 1923 S. 457.
49. Hütte, 26. Aufl., Bd. 1 S. 664ff.
50. Hütte, 26. Aufl., Bd. 1 S. 637 u. 670.
50a. Riekert: Die Wirkungsweise einer Anhängerauflaufbremse. Automobiltechn. Z. Bd. 37 (1934) H. 15.
50b. Kamm u. Riekert: Selbsttätige Bremsen für Kraftfahrzeuganhänger. Z. VDI Bd. 78 (1934) S. 1273ff.
51. Hofmann: Über die Berechnung von Innenbackenbremsen. Automobiltechn. Z. Bd. 35 (1932) H. 21 S. 514—517.
51a. Kutzbach, Die Prüfung von mechanischen Bremsen und Bremsbelägen. Z. VDI Bd. 77 (1933) Nr. 17 S. 443ff.
52. Löhner: Leistungsaufwand zur Kühlung von Rippenzylindern. DVL-Bericht DF 71/5.
53. Biermann u. Pinkel: Wärmeübertragung an Zylindern. U.S.A. Nat. Advisory Com. Aeronautics Rep. 488.

54. Schmidt, E.: Die Wärmeübertragung durch Rippen. Z. VDI 1926 S. 889.
55. v. Doblhoff: Untersuchung von Autokühlern. Mitt. über Forsch.-Arb. H. 93.
56. Heller: Motorwagenbau Bd. 1 S. 368. Berlin 1925.
58. Kluge: Dämpfung von Auspuffschall. Automobiltechn. Z. Bd. 36 (1933) S. 192 u. 244.
59. Martin: Experimentelle Beiträge zu dem Dämpfungsproblem des Auspuffschalles an Kraftfahrzeugmotoren. Automobiltechn. Z. Bd. 38 (1935) S. 243.
60. Kaufmann u. Schmidt: Schalldämpfer für Automobilmotoren. Berlin: M. Krayn 1932.
61. Tischner: Über die Fortpflanzung des Schalles in Röhren. Diss. Dresden 1930 — Elektr. Nachr.-Techn. 1930 H. 5 u. 6.
62. Davis: Modern acustics. London 1934.
62a. Lutz, O.: Resonanzschwingungen in den Rohrleitungen von Kolbenmaschinen. Berichte a. d. Labor. f. Verbrennungskraftmaschinen der T. H. Stuttgart H. 3 (Stuttgart 1934).
63. Klüsener: Saugrohr und Liefergrad. (Diesel-Sonderheft 5, VDI).
64. Klüsener: Versuche über den Einfluß von Saug- und Auspuffrohrlänge auf den Liefergrad. Automobiltechn. Z. Bd. 35 (1932) S. 299.
65. List: Die Erhöhung des Liefergrades durch Saugrohre bei Dieselmotoren. Mitt. techn. Inst. der staatl. Tung-chi-Univ., Woosung, April 1932 (H. 4).
66. Handbuch der Experimentalphysik Bd. 17, 2 (Akustik).
67. Thilo-Steudel: Analyse von Geräuschen und ihr Zusammenhang mit der Lautstärke. Veröff. Gebiet Nachr.-Techn. Bd. 5 (1935) H. 1 S. 39.
68. Fletcher u. Munson: J. acoust. Soc. Amer. Bd. 5 (1933) S. 91.
69. Steward: Physic. Rev. Bd. 22 (1922) S. 228; Bd. 28 (1926) S. 1038.
70. Mason: Bell Syst. techn. J. Bd. 6 (1927) S. 258.
71. Wätzmann u. Nöther: Über akustische Filter. Ann. Physik Bd. 5, 13 (1932) S. 212.
72. Gramberg, S.: Federdynamometer, Bamac-Dynamometer. Techn. Messungen Bd. 1 (1933) S. 276 Abb. 254.
73. Stieglitz: Der DVL-Torsiograph, ein Drehschwingungsmeßgerät für Fahrzeugmotoren. Z. Flugtechn. Motorluftsch. 1931 H. 2 S. 49—52.
74. Kamm-Stieglitz: Schwingungsuntersuchungen an der Maschinenanlage des Luftschiffes „Graf Zeppelin". Z. Flugtechn. Motorluftschiff. 1929 H. 18 S. 465—468.
75. Kloss: Neue DVL-Geräte zur Drehzahlmessung, DVL-Stichzählgerät. DVL-Jb. 1932 IV 43.
76. Junkers-Kalorimeter. Arch. techn. Messen V 9224/1. — Bunse, K., u. Czako: Gas- u. Wasserfach Bd. 62 (1919) S. 589.
77. Enoch, O.: Prüfung der Klopffestigkeit. Automobiltechn. Z. 1932 H. 8 S. 205.
78. Ringwaagen, Schwimmermanometer usw. Siemens-Z. 1934 S. 274 — Druckschrift Siemens-Halske AG. S.H. 5434. — Gramberg: Techn. Messungen 1933 S. 236—241.
79. Gramberg: Luftfeuchtigkeitsmeßgerät. Techn. Messungen Bd. 1 (1933) S. 387—410.
80. Gramberg: Orsat-Gerät. Techn. Messungen Bd. 1 (1933) S. 432.
81. Siemens-Abgasmesser und Monogerät. Arch. techn. Messen V 723—4 u. 6.
82. Urbach, E.: Höchstdruckmesser für schnellaufende Verbrennungsmotoren. DVL-Jb. 1932 IV 45.
83. Judge, W.: The testing of high speed internal combustion engines, London, Chapman & Hall, 1932, S. 233—234.
84. Völker: Neuerung an der Juhasz-Indiziereinrichtung. Automobiltechn. Z. Bd. 34 (1931) H. 17 S. 400 bis 403.
85. Wood and Smith: RAC electrical indicator usw. und J. Soc. mech. Engr. Bd. 43 (1923) S. 137.
86. Brandt, R., u. H. Viehmann: Der DVL-Glimmlampen-Indikator für schnellaufende Motoren. Automobiltechn. Z. 1933 H. 12 S. 309—311.
88. Schnauffer: Aufzeichnung raschlaufender Druckvorgänge mittels des Verfahrens der halben Resonanzkurve. Luftf.-Forschg. Bd. 6 (1930) Nr. 4 S. 126—136.
89. Keinath: Induktion. Arch. techn. Messen V 122—4 Okt. 1932.
90. Forschg. Ing.-Wes. Bd. 4 (1933) H. 3 S. 137.
91. Kluge u. Linn: Piezoelektrischer Quarzindikator. Z. VDI 1929 S. 3111.
92. Oszillographen. Steuding: Messung mechanischer Schwingungen. Siemens & Halske AG., Wernerwerk, Siemensstadt, Berlin, Katalog S. 139—140.
93. Braunsche Röhre. Physik. Z. 1922 H. 23 S. 153.
94. Einspritzvorgang. U.S.A. Nat. Advis. Com. Aeronautics Rep. Nr. 338, 344, 352, 372, 376, 382, 389. — Sass: Kompressorlose Dieselmaschinen, S. 34—90.
95. Holfelder, O.: Zündung und Flammenbildung bei der Dieselbrennstoffeinspritzung. Forschungsheft 374, VDI 1935.
96. Schnauffer: Das Klopfen von Zündermotoren. Z. VDI Bd. 75 (1931) S. 455—456.
97. Volumetr. Messung. Siemens-Trommelzähler. Arch. techn. Messen I 122—3.
98. Bensinger: DVL-Einzylinderprüfanlage. Automobiltechn. Z. 1933 H. 15 S. 391—392.
99. Kluge: Untersuchung der Kraftfahrzeuge. Automobiltechn. Z. 1931 H. 29 S. 655—657, H. 30 S. 685 bis 688, H. 32 S. 735—738.
100. Geiger, J.: Der Torsiograph, ein neues Instrument zur Untersuchung von Wellen. Z. VDI 1916, S. 811 u. 861.
101. Hoerner: Bestimmung des Luftwiderstandes von Kraftfahrzeugen im Auslaufverfahren. Z. VDI Bd. 79 (1935) S. 1028—1033.
102. Kamm: Kraftwagen und Straße in ihrer Wechselwirkung, aus Kraftfahrtechnische Tagung 1934. VDI-Verlag.
103. Lutz: Modellregeln. Automobiltechn. Z. Bd. 37 (1934) H. 8, S. 211—212.
104. Wawrziniok: Der mittlere spezifische Kraftstoffverbrauch beim Motorbetrieb mit verschiedenen Kraftstoffen. Automobiltechn. Z. 1934 H. 1 S. 21.

Verlag von Julius Springer in Berlin

Schnellaufende Verbrennungsmotoren. Von **Harry R. Ricardo.** Zweite, verbesserte Auflage, übersetzt und bearbeitet von Dr. A. Werner und Dipl.-Ing. P. Friedmann. Mit 347 Textabbildungen. VIII, 447 Seiten. 1932. Gebunden RM 30.—

Die Brennkraftmaschinen. Arbeitsverfahren, Brennstoffe, Detonation, Verbrennung, Wirkungsgrad, Maschinenuntersuchungen. Von **D. R. Pye,** Deputy Director of Scientific Research, Air Ministry, formerly Fellow and Lecturer, Trinity College, Cambridge, and Fellow of New College, Oxford. Übersetzt und bearbeitet von Dr.-Ing. **F. Wettstädt.** Mit 77 Textabbildungen und 39 Zahlentafeln. VII, 262 Seiten. 1933. Gebunden RM 15.—

Bau und Berechnung der Verbrennungskraftmaschinen. Eine Einführung von Dipl.-Ing. **Franz Seufert,** Oberingenieur für Wärmewirtschaft. Sechste, verbesserte Auflage. Mit 105 Abbildungen im Text und auf 2 Tafeln. V, 145 Seiten. 1930. RM 4.32

Untersuchungen über den Einfluß der Betriebswärme auf die Steuerungseingriffe der Verbrennungsmaschinen. Von Dr.-Ing. **C. H. Güldner.** Mit 51 Abbildungen im Text und 5 Diagrammtafeln. VI, 122 Seiten. 1924. RM 4.59; gebunden RM 5.40

Der Verbrennungsvorgang im Gas- und Vergaser-Motor. Versuch einer rechnerischen Erfassung der einzelnen Einflüsse und ihres Zusammenwirkens. Von Dr.-Ing. **Wilhelm Endres.** Mit 29 Textabbildungen. V, 80 Seiten. 1928. RM 6.12

Elektrische Hochspannungszündapparate. Theoretische und experimentelle Untersuchungen. Von Professor Dipl.-Ing. **Viktor Kulebakin,** Moskau. Mit 100 Textabbildungen. IV, 90 Seiten. 1924. RM 3.78

Fahrzeug-Getriebe. Beschreibung, kritische Betrachtung und wirtschaftlicher Vergleich der bei Maschinen verwendeten Getriebe mit fester und veränderlicher Übersetzung und ihre Anwendung auf Gleis- und gleislose Fahrzeuge. Von **Max Süberkrüb,** Regierungsbaumeister. Mit 137 Abbildungen im Text, 16 Abbildungen im Anhang und 15 Zahlentafeln. VII, 190 Seiten. 1929. RM 21.60; gebunden RM 22.95

Die Automobiltreibmittel des In- und Auslandes. Eine Übersicht über die vorgeschlagenen Mischungs- und Herstellungsverfahren, anhand der Patentliteratur dargestellt von Oberregierungsrat Dr. **Erwin Sedlaczek.** IX, 247 Seiten. 1927. Gebunden RM 12.96

Verlag von Julius Springer in Wien

Gesamtbericht über die Erste Internationale Alpenwertungsfahrt für Kraftfahrzeuge mit Ersatzbrennstoffen. (ÖKW-Veröffentlichung 16. Herausgegeben vom Österreichischen Kuratorium für Wirtschaftlichkeit.) Mit 60 Abbildungen, 24 Diagrammen, 15 Tabellen und einer Karte. 107 Seiten. 1935. RM 10.—

Zweitakt-Dieselmaschinen kleinerer und mittlerer Leistung. Von Ing. Dr. techn. **J. Zeman,** VDI, Assistent an der Lehrkanzel für Verbrennungskraftmaschinen und Automobilwesen an der Technischen Hochschule in Wien. Mit 240 Abbildungen im Text. XI, 245 Seiten. 1935. RM 18.—; gebunden RM 20.—

Zu beziehen durch jede Buchhandlung

Verlag von Julius Springer in Berlin

Der Wärmeübergang und die thermodynamische Berechnung der Leistung bei Verpuffungsmaschinen, insbesondere bei Kraftfahrzeug-Motoren. Von Dr.-Ing. **August Herzfeld.** Mit 27 Textabbildungen. VIII, 92 Seiten. 1925. RM 5.40

***p* 𝔙-Tafel, Tabellen und Diagramme zur thermischen Berechnung der Verbrennungskraftmaschinen.** Von Dr.-Ing. **Otto Lutz,** Stuttgart. Mit 20 Textabbildungen und 3 Tafeln. VI, 68 Seiten. 1932. RM 8.50

Graphische Thermodynamik und Berechnen der Verbrennungs-Maschinen und Turbinen. Von **M. Seiliger,** Ingenieur-Technolog. Mit 71 Abbildungen, 2 Tafeln und 14 Tabellen im Text. VIII, 250 Seiten. 1922. RM 5.76; gebunden RM 7.20

Die Entropie-Diagramme der Verbrennungsmotoren einschließlich der Gasturbine. Von Prof. Dipl.-Ing. **P. Ostertag,** Winterthur. Zweite, umgearbeitete Auflage. Mit 16 Textabbildungen. IV, 78 Seiten. 1928. RM 4.05

Technische Thermodynamik. Von Prof. Dipl.-Ing. **W. Schüle.**

Erster Band: Die für den Maschinenbau wichtigsten Lehren nebst technischen Anwendungen. Fünfte, neubearbeitete Auflage.

1. Teil: Lehre von den Gasen und allgemeine thermodynamische Grundlagen. Mit 181 Abbildungen im Text und den Tafeln I—IIa. VIII, 385 Seiten. 1930. Gebunden RM 16.20

2. Teil: Lehre von den Dämpfen. Mit 140 Abbildungen im Text und den Tafeln III—IVa. VIII, 280 Seiten. 1930. Gebunden RM 14.40

Zweiter Band: Höhere Thermodynamik mit Einschluß der chemischen Zustandsänderungen nebst ausgewählten Abschnitten aus dem Gesamtgebiete der technischen Anwendungen. Vierte, erweiterte Auflage. Mit 228 Textfiguren und 5 Tafeln. XVIII, 509 Seiten. 1923. Gebunden RM 16.20

Thermodynamik. Die Lehre von den Kreisprozessen, den physikalischen und chemischen Veränderungen und Gleichgewichten. Eine Hinführung zu den thermodynamischen Problemen unserer Kraft- und Stoffwirtschaft. Von Dr. **W. Schottky,** Wissenschaftlicher Berater der Siemens & Halske A.-G., früher ordentlicher Professor für theoretische Physik an der Universität Rostock. In Gemeinschaft mit Priv.-Doz. Dr. **H. Ulich,** Rostock, und Priv.-Doz. Dr. **C. Wagner,** Jena. Mit 90 Abbildungen und 1 Tafel. XXV, 619 Seiten. 1929. RM 50.40; gebunden RM 52.92

Thermodynamische Grundlagen der Kolben- und Turbokompressoren. Graphische Darstellungen für die Berechnung und Untersuchung. Von Oberingenieur **Ad. Hinz,** Frankfurt a. M. Zweite, verbesserte Auflage. Mit 73 Abbildungen und 20 graphischen Berechnungstafeln sowie 19 Zahlentafeln. VI, 68 Seiten. 1927. Gebunden RM 22.50

Grundzüge der technischen Schwingungslehre. Von Prof. Dr.-Ing. **Otto Föppl,** Braunschweig. Zweite, verbesserte und ergänzte Auflage. Mit 140 Abbildungen im Text. VI, 212 Seiten. 1931. RM 7.42; gebunden RM 8.55

Mechanische Schwingungen und ihre Messung. Von Dr.-Ing. **J. Geiger,** Oberingenieur, Augsburg. Mit 290 Textabbildungen und 2 Tafeln. XII, 305 Seiten. 1927. Gebunden RM 21.60

Schwingungstechnik. Ein Handbuch für Ingenieure. Von Obering. Dr.-Ing. **Ernst Lehr,** Darmstadt.

Erster Band: Grundlagen. Die Eigenschwingungen eingliedriger Systeme. Mit 187 Textabbildungen. XXIII, 295 Seiten. 1930. RM 21.60; gebunden RM 22.95

Zweiter Band: Schwingungen eingliedriger Systeme mit stetiger Energiezufuhr. Mit 243 Textabbildungen. XII, 373 Seiten. 1934. RM 30.—; gebunden RM 31.50

Dritter Band: Auswuchttechnik und Massenausgleich. In Vorbereitung.

Zu beziehen durch jede Buchhandlung

GPSR Compliance

The European Union's (EU) General Product Safety Regulation (GPSR) is a set of rules that requires consumer products to be safe and our obligations to ensure this.

If you have any concerns about our products, you can contact us on ProductSafety@springernature.com

In case Publisher is established outside the EU, the EU authorized representative is:

Springer Nature Customer Service Center GmbH
Europaplatz 3
69115 Heidelberg, Germany

Batch number: 10684220

Printed by Printforce, the Netherlands